GREEN STUDIO
HANDBOOK

부인

이 책에 수록된 정보들은 교과서, 표준, 지침, 전문기업, 인터넷 등 수많은 출처로부터 제공된 자료들을 취사선택한 것이다. 이러한 자료들은 선의로 제공되었으며, 저자와 출판자는 수록된 정보의 정확성을 보장하기 위해 요구되는 모든 노력을 강구해 왔지만 특정한 목적이나 상황에서의 정확성, 완전성, 적합성은 보장하지 않는다.(책임지지 않는다) 그 정보는 주로 학습과 강의를 지원하기 위한 것으로서 설계전문가들이 건물 시스템을 설계하기 위한 한정적인 것이라 생각되어서는 안 된다. 이 책에 수록된 정보를 적용함에 있어 전문가적 판단, 경험, 및 상식 등을 동원하는 것은 전적으로 사용자 몫이다. 이러한 책임은 지역규정, 표준, 및 법령의 확인, 그리고 현지기후자료의 수집과 확인 등으로까지 확대된다.

저작권 및 등록상표

환경문제

모든 건축출판물은 Reed Elsevier 그룹의 일원인 Elsevier에 의해 출간되었다. Dow Jones는 지속가능성지수를 인용하며, Reed Elsevier가 "환경적 성능과 보고 수준에서 양호한 수행을 보여주며 산업평균을 상회하는" 득점을 받았다며, 우리를 지속가능성 선도업체로 선정했다. 최고의 환경적 실무는 우리 조직의 모든 부분과 개별 간행물까지 확대된다. Reed Elsevier에 관한 보다 자세한 정보는 Reed Elsevier 웹사이트에서 확인할 수 있다.

http://www.reedelsevier.com/media/pdf/s/8/Environment06.pdf

※ 본 번역서는 국토해양부 첨단도시개발사업의 연구비지원(과제번호 10CHUD-C054299-02-000000)에 의해 수행되었습니다.

그린 스튜디오 핸드북

-기본설계를 위한 환경적전략-

Alison G. Kwok, AIA + Walter T. Grondzik, PE 편

송규동 · 김민성 · 정인영 · 김홍욱 공역

Spacetime

CONTENTS

머릿글

『그린 스튜디오 핸드북』 제1판은 참고서이면서도 설계스튜디오 학생들과 실무 건축가들을 위한 영감의 원천으로서 기능하게끔 쓰여졌다. 그것은 에너지와 물, 그리고 재료들을 절약하는 기초적인 전략으로서 친환경 기술을 설계자들이 더 잘 이용할 경우 더욱 친환경적인 건물들이 생겨날 거라는 전제에 기초했다. 이러한 전제는 제2판에서도 그 이면의 원동력으로 남아 있다.

학생들은 이 책을 친환경 설계전략과 설계과정에서 유용한 소개서쯤으로 이해할 수 있을 것이다. 이미 친환경 건물의 장점을 이해하고 설계과정에 활용하는 설계자들은 이 책을 친환경 건물 전략에 관한 자신들의 기본 지식수준을 향상시키기 위한 용도로 활용할 수 있다.

『그린 스튜디오 핸드북』은 친환경 건물이나 환경기술에 관한 개론서이기 보다는 친환경 전략의 적절한 이용에 관한 판단과 의사결정을 검증하는데 필요한 정보를 제공하는데 있다. 또한 설계 초반부에 전략과 그 구성요소의 초기 견적산출을 위한 도구를 제공한다. 우리는 설계자들이 기본도면에 그러한 전략들을 현실감 있게 통합할 수 있기를 바란다. 미적인 요소들은 설계자와 프로젝트 상황에 달려있지만 생각과 개념을 이끌어내는데 도움을 주기 위해 몇 가지 예들을 제공했다.

『그린 스튜디오 핸드북』의 각 전략들은 원칙과 개념에 관한 설명, 전략을 친환경 건물 설계에 통합하면서 지켜야 할 유의사항, 구성요소의 초기 견적산출을 지원하는 단계적 절차 및 표준과 지침에 관한 참조 등을 포함하며, 각 전략에 대한 개념스케치와 사례들을 제공할 것이다. 각 전략들은 통합설계 목표를 강화하기 위해 관련 보완전략과 관련시켜 설명할 것이다.

『그린 스튜디오 핸드북』은 대학설계 스튜디오나 전문사무소 실무에서 사용될 것을 염두에 두고 쓰여졌다. 또한 눈치 빠른 건축주들은 이 책을 친환경 설계 프로젝트에 관한 그들의 이해수준을 제고하기 위해 이용할 수 있을 것이다. 초점은 설계자들이 많은 관심을 갖고 있으며, 건물형태에 지대한 영향을 미치므로 설계 초반부에 고려되어져야만 하는 전략들에 주어질 것이다. 이 책은 사용자들이 환경기술 개념과 설계과정에 대해 기본적인 지식을 갖고 있으며, 태양궤적도, 재료의 열관류율값, 열부하 계산정보, 조명표준, 공기질 지침 및 기타 자료를 이해할 수 있을 것으로 가정하고 쓰여졌다.

감사의 글

『그린 스튜디오 핸드북』은 설계과정이 그렇듯 매우 많은 협력적 노력의 산물이다. 감사드려야 할 사람이 많다. 저자는 이 책의 디자인과 내용구성을 최종적으로 책임졌다. 이러한 작업을 수행한 이는 Kate Beckley와 Sam Jensen-Augustine이다.

이와 같은 한 프로젝트의 구성 부분들을 함께 조직하는 데에는 많은 사려와 수고가 요구된다. 제1판과 제2판의 데이터베이스 개발과 오류 수정, 이미지들(과 연관된 파일 데이터)의 순차배열을 해준 Theodore J. Kwok(하와이 대학교)에게 매우 진심으로 감사를 전한다. 제2판의 내부 제작진들인 Tom Collins와 Matt Hogan, Luzanne Smith가 보여준 직무적 헌신과 품질에 대한 신뢰, 그리고 지칠 줄 모르는 노동 윤리에 대해서는 그 고마움을 이루 다 표현할 수가 없다.(Kate Beckley와 Sam Jensen-Augustine은 제1판에서도 비슷한 역할을 맡았었다.) Tom은 모든 사례연구들을 취합하고 편집하는 매우 어려운 노력을 해주었다. Matt는 여러 도면들을 개발하고, 많은 이미지 처리를 했으며, 페이지 레이아웃들을 조합했다. Luzanne은 정말 많은 이미지 처리를 하고 여러 개의 새롭게 개정된 도면들을 개발했다. 제2판에 새롭게 포함된 많은 이미지들은 Jonathan Thwaites가 준비했다. 다른 이미지들은 Ben Vaughn이 개발했다. 텍스트 속의 이미지 출처들은 각각에 특정한 이미지 제공자들을 나타낸다. Seyad Iman Rejaie Shoshtari는 수백 장의 이미지들을 처리하고 기타 이미지들을 제공했다. David Bartley는 건물 목록의 편집과 검증을 도왔다.

이 책에 나오는 많은 전략 설명들은 건축의 기술적인 주제들을 교육하는 오레곤 대학교의 한 세미나 과정에서 처음으로 개발되었다. Alison Kwok은 그 수업과정을 담당하는 교수진의 일원이었으며, Walter Grondzik이 그를 보조했다. 이 수업에 참여한 학생들은 Sam Jensen-Augustine과 Juliette Beale, Kathy Bevers, Martha Bohm, Jessica Gracie, Dan Goldstein, Jeff Guggenheim, Will Henderson, Daniel Meyers, Daniel Safarik, Alison Smith, Aaron Swain, Amelia Thrall, Jason Zook이다. 이러한 초기 전략들은 수많은 검토와 편집을 거쳐 상당히 변형되고 조정되어 현재의 모습을 갖추게 되었다. Nicholas Rajkovich(미시건 대학교)와 Emily Wright(Einhorn Yaffee Prescott 건축사무소)는 내용구성에서 부족한 부분을 보완하기 위한 몇 가지 초안 전략들을 개발했다. 오레곤 대학교의 Donald Corner 교수는 이중외피 설계전략을 위한 자료를 개발했다. 이 모든 일들은 긴박한 마감시한과 바쁜 일정 가운데서 이루어졌기에 특히 감사를 드린다.

5장에서 제시되는 사례연구들은 해당 프로젝트들을 직접적으로 알고 있는 설계 전문가들이 호의로 제공한 자료들로 채워졌다. 정보를 제공하고 검토의견을 제시하며 질문에 대답해준 많은 건축가와 엔지니어, 그리고 소유주들에게 매우 감사를 드린다. 아이다호 대학교의 Bruce Haglund는 John Hope Gateway 사례연구를 발전시켰다. Alison Kwok은 Passive House 사례연구를 발전시켰다. Tom Collins는 기타 사례연구들을 발전시켰다.

제1판에서는 2개의 초점화된 에세이가 표현적으로 기술되었다. 설계과정에 초점을 맞춘 한 에세이는 Laura Briggs(파슨스 디자인스쿨)와 뉴욕 Briggs Knowles Design의 Jonathan Knowles(로드아일랜드 디자인스쿨)이 준비했다. 통합설계에 초점을 맞춘 한 에세이는 David Posada가 (오레곤 포틀랜드의 GBD 건축사무소와 협업하여) 준비했다. 제2판에서는 이 두 에세이들이 (이 책의 저자들이 편집하여) 2장으로 통합되었다. David Posada는 1장에 나오는 그린 빌딩 등급체계들에 관한 대부분의 정보를 제공하기도 했다.

또한, 우리는 이 책의 초안에 대해 통찰력 있는 조언을 해준 Kathy Bevers(콜로라도)와 Martha Bohm(버팔로 대학교), Christina Bollo(워싱턴주 시애틀의 SMR 건축사무소), Bill Burke(캘리포니아주 샌프란시스코의 태평양 에너지 센터), John Quale(버지니아 대학교), John Reynolds(오레곤 대학교 명예교수), Amelia Thrall, 그리고 Emily Wright(EYP)에게도 감사를 전하고 싶다. 그들의 사려 깊은 관심은 완성본의 질을 향상하는 데에 도움을 주었다. Bill Burke는 초안원고를 검토해준 데 이어, 4장에서 제시되는 전략들을 조직하는 6개 주제들에 대한 "부분적 개요"의 초안을 서술하기도 했다.

우리가 특히 만족스러워 하는 이 책의 그래픽 디자인은 Noreen Rei Fukumori(캘리포니아주 버클리의 NRF 스튜디오)가 맡았다. 이 책 전반에 걸친 이미지들은 수많은 학생과 교수진, 설계전문가, 그리고 전문 사진작가들이 많은 경우 흔쾌히 제공한 것이다. 모든 이미지들은 설명 바로 밑에 출처를 표기했다. 이 이미지들은 친환경 설계전략을 표현하는 데 매우 중요하며, 따라서 이러한 수많은 자료제공에 매우 감사를 드린다. 또한, 우리는 흥미를 일으키는 표지 사진을 제공한 Tom Arban(Tom Arban Photography)에게도 감사를 전한다.

제1판은 (그리고 제2판 역시) 주제 개요들을 설명하기도 한 Greg Hartman과 더불어 Amanda Hills와 Jonathan Meendering이 제공한 도면들에 크게 의존했다. Kathy Bevers는 복잡한 수식들을 대체하는 수많은 체계적인 정량 그래프들을 개발했다. 이 네 명은 모두 시각적으로 만족스럽고 영감을 일으키는 그래픽 형태로 친환경 기술 및 데이터를 쉽게 묘사하여 우리를 놀라게 했다.

우리는 이 책의 가치를 알아보고 그것을 출판하여 지금의 이 형태로 독자의 손에 전달하고자 부지런히 노력한 아키텍츄럴 프레스 직원들에게 진심으로 감사를 드린다. 기획편집자 Hannah Shakespeare와 편집담당자 Mike Travers, 책임기획편집자 Kara Milne, 편집보조 Carol Barber, 프로젝트 매니저 Renata Corbani, 편집직원 Soo Hamilton에게 특별한 감사를 보낸다. 또한 우리는 부지런하고 창의적으로 책 표지를 작업해준 Fred Rose와 Mike Travers에게도 감사를 전한다.

마지막으로, 우리는 친환경 건축 운동에 몸 담고 있는 많은 이들이 Malcolm Wells의 비전과 작품, 저술 및 인간성에 빚지고 있음에 감사를 전하고 싶다. 우리는 과거의 지혜를 활용하여 현재의 지식을 (2030 Challenge에서 구체화된 바 있듯이) 곧 다가올 미래와 그 너머를 위한 우리의 목표들에 도달하게끔 이끌 수 있다고 믿는다.

Alison G.Kwok와 Walter T. Grondzik

그린

'그린 green' 은 중요한 단어이며, 이 단어는 이 책의 제목 중 1/3을 차지한다. 더 중요한 건 이게 중요한 형용사라는 점인데, 그것은 이 책과 같은 자료가 이 시점에 합리적이고 정직하게 다룰 수 있는 것의 한계들을 정확히 묘사한다. '그린 green' 은 논의할만한 가치가 있다.

이 책을 *지속가능 스튜디오 핸드북 The Sustainable Studio Handbook*이라고 이름 붙였다면 쉬웠겠지만, 안타깝게도 '지속가능 sustainable' 이라는 말은 일상적으로 사용 중인 어떤 의미로도 정의되지 않는다. (오늘날) 어떤 건물이 지속가능하다는 걸 쉽게 보여주는 방법은 없다. 우리는 오늘날 설계 업계에서 너무도 흔히 쓰고 있는 "지속가능한" 특징, "지속가능" 시스템, 그리고/혹은 "지속가능" 건물에 대한 본질적으로 의미없는 화법에 기여하고 싶지 않다. 우리는 고성능의 그린 빌딩들을 생산해낼 설계자들의 능력에 정말로 기여하고 싶다. 지속가능성은 이루어질 것이다.(그리고 이루어져야 한다) 하지만 매우 합리적으로 이루어져야 하며, 연방거래위원회 Federal Trade Commission를 위축시킬 정도로 자기 확신에 찬 완전히 잘못된 승리 선언들을 통해 이뤄져서는 안 된다.

반면, 그린 빌딩 설계는 꽤 잘 정의되고 잘 이해되는 개념이다. 언제나 그런 것은 아니지만, 수많은 투명한 등급체계들(LEED, Green Globes, 영국건물연구소 Building Research Establishment의 BREEAM, Smart Homes, Built Smart, EcoHomes, 미국공조냉동공학회 ASHRAE 표준 189, 국제친환경건축법규 International Green Construction Code 등)의 개발과 채택 준비는 설계 전문가들로 하여금 "그린" 이라는 용어를 자신과 확신을 갖고서 사용할 수 있게 해 주었다. 이러한 자신감은 의뢰인들과 일반 대중과의 논의로까지 확장된다. 만약, 어떤 프로젝트를 친환경 프로젝트라고 주장할 경우, "그것을 검증하라" 는 의뢰인의 논리적이고 합리적인 요구사항이 있을 수 있다. 그러한 증명을 하기가 부담스러울 순 있지만, 일반적으로 존중되는 국가적이거나 국제적인 표준에 기초한 검증의 요구는 불가능한 과제가 아니다.

우리는 그린 빌딩을 (위에서 언급한 체계들과 같은) 몇몇 가능한 그린 빌딩 등급체계들 중 하나의 인증을 받을 수 있는 최소한의 요건들을 갖춘 건물로 정의한다. 지속가능한 건물과 고성능 건물은 또 다른 얘기다. 지속가능은 여전히 우리가 손쓸 수 있는 지평을 벗어나 있다. 고성능은 오늘날 이곳에 존재한다. 고성능 건물은 '그린' 의 최소요건들을 넘어 굉장한 성능을 성취하는 방향으로 가고 있다. 그렇게 하기 위해, 설계과정은 보다 철저한 "시스템 접근" 을 채택함으로써 설계를 넘어 건물의 운영 및 유지관리 단계로까지 나아갈 것이다.

등급체계가 사용되는 그린 빌딩과 관계된 사항은 이 책에서 그리 큰 중요성을 갖지 않는다. 이 책은 건물 인증과정을 보조하려는 의도가 아니며, 보다 환경적으로 반응적인 건물들의 설계를 돕기 위한 의도다. 이렇게 말하긴 했지만, 건물 설계와 성능에 대한 진지한 재고를 일으키고 있는 이 강력한 힘이 어떤 것인지에 대한 느낌을 얻기 위해 그린 빌딩 인증과정들을 논의해 보는 건 유익한 일이다.

1.1 초기 제스처용 스케치를 통한 의도 탐구하기. ALEX WYNDHAM

그린 빌딩 등급체계

개요: 설계자는 사용할 전략들을 어떻게 결정하는가? 그린은 어떻게 하나의 제안된 프로젝트가 되는가? 설계와 시공 실무는 어떻게 보다 친환경적인 건물들을 생산할 수 있으며, 결국에는 어느 때보다 더 높은 성능과 지속가능성으로 이어질 수 있겠는가? 등급체계들은 설계 지침을 제공하고, 하나의 의사결정 도구로서 작용하며, 환경적 영향을 평가할 척도들을 제공할 뿐더러 변화를 위한 도구로 기능할 수 있다. 기술적으로 사용되는 등급체계들은 보다 통합된 설계과정을 촉진하고, 환경적인 영향과 생애주기 비용을 절감하며, 건설 산업의 주요한 변화들을 촉진한다. 하지만 어떤 강력한 도구도 그러하듯이, 등급체계들은 서투르게 활용되거나 잘못 이해될 수 있다. 그럴 경우 그러한 체계들은 비현실적인 기대와 프로젝트 비용 증가, 그리고 복잡성으로 이어질 수 있고, 한 건물이 기대한 바의 성능을 수행하지 못할 때에는 "비난받을" 수도 있다.

설계자들이 떠오르는 기술들과 이 책에서 설명하는 장기적인 전략들과 씨름하는 것만큼이나, 그들은 그린 빌딩 등급체계들의 진화하는 언어와 변화하는 요건들과도 씨름한다. 어떤 주어진 프로젝트에 맞는 적합성을 기준으로 전략들이 평가되는 만큼, 특정한 등급체계가 제공하는 토대 역시 특정한 프로젝트에 적용될 수 있는 가능성을 기준으로 평가될 수 있다.

등급체계의 배경: 기원전 2000년경에 쓰인 함무라비법전 이후로 법은 인간 생활을 보호하기 위한 건물의 일부 측면들을 지배해 왔다. 건축가와 엔지니어들은 공공의 보건과 안전, 그리고 복지를 보호해야 할 법적 의무가 있으며, 정부는 정확히 이를 성취하는 방법을 정의하는 법규들을 채택해 왔다. 그런 법규들은 환기와 창문, 혹은 단열을 요구하고 어떤 해로운 독성 물질이나 관습(예: 석면, 납 페인트, 길거리 위로 요강 비우기 등)을 금지함으로써 우리의 건물을 어느 정도 더 친환경적으로 만들었다. 하지만 보건과 복지에 대한 공공의 관심은 언제나 건축비용에 대한 우려로 인해 완화된다.

표준과 지침은 법규와 다른 지위를 갖는다. 법규는 어떤 정부 기관(국가, 주, 지방자치단체)에 의해 채택되고 시행된다. 표준과 지침은 계약법에 의해 건설 프로젝트를 위한 시방서와 전문 용역계약서로 기술되는 한도까지 시행된다. 지침은 일반적으로 표준만큼 정교하지 않다. 종종 설계 안내사항의 몇몇 측면은 지침으로 시작하여, 표준으로 정교화되고, 결국에는 법규로 채택될 것이다. 대부분의 (하지만 전부는 아닌) 그린 등급체계들은 현재 지침 단계에 머물러 있지만, 그것들은 많은 성능 영역에서 기존 산업 표준에 대한 참고자료를 이룸으로써 처음부터 판을 다시 짜는 수고를 덜어준다.

법규와 표준의 오랜 역사에서 친환경 등급체계들은 매우 짧은 역사를 갖는다. 알도 레오폴드 Aldo Leopold와 같은 20세기 중반의 작가들은 자연의 보존을 소중히 여기는 땅의 윤리를 표출하기 시작했는데, 그건 단지 자연이 우리에게 제공하는 것 때문이 아닌, 자연 그 자체를 위한 윤리였다. 레이첼 카슨 Rachel Carson의 『침묵의 봄 Silent Spring』은 우리의 산업이 생산하는 화학물질들이 어떻게 야생과 식물 속에 축적되어 인간의 건강과 생존을 위협하는지를 드러냈다. 1970년대 석유수출국기구 OPEC의 석유수출금지는 서구사회에 직접적인 영향을 끼쳤고 건설산업의 에너지 효율 향상에 박차를 가했다. 더 나은 단열과 투과/환기 절감을 요구하는 법규들이 (미국공조냉동공학회 ASHRAE 표준 90-75를 시작으로) 빠르게 시행되었다.

건물 설비와 조립 부품들이 하나의 복잡한 체계 속에서 상호작용하는 방식에 대한 이해가 상대적으로 적었던 이러한 초기 법규들의 요구사항은 종종 의도하지 않은 "병든 건물 증후군 sick building syndrome"이라는 결과를 낳았다. 카펫과 페인트, 접착제의 휘발성 유기화합물에서 나온 증기와 배출가스가 누출과 환기가 잘 되는 건물에서는 감지되지 않았지만, 기밀한 건물에서는 곰팡이가 자라나고 광범위한 질환을 촉발하는 화학적인 집중현상이 일어났다. 본질적으로 환경적인 반응성이 에너지 소비 절감 이상을 수반한다는 사실을 많은 이들이 명백하게 느꼈다.

오랫 동안 그린 빌딩 (친환경) 옹호자들의 일차적인 수단은 법적 소송이었다. 1960년대에 통과된 청정공기에 관한 법 Clean Air Act과 청정수에 관한 법 Clean Water Act, 그리고 멸종위기 종들에 관한 법 Endangered Species Act은 환경주의자들로 하여금 환경과 인류 건강을 위협한다고 여겨지는 개발에 도전할 수 있게 해 주었지만, 이러한 접근은 수십 년간 지속된 개발 대 환경 논쟁의 유산으로 이어졌다. 환경적으로 반응적인 건물에 대한 관심의 물결이 1990년대 초의 집단의식 속에 진입했을 때, 건물 성능(과 설계자의 성과능력)에 관한 입증되지 않은 (또한 입증할 수도 없는) 주장들이 이루어졌다. 그린 빌딩 등급체계의 개념을 들여다 보라.

등급체계의 사례

건물연구소 환경측정법 BREEAM: BRE Environmental Assessment Method은 1990년에 영국의 건물연구소 BRE : Building Research Establishment가 만든 자발적인 그린 빌딩 등급체계다. 이 체계는 시작된 이후로 범위 확장과 지리적인 확산을 거치면서 다양한 구실 속에 전 세계로 수출되어 왔다. 그것이 타 지역권으로 옮겨져 생겨난 것이 북미의 LEED와 Green Globes, 그리고 호주의 Green Star이다.

에너지환경설계리더십 LEED은 1993년에 미국에서 보다 친환경적인 제품 및 체계들을 향한 그린 빌딩 전략의 촉진과 시장 변화를 위한 건설산업의 제휴가 이루어지면서 시작되었다. BREEAM을 기초로 활용한 LEED는 법적 조치라는 채찍으로 건설산업을 위협하기보다는 그것에 당근처럼 동기유발을 일으키고자 했다.

LEED 버전 1.0(자발적인 제3자 등급체계)은 그린 빌딩이 늘어가는 "그린 워싱 green washing" 의 문제를 다루도록 하는 하나의 벤치마크를 확립했다. 법규에 맞춰 지어지는 건물들이 때로는 "감옥에 가지 않고 지을 수 있는 최악의 건물" 로 묘사되기 때문에, LEED는 그 성능 수준을 최소한의 법규 기준 이상으로 높여 설정한다. 일찍이 공공건물과 상업건물에 초점을 맞춘 이래로, LEED는 광범위한 건물 유형들로 그 적용범위를 넓혀 왔다. 건물들은 기본적으로 (사용 중 성능과 대비하여 설계/시공서류를 통해 드러나는) 건물의 잠재력을 기준으로 LEED 인증을 받으며, 환경적 성능의 관점에서 시장의 상위 25% 수준을 대변하도록 의도된다.

LEED는 전체적으로나 부분적으로 실제 성능에 기초하지 않는다는 이유로 비판받아 왔다. 미국에서 광범한 인정을 받게 된 첫 등급 체계인 LEED에 대해 많은 이들은 현장의 성능 추적을 중심으로 등급화가 이루어졌을 경우 그것이 그리 널리 채택되지 않았을 거라고 생각한다.

그린 글로브 The Green Globes 등급체계는 1996년에 BREEAM을 기초로 한 캐나다의 등급체계로서 시작되었다. 이 체계는 2002년에 미국 내 사용을 위해 그린 빌딩 구상 GBI : Green Building Initiative에 의해 채택되었는데, 이는 부분적으로 LEED에 대한 하나의 대안을 제공하기 위함이었다. 그것은 행정적인 노력과 비용은 줄이고 설계팀들에게는 보다 큰 유연성을 제공하기 위한 의도다.

이 체계는 처음에 LEED보다 덜 엄격하다는 이유로 비판받았는데, 왜냐 하면, 그것이 친환경 대책들에 대한 자체 보고에 더욱 의존하는데다 그것의 관리기구는 초기 재정지원과 행정의 다수를 제공한 산업집단들의 영향을 받는다고 여겨졌기 때문이다. 발전을 거치면서, 이 표준은 보다 엄격한 제3자 검토를 포함하게 되었고 관리기구는 설계 및 시공 분야의 보다 폭넓은 투입인력을 대변하도록 확장되었다.

LEED와 Green Globels 옹호자들간의 논쟁은 많은 경우 목조 제품들의 인증에 관한 이슈에 초점을 맞춰 왔다. LEED는 역사적으로 산림관리협의회 FSC: Forest Stewardship Council가 지속가능하도록 경작된 목재에 대한 인증만을 인정해 왔지만, Green Globes는 지속가능 산림구상 SFI: Sustainable Forestry Initiative 표준만을 채택해 왔다. SFI는 산림제품산업의 지원으로 발전하였고, FSC에 비해 덜 엄격하다는 이유로 비판받아 왔다.

주거건물 도전과제 LBC: The Living Building Challenge는 2006년에 시작되었고 미국 그린 빌딩 위원회와 캐나다 그린 빌딩 위원회 모두에 속하는 카스카디아 지역 그린 빌딩 위원회 Cascadia Region Green Building Council에 의해 운영된다. 이 프로그램은 LEED를 보완하는 한편 가능한한 "완전히 지속가능한" 건물에 가까이 가도록 업계에 도전과제를 제시하기 위한 한 수단으로서 계획되었다. 꽃의 은유를 활용하는 LBC는 7개의 성능 영역들 혹은 "꽃잎들"로 구성되는데, 그것들은 부지와 물, 에너지, 보건, 재료, 공정성, 그리고 아름다움이다. 꽃잎들은 총 20개의 책무들로 다시 나뉘며, 그것들은 각각 특정한 일련의 이슈들에 초점을 맞춘다.

LBC는 그린 등급체계들로서는 가장 높은 기준을 확립한 것일 수 있겠는데, 그것은 한 송이의 꽃처럼 자율적이고 재생적인 건물들을 만들고자 하기 때문이다. 그것은 한 프로젝트가 광전지나 바람 등의 재생가능 에너지 시스템들을 활용하여 해당 부지상에서 모든 에너지를 생성시키고, 해당 부지에 떨어지는 모든 빗물을 집수하며, 그 부지에서 배출되는 모든 물과 하수를 처리한다는 "3대 순수 제로 triple-net zero" 개념으로 시작한다. PVC와 포름알데히드, 프탈레이트와 같은 "위험물 목록"상의 화학물질들을 포함하는 재료들은 대안을 찾을 수 있는 경우를 제외하고는 금지된다. 프로젝트들은 많은 이점들 가운데 일부를 선택하는 게 아니라, 1년 내내 운용되는 데이터를 보여줌으로써 20개의 모든 프로그램 요건들을 만족시킴을 보여줘야 한다. 하나의 야심찬 도전과제이면서도 변화를 촉진하기 위한 수단인 이 LBC는 프로젝트들이 법규적인 예외를 극복하거나 요건들을 만족하는 제품들을 찾을 수 없는 경우에는 일부 예외를 허용한다. 몇몇 후보 프로젝트들이 현재 시공 중에 있거나 최근에 완공되었으나, 이 책을 쓰는 시점에서 인증을 획득할 만큼 충분히 오래 운용되어 온 사례는 아직 없다.

미국공조냉동공학회 ASHRAE 표준 189: 『저층 주거빌딩을 예외로 한 고성능 그린 빌딩 설계 표준 Standard for the Design of High-Performance Green Buildings Except Low-Rise Residential Buildings』은 2009년에 나왔다. 이 표준의 목적은 법규로 채택되거나 시방서의 기준이 될 수 있는 규범 언어와 표준 형식으로 기술된 그린 빌딩 안내서를 만들고자 함이다. 미국 그린 빌딩 위원회 USGBC와 북미 조명기술사회 IESNA: Illuminating Engineering Society of North America와 함께 공동으로 개발한 이 표준 189의 위원회에는 설계와 시공, 그리고 제조업계의 주주들도 포함되었다.

LEED와 유사점이 많은 이 표준은 지침에서 표준으로, 그리고 법규로 진보해 가는 과정 속에서 지식과 실무가 함께 성숙해감을 신호하는 다음 단계를 표현한다.

패시브하우스 The PassivHaus "표준"은 1970년대 "초 절연 super insulation" 운동의 확장으로서 독일에서 개발되었다. 이 표준은 설계지침과 성능 모델링 도구, 그리고 하나의 체계적으로 통합된 건물 설계 접근법을 향한 기밀성의 성능 요건들을 제시한다는 점에서 하나의 등급체계처럼 기능한다. 이 표준은 매우 높은 수준의 에너지 절감을 목표로 한다. 주거건물과 상업건물에 모두 적용되는 이 표준은 난방 시스템 용량을 과감하게 줄여줄 훨씬 더 좋은 단열과 창호시공, 그리고 외피 기밀성능을 요구한다. 열이 회수되는 기계적 환기는 양호한 공기질을 확보하며 열손실을 줄여 준다. 추운 기후의 많은 Passive 주택들이 헤어드라이어 1대보다 그리 크지도 않은 난방코일을 통해 편안하게 난방이 이루어져 왔다.

에너지 효율성과 기밀성에 거의 배타적으로 초점을 맞추는 이 PassivHaus 표준은 기후변화가 재생되는 내용물이나 조경설계, 혹은 산림인증과 같은 관심사들보다 훨씬 중요한 이슈라는 믿음을 반영한다. PassivHaus의 모델링 도구가 실제 건물 에너지 소비를 예측함에 있어서 대부분의 도구보다 더 효과적이고, 많은 프로젝트들이 난방 에너지 사용을 70~80%, 그리고 총 에너지 사용은 50~70% 절감시켰음을 수많은 거주 후 연구들이 보여준 바 있다. 이 PassivHaus 표준은 2006년에 미국 Passive 주택연구소 PHIUS: Passive House Institute U.S.가 독일인 창립자들의 지원을 받아 시작했다.

건조환경효율성 종합평가체계 CASBEE: The Comprehensive Assessment System for Built Environment Efficiency는 2005년에 일본에서 개발되었고, 역시 BREEAM과 LEED의 작업을 기초로 하였다. 한 가지 두드러진 차이는 환경적 성능을 다루는 4개의 등급화 도구들을 건물의 생애주기, 즉 예비설계와 시공, 현존하는 건물 운용, 리노베이션이라는 네 단계에 맞춰 만든 것이다. 또한, 이 체계는 일본과 아시아에 특정한 조건들을 다루며 가능한한 시행하기에 간편하도록 개발되었다. 이 프로그램은 정부와 학계, 그리고 업계의 파트너들이 개발했으며 일본 지속가능 건물 컨소시엄 JSBC: Japan Sustainable Building Consortium이 관리한다.

*국제친환경시공법규 IGCC: The International Green Construction Code*는 (LEED와 같은) 등급체계 지침으로부터 (미국공조냉동공학회 ASHRAE 189와 같은) 표준으로, 그리고 (국제건축

법규와 같은) 시범법규로 이행해가는 발전의 순서를 나타낸다. 미국 그린 빌딩 위원회와 그린 빌딩 연구소, 그리고 미국 냉난방공조학회와의 협력 속에서 개발된 최초의 공식 초안이 2010년에 나왔다.

IGCC는 자발적인 등급체계 대신에 건축 당국이 채택할 수 있는 설계 및 시공요건들을 정의한다. 그것은 여전히 활용될 수 있는 전략들의 유형과 그것들을 기록하는 수단을 모두 만족하기 위한 몇 가지 선택안들을 부여함으로써 프로젝트팀들에게 유연성을 제공한다.

미국 그린 빌딩 표준 **NGBS: The National Green Building Standard**은 미국 주택건축업자협회 **NAHB: National Association of Homebuilders**가 단독주택과 공동주택 프로젝트, 그리고 연관된 터 공사와 리노베이션 프로젝트들에 위해 특별히 만들었다. 2008년에 나온 이 표준은 LEED-Homes(LEED 주택 등급체계)와 매우 유사한 범위를 다룬다. LEED-Homes는 입지와 부지선정이라는 이슈들에 좀 더 중점을 두고, 비용과 제출 요건들의 평가에는 좀 더 낮은 중점을 둔다. 주택건축업자협회의 NGBS는 LEED-Homes보다 약간 덜 엄밀할진 몰라도, 그에 비교할 만한 것으로 여겨진다.

지역 그린 빌딩 인증체계들 역시 매우 흔하다. 여러 개의 주와 지방자치단체들이 특히 주거프로젝트들에 대해 지역의 요구와 맥락에 반응하여 그들만의 그린 인증체계들을 개발해 왔는데, 일부는 전국적인 등급체계가 가용해지거나 널리 채택되기 이전에 개발되었다. 시간이 경과하면서 이런 지역 등급체계들은 국가적/국제적 법규 및 표준들로 대체될 가능성이 높지만, 스스로의 프로젝트들을 나머지 시장으로부터 차별화시키고 싶어 하는 건축업자들 사이에서는 여전히 선호될 수 있을 것이다.

등급체계의 난관들

초기에는 등급체계들이 프로젝트들과 프로젝트 설계자들의 친환경적 요구들에 보다 큰 이점을 부여하는 자발적이고 제3자적인 벤치마크를 제공했다. 시간이 지나면서 그것들은 (시장 차별화나 거주민을 위한 인지된 혜택, 조직의 임무, 혹은 장기적인 비용 절감을 위한) 더 큰 성능을 제공하고 싶어 하며 점점 늘어나던 주류 프로젝트들에 대한 하나의 로드맵이 되었다. 이제는 그린 빌딩에 대한 공공적이고 정치적인 지원이 늘어가면서, 의뢰인의 프로그램과 지방자치단체의 개발 협정, 그리고 일부 정부기관들의 건축 규제에서 법규를 넘어선 성능 요구들이 나타나기 시작하고 있다. 이전에는 자발적이었던 체계가 법에 의해서든, 인센티브를 위한 자격을 얻기 위해서든, 혹은 계약적인 합의를 충족하기 위해서든 하나의 요구조건이 될 때, 여러 가지 난관들이 생겨날 수 있다. 이러한 여러 난관들을 이제부터 개괄해 본다.

업계의 압력: 자신들의 제품이 갖는 경쟁력이 어떠한 등급체계에 의해서, 심지어 약간 불리해지는 것으로 여기는 제조업자들은 "활동무대를 평준화"하는 요건들을 위한 로비에 혈안이 될 것이다. 그들이 설 자리를 더 많이 잃을수록, 그들은 더 열심히 싸울 것이다.

늘어나는 고통: 어떤 등급체계를 개발하기 위해 종종 처음 생겨나곤 하는 비영리 단체는 급속한 성장과 더불어 그와 함께 종종 수반되는 혼란을 경험할 수 있다. 그러한 급속

한 성장은 또한 더 큰 정밀조사와 잠재적인 이익 분쟁, 그리고 등급화 세계 내에서의 "시장점유율" 경쟁도 불러올 것이다.

변화하는 목표: 등급체계들은 종종 기준 (혹은 전형적인) 성능 수준을 넘어 점증적인 향상을 요구한다. 그런 기준은 어떻게 정의되는가? 한 프로젝트가 모든 건물들의 평균 성능과 비교되는가, 아니면 주어진 한 영역 내에서 현 법규에 맞게 지어진 건물들과 비교되는가? 한 건물이 어떻게 성능을 낼 것 같은지를 예측하고자 소프트웨어를 사용할 때, 그 기준 사례와 제안되는 설계간에 얼마나 많은 변화가 이뤄질 수 있는가?

인간의 본성: 건물들은 본질적으로 에너지를 사용하지 않는다. 거주자들과 그들의 건물 활용이 에너지를 사용하는 것이다. 세심하게 설계된 한 건물이 예기치 않은 방식으로, 혹은 예상한 것과는 다른 습관과 우선순위, 편안함에 대한 기대, 선호 경향 등을 지닌 이들에 의해 사용될 수 있다. 첫 해의 에너지 사용내역이 예상한 것보다 더 높이 나올 경우, 이해당사자들(혹은 유감을 품은 자들)은 주저 없이 경고를 할 수도 있다.

복잡성: 건물들은 보다 다양하고 특수하며 야심적인 요구조건들을 다뤄야 하기 때문에, 그것들의 체계는 종종 실질적으로 더욱 복잡해진다. 더 많은 건설업종, 더 많은 자동화, 그리고 가장 효율적인 최신 기술을 포용하라는 압력이 그것들 고유의 체계적인 혼란을 가져온다. 커미셔닝 commissioning은 그런 체계들과 상호 연결부위들의 오류를 수정하고자 노력하지만, 대형 건물들의 경우 제대로 조율되려면 1년까지 걸릴 수도 있다.

책임: 의도한 목적들을 달성하지 못하는 프로젝트들은 소유주와 개발업자, 혹은 심지어 건물 거주자들로 하여금 인식된 모든 재정적 손실을 배상하라는 법적 조치를 취하도록 자극할 수 있다. 규정적인 법규적 언어로 쓰이지 않은 자발적인 등급체계는 수많은 법적 위험에 노출될 수 있다.

위험 관리: 더 큰 기대와 더 큰 복잡성, 증대된 규제 압력 그리고/혹은 책임에 면할 경우, 프로젝트팀들은 창의적인 설계작업을 하기보다 위험 통제를 위한 등급체계 요구조건 관리에 더 많은 시간과 노력을 소비할 수도 있다.

점수 추구: 어떤 등급체계도 모든 상황들을 다룰 순 없기 때문에, 설계자들은 어떤 득점 요건을 정확히 만족하는 의심스러운 환경적 혜택들이 있는 전략과 득점을 위한 자격은 의심스러워도 상당한 혜택들이 있는 다른 대안적 전략 사이에서 선택을 해야 할 수 있다. 어떤 특정한 인증 수준에 올라서기 위한 자금이나 책임이 거의 없을 때, 설계자들이 "점수를 추구하기" 보다 "옳은 것을 선택할" 가능성이 더 높다.

적용가능성/유용성: 건설 대상과 방식을 지배하는 법규들과 표준들이 존재해온 만큼, 그것들에 반대해온 이들도 있어 왔다. 어떤 반대들은 단순한 방해공작이지만, 어떤 반대들은 확실히 근거가 충분하고 규제 요건들의 질과 타당성을 향상시킬 수 있다. 그린 등급체계들이 활기를 유지하려면 해석과 항의를 위해 이용 가능한 투명한 절차들이 필요하다. 쉽게 이해하기에는 너무 광범위하거나 모호하게 요구하는 언어와 실 세계에서 적절히 적용되기에는 너무 특수하고 규정적인 언어간의 긴장이 언제나 존재할 것이다. 모호한 언어일 경우에는, 프로젝트들이 요구조건의 정확한 말 표현보다는 그 의도를 만족시키는지 여부를 일반적으로 평가해야 한다.

선도적인 변화: 비판하는 이들은 종종 "더 좋은 건물과 더 친환경적인 건물을 짓는 데 등급체계는 필요 없다" 고 말할 것이며, 이는 사실일지 모른다. 하지만 어떤 등급체계가 실무를 변화시키고, 환경적 성능을 향상시키며, 업계를 통틀어 보다 친환경적인 생산물들의 요구를 증가시킨다면, 그것은 대부분의 프로젝트들이 발견되는 종형 곡선의 볼록한 부분에 대해 기능할 것임에 틀림없다. 어떤 등급체계가 기준을 너무 낮게 설정했다고 느끼는 최첨단의 혁신가들과 선구자들은 언제나 있을 것이다. 하지만 그 등급체계가 중요한 변화를 자극하기에 충분하며 그것을 따르는 게 손해가 크거나 비현실적일 정도는 아닌 경우에 속하는 프로젝트들이 그보다 10배는 많을 것이다. 어려운 점은 그 선구자들이 지지할 수 있으면서도, 소규모 팀들이 긴박한 일정 속에서 적은 이득으로 짓게 되는 평범한 프로젝트들도 열망과 함께 달성할 수 있는 등급체계를 만드는 것이다.

그린을 넘어서

건축 및 엔지니어링 설계분야의 많은 종사자들은 "그린" 과 "지속가능" 이라는 용어들을 같은 의미로 사용한다. 이것은 좋은 생각이 아니다. 지속가능성은 그린에 비해 그 범위의 폭이 더 넓으며, 건조환경이 미래 세대에 끼치는 장기적인 영향들을 다루고 생태학과 경제학, 그리고 사회적 복지간의 관계에 대한 고찰을 요구한다. (종종 "3대 기본전제 triple bottom line" 로 칭해지는) 이 개념이 함축하는 바는 설계과정이 전통적인 건물 설계과정의 범위 너머의 이슈들을 고찰하며 다루고자 할 거라는 점이다.

그린 빌딩은 에너지 효율적, 물 효율적, 자원 효율적일 것이며, 대상 부지 뿐만 아니라 그 외의 부지까지도 환경에 미치는 영향에 대해 다룰 것이다. 이는 지속가능성에 기여하지만, 지속가능성과 동일한 건 아니다. 우리는 지속가능성이란 환경에 대한 순수한 부정적 영향들을 갖지 않음을 뜻한다고 믿는다. 브룬트란트 Brundtland 보고서(『우리 공동의 미래 Our Common Future』)의 말을 바꿔 표현해 보자면, 지속가능성은 미래 세대들이 그들의 수요를 충족할 수 있는 능력을 손상시키지 않고 현 세대의 수요를 충족시키는 것이다. 그린 설계는 지속가능 설계를 향한 능동적 조치의 한 전조요 그것의 한 요소다. 그린 설계는 하나의 수단이지 목적이 아니다. 우린 확실히 그린만큼은 해내야 하고, 그보다 더 많은 것까지도 해내야 한다. 이 책은 진정한 지속가능 설계를 다룬다고 호언하지 않는다. 그린 설계와 그린 빌딩들은 지속가능 설계와 지속가능성을 향한 하나의 발걸음이다. 그리고 솔직히 말해 그린이야말로 오늘날의 사회적 맥락에서 대규모로 성취할 수 있는 최선일 수 있다. 그린 빌딩들을 향한 수요(와 요구)는 점점 명백해져 왔다. 그린 빌딩들을 향한 특정한 목적들과 측정 가능한 성취들을 정의하기 위한 수단들 역시 수많은 등급체계들의 개발을 통해 정교히 발전되어 왔다.

현재 설계자들이 직면한 가장 중대한 한 난관, 그리고 능동적으로 고려해야 하는 "더 많이 해내기" 의 한 측면은 온실가스 배출이 자극하는 기후변화의 문제다. 이산화탄소는 핵심적인 온실가스이며 현재 우리의 건물 설계 및 시공, 그리고 운용 실무들이 만드는 주요한 한 산물이다. 그린 설계가 에너지와 물, 그리고 (아마도 탄소배출을 포함하는) 재료 사용의 환경적 영향들을 절감하는 데에 초점을 맞추는 데 반해, 진정으로 세련된 설계는 건물에서 나오는 이산화탄소 배출량을 명백하게 줄여야 한다. 오늘날의 그린 설계 노력들이 탄소배출량을 줄일 순 있으나, 쉽게 정량화되거나 셀 수 있는 방식은 아니다. 현재 설계자들이 정량적으로 탄소중립적인 제품들과 과정들을 활용하도록 돕기 위해 가용한 정보는 거의 없으며, 안타깝게도 탄소중립적 설계성과들을 진지하게 다루기 시작해야 할 시점은 이미 늦어버린 듯 보인다. 이런 진퇴양난 속에서, 그리고 명쾌한 탄소중립 설계지침이 가용해질 시점까지, 따라야 할 신중한 경로는 모든 건물을 "그린" 빌딩이 되게 하고 모든 그린 프로젝트에 대해 가볍기보다는 더 깊은 "그린"을 시도하는 것인 듯하다.

그린 빌딩이라는 개념은 언젠가 고갈될 수 있다. 미래에는 "좋은", 혹은 "경제적인", 아니면 "비용 효과적인" 건물로 보편적으로 여겨지는 것 역시 그린 빌딩일 것이다. 하지만 아직 우린 그 지점까지 가 있지 않다. 대규모의 변화들, 즉 장기적인 목적들이 단기적인 편의들보다 중요시 될 필요가 있다는 이해, 환경적 영향이 사회에 끼치는 비용을 더 잘 설명하는 경제시스템, 그리고 탄소배출량 규제방식에 대한 합의와 같은 변화들이 먼저 나타나야 한다. 그때까지 우리는 환경에 끼치는 영향을 줄이는 방식으로 건물을 짓기로 선택하는 이들을 위한 자료들을 필요로 할 것이며, 동시에 그런 자료들의 한계 역시 자각할 것이다.

이번 장은 오레곤주 포틀랜드의 David Posada가 그린 빌딩에 관한 에세이로 쓴 글이었다. 그것은 이 책의 저자들에 의해『그린 스튜디오 핸드북』용으로 개작되었다.

NOTES

설계 스튜디오는 건축적인 행동이 일어나는 곳이다. 한 건물이 그린의 지위를 얻는 데에는 (어떤 등급체계를 통한 공식적인 방식이든 뛰어난 성능을 통한 비공식적 방식이든) 많은 방식이 있다. 그린 빌딩은 기본적으로 자문 엔지니어가 시행하는 능동적 전략의 결과로서 잘 기능할 수 있다. 그런 전략들은 전형적으로 기본설계단계 도중에 시행이 되며 건물의 형태나 방향에는 거의 영향을 끼치지 않는다. 또한, 그린 빌딩을 기본적으로 개념설계와 계획설계 도중 통합되는 Passive (즉, 건축) 시스템들의 결과로서 생산할 수도 있다. 비록 이 두 접근들의 최종적인 환경적 결과는 동등할 수 있을지라도, 그 결과에 이르는 방법은 확실히 다르다. 차이가 나는 건 건축 설계과정이다. 그리고 학교나 실무에서의 건축설계는 그에 수반되는 (좋거나 나쁜) 모든 문화와 더불어 스튜디오 배경 내에서 일어난다.

2.1 중정 스케치-인접한 실들로의 자연채광. DANIEL JOHNSON

세련된 건축 설계는 어려운 일이다. 건축가들은 그린 설계전략들을 빠르고, 합리적으로, 적절하게, 그리고 열정적으로 통합함으로써 그린 빌딩의 조성에 능동적으로 참가해야 한다. 우리는 교육자로서 이러한 과정이 건축 설계 스튜디오 교육현장에서 일어나야 한다고 믿으며 그래야 거기서 학생들은 기술을 배우고 습득하며, 해결책을 시험하고, 협력적인 비평을 받을 수 있다. 그 다음에 우리가 진정으로 바라는 건 하나의 뿌리깊은 그린 설계철학이 실무로, 즉 직장의 스튜디오 속으로 흘러 들어가는 것이다. 학생들은 변화의 동인이 될 것이다. 실무자들은 변화를 시행할 것이다. 그런 일이 일어나는 장소가 스튜디오다.

설계과정 [1]

> "종합설계 전문가는 예술가와 발명가, 기계공, 객관적인 경제학자, 그리고 진화전략가의 창발적인 총합이다. 건축가가 봉건사회 각각의 동떨어진 독립성들과 관계를 맺었다면, 그는 그와 같은 관계를 세계적 산업화의 새로운 상호 교류적 연속성 속에서 사회와 맺는다."
>
> 벅민스터 풀러 **Buckminster Fuller**의 『아이디어와 완결성 **Ideas and Integrities**』에 수록된 「종합적인 설계 **Comprehensive Designing**」 중

1. 설계과정에 관한 이 자료는 『그린 스튜디오 핸드북』 제1판에 수록이 되었고, 뉴욕 BRIGGSKNOWLES Architecture + Design의 Laura Briggs와 Jonathan Knowles가 쓴 한 편의 에세이다. 이 자료는 이번 제2판에 맞춰 약간 편집되었다.

설계는 다면적인 노력이다. 그것은 문화적인 동시에 기술적이고, 형식적이며, 프로그램적이다. 설계의 이런 저런 측면들에 대한 강조는 그러한 추구의 성과와 그로 인한 건축적 표현에 영향을 끼친다. 20세기 초에 활동한 두 이탈리아 건축가들이 설계한 두 건물들을 비교해 보면 설계의 강조점으로부터 출현하는 강력한 차이들이 드러난다. 루이지 네르비 **Luigi Nervi**의 작업은 응력 다이어그램들이 그 형태가 되는 구조적 논리로 정의되는 반면, 지오 폰티 **Gio Ponte**는 표면의 개발을 우선시 하는 구성논리를 활용한다. 폰티의 건물들 역시 하나의 구조적 논리를 갖고 있고 네르비의 작업 또한 구성적이지만, 그 작품들 속에는 그들 각각의 특색이 명확히 드러난다.

생태적 (그린) 설계에 초점을 맞출 경우 그와 비슷하게 건물의 표현도 변화하는가 아니면 단지 그 기초적인 가치들만 변화할 뿐인가? 이것은 각 설계팀마다 다른 고유의 질문으로

서, 기법들을 감추거나 드러내는, 혹은 늘여서 표현하거나 소극적으로 다루는 정도를, 그리고 생태적 관심사가 일차적인 강조 사항인지 이차적인 강조 사항인지 여부를 확정한다. 그럼에도 설계과정은, 특히 초기 기획단계의 경우 필연적으로 하나의 생태적 초점을 통해 변형된다. 아이러니컬하게도, 환경적 성능에 맞춘 한 초점이 일련의 확장된 설계 이슈들을 추구할 것을 요구한다. 따라서 그 과정은 건축가에게 창의적인 방식으로 전문가들과 대화할 수 있는 자연주의자나 재료과학자, 조명디자이너, 혹은 엔지니어로서의 통상적인 전문지식 정도보다 더 큰 걸 요구한다. 건축가의 역할은 형태의 전문가에서 건물 성능의 제너럴리스트로, 즉 아마도 초기 설계로 되돌아가는 방향으로 변화한다.

문제의 정의

기획: 첫 설계단계는 프로젝트가 개념화되는 순간, 의도가 정교화되는 순간, 그리고 하나의 기하학적 논리가 (엄밀하든, 내면화되든, 혹은 어떤 제스처로서 그려지든 간에) 정착되는 순간을 포함한다. 형태적인 것과 추상적인 것이 함께 유지되어야 한다. 최초의 설계 조치들은 회화적인 스케치나 개괄도, 행동계획, 체계적이거나 조직적인 틀이다. 이런 조치들은 목표를 정의하고 기준을 설정할 기회를 제공한다. 이 순간은 보다 큰 설계과정의 일부에 불과하다. 이 때는 형태적인 지침을 세우고 아이디어와 개념들을 모을 때지, 가능성들을 박탈하거나 모든 관계들을 굳혀버릴 때가 아니다. 시작단계인 만큼 그것은 열려 있다. 맘 속에서 형성된 개괄적인 밑그림들이 빈 종이 위로 옮겨진다. 드로잉을 시작하기 전에 의도를 명확히 표현하는 게 유용하지만, 시행착오를 통해 아이디어들을 명료하게 다듬어가는 것도 역시 유용하다. 천천히, 잠정적으로, 가설적으로 도면을 그리며 모형을 제작하는 과정이 설계 방향을 전개시킨다. 종이는 빈 종이일 수 있지만, 마음 그 자체는 결코 비어있지 않다. 최초 스케치의 이면에는 가치와 태도, 가정, 그리고 일련의 지식이 존재한다. 더 좋건 나쁘건 간에, 임의성과 영감, 그리고 여타의 영향들은 가장 기대가 적을 때 스며든다. 프로젝트와 환경적 가치의 강력한 의미가 이러한 많은 충동들을 여과하는 데 도움을 줄 수 있다.

의도: 한 프로젝트를 시작하는 순간에는, 건물 성능에 대한 기대들을 정의하는 게 중요하다. 건물이 (건축법규에서 표현되는 것처럼) 최소 기준에 맞는 성능을 갖게 할 것인지, 아니면 (틀림없이 그린 빌딩의 경우에 해당되는 것으로서) 그 기준을 능가하고자 노력할 것인지를 결정해야 한다. 어떤 성능적 측면들을 강조할 것인가? 에너지 효율성? 빛의 질? 아니면 공기의 질? 그린 설계의 어느 정도까지를 고려해야 할까? 순수 제로 에너지 빌딩? 에너지 이용 절감? 자연의 모방? 아니면 건축가 말콤 웰스 Malcolm Wells에 따르자면 본질적으로 재생적인 "야생의" 건축까지? 그 의도가 명확해야 한다. 왜냐 하면, 그것이 한 주어진 프로젝트에 가장 적절할 과정의 종류를, 팀의 유형을, 그리고 잠재적인 전략과 기술들을 지시하기 때문이다. 이러한 설계과정은 건축가로 하여금 실용적이면서도 그에 못지않게 사변적일 것을 요구한다.

기준: 프로젝트 기준은 판단과 결정을 시험하는 표준이다. 그것은 종종 어떤 권위당국이나 관습, 혹은 일반적인 동의를 통해 확립된다. 그린이 정말로 의미하는 건 무엇인가? 누가 결정하는가? 기준은 (에너지 효율성과 같은) 정량적인 표준들이나 (희망하는 조명효

과와 같은) 정성적인 표준들에만 기초할 수 있다. 기준은 만족될 수 있을 만큼 현실적이어야 하며, 또한 도전과제를 제공하고 설계의도를 만족시킬 수 있게끔 충분히 엄중해야 한다.

검증: 체계화할 이슈들의 유형과 적절한 설계방법, 그리고 사용할 정략들을 의식해야 한다. 설계자가 일련의 이슈들을 체계화하는 방식이 그 성과를 결정한다. 스튜디오식 방법은 하나의 피드백 순환과정을 내포한다. 지식 기반 전문직은 예전의 노력들을 기초로 숙고하고 성공과 실패 사례들로부터 명백하게 교훈을 얻는다. 샤르트르 대성당 시공 도중 붕괴가 일어났다. 재료들이 중력 하에서 어떻게 기능하는지에 대한 계산 및 공식들이 재고되었고 그 유명한 대성당은 재건되었다. 이는 환경적인 힘들에 대해서도 마찬가지다. 비록 중력에 비해 종종 미묘하고, 복잡하며, 가변적일 때가 많다 해도 말이다. 다른 유형의 피드백이 요구되는데, 그것은 붕괴에 기초하는 게 아니라 다른 사례들과 분석으로부터 배우는 보다 큰 학습의 일부인 피드백이다. 기존 프로젝트의 분석은 사물이 어떻게 작용할 것인지에 대한 가설이 된다.

우선순위 수립: 의도들과 목표들에 순서를 부여하는 것이 매우 중요하다. 목표들의 우선순위 수립은 설계자와 건축주가 가장 중요한 것, 필요시 타협 가능한 것, 그리고 제안되는 해결책들이 얼마나 유연성이 있는지를 이해할 수 있게 돕는다. 어떤 설계과정이든 그렇듯이, 일련의 아이디어들을 거쳐 목표들의 명료화에 도달하게 된다. 이것은 한 전략이 다른 전략을 부정하거나 그것과 충돌할 수 있기 때문에 특히 중요하다.

연구

자료수집: 찰스 & 레이 임스 Charles & Ray Eames 사무실의 사진들에는 아름다운 물건들을 전시해 놓은 커다란 캐비닛과 벽들이 보인다. 이러한 전시는 근무장소라기 보다는 다소 박물관 같은 공간을 형성한다. 그 널찍한 방은 (진행 중인 작업을 포함해) 하나 같이 도발적인 기운(즉, 기하학적인 오더와 골격구조)을 발산하는 경이로운 소장품들로 채워져 있다. 그 이미지는 설계과정에서 중요한 한 순간인 연구의 순간을 포착하고 있다.

임스 부부의 연구는 규모와 기능이 다양한 요소들의 진기한 조합을 수집하고 해석하는 과정을 수반했다. "복제예술가"로서 그들은 주변 환경을 즐겁게 활용하였다. 그들의 작업은 사물의 창조에 못지않게 사물의 작동방식에 대한 연구이기도 했다. 그들의 이미지는 영감의 원천이었다. 생태설계에서 각각의 프로젝트는 그 고유의 자료실을 필요로 한다. 무엇을 연구하기로 선정하느냐가 그 프로젝트를 이해하는 방식에 영향을 주고, 따라서 그것으로 무엇을 만드는가, 그리고 무엇을 할 수 있는가에 영향을 준다. 생태학은 많은 규모에서 작동하기 때문에, 연구는 다양한 규모에서 자료를 수집하는 것과 함께 시작한다.

부지분석: 설계자는 해당 부지를 근거리와 원거리에서 모두 관찰해야 한다. 부지를 이해하고, 분명히 보이는 것과 보이지 않는 것, 그리고 일시적으로 나타나는 것으로부터 교훈을 얻어야 한다. 지면의 경사 효과들은 태양광 입사각의 패턴 뿐만 아니라 바람을 일으키는 대기 교란의 원인이 되기도 한다. 풍속이나 일사량과 같은 일부 데이터는 대개 인터넷

이나 도서관에서 종합된 묶음 형태로 찾아볼 수 있다. 소음 수준이나 동선 패턴과 같은 다른 데이터는 현장에서 관찰해야 한다. 부지 분석의 본질은 프로젝트와 설계자가 추구하는 가치의 맥락에서 한 부지의 자원들을 찾고 그것의 문제들을 식별하는 것이다.

필요에 의해 건물에 대한 기후의 영향을 조절하고자 외피와 재료를 활용하는 풍토 건축을 살펴보는 것 역시 유용하다. 적절한 기후적 반응에 대한 지식은 많은 전통적인 건설 방식과 거주자 생활패턴 속에 함축되어 있다. 위대한 프로젝트들은 때때로 전통적인 건설 방식들을 이해하고 적용한 경우다.

부지선정: 주변 환경과의 상호작용을 통해(혹은 그것의 결여를 통해) 모든 건물은 내외적인 기후를 조절한다. 어떤 프로젝트든 그 고유의 미시기후를 갖고 있고 그에 따라 해당 부지에서 경험되는 조건들에 효과를 미친다. 새로운 건물은 사면과 식생, 토양 유형, 장애물들에 영향을 끼친다. 한 부지의 다양한 요소들이 갖는 효과들을 이해하고 나면, 이런 요소들을 조작함으로써 다양한 목적으로 미시기후를 조절할 수 있다. 예를 들어, 그늘을 위해 나무를 심거나 단순한 벽을 세움으로써 부지의 일부에서 열 환경의 질을 개선할 수 있다. 부지선정 과정은 건물이 지역화된 생태적 현상들과 맺는 관계를 강조하지만, 기후 최적화의 논리는 건물 뿐만 아니라 도시의 규모로까지 확장된다.

형태부여 요소

자연채광: 빛은 건축의 역사를 통틀어 형태부여 요소로서 익히 알려져 왔다. 판테온에서 하드리아누스의 건축가는 하나의 거대한 둥근 천창에서 떨어지는 빛을 극적으로 포착했고, 알바 알토의 모든 건물들은 광 스쿠프 light scoop를 활용하여 북반부 극지방의 낮은 태양광을 교묘히 가져 왔다. 전통적인 태양광 설계는 Passive 난방을 위해 남쪽에 의례적인 창을 내고 축열체 thermal mass를 결합하는 방식을 활용한다. 하지만 창문은 정확한 광량과 단열이 잘 되는 벽, 그리고 태양열 집열간의 균형을 맞추기 위해 세심하게 크기를 조율하여 배열해야 한다. 하나의 조명전략에 도달하려면, 다양한 공간의 기능과 수요를 기초로 적절한 조명수준을 결정해야 하고, 그 다음에는 자연채광 모델이나 기타 도구들을 활용하여 가능한 해결책들을 시험하고 평가해야 한다. 빛의 효과는 또한 태양 경로를 표시하는 광선 다이어그램들을 통해 쉽게 연구할 수도 있다. 그런 연구 결과들은 분명한 조명 효과들과 분명한 건물 형태를 위해 준비되어야 한다.

Passive 전략과 Active 전략: 태양열 건물은 Passive 또는 Active 기법 가운데 어느 것을 사용했는지에 따라 특징지어진다. Passive 건물은 태양열을 집열하고 제어하기 위해 벽, 창문 배치 및 내물림 overhangs 등을 전략적으로 이용하는 반면 Active 시스템에서는 태양 에너지의 집열, 저장 및 재분배를 위해 펌프, 배관 및 제조된 장치들을 이용한다. 선택은 종종 복잡하며 두 접근을 혼합한 방법이 채택될지도 모른다.

그린 빌딩들은 종종 Passive 기법이나 Active 기법에 대한 "선택적" 접근으로 특징지어진다. Passive 시스템들은 방향과 형태, 그리고 개구부들을 전략적으로 활용하여 부지의 자원들을 포착하고 통제하는 반면, Active 시스템들은 펌프와 파이프, 그리고 제조된 장치들을 통해 그런 자원들을 수집하고, 저장하며, 재분배한다. 그 선택은 종종 복잡하며 결과적으로 두 가지 접근법들을 혼용하게 될 수 있다.

Passive 설계는 자연이 (그리고 건축가가) 그 일을 맡는다는 의미다. Passive 전략은 일차적으로 그 건축을 통해 환경 조건들에 순응하며 Active한 해결책들에 앞서 고려되어야 한다. 이는 건축가가 전략적이어야 함을 의미한다. 그것은 원거리의 자원으로부터 에너지를 끌어들이기 보다 해당 부지의 자원들을 활용함을 뜻한다. 벽과 창문, 그리고 내물림 **overhang**들의 세심한 배치가 한 프로젝트를 "그린" 프로젝트가 되게 도울 수 있으며, 그렇지 않을 경우에는 어쩔 수 없이 기계설비(와 엔지니어링 컨설턴트)가 그 역할을 담당할 수밖에 없을 것이다.

하이브리드 시스템은 종종 에너지 사용을 완화시키는 작용을 하는 건물 외피와 냉난방 시스템의 공생을 이루어낸다. 전통적으로 정적이었던 건물 요소들이 (전산화된 제어나 생물학적 수단을 통해) 동적으로 설계될 수 있는가 하면, 시각적으로 비활성적으로 보이는 기계화된 체계의 요소들은 내부적으로 유체를 전달한다. 하이브리드 시스템은 거주자가 주변 자연환경의 다양성에 독특한 방식으로 개입할 수 있게 해준다.

부지의 가변적인 기후가 언제, 그리고 얼마나 자주 쾌적범위를 넘어섬으로써 Passive 시스템과 Active 시스템의 논리적 혼합으로 이어지는 프로젝트의 방향을 정의하기 시작하는지를 깨닫는 게 중요하다.

피드백 Feedback 순환과정

설계과정 동안 건물 성능을 예측하는 데에 수많은 설계도구들을 활용할 수 있는데, 이에는 수작업 계산과 실물 모형, 컴퓨터 시뮬레이션, 그리고 드로잉(매핑) 등이 포함된다. 환경 시스템의 성능은 구조나 재료, 혹은 외피의 성능에 비해 평가하기가 일반적으로 더 어렵다. 종종 날씨와 응력이 재료들에 미치는 효과를 상상해 볼 수는 있지만, 실내 공간을 통한 조절된 공기의 움직임은 보기가 어렵다. 현재 강력한 예측용 컴퓨터 툴들이 이용 가능한데, EnergyPlus, DesignBuilder, Energy-10, ECOTECT, eQUEST 등이 그 예다. 이런 툴들은 설계자로 하여금 열이 어떻게 한 건물의 내부로 들어와 그 공간과 형태 주위로 이동하는지를 이해하고 시각화하는 데에 도움을 줄 수 있다. 하지만 이런 프로그램들의 힘과 복잡성이 압도적일 수 있기 때문에 그것들을 사용하려면 무엇을 "볼" 것인지를 알기 위한 훈련이 되어 있어야 한다.

빛과 바람의 변화하는 현상들을 기록하는 드로잉과 다이어그램들은 한 주어진 부지가 제공할 수 있는 것을 실체적으로 입증할 수 있다. 각 부지는 독특하며, 또한 뚜렷한 특징들을 갖고 있다. 태양이 어디에 위치할 것인지, 그것은 낮 동안 어떻게 변화하는지, 그리고 음영의 가능성에 대해 스케치할 수 있다. 태양각도에 관한 정보를 빨리 얻기 위해 태양궤적 차트 **sun chart**들과 다이어그램들을 사용할 수 있다. 동적 컴퓨터 모델들은 태양의 위치를 추적하는 대안적인 방식을 제공한다. 다양한 자연광 설계 방법들을 사용하거나 자연채광 모델들을 통해 조명 수준을 수학적으로 예측할 수 있다.

건물들은 설계팀이 능동적으로 관여하는 가운데 권위를 지닌 한 독립기관이 커미셔닝 을 해야 한다. 커미셔닝의 목적은 건물 설비와 시스템들이 정확하게 설치되었는지, 그리고 의도하고 설계한 대로 작동되고 있는지를 검증하는 것이다. 거주 후 평가 POE는 이와 연관된 하나의 피드백 도구다. 설계 전문직종들이 미래의 설계 노력에 기여하기 위한 (아마도 사례연구로 사용될) 거주 후 평가 정보의 데이터베이스를 구축하는 게 매우 중요하다. 성공적인 프로젝트의 시스템 성능에 대한 직접 경험으로 얻은 교훈들은 더욱 일반적인 상황들에 적용될 수 있다. 특정 용도로 활용되어 일반에 공유되는 품질진단 연구는 환경설계에 관한 학습을 진일보시킬 것이다.

건물의 조직과 시스템

건축가와 건축주에 의해 개발되는 건축 프로그램(커미셔닝 용어로는 건축주의 프로젝트 요구조건 Owner' s Project Requirements)이 건물 성능의 기초적인 잠재력을 결정한다. 모든 잠재적인 건물이 내포하는 형태들은 배치와 방향에 기초를 두며 그 자체 내에 어떤 주어진 기후와 맥락에 잘 반응하거나 그렇지 못할 가능성을 담고 있다. 레이너 밴험 Reyner Banham은 그의 책 『잘 조율된 환경의 건축 The Architecture of the Well-Tempered Environment』에서 프랭크 로이드 라이트 Frank Lloyd Wright가 내물림과 내민창, 난로를 활용하여 쾌적함을 제공하기 위해 형태를 어떻게 명석하게 조작했는지를 지적한다. 건물의 조직은 겨울에 빛을 모으고, 바람을 모아 방향을 조절하며, 그늘을 제공할 수 있다. 건물의 형태와 모양은 자연적인 현상들의 흐름을 인도한다. 단순한 원칙들로는 난방 시즌 동안 태양열 접근이 가능하도록 건물과 식생 배열하기, 낮은 건물들에 그림자가 드리우는 걸 피하기 위해 보다 높은 건물들을 북쪽에 배치하기 등이 있다.

전이공간: 단순하게 말해서, 전이공간은 두 환경들 사이의 연결공간이다. 회전식 문이나 이중문 현관이 가장 흔한 예들이다. 이러한 접근들은 유용하지만 단 하나의 목적만을 가질 뿐이다. 훨씬 더 정교화된 전이공간 개념들은 루이스 칸 Louis Kahn의 작업에서 볼 수 있는데, 그는 환경적인 반응 역시 건축적으로 풍부할 수 있다는 아이디어에 정통한 인물이다. 그의 (지어지지 않은) 솔크 도서관 Salk Library과 인도 경영연구소 Indian Institute of Management, 그리고 다카 국회의사당 Assembly Hall in Dhaka 프로젝트들은 모두 동선순환과 함께 건물 전체에 자연광을 반사시키기 위한 전이공간들을 사용한다. 이런 이중 셸 구성들은 복도와 계단에 사용되며 열적으로는 중립적이다. 그 공간들은 거주자들이 가끔씩 사용하며 에너지를 덜 필요로 한다. 동시에 그것들은 자연광으로부터 태양열을 분리하기도 한다. 전이공간은 본질적으로 외부에서 내부로 가는 매개공간을 제공하며 한 건물과 공동체에 가해지는 열량을 상당히 줄여줄 수 있는 완충지대다.

구조: 구조는 형태를 부여한다. 다양한 구조시스템들은 다양한 기회들을 허용하면서도 본질적인 결과들을 갖는다. 예를 들어, 조적 내력벽은 더운 기후와 추운 기후에서 모두 건물의 온도를 수동적으로 조절하는 데에 활용할 수 있는 축열체를 제공한다. 목조 프레임과 같은 경량 구조체는 갑작스런 온도 변화에 훨씬 더 민감하기 때문에 효과적으로 단열처리를 해야 하지만, 일교차가 거의 없거나 내부 온도변화가 요구되는 기후에서는 좋은 선택이다.

외피-재료: 건물 상세의 설계는 하나의 가설을 시험하는 것이지만, 아이디어와 의도, 그리고 실물 크기 인공물의 현실성 간에 존재하는 차이는 엄청나다. 실제상의 무한한 특수성은 재료들이 조합되고 상응하며 거동하게 될 방식을 정확히 예측하기 어렵게 만든다. 이런 이유로 인해, 프로젝트의 개념은 엄밀한 과정 속에서 발전되고 근거를 찾아가면서, 그리고 재료들의 거동에 관한 직관을 활용하면서 지속적으로 살펴 보아야 한다. 재료의 선택 가능한 대안들과 관계들은 공간적인 조직과 아이디어의 가독성을 강화시키며, 또한 그것들로 인해 강화된다. 상세는 시공적인 목적과 핵심적인 내용을 담고 있어야 한다. 일차적인 관심사는 건물 외피(벽, 지붕, 바닥, 개구부)가 시각적, 열적, 음향적인 쾌적함을 제공함에 있어서 기계설비 시스템들과 나란히 수행하는 핵심적인 역할이다. 양심적이고 엄밀한 상세개발은 건물 자체가 가변적이고 극한적인 날씨를 조절하는 데에 이바지할 때 더 복잡한 일이 된다. 재료의 선택은 구조와 시공, 그리고 환경시스템들의 상호 연관된 성격을 직접적으로 다루어 이런 기술들을 건축적인 아이디어로 통합하기를 추구한다.

외피-단열: 잘 단열된 외피를 주목함으로써 설계자는 기후제어 시스템의 규모를 줄일 수 있다. 한 구조물의 외벽과 바닥, 그리고 지붕은 기후와 법규에 어긋나지 않는 수준으로 단열되어야 한다. 그린 빌딩의 벽과 바닥, 지붕, 그리고 창은 법규상의 최소 성능 요건들을 능가해야 한다. 투과를 제어해야 하는데, 이는 공기가 외피상의 계획하지 않은 개구부들을 통해 이동할 수 없도록 제어함을 뜻한다. 태양열 흡수와 자연채광을 통해서든, 그리고/혹은 태양열 차단을 통해서든 프로젝트의 목표들에 기여할 수 있도록 창문과 창이 난 문들을 선택하여 명시해야 한다.

옥상녹화는 많은 이점을 제공할 수 있다. 그것은 프로젝트의 형식을 확장하고 하나의 도피 장소를 마련함으로써 미학적인 역할을 수행한다. 최소한의 물과 유지보수를 필요로 하고, 여름철에 완전히 자랐을 때에는 해당 프로젝트에 그늘을 제공하며, 건물 내에서 사용할 생산물(꽃/초본/과일/야채들)을 생산하는 풀과 식물 종들을 선택해야 한다. 경량의 토양은 추가적인 단열기능을 제공하고 물을 흡수하여 유실수를 줄일 수 있다. 빗물은 정원을 관개하는 데에 사용하거나 재활용수 시스템에 사용할 수 있다. 옥상녹화는 한 프로젝트가 차지하는 사용 가능한 생활공간을 면적상으로나 정신적으로나 확장시키고 식물이 살 수 있는 생태적 서식지를 늘릴 수 있다.

기후제어 시스템: 그린 냉난방 시스템은 주변 자연조건을 최대한 활용하여 건물의 기후를 제어한다. 이러한 주변 에너지들은 전형적으로 재생 가능하며 오염을 유발하지 않는다.(탄소배출을 줄이고 미래 세대를 위해 재생불가능 물질들을 보존한다) Passive 전략들은 엄밀히 말해 부지상의 환경 자원들로부터 냉난방을 제공하는 능력을 갖는다. 그린 기후제어 시스템이라면 운용이나 설치에 있어서 모두 간단하게끔 설계해야 한다.

설계과정 요약

비록 한 건물이 형태를 취하게 되는 절차가 일반적으로 몇 가지 단계를 포함하고 아이디어의 창출과 시험, 그리고 다양한 규모에서의 시행을 포함할지라도, 그 설계과정은 결코 "전형적"이지 않다. 기술의 통합은 지속적인 설계 기회로 여겨지지 않고 종종 자문 엔지니어들에게 위임해야 하는 원치 않는 과제로 여겨지곤 한다. 환경적인 전략들을 통한 작업은 부품들을 조합하거나 마치 메뉴를 고르듯 시스템들을 선택하는 것 이상의 작업이다. 하나의 커다란 콜라주처럼, 부분들이 융합하는 게 중요하다. 게다가 그것들은 무한히 변형되어 수행될 수 있다.

4장에서 제시되는 각각의 전략은 융단조직의 일부와도 같아서, 한 가지 전략만으로는 어떤 프로젝트를 그린 프로젝트로 만들지 못한다. 이것은 개괄되는 전략들을 고려해볼 때 명백해진다. 예를 들어, 처음에 에너지 효율성 전략을 활용하지 않은 채 광전지 시스템의 규모를 설정하게 되면 환경적으로 반응적인 해결책이 아니라 이치에 맞지 않는 광전지 전략이 이루어질 것이다. 광전지 지붕 전체는 보잘것없이 개념화된 한 프로젝트의 전기 수요 중 겨우 20%만 제공할 수 있을 것이다. 정량적인 것과 정성적인 것의 균형을 맞춰야 한다. 하나의 정의된 의도를 이루는 일부로서 그 순환고리를 완결시킬 수 있는 전략들을 통해 작업하는 것이 중요하다.

그 전략들을 활용하는 가장 좋은 방법은 그것들의 물리적, 생태적, 화학적 토대를 이해하고 기술을 그 수요에 맞추는 것이다. 낮은 등급의 과업에 최첨단 기술을 사용하지 말아야 한다. 화장실 세정용으로 정수를 사용한다거나 헤어드라이어에 태양광 발전을 활용하지 말아야 한다. 별개의 문제들에 대해 공통적인 해법들을 찾는 게 중요하다. 이는 기능적 중복이라 불리며 그린 설계와 이 책의 토대가 된다.

통합설계 [2]

그린 설계의 목적들을 성취하기 위한 수단은 정의하기가 어렵거나 적어도 힘이 드는 수단일 수 있다. 어떤 경우 프로젝트팀은 "해야 할 옳은 일"이라고 느끼는 것을 직관적으로 감지할 수 있지만, 왜 그 제안되는 접근법이 효과적일 것인지에 대한 명확한 논거를 확립하는 도구가 부족하다. 혹은 설계자가 그린 설계전략이라는 당황스러운 선택에 직면하여 어떻게 진행할 것인지에 대한 명확한 그림을 떠올리지 못할 수도 있다. 헌신적인 설계팀은 가능한 수많은 대안들을 의제화할 수 있지만 기술적인 실행가능성이나 예산 문제에 대한 우려가 그것들의 실행을 억누를 수 있다. 종종 설계과정의 흐름과 진행순서는 필요한 선택안들을 탐구하거나 다른 대안들을 조사할만한 적절한 시간을 남겨주지 않는다. 그 목표들은 명확할 수 있으나, 그것들의 성취는 손이 닿지 않는 범위에 남아 있을 뿐이다.

2. 통합설계에 관한 이 자료는 『그린 스튜디오 핸드북』 제1판에 수록되었고 오레곤주 포틀랜드의 David Posada가 쓴 한 편의 에세이다. 이 자료는 이번 제2판에 맞춰 약간 편집되었다.

통합설계는 그린 목표들을 성취하기 위한 수단을 제공한다. 최근 수년간 건물 내에서의 에너지 사용을 비롯하여 태양열과 태양광, 공기, 그리고 재료들을 더 잘 활용하기 위한 시스템들에 대한 우리의 기술적인 이해가 크게 향상되어 왔다. 수많은 건물들(예를 들어 5장 참조)이 에너지 소비와 인간의 쾌적함, 그리고 환경적 영향의 전형적인 규준들에 있어서 광대한 향상을 보여 왔다. 그런 건물들이 지어진다는 사실은 우리의 건물 형식과 재료, 그리고 시스템들만 진화하는 게 아니라, 우리가 그것들을 설계하고 시공하는 수단까지도 진화함을 보여 준다.

통합설계의 정의

통합설계는 다양한 학문들의 기술과 지식, 그리고 다양한 건물 시스템들의 상호작용들을 적용하여 더 낫고, 더 효율적이며, 더 효과적인, 그리고 더 책임있는 건물을 상승적으로 생산하는 과정이다. 그것은 때때로 더 낮은 최초 비용을 목표로 하지만, 보다 전형적으로는 더 낮은 생애주기 비용을 목표로 한다. 통합설계는 종종 무관하다고 여겨져 왔던 요소들간의 관계를 고려한다.

설계는 탐구의 과정이다. 모든 프로젝트는 독특하며, 맥락을 정의하는 부지와 기후, 사용자, 예산, 그리고 프로그램의 특정한 조합들에 대한 하나의 독특한 반응을 제시한다. 모든 건물의 설계는 이러한 맥락적 요소들에 대한 하나의 수용 가능하거나 양호한, 혹은 두드러진 반응을 제시하는 것에 대한 하나의 가설이다. 건물의 성능에 대해 우리가 여전히 모르거나 완전히 이해하지 못하는 게 많이 있으며, 겨우 최근에야 그런 해결책들에 기여할 수 있는 설비와 재료, 그리고 시스템들에 관한 많은 의견들이 시공된 프로젝트들의 성능에 대한 지속적으로 성장해가는 연구로부터 출현하고 있다.

설계는 협력의 과정이다. 그 어떤 단독적인 인물도, 그 어떤 단독적인 직종도 전형적인 현대 건물을 구성하는 그 모든 시스템과 재료, 그리고 조합들을 이해하는 데에 필요한 지식과 기술을 모두 갖지는 못한다. 최상의 설계 해결책들은 많은 학문들의 기여를 통해 발전되는 협력적인 이해를 반영한다.

설계는 통합의 과정이다. 풍부한 지식을 여과시켜야 하며 가장 타당하고 적용 가능한 원칙들을 혼합된 것들로부터 걸러내야 한다. 이러한 과정은 다양한 배경과 전문성, 인성 등을 갖춘 한 무리의 인물들이 회의와 E-메일, 음성메일, 계약, 작업일정 등의 복잡한 채널을 통해 수행해야 한다. 모든 수행자들이 하나의 공통된 가치 집합을 기준으로 역할을 할 경우 그것은 도움이 될 것이다.

통합설계는 통합적이지 않은 설계와의 비교를 통해 가장 잘 정의할 수 있다. 그것이 반드시 최첨단 설계인 건 아니다. 기술 시대는 지식의 전문화와 파편화를 증가시키는 결과를 가져왔다. 매우 전문화된 지식이 어떤 문제들에 적용될 때 종종 그 결과는 더 악화된 문제들로 이어지며, 의도하지 않은 결과들의 법칙을 따른다. 통합설계에서 최첨단 지식을 반기지 않는 건 아니지만, 그 과정은 근본적으로 단 하나의 기술적 측면이 아닌 전체 시스템의 기능화를 이해하고자 노력한다. 많은 사람들은 전형적인 설계과정을 산업혁명의 불가피한 부산물 내지는 협소하게 정의된 시스템이 어떻게 거동하는지에 관한 기계론적 방식의 적용과정으로 여긴다. 그 "살기 위한 기계"는 그것의 약속을 이행하지 않았다. 어떤 사람들은 그것이 우리의 상황을 더욱 악화시켜 왔다고 말할 것이다.

통합설계는 순차적인 설계가 아니다. 전형적인 설계과정은 종종 한 전문분야에서 다른 전문분야로 이어지는, 즉 설계자에게서 도면제작자로, 엔지니어로, 도급업자로, 하도급업자로 이어지는 "이어달리기"로 묘사된다. 비용은 한 집단이 다른 집단들의 투입 없이 결정을 내리고 상승적 혜택의 기회가 소실될 때 증가한다. 전형적인 설계는 "연속적으로 적용되는 지식"으로 이해할 수 있다. 통합설계는 "병렬적으로 적용되는 지식"이다.

통합설계는 정말로 위원회에 의한 설계가 아니다. 팀 구성원들로부터의 투입은 빠른 설계 아이디어 발상 주기 내에서 개념들을 시험하고 기대하지 않았던 대안들로부터의 다양한 혜택들을 발견하기 위한 한 방식으로서 추구된다. 그것은 어떤 문제에 적용되는 전반적인 설계 지능을 향상시키고 빠른 현실성 확인과 과정의 수정사항들을 제시하는 방식이다. 설계 리더십은 여전히 요구되지만, 그런 리더들은 다른 팀 구성원들의 투입을 성실하게 조정하고 통합할 필요가 있다.

통합설계는 다양한 일련의 규정들 하에서 적용되는 판에 박힌 과정이 아니다. 당연하게도 설계팀들은 과거에 사용했던 방법들과 접근법들을 활용하기가 쉽다. 오직 어떤 상황으로부터 뒤로 한 발짝 물러나 그 바탕을 이루는 가정과 규칙들을 살펴볼 때에만 새로운 해결책들의 영역을 볼 수 있다. 이와 유사한 한 가지 현대적인 사례는 사람들이 찐득거리는 찝찝함이 아니라 뜨거운 샤워와 차가운 맥주를 원한다는 에모리 로빈스 Amory Lovins의 주장에서 볼 수 있다. 소유주들은 생산성을 원하며, 거주자들은 쾌적함을 원한다. HVAC 시스템이나 광선반의 얘기가 아니다.

통합설계는 점수를 추구하는 게임이 아니다. 어떤 경우 LEED와 같은 등급체계들의 요구조건들은 그것들의 장기적인 혜택을 위해서가 아니라 인증을 받기 위해 전략들을 채택하는 단기적인 마인드를 만들어낼 수 있다. LEED 점수들은 또한 한층 법규와 흡사한 요건들을 추가적으로 갖춘 모양을 하고 있으며, 그런 요건들을 충족시키기 위해 설계팀들은 프로젝트의 본래 의도를 잊어버릴 수 있다. 유사한 사례로서 미국 장애인법 Americans with Disabilities Act의 요구조건들은 일부에게 부담스럽고 제약적으로 여겨졌지만, 한편 그것들은 모든 사용자들을 위해 공간적 활용도를 향상시킨 해결책들에 대해 많은 설계자들의 시야를 열어주기도 했다.

통합설계는 쉽지 않다. 습관과 관습, 계약, 그리고 규정들은 모두 기대되거나 요구되는 것에 대한 어떤 특정한 관점으로부터 성장하는 시스템에 반응하여 진화했다. 기존의 시스템은 각개격파식으로 일을 다루도록 설계되어 있다. 에너지를 생산하고, 인간의 건강과 활동을 지원하며, 환경을 악화시키기 보다 향상시키는 건물과 공동체, 그리고 도시를 만들기 위해 우리는 그와 정반대의 결과를 만든 설계과정을 적용할 수 없다.

통합설계는 한 복잡한 시스템의 모든 일부가 상호작용하는 방식들을 관찰하며 이런 지식을 활용하여 함정을 피하고 다양한 혜택들을 갖는 해결책들을 찾고자 한다.

통합설계를 향한 움직임

헌신의 확립: 그린에 대한 열망과 그것에 대한 헌신은 소유주나 의뢰인과 함께 이상적으로 시작해야 하는데, 그들이 궁극적으로 설계팀의 작업 방향을 이끌고 그들에게 보수를 지급하기 때문이다. 의뢰인의 고집과 혁신에 대한 열망이 계속 전진하기를 꺼려하는 팀 구성원들을 설득시킬 수 있다. 이는 그 설계팀이 프로젝트 가치의 중립적인 관찰자라는 말이 아니다. 보통 소유주와 설계팀은 유사한 가치와 목표들을 공유한다. 적절한 카리스마를 지닌 설계자는 소유주에게 그린 프로젝트를 설득시킬 수 있다. 하지만 어떤 프로젝트에서 그 소유주가 그린을 적극적으로 밀어붙이는 인물이라면 고성능에 대한 잠재적인 장벽들이 사라질 수 있다.

팀 구성과 목표 설정: 이상적인 설계팀은 새로운 기회와 해결책들을 재빠르게 식별할 수 있는 경험과 전문성을 갖춘 사람들을 포함한다. 하지만 그게 이 말처럼 쉬웠다면, 이미 우리 모두는 그런 이상적인 설계팀을 갖추고 있었을 것이다. 경험이나 기술적 지식의 부족은 새로운 영역을 탐구하고 이전의 가정과 습관들을 벗어나려는 의지를 통해 극복될 수 있다.

정보수집: 각각의 프로젝트 분야는 단지 그것들의 전형적인 전문영역을 다루기만 할 게 아니라, 그 전문영역이 전체 시스템의 다른 부분들과 어떻게 상호작용하며 서로 영향을 미치는지를 이해하기 위한 확대된 노력을 해야 한다. 상호작용들을 탐색하고 문제들과 기회들을 예측함으로써 잠재적인 해결책들을 식별할 수 있다. 이러한 해결책들을 브레인스토밍하는 것은 협력적인 논의를 위한 출발점이다.

개념 및 계획설계: 개념설계와 계획설계단계는 대개 소유주가 제시하는 프로그램(혹은 프로젝트 요구조건들)을 설계팀이 처음으로 개입시키는 단계다. 개념설계단계에서 소유주는 설계팀이 추구할만한 가치가 있는 비전을 갖고 있다고 확신할 것이다. 계획설계단계에서 설계팀은 소유주에게 제안된 비전이 실제로 실행 가능하다고 스스로를 확신시킨다. 이런 초기 단계 이후로는 어떤 중요한 아이디어들(혹은 핵심 전략들)도 설계과정에 포함되기가 쉽지 않다. 많은 그런 설계전략들이 계획설계단계에서 반영되지 않을 경우 그것들의 잠재력을 영원히 놓치게 될 것이다.

시험: 일단 수많은 옵션들이 거론되면, 설계팀은 그 옵션들의 에너지와 비용, 그리고 물질적인 결과들을 시험할 수 있다. 소프트웨어 모델은 건물 에너지 사용을 시뮬레이션할 수 있다. 재정 모델과 생애주기 비용 계산, 그리고 견적은 장단기 비용과 수익 모두의 경제적 함의들을 시험할 수 있다. 이는 개발 중인 설계 해결책의 정교화로 이어진다. 문제들이 불가피하게 일어나면 설계팀은 재고 중인 전략들을 재평가할 수밖에 없으며, 때로는 프로젝트의 본래 의도와 기준들까지도 재평가해야 한다. 설계팀이 부지와 기후, 프로그램 및 예산이라는 자원과 제약들을 철저하게 검토함으로써 "그 숙제를 완수" 했다면, 대안적인 해결책들을 찾기가 한결 쉽고 신속해질 것이다. 설계의도와 기준은 (명백한 결점을 갖지 않는 이상) 엄격하게 지켜져야 한다. 그것들은 본래 프로젝트의 열망을 대변한다. 여기서 소유주의 헌신이 중대함을 갖는다.

도급업자: 기본설계단계는 대개 총 도급업자의 입찰과 하도급업자 고용을 위한 기초가 되는 시공서류(도면과 시방서)들을 준비하는 단계에서 정점을 이룬다. 이 늦은 시점에 도급업자가 설계팀에 합류했다면, 그는 그 서류들 이면의 의도와 헌신을 거의 모를 것이기 때문에 본래 의도를 변경할 수 있는 대체안이나 변화를 제시할 가능성이 더 높다. 더욱이 소유주와 설계팀은 도급업자의 지식과 경험으로부터 혜택을 받을 수도 없었다. 도급업자는 이른 시기에 프로젝트팀에 합류해야 한다. 그럴 경우 그는 프로젝트의 의도에 친숙해지고 시공과정의 제약과 기회들에 기초한 설계변경 제안의 기회를 갖게 될 것이다.

품질 제어: 소유주는 "자금을 지불한 것에 대한 보상을 받아야" 한다. 이를 위해서는 종종 부족할 때가 많은 품질제어 기능이 설계 및 시공과정 내에 깊이 배어들어야 할 필요가 있다.

커미셔닝은 소유주가 자신이 기대해 온 생산물을 확실히 얻게 하기 위해 점차적으로 통용되어 가고 있는 수단이다. 커미셔닝은 거주에 앞서서 건물의 체계와 조합들이 실제로 의도대로 기능함을 증명한다. 커미셔닝은 시공단계의 한 과정이 아니다. 그것은 예비설계에서 시작되어 거주하는 동안에도 계속된다. 종종 중요한 건물 성능인자들에 대한 철저한 거주 후 평가 POE를 보증하기도 한다.

통합설계의 철학

통합설계과정의 특징을 설명하기 위해 다양한 분야의 언어와 관점들이 활용되어 왔다. 철학자라면 이 과정을 윤리학의 연장으로, 즉 윤리적으로 다룰 만한 가치가 있다고 생각되는 이슈들이나 모집단 범위의 확장으로 볼 수도 있겠다. 예를 들어, 그린 설계는 대개 부지 외부에 미치는 영향, 즉 프로젝트에 직접적인 연관이 없는 사람들과 환경에 미치는 영향에 주목한다. 생물학자라면 생명애 biophilia적 접근방식을 찾을지도 모른다. 시스템 사고 Systems Thinking, 학습 조직 Learning Organizations, 자연적 행보 The Natural Step, 3대 기본전제 The Triple Bottom Line, 전체 건물 시스템 Whole Building Systems 등은 모두 하나의 유사한 과정과 가치 시스템을 묘사하는 다른 방식들이다. 통합설계과정은 한 복잡계의 구성요소들이 상호작용하는 방식에 대한 이해에 기초한다. 그것의 가치 측면은 종종 하나의 도덕적이거나 윤리적인 요소를 갖는 소위 "목적의식이 있는" 의도라고도 불리는 것에 의해 주도된다.

"시스템 사고"라는 개념은 20세기 중반에 일어나 사회과학과 인사관리, 생물과학에서부터 소프트웨어 개발과 군사계획까지 많은 다양한 분야에 적용되어 왔다. 그것은 어떤 대상의 본질적인 기능을 이해하기 위해 다른 힘들의 상호작용을 최소화하고 그 대상이나 기능을 고립시켜 연구하는 데카르트적 세계관과는 근본적으로 다르다. 시스템 사고는 어떤 것도 결코 진공 속에서 일어나지 않음을 깨닫는다. 모든 요소와 사건은 보다 큰 시스템의 한 일부이며 그 시스템과 상호작용하는 것으로, 그리고 그 시스템은 다시 훨씬 더 큰 상호작용 시스템의 일부로 이해된다. 시스템 사고는 이런 상호작용들을 무시하기 보다 다양한 하위시스템들과 상위시스템들을 묘사하고 시스템들을 분리하는 경계들을 명확히 한다.

이러한 아이디어들을 건물 설계에 적용하는 일은 때때로 은유적으로 이뤄진다. 통합설계는 종종 지침을 위한 생물학적 모델에 의지함으로써 촉진된다. 생물환경 속에서 이루어지는 많은 유기체들의 상호작용은 인간들이 그들의 물리적, 사회적 환경과 상호작용하는 방식들과 유사하다. 생물학적 모델들은 다양한 구성요소들과 관계망 사이의 상호작용들을 설명하고 한 건물의 일부분들과 연관된 사회적 시스템들이 어떻게 상호작용할 수 있는지를 더 쉽게 이해할 수 있도록 도움을 줄 수 있다.

작가이자 농부인 웬델 베리 Wendell Berry는 좋은 해결책들이 동시에 많은 다양한 규모에 있는 많은 문제들을 해결하는 경향이 있다는 "패턴적 해결"의 개념을 설명한다. 대규모의 단일재배 농장은 더 많은 양의 살충제들을 도포하여 해충들을 처리한다. 그것의 부작용은 초기의 문제만큼이나 성가신 문제가 된다. 패턴적 해결은 이 문제를 규모의 문제로 본다. 즉, 농장의 규모를 한 농부가 관장할 수 있는 규모로 되돌림으로써, 다양한 농작물을 경작함과 더불어 대량의 농약들을 사용하지 않고도 해충을 줄이는 기법들을 사용할 수 있게 된다. 더 작은 농장은 또한 더 폭넓은 패턴인 농부들의 시장이나 지역 상업에 기여함으로써 그 가정과 공동체에도 혜택을 안겨줄 수 있다.

건축설계에서 볼 수 있는 패턴적 해결의 일례는 자연광 사용을 극대화하는 건물 형태를 사용하는 경우다. (적절한 제어를 통해) 전기적 부담이 줄어들 뿐만 아니라, 인간의 쾌적함과 생산성이 향상되고, 일사획득이 감소한다. 자연환기는 보다 쉬워지고, 건물 형태와 미적 가치를 더 훌륭하게 표현할 수 있게 되며, 사회적 복지에 보다 적합한 동선순환과 사용패턴들이 발전할 수도 있다.

에너지와 빛, 물, 그리고 공기가 건조환경에 적용될 때 그 패턴들을 이해하는 능력은 발전적인 통합설계 기술을 향한 하나의 발걸음이다. 일부에게는 두꺼운 책이나 장황한 강의가 이런 패턴들을 설명하는 데에 도움을 주겠지만, 다수에게 가장 빠른 경로는 빠른 근사 추정치나 어림짐작 계산, 혹은 일반적인 지침들을 활용하여 적절한 전략들을 설계 문제들에 적용하는 것일 수 있다. 많은 전략들을 위한 그러한 기획적 접근들의 사례는 4장에서 제시된다.

NOTES

CHAPTER 3

핸드북

이 핸드북은 계획설계단계에서 그린 빌딩 전략들을 활용하는 문제와 관련하여 설계자의 합리적인 결정을 도울 초점화된 정보를 제공하도록 의도되었다. 광범위한 그린 빌딩 유형 및 맥락들을 설명하는 사례 프로젝트 연구들을 포함한 것은 그런 전략들의 사용을 장려하고 세계적으로 시행되고 있는 뛰어난 그린 설계 작업의 일부를 조명하기 위함이다.

계획설계단계의 강조는 의도적이다. 이 단계에서는 정보에 입각한 의사결정이 최소비용으로 프로젝트 성능에 최대영향을 행사할 수 있게 한다. 건물 형태와 방향에 대한 논의들이 계획설계단계에서 이루어진다. 좋지 않은 부지와 매스의 배치 결정들이 주는 부정적인 영향들은 (완화하는 기술적 해법, 즉 보상하는 수준의 설계 말고는) 사실상 되돌리기가 불가능하다. 우리는 특히 그린 빌딩과 더불어 순수 제로 에너지 건물과 탄소 중립적 건물을 포함하는 고성능 건물들이 Passive 건축전략들을 적극적으로 수용해야 한다고 믿는다. 이런 전략들은 매우 이른 시기에, 대개는 프로젝트 개발을 시작한지 며칠 이내로 설계과정에 통합되어야 한다.

계획설계단계 동안에는, 시스템 잠재력에 대한 이해가 적절한 잠재력의 채택에 있어 결정적이다. 마찬가지로 시스템 규모를 결정하는 요구조건들을 감지하는 것이 많은 전략들의 건축적인 실행에 있어 매우 중요하다. 옥내의 온수 수요를 충족하기 위해 100제곱피트의 태양열 집열판이 필요할까 아니면 1000제곱피트가 필요할까? 빗물을 저장하는 데에 5000L의 물탱크면 충분할까 아니면 50,000L 용량이 필요할까? Passive 냉방 시스템이 최고의 설계조건 하에서 27°를 유지할 수 있을까 아니면 의뢰인이 32°를 이해할 것으로 기대해야 하는가? 계획설계단계에서 설계자가 직면하는 본질적인 질문들은 잠재적인 전략들과 관련한 "할 것인가, 말 것인가"이며, 여기에는 핵심 요소들에 대한 "적합 혹은 부적합" 여부의 질문이 밀접하게 뒤따른다. 이 단계에서는 뉘앙스가 중요한 게 아니라, 올바른 근사치 내에 있는 게 중요하다.

우린 건축가가 그린 전략들의 일반적 성격(정의하는 시스템의 특징과 제약, 그리고 변수들)을 이해하고 각각의 전략이 어떻게 기능하는지를 개념적으로 이해해야 한다고 믿는다. 게다가 그는 시스템 규모에 대해 예비적인 판단을 할 수 있어야 한다. 이것이 건축가의 뜻대로 될 거라고 느끼는 주된 이유는 철학적인데, 이러한 대부분의 전략들이 건축적이며 말하자면 그것들은 그 건축가의 것이어야 하기 때문이다. 두 번째 이유는 실용적인 이유다. 프로젝트가 하나의 통합설계과정 하에서 수행되고 있지 않을 경우 계획설계 단계 동안 아이디어들을 교류할만한 기계전기설비 및 토목공학 컨설턴트는 존재하지 않는다.

이 핸드북은 하나의 그린 빌딩 프로젝트를 위해 고려할만한 가치가 있는 42개의 계획설계 전략들을 제시한다. 그린 프로젝트에 적용될 것이지만 보통은 나중에 설계과정 내에서 역할을 수행하게 되는 다른 많은 전략들이 있다. 그 예로는 재료와 마감재 선정, HVAC 시스템 설계, 조명제어 등이 있다. 건물의 방향과 형태, 조직, 그리고/혹은 개구부에 영향을 주기 쉬운 전략일 경우 이 책에 포함시켰다.

그 42개의 전략들은 하나의 일관된 형식으로 제시된다. 각각은 도입부로 시작한 다음, 핵

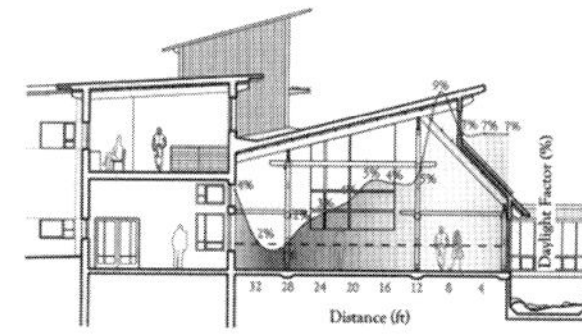

3.1 자료관을 위한 자연채광 요인들을 보여주는 계획설계도면–물리적 자연광 모델을 활용하여 측정함. JONATHAN MEENDERING

심적인 건축 이슈들의 진술, 실행시 고려사항에 대한 논의, 그 전략과 관련된 설계절차들의 개관, 시공된 건물에서 사용 중인 전략의 몇몇 사례들, 그리고 추가적인 정보를 위한 자료를 이어 제시한다. 주요 텍스트와 평행하게 측면 배치되어 있는 정보는 각 전략에 대한 중요한 맥락적 관심사항들을 요약하고, 규모설정이나 (적용 가능할 경우의) 조율에 관한 하나의 작업된 사례를 제공하며, 계획설계 이후에 일어날 전략과 관련된 설계 노력들을 제시한다.

4장(이 책의 핵심)은 Active 설계전략과 Passive 설계전략을 모두 제시한다. 높은 등급을 받은 많은 그린 빌딩들은 주로 Active한 해결책들을 솜씨 있게 활용함으로써 그것들의 지위를 얻었다. 양호하다고 간주되는 다른 그린 빌딩들은 고성능을 향해 주로 Passive 한 경로를 취해 왔다. 보다 규모가 큰 대부분의 그린 빌딩들은 두 유형의 시스템들을 모두 포함한다. 5장에서 제시되는 10개의 사례연구 프로젝트는 모두 Active 시스템과 Passive 시스템을 다 포함한다. Active와 Passive의 차이는 무엇일까?

간단히 말해서, Passive 시스템은

- (전기나 천연가스 등의) 상업용 에너지를 사용하지 않는다.
- 일반적으로 또 다른 시스템의 일부(창문이나 바닥 등)이기도 한 구성요소들을 사용한다.
- 전반적인 건물 조직 속에 밀접하게 통합된다.(고정되지도, 쉽게 제거 가능하지도 않게 통합된다)

Active 시스템은 본질적으로 반대의 특징들을 갖는다. 작동하려면 상업용 (재생불가능) 에너지가 필요하고, 종종 다른 건물 시스템들과 가볍게 통합되는 단일 목적의 구성요소들을 활용한다. Active 전략과 Passive 전략은 본질적인 좋음이나 나쁨이 없다. 그것들은 단지 하나의 목적을 향하는 수단들에 불과하다. 하지만 설계팀과 소유주는 그 수단들에 대해 가치를 매길 수 있고 또 그래야 한다. 이 책과 함께 많은 그린 설계자들은 Active 전략보다 Passive 전략의 가치를 높이 평가한다. 이러한 가치평가는 실질성과 더불어 다양한 시스템들이 일반적으로 그리고 한 특정 건물의 맥락 속에서 합리적으로 성취할 수 있는 것과 그렇지 못한 것에 대한 이해를 통해 조절해야 한다. 이 책의 한 가지 주요한 목표는 계획설계단계 동안 일반적으로 고려해야 하는 시스템들에 대해 "할 수 있음 혹은 할 수 없음"을 감지할 수 있게 것이다.

이 책이 "그린 인증을 얻기 위한 방법"을 기술하는 매뉴얼이 아님을 강조하는 게 중요하다. 각각의 인증 조직은 그 인증 과정으로 지원해야 할 광대한 정보가 있다. 이것은 "실질적인 그린 빌딩을 달성하기 위해 내가 할 수 있는 것"이다. 그 차이는 미묘하지만, 매우 중요하다. 그린 빌딩은 우수한 환경적 성능을 보여줄 것이다. 인증되는 그린 빌딩은 등급화되기에 충분한 점수들을 축적할 것이다. 그 두 개념들은 중첩해야 하며, 또한 항상 그런 건 아니지만 종종 중첩한다. 우린 매번 인증보다 성능을 중시할 것이다.

이 책의 초점을 아직 주류적으로 쓰이지 않고 있기에 표준 설계와 시스템 참고문헌들이 반드시 잘 다루지는 않는 전략들에 맞추겠다는 의식적인 결정이 이루어졌다. 이 책의 범위와 규모, 그리고 비용을 적당히 유지하기 위해 열 손실 계산치, 태양궤적도, 물 소비 추산과 같은 계획설계정보들은 일부러 포함하지 않았다. 이런 규칙에 대한 약간의 예외들이라면 얼마 안 되는 부록 정도가 있다.

마지막으로, 별개의 42개 전략들을 통해 각각이 하나의 부품 카탈로그처럼 사용될 수 있다고 가정하는 게 쉬울 것이다. 어떤 것도 진실에서 멀리 벗어날 수는 없다. 설계전략들은 연결적이며, 그것들은 서로를 지원하거나 충돌할 수 있다. 일부가 어떤 맥락 속에서는 반생산적이고 또 다른 맥락에서는 가장 유익한 것일 수 있다.

그 전략들은 솜씨 있는 설계자가 조작해야 하는 도구들이다. 이 핸드북은 기존의 설계 기술을 강화하게끔 의도되었다.

하나의 통합된 설계팀에 대해, 원칙적으로는 한 전문가에게 의지하여 "이걸 우리가 어떻게 하는가?" 라고 물어볼 수 있을 것이다. 이 책은 그러한 지식을 갖춘 길잡이가 되기를 시도한다. 통합설계과정은 옵션들과 전략들에 대한 길고 장황한 설명들을 요구하지 않으며, 오히려 그것은 무엇을 고려할 것인지, 그리고 어떻게 시작할 것인지에 대한 간결한 제안들을 바탕으로 발전한다. 그러한 길잡이는 고성능 건물이 어떻게 현실적으로 작동할 수 있을지에 대한 하나의 초기 가설로 이어질 수 있다. 계획설계 단계의 잠재적 전략들에 관한 개념을 증명함으로써 설계팀은 그들의 초기 조치들을 정말로 뛰어난 조치들로 만들 수 있게 된다. 계획설계는 그런 설계 아이디어들을 "옹호"해야 한다. 심도 있는 모델링과 더 많은 스케치들, 그리고/혹은 시험은 나중에 설계가 반복되는 동안 이러한 형식적 가설들을 평가하는 데에 사용될 것이다.

NOTES

CHAPTER 4

디자인 전략

이 장에서 그린 전략은 6개의 주요한 주제로 구성되며 계획설계에 가장 많은 영향을 주는 전략들을 포함한다. 각 전략들은 기본적인 그린 원칙이나 개념을 설명한다. 사이드바 링크 **Sidebar link**는 고려해야 할 관련 전략과 보다 큰 설계문제들에 대해 제안한다. 각 전략의 본질은 사전에 건물과 시스템 구성요소들의 규모결정에 지침이 되는 단계적인 설계절차이다. 전략이 물리적이 아니라 개념적일 때 설계절차는 계획설계과정에서 개념을 통합하도록 돕는다. 개념 스케치는 기본을 강화하는 각 전략에 대해 설명하며 사진들은 건설된 프로젝트에 적용된 전략들을 보여준다.

NOTES

외피

건물 외피에 대한 고려는 건물의 부지계획과 창문 및 천창의 배치로부터 시작된다. 건물을 동서축 방향으로 세우고 일련의 창문 개구부를 남북 면에다 위아래로 배치함으로써 일사제어와 자연채광을 손쉽게 달성할 수 있다.

단열은 모든 그린 빌딩 프로젝트에서 중요한 부분이 된다. 에너지 사용의 절감이 그린 빌딩에서 높은 우선순위를 차지하므로 그다지 훌륭하지 않은 그린 단열의 두꺼운 층이 거의 항상 불충분한 두께의 그린 단열보다 우선시 된다. 다시 말해 설치의 충분한 단열값과 품질이 달성될 수 있다고 가정하였으며 비 그린 단열보다는 그린 단열을 선택해야 한다는 말이다.

구조와 외피를 위한 재료를 선택할 때 적다고 생각된 것이 종종 많은 경우가 있다. 재료를 보다 효율적으로 사용하는 것은 자원을 보존하고, 쓰레기를 줄이며, 건축비용을 절감하도록 돕는다. 목구조를 사용할 때는 간격과 상세가 자원효율성의 관점에서 최적화되었는지를 확인해야 한다. 구조가 삼림보존위원회 FSC에 의해 인증되고/되거나 가공된 목제품이 고려되어야 한다. 콘크리트를 사용할 경우 재료를 효율적으로 사용하는 설계를 하고 비산회를 포함시켜 시멘트 함량을 감소시켜야 한다. 철골구조에서는 열교효과를 초래하지 않는 단열기법을 개발해야 한다.

계획설계과정에서 태양열을 수용하거나 배제하는데 따른 편익을 고려해야 하며 태양열 문제해결에 가장 적합한 일사획득계수 SHGC: Solar Heat Gain Coefficient를 이용해 유리창에 관한 고민을 시작해야 한다. 유리창의 선택은 많은 요소들에 의해 결정된다. 한 프로젝트에서의 현명한 선택이 다른 프로젝트에서는 그렇지 않을 수도 있다. 내물림 overhangs과 그늘장치(차양)는 일사제어 유리창의 필요를 줄이거나 제거할 수 있다.

적절한 기후에서는 상업용이나 주거용 건물에서 스트로베일과 같은 대안적인 재료에 대해 고려해야 한다. 옥상녹화는 도시 열섬효과를 감소시키고, 잠재적으로 높은 단열값을 제공하고, 우수의 누수를 줄이며, 또 지역 동식물군을 위한 서식지를 제공하는 등 많은 혜택을 가져다 준다. 만약 옥상녹화가 선택사항이 아니라면 열방지 지붕재료가 무더운 기후에서 냉방을 위해 우선된다. 열방지 지붕은 건물에 대한 태양열 부하를 줄여주며 재료의 팽창과 수축을 감소시켜 지붕의 수명을 연장시킬 수 있다.

오래 견뎌내는 재료들은 자원에 대한 요구를 줄여 주며 많은 경우 보다 낮은 내재에너지와 관련된다. 그것들은 또한 유지관리 비용을 감소시켜 비록 초기비용이 높을 지라도 생애주기 관점에서는 보다 저렴하게 될 것이다.

전략

부지분석
단열재
스트로베일 공법
구조적 단열 패널
Glazing
이중외피
옥상녹화

NOTES

부지분석

부지분석은 건축적인 문제에 대한 그린 솔루션 개발에서 결정적인 역할을 하는 초기 단계다. 부지분석의 목적은 기초적인 것으로서, 한 부지의 어떤 특징들이 설계과정에 이로움을 혹은 해로움을 줄 수 있는지를 이해하는 것, 예를 들면 부지의 어떤 특징들이 자원으로 사용될 수 있고 또 어떤 특징들이 부담으로 작용하는지(즉, 해결해야 할 문제인지)를 이해하는 것이다. 건물을 다루는 건축학교의 거의 모든 설계 프로젝트가 부지분석을 위한 요구조건을 포함한다. 거의 예외 없이, 대부분의 결과적인 "분석"은 거의 가치가 없다. 일반적으로 부지분석은 종종 위반되어야만 비로소 "설계"가 시작될 수 있는 하나의 장벽으로 여겨지곤 한다. 일반적으로 대부분의 "부지분석"은 소수의 선택된 부지특성들에 대한 불완전한 묘사다. 이상적인 세계였더라면 전문 실무에서 그런 결점들이 흔히 보이는 경우가 적었을 것이다.

유용하고 성공적인 것이 되기 위해 부지분석은 제안되는 프로젝트의 유형과 규모를 고려해야 한다. 그 프로젝트가 단독주택인가, 학교인가, 사무소인가, 극장인가? 그 프로젝트는 외피 부하가 지배적일 것 같은가 실내 부하가 지배적일 것 같은가? 테네시주 멤피스의 한 교외지역(혹은 런던의 도크랜드나 터키의 대초원지대)에 위치한 단독부지의 분석 결과들은 이렇게 제안되는 각각의 프로젝트 맥락들마다 다를 것이다. 프로젝트 프로그램은 적어도 부지만큼이나 분석 결과에 대한 중요성을 갖는다.

좋은 부지분석은 가치평가를 포함해야 한다. 설계팀은 한 프로젝트에 관해서 무엇을 가치 있게 여기는가? 자연광을 하나의 가치 있는 자원으로, 즉 시간이 있다면 고려해야 할 무언가로 볼 것인가 아니면 시간투자를 할 가치가 없는 것으로 볼 것인가? 이러한 것은 주관적인 가치들이며 프로젝트 자체에 의해서만 달라지는 게 아니라 그 프로젝트에 관여하는 사람들에 따라서도 달라질 것이다. 단지 법규만을 준수하는 건물의 경우보다 그린 빌딩이나 여타 고성능 건물의 경우에 역량 있는 부지분석은 훨씬 더 중대하다. (대개 Passive 시스템과 연관된) 부지의 천연자원들은 고성능 프로젝트의 성공에 있어 더욱 중요하다.

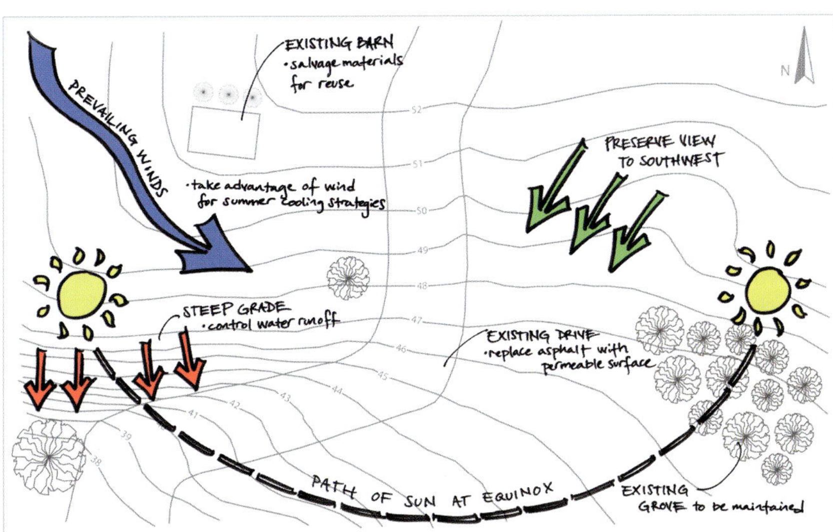

4.1 설계기회들의 감각을 제공하며 평면으로 제시되는 전형적인 부지분석. MATT HOGAN

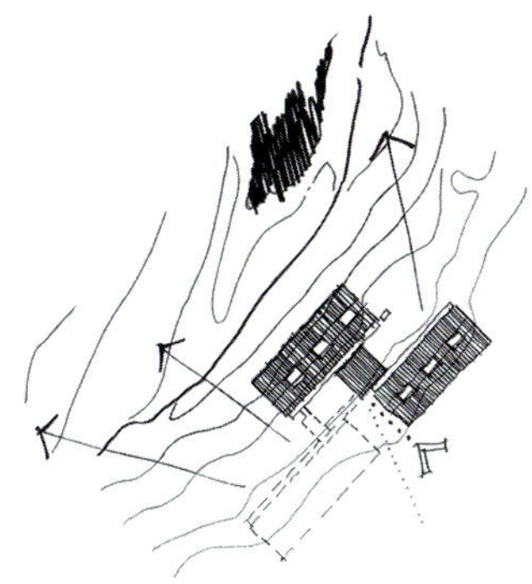

4.2 Solihull의 Arup Campus를 위한 부지계획 개념도. ARUP ASSOCIATES

의도
임박한 한 프로젝트의 설계와 관련하여 한 부지와 연관된 장단점들을 분명하게 이해하기

효과
한 특정 프로젝트 내에서의 이로운 활용을 촉진할 부지 자원들에 대한 이해

선택사항
그래픽적 분석, 컴퓨터 분석, 혼합분석

조정 시안
부지분석은 프로젝트 수요를 부지 자원들에 맞춰 조율하는 노력이다. 분석결과는 많은 그린 전략들을 위한 양분이 될 것이다.

관련 전략
모든 Passive 전략들(자연채광, Passive 태양열 난방, Passive 냉방)과 많은 기초적인 건축설계 전략들

선결요건
근본적인 프로젝트 목표들, 프로젝트 규모에 대한 감각, 설계의도, 설계기준

건축적인 주요 현안

다음은 부지분석 결과들의 영향을 받을 건축 시스템들의 일부다. 이 목록은 총체적인 목록은 아니되 전형적인 목록이다. 프로젝트의 세부사항들은 영향을 받는 건축 시스템들의 중요성과 구체사항들을 변화시킬 것이다. 또한, 여기서의 초점은 그린 빌딩 프로젝트들이며, 지하 조건 등의 여타 이슈들은 수 많은 프로젝트들에서 중요하게 여겨지는 부지 이슈일 것이다.

자연채광: 성공적인 자연채광은 고가의 복잡한 차양장치를 설계할 필요 없이 적절한 휘도를 낼 수 있는 태양광에 얼마나 쉽게 접근하는가에 달려 있다. 그러한 유익한 태양광 자원들의 위치는 당연하게도 모든 경우에 일반적으로 적용된다. 하지만 주요한 태양광 자원들을 실제로 이용할 가능성은 부지에 따라 매우 다를 수 있다. 인접한 건물과 나무, 언덕 등이 창공과의 접근을 막음으로써 핵심적인 자연광 자원들의 이용을 차단할 수 있다. 태양광 자원들에 관한 추가적인 정보는 자연채광과 관련된 몇몇 전략들을 참조하라.

Passive 태양열 난방: 성공적인 Passive 태양열 난방은 연중 난방을 하지 않는 기간 동안 직접적인 태양복사열에 얼마나 쉽게 접근하는가에 달려 있다. 비난방기간의 정도는 부지 온도(기후)의 영향을 받기도 하지만, 건물의 외피 설계와 실내 부하들에 의한 영향도 또한 받는다. (그것들이 균형점 온도에 영향을 미치기 때문이다) 부지분석 시점에서는 건물의 외피와 플러그, 설비, 그리고 전기조명 부하들의 세부사항이 알려지지 않을 것이다. 그렇다 하더라도, 비난방기간을 미리 정의하려면 건물의 균형점 온도를 추정해야 한다.

하늘을 가로지르는 태양의 외관상 경로는 주어진 어떤 위도에서도 일반적이다.(그리고 이 경로의 시각은 주어진 어떤 경도에서도 일반적이다) 창공의 "광원" 으로부터 수동적으로 태양열을 받는 개구부로의 직접적인 태양복사를 방해할 수 있는 장애물들은 경우마다 다르다. 자연채광과 마찬가지로, 인접한 건물과 나무, 그리고 지형이 건물 난방에 활용될 수도 있는 복사를 차단할 수 있다. 그러한 중대한 장애물들은 부지분석시에 식별해야 하며, 이는 의도된 개구부 위치 뿐만 아니라 부지 특성들의 영향도 받을 것이다.

Passive 냉방: 수많은 Passive 냉방시스템이 존재한다. 일부는 주변의 풍향 패턴들에 의존하고, 일부는 주변 습구온도에 의존한다. 또 다른 일부는 밤 하늘의 온도나 지하의 토양온도를 활용한다. 모든 Passive 냉방 시스템들은 그 성능을 주도하는 냉각원의 자유로운 이용을 필요로 한다. Passive 냉방 시스템은 대개 가장자리에 위치하며, 설계된 과열기간 조건 하에서 이용 가능한 과잉 용량이 없거나 거의 없다.

맞통풍 냉방 시스템의 경우, (제안된 시스템 사용기간 동안의) 풍속(속도와 속력)과 풍향이 시스템의 성공과 규모에 있어 결정적으로 중요하다. 맞통풍 가능성의 가치를 평가하는 부지분석은 하절기 바람에 대한 거시기후적 정보를 취합하고, 흐름을 방해하거나 향상시키는 부지 특성들에 관한 국지적(미시기후적) 정보를 중첩시키며, 부지가 맞통풍 가능성에 미치는 효과들을 예측한다. 다른 Passive 냉방 시스템들에 영향을 미칠 부지 특성과 기후 패턴들을 유사하게 매핑함으로써 건물과 날개 벽, 그리고 바람의 흐름을 향상시키거나 저해할 수 있는 여타 요소들의 위치를 결정하기 시작해야 한다.

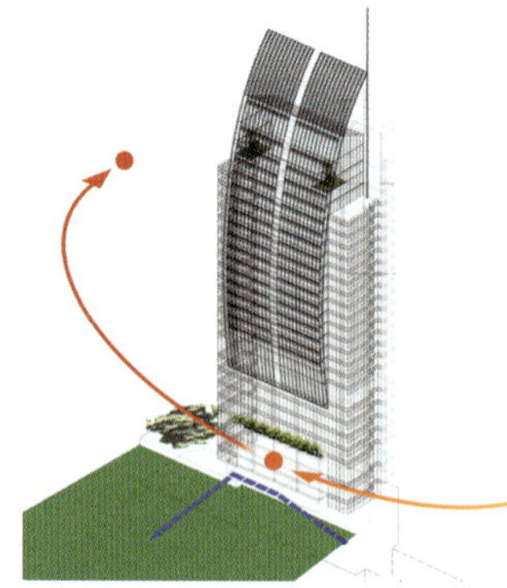

4.3 홍콩에 있는 사무소 건물인 One Peking Road. 파사드는 태양의 궤적에 따라 작동하며 남쪽과 북쪽의 파사드에서 모두 자연광이 유입되도록 설계되었다. ROCCO DESIGN LTD

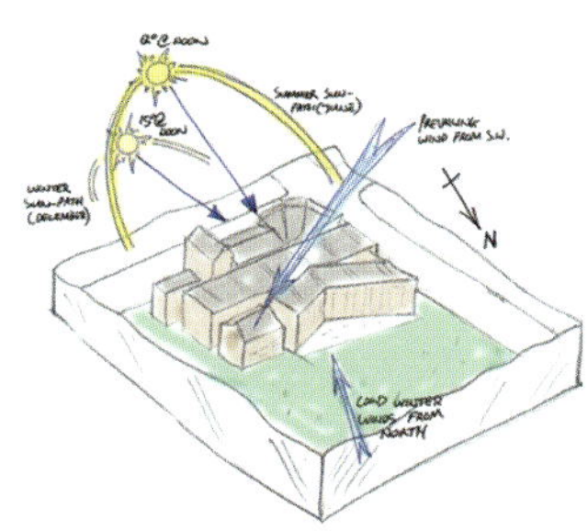

4.4 스코틀랜드 에든버러에 있는 존 호프 방문객센터 프로젝트를 위한 부지분석 다이어그램. MAX FORDHAM ENGINEERS

바람과 빗물 유실수: 그린 빌딩은 종종 부지상의 자원들로부터 물 수요를 만족시키고, 또한/혹은 부지 유실수의 영향을 줄이고자 시도한다. 그러한 전략들의 가능성을 측정하려면 강우의 강도와 패턴, 부지의 투수성, 그리고 부지의 형세를 이해할 필요가 있다. 이러한 전략들을 중요하게 여긴다면, 이러한 특징들에 관한 정보가 양호한 부지분석에 기여할 것이다.

음향: 쾌적한 건축음향이 대부분의 현 그린 빌딩 등급체계들에서 뚜렷하게 요구되고 있는 사항은 아니다 하더라도, 쾌적한 내부환경을 제공하는 것은 대부분의 그린 설계 노력에 있어서 핵심을 이룬다. 적절한 음향은 그러한 모든 양질의 환경을 이루는 일부다. 부지의 관점에서 볼 때, 좋은 음향을 제공하고자 노력한다는 것은 보통 잡음의 침입을 줄이는 것을 의미한다. 잡음의 원인들은 부지마다 매우 다르며 오직 부지를 방문해야만 그것들을 확실히 알 수 있다. 잡음의 원인들은 시간에 따라 달라지기도 하기 때문에, 부지 방문은 전형적인 잡음 특성과 "설계적"인 잡음 특성에 관한 정보를 모두 제공할 수 있는 시각에 이루어져야 한다.

공기의 질: 비록 공기의 질이 지역권에 기초하여 폭넓게 특징화될 순 있다 하더라도, 오염물의 수준은 지역화된 산업적 원인들, 교통, 그리고 심지어 인접 건물들로 인해 부지마다 다를 수 있고 또한 다를 것이다. 건물 거주자들에게 영향을 줄 수 있는 많은 오염물들을 미시규모에서 측정하여 결과를 얻는 일은 어려운데다 비용도 많이 든다. 최소한 부지분석은 관찰 가능하고 직관적인 공기질 관련 이슈들, 즉 예를 들자면 혼잡한 교통로 근처에서 이산화탄소 농도가 더 높을 가능성과 같은 이슈들을 파악해야 한다. 사용 중인 건물 내외부의 이산화탄소 패턴들을 현장에서 측정한 몇몇 결과들은 한 도시 부지의 양쪽에서 측정한 주변 이산화탄소 수준이 차이를 드러냄을 보여줬다.

실행시 고려사항

좋은 부지분석을 발전시키려면 부지의 영향을 이해하기 전에 이루어지는 건물 설계와 모든 부지 특성들에 가치가 할당될 때까지 기다렸다가 이루어지는 설계의 균형을 맞출 필요가 있다. 말은 어렵게 들릴 수 있으나 그 정도로 어렵진 않다. Passive 태양열 난방 시스템은 일반적으로 합리적인 성능을 내기 위해 남쪽에 면한 개구부를 포함한다. 예비 부지분석 단계에서 대략 남쪽에 면한 개구부들을 가정하는 것은 초점을 제공하고 시간 및 자원 수요를 절약할 합리적인 접근방식이다. 그렇게 남쪽에 면하는 가정이 이후의 설계과정에서 적절치 못한 것으로 판명될 경우, 부지분석에서 태양광 접근의 측면들을 재고해 볼 수 있다.

부지분석 중 일부 측면들은 원격으로(대지를 벗어나) 이루어질 수 있다. 이러한 측면들에는 태양 위치의 데이터와 같은 거시규모 현상들과 설계온도, 태양복사, 강우, 바람의 데이터와 같은 거시기후 정보의 결정이 포함된다. 다른 측면들은 오직 실제 현장 방문을 통해서만 확실히 알 수 있다. 이러한 측면들에는 잡음 데이터와 조망 선호도, 일조 차단에 관한 데이터가 포함된다.

이용 가능한 일반적인 (거시규모의) 데이터를 먼저 취합한 다음, 입지마다 특수한 (미시

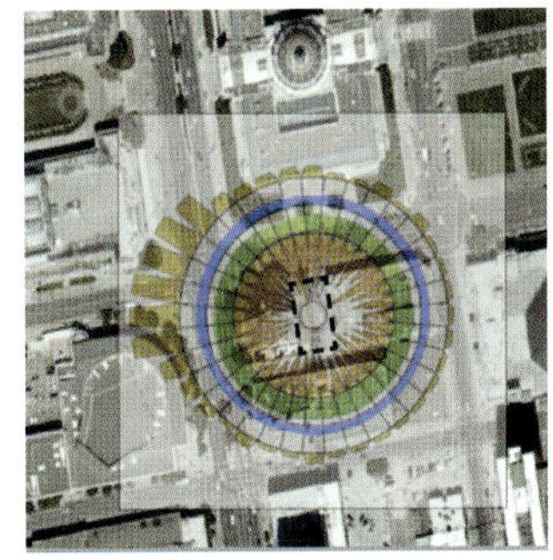

4.5 샌프란시스코의 한 프로젝트 부지에 대한 분석도구로 활용된 Climate Consultant의 wind wheel

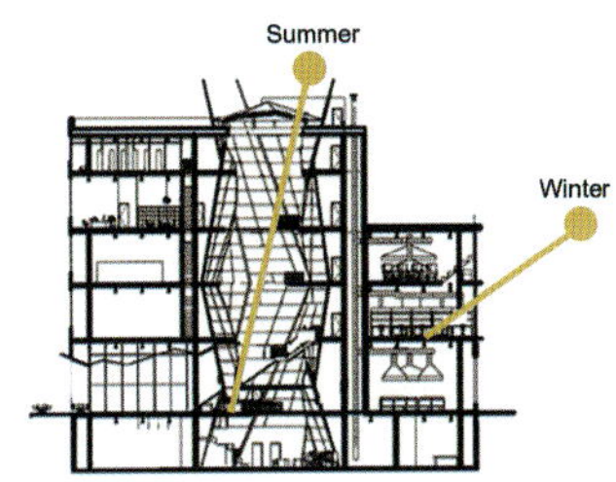

4.6 여름철과 겨울철에 아트리움으로 투과되는 태양복사를 연구하기 위해 활용된 단면도.

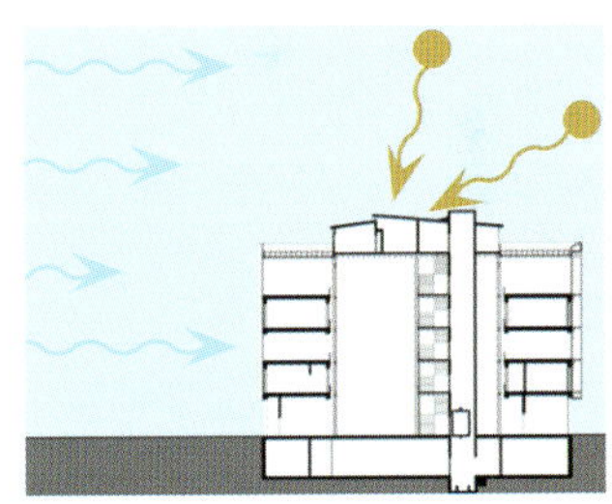

4.7 겨울철과 여름철 태양의 위치를 다루는 단면분석 다이어그램.

규모의) 데이터를 수집하기 위해 부지를 방문하는 게 합리적이다. 일부 특성들(잡음, 교통량)에 있어서는 관찰 시간이 결정적으로 중요하다. 조망과 차단물 매핑과 같은 이슈들의 경우 시간은 덜 중요하다. 조망과 같은 일부 데이터는 현장 도구를 이용할 필요 없이 관찰하고 기록할 수 있다. 음압수준이나 수목의 입지와 높이, 혹은 이산화탄소 수준과 같은 데이터는 휴대용 도구(예를 들어, 음압수준계, 경사계가 달린 컴퍼스와 자기편차차트 magnetic deviation chart, 그리고 이산화탄소 측정기)를 필요로 할 것이다. 현장에서 필요한 도구들이 제때 이용 가능하도록 계획을 해야 한다. 관찰되는 특징들의 잠재적 "가치"를 감지하는 게 중요함을 명심해야 한다. 어떤 자원이 특별히 가치가 있다고 여겨지면, 그것은 별로 중요치 않다고 여겨지는 자원보다 잘 묘사되고 분석될 가능성이 더 높다.

설계절차

부지분석은 건물설계 과정의 일부이며, 따라야 할 하나의 정확한 절차란 없다. 대신 아래에 제안하는 절차는 대부분의 학술적 배경 내에 있는 기준보다 더 나은 그린 프로젝트 성과를 내기 위한 제안이다.

1. 프로젝트 설계의 의도를 확립하라.
2. 각각의 의도에 대한 설계기준들을 확립하라.(건물 커미셔닝 용어로는, 앞에서 얘기한 것들을 통칭하여 소유주의 프로젝트 요구조건 Owner' s Project Requirements이라고 한다. 그리고 어떤 성공이 프로젝트 의뢰인을 위한 것처럼 보일지를 매우 상세하게 정의하라)
3. 소유주의 목표들(자연채광, 빗물 완화, Passive 냉방 등)에 도달할 필요가 있을 혹은 그럴 수 있는 건축적인 전략 및 시스템들을 개발하라.
4. 정의된 전략들(설계강우, 태양복사의 규모와 활용, 여름철 풍향 및 풍속 등)의 성공에 중대하게 작용할 부지 자원들을 목록화 하라.
5. 부지분석 결과들을 취합해 제시할 수 있는 그래픽적인 재현을 완성하라.(그래픽을 제시하는 이유는 그림 1장이 종종 천 마디 말과 같은 가치를 갖기 때문이다)
6. 선정된 부지 특성들의 이해에 필요한 모든 차원들(특히 높이와 시간)을 의도된 그래픽 수단을 활용하여 확실히 전달할 수 있게 하라.
7. 현장 외 연구수단(기후 데이터, 태양궤적 정보, 지역권 공기 질 데이터 등)을 통해 이용 가능한 거시적 부지 데이터를 활용하여 검토하고 요약하라.
8. 부지에 기초한 미시규모 데이터를 수집하는 데에 어떤 도구(예를 들어, 음압수준계나 풍속계)가 필요할지를 결정하라.
9. 적절한 시각에 부지를 방문하여 미시규모 정보를 관찰하고 기록하라. 디지털 데이터 분석기술의 향상으로 일부의 미시규모 정보(예를 들어, 바람/태양열/햇빛 차단물의 높이)는 현장을 방문하지 않고도 얻을 수도 있지만, 잡음 및 지반 투수성에 대한 정보는 현장 방문이 필요할 것이다.

예제

옆의 설계절차에서 볼 수 있듯이, 부지설계를 계획하는 단순하거나 단독적인 수단은 없다. 부지 자원들의 효율적 활용이 갖는 함의는 부지를 방문하지 않고 얻는 (태양광 발전과 빗물 집수, 자연채광, 태양열/태양광 차단과 같은) 지정된 전략들의 적절한 선택과 규모 설정을 위해 중요하지만, 소음과 지반 투수성에 관한 정보의 경우는 부지 방문이 필요하다.

10. 수집된 데이터를 취합하라.

11. 프로젝트의 유형과 목표들을 기준으로 수집된 데이터를 걸러내고 분석하라.

12. 정보에 근거한 설계 의사결정을 뒷받침하는 방식으로 데이터를 그래픽적으로 제시하라.

사례

이안 맥하그 **Ian McHarg**는 『자연을 통한 설계 **Design with Nature**』에서 부지계획 분석을 포함하는 초기 단계의 혁신적이고 창의적인 부지분석 접근법을 제시했다. 그 접근법의 본

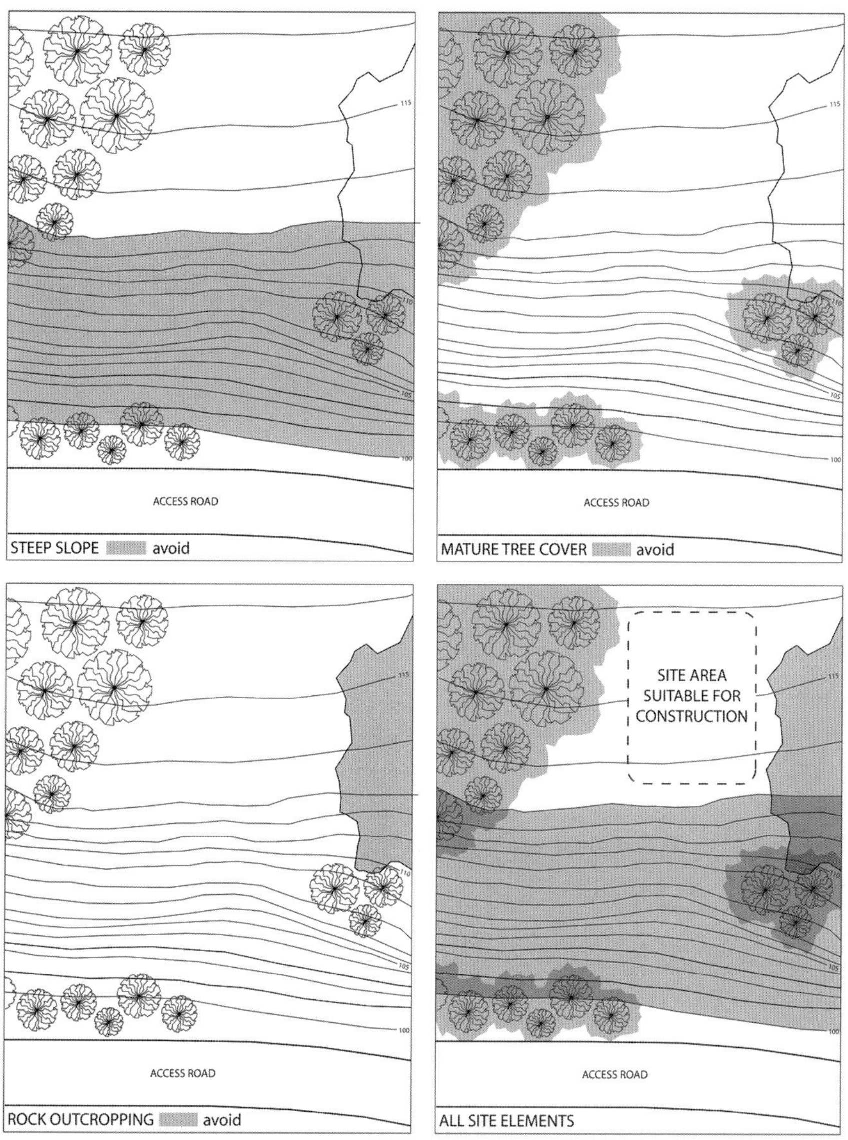

4.8 맥하그의 중첩기법을 통해 지표면 특성들을 관찰하는 부지분석. 음영 표시된 부분은 피해야 할 부분으로 "가치 평가된" 영역이다. MATT HOGAN

질은 한 부지의 구획들을 다양한 특성들(예를 들어 경사도, 기존 식생, 토양의 질)에 따라 분류하고 그 다양한 분류마다 하나의 가치를 할당하는 것이었다. 이러한 분류들과 가치들은 투명한 부지계획 중첩도면들(오늘날 사용하는 CAD 언어로 된 레이어들) 위에 배치되었다. 단순하게 말해서, 그 중첩도면들은 한 부지의 (예를 들어 경사에 따라 상대적인) 일부분에 대한 가치를 양호, 불량, 중간으로 평가할 수 있었다. 더 많은 특성들에 대한 중첩도면들(가치들)의 추가는 제안되는 프로젝트에 관하여 부지 일부분들에 대한 복합적인 가치 평가를 축적시켰다. 그 중첩도면들은 여러 변수들 사이에서 하나의 통합 메커니즘으로서 작용한다.

빅터 올기에이 **Victor Olgyay**는 『기후를 통한 설계 **Design with Climate**』에서 계절마다 부지 기후를 분석하기 위한 접근법을 제시했다. 연중의 각 달마다 나타나는 건구온도와 상대

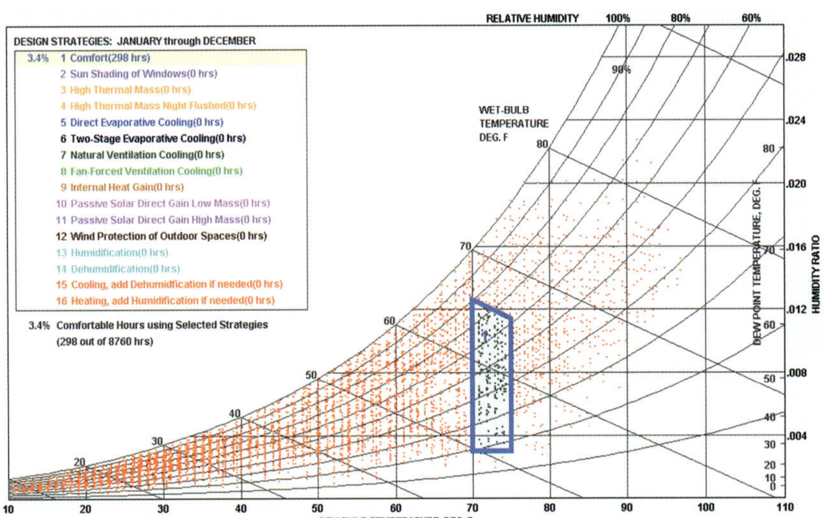

4.9 빅토르 올기에이의 “기후 수요 시간표” 접근법에 기초하여 만든 Climate Consultant의 “습공기선도” 분석 사례.(허가 받고 전재)

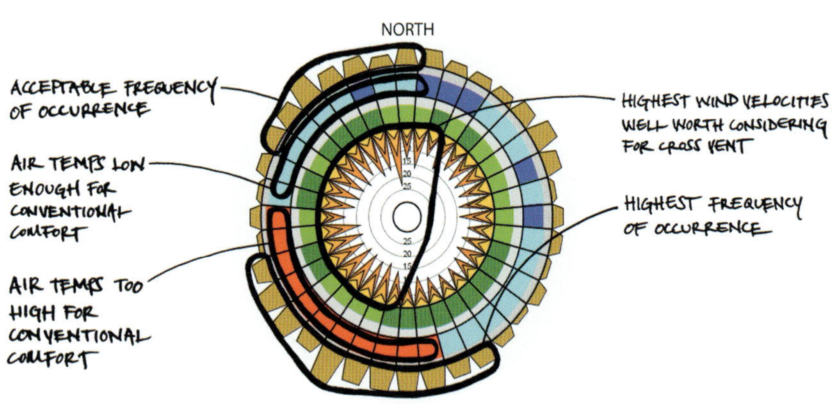

4.10 부지 조건들에 대한 분석하며 주석을 단 Climate Consultant의 Wind wheel 데이터 프레젠테이션. MATT HOGAN, (Wind wheel은 허가 받고 전재)

습도 패턴들을 열 쾌적범위 차트상에 기입함으로써 인간의 쾌적 기대치에 관한 "기후수요 시간표"를 만들었고, 부지 기후의 자원 및 문제들에 대한 하나의 로드맵을 제공했다. 이러한 선구적인 부지분석 기법은 *Climate Consultant*가 제공하는 "시간표 timetable" 도면들과 "습공기선도 psychometric chart" 프레젠테이션들 속에서 구현된다.

UCLA에서 머레이 밀른 Murray Milne의 지도 하에 개발된 무료 소프트웨어인 *Climate Consultant*는 올기에이가 선구적으로 수행한 부지 기후 분석을 컴퓨터의 시대로 이끌고 간다. *Climate Consultant*를 활용하면 수많은 현장들의 장기적인 기후 데이터를 이용하여 그래픽적으로 재현할 수 있다. 불행한 것은 이 유용한 도구를 사용하는 많은 이들이 분석하고자 노력하지 않고 있고, 단순히 기후 데이터를 그래픽적으로 흥미로운 방식으로 보여주는 데만 급급하다는 점이다. 이것은 사용자의 잘못이지, 이 툴의 잘못이 아니다. 지속가능건물산업위원회 Sustainable Buildings Industry Council가 배포하는 건물 에너지 시뮬레이션 소프트웨어인 *Energy-10*은 그것의 Weathermaker 유틸리티 안에 기후분석 기능을 담고 있다.

추 가 정 보

McHarg, Ian. 1995. 『Design with Nature』(25th anniversary edition), John Wiley & Sons, New York, N.Y.

Olgyay, Victor. 1973. 『Design with Climate: A Bioclimatic Approach to Architectural Regionalism』, Princeton University Press, Princeton, NJ.

UCLA 2010. 『Climate Consultant』, Department of Architecture and Urban Design, University of California, Los Angeles. Accessible via Energy Design Tools web page: http://www.energy-design-tools.aud.ucla.edu/

SBIC 2010. 『Energy-10』, Sustainable Buildings Industry Council, Washington, DC. http://www.sbicouncil.org/displaycommon.cfm?an=1&subarticlenbr=112

계획설계를 넘어

일단 부지분석이 완료되고 자원의 가용성과 양, 그리고 방향이 이해되고 나면, 자연채광과 Passive 냉난방, 물 및 에너지 이용을 통해 취할 수 있는 특수한 접근법들에 관한 평가를 할 수 있다. 부지 자원들에 대한 일반적인 지식을 통해, 설계자는 적절히 건물의 계획설계를 시작할 수 있다.

NOTES

단열재

단열재는 전통적으로 기후제어를 위한 건물설계에서 지배적인 역할을 수행해 왔다. 에너지 효율성(및 에너지 절감)에 대한 그것의 효과는 상당할 수 있다. 하지만 많은 단열재는 프로젝트의 그린정신을 심각히 훼손할 수 있는 오염 및/또는 비생분해 가능 재료를 포함하고 있다. 이러한 전략은 부정적 환경효과를 감소시키는 단열재 선택에 대해 시사하는 바가 크며 또한 프로젝트의 계획설계단계에서 단열과 관련해 무엇을 살펴야 하는지에 관한 지침을 제공한다.

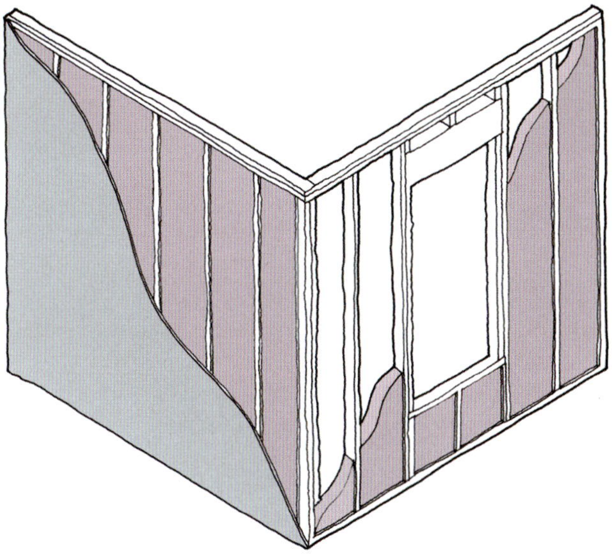

4.11 샛기둥 사이에 전통적인 단열재가 설치된 모습을 보여주는 목구조 벽의 단면. 프로젝트 목표를 충족시키기 위해 요구될 경우 경질 단열외피가 적용된다. NICK NAJKOVICH

다음을 포함해 수많은 유형의 단열재가 이용 가능하다.

플라스틱 폼 보드(경질 보드) 단열재: 비드보드(성형 발포 폴리스티렌 **MEPS**)와 폼 보드(압출성형 발포 폴리스티렌 **XEPS**)로 구성되어 있어 이러한 범주의 재료들은 휘발성 유기화합물 **VOCs**을 포함할 수 있으며 비 생분해성이다.

분사식 폼 단열재(동공충진 분사식): 약간의 열린 기공 폴리우레탄 단열제품들은 "중합체" 요소의 약 40%를 구성하는 콩기름으로 생산되며 따라서 콩기름이 25%, 석유화학 성분이 75%를 차지하고 있는 폼이다. 이러한 제품들은 비록 폐쇄 기공 폴리우레탄과 비교할만한 R값을 갖지는 못하지만 그보다 3~4배 자원 효율적이다.

마그네슘 규산염 또는 시멘트성 폼(Air Krete®): 이러한 제품은 프레온가스 **CFC**와 수소염화불화탄소 **HCFC**를 포함하지 않는 대체 단열재로서 내화성을 가지며 실내 공기질 문제를 초래하지 않는다. 최대 약점은 잘 부서진다는 것인데 플라스틱을 추가함으로써 쉽게 극복된다.

4.12 표면처리된 무 포름알데히드 단열재를 설치하는 작업. JOHNS MANVILLE, INC.

의도
에너지 효율성, 열 쾌적, 환경자원 보존

효과
냉난방 부하 감소, 평균 복사온도 증진

선택사항
단열방식, 두께 및 위치

조정 시안
건물 외피 설계의 모든 측면

관련 전략
구조적 단열 패널, 이중외피, 옥상녹화

LEED 관련성
에너지 및 환경, 재료 및 자원, 혁신 및 설계과정

선결요건
적용 가능한 건축규정 요구사항, 설계 의도

셀룰로오스 단열재: 이것은 75~85% 재활용된 신문지로 만들어지는데 느슨하게 채워 설치되거나, 또는 축축한 상태로 분사되거나 고밀도로 덧칠해진다. 내재에너지는 약 150Btu/lb(0.09kWh/kg)이다. 이러한 단열재는 미국 소비자 제품 안전위원회 화재지연 요구사항에 따라 비독성 화학적 첨가물을 포함한다. 비록 설치 중 먼지흡입으로 인한 잠재 위험이나 포함된 인쇄용 잉크로 인한 VOC 방출 위험이 있을 수 있으나 이러한 제품은 적절히 설치되기만 한다면 현저한 실내 공기 질 문제를 초래하지 않는다.

4.3 물을 이용한 개포형 발포 폴리우레탄의 적용. ICYNENE INC.

섬유 솜 및 보드 단열재: 이러한 재료들은 단열재의 주축을 이루는 재료들이다. 하지만 불행히도 이 중 많은 것들은 주성분으로서 포름알데히드를 포함하고 있다. 유리섬유 제품들은 보통 접착제로서 우레아 포름알데히드보다 유해 오염물질을 덜 방출하는 경향이 있는 페놀 포름알데히드를 사용한다. 일부 대형 제조사들은 그들의 섬유 단열제품에 포름알데히드 접착제를 사용하지 않기로 결의했다.

완충용 섬유: 포름알데히드를 포함하지 않는 완충용 유리섬유나 블로잉 울 blowing wool 은 11~60(RSI 1.9~10.6)의 R값을 가진 응용에 적합하다.

미네랄 울: 건물 구조요소를 화재로부터 보호하기 위해 종종 사용되는 이러한 재료들은 철광석 고로슬래그(미국 환경보존청에 의해 유해물질로 분류된 철강산업 폐기물)이나 현무암과 같은 암석으로부터 생산된다.

면 단열재: 재활용된 데님 부스러기로부터 만들어지는 솜 단열재이다. 일부 제품은 붕산염 화염지연제나 붕산염과 암모늄 황산염 화염지연제의 혼합물을 흠뻑 적신 85% 재활용된 섬유를 이용한다.

4.4 "스파이더"는 갈라진 표면을 메워 틈새 없는 밀폐를 창출해내는 비독성 수용성 접착제를 이용해 접착되는 경량 유리섬유 단열재이다. JOHNS MANVILLE, INC.

방사장막 Radiant barriers(후면거품 표면포일 폴리우레탄 폼, 표면포일 마분지 덮개, 표면포일 OSB): 이것들은 다양한 외형으로 이용 가능한 얇은 반사포일막으로서 복사열 이동에 의해 열 흐름을 감소시킨다. 그것들은 장막의 반사표면이 빈 공간에 노출되어 있을 때만 효과적이다. 적절한 설치는 이러한 유형의 단열재가 성공하기 위한 열쇠이다. 20~ 40% 소비자 사용 재활용 성분을 포함한 재활용된 폴리에틸렌 제품도 이용 가능하다.

펄라이트: 이것은 유리같은 섬유를 생산하는 규질 암석이다. 펄라이트는 보통 콘크리트 조적단위(또는 유사한 조립물)의 중공 속으로 부어 넣는다. 그것은 비연소성이고, 경량이며, 화학적으로 비활성이다. 펄라이트는 제조 중 매우 적은 오염물질을 생산하며 설치 중 먼지날림 현상도 적다. 주요 단점으로는 그 유동성으로 인해 응용범위가 제한된다는 점이다.

구조적 단열 패널 SIPs: "구조적"이며 하나의 조립품을 이루는 단열재이다. SIP는 일반적으로 조립품 두께당 R값 기준으로 다른 단열재/건축 구성요소에 비해 월등하다. 적절히 설치되기만 한다면 SIPs로 건설된 건물 외피는 사실상 밀폐된다.(구조적 단열 패널 전략 참조)

건축적인 주요 현안

초기 설계단계에서 단열의 주요 영향은 필요한 건물 외피 두께와 비통상적인 공법에 관련되는 것으로 둘은 모두 건물의 풋프린트(지면층의 형태와 방향)와/또는 건물 평면과 개구부와의 관계에 영향을 미칠 것이다. 현실적으로 잘 설치된 단열외피는 보통 일반적인 외피보다 더 두껍게 된다. 이례적으로 잘 단열된 외피는 Passive 및/또는 Active 난방 시스템의 요구된 크기를 상당부분 감소시킴으로서 초기 및 전 생애비용 절감효과를 가져다 줄 것이다.

4.16 유리섬유 솜 단열재를 12인치 두께, 38(6.7) R값으로 오래된 다락방 수리공사에 적용함으로써 쾌적함을 증대시키고 난방비용을 40% 절감시킬 수 있다.

실행시 고려사항

실행 가능한 최고의 단열수준을 제공한다. 규정상의 요구사항은 일반적으로 최적값이 아니라 단지 허용 가능한 최소 단열값만을 제시하므로 에너지 비용은 일반적으로 점점 증가한다는 점을 명심해야 한다. 다시 말해 단열수준을 높이게 되면 시간이 지남에 따라 점점 비용절감 효과가 나타나게 된다. 또 다른 관점으로부터 낮은 R값의 사용이 유의미할 경우에는 합리적인 U값을 창출해내기 위해 재료두께를 증가시켜야 한다.

비교할만한 R값과 수행이 주어진다면 항상 재활용도가 높은 성분을 이용한 단열재를 사용하되 순수 재료로 만들어진 대안은 가급적 지양해야 한다. 현장에서 생산된 부스러기 단열재는 재활용되도록 해야만 한다. 오존 고갈 잠재성이 낮거나 없는 압출성형 폴리스틸렌XPS 제품을 선택/명시해야 한다. 습기가 문제가 되는 경우를 제외하고는 XPS나 EPS 대신 폴리이소시아누레이트를 사용한다. 경질 무기질 단열재는 배수특성이 우수하므로 기초 단열재로서 효과적이다.

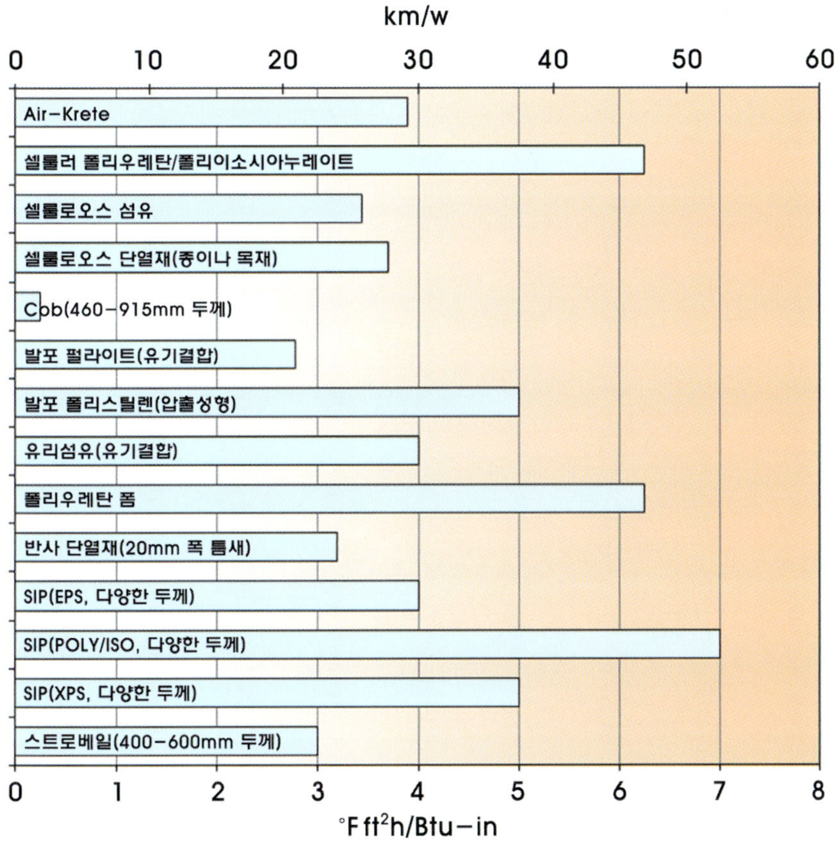

4.15 다양한 단열재와 대안적인 건축재료에 대한 단열값. KATHLEEN BEVERS

구조 시스템이나 상세로 인해 필요시 적절한 단열재층을 이용해 전도성이 높은 요소들을 밀폐함으로써 열교효과를 최소화한다. 열교효과는 실내외 환경간에 형성된 단열되지 않았거나 불충분하게 단열된 경로를 말한다.

환경적으로 허용 가능한 단열재에 대한 판단은 국가마다 다르다. 재료선택에 영향을 미치기 위한 의도로 마련된 지역 규제와 유인책을 필히 확인해야 한다.

설계절차

1. 적용 가능한 건축규정에서 승인된 허용 최소 단열 R 값(또는 결합 U값)을 결정한다.
2. 이러한 최소 요구사항은 결코 그린 빌딩을 위해 적절하지 않을 것이다. 이러한 최소 단열 요구사항이 고객과 설계팀의 의도에 부합되는지를 결정한다. 만약 그렇지 않다면 설계지침, 고객지시 및/또는 전 생애 비용 분석 등을 토대로 보다 적절한(요구되는) 단열값을 수립한다.
3. 실행될 가능성이 있는 단열접근이 계획설계에 영향을 미칠 비통상적인 공법이나 재료조립을 요구하는지를 결정한다. 만약 그렇다면 이러한 사항을 제안된 설계 솔루션에 반영시킨다.
4. 최저수준 이상의 단열이 시스템 크기와 설비공간 요구사항에 미칠 영향을 염두에 두면서 설계를 계속 진행한다.

사례

4.17 새로운 다락에 완충용 유리섬유 단열재를 불어 넣는 작업. 이러한 단열재는 접근이 곤란한 구역에도 간편하게 적용할 수 있으므로 기존 주택에도 사용되고 있다.

예제

뉴저지 Hoboken을 위하여 상업용 단층 띠상 건물(strip building, 길쭉한 띠 모양의 건물) 하나가 설계되고 있다. 그 건물은 다락을 가진 경사지붕으로 지어지고 강철 스터드 벽 공법이 이용될 것이다. 호보켄시는 6572 HDD65(3651 HDD18)와 2418 CDD50(1343 CDD10)를 갖고 있다.

1. 미국공조냉동공학회(ASHRAE) 표준 90.1을 벤치마킹할 경우 호보켄시는 B-13 기후구역에 속한다. 다락공사를 위한 최소 지붕단열값은 R-30(5.3)이다. 금속골조를 위한 최소 벽 단열값은 R-13(2.3)이다. 최소 바닥슬래브 가장자리 단열값은 R-7.5(1.3)이다.
2. 이 프로젝트의 그린 설계의도와 외피 하중이 열 수행에 지대한 역할을 할 것이라는 사실을 고려하여 30% 더 높은 R값이 선택되었다. 따라서 지붕은 R-40(7)로, 벽은 R-17(3)로, 그리고 바닥슬래브 가장자리는 R-10(1.8)로 단열될 것이다.
3. 다락은 상세 시공에 영향을 미치지 않는 완충용 발포 단열재를 이용해 단열될 수 있다. 벽 단열은 솜 단열재와 6인치 스터드 또는 솜 단열재와 4인치 스터드 및 경질 단열외피를 수용할 수 있다. 후자가 열교효과를 감소시키는 수단으로 선택되었다. 슬래브 단열은 2겹의 통상적인 경질보드 단열재를 손쉽게 수용할 수 있다.
4. 외피 저항성 증대로 인한 효과는 냉난방 부하를 산출함에 있어 고려될 것이다.

4.18 면 단열재 설치에는 특수한 보호피복이 요구되지 않는다.

4.19 마그네슘 산화물(해수나 세라믹 talc로부터 추출된)로부터 만들어진 비활성, 비유기성, 시멘트 제품인 Air Krete 설치작업.

추가정보

Air Krete, Inc. www.airkrete.com/

Allen, E. and J. Iano. 2008. 『Fundamentals of Building Construction』, 4th ed. John Wiley & Sons, New York.

Bonded Logic, Inc. www.bondedlogic.com/

BREEAM EcoHomes Developer Sheets(Building Research Establishment, Garston, Watford, UK). www.breeam.org/pdf/EcoHomes2005DeveloperSheets_v1_1.pdf

Building Green. www.buildinggreen.com/

Icynene Inc. www.icynene.com/

Johns Manville. www.johnsmanville.com/

Mendler, S., W. Odell and M. Lazarus. 2005. 『The HOK Guidebook to Sustainable Design』, 2nd ed. John Wiley & Sons, Hoboken, NJ.

North American Insulation Manufacturer's Association. www.naima.org/

Wilson, A. 2010. "Avoding the Global Warming Impact of Insulation." 『Environmental Building News』, Vol. 19, No. 6, June.

Wilson, A. 2009. "Polystyrene Insulation: Does It Belong in a Green Building?" 『Environmental Building News』, Vol. 18, No. 8, August.

Wilson, A. 2005. "Insulation: Thermal Performance is Just the Beginning." 『Environmental Building News』, Vol. 14, No. 1, January.

Structural Insulated Panel Association. www.sips.org/

계획설계를 넘어

기본설계단계에서 외피요소들에 대한 상세는 특히 열교 및 방습제와 관련된 건물 외피성능의 전반적 성공에 결정적 역할을 할 것이다.

스트로베일 공법

스트로베일 공법은 에너지 효율적이고 환경적 영향이 적은 건물을 위한 전략이다. 마른 스트로베일을 습기 보호된 기초 위에서 끈을 가로질러 묶은 다음 강화철근이나 대나무 막대를 이용해 고정시킨다. 그런 다음 베일 벽은 케이블이나 로프를 이용해 후 신장시켜 과도하게 처지지 않도록 한다. 세워진 베일 벽에 와이어 철망을 부착한 다음 플라스터, 콘크리트, 또는 회반죽 몇개층을 입혀 마감한다.

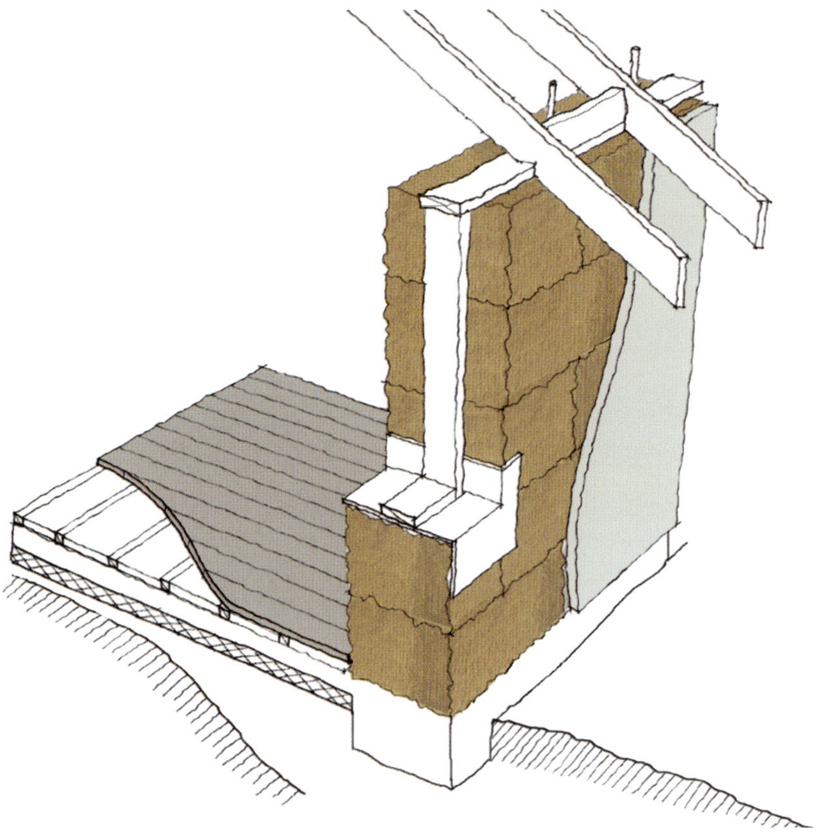

4.20 전형적인 스트로베일 벽 공법을 보여주는 다이어그램. JONATHAN MEENDERING

네브래스카(USA) 초기 이주민들은 목재공급 부족 문제를 해결하기 위해 스트로베일 공법을 최초로 개발했다. 이 수백년 된 구조물 중 많은 것들이 그 실행가능성과 내구성을 입증하기라도 하듯이 아직도 건재하고 있다.

지푸라기는 재생 가능한 농업 부산물로서 풍부히 이용할 수 있고, 저렴하며, 작업하기가 간편하다. 전형적인 베일 가격은 개당 1~4 미국달러이다. 그것들은 "네브래스카식" 공법에서 건물의 구조적 요소로서 사용되거나 충진재로서 목재, 금속, 또는 콘크리트 구조 등과 결합될 수 있다. "네브래스카식"은 조립품의 강도를 베일과 플라스터나 회반죽 마감재간의 결합작용을 통해 창출해내는 응력을 작용시킨 외피패널이다. 충진재로 사용된 스트로베일은 이렇다 할만한 하중을 감당하지 않으며 하중은 별개의 구조적 시스템에 의해 수행된다. 특수한 지역 건축규정 요구사항을 충족시키기 위해 혼합 시스템을 채택할 수 있다.

4.21 스트로베일 속으로 강화철근을 설치하기 위한 천공작업.

의도
기후제어, 에너지 효율성, 자원 효율성

효과
냉난방을 위한 에너지 소비 절감, 재생 불가능한 건물재료 사용의 감소, 실내 환경의 질 개선

선택사항
구조적 요소나 충진재로 사용된 스트로베일, 베일 특징과 두께

조정 시안
기후 및 부지 조건, 실내외 마감, 냉난방 시스템

관련 전략
단열재, 바람을 이용한 환기, 부력을 이용한 환기

LEED 관련요소
에너지 및 환경, 재료 &자원, 혁신& 설계과정

선결요건
이용 가능한 재료자원, 규정 준수

스트로베일 벽은 수동적인 태양열 구조에 적합하다. R-35~R-50(RSI 6.2~8.8)의 고유한 단열값은 Passive 냉난방 설계에서 소중한 도구가 된다. 400mm를 넘는 벽 두께는 중량감 있는 외피를 제공하며 효과적인 방음에 이바지한다.

이상적으로는 건조한 기후에 적합할지라도 습기침투를 방지하기 위한 세심한 조치가 취해진다면 지푸라기를 이용할 수 있는 곳 어디에라도 세워질 수 있다. 스트로베일 공법의 내화성과 관련해서는 오해가 있어 왔으며 잘 지어진 벽 조립품은 전형적인 목구조 건물을 능가하는 내화성을 가질 수 있다.

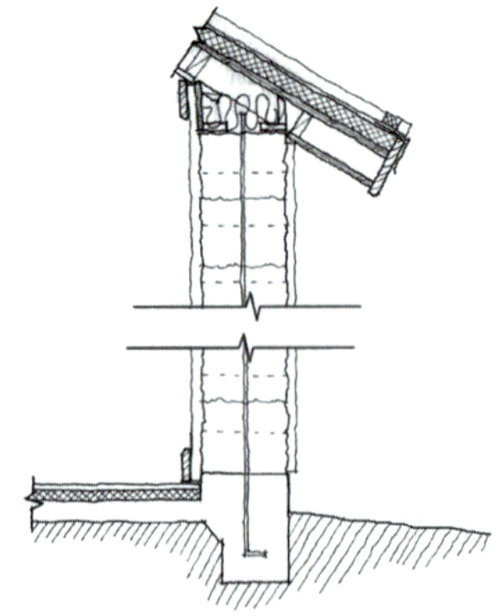

4.22 스트로베일 벽 단면도. JONATHAN MEENDERING

건축적인 주요 현안

계획설계단계에서 고려되어야 할 가장 중요한 문제는 벽 두께가 아닐까 한다. 스트로베일 공법으로 인해 정상 벽보다 훨씬 두꺼워진 벽은 건물의 풋프린트 관점에서 이해되어져야만 한다. 스트로베일 건물로부터 수분침투를 방지하는 것(부지계획, 땅 고르기, 내물림 **overhangs** 등을 통해) 또한 계획설계의 관심사항이다.

상세와 관련된 많은 중요한 건축설계 문제는 설계 후반부에 다뤄질 것이다. 그들의 총체적인 중요성 때문에 여기서 언급된다. 내수성은 스트로베일 구조의 장기적 성공을 위한 열쇠이다. 기후에 노출되는 외피부분의 균열과 구멍은 지양되어야 하며 우수로부터의 보호를 위해 지붕 돌출부는 적절히 설계되어야 한다. 창문 요소들은 수분침투에 특히 민감하며 상세에 세심한 주의를 요한다. 벽 기초, 윗깔도리 및 하인방 등에 습기차단막이 포함되어야 한다. 넓은 벽 구역은 습기차단막으로 덮어서는 안 되는데 그 이유는 그것들이 벽을 건조하게 유지시키기 보다는 오히려 습기를 고이게 하기 쉽기 때문이다.

4.23 캘리포니아 소재 성모마리아 수련센터(Our Lady of the Oaks Retreat Center)의 오크 통나무집은 에너지를 적게 사용하려는 의도를 충족시키고자 스트로베일 및 기타 전략들을 사용했다. SIEGEL & STRAIN ARCHITECTS

기초는 지표면으로부터 충분히 높게 설치하며 가능하다면 내부바닥 높이 이상으로 하여 베일이 수분에 노출되지 않도록 시공되어야 한다. 모든 벽 시스템과 마찬가지로 스트로베일 벽도 그 단열값이 열교에 의해 약화될 수 있다. 스트로베일 충진 시스템에서 그 구조적 요소들의 열교능력이 최소화되도록 주의를 기울여야 한다. 이것은 스트로베일 조립품 내 구조적 요소들을 단열하거나 덮어씌움으로써 달성될 수 있다.(열성능을 위해 유지되어야만 하는 베일 두께로 인해 이는 쉬운 일이 아니다)

지붕 시스템은 광범위한 시스템과 재료를 활용해 통상적인 방식으로 시공된다. 혼합 벽 시스템이 활용되었다면 전통적인 위깔도리(벽 폭에 대해 조정된)가 지붕을 지탱한다. 네브래스카식 공법에서는 상자형 골조가 일반적이다. 어느 경우이든 휘어짐을 방지하기 위해 지붕의 중량은 벽 (가장자리가 아니라) 중앙으로 분산되어야 한다.

실행시 고려사항

스트로베일은 일반적으로 2~3개의 끈을 이용해 설치한다.(와이어로 결속된 베일이 권장된다) 2개 끈 베일의 규격은 보통 높이가 350mm, 길이가 760~1020mm, 그리고 폭이 460~500mm이다. 3개 끈 베일의 경우 높이 350~430mm, 길이 810~1220mm, 폭 580~610mm이다. 베일 규격은 기초유형을 선택할 때 고려해야 한다. 베일 설치는 지표면으로부터 적어도 200mm 위로부터 시작된다.

4.24 벽 내부 모습을 보여주는 전시창은 종종 스트로베일 벽에 설치된다. WILLIAM HOCKER

스트로베일의 튼튼함과 수분함량은 적절한 재료원을 선택함에 있어 주요한 고려사항이다. 건축에 적합한 스트로베일은 7~8lb/ft^3(112~128kg/m^3)의 밀도를 가진 것이다. 8lb/ft^3(112kg/m^3)을 훨씬 상회하는 베일은 공기공간이 줄어들어 열 저항성을 잃기 시작한다. 곰팡이, 노균병균 및 벽 내부 부식 등의 위험을 줄이기 위해 20%를 넘지 않는 수분함량이 권장된다. 수분측정기는 고려 중인 베일의 이러한 값을 결정하는데 도움을 줄 수 있다.

스트로베일의 열 저항성과 관련하여 공표된 정보는 광범위한 편차를 보여준다.(다시 말하면 폭넓은 잠재적 불일치) 보고서의 R값을 사용하면서는 주의를 필요로 한다. 기술적으로나 상황적으로 가장 적절한 값을 사용하라. 지역적 경험과 실적 보고서인 점을 감안해야 한다.

개별 베일을 선택할 때는 일정한 크기가 핵심 기준이다. 심하게 벗어나 있는 베일들은 수준결정을 어렵게 하므로 배제되어야 한다. 쪼개진 스트로베일은 피해야 하며 기다란 대 베일은 월등한 강도를 제공한다. 베일은 해충을 끌어들일 수 있는 곡물 씨앗이 없어야 한다. 건조하고 씨 없는 지푸라기는 영양 가치가 없으므로 벽이 곤충이나 설치류를 끌어들이지 않게 된다. 농약과 약품 사용이 중요한 문제가 될 경우(그린 빌딩 설계에서처럼) 그에 관해 베일 공급자에게 문의하라.

베일 내부로 통하는 모든 배관, 전선 및 도관 등은 안전을 위해 슬리브(적절히 단열된)를 씌워야 한다.

4.25 구조적 목골조와 스트로베일은 전체 베일 폭에 걸쳐 있고 모든 물로부터 380~460mm 떨어져 설치된 현장타설 콘크리트 기초 위에 지지된다. FREEBAIRN-SMITH& CRANE ARCHITECTS

설계절차

1. 제안된 프로젝트의 맥락에서 스트로베일의 일반적 실행가능성을 수립한다. 베일은 손쉽게 이용할 수 있는가? 건축규정상 허용되는가? 어떠한 크기의 베일을 일반적으로 이용할 수 있는가? 그것들이 일반적으로 그린 제품들인가(또는 광범위한 관개나 수송이 요구되는가)? 스트로베일이 의도된 열성능을 제공할 것인가?

2. 제안된 부지가 물 흐름 특징과 관련하여 스트로베일 공법에 적합한가를 확인한다. 건물입지를 잠재적 물 문제를 최소화하는 부지(다시 말해 잘 배수되는 토양, 기초로부터 물을 제거하는 경사 등)상에 정한다.

3. 프로젝트와 현행규정의 맥락에서 효과적인 구조적 접근(충진재, 구조적 베일, 또는 혼합 시스템 등)을 선택한다. 그 지역의 지진 요구사항을 고려한다.

4. 토양 특징, 서리선 및 하중 등에 가장 적합한 기초 유형(지면 슬래브, 블록, 각주 등)을 선택한다.

5. 실내 공간, 지붕 시스템(우수의 침수를 방지하기 위한 충분한 돌출부를 포함해) 및 창문 개구부 등을 설계하면서 증대된 벽 두께를 고려한다.

사례

4.26 캘리포니아 Healdsburg의 한 산등성이 포도나무밭 내에 위치한 Lytton Springs 양조장은 4000여 개의 볏짚을 이용해 지어졌으며 태양광 발전, 차양시설(포도나무를 포함해) 및 자연채광 등을 통합했다. WILLIAM HOCKER

예제

스트로베일 건물의 설계는 전체 건물 시스템에 관한 설계를 수반한다. 계획설계의 경우 설계절차에서 설명된 1단계 절차와 이용 가능한 베일 크기에 관한 지식을 통해 설계자는 잘 정의된 외피규격을 가지고 작업할 수 있다.

4.27 Lytton Springs 양조장의 볏짚 비내력벽은 그 높이가 20~24ft(6~7m)이다. 그 벽은 비처리 글루램 목재 기둥과 보 사이를 채우는 재료로 활용되었다. 베일은 와이어 철망에 의해 고정된다.(그림 4.25 참조) 베일과 지진방지용 강철 띠 교차버팀대에 나중에 플라스터를 입혔다. FREEBAIRN-SMITH&CRANE ARCHITECTS

4.28 캘리포니아 Healdsburg의 한 산등성이 포도나무밭에 자리한 Lytton Springs 양조장의 경우 "숨쉬는(시멘트가 아닌)" 진흙플라스터가 스트로베일 벽을 통한 수증기 이동을 허용한다. 그 플라스터는 현장에서 배합되고 분사되어 흙손질로 마감되었다. FREEBAIRN-SMITH & CRANE ARCHITECTS

4.29 양조장의 시음실 출입문(좌측)과 다른 벽 개구부는 깊은 지붕차양과 포도나무에 덮인 격자 구조에 의해 그늘을 창출해낸다. 문과 창문구조(우측)는 600mm 깊이의 스트로베일 벽 속으로 들어감으로써 더 많은 그늘을 만들어낸다. FREEBAIRN-SMITH & CRANE ARCHITECTS

4.30 The Lytton Springs 양조장은 진흙을 바른 스트로베일 벽과 단풍나무 캐비닛류, 그리고 목제품을 가진 채광되는 시음실을 갖고 있다. MISHA BRUK, BRUKSTUDIOS.COM

추가정보

California Straw Building Association. www.strawbuilding.org/

Commonwealth of Australia. Technical Manual: 『Design for Lifestyle and the Future-Straw Bale』. www. yourhome.gov.au/technical/pubs/fs58.pdf

Jones, B. 2002. 『Building With Straw Bales-A Practical Guide for the UK and Ireland』. Green Books, Totnes, Devon, UK.

Magwood, C. and P. Mack. 2000. 『Straw Bale Building-How to Plan, Design and Build with Straw』. New Society Publishers, Gabriola Island, BC.

Steen, A. et al. 1995. 『The Straw Bale House』. Chelsea Green Publishing Company, White River Junction, VT.

계획설계를 넘어

대부분의 스트로베일 건물 설계는 "계획설계단계를 넘어서는" 것들이다. 일단 계획설계에서 실행 가능성이 있다고 판단되면 구조적 안정성, 기후 완전성, 열 성능 및 허용할 수 있는 미적 가치 등을 확인하기 위한 현실적인 설계 및 상세를 생각한다. 이것은 기본 건물재료의 비통상성과 관련 요구사항을 제외하면 실제로 다른 건물 유형과 전혀 차이가 없다.

구조적 단열 패널

구조적 단열 패널SIPs은 2개의 외피 속에 단열코어를 삽입해 만들어진다. 이러한 구조적 조립품에서 외피는 장력과 압축력에 작용하는 반면 코어는 전단력과 휨력에 반응한다. SIPs는 발포 폴리스틸렌EPS 코어와 접착제로 부착된 배향성 스트랜드 보드OSB 표면으로 이뤄져 있다. 코어로서 EPS 대신 압축성형 폴리스틸렌XPS, 폴리우레탄, 폴리이소시아누레이트 및 지푸라기 등이 이용될 수 있다. 이러한 재료들의 장단점과 많은 상세에 대해서는 Michael Morley의 『구조적 단열 패널SIPs로 지은 건물』에서 확인하기 바란다.

4.32 SIPs 지붕패널을 이용해 아이다호에서 진행 중인 주택공사.

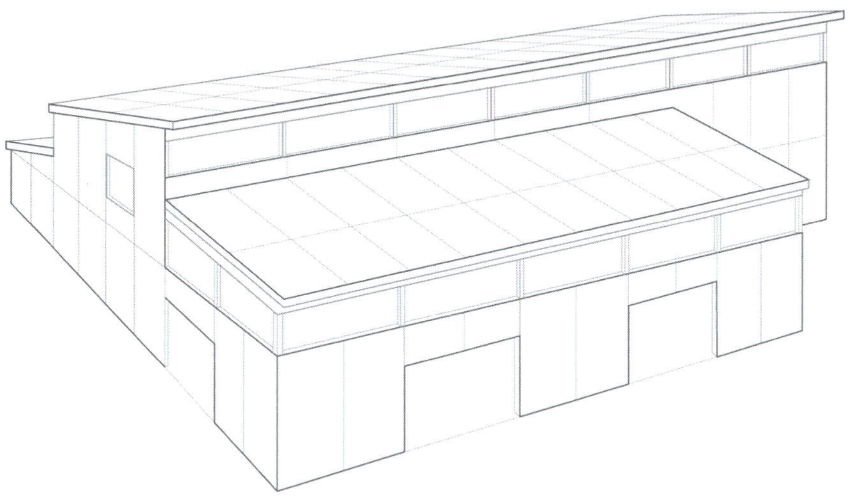

4.23 구조적 단열 패널의 사용과 조립을 보여주는 개념도. KATE BECKLEY

구조적 단열 패널로 지은 건물은 주로 열전도(열교) 샛기둥을 사용할 필요성을 줄여주는 관계로 막대골조 공법에 비해 에너지 효율적인 대안인 것으로 입증되어 왔다. 이러한 공법의 구조적 강도 또한 월등하다. SIPs로 지은 주택은 북미의 토네이도와 일본의 지진에도 살아 남았다. 또 다른 혜택은 자원 효율성이다. OSB용 목재는 일반적으로 나무 농장으로부터 공급되며 EPS는 오존층을 파괴하는 프레온가스CFC나 수소염화불화탄소HCFC를 방출하지 않는다. 벽 내부에 빈 공간이 없어 조용한 실내는 종종 간과되기도 하지만 그린 설계 의도에 부합되는 소중한 자산이다. 신속히 조립할 수 있으므로 일정이 촉박한 프로젝트를 위한 좋은 대안이다. 패널 생산과정에서 제조자가 설계자 및 시행자와 협력하므로 맞춤식 제조는 제조자의 생산용량 범위 내에 있는 한 어렵지 않게 된다.

해체와 재활용 측면에서 SIPs의 EPS와 폴리우레탄 성분은 일반적으로 재활용될 수 있지만 OSB 패널에 달라붙은 폼과 접착제 찌꺼기가 그것들의 유익한 재사용을 방해할 것이다. SIPs에 의해 방출된 VOCs의 양과 유형은 제조자마다 차이가 날 수 있다. 어떤 자료는 SIPs가 표준 주거용 목공법에 비해 포름알데히드를 적게 방출하지만(일부 SIPs는 전혀 방출하지 않을 것이다) 다른 화학물질은 더 많이 방출한다고 제안한다.

의도
에너지 효율성, 재료의 효율적 사용, 구조적 완결성, 사전 조립의 활용

효과
양호한 전반적인 열 성능, 침기 감소, 부지쓰레기 감소

선택사항
외피 및 코어재료가 다양함, 규격이 다양함

조정 시안
대지조건, 냉난방 부하, 창문, 환기

관련 전략
에너지 보존 전략, 공기 대 공기 열교환기, 에너지 회수 시스템

LEED 관련요소
에너지 및 환경, 재료&자원, 혁신&설계과정

선결요건
편리한 패널 공급(수송 요구사항을 감소시키기 위한)과 조정의 단순화

건축적인 주요 현안

SIPs는 목골조, 막대골조, 철골구조 및 기타 재료 등과 결합하여 사용될 수 있을 것이다. 전형적으로 SIPs는 내부 구획벽에 사용된 막대 골조와 더불어 외벽이나 내력벽 공사에 이용된다. 내부 석고보드, 마감 천정표면 및 화재지연 마감재 등은 현장에서보다는 공장에서 SIPs와 통합될 수 있는 옵션들이다. 회반죽용 시멘트 타일 보조보드, 시멘트 판 plank 및 기타 재료들은 공장에서 외피에 부착될 수 있다.

SIPs는 벽, 지붕, 또는 바닥 등을 위해 사용될 수 있다. 폼 코어를 둘러싸고 아울러 외피를 밀폐하기 위해 위깔도리와 아래깔도리, 헤더 및 틀장선 등이 요구되는 건 마찬가지이다. 비구조적 패널이 다양한 실내외 외장과 함께 목재나 강철골조 시스템과 결합해 이용될 수 있다. 이러한 골조 시스템들은 에너지 효율적이지 못하기 때문에 일부 건축업자들은 전통적인 구조적 골조를 밀폐하기 위해 SIPs를 사용해 왔다.

실행시 고려사항

현장비용과 자원낭비를 최소화하기 위해 SIPs를 사용하는 건물 설계자는 이러한 패널의 규격화된 성격을 고려하여 현장절단을 최소화하는 방향으로 설계해야만 한다. 공사를 단순화하기 위해 패널을 내리고 들어 올려 설치하는 크레인 접근이 허용되어야 한다. 롱 스팬 바닥이나 지붕에 SIPs를 사용할 때는 크리프로 인해 SIPs 표면이 코어로부터 벗겨져 나갈 수 있다. 이러한 문제를 피하기 위해 패널 제조자와/또는 프로젝트 구조 엔지니어와 더불어 의도된 응용의 실행 가능성에 대해 확인해야 한다.

화재규정 등급을 충족시키기 위해 석고보드(건식벽) 외장이 요구될 수 있다. 지방 당국에 문의해 요구사항에 대해 확인해야 한다.

단열코어에 목재를 갉아 먹는 개미나 흰개미가 서식하지 못하도록 하기 위해 해충차단막을 제공해야만 한다. 부엌 씽크대(및 유사한 위치) 뒤편에 막대골조를 사용하는 것은 배관 설치를 간편하게 할 것이다.

SIPs 공법은 공기유입을 현저히 감소시킬 수 있으므로 허용 가능한 실내 공기질을 위해 충분한 환기(Active 또는 Passive)이 제공되었는지를 확인해야 한다.(예를 들어, 공기 대 공기 열교환기에 관한 전략을 참조할 것) 패널 성능에 대한 검사나 보고를 제3자에 맡긴 SIPs 제조자를 선택해야 한다.

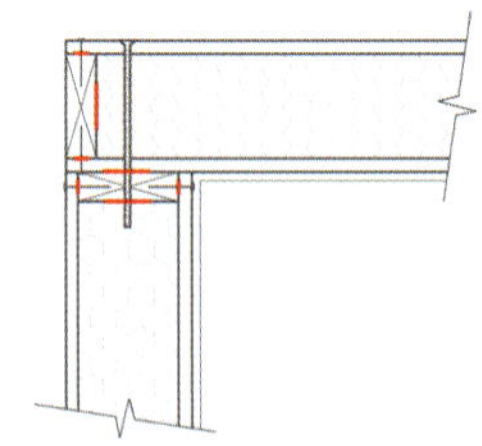

4.33 SIP 코너 조립 상세. JON THWAITES(SIPA의 허가 받고 전재)

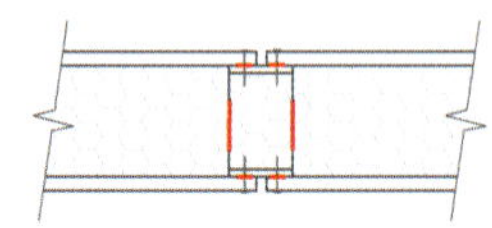

4.34 SIP 이음부 연결 상세. JON THWAITES(SIPA의 허가 받고 전재)

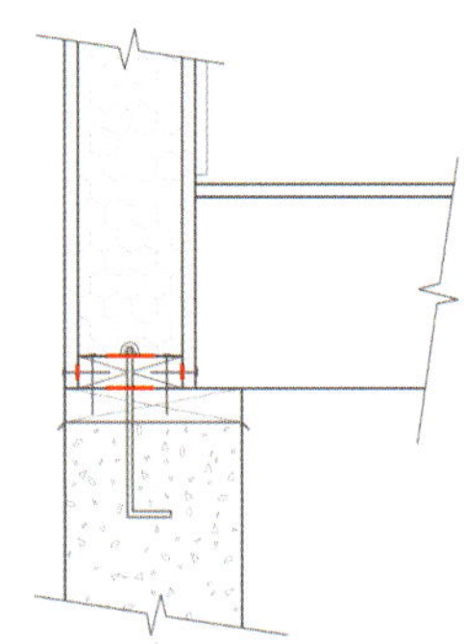

4.35 SIP 기초 연결 상세. JON THWAITES(SIPA의 허가 받고 전재)

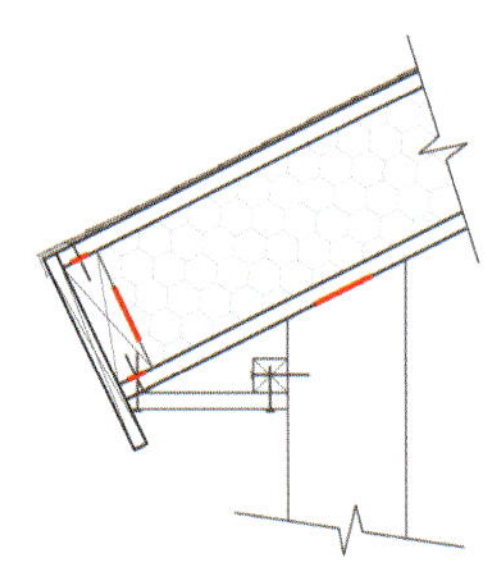

4.36 SIP 지붕 연결 상세. JON THWAITES(SIPA의 허가 받고 전재)

설계절차

1. 지역적으로 손쉽게 이용할 수 있는 패널규격을 결정한다. SIPs 규격은 제조자마다 다르다. 전형적인 패널은 폭이 1.2 또는 2.4m, 길이가 2.4~7.3m에서 0.6m씩 증가한다. 굽은 패널의 경우 종종 다른 규격도 이용할 수 있다. 개구부는 제조공장에서 전산화된 설계 도구를 이용해 가장 효율적으로 만들어지는데 3mm의 정확도가 일반적이다. 공장은 또한 현장보다 폐기물 재활용 프로그램을 활용할 가능성이 높다.

2. SIPs로 조립될 그러한 외피요소들에 대해 건축규정상 허용된 최소 R 값(또는 최대 U값)을 결정해야 한다. 이러한 요구사항은 보통 벽, 지붕 및 바닥 조립품에 대한 것과 다를 것이다. 규정상의 최소 요구사항을 충족시키는(또는 보다 일반적으로 그것을 능가하는) 적절한 두께와 구성의 패널을 선택한다. 패널 두께가 증가함에 따라 SIP의 R값도 증가한다. 단열코어와 표준 OSB 외장을 포함한 SIPs의 표준두께는 115, 165, 그리고 210mm이다. 보다 두꺼운 패널(260과 312mm) 또한 이용할 수 있다.

3. 건물 골조와 외피에 대해 연구한다. 연구모델은 지붕패널 도면을 검증하고 복잡한 조립 기하구조를 설명하는 수단으로 제안된다.

구조적 단열 패널협회 www.sips.org/는 북미 SIPs 제조자 목록을 제공한다. 제조자들은 일반적으로 다음에 관한 정보를 제공할 것이다.

- 허용 가능한 하중(축방향 및 횡단방향)
- 이용 가능한 열 전도율
- 표준 규격
- 조립 및 연결 상세
- 제3자 검사결과
- 이용 가능한 상담서비스

예제

SIPs를 이용한 건물설계는 전체 건물 시스템의 설계와 관련된다. 계획설계의 경우 설계절차에서 설명된 1단계 절차와 선택된 SIP 크기를 통해 설계자는 외피 규격을 추정할 수 있다.

사례

4.37 이 아파트 건물(매사추세츠에서 건설 중인)은 공항에 인접해 있다. 필요한 소음제어를 제공하기 위해 SIPs와 3중창이 선택되었다. AMELIA THRALL

4.38 각 기법의 장점을 최고로 활용하기 위한 SIPs(오른쪽)와 전통적인 실내 골조와의 결합. AMELIA THRALL

4.39 플로리다 올란도에 있는 그리 크지 않은 모델하우스는 SIPs를 사용하였다. SIPs 공장에서 촬영된 화면과 크레인으로 천창을 설치하는 장면을 포함한 동영상을 보고 싶으면 www.notsobigshowhouse.com/2005/virtualtour/를 방문하라.

4.40 공사중인 Zion국립공원 관광안내소. 지붕은 SIPs를 이용해 지어졌다. PAUL TORCELLINI, DOE/NREL

추가정보

Build It Green. "Structural Insulated Panels." www.buildit-green.co.uk/about-SIPs.html

Morley, M. 2000. 『Building with Structural Insulated Panels(SIPS)』. The Taunton Press, Newtown, MA.

Sarah Susanka's Not So Big Showhouse 2005. www.notsobigshowhouse.com/2005/

Structural Insulated Panel Association. www.sips.org/

계획설계를 넘어

SIPs 기반 건물의 설계와 관련된 많은 노력들은 계획설계 이후 상세와 기술설명단계에서 일어날 것이다. 계획설계단계에서 SIPs에 관련된 핵심 문제는 적용 가능성이다. SIPs에 대한 계획은 설계과정 초기에 시작되어야만 하지만 SIPs의 상세는 나중에 올 수도 있다.

NOTES

글레이징 Glazing은 유리든 플라스틱이든 건물 외피 시스템 중 투명하거나 반투명한 부분들에 적용되는 용어다. 글레이징 재료의 특성 및 성능 세부사항들이 보통 계획설계 단계에서 다루어지지는 않겠지만, 글레이징 요소들의 한도(크기, 수효, 위치)는 대개 설계 과정 중 꽤 이른 시기에 고려해야 할 중요한 결정요소다. 대부분의 글레이징 재료들은 바로 그것들의 성격 때문에 그것들의 표면적과는 비례하지 않는 영향을 건물 성능에 미칠 것이다. 따라서 계획설계 단계 동안 글레이징의 목표와 글레이징 재료들의 속성을 기본적으로 이해하는 게 유용할 것이다.

글레이징은 일반적으로 다음과 같은 다섯 가지의 핵심사항 중 하나 이상을 이유로 사용된다. (1) 건축적 외관, (2) 자연광 허용, (3) 직접적인 태양복사 허용, (4) 조망을 위한 기회 제공, (5) (개폐용 유닛들을 통한) 기류의 허용. 이러한 목표들이 반드시 항상 조화를 이루는 것은 아니며, 사실 글레이징 목표들끼리 충돌하는 경우가 꽤 흔하다. 그리고 실행의 성공은 그러한 충돌의 관리와 더불어 글레이징 성능을 정의하는 다양한 물리적 속성들의 이해에 상응할 것이다.

4.41 불투명한 벽돌조 서측 파사드와 대비하여 글레이징 처리된 북쪽 파사드를 특징적으로 내세우는 아리조나 주립대학교의 바이오설계연구소. JOSH PARTEE

건축적인 주요 현안

외관과 자연광 허용, 태양복사 허용, 조망, 기류, 그리고 음향은 어떤 프로젝트에서든 글레이징 요소들에 대한 의사결정과 계획에 관여하는 일차적인 요인들이다. 그런 프로젝트에서는 에너지 관련 이슈들이 보다 중요해진다.

건축적 외관: 이 설계목표는 종종 건축의 "과학" 적 측면이라기 보다 "예술" 적 측면으로 여겨지며, 정량적인 분석들은 종종 건물 성능과 거주자 만족도에 대한 초기의 객관적인

4.42 PassivHaus 인증용으로 낮은 U율[0.11(0.63)]로 만든 삼중창의 잘라낸 광경.

의도
글레이징에 관한 설계결정을 이른 시기에 함으로써 이후의 설계결정들을 더 쉽게 하기

효과
글레이징에 관한 결정들은 프로젝트의 미학과 에너지 성능, 시각적이고 열적인 쾌적도, 거주자 만족도에 직접적인 영향을 미칠 것이다.

선택사항
수백 가지의 글레이징 옵션들을 선택할 수 있다.

조정 시안
글레이징 결정들은 외곽경계 공간 설계의 거의 모든 측면과 함께 조정될 것이다.

관련 전략
부지분석, 모든 Passive 전략들(자연채광, Passive 태양광 난방, Passive 냉방), 이중외피

선결요건
근본적인 프로젝트 목표들, 프로젝트 규모에 대한 감각, 설계의도, 설계기준

고려사항들과 연결되지 않는다. 유리상자를 원하는 설계자(혹은 소유주)는 그러한 결정으로 인한 열 환경의 결과들에 대비하여 계획해야 한다.

자연광 허용: 글레이징은 태양복사의 상당수가 (열과 같은) 또 다른 에너지 형식으로 전환되지 않고 투과될 수 있게 한다. 북면 글레이징은 맑은 하늘이든 흐린 하늘이든 자연채광에 유리하다. 남면 글레이징은 적절한 차양이 있을 경우 역시 자연채광에 좋다. "적절한 차양"이라는 경고는 매우 중요하다. 차양이 없다면 겨울철 그리고/혹은 여름철의 태양각도가 직접적인 태양복사 허용도와 관련하여 문제들을 일으키기 쉬울 것이다. 동쪽면과 서쪽면 창들은 연중 대부분 적절한 자연광을 받지만, 차양효과를 내기에는 가장 어려운 방향들이다. 차양 달린 천창과 모니터, 혹은 채광창을 활용한 천장조명을 활용할 수도 있다. 자연채광은 잘 설계된 Passive 태양광 난방과 함께 기능할 수 있지만, 맞통풍이나 조망을 위한 방향 요건들과 맞지 않을 수도 있다. 계획설계단계에서 글레이징 요소들의 크기를 설정하고 배치할 필요가 있으며, 그것들은 대개 건물 형태와 매스에 가시적인 효과를 줄 것이다.

태양복사 허용: 자연채광은 직접적인 태양복사를 필요로 하지 않지만, Passive 태양열 난방은 그것을 필요로 한다. 그 두 가지 목적을 위해 하나의 글레이징 요소를 사용할 경우에는 연중 과열되는 시기 동안 이루어지는 눈부심과 원치 않는 태양열 획득의 가능성을 완화할 수 있도록 차양장치 설계에 세심한 주의를 기울일 필요가 있다. Passive 태양열 난방은 복사열을 흡수한 후 저장하여 공조공간 내의 태양열 도입시간을 지연시킬 수 있는 적절한 배치의 글레이징과 내부 축열체를 필요로 한다. 태양열 난방을 위해 적절하게 배치된 글레이징은 일반적으로 남쪽을 면할 것이다. 남쪽에서 틀어지는 방향도 가능하지만, 이는 태양열 집열 시각을 (동쪽의 경우 남쪽보다 이르게, 서쪽의 경우 남쪽보다 느리게) 변화시킬 것이고 수집되는 에너지의 크기도 변화시킬 것이다. 건물의 방향이 태양열 난방 시스템에 미치는 효과는 수많은 Passive 난방설계 지침서에서 거론된다.

조망: 조망은 대부분의 그린 빌딩에서 중요한 고려사항이다. 조망은 쾌적함을 제공할 뿐더러 신체적으로도 눈의 피로를 덜어준다. 건물 거주자들을 위한 조망의 제공은 오랫동안 LEED-NC 그린 빌딩 등급체계에서 점수를 제공해 왔다. 조망은 부지에 크게 좌우되기 때문에, 부지분석을 하지 않고서 어떤 주어진 프로젝트에 대해 "좋은" 조망과 연관될 수 있는 방향을 결정하기란 불가능하다.

기류: 굴뚝환기 Passive 냉방시스템을 위한 개폐용 창문들의 배치는 일반적으로 방향과 독립적이다. 반면 맞통풍 시스템에서의 창문 방향은 시스템의 성공에 결정적인 요소다. 공기의 유입구와 배출구는 맞통풍 시스템의 의도된 작동시간 동안 지배적인 풍향들을 반영할 수 있게끔 배치해야 한다.

실행시 고려사항

많은 사법적인 관할권들에서, 건축법규가 건물 외피 내의 글레이징 요소 설계에 영향을 미칠 것이다. 주거 프로젝트에서는 법규가 쾌적함과 비상출구에 적절하다고 생각되는 최소한의 글레이징 영역을 다룰 수 있다. 대부분의 건물 유형에서 여기에는 에너지 효율성

4.43 Passive 태양열 난방용 글레이징.

4.44 전면 유리 파사드(미학).

4.45 글레이징 통합 광전지(건물 통합 광전지의 한 형태). JIM TETRO PHOTOGRAPHY, 미국 에너지부용

의 관점에서 수용 가능하다고 여겨지는 (대개 전체 벽 면적의 퍼센트 비율로 표현되는) 최소한의 글레이징 면적기준이 포함될 수도 있다. 거래를 위해서든 시뮬레이션 접근을 위해서든 법규가 규정하는 요구조건들을 뛰어넘기로 선택하는 설계 팀은 대개 그러한 글레이징 면적 상한 값들을 초월할 수 있다. 설계자가 고려해야 할 핵심사항은 지나친 글레이징 면적이 건물 에너지 (및 탄소) 성능을 떨어뜨린다는 점이다.

4.46 개폐용 창문들이 통합된 건물 통합 광전지 외장 마감.

표 4.1 미국공조냉동공학회(ASHRAE) 표준 90.1-2007의 제5기후대용 글레이징 규정 요건과 미국공조냉동공학회(ASHRAE) 표준 189.1-2009의 권고기준 사례[국제단위로 환산시에는 5.678을 곱할 것]

벽 면적의 0~40% 사이에서 수직 글레이징과 창호의 조립	최대 U율		최대 일사획득계수	
	90.1	189	90.1	189
비금속 프레임의 경우	0.35	0.25	0.40	0.35
금속 프레임의 경우				
커튼월/상점전면	0.45	0.35	0.40	0.35
출입문	0.80	0.70	0.40	0.35
기타 전부	0.55	0.45	0.40	0.35

4.47 조망을 위한 글레이징.

다음은 그린 빌딩 설계와 관련한 핵심 글레이징 재료 속성들을 간략히 요약한 것이다. 이러한 속성들을 잘 감지하지 않은 채 계획설계단계 동안 의도되는 글레이징 한도를 결정하면 대개는 이후의 설계과정 동안 문제들을 "시정"할 필요가 있게 될 것이다.

U율: U율 **U-factor**(용어설명 참조)은 글레이징 조합체가 대류열류에 저항하는 능력을 표현하는 데에 사용된다. 또 다른 창문의 U율보다 절반 되는 U율을 가진 창문은 절반만큼의 열류를 허용할 것이다. 유리와 대부분의 플라스틱은 매우 낮은 열 저항값들을 갖는다. 열류에 저항을 제공하는 건 부가되는 공기 막과 유리 사이의 공간들이다.

일사획득계수 SHGC: Solar Heat Gain Coefficient: 일사획득계수는 (글레이징과 프레임 요소들을 모두 포함하여) 글레이징 조립체를 투과하는 일사획득의 퍼센트 비율을 말한다. 일사획득계수는 건축규정에서 차폐계수를 대체하고 있다.

가시투과율: 일사획득계수와 유사하게, 가시투과율 **Visible Transmittance**, VT(용어설명 참조)은 하나의 글레이징 조립체를 통해 전달될 우발적인 빛의 비율을 표현하는 데에 사용된다. 많은 글레이징 제품들의 경우 가시투과율과 일사획득계수는 거의 동일하지만, 글레이징은 적외선과 자외선을 선택적으로 차단하되 가시광선 파장들의 투과는 허용하도록 설계될 수 있다.

ε(특히, 저방출 low-ε): ε는 방출력 **emissivity**, 즉 한 건물 재료가 장파장 복사를 방출하는 능력을 나타낸다.(용어설명 참조) 저방출 글레이징 코팅은 장파장 복사 손실을 줄여주고 글레이징의 열류 차단능력을 향상(시키며 그것의 U율을 향상)시킬 수 있다.

개폐면적: Passive 환기 시스템의 성공을 위한 건축적인 핵심은 유입/배출 면적이다. 외기는 (비록 다른 장치들을 사용할 수 있다 해도) 창문들을 통해 한 건물의 내부로 들어와 외부로 나갈 수 있어야 한다. (다른 변수들과 더불어) 환기 냉방 가능성을 확립하는 것은

한 개구부의 개폐면적이다. 따라서 환기용 창문들을 선택할 때에는 개폐면적을 고려해야 한다.

기밀성: 대류와 복사의 손실 및 획득 뿐만 아니라, 열은 틈새바람(의도하지 않은 공기 누출)을 통해서도 흐를 수 있다. 이러한 우려를 계획설계단계 동안 다룰 필요는 없으나, 설계발전단계에서는 기밀한 창문/천창을 명시해야 한다.

음향투과손실: 음향적인 관점에서, 음향의 투과손실 TL: transmission loss 혹은 음향투과등급 STC : sound transmission class은 글레이징 조립체의 음향(잡음) 차단능력을 정의할 것이다. 투과손실이나 음향투과등급이 더 높을수록, 음향차단성능이 더 좋다. 이 이슈는 계획설계단계에서 고려해야 한다.

글레이징의 트렌드

법규 요건들을 뛰어넘는 그린 (그리고 심지어 더욱 고성능의) 빌딩들을 시장이 점차적으로 요구함에 따라, 최신 글레이징 제품들의 세 가지 범주가 파사드 설계에 깊은 영향을 줄 것이다. 게다가 고성능 글레이징 시스템들을 활용한 기존 건물들의 갱신은 자연광을 전달하고 원하지 않는 태양복사는 배제하는 외피들을 위한 길을 닦는 데에 도움을 줄 것이다.

고성능 글레이징: 이 범주의 글레이징 솔루션들은 정적인 창문요소들이 갖는 전통적인 성능적 특징들, 즉 U율과 일사획득계수, 가시투과율 등을 다룬다. 창문 제품들의 발전(저방출 코팅과 하이테크 매립가스, 다중 유리창 등)은 U율을 최저 0.50 이상에서 약 0.25까지 줄였다. 현재 미국 국립창호인증위원회 NFRC: National Fenestration Rating Council가 기록하고 있는 열 저항이 가장 큰 창문의 U율은 0.09이다. 이것은 10년 전에는 들어보지 못했던 수치다. 일사획득계수 용량에서도 비슷한 발전이 목격되고 있다. 가시투과율에서의 주요 이슈는 일사획득계수의 감소에도 불구하고 (자연채광과 조망을 위한) 높은 값을 획득하는 것이며, 이는 다음 범주의 글레이징 혁신들로 이어진다.

동적 글레이징: 동적 글레이징 제품은 태양복사 스펙트럼 전체에 대해서든 스펙트럼의 한 부분(예를 들면 가시광선 부분) 내에서든 변경이 가능한 투과 속성들을 갖는다. 동적 글레이징의 근본적인 이론적 근거는 하나의 유리 유형이 모든 상황에 들어맞지는 않으며, 환경조건이나 거주조건이 변화하는 만큼 자연광이나 태양광 제어, 혹은 프라이버시에 대한 수요 역시 변할 수 있다는 점이다. 동적 글레이징에 대한 여러 접근법들이 현재 활용되고 개발 중인데, 전기화학적 층들이나 코팅, 부유입자, 액정 등이 그 예다. 동적 글레이징은 사용자에 의해 제어될 수도 있고 어떤 제어 시스템을 통해 환경조건들에 자동적으로 반응할 수도 있다. 비용 대비 효과성이 광범위한 채택을 방해하는 주요한 제약이다.

글레이징 통합 광전지: 글레이징 통합 광전지(건물 통합 광전지 BIPV : building integrated photovoltaics의 가능한 한 가지 접근법)의 두 가지 기본 유형이 있는데, 불투명 광전지들과 투명유리를 쌍으로 묶은 (바둑판 형상으로 배열된) 글레이징과 본질적으로 하나의 투명한 광전지 모듈인 글레이징이 그것들이다. 한 쌍으로 묶는 글레이징 접근법은 조립체의

4.48 나미비아의 주거환경 연구개발센터에 설치된 글레이징 통합 광전지는 보행로 차양을 제공한다. NINA MARITZ ARCHITECT

4.48 뉴욕 Helena 고층주거 아파트에서 출입구 캐노피로 활용되는 글레이징 통합 광전지. FX FOWLE ARCHITECTS, PC

광전지 부분에 대해 최대 10~12W/ft²(129W/m²)를 전달할 수 있다. 이 기술은 탁 트인 조망과 자연채광이 중요하지 않은 곳에서 가장 잘 이용된다. 발전용 투명 광전지 글레이징은 광전지 배열면적의 최대 4~5W/ft²(43~54W/m²)를 전달할 수 있다. 글레이징 통합 광전지의 비용 효과성은 프로젝트에 따라 다르다.

설계절차

글레이징 설계의 첫 단계는 설계의도들을 설정하는 것이다. 두 번째 단계는 설계기준들을 설정하는 것이다. 커미셔닝 용어에서 이것들은 "소유주의 프로젝트 요구조건" 으로 알려져 있다. 하지만 설계팀은 전형적인 소유주에 못지 않게 이러한 요구조건들에 기여할 수 있다. 지역적인 건물 규정들 역시 최소한의 글레이징 성능기준에 대해 뭔가 말할 거리가 있을 것이다. 글레이징의 결정이 미치는 영향은 보통 법규상의 최소 설계기준에서보다 그린/고성능 빌딩의 상황에서 더 클 것이다.

그런 프로젝트의 글레이징 설계에 대한 합리적인 접근으로 이어질 절차를 아래에 제안한다.

1. 프로젝트팀의 의도를 설정하라.
2. 각각의 의도에 대해 설계기준들을 설정하라.(의도와 기준들은 소유주의 프로젝트 요구조건들로 통칭되며 어떠한 성공이 프로젝트 의뢰인을 위한 것으로 보일지를 매우 상세히 정의한다)
3. 자연채광과 Passive 태양열 난방, 자연환기, 그리고 조망이 어떻게 소유주의 프로젝트 요구조건들의 달성에 기여할 것인지를 고려하라. 고성능 그린 빌딩에서는 대개 이런 측면들이 성공에 매우 중요할 것이다.
4. 이런 고려사항들이 소유주의 프로젝트 요구조건을 이행하는 프로젝트의 능력에 미치는 영향을 기준으로 그것들에 순위를 매겨라.
5. 한 주어진 부지와 관련하여, 그리고 프로젝트의 일반적인 맥락 속에서 각 고려사항(자연채광, Passive 난방, 환기)의 잠재력을 이해하기 위한 철저한 부지분석을 실시하라.
6. 그 고려사항들이 미치는 영향만이 아니라 프로젝트의 잠재력까지도 기준으로 하여 그것들의 순위를 매겨라.
7. 내충격성 글레이징 시스템들의 성공 능력을 늘린다는 설계 결정을 내려라.
8. (건물 방향과 같은) 설계 결정들에서 약간의 타협이 있을 경우 다른 시스템들이 프로젝트 목표들에 더 긍정적으로 기여할 수 있게 되는지 살펴 보라.
9. 건물이 글레이징 효과성과 관한 최소한의 공통분모만 반영하겠다는 마음으로 너무 많은 것을 타협하지 말아라.

예제

네바다주의 Tonopah에 사는 한 소유주는 법규 최소기준보다 더 좋은 성능을 내고 풍부한 자연광을 제공할 작은 사무소 건물을 원한다. 설계팀은 다음 단계를 취한다.

1. 글레이징 의도: 법규 요건들을 초월하여 자연채광을 제공한다.
2. 글레이징 기준: 최대 U율: 미국공조냉동공학회(ASHRAE) 표준 189.1을 보면 0.45Btuh/ft²°F (2.56W/m²°C), 최대 일사획득계수는 0.35, 최소 가시투과율은 0.70이다.
3. 소유주는 자연채광이 중요하다고 설명했다. 부지분석은 모든 건물 파사드에서 조망이 가능하고, Passive 난방은 별로 중요하지 않은 한편, 맞통풍은 고려할만한 가치가 있음을 나타낸다.
4. 글레이징 고려사항들은 중요한 순서대로 (의뢰인의 중요사항인) U율, 일사획득계수, 가시투과율, 조망가능성, (그리고 설계팀의 선택사항인) 개폐가능 창문들이다.
5. 부지분석은 위의 3번에서 일부 논의된다.
6. 추가 분석은 고려사항 순위에 변동을 주지 않는다.
7. 바라는 일사획득계수와 가시투과율 값들 사이에 부조화가 존재한다. 상업적인 창문 제품들에 대한 예비 검토가 바라는 U율과 일사획득계수, 가시투과율을 쉽게 얻을 수가 없음(바라는 일사획득계수와 가시투과율이 충돌함)을 보여준다.

사례

4.50 오레곤대학교의 John E. Jaqua Academic Center for Student Athletes에서 내부 파티션으로 사용되는 동적 글레이징.

8. 외부 차양장치, 분리된 조망과 자연채광 요소들을 갖는 별도의 글레이징 등 기준을 만족시키는 대안적인 방법들을 고려한다. 차양 성능 수요를 줄이기 위해 북쪽 파사드를 통한 자연채광을 고려한다.

9. 타협사항들을 계속해서 주시한다.

추가정보

Ander, G. 2010. 『Windows and Glazing』. In the 『Whole Building Design Guide』. National Institute of Building Sciences, Washington, DC. www.wbdg.org/resources/windows.php

Arasteh, D. et al, 2003. 『Windows Systems for High-Performance Buildings』. W.W. Norton & Company, New York, NY.

Efficient Windows Collaborative. 2010. Website provides information on window properties and potentials. www.efficientwindows.org/index.cfm

Holladay, M. 2009. "Passivhaus Windows." Green Building Advisor. www.vereco.ca/green_document/Passivhaus_Windows1271083821.pdf

NAHB. 2001. 『High Performance Glazing』. In 『ToolBase Services』. National Association of Home Builders Research Center, Upper Marlboro, MD. www.toolbase.org/Technology-Inventory/Windows/high-performance-glass

NAHB, 2001. 『Switchable Glazing Windows』. In 『ToolBase Services』. National Association of Home Builders Research Center, Upper Marlboro, MD. www.toolbase.org/TechInventory/Tech Details.aspx?ContentDetailID=936&BucketID=6&CategoryID=14

Wilson, A. 2010. "Rethinking the All-Glass Building." 『Environmental Building News』, Vol. 19, No. 7, July.

이중외피

이 전략에서 설명된 바와 같이 **이중외피**는 건물 정면의 투명하거나 대체로 투명한 부분에 사용된 다수층의 벽 조립품이다. 외형에 있어 그것들은 유서 깊은 덧창에서부터 변치 않는 현대적 이상을 담은 전면유리 파사드에 이르기까지 다양한 모습으로 나타난다. 이중외피는 실외측 파사드, 중공층, 그리고 실내측 파사드로 이뤄진다. 실외측 파사드는 기후로부터 건물을 보호하는 기능을 하며 소음차단의 1차 방어선이다. 중공층은 실내에 대한 열 충격을 완화시키기 위해 이용된다. 유리창면상의 오픈 슬롯과 운용 가능한 요소들을 사용함으로써 무더운 날에는 가운데 공간을 환기시키고 시원한 날에는 인접한 실내 공간으로 부분적으로 조절된 공기가 유입되는 것을 허용할 수 있게 된다. 대부분의 경우 중간구역에 자유롭게 작동될 수 있지만 유지보수를 위한 합리적 접근을 허용하는 차양장치가 설치된다. 실내측 파사드의 이중유리창은 (대부분의 기후에서) 최적 열 차단을 제공하는 반면 실외측 파사드의 단일유리창은 완충공간을 창출해내기에 충분하다.

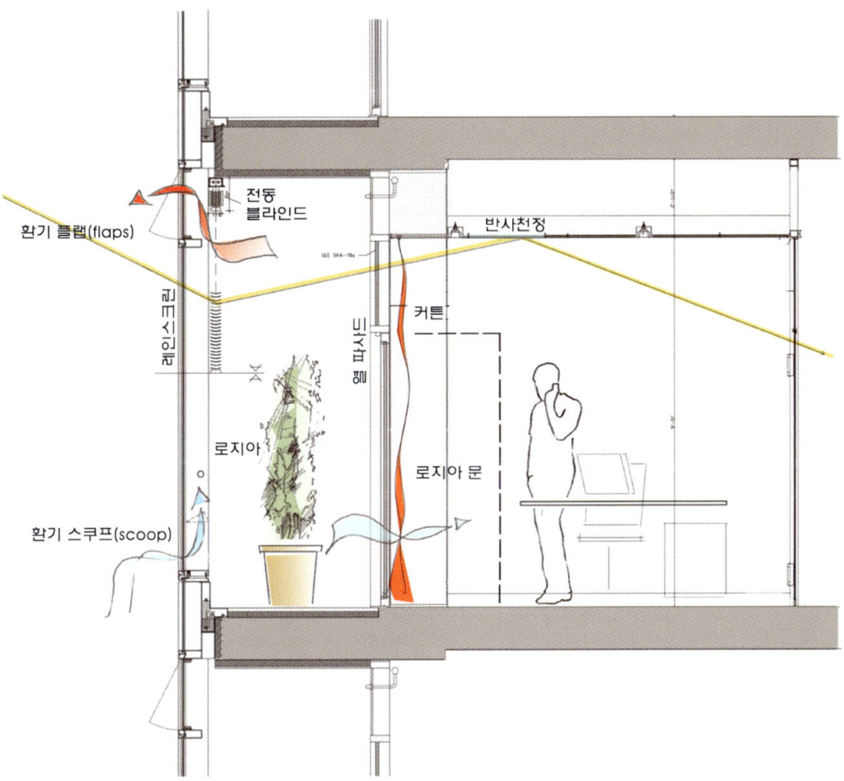

4.51 매사추세츠 캠브리지의 효소연구소 단면도는 이중외피 복도형 파사드를 갖고 있다. BEHNISCH ARCHITEKTEN

이중외피는 건물 설계자에게 이례적인 풍부한 옵션들을 제공한다. 적절한 시스템 선택은 다음 사항을 고려하여 이루어진다.

- 전체 파사드에 대한 유리창과의 관련성
- 투명도의 성능목표

4.52 독일 프랑크푸르트 웨스트헤이븐 타워의 이중외피구조 내부 완충공간. DONALD CORNER

의도
기후제어, 자연채광, 소음차단

효과
자연환기, 자연채광, 열 단열, 심미적 영향

선택사항
외형: 박스형, 기둥박스형, 복도형, 복층형

조정 시안
Passive 냉난방, Active 냉난방, 방음, 차양, 건물/외피방향, 건물 풋프린트, 실내 구획벽

관련 전략
직접획득, 간접획득, 맞통풍, 굴뚝환기, 광선반(light shelves), 차양장치

LEED 관련요소
에너지 및 환경, 실내 환경의 질, 혁신 & 설계과정

선결요건
설계 의도와 이중외피 사용이 그러한 의도를 충족시키는데 있어 어떻게 기여할 수 있는지에 대한 분명한 이해

- 공사 전략
- 유리관리 요구사항

전체 파사드에 대한 유리창의 관련성: 전통적인 파사드는 보통 솔리드 벽 구성요소 내부에 개구부를 뚫거나 연속적인 수평의 유리창을 설치하여 만들어졌다. 구조적 하중은 솔리드 구조물에 집중되고 주요한 유리창면은 종종 벽 깊이만큼 안쪽으로 후퇴해 있다. 그러한 경우 동일한 구조물에 부착되며 외부 표면을 이루는 두 번째 유리창면을 부착하기가 비교적 용이하다. 그 예로서는 전통적인 덧창과 그림 4.53에서 보이는 것처럼 이의 현대적 변형인 "상자형 창문"이 있다. 두 번째 파사드 유형에서는 정면의 선택된 부분 앞쪽에만 상당한 간격을 두고 외부 유리창을 설치한다. 그 예로는 퇴창(벽에서 돌출한 창문), 유리창 부착 로지아, 부착온실(그림 4.54에서 보인) 등이 있다. 내부 유리창은 포위된 공간이 이중외피로 작용하도록 하며 정당한 조건 하에서 유용한 공간으로 활용될 수 있는 넓은 중공층을 창출해낸다. 마지막으로 이중외피는 그림 4.55에서처럼 파사드 전면에 걸쳐 설치된 외부 유리창에 의해 이루어질 수도 있다. 이 일반적 유형은 기존 구조물을 "재포장" 형태에서부터 내부에 하나 이상의 건물을 포함한 독립적인 유리상자에 이르기까지 다양하다. 이 유형에는 1990년대 중반부터 유럽에서 유행하고 있는 밀착형 이중외피가 포함된다.

투명도의 성능목표: 이중외피는 그것이 수행할 것으로 요청되는 성능에 의해 더욱 분명하게 드러난다. 이러한 요구사항은 환기구가 유리창 한쪽에만 설치될 것인가 아니면 양쪽 모두에 설치될 것인지와 포위된 공간 내부에 어떠한 요소가 설치될 것인지를 결정한다. 대부분의 이중외피는 채광을 최대화 하면서 태양열 흡수를 제어하도록 설계되는데 이는 실내 열획득이 지배적인 사무실 건물에서 전형적이다. 가운데 공간은 바람의 피해와 기후에 노출되어 시달리게 될 운용식 차양장치를 위한 보호구역으로 활용된다. 차양장치에 흡수된 태양열 에너지는 외부 유리창에 설치된 한 쌍의 개구부를 통해 가열된 공기를 환기하거나 파사드 전체를 통한 굴뚝환기 stack ventilation에 의해 외부로 반환된다. 두 번째 전형적인 성능특성은 도시환경에서 방음이다. 성공적인 솔루션의 최상의 예는 파손되지 않은 외부 유리창과 함께 공동에 멀리서부터 온 환기공기를 유입시키거나 방음 삽입장치를 이용하는 것이다. 효과적으로 수행하고 있다고 여겨지는 이중외피는 보통 이 두 요소를 중심으로 작동된다.

추가적인 성능 혜택은 겨울철 공기온도 대비나 고층건물에서 풍향 역전효과를 완화시키는 작용을 하는 완충구역과 내부 유리창을 통해 거주공간을 환기시킬 수 있는 기회를 제공한다는 점이다. 이중외피는 내부 유리의 표면온도 조절을 통해 냉난방 모드에서 쾌적한 조건을 제공하기 위한 기계적 개입의 필요성을 줄이게 된다. 중공층은 태양열 집열을 통해 건물을 직접 따뜻하게 하거나 태양열을 흡수한 노출부분으로부터 그늘진 노출부분

4.53 독일 Gelsenkirchen에 위치한 GAAG 건축전시관의 이중외피 파사드 내 박스형 창문. DONALD CORNER

4.54 이탈리아 베니스의 한 유리창 부착 발코니. DONALD CORNER

4.55 영국 런던 소재 Arup 사무소 건물은 외부 유리창이 파사드 전면을 덮고 있다. DONALD CORNER

으로 입사된 에너지를 이동시킨다. 그 공간은 또한 외피를 통해 직접 환기되지 않는 건물 내 기계 시스템을 거쳐 여러 공간으로 유입되는 신선한 공기를 예열시키는데 사용될 수 있다. 이중파사드에 의한 열 사이펀효과는 건물 외부로 공기를 끌어내는데 이용될 수 있지만 다른 형태의 굴뚝환기가 비용효과면에서 보다 유리할 것이다.

시공전략: 이중외피의 한 가지 방법은 각 층마다 실내 마감재로부터 적절한 거리만큼 돌출된 캔틸레버식 바닥판 가장자리에 단열된 충진 시스템을 설치하고 여기에 한층의 유리창을 부착하는 형태의 방법이다. "복도형 파사드(그림 4.51, 4.56 및 4.57)"는 이러한 형태와 가운데 공간이 층별로 분리된 모든 형태에 붙여진 이름이다. 종종 외부층은 커튼월인 반면 보호된 내부창은 다른 시공자에 의해 제공된 훨씬 저렴한 스토어프런트 storefront 시스템이다.

이용 가능한 바닥면적을 최대화하기 위해 외부 유리창은 지주, 케이블, 또는 트러스 등을 이용해 주요한 구조물 가장자리 너머로 매달 수 있다. 순수한 형태에서 이러한 접근은 바닥과 난간에 난 커다란 개구부를 통해 공동을 환기시키는 "층별 이중외피"를 창출해낸다. 개념적으로 이것은 1980년대에 유행했던 두터운 실외 차양 시스템의 변형이다. 외부 표면에 엄청난 유리패널을 부착한 결과 고정식 차양은 외부 기후조건에 맞설 필요가 없이 태양 고도와 강도의 변화에 반응할 수 있는 운용식 경량단위로 대체될 수 있었다.

대형 프로젝트의 경우 단위 커튼월 시스템으로서 이중외피 구조를 선조립하는 것이 종종 바람직하다. 내외부 유리창이 설치된 완전한 조립품을 단번에 설치할 수 있다. 그 단위는 공동 환기를 위한 급배기구를 가진 일체 완비된 "상자형 유리창"일 것이다. 그렇지 않을 경우 환기구 수를 감소시키고 파사드 내 급배기 지점들을 분산시키기 위해 인접한 유닛에 연결될 수 있다. 이것의 전형적인 모습은 지그재그식 벤트를 가진 "층별 이중외피"이다. 이른바 "샤프트박스 시스템"에서 연속적인 수직 공동은 개별 유닛들을 양쪽으로 배기시키는 열 굴뚝과 같이 이용될 수 있다. 다수의 실내 공간에 파사드 모듈을 접목시킨 모든 기술은 공기흐름을 개선시키고 비용을 절감할 수 있지만 그러한 공동을 통해 실내 공간 사이에 화재확산과 소음전송 문제를 초래할 우려가 있다.

유지관리 요구사항: 이중외피의 궁극적 형태는 유리 표면을 청소하거나 환기제어 및 차양장치를 유지하기 위한 공동 내부 접근의 필요성에 의해 대폭 달라질 수 있을 것이다. 대형 층별 이중외피는 작업공간을 왜곡시키지 않고 이러한 요구사항을 충족시키지만 대신 건물 둘레 근처의 현저한 바닥면적을 희생시켜야 할 것이다. 층별 이중외피는 종종 가운데 공간의 캔틸레버 구조 속으로 유지보수를 위한 금속격자 보도를 통합한다.

유럽 국가 중 특히 독일에서는 건축규정과 문화적 전통이 작업공간에서 외부 공기에 대한 개별통제가 가능하도록 내부 유리창의 많은 부분을 운용식으로 설치할 것을 요구한

4.56 매사추세츠 캠브리지에 자리한 효소연구소의 커튼월. DONALD CORNER

4.57 매사추세츠 캠브리지에 자리한 효소연구소의 복도형 파사드 내부. DONALD CORNER

다. 만약 운용식 유리창이 각 파사드 유닛들에 대한 접근을 허용한다면 중간 공동의 깊이는 미터단위에서 밀리미터 단위로 축소될 수 있다. 이는 특히 운용식 단위의 비용이 자연환기 사용증대로 인한 기계실 용량의 감소에 의해 상쇄된다면 단위 생산 시스템의 재료 효율성을 현저히 개선시킨다.

북미 시장에서 단위 커튼월 전략은 일반적으로 고정된 외부 단열유리창과 창살 내부 표면에 운용식으로 결합된 내부 유리판을 이용함으로써 얇은 이중외피를 창출해내는 것이다. 유지보수를 위한 접근은 실내를 통해서 이뤄진다. 이것은 차일에 의해 흡수된 열을 제거하기 위해 상당한 비율의 탁한 실내 공기가 정면 공동 속으로 유입된다는 "배기창" 개념의 부활이다. 이러한 전략은 초기비용이 낮지만 외부 유리창면을 통해 자유롭게 환기시키는 시스템에 비해 공동을 정화시키기 위해 이용할 수 있는 공기량이 제한된다.

건축적인 주요 현안

이중외피 공법에 관련된 건축적인 중요 사항은 건물 외관과 열 및 채광성능이 필연적으로 파사드의 성공에 의해 정의된다는 사실이다. 설계자의 분명한 설계의도, 명료한 설계기준, 그리고 의도된 외피 설계가 기대에 부응할 것이라는 믿음을 전제로 한다. 불행히도 이중외피 파사드는 전적으로 직감에 의해서만 작동할 수 없는 매우 복잡한 시스템이다.

실행시 고려사항

이중외피 시스템의 효과성에 대해서는 논의가 분분하므로 한마디로 결론짓기 어렵다. 파사드 비용에 관한 단순비교는 이용 가능한 바닥면적, 양립할 수 있는 구조적 시스템의 비용, 기계실의 규모와 복잡성, 전체 건물 에너지 흐름 및 장기 유지관리 비용 등에 관한 비교 없이는 거의 의미가 없다. 건물 거주자가 받는 질적 편익과 요구된 재료의 생태적 영향에 관한 연구도 병행되어야만 한다. 가장 효과적인 이중외피 응용 가운데 하나는 기존 건물 외피를 "재포장"하는 것으로서 에너지 성능수준이 열악하다. 일반적으로 말해 이중외피는 채택되는 최초의 그런 전략이 되어서는 안 된다. 그것은 전반적 환경의 질과 에너지 효율성을 달성하기 위해 취해진 다른 조치를 보완하는 경우에만 고려되어야 한다.

이중외피와 관련된 편익 가운데 많은 것들은 설계 및 비용 영향이 훨씬 적은 수단을 통해 달성될 수 있다. 예를 들어, 자연환기는 단일외피를 통한 점적 벤트 trickle vents를 이용하여 통합될 수 있다. 파사드 창은 채광획득을 최적화하도록 설계되고 실외 환경과의 의미 있는 연계성을 제공해야만 한다. 이러한 기본적인 성능문제에 의해 정당화될 수 있는 것보다 훨씬 더 큰 유리 면적을 통한 획득/손실을 제어하기 위해 이중외피를 이용하는 사례가 너무 잦다.

4.58 독일 슈투트가르트에 있는 Bayerische Vereinsbank 건물의 이중외피 파사드는 기존 건물의 "재포장" 내지 재구성으로서 띠 모양의 개폐용 창문 시스템 전면에 개폐용 루버를 부착했다. 이 차양장치는 이중외피 사이의 공동에 위치한다. DONALD CORNER

설계절차

1. 열적 및 시각적 쾌적, 에너지 효율성 및 기후제어 시스템 등을 포함하여 이중외피 파사드를 적용한 건물 외피와 관련한 설계의도와 관련 설계기준을 표현하는 기법을 개발한다. 예: 좋은 질의 채광을 제공한다, 모든 실외 사무실에서 최소 5%의 주광률이 제공될 것이다, 이중외피 파사드는 ________를 통해 이를 달성하도록 도울 것이다.

2. 다양한 유형의 이중외피 시스템과 시공전략을 고려하며 의도된 성능을 전달하는데 필요한 요소들을 포함한 건물 평면도와 벽 단면도를 스케치한다. 가운데 공간은 거주 가능한가, 빛, 공기 및 시야 등의 개별제어가 고려되는가, 소음차단이 요구되는가와 같은 문제를 처리한다.

3. 이상의 서술에 내포된 영향에 관해 사실성 체크를 수행한다. 이중외피에 의해 자연채광 성능은 어떻게 개선되는가? 이중외피는 겨울철 열손실을 어떻게 감소시키는가? 어떻게 환기가 이중외피를 통해 일어나는가? 이러한 검사의 목적은 이중외피 전략을 기각하기 위함이 아니라 시스템 수행계획에 내포된 가정을 확인하기 위함이다.

4. 개념스케치의 반복을 통해 모형(물리적 및 시뮬레이션)을 만들어내며 다양한 건물 시스템을 분석한다.

예제

이하의 설계 절차에서 볼 수 있는 것처럼 이중외피 파사드 제안의 실행 가능성을 확인하는 단순하거나 단일의 수단은 어디에도 없다. 선택된 이중 외피 전략의 공간적 영향은 설계기준에 의해 요구된 특수한 건물 시스템을 통합할 필요가 있다. 예를 들어, 앞의 보기에서 살펴 본 복도형 파사드는 사람들이 지나다니거나 다른 용도를 위해 충분히 넓을 필요가 있을 것이다. 외부 유리창 시스템과 내부 벽의 깊이는 선택된 구성요소에 달려 있을 것이다.

사례

4.59 오스트리아 Bergenz 소재 Kuntshaus Art Gallery의 쉬글 유리 "포장" 파사드(왼쪽)와 유리패널 확대사진(오른쪽). DONALD CORNER

4.60 오레곤주 포틀랜드에 있는 RiverEast Center의 이중외피 파사드.

추가정보

Boake, T.M. 2003. "Doubling Up." 『Canadian Architect』, Vol. 48, No. 7, July.

Boake, T. M. 2003. "Doubling Up II." 『Canadian Architect』, Vol. 48, No. 8, August.

Diprose, P. and G. Robertson. 1996. "Towards a Fourth Skin? Sustainability and Double-Envelope Buildings." www.diprose.co.nz/LinkClick.aspx?fileticket=pTymiye%2FamE%3D&tabid=16756&mid=24014

Hausladen, G., M. de Saldanha and P. Liedl. 2008. 『ClimateSkin: Building-Skin Concepts that Can Do More with Less Energy』, Birkhauser, Basel.

Herzog, T., R. Krippner and W. Lang. 2004. 『Facade Construction Manual』. Birkhauser, Basel, Switzerland.

Oesterle, E. et al. 2001. 『Double-Skin Facades: Integrated Planning』. Prestel, Munich.

계획설계를 넘어

"작업중 작은 개별부분에서 문제와 어려움을 일으킬 수 있다.(The Devil is in the details)"라는 말이 있다. 그 말은 이중외피 파사드에 분명히 적용된다. 시스템 성능의 광범위한 모형화를 포함해 이중외피에 관한 많은 설계작업은 기본설계단계에서 일어날 것이다. 제안된 형상은 환기성능을 최적화하고 전반적인 열성능을 이해하기 위한 물리적 모형이나 컴퓨터 시뮬레이션(전산유체역학을 포함하는)을 통해 검증될 수 있을 것이다.

옥상녹화

옥상녹화는 우수의 집수와 보존을 제공함으로써 지붕의 열저항성과 용량을 증대시키고, 도시 열섬효과를 감소시키며, 그렇지 않으면 무미건조할 구역 위에 동물과 사람을 위한 그린 공간을 창출해낼 수 있다. 옥상녹화 유형에는 저관리경량형과 관리중량형 두 가지가 있다.

저관리경량형 옥상녹화는 상대적으로 얇은 기초토양으로 인해 관리중량형에 비해 더 가볍고, 저렴하며, 유지가 간편하다. 저관리경량형 옥상녹화는 보통 식물다양성이 제한되며 전형적으로 돌나물과(다육식물), 잔디, 이끼 및 허브 등으로 구성된다. 그것들은 종종 건물 거주자들의 접근을 허용하지 않지만 인접한 실내 공간이나 건물에 "자연적인" 전경을 제공할 것이다.

4.62 포틀랜드에 있는 Oregon Health Sciences University의 옥상녹화.

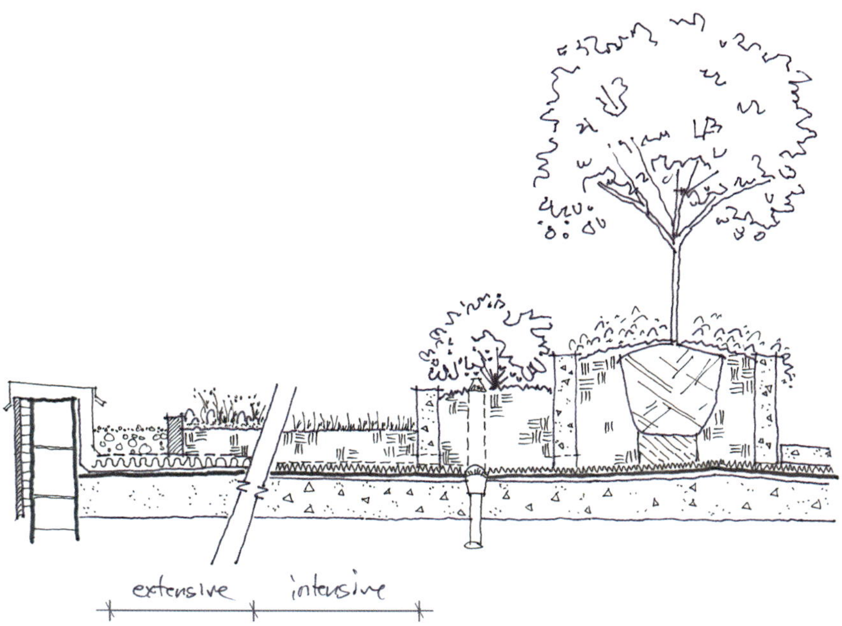

4.61 관리형(intensive) 접근법과 저관리형(extensive) 접근법의 차이를 보여주는 옥상녹화 단면도. BEN VAUGHIN

저관리경량형 옥상녹화는 최대경사 35°까지 적용될 수 있지만 20° 이상의 경사에서는 토양쏠림 현상을 방지하기 위해 배플 시스템 baffle system이 요구된다. 이것들은 도시나 농촌, 신축이나 기존 건물의 구분 없이 광범위한 건물 유형에서 적용될 수 있다.

두께 50~150mm의 경량 성장토양(종종 모래, 자갈 및 유기물 등의 광물기반 혼합물)이 저관리경량형 옥상녹화에 요구된다. 성장매개체 이외에 초과 우수배수 시스템과 지붕 방수막 보호장막이 요구된다. 식물 뿌리가 하부조직에 달라붙어 그들과 일체를 이루므로

의도
부지 증진, 기후제어

효과
우수집수/보존, 외피성능 향상, 도시 열섬효과 감소, 그린 공간 창조, 물 및 공기질 조절

선택사항
최소의, 접근을 허용하지 않는 저관리경량형 옥상녹화에서부터 커다란, 충분히 접근 가능한 나무를 심은 저 옥상녹화에 이르기까지 광범위한 전략이 있다.

조정 시안
구조적 시스템, 지붕 단열, 우수배수, 지붕 접근, 관개 시스템(요구된다면), 옥상요소(배관 벤트, 환풍기 등)

관련 전략
물 재활용/재사용, 투수성 포장, 단열재

LEED 관련요소
지속가능한 부지, 물 효율성, 혁신 & 설계과정

선결요건
적절한 지붕 면적, 유지관리를 위한 지붕 접근 가능성

고층건물이나 해안가와 같이 바람이 세찬 구역이 아닌 한 지붕 솟구침에 대비해 추가적인 밸러스트를 제공할 필요가 없다.

관리중량형 옥상녹화는 저관리경량형 옥상녹화에 비해 토양기초가 더 깊다. 식물 다양성에 있어 제한이 없으며(얕은 저관리경량형 옥상녹화와는 달리) 종종 작은 정원과 같은 조경적 특징을 보인다. 관리중량형 옥상녹화는 공원과 같은 접근 가능한 개방공간을 제공할 수 있으며 종종 커다란 식수들은 물론 보도, 물웅덩이 및 관개 시스템 등을 포함한다. 보다 깊은 토양기초가 요구되고 토양을 적시기 위한 물과 식물의 중량으로 인해 이러한 지붕은 저관리경량형 옥상녹화나 전통적인 지붕에 비해 훨씬 더 무겁다. 이러한 초과중량은 튼튼한 건물구조를 요구하며 보다 값비싼 지붕을 낳는 결과가 된다. 관리중량형 옥상녹화는 오로지 평평한 지붕에서만 실행 가능하다.

관리중량형 옥상녹화는 다른 지붕들과는 달리 보다 많은 비용, 설계시간 및 주의 등과 관련됨에도 불구하고 이러한 접근은 지붕을 흥분되고 활기찬 환경으로 탈바꿈시키는 가장 넓은 팔레트와 같은 구실을 한다. 나무를 포함해 온갖 서식지가 창출될 수 있다. 이러한 유형의 지붕들은 종종 사람들에게 휴식을 위한 개방공간은 물론 텃밭을 일굴 수 있는 공간으로 다가온다. 관리중량형 옥상녹화는 저관리경량형 옥상녹화보다 에너지 효율적이며 일반적으로 지붕 방수막 보호를 제공하여 그 내구성을 높인다. 보다 깊은 토양기초는 우수보존 능력을 현저히 개선시킨다. 관리중량형 옥상녹화의 성장매개체 깊이는 일반적으로 600mm이다.

4.64 오레곤주 포틀랜드에 있는 Multnomah County Central Library의 옥상녹화.

4.63 영국 잉글랜드 콘월 지역의 세인트 오스텔 근교에 있는 Eden Project의 레스토랑 옥상녹화.

4.65 옥상녹화 재료로 사용되는 세덤들(위쪽의 두 이미지들)과 모듈 식 트레이 옥상녹화 시스템(아래쪽 이미지)의 사례.

4.66 일본 요코하마시 요코하마 국립대학교의 한 부속건물에 시범적으로 적용된 옥상녹화(왼쪽). 지붕의 왼편은 클로버 팔레트로 만들어졌으며 오른편은 통상적으로 노출되는 지붕의 표면이다. 적외선 열측정자료(오른쪽)는 옥상녹화의 표면온도에 대한 효과를 보여준다. ECOTECH LABORATORY

4.67 Yokohama 국립대학교의 한 시범적인 옥상녹화 아래에 자리한 강의실. ECOTECH LABORATORY

4.68 오후 3시 옥상녹화 아래의 교실에서 측정된 열의 분포자료. 평균온도는 32° 이다. ECOTECH LABORATORY

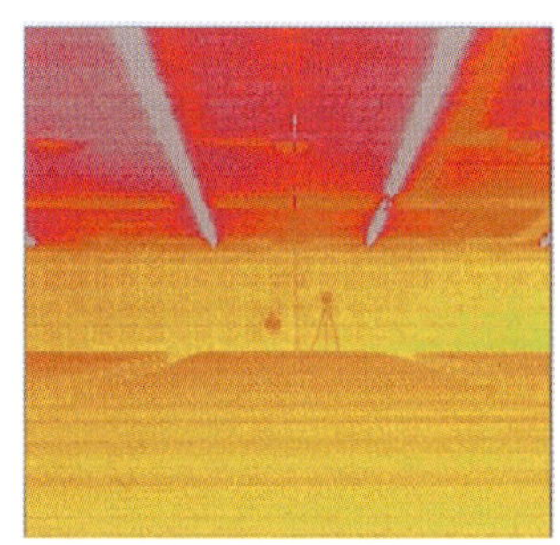

4.69 오후 3시 옥상녹화가 없는 교실에서 측정된 열의 분포자료이다. 평균온도는 좌석에서는 38° 이며 천정에서는 42° 이다. ECOTECH LABORATORY

옥상녹화의 층 구조는 선택된 옥상녹화의 특수한 유형에 따라 다를 수 있다. 일반적으로 지붕 상판의 윗면에 단열재를 설치하며, 그 위에 차례대로 방수막과 뿌리차단막, 배수층, 여과막, 그리고 마지막으로 식물 성장매개체를 덮는다. 단열재의 구조적 표면에 방수막을 입힌 배수 가능한 단열재 또한 흔하게 이용된다. 토양기초와 식물의 중량에 따라서는 추가적 구조물이 단열재층 위에 요구될 것이다. 방습층의 위치에 세심한 주의를 기울여야 한다.

건축적인 주요 현안

성공적인 옥상녹화는 의도된 식생 유형을 위해 적절한 태양노출을 제공할 수 있는 건물 규모를 요한다. 인접한 건물이나 나무로 인한 그늘은 옥상식생의 성공에 큰 영향을 줄 수 있다. 건물 규모는 또한 바람으로부터 비교적 보호되는 옥상표면을 창출해내기 위해 요구될 수 있다. 건물 형태는 또한 거주자가 옥상녹화와 어떻게 상호작용할 수 있는지를 결정한다. 옥상녹화는 적어도 거주자들의 시야에 들어오기만 한다면 사용자에게 쾌적함을 제공한다. 또한 그것에 대한 접근이 허용된다면 적절한 실내 공간과의 통합 정도를 높이는 것이 바람직하다. 구조적 시스템 설계, 세심한 배수 시스템 상세설계, 관개 시스템 및 지붕 막구조의 침투 등은 핵심문제들이다.

실행시 고려사항

저관리경량형 옥상녹화에는 튼튼하고, 가뭄에 잘 견디며, 키가 낮은 식물들이 선택되어야만 한다. 그러한 지붕에 심긴 식물들은 통상적인 위치에 심긴 식물들에 비해 세찬 바람과 보다 강한 태양복사를 경험하고, 토양기초의 두께가 얇을 뿐 아니라 지하수원에 접근할 수 있는 기회가 훨씬 적다. 결과적으로 옥상녹화 위의 식물들은 증발산 상실률이 높고 가뭄에 잘 견디는 식물들이 그러한 환경에 가장 적합하게 된다. 바람에 의한 잎 손상 또한 문제가 된다. 북미의 경우 4~8 서리구역www.emilycompost.com/zone_map.htm에서는 저관리경량형 옥상녹화의 적어도 절반이 돌나물과이어야만 한다. 보다 차가운 지역에서는 잔디가 압도적인 지피식물로 권장된다. 많은 저관리경량형 옥상녹화 식물들은 겨울에 갈색으로 변하므로 이러한 색상변화를 예상해야만 한다.

비록 저관리경량형 옥상녹화는 개방되지 않는 것이 일반적이라고 하더라도(유지관리 직원을 제외하고) 시공을 단순화하고 유지를 촉진하기 위해 안전하고 현실성 있는 접근수단이 제공되어야만 한다. 지붕 둘레에는 안전난간을 둘러쳐야 한다.

관리중량형 옥상녹화는 나무들을 옥상의 전경 속으로 통합할 기회를 창출한다. 나무와 기타 무거운 요소들은 기둥이나 주요한 보 바로 위에 설치되어야 한다. 나무 바로 아래 구역은 필요시 보다 깊게 할 수 있다. 옥상은 지면 수준에 비해 보다 강한 바람을 경험한다. 식물과 거주자 보호를 위해 옥상정원은 바람차단막과 난간(아마도 난간벽으로 제공될)을 포함해야 한다. 나무는 바람을 이겨내도록 고정시키되 지붕 방수막에 구멍을 내지 않도록 해야 한다. 때때로 분형근 root ball과 토양표면 아래 지붕구조물에 인장 케이블이 부착된다. 지붕 위의 고정하중을 감소시키기 위해 포장재료는 가능한 가벼워야 한다.

설계절차

1. 프로젝트 설계의도의 관점에서 옥상녹화의 요구된 기능을 결정한다. 전형적인 기능은 다음과 같다.
   - 건물 거주자에게 시각적 쾌적성을 제공한다.
   - 점유 가능한 그린 공간을 제공한다.
   - 건물 에너지 소비를 감소시킨다.
   - 우수집수/보존
2. 관리중량형 또는 저관리경량형 옥상녹화의 설계의도와 요구된 기능의 달성에 가장 적절한지를 결정한다.
3. 제안된 옥상녹화 구역의 연간 일조 및 일영량을 결정한다. sunpeg 차트나 단순한 매스 모형이 손쉽게 이용할 수 있는 도구로서 권장된다. 충분한 태양노출을 달성하기 위해 필요시 옥상녹화구역의 위치를 조정한다.
4. 일조/일영 패턴, 이용 가능한 강우 및 풍속 등을 고려하여 요구된 식생유형을 결정한다. 지역 조경전문가와 상의하는 것이 권장된다.
5. 요구된 식생을 지탱하는데 요구되는 토양깊이를 결정한다.(다양한 식생유형의 최소깊이에 대해서는 표 4.1 참조)

예제

노스캐롤라이나의 한 생태적 공용주택은 자치주민들을 위한 식사장소를 제공하기 위한 옥상녹화에 관심이 있다. 그 지붕은 남쪽으로 20° 기울어진 약 9.1~6.1m 규격이다.

1. 그 지붕은 지상에서 관찰 가능했지만 입주자를 위한 접근을 허용하지 않았다. 그것은 우수를 보존하고, 열섬효과를 완화시키며, 그린 솔루션을 향한 지역사회의 헌신에 봉사하는 것이어야만 한다.
2. 저관리경량형 옥상녹화가 경사지고, 접근 불가능하며, 낮은 유지관리가 요구되는 지붕에 적합하며 고객의 재정형편에 부합된다.
3. 그 건물은 낮은 건물들, 잔디밭 및 주차구역 등에 둘러싸여 있다. 지붕에서는 거의 그늘을 생각할 수 없으며 태양노출은 지면 식물의 그것과 유사할 것이다.
4. 식생은 기후와 관련하여 선택된다. 그 장소는 연간 100일 이상 맑은 날을 경험한다. 겨울은 일반

6. 지탱구조 시스템의 크기(깊이)를 추정하기 위해 제안된 (물에 흠뻑 젖었을 때) 옥상녹화의 고정하중을 추정한다.(표 4.1과 4.2 참조)

7. 만약 옥상녹화 접근이 실행 가능성이 있다고 판단되면 이러한 전략을 채택하고 설계를 진행한다. 유지관리와 관개를 위한 접근로(만약 요구된다면)를 어떻게 통합할 것인지에 대해 생각한다.

표 4.2 옥상녹화 식생을 위한 최소 토양깊이. 『공기단축 조경건축 표준』(2판)

식생	최소 토양깊이[a]
잔디	8~12 in.(200~300mm)
화초와 지피식물	10~12in.(250~300mm)
관목	24~30in.(600~750mm)[b]
작은 나무	30~42in.(750~1050mm)[b]
큰 나무	5~6ft.(1.5~1.8m)[b]

a: 여과조직과 배수매개체 상부
b: 다 자랐을 때의 식물크기에 따름

표 4.3 옥상녹화 재료의 중량. 『공기단축 조경건축 표준』(2판)

재료	DRY lb/ft³(kg/m³)	WET lb/ft³(kg/m³)
모래나 자갈	90(1440)	120(1929)
퇴비를 포함한 삼목 톱밥	9.3(149)	13(209)
토탄 이끼	9.6(154)	10(166)
삼나무 배합토와 톱밥	15(2387)	22(357)
소나무 및 전나무 껍질 부식토	22(357)	33(535)
펄라이트	6.5(104)	32(521)
표토	76(1216)	78(1248)
콘크리트		
경량	90(1400)	—
프리캐스트	130(2080)	—
강화	150(2400)	—
강철	490(7840)	—

적으로 온화하며 가끔 눈서리가 내린다. 여름은 길며 무덥고 습하다. 연간 강우량은 약 130cm이다. 이상에서 살펴본 점과 저관리 경량형 옥상녹화의 얇은 토양층을 고려하여 다육식물과 가뭄에 잘 견디는 식물들이 선택되었다.

5. 경량 매개체 250mm의 토양깊이가 사전에 선택되었으며 100mm 배수층 위에 설치되었다.

6. 옥상녹화 요소로 인한 추정 지붕 고정하중은 (10/12)×(70)+(4/12)×(120) =98lb/ft³(1570kg/m³)이다. 구조물과 단열재의 중량, 그리고 동하중이 이 값에 더해져야만 한다.

7. 이 옥상녹화 접근은 실행가능성이 있는 것으로 생각되었다.

사례

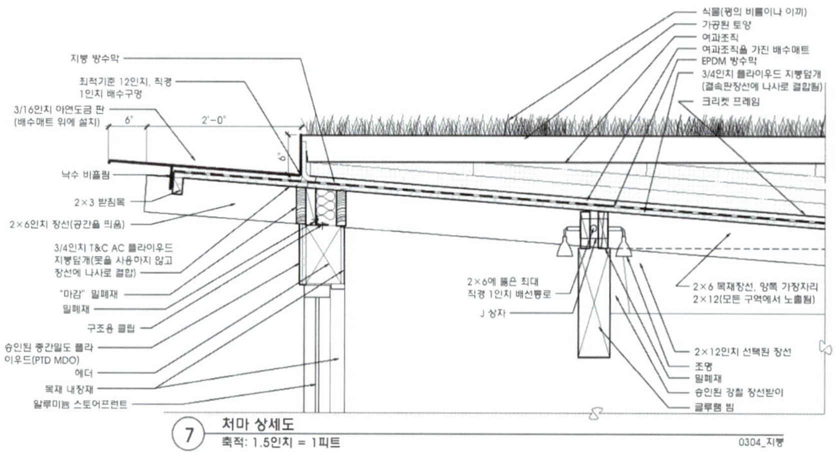

4.70 워싱턴주 시애틀의 한 주택의 옥상녹화 시공상세도. MILLER/HULL PARTNERSHIP

4.72 워싱턴주 시애틀에 있는 Roddy/Bale Garage/Studio의 옥상녹화는 갖가지 야생식물과 지피식물로 덮여 있다. MILLER/HULL

4.71 시애틀 Hyatt Olive 8 호텔의 저관리 모듈식 옥상녹화.

4.73 옥상녹화의 모듈식 설계를 보여주는 Hyatt Olive 8 호텔 옥상의 근접촬영 이미지.

추가정보

British Council for Offices. 2003. Research Advice Note: "Green Roofs." www.bco.org.uk/research/researchavailabletobuy/detail.cfm?rid=45&cid=0

Centre for the Advancement of Green Roof Technology. commons.bcit.ca/greenroof/

Earth Pledge. 2004. 『Green Roofs: Ecological Design and Construction』. Schiffer Publishing, Atglen, PA.

Green Roofs for Healthy Cities. www.greenroofs.net/

Harris, C. and N. Dines. 1997. 『Time-Saver Standards for Landscape Architecture』, 2nd ed. McGraw-Hill, New York.

Oberlander, C.H., E. Whitelaw and E. Matsuzaki. 2002. 『Introductory Manual for Greening Roofs for Public Works and Government Services Canada』, Version 1.1. www.bluestem.ca/pdf/PWGSC_GreeningRoofs_wLink_3.pdf

Osmundson, T. 1997. 『Roof Gardens: History, Design, and Construction』. W.W. Norton, New York.

Velazquez, L. 2005. "Organic Greenroof Architecture: Design Consideration and System Components" and "Organic Greenroof Architecture: Sustainable Design for the New Millennium", 『Environmental Quality Management』, Summer.

Weiler, S. and K. Scholz-Barth. 2009. 『Green Roof Systems』, John Wiley & Sons, Hoboken, NJ.

계획설계를 넘어

기본설계단계에서 옥상녹화는 최적화되고 상세가 결정될 것이다. 식생의 생존 가능성, 양립 가능성 및 진동성 등을 확인하기 위해 조경건축가가 관여할 것이다. 지붕구조가 분석되고 상세화될 것이다. 만약 건물(또는 높이로 인해 지붕)이 바람이 세찬 구역에 위치해 있다면 지붕 위에서의 풍속을 추정하고 바람차단막과 벽의 설치 및 나무고정 요구사항을 결정하기 위한 심층적인 바람연구가 수행되어야 할 것이다.

NOTES

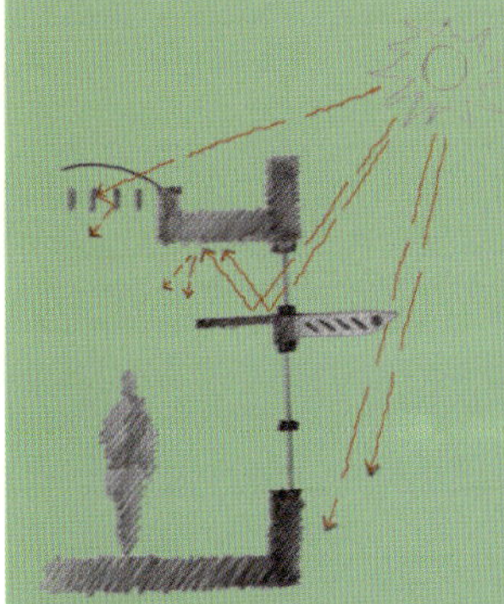

조명

건물에서 햇빛의 조정은 그린 설계를 위한 초석이다. 자연채광은 에너지 효율의 개선과 거주자 만족, 생산성 및 건강을 위한 열쇠이다. 성공적인 자연채광을 위한 요구사항은 보통 건물 매스와 활동공간의 조닝에 중요한 영향을 미치므로 자연채광은 계획설계 초기에 다루어져야만 한다.

천창채광(천창, 지붕 모니터 등을 통한 자연채광)과 측창채광(건물 둘레의 수직 창문을 통한 자연채광)은 설계자에게 요구되는 일련의 다양한 조정 시안을 수반한다. 천창채광은 비록 다양한 수준으로 확산된 빛이라도 건물의 넓은 구역으로 분산될 수 있도록 할 수 있다. 이러한 이유 때문에 성공적인 천창채광은 일반적으로 보다 쉽게 달성되며 복잡한 전기조명 제어장치에 대한 요구가 덜하다. 측창채광은 보다 복잡한 경향이 있다. 창의 크기, 위치, 시각적 투명도 및 에너지 효율 등의 특징들이 세심히 다루어져야만 한다. 실내 쉐이드나 블라인드는 물론이고 내물림 overhangs, 실내 광선반, 투과체 선택 등과 관련된 눈부심 제어가 절대적으로 중요하다. 주광조도는 창문으로부터 멀어질수록 약해지므로 전기조명 제어장치는 보다 복잡해진다.

일광과 주광을 구별하는 것이 중요하다. 대부분의 상황에서 직사광선은 시각적 및 열적 불편을 야기하는 초과열과 빛을 발생시킨다. 천공광을 제공하도록 설계된 천창은 확산형(투명하지 않은) 글레이징이어야만 한다. 천창을 통한 태양열 획득은 건물 에너지 효율성에 절대적이다. 수직 글레이징 설계는 눈부심과 열 제어를 포함해야만 한다. 넓은 면적의 보호가 없는 unprotected 글레이징이 채광이 잘 된 건물을 의미하는 것은 아니다.

전기조명에 대한 현실적이고 효과적인 제어의 중요성은 아무리 강조해도 지나침이 없다. 전기조명의 밝기가 낮아지거나 꺼지지 않는 이상 전력절감이나 냉방부하 감소는 생각할 수 없다. 제어장치가 없다면 아무리 잘 설계된 자연채광 시스템일지라도 보다 많은 에너지 사용이 요구될 것이다.

실내 마감재와 가구는 자연채광을 위해 건물에서 매우 중요하다. 천정과 벽은 반사성이 높은 밝은 색상이어야만 한다. 사무실 구획벽과 칸막이는 잘 반사되지 않는 색상으로 해서 사생활 필요를 충족시켜야만 한다. 이러한 요구사항은 고객과 인테리어 디자이너와 소통되어야만 하는데, 그렇지 않으면 자연채광을 위한 건축가의 의도가 달성되지 않을 수 있다.

만약 프로젝트가 USGBC LEED–NC 평가 시스템에 따라 인증되기로 되어 있다면 '실내 환경의 질' 의 차원에서 자연채광은 에너지 효율성 전략이 아니라, 건물 거주자의 쾌적성의 관점에서 다루어져야 한다는 점에 유의해야 한다. 잘 설계되고 제어된 자연채광 시스템은 에너지 사용을 감소시킬 것이다. 결과적으로 자연채광은 에너지 및 환경적인 측면에서 추가적인 효용을 얻을 수 있다.

전략
주광율
자연채광 조닝
천창채광
측창채광
광선반
실내 반사율
차양장치
전기조명

NOTES

주광율

주광율^{DF}은 실내와 실외 밝기간의 관계를 설명하기 위해 사용되는(전형적인 담천공) 수치비율이다. 자연채광 시스템 성능과 주광을 획득하기 위해 사용되는 많은 설계전략을 이해하기 위해서는 주광조도를 산출하고 평가하는데, 보편적으로 이용되는 이 중요 측정값을 이해하는 것이 필수적이다.

하늘의 상황은 항상 변화하기 때문에 주광조도는 전형적인 하루/한달/1년 동안에 극심한 변동을 겪는다. 따라서 한 건물의 일정한 시점에서 주광조도는 "x" 풋캔들 footcandles, 제곱피트당 루멘 lux이라고 단순하게 말하기는 어렵다. "x" 값을 어떻게 진술하더라도 그것은 대부분의(다양한 실외 상황에서) 경우에 부정확할 것이다. 주광조도의 절대값은 종종 설계를 위한 유용한 측정기준만은 아니다. 비율(상대값)인 관계로 주광율은 일반적으로 시간에 따라 안정적이며, 비록 설계과정의 일정한 시점에서 그것이 전형적으로 조도값에 관련될 필요가 있을지라도, 설계도구로서 훨씬 더 유용하고 이용 가치가 있다.

4.75 전형적인 자연채광 연구모형의 외부 모습.

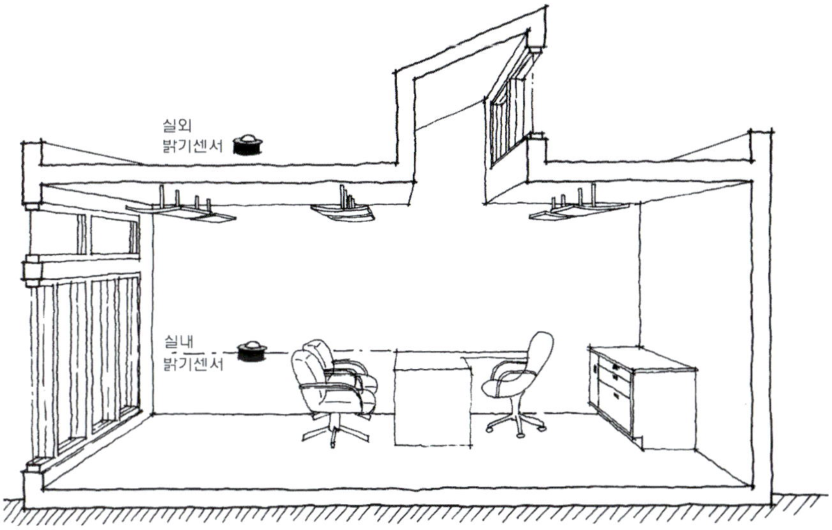

4.74 주광율의 기본개념-실내와 실외 주광조도간의 관계. JONATHAN MEENDERING

위의 그림 4.54와 같이 주광율은 특정 시점에서 실내 주광조도를 관련되는 실외 주광조도로 나눈 값이다. DF는 절대크기가 아니며(밝기 단위가 소거됨) 백분율이나 소수로(가령 2.5%나 혹은 0.025)로 나타내어진다. 주광율은 지점특이성을 가지며 어떤 주어진 공간에서 다양한 주광율이 있을 수 있다. 주광율은 말 그대로 외부환경으로부터 건물 내 특정한 지점으로 주광을 전달함에 있어 전체 자연채광 시스템의 효율성을 의미한다.

주광율은 설계 기준(설계 목표)으로 또한 실제 시스템 수행값으로 활용된다. 설계기준으로서 DF는 내부적으로 수립된 건축주의 목적을 충족시키든지, 외부적으로 강제되거나 제안된 최소수행을 충족시키든지, 아니면 에너지 효율성이나 Passive 시스템 공헌의 분명한 최소값을 충족시키기 위해 설정될 것이다. 최소 주광율에 관한 권고사항은 수많은 자료들로부터 확인될 수 있다.

의도
자연채광 성능 산출지표로서 이용됨

효과
주광조도의 장기 변화를 정규화한다.

선택사항
백분율이나 소수값으로 표현됨

조정 시안
적용 불가

관련 전략
측창채광, 천창채광, 광선반, 차양장치, 실내 반사율

LEED 관련요소
실내 환경의 질

선결요건
적용 불가

건축적인 주요 현안

특정 건물 공간의 주어진 지점에서 얻게 되는 주광율은 다음과 같은 수많은 설계요소에 달려 있다.

- 주광 개구부의 크기(창문, 천공광 등);
- 주광 개구부의 위치(측창채광, 천창채광 등);
- 주광에 대한 접근(부지, 건물 및 실내 공간의 관점에서);
- 실내 공간의 기하구조(높이, 폭, 깊이);
- 개구부와 관련한 관심지점의 위치;
- 투과체의 투과율 VT;
- 실내 표면과 가구의 반사율;
- 개구부로 들어오는 햇빛에 영향을 주는 실외 표면의 반사율;
- 자연채광 개선장치의 효과(광선반 등)

건물의 어떤 주어진 지점에서 얻게 되는 주광조도는 상기 요소 이외에 다음과 같은 요소에 달려 있다.

- 건물의 지리적 위치와 전형적인 기후;
- 하루/한달/1년 중의 시간;
- 현재의 천공상태

건물 내부 어떤 지점에서의 주광율에 관한 정보를 얻음으로써 설계자는 이용 가능한 실외조도를 토대로 하여 자연채광의 조도를 추정할 수 있다. 예를 들어, 3월 25일 오전 10시 어떤 실내 공간 "A" 지점에서의 기대된 조도(E)는 다음과 같이 산출된다.

E = "A" 지점에서의 DF×실외조도

여기서 "실외조도"는 3월 25일 오전 10시 그 건물 부지에서 나타날 것으로 기대되는 설계 실외조도이다.

특정한 3월 25일 오전 10시 이 실내 공간의 "A" 지점에서 얻게 되는 실제 주광조도는 그 시간의 기후조건에 의해 조정될 것이다.

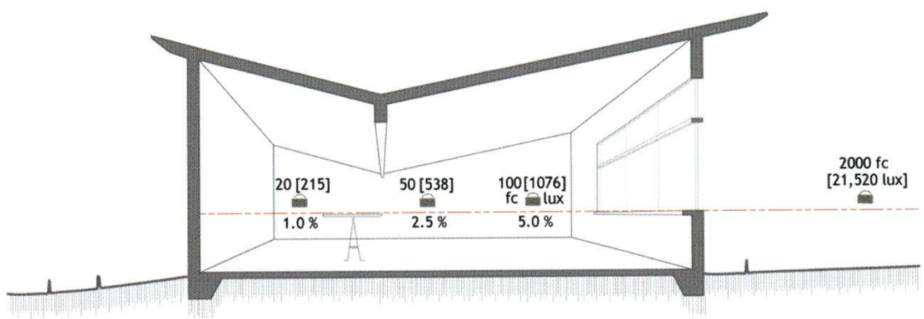

4.76 자연채광 측정값으로서 주광율 대 조도. 조도값은 하루 동안 변화할 것이지만 주광율은 하루 중에 큰 변화 없이 안정적인 모습을 보일 것이다. JON THWAITES

4.77 현장에서(이 주택에서처럼) 주광율은 내외부 조도를 동시에 측정할 수 있다.

4.78 축소모형(위에서 보인 주택과 흡사한)은 설계단계에서 주광율을 예측하기 위해 이용될 수 있다. 정확한 예측을 위해 표면 반사율은 세심히 모형화되어야 한다.

실행시 고려사항

설계기준으로서: 설계목표로서 주광율을 사용하는 것은 단순한 일이다. 주어진 DF 목표가 다양한 기후와 다양한 시간에서 다양한 밝기를 의미한다는 점을 염두에 두면서 다양한 공간(및/또는 공간 내 지점)에 대해 설계맥락에 부합되는 DF 기준을 단순히 설정한다. 이러한 목표는 건축주나 규정, 표준이나 지침, 또는 설계팀의 환경적, 경제적 가치로부터 올 수 있을 것이다. DF 기준은 종종 최소치로(가령 4% 이상의 DF) 표현된다. DF 기준은 또한 전기조명을 대체할(전적으로 또는 부분적으로) 의도로부터 생겨날 수도 있다. 이러한 경우 목표로서 DF는 요구된 설계 밝기값에 기초해 수립될 것이다. 달리 말하면 DF 기준은 가끔 이러 저러한 DF가 "좋은" 또는 "합리적인" 시도를 의미한다는 일반적 이해를 바탕으로 수립될 수 있다는 것이다. 다른 경우 DF 목표는 특수한 성과(오전 10시에서 오후 4시 사이에 전기를 사용하지 않는 등)와 분명히 관련된다.

미국 그린 빌딩위원회의 LEED NC−2.1 시스템은 LEED 자연채광 인증을 위한 한계값으로서 2%의 최소 DF(조건을 가진)를 수립했다. 영국 빌딩연구기구의 EcoHomes 프로그램은 부엌에서 최소 2% 평균 DF와 거실, 식당, 서재 등에서 최소 1.5% 평균 DF를 요구한다. 다른 최소 주광율 요구사항이나 권고사항은 많은 나라의 건축 규정이나 채광 표준에서 찾아 볼 수 있다. 다른 기준이 없을 경우에는 몇몇 북미 및 영국 제공처로부터 발췌된 표 4.3의 목표 주광율에 관한 권고사항을 참조할 수 있을 것이다.

주관적 관점으로부터 다음과 같은 주광율에 대한 사용자 반응이 제안되어 왔다.

- 2%에 못 미치는 DF에서 실내 공간은 어두침침할 것이다. 대부분의 자연채광시간 동안 전기조명이 요구될 것이다.
- 2%~5% DF에서 실내 공간은 자연채광되고 있다고 느껴지지만 전기조명으로 보완되어야 할 것이다.
- 5%를 초과하는 DF에서 실내 공간은 확실히 자연채광되고 있다고 느껴질 것이다. 수행 중인 시작업에 따라서는 자연채광시간 동안 전기조명이 필요치 않을 것이다.

4.79 Radiance 프로그램과 같은 컴퓨터 시뮬레이션은 주광율 예측을 제공하고, 제안된 설계에 대한 질적 평가를 촉진할 수 있다. GREG WARD

표 4.4 제안된 주광율 기준(담천공 상태)

공간	평균 DF	최소 DF
상업용/기관건물		
복도	2	0.6
일반 사무실	5	2
교실	5	2
도서관	5	1.5
체육관	5	3.5
주거용		
식당/작업실	5	2.5
부엌	2	0.6
거실	1.5	0.5
침실	1.0	0.3

성능 예측인자로서: 설계 중인 건물의 어떤 지점에서 겪게 될 수 있는 주광율을 예측하는데 사용될 수 있는 수많은 아날로그, 디지털 및 상관관계 기법이 있다. 이러한 기법들로는 일반적으로 아래와 같다.

- 제안된 설계를 물리적으로 나타내는 축소 모형(자연채광 모형)-예측된 DF는 적절한 환경에서 내외부 동시 조도측정법을 이용해 측정된다.
- 제안된 설계를 수치로 나타내는 컴퓨터 시뮬레이션-예측된 DF는 수치 또는 그래픽 결과로 주어진다.
- 설계 초기단계에 사용되며 제안된 설계와 이미 지어진 공간의 측정된 성능과의 상관관계를 파악하는 일정한 범위의 수행지침. 이러한 기법들은 전형적으로 자연채광 전략이 수립된 성능기준을 충족할 수 있는지에 관한 개략적인 피드백을 준다. 유용한 자연채광은 창문 헤더 높이의 2.5배 거리에 해당하는 내부 공간까지 유도될 것이라는 2.5H 원칙은 이러한 기법유형의 일례이다.

시공성능의 측정지표로서: 주광율은 완성된 건물에서 내외부 동시 조도측정법을 이용하여 손쉽게 측정된다. 시공 DF 측정값은 자연채광이 제공된 건물의 모든 중대한 거주 후 평가 POE를 위한 기대요소일 것이다.

설계절차

1. 프로젝트의 맥락에 가장 부합되는 권고사항이나 요구사항에 기초해 설계 중인 건물의 다양한 공간에 대한 주광율을 수립한다. 이것은 전형적으로 최소값일 것이며 특정 목표가 아니다.

2. 1단계에서 수립된 기준에 부합되는 수행을 가장 잘 제공할 것으로 보이는 자연채광 접근이나 접근의 조합을 선택한다. 자연채광 접근은 측창채광, 천창채광 및 광 파이프나 유도장치와 관련된 특수설계 등을 포함한다. 뒤에서 소개되는 천창채광과 측창채광 전략을 참조하라.

3. 이용 가능한 계획설계 지침에 의하거나 시행착오를 거쳐 자연채광 개구부의 크기를 결정한다.

4. 제안된 자연채광 시스템의 자연채광 성능(주광율을 포함)에 관한 모형을 수립한다. 모형수립을 위한 도구로는 물리적 축소 모형, 컴퓨터 시뮬레이션 및 수작업 계산 등이 있다.

5. 수립된 주광율 기준을 달성하기 위해 필요시 선택된 자연채광 설계 변수들(개구부 크기, 투과율, 표면 반사율, 광선반 등)을 조정한다.

6. 조정된 변수들을 이용해 자연채광 설계를 재확인하며 설계기준을 충족시키기 위해 필요시 이를 반복한다.

사례

4.80 밝기를 측정하고 주광율을 측정하기 위한 몇 개의 실내 광센서와 하나의 실외 센서(지붕에)를 가진 인공천공 가운데 설치된 자연채광 모형. 모형에는 글레이징이 설치되지 않았는데 이로 인해 추가된 자연채광은 DF를 산출할 때 조정될 것이다. ROBERT MARCIAL

예제

텍사스 알파인시의 작은(단일건물) 치과건물을 위한 설계팀은 LEED N 2.1 요구사항에 따라 건물에 자연채광을 제공한다는 생각을 갖고 있다.

1. LEED 연계가 특수한 자연채광 기준, 즉 정상적으로 점유된 공간의 75%에 최소 2%의 DF라는 결과를 낳았다.
2. 조망 관점에서 선택된 측창채광 접근 또한 설계팀에 의해 중요한 것으로 여겨졌다.
3. 이용 가능한 설계지침을 이용해(가령 측창채광을 보라) 창문 크기는 목표 주광율을 제공하는 선에서 결정되었다. 건물 배치는 이러한 자연채광 접근의 성공에서 절대적이었다.
4. 제안된 자연채광 설계를 실험하기 위해 물리적 자연채광 모형이 이용되었다.
5. 제안된 설계는 2% 미만이 적용된 2개 공간을 제외하고는 모든 공간에 2.5%를 상회하는 최소 DF를 제공했다. 그러한 공간들에서 개구부 크기는 상향 조정되었다.
6. 재실험을 통해 모든 점유공간의 80%에 최소 주광율이 제공되었음이 확인되었다.

4.81 밝기를 측정하고 주광율을 계산하기 위한 실내외 광센서를 담천공시 야외에서 측정되고 있는 자연채광 모형.

추가 정보

British Standards. 2008. 『Lighting for Buildings: Code of Practice for Daylighting』(BS 8206-2). BSI British Standards, London.

Brown, G.Z. and M. DeKay. 2001. 『Sun, Wind & Light: Architectural Design Strategies』, 2nd ed. John Wiley & Sons, New York.

Grondzik, W. et al. 2010. 『Mechanical & Electrical Equipment for Buildings』. 11th ed. John Wiley & Sons, Hoboken, NJ.

IESNA. 1999. 『Recommended Practice of Daylighting』(RP-5-99). Illuminating Engineering Society of North America, New York.

Moore, F. 1993. 『Environmental Control Systems: Heating, Cooling, Lighting』. McGraw-Hill, Inc., New York.

Square One Research. Lighting Design, Daylight Factor. www.squ1.com/archive/

계획설계를 넘어

비록 주광율이 계획설계단계에서 자연채광의 벤치마크로서 중요한 역할을 하더라도 그에 못지않게 그것은 설계개발과 입주 후 평가 단계에서도 소중한 수행 지침으로서 이바지한다. 몇몇 그린 빌딩 등급 시스템은 자연채광 인증을 위한 한계값으로서 최소 주광율을 사용한다.

자연채광 조닝

4.83 사무실 건물의 자연채광 구역에서 측정된 등조도 구획.

자연채광 조닝은 설계 및 제어비용 절감을 위해 유사한 조명 요구사항을 가진 건물 내 다양한 공간들을 하나의 자연채광 구역으로 통합하는 과정이다. 자연채광 계획은 유사한 자연채광 필요를 가진 관련 공간들의 특수한 필요와 조건을 충족시키도록 개발되고 조정됨으로써 각 구역의 설계전략을 최적화할 수 있다.

채광과 관련하여 유사한 특징을 가진 몇 개의 실내 공간이 하나의 구역으로 유형화되거나 아니면 단일 실내 공간이 하나의 구역으로 취급될 수도 있다. 공간들을 자연채광 구역으로 결합하는 작업은 흔히 공간의 세 가지 특징이라는 관점에서 수행된다.

- **기능**: 공간 내에서 지배적인 시각적 활동 유형은 그 활동이 설계 의도에서 정의된 품질수준으로 수행되도록 하는 채광 요구사항을 수립할 것이다.
- **사용일정**: 공간의 주요한 사용 시간대와 그 시간대가 자연채광 이용 가능성과 어떻게 관련되는지는 자연채광 잠재성을 결정하고 구역화에 영향을 미칠 것이다.
- **위치와 방향**: 자연채광 원천과 관련된 공간의 위치(가령 외벽 근처, 실내 아트리움 등)와 공간의 방향(가령 북쪽 대 서쪽을 바라보는 개구부를 가진 공간)은 자연채광이 어떻게 이용될 수 있는지를 결정하는데 도움을 준다.

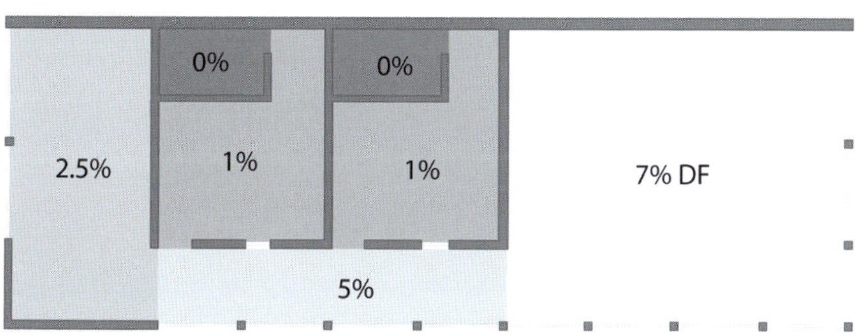

4.82 자연채광 조닝 도면 예. JON THWAITES

기능과 사용일정은 주로 건물 프로그램에 의해 결정되는 바 설계자는 공간의 위치와 방향을 제어하고 이러한 결정을 자연채광 계획의 효과성을 최적화하기 위해 이용할 수 있다. 이 이외에 구역화 과정에서 고려되어야 할 중요한 관련 요소들은 시각적 쾌적, 열적 쾌적, 화재 및 제연설비, 건물 자동화 기회와 요구사항 등을 포함한다.

건축적인 주요 현안

자연채광 조닝은 건물의 방향, 규모, 평면도 및 단면도에 지대한 영향을 미칠 수 있으므로 계획설계단계에서 하나의 지침으로서 작용해야만 한다. 조명 필요가 대체로 자연채

의도
최적화된 자연채광 설계

효과
에너지 효율성, 건물 조직화, 전기조명과의 조화 가능성

선택사항
적용 불가

조정 시안
자연채광 전략, 주광율, 전기조명, 글레이징, 차양장치, 천정, 마감재

관련 전략
주광율, 실내 반사율, 차양장치, 광선반, 전기조명

LEED 연계
실내 환경의 질, 에너지와 환경

선결요건
건물 프로그램, 사전 공간 배치, 조명 설계기준

광에 의해 충족될 수 있는 구역에서 자연채광 접근을 최적화하는 것은 건물 외주부를 최대화하고 중요한 실내 공간에 천창채광을 사용하는 것을 의미한다. 아트리움 또는 채광뜰을 이용하는 것 또한 적절할 것이다. 자연채광 결정은 종종 전형적인 집약형(전기조명에 의하는) 건물 대신 부피 대비 외피비율이 높은 건물을 낳는 결과가 된다.

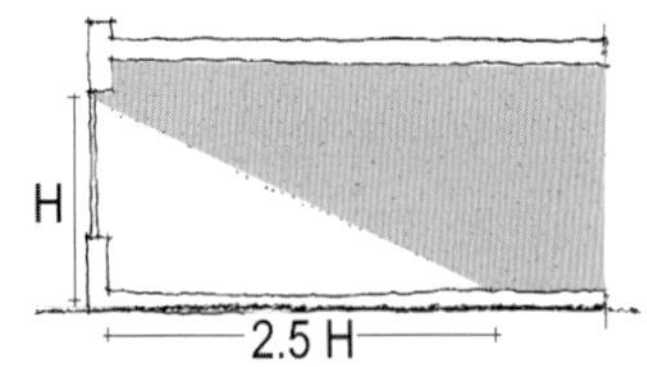

4.84 자연채광 2.5H 지침의 실례. KATE BECKLEY

실행시 고려사항

건물 프로그램이나 사용일정은 자연채광 조닝을 위한 노력을 복잡하게 할 수도 있는데 그 이유는 공간 유형 및 사용 시간대의 특수한 조합이 자연채광이 제공되는 공간의 논리적 조립을 수용하지 않기 때문이다. 때로는 자연채광 조닝 관점에서 타당한 것들이 기능적 관점에서는 작동되지 않을 수도 있다. 설계팀은 모든 그러한 모순을 해결할 필요가 있을 것이다.

부지여건상 태양접근이 제약받을 수도 있는데 가령 요구된 수준의 자연채광을 활용한다거나 요구된 설계상의 인접성이나 순환 필요를 해결하면서 요구된 조닝 계획을 수용하는 것이 불가능할 수 있다는 것이다.

투과체, 광선반 및 차양장치 등은 제안된 자연채광 조닝계획을 강화하도록 선택되고 설계되어야만 한다. 실내 구획벽은 자연채광 분배와 나아가 자연채광 구역에 막대한 영향을 줄 수 있다.

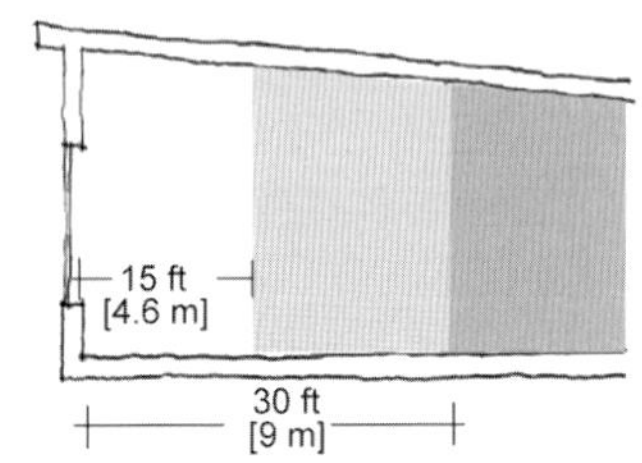

4.85 자연채광 15/30 지침. 비록 특수한 창문높이와 관련되지는 않을지라도 충분하고 적절한 측창채광 개구부가 제공된다고 가정한다. KATE BECKLEY

설계절차

1. 건물 내부에 나타나는 공간유형을 정리/정의한다.
2. 수행될 시각적 활동에 기초해 다양한 공간유형의 요구된 주변 및 시작업 조도값을 결정한다. 권고된 밝기 수준은 『IESNA 채광 핸드북』과 유사한 제공처로부터 확인할 수 있다.
3. 각 공간유형의 예상된 사용일정과 자연채광 잠재성을 (표 4.5의 예에서와 같이) 도표로 요약한다.
4. 유사한 채광 필요(주변 및 작업 필요의 관점에서), 상호보완 일정, 해당용도 및 열적 쾌적 요구사항 등을 기초로 하여 실내 공간을 구역별로 분류한다.
5. 각 구역의 자연채광 잠재성을 최적화하기 위해 보다 밝은 환경이 요구되는 구역은 주광 개구부 가까이에, 그리고 덜 밝은 환경이 요구되는 구역은 주광 개구부로부터 먼 곳에 배치함으로써 건물 규모, 평면도 및 단면도 등을 조정한다.
6. 다양한 자연채광 구역 각각에 대해 자연채광 전략의 잠재적 수행에 대해 확인한다. 이를 위해 계획설계단계에서 두 가지 일반 지침(2.5H 지침과 15/30 지침)이 (나중에 살펴보겠지만) 유용한 도구로 사용된다.

예제

자연채광 조닝의 사용 예는 그림 4.82에 예시되어 있다. 2.5H와 15/30 지침의 적용 예는 측창채광 전략 부분에서 예시되었다.

표 4.5 조도 및 사용일정 분석 예

공간유형	밝기 기대		사용 일정	자연채광 잠재성
	주변	작업		
소매점	높음	높음	10a.m.~5p.m.	적음
회의실	낮음	높음	8a.m.~5p.m.	주변
휴게실	낮음	낮음	10a.m.~5p.m.	주변 및 작업
사무실	낮음	높음	8a.m.~6p.m.	주변
미술관	낮음	높음	10a.m.~5p.m.	주변

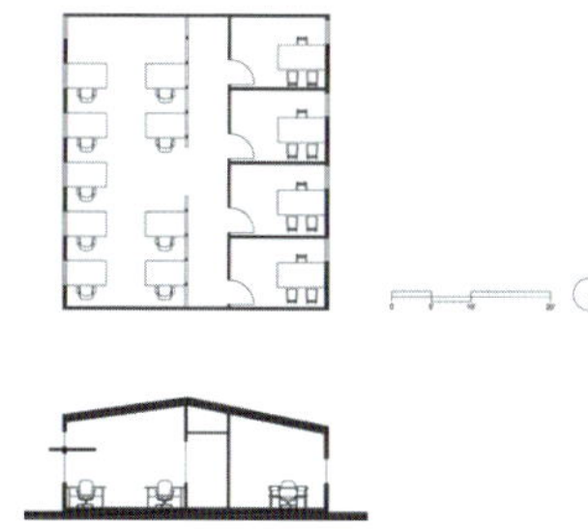

4.86 그림 4.87의 분석에 사용된 건물 제안의 평면과 단면. WYATT HAMMER

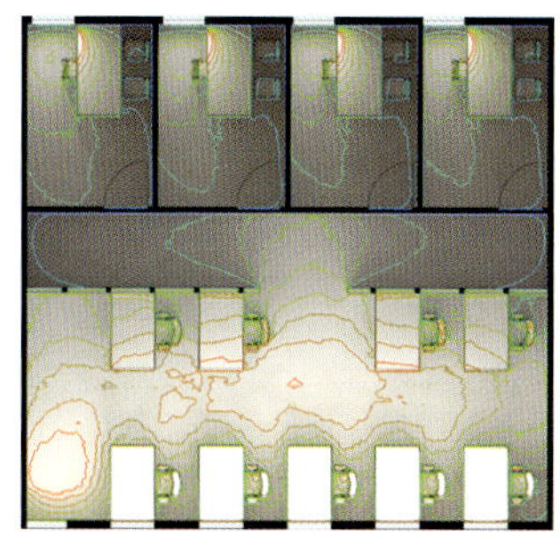

4.87 Autodesk Ecotect를 복사광 조명 시뮬레이션 및 렌더링 툴들과 함께 사용하여 발전시킨 자연채광 성능 예측. WYATT HAMMER

대형 건물에서 대부분의 실내 공간은 주광에 접근할 수 있는 외벽을 많이 가지고 있다. 외벽을 따라 설치된 창문은 가장 흔하게 사용되는 자연채광 전략(측창채광)이다. 측창채광의 경우 실내 공간의 자연채광 수준이 개구부 쪽에는 높고 개구부에서 멀어질 수록 낮아지는 경향이 있을 것이다. 실내 공간 내부 얼마나 멀리까지 측창채광을 통해 자연채광이 유도될 것인지를 추정하는데 2.5H 지침(그림 4.84에서 보인)이 이용될 수 있다. 이러한 원칙은 현저한 수준의 자연채광은 오직 창문 개구부 높이의 2.5배 거리에 해당하는 실내 공간 내부까지만 유도될 수 있음을 암시한다.

다수층을 가진 대형 건물에서 자연채광을 폭넓게 활용할 수 있는 능력은 종종 평면도의 형태와 특정 공간의 외벽에 대한 인접성에 따라 결정된다. 그림 4.85는 계획설계에서 마찬가지로 유용하게 활용되는 15/30 지침을 만족시킬 수 있는 비교적 일반적 상황에 대해 설명한다. 이 원칙은 창문설계가 양호할 경우 평균적으로 창문에 인접한 내부 15ft(4.6m) 구역은 주로 자연채광에 의해 밝혀질 수 있으며 또 그 내부 15ft(4.6m) 구역[창문으로부터 15~30ft(4.6~9.1m)]은 전기조명에 의해 보완된 자연채광에 의해 밝혀질 수 있음을 의미한다. 창문으로부터 30ft(9.1m) 이상 떨어진 공간은 2차적 원천으로부터 천창채광이나 측창채광을 제공받지 않는 한 전적으로 전기조명에 의해서만 밝혀질 수 있을 것이다.

사례

4.88 측창채광구역에 전기조명 시설을 함께 설치한 영국 DeMontfort대학교 Queen's Building의 자연채광이 제공된 컴퓨터실. THERESE PEFFER

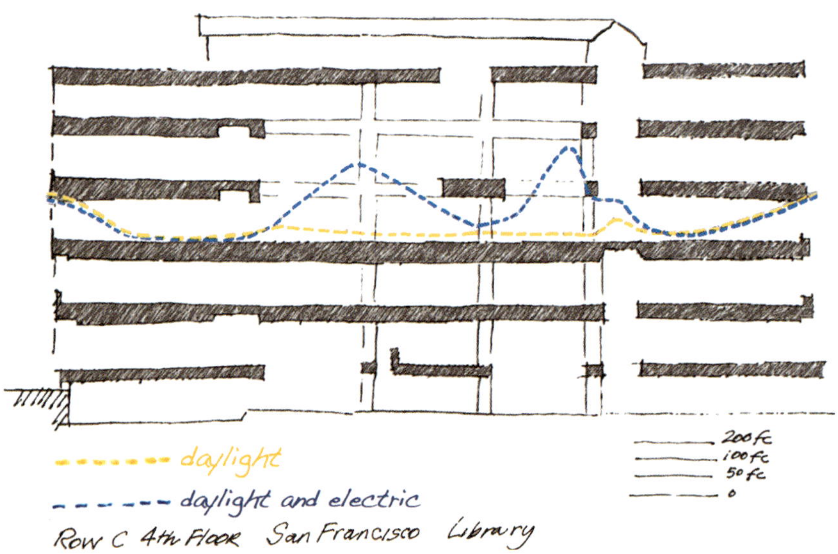

4.89 캘리포니아주 샌프란시스코시 샌프란시스코 공공도서관에서 전기조명 소등시와 점등시에 각각 측정된 조도자료는 설계자가 창문과 천창으로부터의 자연채광을 위해 특정 공간을 구역화했음을 암시한다. Luzanne Smith가 한 생명징후 사례연구 프로젝트로부터 다시 그림

4.90 오레곤주 세인트 베네닉트시에 위치한 Mt. Angel Abbey 부속 도서관의 세 가지 분명한 자연채광 구역-독서실, 복도 및 소지품 보관구역.

추가 정보

Ander, G.D. 2003. 『Daylighting Performance and Design』, 2nd ed. John Wiley & Sons, New York.

Baker, N., A. Fanchiotti and K. Steemers(eds). 1993. 『Daylighting in Architecture: A European Reference Book』. Earthscan/James & James, London.

Bell, J. and W. Burt. 1995. 『Designing Buildings for Daylight』. BRE Press, Bracknell Berkshire, UK.

Brown, G.Z. and M. DeKay. 2001. 『Sun, Wind & Light: Architectural Design Strategies』, 2nd ed. John Wiley & Sons, New York.

CIBSE. 1999. 『Daylighting and Window Design』. The Chartered Institution of Building Services Engineers, London.

CIBSE. 2009. 『Code for Lighting』. The Chartered Institution of Building Services Engineers, London.

DiLaura, D. et al. (ed). 2011. 『The Lighting Handbook』. 10th ed. Illuminating Engineering Society of North America, New York.

Guzowski, M. 2000. 『Daylighting for Sustainable Design』. McGraw-Hill, New York.

Moore, F. 1985. 『Concepts and Practice of Architectural Daylighting』. Van Nostrand Reinhold, New York.

계획설계를 넘어

기본설계단계에서 시간별, 광 제어(개방순환 대 폐쇄순환) 및 개폐식(스위치식) 대 조도조절식 등 자연채광 제어기법에 대한 세심한 고려 및 설계는 에너지 효율적인 자연채광 시스템을 위해 절대적이다. 개방순환제어는 유입되는 주광을 감지한 다음 주광 증폭을 위해 미리 결정된 수준까지 전기조명 수준을 끌어 올린다. 폐쇄순환제어는 공간 내 주광 및 전기조명의 결합효과를 감지한 다음 목표 조도가 충족될 때까지 전기조명 수준을 높인다. 개방순환 시스템은 비용이 저렴하며 위탁관리가 용이하다. 건물이 복잡한 제어 시스템을 요구하지 않는다면 단순한 것이 우선이다. 산업 및 많은 소매점 건물들은 조도조절식 대신 스위치식을 사용할 수 있다. 스위치식은 저렴하며 제어가 간편하다.

NOTES

천창채광

천창채광은 주변 자연채광을 허용하기 위한 지점으로서 지붕 평면에 위치한 개구부를 사용하는 자연채광 전략이다. 일반적으로 상부로부터 수평의 작업평면 위로 자연채광을 유도하는 모든 시스템은 천창채광 전략으로 여겨지며, 그 중 약간은 주광 개구부로서 천창, 톱니모양 지붕 글레이징, 반사 천정면과 결합되는 공간 위 높은 지점에 위치한 고창 등을 활용한다.

천창채광은 공간 속으로 자연채광의 일정한 유도를 가능하게 하며 직사광선을 비교적 손쉽게 제어할 수 있게 한다. 모든 천창채광 전략은 직접적인 태양복사 문제를 해결해야만 하는데 왜냐하면 그러한 강렬한 태양복사열/빛은 눈부심과 공간 내부의 불필요한 축열을 일으킬 수 있기 때문이다. 천창채광은 담천공 상태에서 이상적인 전략인데 그러한 기후에서는 지표면 근처에서보다 천정방향(머리 위)이 훨씬 더 밝기 때문이다. 천창채광은 보통 전기조명 시스템과 잘 조화된다.

4.92 오레곤주 세인트 베네딕트시에 위치한 Mt. Angel Abbey 부속 도서관의 천창 둘레는 주광의 고른 분산을 위해 바깥쪽으로 비스듬히 누운 모양을 하고 있다.

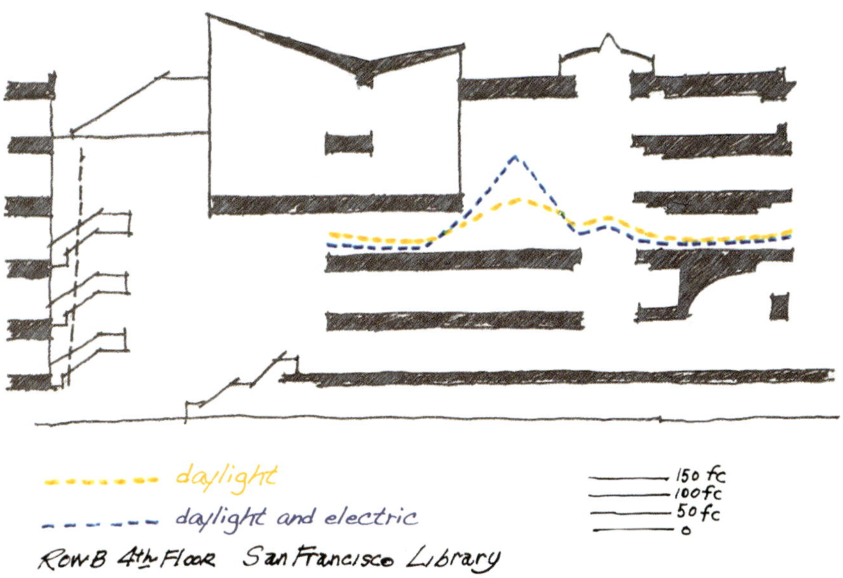

4.91 캘리포니아 샌프란시스코시 소재 샌프란시스코 시립도서관의 천창채광 개념도면. 전기조명을 켰을 때와 껐을 때 측정된 조도는 천공광으로부터 주광의 영향과 공간을 통한 빛분포를 보여준다.

건축적인 주요 현안

천창채광은 공간의 벽을 자유롭게 한다. 측면이 아닌 상부로부터의 자연채광은 공간 벽을 어떻게 이용할 것인가와 관련하여 그 선택의 폭을 확대시킨다. 게다가 광스쿠프 **light scoops**, 고창, 지붕 모니터 및 천창 등은 모두 건물형태의 건축적 표현을 위한 기회를 제공한다. 천창채광의 본래적 한계점은 단층공법이라는 점이다.(또는 그것은 다층 건물의 최상층에만 적용할 수 있다) 하지만 천창채광이 제공된 건물은 채광접근이 벽에 한정되지 않으므로(2.5H 원칙으로부터 자유로움) 깊이가 훨씬 더해질 수 있다. 천창채광은 설계과정에서 무시되는 구역인 천정면을 활성화시킨다.

의도
작업 가시성, 에너지 효율성, 거주자 만족

효과
전력소비 감소, 높은 거주자 만족 증대 가능성, 잠재적으로 감소된 냉방부하

선택사항
개구부 및 그것이 지붕형태와 통합되는 방식에 있어 수많은 선택사항이 있음, 다양한 차양장치와 기법

조정 시안
설계의도, 공간 기능 및 작업, 건물/개구부 방향, 일사획득, 전기조명 시스템 제어

관련 전략
주광율, 자연채광 조닝, 측창채광, 전기조명, 실내 반사율, 냉방 전략, 건물 외피 전략, 차양장치

LEED 연계
에너지 및 환경, 실내 환경의 질

선결 요건
설계의도, 사전 공간 배치, 주광율 기준

실행시 고려사항

적절한 상세는 천창채광 전략에서 필수적이다. 아무리 많은 자연채광이라도 사용자로 하여금 새는 지붕을 받아들이게 할 수 없을 것이다. 직접적인 태양복사 문제 또한 해결되어야만 한다. 천창채광은 적절한 차양장치를 설치하지 않을 경우(가령 천창에다 톱날모양 모니터를 결합하는 등) 여름철 고도가 높아진 태양을 공간 속으로 침투시킴으로써 태양열 집열 문제를 악화시킬 수 있다. 직사광선은 과도한 대비로 인해 상당한 시각적 불편을 야기할 수 있다. "눈부심" 효과는 때때로 바람직할 수도 있지만 작업표면상의 업무수행에 지장을 줄 것이다. 마지막으로 대부분의 건물 사용자들은 실내 밝기와는 무관하게 외부환경과의 시각적 연결성을 원하지만 이는 반투명의 천창을 통해서는 제공될 수 없을 것이다.

설계절차

이 절차에서는 천창채광과 측창채광의 장점을 비교한 결과 천창채광이 더 유익한 접근으로 선택되었다고 가정된다. 이는 천창채광과 측창채광의 결합사용을 배제하지 않는다. 조도는 부가적인 것으로 한 시스템의 기여 정도가 다른 시스템의 그것에 추가되는 식이다.

1. 천창채광이 제공될 다양한 공간과 활동에 대한 목표 주광율을 수립한다. 제안된 주광율을 확인하려면 주광율 전략 부분을 참조하라.

2. 천창채광이 제공될 구역에 지붕노출을 제공하는 식으로 건물 공간과 층 평면도를 조정한다.

3. 어떤 유형의 천창채광 개구부(가령 천창, 고창, 톱날모양 , 광스쿠프, 지붕 모니터 등)가 공간, 건물 방향, 날씨 상황 및 기후 등에 가장 적합한지를 결정한다. 이것은 복잡한 설계문제를 수반하며(비록 일반적으로 무더운 기후에는 수평의 천창을 피해야겠지만) 단일의 최선책은 없다.

4. 개구부를 위한 다양한 글레이징 선택사항들을 평가한다. 일반적으로 글레이징은 자연채광 유도를 극대화하기 위해 높은 투과율 **VT** 값을 가져야만 한다. 무더운 기후에서는 일반적으로 태양열 집열을 최소화하기 위해 낮은 일사획득계수 **SHGC: Solar Heat Gain Coefficient**가 바람직하다. 종종 VT와 일사획득계수 **SHGC: Solar Heat Gain Coefficient**를 결합 사용하는 것이 바람직할 때도 있다. 제조자 카탈로그를 활용하면 소중한 정보를 확인할 수 있을 것이다.

5. 목표 주광율을 제공하기 위해 요구되는 주광 개구부의 크기는 다음과 같이 추정한다.[Millet and Bedrick(1980)으로부터 인용]

$$A = [(DF_{AVG}) \times (A_{FLOOR})]/(AE)$$

여기서,

A = 요구된 개구부 면적(m^2)

DF_{avg} = 목표 주광율

예제

480m^2 면적의 한 브라질 볼 베어링 제조공장은 에너지 비용을 절감하고 보다 쾌적한 작업환경을 제공하기 위해 천창채광을 제공할 계획이다.

1. 양호한 기계작동을 위해 4~8%의 주광율이 적절한 것으로 여겨졌다. 설계자는 6% DF를 선택했다.
2. 그 공장은 단층 건물로서 모든 공간은 지붕에 노출된다.
3. 설계팀은 이 기후에서 발생하는 강렬한 직달복사를 보다 손쉽게 제어하기 위해 수직의 지붕 모니터 개구부를 사용하기로 결정했다.
4. 개구부는 글레이징 자체에 의하기 보다는 실외 차양장치에 의해 그늘이 제공되므로 가시광선 투과율(VT)이 높은 유리가 선택되었다.
5. 수직 글레이징 모니터 면적은 다음 공식을 이용해 추정되었다.

   A = (DF × 바닥면적)/AE
   = (0.06 × 4500ft^2)/0.2
   = 1350ft^2(125m^2)

   125m^2의 유리 모니터는 고른 주광분배를 촉진하기 위해 지붕 전체에 걸쳐 고르게 분포할 것이다.

A_{floor} = 조명된 층 면적(m^2)

AE = 개구부 효과성 요소(표 4.5 참조)

표 4.6 천창채광 개구부 효과성 요소

개구부 유형	AE 요소
수직 모니터/고창	0.20
북향 톱날모양	0.33
수평천창	0.50

상기 값에서 수평천창이 본래적으로 높은 채광효과성을 지니고 있음에 유의하라.(동시에 축열의 가능성에 대해서도)

6. 유입되는 햇빛을 확산시켜 대비를 줄이고(눈부심의 잠재적 원인) 공간 전체에 걸쳐 자연채광을 고르게 분산시키기 위하여 천창채광 개구부에 인접한 표면을 조정한다.

7. 천창채광 개구부를 위한 차양장치의 필요성을 평가하고 필요한 차양을 제공하기 위한 적절한 장치를 설계한다. 자연채광이 전기조명보다 에너지 효율적인 조명을 제공한다는 가정은 주광 개구부로부터 직접적인 태양복사를 제거하느냐 여부에 달려 있다. 적절한 차양장치 제공의 실패는 냉방부하 증대와 눈부심 가능성으로 이어질 것이다.

사례

4.93 영국 Solihull 지역 Blythe 유원지 내에 위치한 Arup(영국의 대형 컨설팅 그룹) Campus Solihull 건물의 포드 모니터(Pod monitor) 천창. 이중기능 지붕 포드 가운데 하나를 지붕에서 본 모습(왼쪽)과 그 아래층에서 본 모습(오른쪽). ARUP ASSOCIATES & TISHA EGASHIRA

6. 지붕형태는 계획설계단계에서 현실적인 범위까지 주광의 확산 및 분포를 촉진할 수 있도록 설계되었다.

7. 여름철 직달복사를 차단하기 위한 차양장치가 설계되었는데 이 또한 보다 고른 빛 확산분포를 촉진한다.

4.94 코넥티컷주의 뉴 헤이븐에 위치한 예일대학교 산림환경학부의 Kroon Hall에서는 천창과 측창이 풍부한 자연광을 제공한다. ROBERT BENSON PHOTOGRAPHY

4.95 중국 Huadu지역 Guandong Pei Zheng 상업대학교 본부건물의 지붕 위에 설치된 천창과 고창 모니터. 광정에 의해 분산된 천창채광은 건물을 한바퀴 도는 복도를 따라 나 있는 4개 공간에 조명을 제공한다.

4.96 오레곤주 후드강변에 위치한 후드강변 공공도서관(좌측)은 자연채광과 자연환기 전략을 사용한다. 기다란 고창 모니터(우측)가 도서관 별동의 주 열람실을 밝혀주고 있다. FLETCHER FARR AYOTTE, INC.

4.97 대형 안마당 위의 유리 캐노피가 대영박물관의 기존의 건물과 신축건물 사이를 가로지르며 상쾌한 천창채광을 제공한다.

4.98 이탈리아 Montepulciano의 한 실내 안마당에서 천창채광에 의해 빛을 가진 벽돌벽을 환하게 하고 있다.

4.99 오레곤주 세인트 베네딕트시에 위치한 Mt. Angel Abbey 수태고지 학술센터의 혁신적인 교실의 천창채광 시스템. ENERGY STUDIES IN BUILDINGS LABORATORY, UNIVERSITY OF OREGON

추가 정보

Evans, B. 1981. 『Daylight in Architecture』. Architectural Record Books, New York.

Grondzik, W. et al. 2010. 『Mechanical & Electrical Equipment for Buildings』. 11th ed. John Wiley & Sons, Hoboken, NJ.

IEA. 2000. 『Daylight in Buildings: A Source Book on Daylighting Design Systems and Components』. International Energy Agency. gaia.lbl.gov/iea21/ieapubc.htm

Millet, M. and J. Bedrick. 1980. 『Graphic Daylighting Design Method』. U.S. Department of Energy/Lawrence Berkeley National Laboratory, Washington, DC.

Moore, F. 1985. 『Concepts and Practice of Architectural Daylighting』. Van Nostrand Reinhold, New York.

Whole Building Design Guide, "Daylighting." www.wbdg.org/resources/daylighting.php?r=mou_daylight

계획설계를 넘어

계획설계단계에서 채택된 예비 개구부 크기는 기본설계단계에서 이루어지는 보다 정확한 모형연구를 통해 확인될 것이다. 기본설계단계에서 자연채광 제어와 전기조명 제어의 통합과 함께 개구부 상세(차양 및 확산요소를 포함한)가 마무리될 것이다. 자연채광 관련 제어의 위탁관리는 적극 권장된다.

측창채광

측창채광은 주변 주광을 허용하기 위한 지점으로서 벽면에 위치한 개구부를 사용하는 자연채광 전략이다. 일반적으로 측면으로부터 수평의 작업평면 위로 자연채광을 유도하는 모든 시스템은 측창채광으로 여겨진다. 측창채광의 접근은 주광 개구부로서 창문을 활용하지만 유리블록, 낮은 고창, 그리고 채광뜰이나 안뜰로 난 수직 개구부 등도 측창채광 접근으로 여겨질 것이다.

4.100 공간 내부 전형적인 채광분배 패턴과 개구부 상세에 대한 강조를 보여주는 측창채광 시스템의 개념도면. JON THWAITES

건물 속으로 자연채광을 허용하는 창문은 또한 외부환경과의 시각적 연결성을 제공할 수 있다. 창문높이(따라서 천정높이)와 실내 공간의 깊이와의 관련성은 주광율과 관련하여 중요한 고려사항이다. 창문높이는 또한 (부지 상황과 함께) 시야확보의 중요한 결정요소이다. 측창채광 시스템은 낮게 설치된 시야확보와 자연채광을 위한 창 및 광선반과 결합된 높게 설치된 자연채광만을 위한 창, 두 가지 분명한 개구부 유형과 종종 관련된다.

대부분의 자연채광 시스템은 어떠한 직접적인 태양복사도 개구부를 통하여 건물 속으로 유입되지 않을 것이라고 가정하고 설계된다. 첫째, 직접적인 태양 구성요소는 대부분의 기후는 하루의 대부분 동안에 충분한 주광율(조도)을 제공하는데 필요하지 않다. 둘째, 직접적인 태양복사는 만약 건물 속으로 유입이 허락된다면 자연채광의 조명효과성을 현저히 감소시킬 것이며 불필요한 축열을 발생시킨다. 셋째, 직접적인 태양복사를 허용하게 되면 직접적인 눈부심 현상을 일으킬 가능성이 현저히 증대된다. 따라서, 북향 창문의 경우를 제외하고는 일정한 형태의 차양장치가 측창채광과 결합하여 사용되어야만 한다.

4.101 캘리포니아 버클리대학교 Hearst 기념체육관의 복도는 안쪽으로 함입된 창문을 통해 측창채광이 제공된다.

의도
작업 가시성, 에너지 효율성, 거주자 만족, 조망

효과
전력소비 감소, 거주자 만족 증대, 잠재적으로 감소된 냉방부하, 시각적 안정

선택사항
개구부, 차양장치, 광선반, 주광 안뜰 및 아트리움 등에서 수많은 선택사항이 있을 수 있음

조정문제
설계의도, 공간 기능 및 작업, 건물/개구부 방향, 태양열 획득, 전기조명 시스템 제어

관련 전략
주광율, 자연채광 조닝, 천창채광, 광선반, 직접획득, 차양장치, 실내 반사율, 전기조명, 냉방전략, 건물 외피 전략

LEED 연계
에너지 및 환경, 실내 환경의 질

선결 요건
설계의도, 사전 공간 배치, 주광율 기준

직접획득 태양열 난방 시스템의 일부로서 측창채광 개구부를 통한 태양복사를 허용하는 경우가 이상에서 살펴 본 직접적인 태양복사 배제에 대한 유일한 예외이다.

건축적인 주요 현안

창문은 고딕 성당에서부터 현대식 유리 커튼월이나 이중외피에 이르기까지 풍부한 건축적인 역사를 갖고 있다. 하지만 창문은 측창채광과 동의어가 아니다. 주어진 창문이 어떻게 하늘과 마주하고 있는지(그렇지 않은지), 상세는 어떠한지, 작업평면과 실내 반사표면에 어떻게 관련되는지 및 어떠한 유형의 글레이징이 사용되었는지 등은 모두 자연채광 시스템에 중요하다. 측창채광은 높고 얕은 실내 공간에 유리하다. 측창채광은 개구부의 존재가 확연히 드러나므로 매우 시각적인 설계 전략이다. 창문은 종종 건물 정면의 특징을 결정짓는다.

창문과 실내 표면과의 관련성은 중요한 설계 고려사항으로서 그러한 표면은 2차적인 채광의 원천으로 작용하며 자연채광의 분포와 확산을 돕는다.

실행시 고려사항

글레이징 선택은 천창채광에서도 중요하지만 측창채광에서는 더욱 그렇다. 주광 개구부 글레이징은 높은 투과율 **VT** 값을 지닐 뿐만 아니라 일사획득계수 **Solar Heat Gain Coefficient**에 관한 건축/에너지 규정을 충족시켜야만 한다. 넓은 글레이징 면적은 외주부 부근의 평균 복사온도에 영향을 줄 수 있으므로 글레이징 표면온도를 중화시키는 적절한 U값은 또 다른 고려사항이다.

자연채광 시스템은 전기조명을 대체하지 않는다면 에너지 절감을 가져다주지 못할 것이다. 따라서 공간 내 자연채광 시스템과 전기 시스템간의 긴밀한 조화를 통해 불필요한 전등은 밝기가 조정되거나 소등되게 하는 적절한 제어를 제공하는 것이 절대 중요하다. 연속적 조도 **dimming**제어장치는 사용자들로부터는 호평을 받고 있지만 실무에서 적절한 실행 및 유지에 어려움이 있는 것으로 입증되었다.

설계절차

이 절차는 측창채광과 천창채광의 장점을 비교한 결과 측창채광이 더 유익한 것으로 선택되었다고 가정한다. 이것은 측창채광 및 천창채광 시스템의 결합사용을 배제하지 않는다. 밝기는 부가적인 것으로 한 시스템의 기여 정도가 다른 시스템의 그것에 추가되는 식이다.

측창채광 시스템의 설계는 순수한 선형과정이 아니다. 가장 적절한 실행을 결정하기 위해 여러 번의 반복이 종종 필요하다.

1. 각 공간과 활동을 위한 목표 주광율을 수립한다. 다양한 공간을 위한 권장된 주광율은 '주광율' 전략 부분에서 확인할 수 있다.
2. 예를 들어, U자형 건물, 아트리움/안뜰, 길고 얇은 건물 평면도 등을 이용해 벽

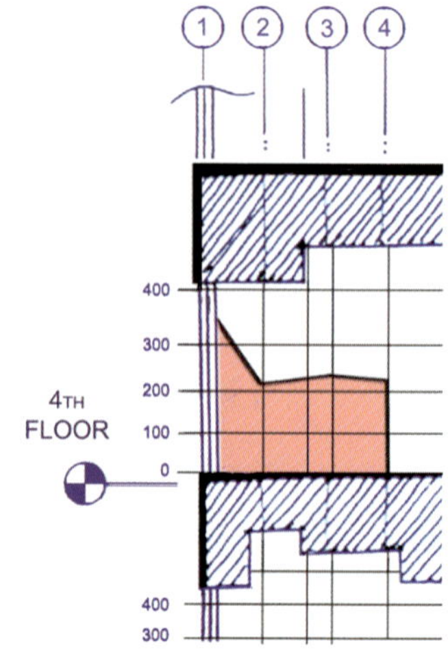

4.102 캘리포니아 샌프란시스코시 샌프란시스코 공공도서관의 열람실 구역 단면을 통하여 본 조도값 변화.

예제

한 다층 복합 사무실 건물은 대부분의 작업공간에 조망을 제공하기 위해 측창채광을 이용해 자연채광을 제공할 예정이다.

1. 주요한 작업공간에 최소 2.5%의 주광율이 요구된다.
2. 사무실 대부분은 남쪽을 바라보는 U형 개구부를 주위로 배치되어 있다. 이에 따라 창문 설치에 이용될 수 있는 건물 정면 구역이 극대화되는 동시에 건물에 의해 약간의 자체 차양이 제공된다.
3. 주요한 작업공간은 둘레를 따라 위치하는 반면 건물 서비스를 위한 구역은 안쪽에 놓여 있다.

면적(표면적 대 부피 비율)을 최대화하는 풋프린트(표면의 형태와 방향)에 맞추어 프로그램 요소들을 조정한다. 자연채광 개구부를 위한 주요한 위치로서 남향과 북향에 초점을 맞춤으로써 직접적인 태양복사 없이 자연채광 기회를 극대화한다. 동서방향 개구부는 직접적인 눈부심과 불필요한 태양열 집열 가능성을 감소시키기 위해 차양장치 설치에 세심한 주의를 기울여야 한다.

3. 건물 둘레를 따라 위치한 자연채광으로부터 가장 많은 혜택을 받을 공간들을 포함한 건물 층 계획을 조직화한다.

4. 실용적인 필요로 요구될 경우 자연채광이 제공될 공간의 깊이를 결정한다. 깊이는 둘레 벽으로부터 안쪽 거리이다.

5. 이 깊이의 공간에 효과적인 측창채광을 제공하기 위해 필요한 최소 창문높이(헤더높이)를 결정하기 위해 실내 공간의 깊이를 2.5로 나눈다.

6. 요구된 창문 헤더높이(바닥으로부터 측정된)가 허용가능한지(또는 실행가능한지)를 확인한다. 전체 창문높이가 “조망”창일 필요는 없다. 합리적인 조망높이 이상의 구역은 단순히 자연채광을 허용하기 위한 글레이징이다. 이러한 접근을 택할 경우 두 창문요소는 종종 광선반에 의해 분리된다.(광선반 전략 참조)

7. 수평의(창면과 평행한 방향) 빛 유입수준을 결정하기 위해 제안된 창문 폭에 2를 곱한다. 창문 폭이 실내 공간 전체 폭에 걸쳐 자연채광을 제공하기에 충분한지를 확인한다.(이 근사치는 창문 벽을 가로질러 글레이징 분포가 고르다는 가정 하에서 도출된다)

8. 이상의 제약 하에서의 작동을 위해 필요할 경우 제안된 글레이징 폭과 헤더높이를 수정한다.

9. 다음의 추정값[Millet and Bedrick(1980)로부터 인용]을 이용하여 요구된 자연채광 면적을 결정한다.

$$A = [(DF_{TARGET}) \times (A_{FLOOR})]/(F)$$

여기서,

A = 요구된 개구부면적(m^2)

DF_{target} = 목표 주광율

A_{floor} = 산광 바닥면적(m^2)

F = 0.2(만약 목표가 평균주광율이라면) 또는 0.1(만약 목표가 최소주광율이라면)

주의: 작업높이 이하의 모든 창문면적은 자연채광을 위해 거의 소용이 없다.

10. 측창채광을 통해 허용된 자연채광의 효과성을 극대화하기 위해 설계를 세밀화한다. 공간 내 빛 유입을 극대화하기 위해 주요한 건물 구조요소를 조정한다. 예를 들어, 주요한 보들은 창면과 수직으로 나 있어야 한다. 모든 조망창을 통한 외부와의 적절한 시각적 연결성에 대해 확인한다. 눈부심의 가능성에 대해 분석한다. 창문의 방향에 의해 요구될 경우 차양장치를 설계한다.(차양장치 전략편을 참조할 것)

4. 개방 평면 작업공간을 위해 6.1m의 깊이가 제안되었다.

5. 창문 꼭대기의 요구된 높이는 20ft/2.5 = 8ft(2.4m)이다.

6. 지역 건축규정은 바닥 대 바닥 높이를 설계 제한요소로서 규제하고 있다. 실행 가능성 있는 최대 창문높이는 2.4m이다. 760mm의 작업공간 높이를 고려할 때 유용한 창문높이는 1.7m가 된다.

7. 공간의 폭을 늘릴 수도 줄일 수도 있는 창문(창살이 적은)이 제안 되었으므로 창문폭은 제한요소가 아니었다.

8. 창문폭에 어떠한 조정도 요구되지 않았다.

9. 바닥의 단위폭(1ft 또는 1m)을 고려할 때 2.5%의 최소 DF를 획득하기 위해 요구되는 개구부 면적은 다음과 같이 계산한다.

$A = (0.025 \times 20)/(0.1)$

$= 5ft^2 (0.5\ m^2)$

제안된 창문면적은 실행 가능하고 설계 제약 내에 있었으며 목표주광율을 제공했다.

10. 눈부심을 최소화하고, 직달복사를 제어하며, 유익한 주광확산을 제공하기 위해 제안된 설계 요소들을 정교하게 다듬었다.

사례

4.103 인도의 라다크에 위치한 Druk White Lotus School 교실의 조망창과 고측창 양방향을 통해 이루어지는 양측채광. CAROLINE SOHHIE, ARUP + ARUP ASSOCIATES

4.104 인디애나 Valparaiso대학교 내 크리스토퍼 센터의 라운지는 글레이징 개구부를 밝은색의 벽 바로 옆에 배치하는 "월 워싱(wall washing)" 자연채광 기법을 선보이고 있다. KELLY GOFFINEY

4.105 싱가포르 Raffles 호텔의 키가 큰 창문을 통한 측창채광(왼쪽)과 천창을 통한 천창채광(오른쪽).

4.106 북쪽을 바라보는 고창과 운용식 창문이 오레곤주 세인트 베네딕트시에 있는 Mt. Angel Abbey 부속 도서관의 열람실에 확산된 측창채광을 제공하고 있다.

4.107 오레곤주의 Bend에 위치한 ODS School of Dental Hygiene 이사회실의 양방향에서 양측채광이 이루어지고 있다. JOSH PARTEE

추가 정보

Evans, B. 1981. 『Daylight in Architecture』. Architectural Record Books, New York.

Grondzik, W. et al. 2010. 『Mechanical & Electrical Equipment for Buildings』. 11th ed. John Wiley & Sons, Hoboken, NJ.

IEA. 2000. 『Daylight in Buildings: A Source Book on Daylighting Design Systems and Components』. International Energy Agency.

Millet, M. and J. Bedrick. 1980. 『Graphic Daylighting Design Method』, U.S. Department of Energy/Lawrence Berkeley National Laboratory, Washington, DC.

Moore, F. 1985. 『Concepts and Practice of Architectural Daylighting』. Van Nostrand Reinhold, New York.

Whole Building Design Guide, "Daylighting." www.wbdg.org/resources/daylighting.php?r=mou_daylight

계획설계를 넘어

측창채광 성능의 예측값은 기본설계과정에서 보다 상세한 분석을 통해 세련화될 것이다. 글레이징, 차양 및 분포 등의 요소들이 고려되고, 선택되며, 명시될 것이다. 전기조명과 제어 시스템이 기본설계과정에서 검토될 것이다. 전기조명과 자연채광의 통합을 위한 제어 시스템은 위탁 관리되어야만 한다.

광선반

광선반은 측창채광 개구부(전형적으로는 창문)를 통해 건물 속으로 들어오는 빛을 고루 분산시키기 위해 이용된다. 햇빛은 선반의 반사표면에 부딪쳐 반사되며 다시 천정에서 반사되어 유입됨으로써 선반이 없을 때에 비해 보다 고른 밝기 패턴을 만들어낸다. 광선반의 형태, 재료 및 위치 등은 유입되는 자연채광의 분포를 결정한다. 광선반은 건물의 실내나 실외 또는 양쪽 모두에 설치될 수 있으며 결정적 요소는 선반 바로 위쪽에 창이 설치된다는 점이다. 광선반 위쪽의 글레이징은 오로지 자연채광을 위한 것이다. 광선반 아래의 글레이징은 자연채광 이외에 조망을 제공할 수 있다.

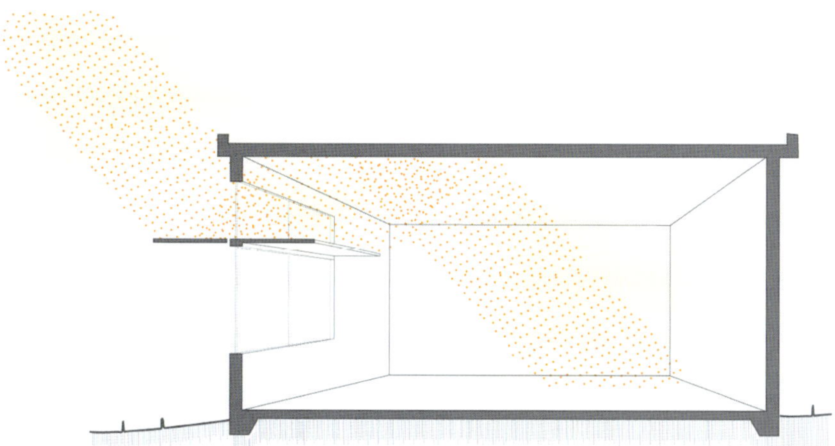

4.108 광선반의 전형적 위치를 보여주는 측창채광 개구부를 가진 외벽 단면도. JON THWAITES

4.109 한 사무실의 광선반에 대한 개념 스케치. GREG HARTMAN

잘 설계된 광선반은 유입되는 주광의 방향을 조정하고 주광 확산을 증대시킴으로써 공간의 물리적 및 시각적 쾌적함을 증대시킬 뿐만 아니라 개구부를 통한 주광율을 증대시키고 공간 내 자연채광에 의해 야기된 대비를 감소시킴으로써 전기조명 사용의 필요성을 줄여준다.

실외 광선반은 또한 글레이징 아래 구역을 위한 차양장치로서 이바지함으로써 태양열 축열과 냉방부하를 감소시킨다. 광선반은 시각적 쾌적함을 위해 자연채광의 고른 분포가 바람직하고 이를 통해 전기조명비용을 감소시킬 수 있는 사무실과 학교에서 종종 사용된다.

건축적인 주요 현안

광선반은 선반처럼 보일 필요가 없다. 천공상태, 태양경로와 계절적 변화 및 공간 사용과 계획 등에 대한 이해를 바탕으로 창조적인 선택사항들이 건물 정면을 변화시킬 수 있다.

의도
보다 고르고 약간 더 깊은 주광분배, 눈부심 잠재성 감소

효과
전기조명 사용 감소, 냉방부하 절감 잠재성

선택사항
실외, 실내 또는 연속, 고정식 또는 조정식 선반

조정 시안
천정설계, 자연채광 개구부, 글레이징, 실내 구획벽, 방향, 차양, 열획득

관련 전략
주광율, 실내 반사율, 차양장치

LEED 연계
에너지 및 환경, 실내 환경의 질

선결 요건
사전 실내 배치(기하구조), 실내 공간 방향에 관한 정보, 대지 위도, 태양 각도, 대지 장애물

광선반은 자연채광 개구부, 문설주, 벽, 천정, 재료, 가구 등의 유형, 크기 및 배치 등과 결합하여 고려되어야 한다. 단면 설계와 이러한 관련 요소들에 대한 고려를 통해 광선반에 의해 조정된 일사량을 극대화하고 그 분포를 최적화할 수 있어야만 한다.

광선반은 종종 일방향 측창채광 건물에서 자연채광의 합리적인 고른 분포문제를 해결하기 위한 적절한 해결방안이 된다. 어떤 경우에는(매우 깊은 공간이나 천정높이가 제한된 경우 등) 광스쿠프, 광파이프, 프리즘장치 및 애니드릭 정상부 주광장치 anidolic zenithal collectors 등이 더욱 적절하다. 깊은 공간에서는 양방향 개구부 배치가 매우 적절하다.

4.110 이 광선반 표면의 밝은 색상의 매트질감 마감재는 다양한 방향으로 주광을 확산시킨다. 선반 가장자리를 따라 형광 조명장치가 통합되었다.

실행시 고려사항

방향: 광선반은 북반구에서 남향 정면에 부착될 경우 효과적인 차양장치가 될 수 있다. 그럴 경우 또한 전형적으로 재분배를 위한 추가 직달복사를 집열할 것이다. 하지만 집열된 태양복사로 인해 추가된 냉방부하가 이러한 혜택의 많은 부분을 상쇄시킬 것이다.

선반 높이와 각도: 광선반은 위쪽 반사표면에 의한 눈부심 가능성을 감소시키기 위해 눈높이보다 더 높게 설치되어야만 한다. 창문 인접구역의 용도에 따라 광선반은 또한 머리높이 이상일 것이 요구될 수도 있다. 수평 광선반은 주광분배, 눈부심 제어, 차양성능 및 미적 잠재성 등의 측면에서 고른 혜택을 제공하므로 가장 일반적으로 이용된다. 하지만 경사진 광선반은 보다 나은 성능을 제공할 것이다.(설계결정은 기본설계단계에 검증될 것임)

천정: 높은 천정이 광선반 응용을 위해 바람직하다. 만약 층고가 협소하다면 창문 개구부 쪽으로 높아지는 경사천정이 유익한 것으로 (비록 이러한 변화의 효과에 대해서는 의견이 분분하지만) 입증될 것이다.

창문: 높은 창문은 공간 속 깊은 곳까지 자연채광을 유도시킬 수 있다. 대부분의 기후에서 광선반 위쪽으로는 투명한 이중 글레이징이 권장된다. 수평의 루버 차양장치를 두 글레이징 사이에 설치해야 할 것이다. 만약 광선반 아래쪽에 조망을 위한 글레이징이 있다면 기후 및 조망 적절성의 관점에서 선택되어야 한다.

차양장치: 직달복사를 차단하고 주광을 천정으로 유도하기 위해 필요할 경우 광선반 위쪽에 (약 45° 방향으로 설치된) 수평의 글레이징 블라인드를 사용한다. 광선반 아래쪽 글레이징을 태양열 축열로부터 보호하기 위해서는 별개의 차양 솔루션을 설계한다.

마감재: 대비를 감소시키기 위하여 창문으로부터 비스듬히 돌출되는 창 문설주와 창틀의 사용을 고려해야 한다. 광선반 표면이 거울 같은 마감재는 자연채광 수준을 증대시키지만 또한 눈부심을 일으킬 수 있는 잠재적 원인이 될 수 있다. 반거울형(그러나 반사성이 제법 우수한) 마감재가 일반적으로 선호된다. 매트질감형 마감재 또한 보다 고른 주광의 확산분포를 제공할 것이다.(그림 4.110) 자연채광이 제공되는 공간의 천정과 벽은 매끄럽고 반사성능이 우수해야 하지만 눈부심을 일으킬 정도가 되어서는 안 된다. 또한, 구획벽 설계, 가구의 배치 및 실내 마감재 등이 자연채광 향상과 눈부심 감소에 미치는 효과에 대해서도 생각해야 한다.

유지: 실내 및/또는 실외 광선반이 어떻게 유지될 것인지에 대해 생각한다. 먼지와 부스러기는 광선반의 반사성능을 감소시킨다. 실내 광선반은 유지관리를 편리하게 하기 위해 아래로 접히도록 설계할 수 있다. 실외 광선반의 경우 빗물 또는 눈에 의한 피해나 정면을 따라 형성되는 잠재적으로 유익한 공기흐름 패턴을 교란시키는 문제 등에 대해 살펴보아야 한다.

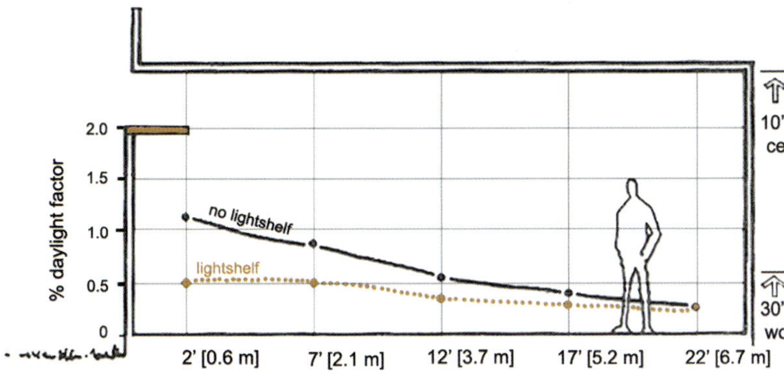

4.111 투명한 글레이징과 심하게 흐린 상황에서 백색 광선반의 위치가 실내 조도(주광율)에 미치는 효과. 광선반이 없는 경우(a)와 실내 광선반이 있는 경우(b). FULLER MOORE

설계절차

1. 실내, 실외 또는 이중 광선반 가운데 어느 것이 의도된 공간 용도에 부합되는지를 결정한다. 실외 광선반은 공간 내 자연채광 수준을 고르게 하며 아래쪽 글레이징을 통한 태양열 축열을 방지할 수 있다. 실내 광선반은 특히 창문 부근의 자연채광 수준을 감소시키지만 공간 내부에 대비가 적고 보다 고른 주광분배를 제공할 것이다.(그림 4.111)

2. 제안을 단면도로 스케치한다. 실외 남향 광선반의 경우 그 깊이는 선반과 작업평면 사이의 높이차와 대략 같은 것으로 추정한다. 실내 광선반의 경우에는 그 깊이를 광선반 위쪽 글레이징의 높이와 대략 같은 것으로 추정한다. 광선반의 윗면은 천정으로부터 적어도 0.6m는 떨어져 있어야 한다. 천정높이는 적어도 3 m는 되어야 한다.

3. 제안된 설계를 검증하기 위한 자연채광 모형을 만든다. 그 모형은 광선반의 약간 미묘한 효과를 평가하고 가장 관심 있는 공간에서 분명한 측정값을 도출할 수 있을 정도로 충분히 커야만 한다. 자연채광 모형의 준비와 관련된 권고사항은 Moore나 Evans를 참조하라.

예제

플로리다 Boca Raton에 위치한 15.3×30.5m 면적의 한 4층 건물에 측창채광이 이용될 것이다. 창문은 남쪽을 보고 있다. 천정높이는 3.1m, 창문높이는 광선반 위쪽 높이 0.6m, 선반 아래쪽 높이 1.2m를 포함해 1.8m이며, 하인방 높이는 0.9m이다.

1. 처음의 광선반 설계과정은 2중(실내와 실외) 광선반이다.

2. 깊이 규칙을 이용해 실내 광선반 깊이는 0.6m, 실외 돌출거리는 (4+3−2.5) = 4.5ft(1.4m)로 제안되었다.

사례

4.112 오레곤주 내 Ash Creek 중학교 교실의 광선반. 시간이 흐르자 선생님들이 광선반 위에 물품들을 얹어 놓아 자연채광 효과에 지장을 초래하고 있다.

4.113 홍콩에 있는 홍콩상하이은행 중정 천정의 거울반사장치(광선반에 관해 생각하는 또 다른 방식)가 자연채광을 아래층으로 유도하고 있다.

3. 물리모형이나 컴퓨터 시뮬레이션을 이용해 이 제안된 설계의 성능에 대해 연구한다. 모형연구와 의도된 성능에 의해 제안될 경우 설계를 수정한다.

4.114 오레곤대학교 Lillis 비즈니스 복합단지에 있는 광선반이 달린 자연채광창.

4.115 Lillis 비즈니스 복합단지 광선반의 천공과 곡률을 보여주는 근접촬영 이미지.

추가 정보

Evans, B. 1981. 『Daylight in Architecture』. Architectural Record Books, New York.

IEA. 2000. 『Daylight in Buildings: A Source Book on Daylighting Systems and Components』. International Energy Agency.

LBL. 1997. "Section 3: Envelope and Room Decisions", in 『Tips for Daylighting With Windows』. Building Technologies Program, Lawrence Berkeley National Laboratory. btech.lbl.gov/pub/pub/designguide/index.html

LRC. 2004. 『Guide for Daylighting Schools』. Developed by Innovative Design for Daylight Dividends, Lighting Research Center, Rensselaer Polytechnic Institute, Troy, NY. www.lrc.rpi.edu/programs/daylighting/pdf/guidelines.pdf

Moore, F. 1985. 『Concepts and Practice of Architectural Daylighting』. Van Nostrand Reinhold, New York.

NREL. 2003. 『Laboratories for the 21st Century: Best Practices』, "Daylighting in Laboratories." (DOE/GO-102003-1766). National Renewable Energy Laboratory, U.S. Environmental Protection Agency/U.S. Department of Energy. www.labs21century.gov/pdf/bp_daylight_508.pdf

계획설계를 넘어

광선반의 성능(계획설계과정에서 추정된)은 기본설계단계에서 확인되고 최적화될 것이다. 제어는 자연채광이 제공된 건물의 에너지 사용을 감소시키는 관건이 된다. 광선반과 나란히 움직이는 일련의 광선들에 대한 광센서 제어가 권장된다. 광선반은 스프링클러 작동, 확산기 성능, 또는 자연환기 공기흐름을 방해해서는 안 된다. 거주자들은 모든 운용 가능한 태양제어장치를 어떻게 사용하는지에 대해 배워야 할 필요가 있다.(또한 사용자 매뉴얼을 통해 습득되어야만 한다) 합리적이고 문서화된 유지 일정과 일상 업무를 수립한다.

NOTES

실내 반사율

공간의 **실내 반사율**은 반사시키는 재료의 두 가지 주요한 표면특징, 즉 색상과 질감에 의해 결정된다. 색상은 표면으로부터 반사되는 광선의 양을 결정한다. 어두운 색상의 재료는 광선을 흡수하는 반면 밝은 색상의 재료는 광선을 반사시킨다. 질감은 표면으로부터 떠나는 광선의 질을 결정한다. 때로는 매트라고 불리는 거친 질감의 표면은 확산된 반사광선을 만들어낸다. 매끄럽거나 반들거리는 표면은 거울같은 반사광선을 만들어낸다. 공간 자연채광에 있어 확산된 빛은 눈부심을 일으킬 수 있는 거울반사보다 우선시 된다. 공간 내 자연채광을 극대화하기 위해 밝은 색상의 마감재를 선택하는 것이 중요하다.

공간의 규모는 내부적으로 반사된 자연채광 구성요소에(또한 전기조명에) 지대한 영향을 준다. 표면이 광원으로부터 멀리 떨어져 있을수록 반사간 공간 경로상에서 더 많은 광선을 상실할 것이다. 따라서 조명에 사용될 수 있는 광선량이 그만큼 줄어들게 된다. 큰 공간은 작은 공간에 비해 반사간 공간(상실)을 위한 기회가 더 크게 된다. 이것은 평면도와 단면도를 설계함에 있어 고려요소가 된다.

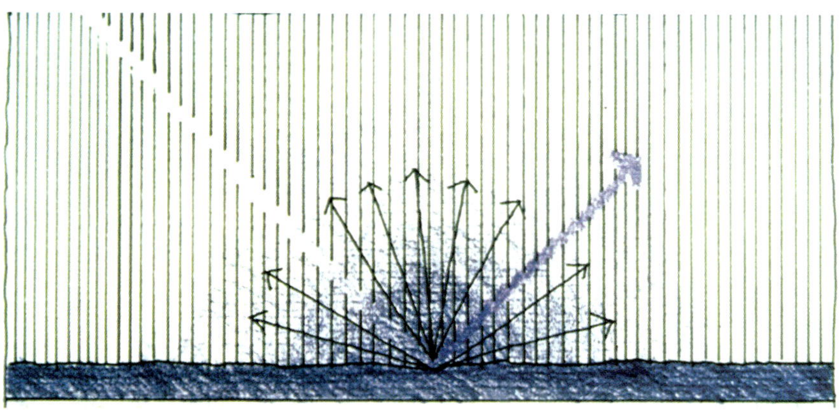

4.116 광선은 거울같은 표면상에서 입사각과 대략 같은 각도로 반사된다. 매트 표면상에서는 여러 방향으로 확산된다. VIRGINIA CARTWRIGHT

건축적인 주요 현안

실내 재료의 반사율, 공간 규모 및 창문 개구부의 위치 등은 한 공간 내 주어진 지점에서의 주광율 결정에 지대한 영향을 미친다. 반사 마감재의 중요성은 밝혀질 구역과 그것을 밝혀 줄 광원간의 거리에 비례한다.

실행시 고려사항

고객과 인테리어 건축가/디자이너에게 공간 내 주광의 확산분포와 관련된 건축적 의도와 가정에 대해 알려야 한다. 고객의 색상과 비품 선택은 최상의 자연채광 설계에서조차 그 효과성을 감소시킬 수 있다.

먼지누적, 마모 및 손상은 장기적으로 표면 광택을 떨어뜨릴 수 있는데 이러한 효과는 "주광손실률"이나 "유지율"이라고 불리는 값에 나타나 있다. 주요 주광손실률 중 하나(몇 가지 가운데)는 실내 표면 먼지상각율로서 실내 공간 규모, 대기 중의 먼지조건 및 청

4.117 일본 하네다공항의 Origami 조각들이 내부반사를 통해 여과된(활기찬) 빛을 확산하며 공간미를 창출해내고 있다.

의도
조명효과성 최적화

효과
에너지 효율성, 시각적 쾌적함

선택사항
다양한 재료, 마감재 및 반사율

조정 시안
고객이 선호하는 마감재 및 색상, 공간과 관련된 작업, 시각적 쾌적함, 비품, 창문, 전기조명

관련 전략
천창채광, 측창채광, 주광율, 광선반

LEED 관련사항
에너지 및 환경, 실내 환경의 질

선결 요건
이 "전략"은 필연적으로 성공적인 자연채광을 위한 선결과제이다.

소/세척간격 추정값 등의 함수이다. 이러한 비율의 합리적 범위는 심각하게 지저분한 환경에서의 0.50에서부터 원래 상태로 잘 유지된 환경에서의 0.95에까지 걸쳐 있다. 먼지 상각의 효과는 설계과정 중에 고려되어야 하며 초기조도 수준을 높이는 결과를 초래하게 된다.(허용유지조도를 장기간 이용할 수 있도록 하기 위해) 이와 같이 초기조도, 유지조도 및 설계조도간의 관계는 다음과 같다.(여기서 설계조도란 설계기준을 의미한다): 초기 조도≥유지조도≥설계조도.

4.118 조도를 개략적으로 추정하기 위해 조도 측정기를 이용할 수 있다. 표면 조도를 먼저 측정하고(왼쪽) 그 다음 표면으로부터 떠나는(반사된) 광선량을 측정한다(오른쪽). 반사된 광선량을 입사 광선량으로 나눈 값이 표면 반사율이다.(측정기에 의한 그늘이 측정값에 부당히 영향을 미치지 않도록 조심해야 한다)

4.119 표면을 떠나는 광량(단위 cd/m^2 또는 ft-L, 다시 말해 표면 광도)을 정확히 측정하기 위하여 정밀 광도측정기를 이용할 수 있다. © PACIFIC GAS AND ELECTRIC COMPANY

설계절차

1. 뛰어난 반사체가 될 수 있는 창문설주와 창문 밑틀이 높은 반사율을 가지고 있는지 확인한다. 창문으로부터 바깥쪽으로 비스듬히 돌출된 깊은 설주를 사용한다. 이러한 설계 권고사항은 모두 자연채광 유도를 증대시키고 실내와 실외 환경간 대비를 감소시킬 것이다.(눈부심 가능성을 감소시킴)

2. 천정은 자연채광을 위한 가장 중요한 표면이다. 공간 내부 주광 분포를 최적화하기 위해 90%나 그 이상의 반사율을 가진 페인트나 타일을 선택한다. 에너지 효율적인 자연채광 설계를 위해 권고된 최소 표면반사율은 표 4.7에 제시되어 있다. 보다 어려운 자연채광 제약이 있거나 보다 높은 설계조도를 요하는 공간에서는 반사율 범위의 상한선까지 사용한다.

3. 유입되는 광원을 향해 천정을 경사지게 함으로써 반사되는 광선량을 증대시킬 수 있다. 이것은 특히 고창층 창문으로부터 유입되는 주광에 효과적이다. 주광은 입사각과 동일한 각도로 반사된다고 가정하는 것은 천정 표면각도와 관련된 의사결정에 도움을 줄 수 있다.

예제
본문 중의 절차는 물리모형을 사용함으로써 가장 잘 적용된다.

표 4.7 다양한 공간에서 실내 표면의 권고된 반사율. 『IESNA 자연채광 핸드북』(9판)

표면	권고된 반사율		
	사무실	교실	주택
천정	>80%	70-90%	60-90%
벽	50-70%	40-60%	35-60%
바닥	20-40%	30-50%	15-35%
비품	25-45%	30-50%	35-60%

4. 공간 내 주광 분포를 현저히 개선시키는 밝은 색상의 가구, 기구 및 설비 등을 선택한다.(전형적인 반사율은 표 4.8과 4.9를 참조할 것)

표 4.8 일반 건물과 현장재료의 반사율. HOPKINSON ET AL. AND ROBBINS으로부터 발췌

재료	참조
알루미늄	85%
아스팔트	5~10%
벽돌	10~30%
콘크리트	20~30%
자갈	20%
플라스터(백색)	40~80%
물	30~70%
식물	5~25%

표 4.9 전형적인 페인트 색상별 반사율

색상	참조
흰색	80~90%
옅은 청색	80%
선황색	75%
담황색	65%
어두운 크림색	60%
밝은 청색	55%
밝은 녹색	50%
밝은 갈색	50%
살구색	45%
밝은 녹황색	40%
조금 진한 갈색	35%
레드 오렌지(주황색)	30%
어두운 적색, 청색, 회색	15%
검은색	5%

페인트 색상, 이름 및 반사율 등은 매우 다양하며 이상은 대략적인 근사치일 뿐이다.

사례

4.120 색감을 넣은 반투명 측면 개구부가 영국 런던에 위치한 Laban 센터의 콘크리트 바닥과 천정에 자신의 색상을 반사시키고 있다. DONALD CORNER

4.121 워싱턴주 시애틀에 있는 성 이그나티우스 예배당의 주광 개구부 내 컬러벽이 흰색의 주변 벽을 물들이고 있다.

4.122 메사추세츠주 캠브리지에 위치한 Genzyme Center의 12층 높이 중앙 아트리움. 아트리움 천장에 고정된 거울들이 자연광을 분광형 루버들로 반사시키고, 그 다음에는 매달린 분광형 모빌과 반사패널, 반사성 경계벽체 등과 빛이 상호작용한다. ANTON GRASSL(BEHNISCH ARCHITECKTEN 제공)

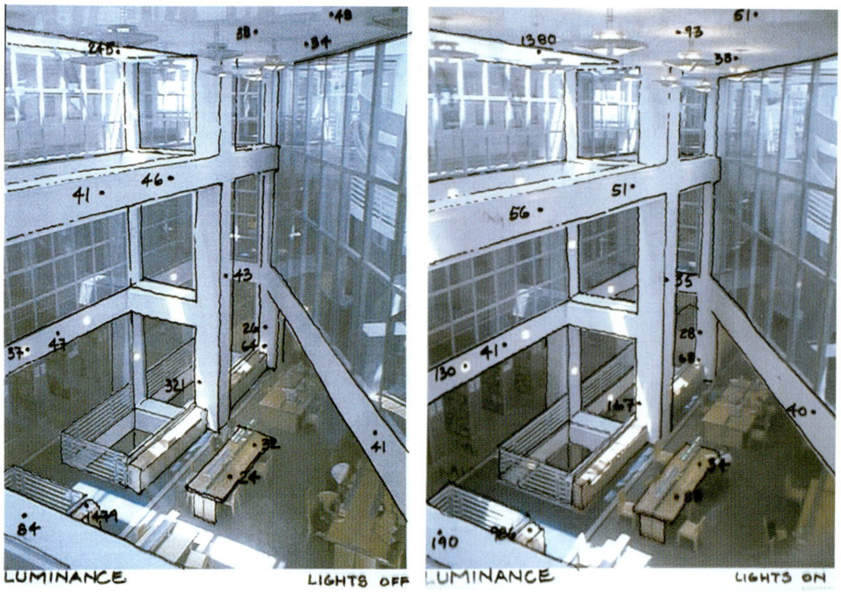

4.123 자연채광이 제공된 구역에서 주광 반사 표면의 영향을 분석하기 위한 연구의 일환으로 수행된 샌프란시스코 공공도서관의 전원 소등시(좌측)와 점등시(우측)의 조도 측정값

추가 정보

Brown, G.Z and M. DeKay. 2001. 『Sun, Wind and Light: Architectural Design Strategies』, 2nd ed. John Wiley & Sons, New York.

DiLaura, D. et al. (ed). 2011. 『The Lighting Handbook』. 10th ed. Illuminating Engineering Society of North America, New York.

Grondzik, W. et al. 2010. 『Mechanical & Electrical Equipment for Buildings』. 11th ed. John Wiley & Sons, Hoboken, NJ.

Hopkinson, R., P. Petherbridge and J. Longmore. 1966. 『Daylighting』. Heinemann, London.

Rea, M. ed. 2000. 『The IESNA Lighting Handbook』, 9th ed. Illuminating Engineering Society of North America, New York.

Robbins, C. 1986. 『Daylighting: Design and Analysis』. Van Nostrand Reinhold, New York.

계획설계를 넘어

표면 반사율 및 가구와 관련된 계획설계과정의 가정은 기본설계과정에서도 그대로 적용되어야만 한다. 이러한 중대한 정보를 소통하지 못한다는 것은 곧 의도된 시스템 성능을 저하시키는 결정을 의미한다. 표면 반사율을 유지시키는 노력은 입주 후 건물 소유주에게로 넘어가야만 한다.

차양장치

차양장치는 태양복사로부터 건물 열획득을 현저히 감소시키는 동시에 자연채광, 조망 및 자연환기 등의 기회를 유지시킬 수 있다. 반대로 세심히 설계된 차양장치는 Passive 건물난방이 요구될 경우 연중 어느 때라도 직달복사를 허용할 수 있다. 비록 창문(또는 천창)이 차양장치의 초점이 되는 경우가 많겠으나 벽과 지붕의 어두운 건물 외피를 통한 열획득을 감소시키기 위해서도 또한 차양장치가 설치될 수 있다.

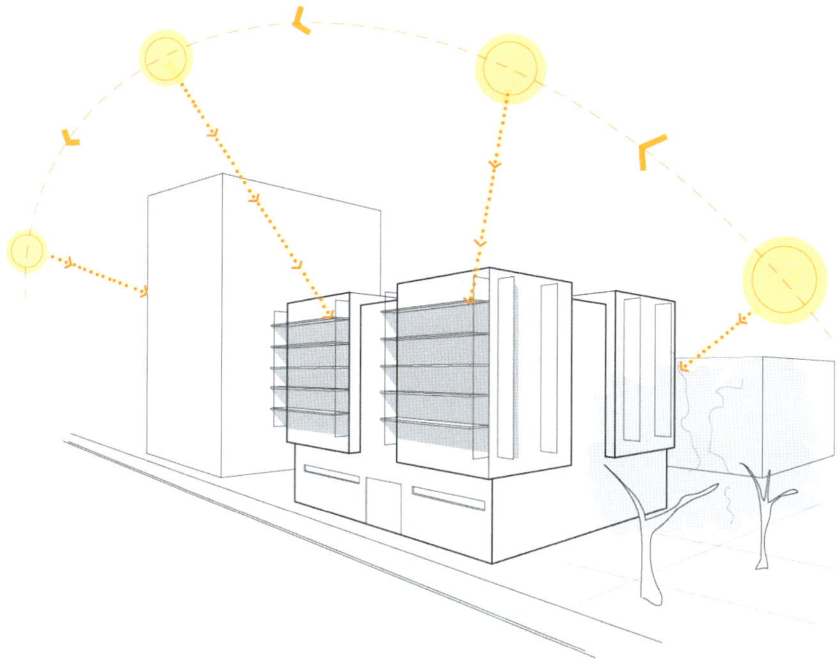

4.124 효과적인 차양설계는 태양의 궤적과 인근 장애물, 일시, 위도 등과 같은 수많은 물리적 변수들에 좌우된다. JON THWAITES

태양 복사는 이동하는데 매개물질을 요하지 않는 에너지 형태이다. 태양 에너지는 전적으로 복사를 통해 지구에 도달한다. 태양 복사는 가시광선, 자외선 및 적외선으로 구성된다. 태양 복사가 표면에 부딪히게 되면 표면의 특성에 따라 반사 내지 흡수되거나 아니면 투과된다. 예를 들어 일정한 비율의 태양 복사는 전형적인 창문을 통과할 것이지만 통과된 태양 복사의 일부는 바닥에 부딪혀 흡수되고(열로서) 또 일부는 반사된다.

창문을 통해 건물 속으로 유입되는 태양복사의 비율은 유리와 창문의 특성에 달려 있다. 일사획득계수 **SHGC: Solar Heat Gain Coefficient**는 창문에 입사된 태양복사열 가운데 얼마나 건물 내부에 도달할 것인가에 관한 암시를 주는 크기 없는 수치이다.(일반적으로 0과 1 사이의 값이다) SHGC **Solar Heat Gain Coefficient**가 1이라는 것은 입사된 태양복사열의 100%가 창문이나 천창을 통과한다는 것을 의미한다. SHGC **Solar Heat Gain Coefficient**가

4.125 독일 베를린의 덴마크 대사관에 설치된 가변형 차양장치. CHRISTINA BOLLO

의도
에너지 효율성(필요하지 않을 때는 차단하고 필요할 때는 허용함으로써), 시각적 쾌적함

효과
냉방부하 감소, 요구될 때 태양접근 허용, 눈부심 감소

선택사항
건물 외피 내부, 외부, 또는 내장 가능/운용식 또는 고정식

조정 시안
건물방향 및 풋 프린트, Passive 및 Active 냉난방, 자연환기

관련 전략
측창채광, 천창채광, 맞통풍, 직접획득, 간접획득, 고립획득

LEED 관련사항
에너지 및 환경, 실내 환경의 질

선결 요건
부지 위도, 창문/벽 방향, 천창 기울기/방향, 인접 건물 및 나무의 규모와 나무, 건물 냉난방 부하에 대한 이해

0.2라는 것은 입사된 태양복사열 가운데 20%가 건물 내부로 유입된다는 것을 의미한다.(창문 또한 전도와 대류를 통해 열을 전달함을 잊지 말아야 한다) 차폐계수 **SC: Shading Coefficient**는 음영을 계량화하기 위해 사용된(보다 역사가 오래된) 대안적 측정값이다. 차폐계수는 3.2mm 두께의 투명한 이중창유리를 통한 복사열 흐름에 대한 특정한 창문을 통한 복사열 흐름의 비율이다. 차폐계수는 오직 창문이나 천창의 유리 부분에 대해서만 적용되지만 일사획득계수는 유리-창틀 조합에 대해 적용된다.

4.126 잉글랜드 Arup Campus Solihull의 남동쪽 파사드에 있는 개폐용 창문들은 수평 루버가 달린 외부 목재 셔터들에 의해 보호된다. TISHA EGASHIRA

건물 외피요소들을 직달복사로부터 차단하는 것은 냉방시즌 중의 열획득을 획기적으로 감소시킬 수 있다. 차양이 실내 장치로부터 제공된다면(블라인드 같은) 20% 대의 창문을 통한 일사획득 감소효과를 볼 수 있다. 하지만 실외 장치에 의해 차양이 제공될 경우(그림 4.126에서와 같이) 최대 80%의 열획득 감소효과를 볼 수 있다. 차양장치 위치를 우선하는 순서대로 나타내면 글레이징 외부, 글레이징과 통합, 글레이징 내부 순이다.

적용 가능한 연중 태양경로를 알고 있다면 설계자는 그늘이 필요할 때 그늘을 제공하는 차양장치를 창출해내는 것이 가능해진다. 약간의 차양장치는 차양효과를 최적화하기 위해 하루 중 또는 연중 조정되는 가변형 장치를 사용한다. 하루 중 시간대, 계절, 또는 방향에 따라 주광을 허용하거나 차단하기 위해 루버를 움직일 수 있다. 고정식 차양장치는 일반적으로 여름철에는 그늘을 제공하고 겨울철에는 태양을 제공하기 위해 여름철 높은 태양고도와 겨울철 낮은 태양 고도간의 차이를 감안하여 설치된다.

4.127 잉글랜드 Arup Campus Solihull. 이 3장의 연속된 이미지는 저층 파빌리온의 남동쪽 파사드 상에 있는 외부 차양장치들을 보여주고 있다. 그것들은 건물관리시스템을 통해 제어가 되지만, 사용자의 수동제어도 가능하다. TISHA EGASHIRA

건축적인 주요 현안

건물의 규모와 방향은 쉽게 그늘을 창출할 수 있는 건물을 설계하는데 있어 핵심 결정인자이다. 건물의 동서쪽은 동서쪽 하늘에서 출몰하는 태양의 낮은 고도로 인해 그늘을 제공하기가 쉽지 않다. 기다란 남북면과 짧은 동서 면을 가진 건물은 훨씬 손쉽게 그늘을 제공한다. 건물의 북쪽면은 일반적으로 직달복사를 거의 받지 않는 반면 남쪽면은 여름철에는 높은 고도의 태양과, 겨울철에는 낮은 고도의 태양과 마주하게 된다.

차양장치는 자연채광, 조망 및 미풍 등과 같은 창문이 제공할 수 있는 다른 쾌적성을 저해하지 않아야만 한다. 실외 차양장치는 반드시 건물 외부에 부착된 독립장치일 필요가 없다. 안쪽으로 후퇴한 창문 개구부와 건물 정면 기하구조는 건물 자체가 하나의 차양장치로 작동하도록 할 수 있다.

설계도구

위도, 방위 및 1년 중 시점 등 다양한 상황 하에서 특수한 차양장치가 제공하게 될 차양의 범위와 패턴을 분석하기 위해 몇 가지 도구들이 이용될 수 있다. 태양궤적도(또는 태양궤적 계산기)는 특수한 위도, 월, 일 및 하루 중 시간 등에서 태양의 고도와 방위각을 신속히 제공할 수 있다. 이러한 수동도구는 또한 어떤 장치가 제공하는 차양의 범위를 결정하기 위한 핵심각도인 차양각도를 제공할 것이다. 다양한 일자별로 그늘이 제공되는 창문 비율이 결정될 수 있다.

솔라 트랜짓 **solar transit**(그림 4.129)은 1년 중 특정한 날 하늘에서 움직이는 태양의 경로를 현장에서 추적할 수 있는 장치이다. 이것은 현장의 특정한 지점에서 태양을 이용할 수 있는 시간을 결정하는데 유용하다. 솔라 트랜짓 기법은 인접한 건물이나 나무 등 태양에 장애가 될 수 있는 요소들을 자동적으로 고려한다. 다양한 컴퓨터 소프트웨어 패키지들은 3차원 가상모형 상에서 태양복사의 효과를 시뮬레이션 할 것이다. 예를 들어, 한 주택에 대한 단순한 축열 모형(그림 4.130)은 건물 표면과 인접한 부지상에서의 음영과 직달복사의 패턴에 대해 분명히 보여준다. 현장의 한 지점에서 본 하늘상황을 촬영하는데 어안렌즈가 이용될 수 있다. 사진 위에 그려진 태양궤적이 현장의 어느 지점에서 1년 중 장애물에 의해 태양이 가려질 시간을 결정할 수 있다.(그림 4.128)

3차원 물리모형과 sunpeg 차트는 연중 다양한 시점에서 신속한 음영연구를 수행하기 위한 강력한 수단이 될 수 있다. sunpeg 차트는 일정한 방향으로 물리모형에 부착된다. (sunpeg 차트상에서 북쪽 화살표가 모형상에서 북쪽을 가리킴) 연구는 직사광원 하에서 모형을 돌리고 기울임으로써 수행되는데 sunpeg 차트는 관찰된 음영이 실제로 실현될 일수와 시간을 가리킨다.

4.128 어안렌즈로 촬영한 하늘사진 위에 겹쳐진 태양궤적. ROBERT MARCIAL

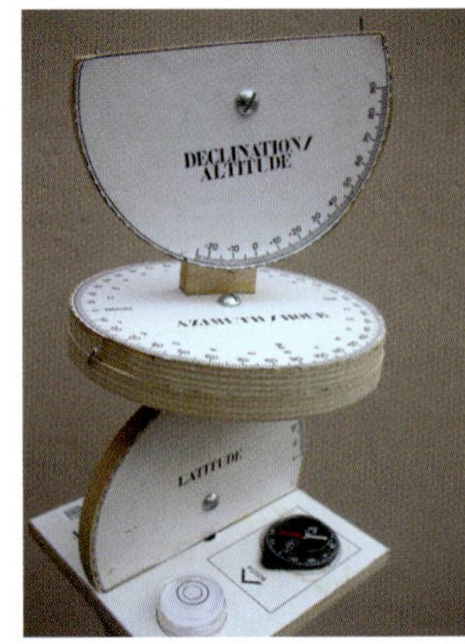

4.129 솔라 트랜짓은 하늘을 가로지르는 태양경로를 추정하고 특정 지점을 위한 시계 차양 마스크를 도출하는데 유용한 도구이다.

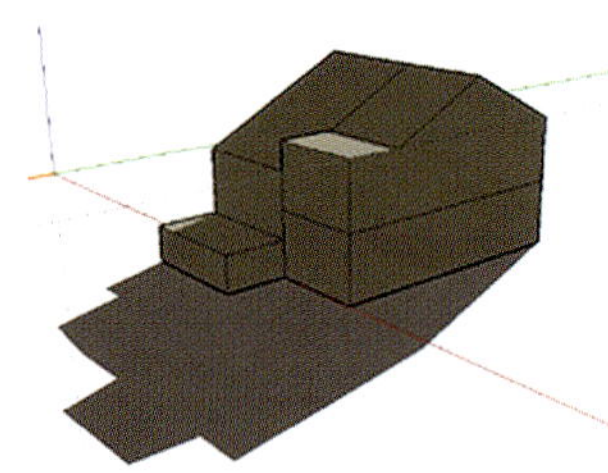

4.130 매스 모형의 단순한 컴퓨터 렌더링에 의해 제공된 그림자 자료는 건물과 그 부지상의 태양 복사 및 복사차단 패턴에 대해 보여준다.

실행시 고려사항

전략적으로 배치된 수평 차양상의 반사표면은 햇빛(과 다른 복사 구성요소들)을 건물 속으로 반사시킬 수 있다. 이것은 건물 속으로 보다 많은 자연채광을 유도하는 동시에 대부분의 창문표면에 그늘을 제공하기 위해 이용될 수 있다.

태양고도가 항상 주변 공기온도와 상관관계를 가지는 것은 아니므로(이에 따른 냉난방 필요에 의해) 고정된 차양장치보다 식물에 의한 차양이 보다 효과적일 수 있다. 예를 들어 춘분점(3월 21일)에서 태양고도는 추분점(9월 21일)에서의 그것과 동일하지만 북반구의 경우 9월 하순이 3월 하순보다 전형적으로 더 따뜻하고 따라서 차양의 필요성 또한 증가하게 된다. 낙엽식물들은 태양위치보다도 온도에 더 반응한다. 3월 초순에는 아직 잎들이 나지 않아 태양이 건물을 가열시킬 수 있는 반면 9월까지는 잎들이 남아 있기 때문에 그늘을 제공할 수 있을 것이다.

설계절차

1. 차양 요구사항을 결정한다. 차양 요구사항은 건물 및 공간 특이적이며 기후, 건물 외피설계, 건물/공간 기능, 시각적 쾌적함, 열적 편안함 등을 포함한 많은 변수들에 의해 결정된다. 설계절차의 이 중대한 초기 단계에 관한 일반적 진술을 한다는 것은 불가능하다.

2. 차양을 실내나 실외에 설치할 것인지, 아니면 글레이징에 통합시킬 것인지와 가변형으로 할 것인지 고정형으로 할 것인지를 결정한다. 프로젝트 예산, 파사드 설계의도, 조망과 자연채광의 중요성(기타 고려사항 가운데) 등이 가장 적절한 방법을 결정하는데 도움을 줄 것이다.

3. 차양장치를 위한 시범설계를 개발한다. 차양장치와 그 응용에 관한 예들(일사제어와 차양장치편에 자세히 설명된)이 이 단계에 많은 도움을 줄 것이다.

4. 차양 마스크, 컴퓨터 시뮬레이션, 또는 축열 모형 등 프로젝트의 맥락과 설계자의 경험에 가장 부합된다고 생각되는 기법을 이용해 제안된 차양장치의 성능을 검사한다.

5. 요구된 수행이 달성되고 다른 요소들(자연채광, 환기, 미적 가치 등)과 관련하여 적합한 것으로 여겨질 때까지 차양장치를 조정해 나간다.

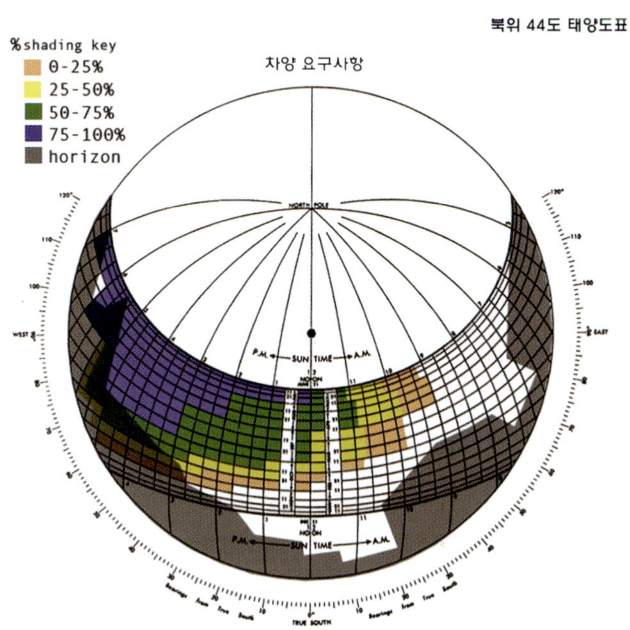

4.131 태양궤적도상에 표시된 건물차양 요구사항. RUSSELL BALDWIN, DOUGLAS KAEHLER, ZACHARY PENNELL, BRENT STURLAUGSON

예제

남쪽 정면을 가진 오레곤 Eugene의 한 사무실 건물은 여름철에 높은 수준의 일사획득을 경험한다. 기후, 실내 열획득 및 건물 외피 등에 대한 분석을 통해 그림 4.131에서와 같은 차양 요구사항이 도출되었다. 여름과 겨울에 제안된 차양장치의 성능을 확인하기 위해 사용된 sunpeg를 이용해 남쪽 정면의 한 구획에 대한 모형을 만들었다.(그림 4.132 및 4.133)

4.132 6월 21일 오후 3시 제안된 차양장치의 성능.

4.133 12월 21일 오후 1시 제안된 차양장치의 성능.

사례

4.134 애리조나 피닉스에 위치한 Burton Barr 중앙도서관의 수평루버차양을 가진 남향 정면.

4.135 중앙도서관의 북쪽면은 여름철 이른 아침과 늦은 저녁 태양을 가리기 위한 "물고기 지느러미" 모양의 차양장치를 갖고 있다.

4.136 영국 런던의 핀스버리 스퀘어 제1동은 유리커튼월에 부착된 고전적인 튼튼한 내물림 차양을 사용했다. DONALD CORNER

4.137 말레이시아 쿨라룸푸르의 Menara Mesiniaga 건물은 높이 솟은 적도방향 태양을 차단하기 위한 수평차양 밴드를 갖고 있다. ALISON KWOK

4.138 지느러미 모양의 수직차양이 캘리포니아 산타바바라시의 카사 누에바 산타바바라지역 자치센터를 서쪽으로 기운 태양으로부터 가려주고 있다. WILLIAM B. DEWEY

4.139 이탈리아 베로나에 위치한 Mod 05 Living 호텔의 고도로 분절된 수직차양 요소들. CIRO FRANK SCHIAPPA/FUSINA 6

추가 정보

Olgyay, A. and V. Olgyay. 1957. 『Solar Control & Shading Devices』. Princeton University Press, Princeton, NJ.

Pacific Energy Center, Application Notes for Site Analysis, "Taking a Fisheye Photograph..." www.pge.com/pec/(search on "fisheye")

Pilkington Sun Angle Calculator. Available through the Society of Building Science Educators. www.sbse.org/resources/index.htm

Solar Transit Template. Available through the Agents of Change Project, University of Oregon. aoc.uoregon.edu/loaner_kits/index.shtml

계획설계를 넘어

요구된 차양의 범위와 시기에 영향을 미치는 건물 냉난방 부하에 대한 정교한 계산은 전형적으로 기본설계 과정에 이루어진다. 유지 용이성, 차양요소의 청소(새들로 인한 오물), 적절한 열 차단막, 구조 및 열획득을 방지하기 위한 상세 등이 검토될 것이다.

전기조명

전기조명 시스템은 현대 건물의 가장 에너지 집약적인 구성요소 가운데 하나이다. 최근 국제에너지부의 보고(Waide 2006)에 의하면 조명은 지구 전기에너지 소비의 약 19%를 차지하고 있으며 승용차량 배출량의 70%에 달하는 이산화탄소를 배출하는 것으로 나타났다. 동일한 보고서는 또한 백열등 대신 소형 형광등을 이용하고, 저효율 밸러스트 대신 고효율 밸러스트를 이용하며, 또 HID 수은등(고광도 방전등) 대신 보다 효율적인 대안을 이용함으로써 전 세계의 전기수요를, 결과적으로 전기사용량을 최대 40% 감소시킨다고 밝혔다.

4.141 오레곤주 Clackamas시 Clackamas 고등학교 교실의 광센서에 의해 제어되는 통합 자연채광/전기조명 시스템.

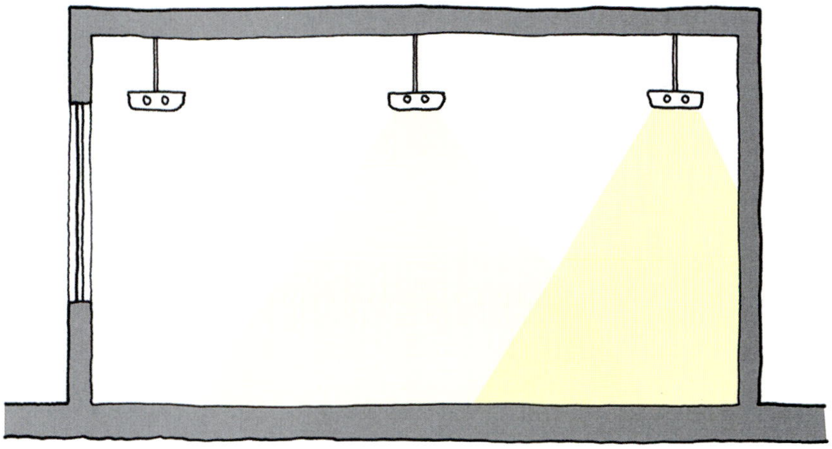

4.140 전기조명 시스템 설계의 개념적 기초.(필요한 것들만 사용할 경우) NICHOLAS RAJKOVICH

의도
시각적 성과, 시각적 쾌적함, 분위기, 에너지 효율성

효과
조도, 광도

선택사항
램프, 조명기구, 공간기하구조 및 제어장치 등의 수많은 조합, 자연채광 통합

조정 시안
자연채광 설계, 가구 및 구획벽 배치, 자동제어 시스템

관련 전략
주광율, 실내 반사율, 천창채광, 측창채광

LEED 관련사항
에너지 및 환경, 실내 환경의 질

선결 요건
수립된 설계 의도와 기준, 지역 조명 규정/표준(적용 가능할 경우)

"그린" 전기조명 시스템은 전기에너지 소비, 그 중에서도 무엇보다 냉방을 위한 에너지 소비를 감소시킬 것이며 효율이 적은 시스템에 비해 시각적으로 편안한 건물환경을 창출시켜야만 한다. 효율성을 극대화하기 위해 전기조명은 자연채광을 대체하는 것이 아니라 보완하는 것으로 취급되어야 한다. 전기조명 시스템의 효율성과 질을 극대화하기 위해 광범위한 기술들이 이용될 수 있다. 기술기반 전략으로는 적절한 램프 선택, 조명기구 및 조명제어 등을 포함한다. 건축기반 전략에는 적절한 공간기하구조 설계, 적절한 표면처리 마감재 선택, 그리고 공간기하구조, 다른 시스템요소(덕트설비 등) 및 주광원 등과 관련한 세심한 조명기구 배치 등이 포함된다.

몇 가지 핵심지표들이 전기조명 시스템의 다양한 효율성 측면을 표현하기 위해 사용된다. 이러한 것들로는 다음을 포함한다.

발광효율성: 단위와트 전기투입에 대한 램프의 루멘/와트단위 발광(빛) 산출 측정값. 발광효율성이 높을수록 단위와트 소비에 대한 빛 산출량이 더 크다. 상업적으로 이용 가능한 램프의 발광효율성은 가장 낮은 20 내외에서부터 가장 높은 120 내외에 이르기까지(양 수치의 비율은 6:1이다) 큰 편차를 보인다.(그림 4.142) 다른 조건이 동일할 경우 모든

프로젝트 설계기준(연색성, 램프 광속감퇴율, 생애주기 비용 등)을 충족시키면서 가장 발광효율성이 높은 램프를 선택한다.

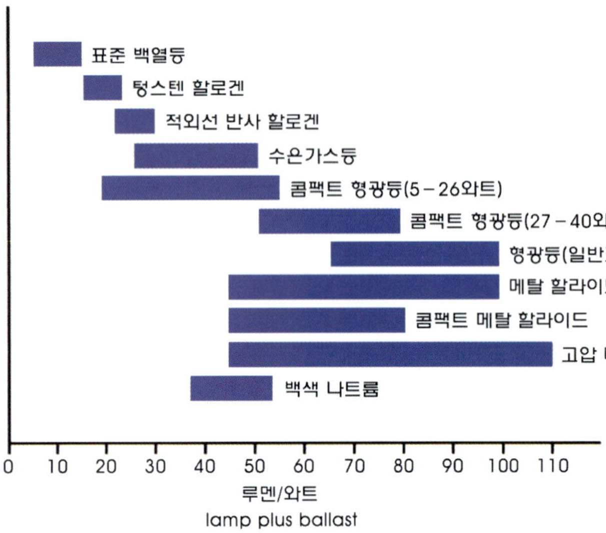

4.142 일반 전기램프의 발광효율성. 『IESNA LIGHTING HANDBOOK』(9판)

붙박이 조명장치(또는 조명기구) 효율성: 램프로부터 빛을 전달하는 조명기구의 능력 측정값. 이 값은 절대크기가 아니며 조명기구에 설치된 램프로부터 방출되는 루멘에 대한 즉, 실제로 조명기구로부터 방출되는 루멘의 비율을 나타낸다. 일반적으로 다른 조건이 동일할 경우 조명기구 효율성이 높을수록 더 낫다.

밸러스트율 BF: 동일한 램프 유형이 ANSI 표준 밸러스트로 작동될 경우 대비 주어진 밸러스트로 작동될 경우의 효과성 측정값. 이 값은 절대크기가 없으며 다른 요소가 모두 동일하다면 일반적으로 높을수록 더 나은 것이다.

조명기구 효율성 등급 LER: 램프-밸러스트-조명기구 조합의 효율성 측정값. LER은 조명기구 효율성 램프 루멘 곱하기 밸러스트율 값을 조명기구 전력량으로 나누어 계산한다. LER은 루멘/와트단위로 표현되며 일반적으로 다른 조건이 동일할 경우 높을수록 더 좋은 것이다.

활용계수 CU: 일정한 표면반사율을 가진 일정한 기하공간에 설치된 일정한 조명기구가 정의된 작업평면으로 빛을 전달하는 능력 측정값. CU는 절대크기가 없으며(필수적으로 전달된 루멘/램프 루멘) 조명 시스템 효율성 지표 가운데 가장 중요한(비록 발광효율성 또한 확실히 중요하지만) 지표이다. 다른 조건이 동일하다면 모든 프로젝트 설계기준(조도, 표면조도, 유지성, 생애주기 비용 등)을 충족시키면서 CU가 가장 높은 요소조합(조명기구, 실내 기하구조 및 반사율)을 선택한다.

통상적인("그린" 이 아닌) 프로젝트에서는 설계개발이 충분히 진행될 때까지는 이상의 고려사항들은 종종 다루어지지 않는다. 많은 설계현장에서 전기조명은 계획설계단계에서 고려조차 되지 않는다.(가령 전형적인 대학교 설계실 프로젝트를 한번 생각해 보라) 이것이 사실일 경우 조명설계의 일부 중요한 측면들(공간기하구조 등)이 조명 시스템 효율성에 미치는 영향에 대한 고려 없이 결정된다.(고착화된다)

진정으로 에너지 효율적인 조명 시스템이라면 설계기준을 충족하기 위해 요구될 때 그 범위 내에서만 작동되는 시스템일 것이다. 점유되지 않는 공간은 일반적으로 활성화된 전기조명 시스템을 필요로 하지 않으며 자연채광이 잘 된 공간들은 설계기준값 이상으로 조도를 높이는 전기조명을 요하지 않는다. 제어는 효율적인 시스템 작동을 위해 절대적이다. 조명제어는 전기조명 시스템에 대한 사용자 만족을 창출해낼 수 있다. 조명제어는 수동형, 자동형 및 혼합형, 세 가지 유형으로 나누어 볼 수 있다. 수동제어는 공간 내 전기조명을 제어하기 위한 가장 일반적이고 초기비용이 낮은 수단이다. 자동 시스템(자연채광 이용 가능성에 변화가 심하고 광손실율이 증대되는 공간에서 일정한 조도를 유지하기 위한 감광램프 조절장치를 이용한)은 생애주기 비용이 가장 낮은 제어수단이 될 수 있다. 거주감지센서와 타이머는 공간이 점유되지 않을 때 램프가 자동으로 꺼지도록 보장한다. 혼합 시스템은 에너지 효율적인 자동 시스템과 일정한 수준의 사용자 수동제어를 결합한 것으로 오작동을 방지하기 위한 사용자 교육이 수반되어야만 한다.

건축적인 주요 현안

전기조명 시스템의 변화 가능성과 적응성을 고려해 볼 때 그것은 다양한 건축형태에 통합될 수 있을 것이다. 이러한 형태와 그것의 반사/흡수 특성은 광원으로부터 작업평면으로 빛을 전달하는데 결정적인 역할을 한다. 천정높이와 조망각도(공간의 규모와 외형)는 전기조명 전략에 영향을 미치고 또 그것으로부터 영향을 받을 뿐 아니라 직접적 및 반사적 눈부심 가능성에 영향을 미칠 것이다.

창문의 위치와 규모는 공간 내 전기조명 운용 일정(및 이에 따른 에너지 소비)을 예정하게 될 것이다.

조명기구 유형과 위치는 종종 주요한 건축문제가 되곤 한다. 조명기구(와 그 방식)는 색상이 선명하고 현저한 지점에 부착되기 때문에 전형적으로 공간 내에서 매우 눈에 잘 띠는 설계요소가 된다.

실행시 고려사항

그린 빌딩을 위한 전기조명 설계는 기본설계단계까지 미루어질 수 없다. 계획설계단계에서 계획설계 결정이 전기조명 시스템의 필요와 효율성에 미치는 영향에 대해 살펴야 한다.

설계절차

1. 건물을 위한 종합적인 자연채광 전략을 수립한다.(자연채광 전략편을 참조) 특히 통합제어를 통해 자연채광 및 전기조명 시스템이 어떻게 서로 상호작용하고 보완하는지를 개념화한다.

2. 전기조명 시스템 설계 의도 및 기준을 수립한다. 그러한 기준은 전형적으로 다양한 시각작업 및 공간유형에 대한 적절한 작업조도 및 표면조도 요구사항을 포함하고 또 주변 공간에 대한 기대를 표현할 것이다.

3. 분위기 및 장식을 위한 조명이나 비상조명 등 비작업 관련 조명에 대한 필요와 요구사항을 수립한다.

4. 빛 발생과 전달을 극대화하면서 연색, 눈부심 제어, 초기비용 및 자연채광 시스템과 통합 등과 관련된 설계의도를 만족시키는 램프 유형과 관련 조명기구를 선택한다. 램프와 조명기구 선택은 모두 전기조명 시스템의 전체 효율성에 영향을 주는 중요한 문제이다. 에너지 효율적인 밸러스트를 선택하고 필요없을 경우 손쉽게 꺼지거나 밝기가 조절되는 램프제어를 위한 조치가 취해져야만 한다. 장기적으로 광선손실(광선손실율 **LLF**을 통해 계량화된)을 최소화하는 램프, 조명기구 및 공간 마감재 등의 선택이 절대 중요하다. 노후화 및 먼지누적으로 인한 조명 시스템 성능 저하를 보상하기 위한 과부하가 전기조명 시스템의 에너지 수요를 25~40% 증가시키는 건 일도 아니다.

5. 전기조명 시스템이 자연채광 시스템과 공간적으로 확실히 조율되게 한다. 이는 조명기구들과 그것들의 회로연결 배치와 관련되는 문제다.

예제

본문 중의 절차에서 개괄된 것처럼 계획설계과정에서 조명에 대한 고려는 수많은 변수들과 관련된다. 예제를 제공하는 것은 전기조명설계의 개별성과 복잡성에 비추어 옳지 않을 것이다.

사례

4.143 코넥티컷에 위치한 예일대학교 산림환경학부의 Kroon Hall의 한 라운지에서 간접 형광 조명기구(전등)들이 반사성 천장으로 빛을 분배하고 있다. ROBERT BENSON PHOTOGRAPHY

4.144 인디애나 Valparaiso대학교 크리스토퍼 센터 내 도서관 컴퓨터 구역의 발광형 천정. KELLY GOFFINEY

4.145 버지니아 공대의 2009 Solar Decathlon 입선작. LED 램프들이 천공 메탈로 된 외부 차양장치 뒤의 벽을 조명한다. STEFANO PALTERA, 미국 에너지부용

외피 조명 난방 냉방 에너지 생산 물과 폐기물

4.146 인디애나 Valparaiso대학교 크리스토퍼센터 내 열람실은 전기조명과 자연채광을 통합했다. KELLY GOFFINEY

추가 정보

DiLaura, D. et al. 2011. 『The Lighting Handbook』. 10th ed. Illuminating Engineering Society of North America, New York.

The European Greenlight Programme. www.eu-greenlight.org/

International Association for Energy-Efficient Lighting. www.iaeel.org/

Nelson, D. 2010. Whole Building Design Guide, 『Energy-Efficient Lighting』, National Institute of Building Sciences, Washington, DC.

U.S. Department of Energy, Energy Efficiency and Renewable Energy, 『Sustainable Design Guide』, Chapter 5: "Lighting, HAVC, and Plumbing." apps1.eere.energy.gov/buildings/publications/pdfs/commercial_initiative/sustainable_guide_ch5.pdf

Waide, P. 2006. 『Light's Labour Lost』, International Energy Agency, Paris.

계획설계를 넘어

전기조명 시스템의 전체 설계는 종종 기본설계과정에서 많은 경우 컨설턴트(조명설계자나 전기기술자)에 의해 수행된다. 기본설계과정에서 램프, 조명기구 및 제어장치 등이 선택되고 조정되며 명시된다. 모든 유형의 자동조명 시스템의 위탁관리는 적극 권장되는데 그것들이 질 낮은 설치와 조정으로 악명 높기 때문이다.

난방

건물 난방에 관해 개략적으로 생각하면서 난방부하가 어느 수준인가를 이해하는 것은 매우 중요한 문제이다. 1가구 주택의 경우 매우 온화하거나 무더운 기후를 제외하면 난방부하가 냉방부하보다 더 큰 경향이 있다. 보다 큰(내부부하가 지배적인) 건물에서는 거주, 조명 및 설비 이외에도 적은 부피 대비 표면 비율로 인해 현저한 냉방부하를 가지는 경향이 있다. 대형 업무용 건물의 경우 난방은 건물 주변부에서만 요구되며(고성능 정면의 경우에는 건물 주변부 난방을 사실상 제거하는 것도 가능하다) 건물 중심에서는 영구적인 냉각부하 상황에 있게 되는 것이 전혀 이상하지 않다. 이와 같이 이 책에서 다루어진 난방전략은 주거용이나 소형 상업용/공공시설 건물에 가장 적합하다.

건물 난방의 가장 단순한 방법은 난방기 동안에 태양복사를 허용하며 그것을 축열재를 이용해 저장한 태양 직달복사를 이용하는 것이다. 직접획득 태양열 난방은 훌륭한 창문을 가진 잘 단열된 건물에서 매우 효과적이다. 하지만 눈부심을 야기하거나 내부 마감재와 가구의 품질저하를 초래할 수 있다. 그것은 주택이나 도서관 열람실과 같이 시간경과에 따른 상황변화에 따라 거주자들이 이동할 수 있는 곳에 가장 적합하다. 그러나 작업자들이 다른 공간으로 이동할 수 없는 사무실에서는 전형적으로 문제가 된다.

간접획득의 경우 거주공간 속으로 태양을 직접 침투시키지 않고 축열벽 trombe wall이나 지붕연못과 같은 축열제품을 이용해 태양복사를 흡수한다. 집열된 열은 축열재를 통해 점차적으로 전도되며, 낮이 되면 복사와 대류를 통해 점유된 공간으로 이동한다. 또한 간접획득과 직접획득을 통합함으로써 하루 중 시간대별 난방수준에 있어 균형을 달성할 수 있다.

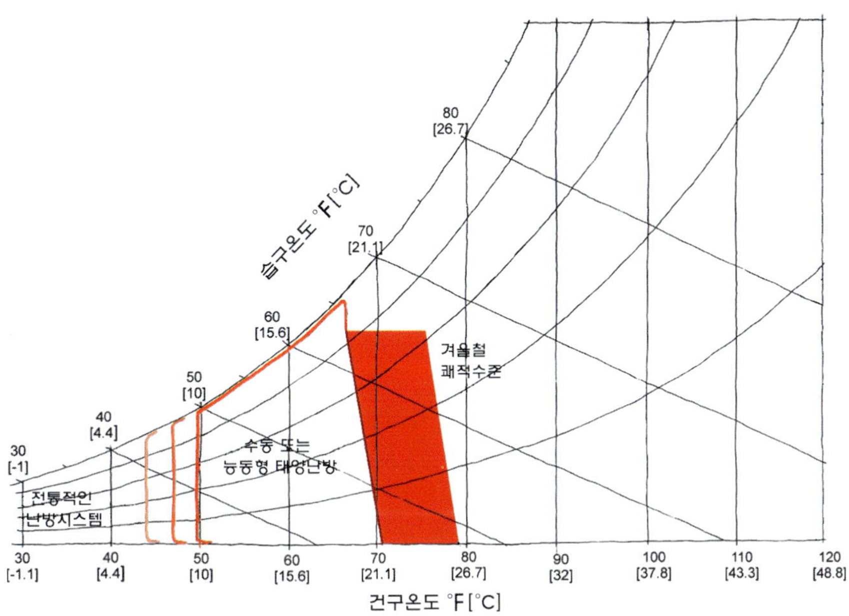

4.147 건물 난방전략의 적용 가능성. '에너지 보존 건물설계' 로부터 인용.

난방

전략

직접획득
간접획득
독립획득
Active 태양열 에너지 시스템
지열원 열펌프

썬 스페이스 sun space는 필요시 거주공간에 태양을 이용하며 태양열을 흡수하고 저장한다. 열저장(축열)공간은 보통 거주하지 않으므로 온도를 쾌적수준으로 유지시킬 필요가 없다. 실제로 썬 스페이스는 온도가 쾌적수준보다 충분히 높거나 낮다면 열을 제공하는데 가장 효과적일 수 있다.

Active 난방 시스템들 역시 프로젝트의 그린화에 기여할 수 있다. Active 태양열 집열판들은 한 건물의 모든 실내 급탕 수요에 대비할 수 있다. 또한, 공간난방에도 도움을 줄 수 있다. 지열원 열펌프는 냉각 순환주기를 이용해 열을 한 곳에서 다른 곳으로 이동시키는 능동형 전략이다. 지열원 열펌프는 난방기에는 열원으로, 그리고 냉방기에는 냉각원으로 지반을 이용한다. 지반온도는 겨울철에는 외부 공기보다 더 따뜻하고 여름철에는 더 시원하므로 지열원 열펌프는 대부분의 Active 대안보다 더 효율적인 공기원 열펌프보다 효율적이다.

직접획득

직접획득 시스템은 일반적으로 가장 기초적이고 단순하며 비용적 측면에서 효과적인 Passive 태양열 난방 수단으로 여겨진다. 난방기간에 남향 글레이징을 통해 들어온 태양복사는 실내 축열재에 흡수되어 가열시킨다. 적절한 규모의 축열재는 안정적이고 신뢰할 만한 열성능을 제공할 수 있다. 냉방기간에는 조경 등 적절한 차양장치를 이용해 태양복사를 차단할 수 있다. 그림 4.148에서 보인 직접획득 시스템의 설계 정의 및 특성은 거주자들이 건물난방 시스템 속에 거주하고 있다는 사실이다.

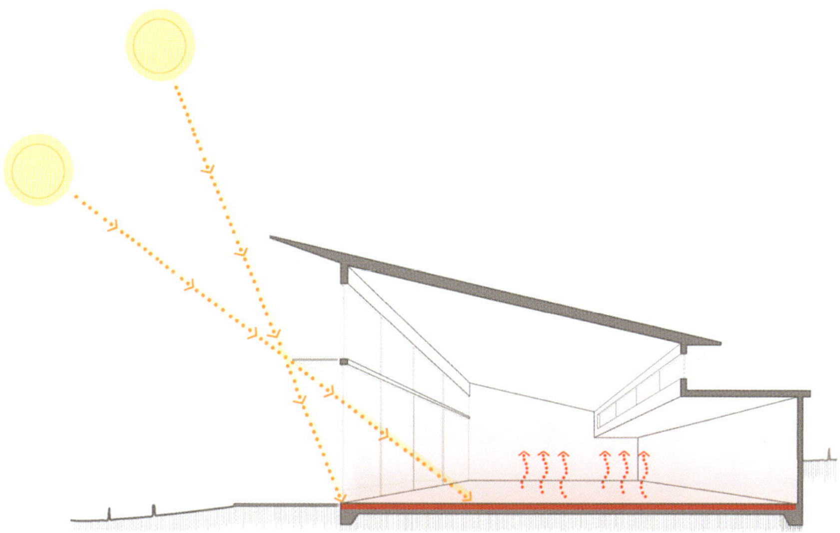

4.148 직접획득 시스템은 건물난방을 위한 태양열 에너지를 흡수하고 저장하기 위해 축열재를 이용한다. 차양장치는 불필요한 여름철 태양열을 제어한다. JON THWAITES

건축적인 주요 현안

비록 직접획득 시스템이 다양한 기후와 건물유형에서 놀라울 만한 뛰어난 성능을 보여줄지라도 그것의 이상적인 적용은 쾌적한 겨울 외피부하가 지배적인 소형 건물에서일 것이다.

남향 개구부상의 태양노출을 극대화하기 위해 직접획득 시스템의 건물 축은 일반적으로 동서방향이어야만 한다. 개구부가 정남향(남반구에서는 정북향)으로부터 15° 이상 벗어나 있지 않는 한 최적 동절기 일사획득의 최대 90%까지 획득할 것이다. 개구부의 위치를 동쪽이나 서쪽으로 이동시킴으로써 이러한 열획득 시간분포를 약간 변화시킬 수 있을 것이다.

직접획득 건물에서 기능 공간의 분배(그림 4.150)는 중요한 문제이다. 남향 공간은 직접

4.149 위스콘신주 Baraboo에 있는 Aldo Leopold Legacy 센터에서 콘크리트 바닥과 파티션 벽은 창문 개구부로 들어오는 태양복사열을 흡수한다.

의도
기후제어(난방), 열 쾌적

효과
재생 가능한 자원 사용, Passive 난방, 에너지 효율성

선택사항
근본접근은 한 가지지만 개별요소들(개구부, 수집, 저장, 분배, 제어 등)을 위한 수많은 선택사항들이 있음

조정 시안
Passive 냉방, Active 난방, 자연채광, 실내 가구, 거주자 제어

관련 전략
축열재 야간환기, 간접획득, 독립획득, 차양장치

LEED 관련사항
에너지 및 환경, 실내 환경의 질

선결 요건
적합한 기후, 장소, 건물 유형, 설계 의도

태양열 난방으로부터 혜택을 볼 테지만 북향 공간은 그렇지 않을 것이다. 직접획득 개구부를 가진 구역은 또한 대체로 어두운 벽으로 가로막힌 공간에 비해 더 많은 자연채광을 받게 될 것이다. 북쪽벽을 따라 덜 사용되는 공간들(가령 화장실, 욕실, 환기통로 및 각종 건물 서비스 공간)을 배치함으로써 덜 가열된 북쪽 정면에 완충구역을 제공하며 남쪽 공간으로부터 열을 공급받을 필요성을 줄일 수 있다.

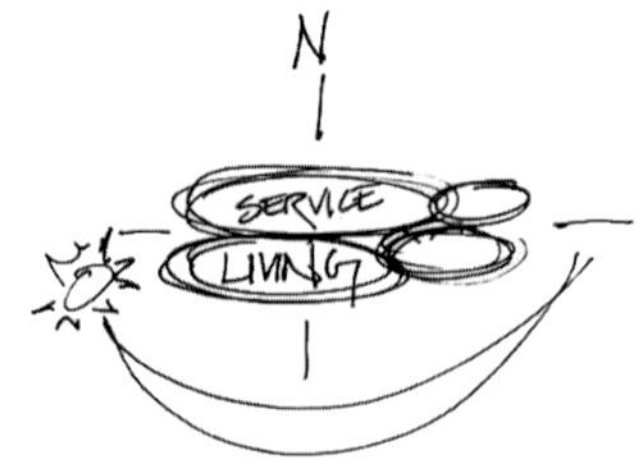

4.150 점유되지 않는 공간이나 건물 서비스 공간은 보다 시원한 비태양열 건물면을 따라 배치하며 보다 따뜻한 쪽은 생활공간으로 남겨둔다. KATE BECKLEY

Passive 냉방을 위한 축열재의 여름철 야간환기는 직접획득 Passive 난방 시스템에 대한 합리적 보완책이다. 이러한 결합 시스템이 성공하기 위해서는 남쪽 태양 노출시간 확대를 감안해 전반적인 여름철 (냉방) 풍향을 조정하는 것이 필요하다.

직접획득 시스템은 넓은 글레이징 구역을 가질 것이므로 눈부심을 완화시키고 야간 열손실을 감소시키기 위한 조치를 취하는 것이 중요하다. 창문 근처에 밝은 색상의 표면과 가구를 사용하는 것은 대비를 감소시켜 눈부심 가능성을 줄이는데 도움을 줄 수 있다. 몇 가지 유형의 조정식 단열재나 고성능 글레이징의 사용은 야간 열손실 감소에 도움이 될 것이다. 직사광선 경로상의 가구와 카펫은 이러한 노출을 고려하여 선택해야 하며 그렇지 않을 경우 바래져 태양열 에너지 흡수와 저장을 저해할 것이다.

실행시 고려사항

경사 글레이징은 태양노출을 극대화하기 위한 방법으로 여겨진다. 하지만 차양장치와 함께 제공되지 않는다면 이러한 솔루션은 불필요한 여름철의 열획득을 증대시킬지도 모른다. 경사 글레이징을 햇빛으로부터 차단하는 것은 수직 글레이징을 차단하는 것보다 더 어렵다. 열획득의 계절적 성능제어를 위해 낙엽수들을 이용할 수 있다. 벌거벗은 나무조차 시스템 성능 저하를 초래할 수 있는 일정한 차양효과를 제공한다는 점을 잊지 말아야 한다.

흡수표면/축열재의 색상은 중요한 고려사항이다. 어두운 색상(0.5~0.8의 흡수율)이 가장 효과적일 것이다. 대부분의 도색되지 않은 조적재료들 또한 대체로 효과적이다. 반사된 복사선이라도 난방에 일조할 수 있으므로 축열 수준이 낮은 표면(천정, 구획벽)은 밝은 색상으로 도색해 식별된 축열 표면으로 복사선을 반사시켜야 할 것이다.

표 4.10 다양한 재료들의 열 특성 비교

재료	비열		밀도		열성능	
	Btu/lb°F	kJ/kg K	lb/ft^3	kg/m^3	$Btu/ft^3°F$	kJ/m^3K
물	1.0	4.18	62.4	998	62.4	4172
벽돌	0.22	0.92	120	1920	26.4	1766
콘크리트	0.19	0.79	150	2400	28.5	1896
공기	0.24	1.00	0.075	1.2	0.018	1.2

가장 단순한 Passive 태양난방 접근으로서 직접획득 시스템은 일정한 한계를 가진다. 가령 건물의 축열저정용량을 초과하는 과도한 태양열은 과가열을 초래할 수 있다. 흐린 기

간 중에는 반대상황이 벌어질 수 있다. 이 때문에 일정한 수준의 거주자 제어(가령 과가열을 완화시키기 위한 조정식 차양이나 운용식 배기통로)를 포함하는 것이 중요하다. 합리적 크기의 시스템에 의해 수동적으로 달성될 수 없는 난방부하를 제공하고 극한기후(춥거나 흐린)를 대비하기 위해 일반적으로 Active 보조 난방 시스템이 요구된다.

축열재는 일반적으로 그 두께가 100~125mm를 초과하지 않아야 한다. 충분한 축열을 제공하기 위하여 이를 넘는 두께가 요구될 경우, 그것은 모두 표면을 추가함으로써 달성되어야 한다. 두께를 증대시키는 것은 점진적으로 효율성을 떨어뜨리지만 분산된 축열재는 고르게 가열된 공간을 창출해낼 수 있다. 대부분의 직접획득 시스템에서 축열재 맨 위쪽에는 흡수표면이 놓이므로 축열재의 배치는 태양노출에 의해 제약된다. 태양 직달복사를 받지 않는 보조 축열재는 과가열을 제어하는데 훨씬 덜 효과적이다. 모든 축열재는 가능하면 노출시켜 직물이나 카펫(단열재로 작용하는) 사용을 제한해야만 한다.

남향 글레이징은 0.60 이상의 일사획득계수 **Solar Heat Gain Coefficient**(차양장치가 다른 수단에 의해 제공되므로 값이 클수록 더 좋은 것이다)와 0.35(2.0) 이하의 U값을 가져야만 한다. 건물 외피성능을 최적화하기 위해 비태양열 글레이징이 선택되어야 한다. 야간에는 창문을 통한 열누출을 막기 위해 단열차양이나 패널을 이용해 글레이징을 덮어야 한다.

작은 공간으로 나누어진 건물(대부분의 건물)에서는 가깝거나 먼 비개구부 공간으로 열을 분산시키기 위하여 중대한 조치가 취해지지 않는 한 건물 내 여러 공간들의 난방은 태양열 개구부를 통한 직접획득 난방 시스템에 의해서만 이루어지게 된다. 이것은 대형 건물이나 복잡한 공간 배치를 가진 건물에서 직접획득 시스템의 적용 가능성을 심각히 제한할 수 있다.

설계절차

이 단락에서 개괄된 절차의 목적은 프로젝트의 기본설계단계에서 시스템 구성요소의 일반 크기를 수립하기 위함이다. 이러한 개략적인 추정값들은 설계개발단계에서 정교해지고 최적화될 것이다.

Passive 태양열 난방 시스템 설계에서 가장 중요한 1단계는 비남향 외피요소를 통한 열손실(침투손실을 포함해)을 최소화하는 것이다. 이것은 설계의 후반부에 특수한 구성요소들이 선택되고 명시됨에 따라 전형적으로 다루어지게 되는 문제이다. 하지만 예를 들어 지중복토 **earth berming**, 건물형태 및 방향 등 유실을 최소화하기 위한 약간의 기회들은 기본설계과정에서 만들어지지 않으면 사라지게 될 것이다. 기본전제는 새거나 열악하게 단열된 건물에 태양열 에너지(또는 그러한 문제를 해결하기 위한 모든 형태의 에너지)를 이용한 난방을 제공한다는 것은 거의 의미가 없다는 점이다. 설계과정에서 이러한 단계는 "일사에 앞서 단열을" 제공하는 것으로 묘사되곤 한다.

1. 태양열 개구부(글레이징)의 요구된 크기를 추정한다. 아래에서 논리적으로 주어진 범위(적당히 잘 단열된 건물, 추운 기후 및/또는 제한된 태양열 자원을 가진 기후에 적합한 보다 상한에 가까운 값)를 사용한다.

예제

미네소타 미니애폴리스에 위치한 93m² 면적의 한 건물은 직접획득 Passive 태양열 난방 시스템에 의해 가열될 것이다.

1. 이렇게 추운 기후 건물의 경우 0.4:1의 글레이징 구역 비율이 적절한 것으로 생각된다. 따라서 추정된 글레이징 면적은

   $1000ft^2 \times 0.4 = 400ft^2(37m^2)$

2. 각 단위 글레이징 구역은 축열을 위한 3개의 단위 축열구역을 요구한다.

   $400ft^2 \times 3 = 1200ft^2(112m^2)$

   이 값은 건물의 바닥면적을 초과한다. $700ft^2(65m^2)$의 바닥면적이 축열재로 사용될 수 있다고 가정한다면 $(1200-700) = 500ft^2(47m^2)$의 동일 축열재가

- 적당히 추운 기후에서는 난방이 제공된 바닥면적 단위제곱미터마다 0.02~ 0.04m^2의 적절한 글레이징이 부착된 남향의 태양열 개구부를 사용한다. 적당히 온화한 기후에서는 난방이 제공된 바닥면적 단위제곱미터당 0.01~ 0.02m^2의 유사한 개구부를 사용한다.

2. 제안된 글레이징을 지원하기 위해 요구되는 축열재량을 추정한다. 일반 원칙은 태양열 글레이징 면적의 약 3배에 해당되는 100~150mm 두께의 콘크리트 축열재를 제공하는 것이다. 이는 축열재가 태양복사에 의해 직접 밝혀진다고 가정한 것이다. 6:1의 비율은 일반적으로 반사된 복사만을 받는 축열재에 권장된다.

3. 온도 차이에 대한 값으로 (태양열 개구부를 통한 전도/대류 손실을 제외한) "비남향" 건물외피 및 침투 열손실율을 추정한다. 이 시간단위 열손실에 24를 곱하여 1일 총 열손실값(필연적으로 1일 난방에 사용된 에너지량 대비 열손실)을 도출한다. 이 값을 순부하계수 NLC라고 부른다.

4. 전체 NLC를 총 바닥면적으로 나누고 도출된 값을 표 4.11에서 제시된 자료와 비교한다.

표 4.11 Passive 태양열 난방건물의 전반적 열손실 기준.
BALCOMB, J.D. ET AL. 『Passive 태양열 설계 핸드북』(2권)

연간 난방에너지 소요량 최저선 65°F(18°C)	목표 NLC Btu/DDft²(kJ/DDCm²)
1000(556) 미만	7.6(155)
1000~3000(556~1667)	6.6(135)
3000~5000(1667~2778)	5.6(115)
5000~7000(2778~3889)	4.6(94)
7000(3889) 초과	3.6(74)

5. 만약 추정된 NLC가 아래 표 4.11에서 제시된 목표 NLC보다 더 크다면 열손실을 감소시키기 위해 건물 외피성능을 개선시킬 필요가 있다.

벽이나 구획벽, 또는 다른 저장물체 등에 제공되어야만 한다. 간접 또는 보조 축열재에 대해 2:1의 승수를 사용하면 이는 1000ft^2 (93m^2) 비바닥 축열재를 의미한다.

건물 규격이 50×20ft(15.3×6.1m)라고 가정할 경우 외벽의 실내 표면적은 대략 다음과 같이 계산할 수 있다:

8×(20+50+20+50) = 1120ft^2
[2.4×(6.1+15.3+6.1+15.3) = 104.1m^2]

따라서 이 벽의 경우 940ft^2 (87.3m^2) 면적이 이용될 수 있다.(고성능 축열공법을 사용하고 축열재 외부가 잘 단열되어 있다면).

또 남향 정면의 길이가 50ft (15.3m)라고 가정한다면 글레이징 높이는(400ft^2/50ft) = 8ft (37/15.3 = 2.4m)일 필요가 있다. 경사 전정/지붕이 없을 경우 남향 정면은 모두 유리가 될 것이다. 이것은 가능하지만 정면 설계와 건물 외관을 확 바꿔 놓을 것이다.

사례

4.151 워싱턴 Bainbridge 섬, IslandWood 캠퍼스 내 한 직접획득 식당의 콘크리트 바닥은 태양복사를 흡수한다.

4.152 태양열 개구부, 일사제어 및 축열재 등의 고전적 예를 보여주는 뉴멕시코 Taos의 Shaw 주택.

3. 건물의 추정된 설계 열손실은 3.5Btu/ft^2 DDF(72kJ/m^{2}DD)이다. 1일 난방에너지 소요량은 7981 65°F(4434 18°C)이다.
4. 추정된 NLC는 3.5(72)로서 표 4.11에서 제시된 목표값 3.6(74)에 조금 못 미친다.
5. 이 NLC는 허용 가능하며 태양열 글레이징 비율을 높이는 것이 합리적임을 암시한다.

추가 정보

Balcomb, J.D. et al. 1980.『Passive Solar Design Handbook, Vol. 2, Passive Solar Design Analysis』, U.S. Department of Energy, Washington, DC.

Fosdick, J. 2010.『Whole Building Design Guide』: "Passive Solar Heating." National Institute of Building Sciences, Washington DC. www.wbdg.org/resources/psheating.php

Grondzik, W. et al. 2010.『Mechanical & Electrical Equipment for Buildings』. 11th ed. John Wiley & Sons, Hoboken, NJ.

Mazria, E. 1979.『The Passive Solar Energy Book』. Rodale Press, Emmaus, PA.

Sustainable Sources. "Passive Solar Design." PassiveSolar.sustainablesources.com/

계획설계를 넘어

기본설계단계에서 직접획득 시스템은 개념검증을 통과해야만 한다. 성공적인 시스템을 위해 요구되는 풋프린트, 수직도(elevation), 방향 및 공간 배치 등에 관한 결정은 가능한 빨리 이루어져야만 한다. 설계개발과정에서 이러한 결정은 시스템 성능을 최적화하기 위해 조정될 것이지만 그러한 요소들은 실로 건물 그 자체나 마찬가지이므로 기본 시스템 요소의 근본적 변화는 쉽지 않다.

간접획득 시스템은 태양열 집열과정으로부터 건물의 거주공간을 분리시키는 작용을 하는 요소를 통해 태양열 에너지를 집열/저장하는 Passive 태양열 난방 시스템이다. 자연복사, 전도 및/또는 대류 등을 통해 집열된 에너지가 저장단위로부터 건물공간으로 재분배됨에 따라 난방효과가 나타난다. 개념적으로 말하면 거주자들은 간접획득 시스템 바로 옆에 거주해야 하지만 그러지 않고 직접획득 시스템 내 독립획득 시스템 근처에 거주한다. 대부분의 Passive 시스템에서 흔히 볼 수 있는 것처럼 간접획득 시스템은 건물의 전반적인 형태에 상당한 영향을 줄 것이다. 간접획득 Passive 태양열 난방 시스템에는 세 가지 기본적 유형이 있다. 조적을 이용한 축열벽(Trombe벽이라고도 불리는), 물 저장을 이용한 축열벽(때때로 물벽이라 불림) 및 축열지붕(지붕연못)이다.

4.154 유타주 스프링데일에 위치한 시온국립공원 방문객 센터 축열벽의 모습. THOMAS WOOD, DOE/NREL

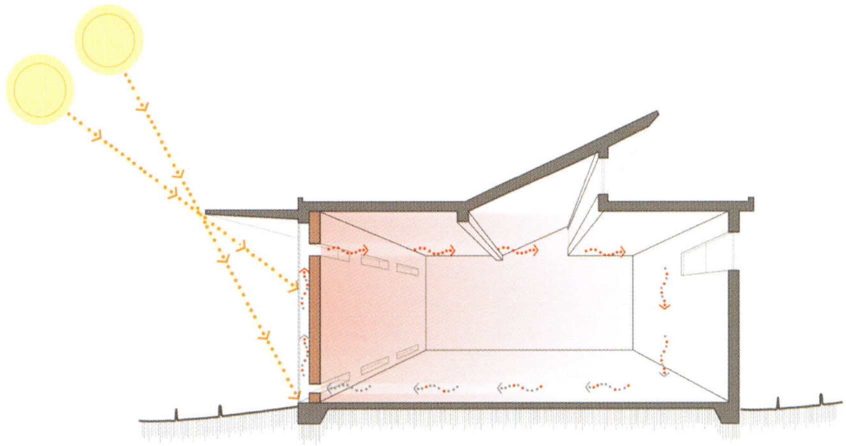

4.153 남향 축열벽을 통해 태양열 에너지를 모아 거주공간으로 전달함을 보여주는 간접획득 난방 시스템 기본도면. JON THWAITES

축열벽은 유리층 바로 밑에 적절한 저장 매개체(무거운 조적이나 상당한 양의 물)를 삽입한 남향 글레이징 벽이다. 태양복사가 유리를 통과하면 저장단위는 이를 흡수하여 가열된다. 집열된 열은 조적이나 물을 통해 먼저 요소의 내부표면으로, 그 다음 거주공간으로 서서히 전도된다. 대류를 통한 추가적인 열이동을 허용하기 위해(작은 연돌효과를 위한 의도에서) 축열벽 꼭대기와 바닥에 벤트를 배치한다. 물벽의 경우 저장단위를 통한 열이동이 물벽 내의 대류성 흐름에 의해 일어남으로써 그 효율성이 촉진되게 된다.

축열지붕은 개념적으로 축열재가 지붕에 위치한다는 점 말고는 축열벽과 유사하다. 축열재는 조적(드물게), 물저장, 또는 얕은 연못이다. 조정식 단열재는 주간에 개폐되면서 축열재를 태양복사에 노출시키고 야간에는 축열재를 단열시켜 열손실을 줄이는 방식이

의도
기후제어(난방), 열 쾌적

효과
재생 가능 자원 사용, Passive 난방, 에너지 효율성

선택사항
축열벽(조적이나 물), 축열지붕

조정 시안
Active 난방, Passive 냉방, 자연채광, 실내 가구, 거주자 제어

관련 전략
축열재 야간환기, 직접획득, 독립획득, 차양장치

LEED 관련사항
에너지 및 환경, 실내 환경의 질

선결 요건
적당한 기후, 장소, 건물 유형, 설계 의도

다. 동일한 지붕 시스템은 여름철 밤 하늘의 냉각 잠재성을 이용해 Passive 냉방을 제공할 수 있다.

표 4.12 간접획득 시스템의 평면도 및 단면도 요구사항과 난방특징

시스템 유형	평면도(단면도) 요구사항	난방 특징
조적축열벽 (Trombe벽)	남향벽 및 글레이징이 요구됨. 축열벽은 모든 거주공간의 25ft(7.6m)	시스템은 느리게 가열되어 저녁에 느리게 냉각되며 온도변화는 작다.
물축열벽 (물벽)	남향벽 및 글레이징이 요구됨. 축열요소는 모든 거주공간의 25ft(7.6m)	시스템은 느리게 가열되어 저녁에 느리게 냉각되며 온도변화는 작다.
축열지붕 (지붕연못)	평평하거나 경사도가 낮은(<3:12) 지붕이 요구됨. 천창은 피해야 함. 지붕에 구조적 지지체를 추가해야 한다.	작은 온도변화는 겨울철에 난방을, 여름철에 냉방을 제공할 수 있다.

건축적인 주요 현안

설계자는 Passive 태양열 난방 시스템을 고려하면서 현장기후, 건물 방향 및 태양접근 가능성 등에 대해 고민해야 한다. 태양열 집열기나 열 분배기로서 태양열 건물의 역할은 그 형태 속에 강하게 반영되기 쉬울 것이다. 간접획득 난방 시스템은 평면도 및 단면도 의사결정과 통합되어야만 한다. 글레이징(태양열 개구부)과 흡수/저장요소의 배치는 건물 외피에 관한 의사결정과 함께 고려되어야만 한다.

만약 태양열 글레이징의 방향이 정남향으로부터 5° 넘게 비뚤어져 있지 않는 한 실질적인 성능저하는 없다. 하지만 정남향으로부터 45° 비뚤어진 글레이징에서 성능저하는 30%를 초과할 것이다. 직접획득 시스템은 때때로 아침이나 저녁 가열에 유리하도록 하기 위해 의도적으로 방향이 수정되기도 하지만, 공간 내부에 태양열 효과가 더디게 나타나기 시작하는 독립획득 시스템에서는 큰 의미가 없다.

태양열 글레이징 설계는 계절적 성능제어를 위한 수단으로서 차양장치를 포함해야만 한다. 전반적인 건물 설계는 일반 쾌적수준 냉방을 제공하고 태양열 시스템의 잠재적 과가열을 완화시키기 위해 여름철 환기를 고려해야만 한다.

4.155 아이다호 Ketchum에 위치한 이 소매점의 글레이징 정면 내부에 있는 축열(Trombe)벽이 태양열 에너지를 집열한다. BRUCE HAGLUND

4.156 Ketchum 축열벽의 밑부분에 위치한 원형의 유입구는 공동을 통해 따뜻한 공기를 2층 사무실로 끌어올려 원형의 배출구(그림 4.157 참조)로 내보낸다. BRUCE HAGLUND

4.157 그림 4.155의 Ketchum 건물 축열벽 유입구를 내부에서 본 뷰. BRUCE HAGLUND

용이한 운영과 유지, 특히 글레이징 청소를 제공할 수 있도록 설계한다. 축열재(조적이나 물)를 위한 충분한 공간/부피와 구조적 지지체를 제공해야만 한다. 이것은 특히 지붕기반 간접획득 시스템에서 그러하다. 추가비용을 최소화하는 구조적 솔루션이 이상적이다. 많은 프로젝트에서 설계의도를 충족시키기 위해 보조 또는 부수적인 난방 시스템이 요구될 것이다.

실행시 고려사항

설계과정 초반부에 가장 적용성 있는 시스템 유형(축열벽, 물벽, 또는 축열지붕)과 그것이 건물 단면도/평면도에 미치는 일반 영향에 대해 결정한다. 적절한 시스템 유형은 기후, 프로그램 및 건물 사용일정 등에 부합될 것이다. 그 외에도 시스템 유형은 건물의 의도된 형태 및 미학과 더불어 작용하는(심지어는 보완하기도 하는) 것으로 이해될 것이다.

자연채광과 냉방을 위한 예상된 필요는 Passive 태양열 난방 시스템 유형의 선택과 조화되어야만 한다. 여름철 과가열을 방지/완화시키기 위한 충분한 차양 및 환기장치 제공에 대해 고민한다.

보조 난방 시스템은 대부분의 기후에서 요구될 것이다. 이러한 설비를 위한 공간이 할당되어야만 한다. 다음에 제시한 문제들은 기본설계과정에서 고려할만한 가치가 있는 것들이다.

- **과가열**: 불충분한 축열성능은 과가열을 일으킬 것이다. 축열성능을 시스템 유형과 제안된 집열구역과 조화시킨다.
- **지연시간**: 초과된 축열성능은 시스템 반응시간을 과도하게 지체시켜 시스템 성능을 저하시킬 것이다. 적절한 지연시간은 건물 유형, 주간 일교차 및 설계의도 등에 달려 있다.
- **누출/저장 실패**: 흡수표면과 저장 매개체는 하루 중 큰 폭의 온도변화를 겪게 됨으로써 실패 가능성을 증대시킨다. 예방차원의 정기적인 유지관리는 대재난을 방지할 수 있도록 하는데 이것은 특히 물이 저장매개체일 때 중요하다. 기본설계과정에서 정상 및 비상 배수구를 포함해 유지보수를 위한 충분한 공간 및 접근로를 제공한다.
- **유지**: 물의 단위저장을 위한 유지접근로 이외에 정기적인 글레이징 및 흡수표면 청소를 위한 충분한 공간 및 접근로를 제공한다.

설계절차

여기에서 개괄된 절차의 목적은 프로젝트의 기본설계단계에서 시스템 구성요소의 일반크기를 수립하기 위함이다. 이 개략적인 추정값은 계획과정에서 정교해지고 최적화될 것이다.

예제

초대형 경쟁주택은 뉴욕 랜싱에 위치한 640ft^2(60m^2) 면적의 주택이다.

1. 각 단위 바닥면적에 대하여 0.4 ~1.0ft^2(0.04~0.09m^2)의 남향 Trombe벽 개구부가 권장되었

Passive 태양열 난방 시스템 설계에서 가장 중요한 1단계는 비남향 외피 구성요소를 통한 열손실율(침투손실을 포함해)을 최소화하는 것이다. 이것은 설계 후반부에 특수한 구성요소들이 선택/명시됨에 따라 전형적으로 다루어지게 되는 문제이다. 하지만 지중복토 **earth berming**, 건물형태 및 방향 등 손실을 최소화하기 위한 약간의 기회들은 기본설계과정에서 만들어지지 않으면 사라지게 될 것이다. 기본전제는 새거나 열악하게 단열된 건물을 태양열 에너지(또는 그러한 문제를 해결하기 위한 모든 형태의 에너지)를 이용해 가열하려고 하는 것은 거의 의미가 없다는 점이다. "고립보다 단열이 우선한다."는 종종 이 단계를 묘사적으로 표현하기 위해 사용되는 말이다.

1. 태양열 개구부(글레이징)의 요구된 크기를 추정한다. 아래에서 논리적으로 주어진 범위를 이용해 적당히 잘 단열된 건물, 추운 기후 및/또는 제한된 태양열 자원을 가진 기후 등에 적절한 상한에 가까운 값을 선택한다.
   - 추운 기후의 Trombe벽(조적 축열재)의 경우 각 단위 ft^2 난방 바닥구역에 대해 0.40~1.0ft^2(0.04~0.09m^2) 면적의 남향 이중창 개구부를 제공한다.
   - 추운 기후의 물벽의 경우에는 각 단위 ft^2(m^2) 바닥면적에 대해 0.30~0.85ft^2 (0.029~0.079m^2) 면적의 남향 이중창 개구부를 사용한다.
   - 추운 기후에서 지붕연못은 권장되지 않는다. 온화한 기후에서는 단위 ft^2(m^2)바닥면적에 대해 0.6~0.9ft^2(0.056~0.084m^2) 면적의 적절한 글레이징이 부착된 야간단열이 제공되는 연못을 사용한다.
2. 제안된 글레이징을 지원하는데 필요한 축열재량을 추정한다. 이러한 두께는 태양열 개구부와 동일한 면적인 저장단위에 대한 값이라고 가정하면 일반 원칙은 다음과 같다. 글레이징 면적 추정값에서처럼 이 범위를 논리적으로 적용한다. 보다 두꺼운 저장단위는 열성능과 시간지체를 증대시킨다.
   - Trombe벽(조적 축열재)에는 8~12인치(200~300mm) 어도비벽(또는 유사한 토양 부산물), 10~14인치(250~350mm) 벽돌, 그리고 12~18인치(300~ 460mm) 콘크리트 등을 고려한다.
   - 물벽을 위해서는 최소 6인치(150mm) "두께"의 물 축열재를 고려한다.
   - 지붕연못에는 6~12인치(150~300mm)의 물 깊이(축열재)를 고려한다.
3. 온도차이에 대한 값으로 (태양열 개구부를 통한 전도/대류 손실을 제외한) "비남향" 건물 외피 및 침투 열손실율을 추정한다. 이 시간단위 열손실에 24를 곱하여 1일 총 열손실값(필연적으로 1일 난방에 사용된 에너지량 대비 열손실)을 도출한다. 이 값을 순부하계수 **NLC**라고 부른다.

다. 그러므로 260~640ft^2(24~60m^2) 면적의 개구부가 요구되었다. 랜싱의 황량한 겨울날씨를 감안할 때 상한에 가까운 값이 적절하며 결국 600ft^2(56m^2)가 선택되었다.

물벽의 경우 단위 바닥면적당 0.30~0.85ft^2(0.04~0.09m^2) 면적의 남향 개구부가 요구되었다. 그러므로 200~545ft^2(20~50m^2) 면적의 개구부가 요구될 것이었다. 또한 기후를 고려하여 500ft^2(46m^2) 내외의 값이 적절한 것으로 여겨졌다.

추운 랜싱 기후를 고려할 때 지붕연못은 합리적인 선택사항이 아니었다.

2. 콘크리트 축열벽이 이러한 건물여건에 가장 적절할 것이며 설계의 출발점으로서 16인치(400mm) 두께가 선택되었다.
3. 모든 비남향 개구부 외피요소에 내한 U값과 예상된 침투가 수집되었다. 그 주택의 추정된 총(비남향 글레이징) 열손실은 90Btu/h°F (48W/°C)이다. 순부하계수는 24× 90 = 2160Btu/DDF 즉, 4102kJ/DDC]이다.
4. 이 손실율을 건물 바닥면적에 대해 정규화하면 (2160Btu/DDF)/640ft^2 = 3.375 Btu/DDFft^2(68kJ/DDCm^2)이다.

뉴욕 랜싱의 연간 난방에너지 소요량은 7182 65°F(3990 18°C)

표 4.13 Passive 태양열 난방건물의 전반적 열손실 기준.
BALCOMB, J.D. ET AL. 『Passive 태양열 설계 핸드북』(2권)

연간 난방에너지 소요량 최저점 65°F(18°C)	목표 NLC Btu/DDFft²(kJ/DDCm²)
1,000(556) 미만	7.6(155)
1,000~3,000(556~1,667)	6.6(135)
3,000~5,000(1,667~2,778)	5.6(115)
5,000~7,000(2,778~3,889)	4.6(94)
7,000(3,889) 초과	3.6(74)

4. 전체 NLC를 총 바닥면적으로 나누고 도출된 값을 표 4.13에서 제시된 자료와 비교한다.

5. 만약 추정된 NLC가 표 4.13에서 제시된 목표 NLC보다 더 크다면 열손실을 감소시키기 위해 건물 외피성능을 개선시킬 필요가 있다.

사례

4.158 Blue Ridge Parkway Destination Center(노스캐롤라이나의 애쉬빌 소재)의 남쪽에 면한 톱니형 축열벽. 여름철 과열을 막기 위한 외부 차양이 설치됨. LORD, AECK & SARGENT

이므로 합리적인 NLC 목표는 3.6Btu/DDFft²(74kJ/DDCm²)이다.

5. 이와 같이 초대형 경쟁주택은 충분히 단열되었다.(목표 열손실을 초과하지 않는다)

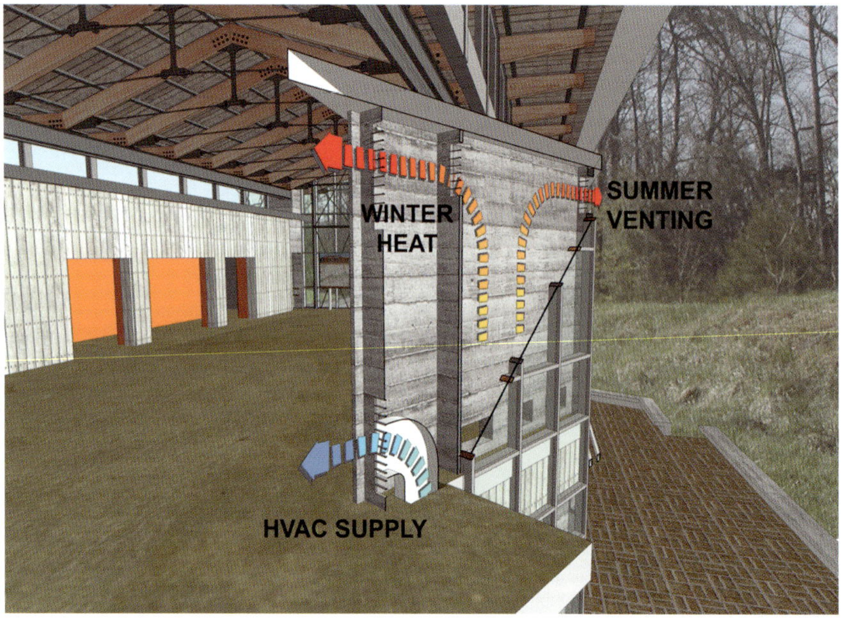

4.159 Blue Ridge Parkway Destination Center의 축열벽은 구조, Passive 난방 및 환기, 그리고 보충적인 HVAC을 통합하는 한 요소로서 작용한다. LORD, AECK & SARGENT

4.161 Blue Ridge Parkway Destination Center 축열벽의 측면 뷰. 자연채광용 개구부들을 보여준다. LORD, AECK & SARGENT

4.160 축열벽과 고창층(직접획득) 창문을 보여주는 유타주 스프링데일 소재 시온국립공원 방문객 센터. ROBB WILLIAMSON, DOE/NREL

추가 정보

Balcomb, J.D. et al. 1980. 『Passive Solar Design Handbook, Vol. 2, Passive Solar Design Analysis』, U.S. Department of Energy, Washington, DC.

Brown, G.Z. and M. DeKay. 2001. 『Sun, Wind & Light: Architectural Design Strategies』, 2nd ed. John Wiley & Sons, New York.

Grondzik, W. et al. 2010. 『Mechanical & Electrical Equipment for Buildings』. 11th ed. John Wiley & Sons, Hoboken, NJ.

Mazria, E. 1979. 『The Passive Solar Energy Book』. Rodale Press, Emmaus, PA.

계획설계를 넘어

보다 정확한(또 복잡한) 분석기법을 이용해 기본설계에서 만들어진 결정을 확인할 수 있을 것이다. 건물 에너지 수요를 이해하고, Passive 시스템을 통합하며, 연간 에너지 소비를 감소시키는데 활용될 수 있는 수많은 에너지 모델링 프로그램이 있다 . Scheming, DOE-2, 또 는 Energy Plus 등을 포함하는 이러한 프로그램들은 태양열 개구부 대 축열재의 "올바른 크기 결정"을 위한 소중한 도구들이다.

사용자 매뉴얼을 개발해 거주자들에게 Passive 난방 시스템의 운영과 성능에 있어 그것의 역할에 대해 주지시키고 Passive 건물에서 어떠한 조건이 기대될 것인지를 이해시켜야 한다.

NOTES

독립획득

독립획득 시스템은 건물의 거주공간으로부터 열적으로 분리된 건물 요소를 통하여 태양 에너지를 흡수/저장하는 Passive 태양열 난방 시스템이다. 대류순환과 같은 다른 형태들도 있지만 썬 스페이스(부착온실)가 가장 흔한 예일 것이다. 난방효과는 수집단위 내에 갇힌 태양열 에너지가 자연복사, 전도 및/또는 대류 등을 통하여 저장 구성요소로부터 건물 거주공간으로 재분배됨으로써 나타나게 된다. 직접 또는 간접획득 시스템에서와는 달리 거주자들이 Passive 난방 시스템의 내부나 또는 바로 인접하여 거주하지 않으므로 거주와 집열기능간의 공간적 분리를 제공한다. 독립획득 시스템은 전체적인 건물 형태에 상당한 영향을 줄 것이다.

4.163 뉴햄프셔 더블린에 있는 한 주택의 썬 스페이스. ALANFORD, DOE/NREL

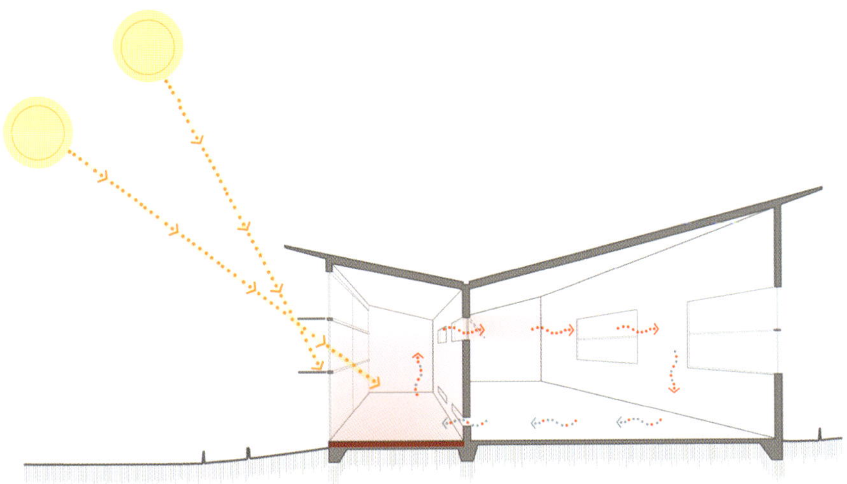

4.162 독립획득 Passive 태양열 난방 시스템의 개념도면. JON THWAITES

썬 스페이스 **sun space**는 다양한 방식으로 전체 건물층 계획에 통합될 수 있다. 대표적인 것으로는 한쪽 면만이 주요한 건물에 부착되는 방식, 두쪽 면이 주요한 건물에 부착되는 방식, 그리고 세쪽 면이 부착되는 방식(이 경우 건물에 의해 포위될 것이다) 등이다. 또한 아트리움과 같은 내부 요소일 수도 있지만 그럴 경우 태양 접근과 열의 분배가 더욱 어려워지게 될 것이다. 대류순환 시스템에서는 건물 정면 꼭대기 아래에 수집단위가 부착되며 열은 대류순환고리 내 연돌효과로 인한 공기흐름에 의해 거주건물로 이동한다. 독립획득 시스템의 축열 구성요소는 대류순환을 이용할 경우 조적 바닥 및/또는 벽, 물 도관이나 물통 또는 자갈층 등을 포함한다.

의도
기후제어(난방), 열 쾌적

효과
재생가능 자원 사용, Passive 난방, 에너지 효율성

선택사항
썬 스페이스, 대류순환

조정 시안
Active 난방, Passive 냉방, 자연채광, 실내 가구, 거주자 제어, 공간의 부차적 용도

관련 전략
축열재 야간환기, 직접획득, 간접획득, 차양장치

LEED 관련요소
에너지 및 환경, 실내 환경의 질

선결 요건
적합한 기후, 장소, 건물 유형, 설계 의도

건축적인 주요 현안

썬 스페이스 sun space 시스템과 관련하여 고려되어야 할 핵심문제는 열 기능이 곧 공간의 역할을 의미하며 편안한 거주공간으로서의 기능은 부차적인 역할이라는 것이다. 집열 및 방열과정에서 썬 스페이스는 쾌적수준에 훨씬 못 미치거나 상회하는 온도까지 도달할 수 있다. 이것은 자연적이며 또 필수적이다. 사람이나 식물을 위한 공간 사용은 이와 같은 온도변화를 수용해야만 한다. 작동 중인 썬 스페이스 sun space는 일반적으로 식당이나 온실로 사용하기에는 열악할 것이다.

설계자는 Passive 태양열 난방 시스템을 고려하면서 현장기후, 건물방향 및 태양열 접근 등에 대해 생각해야 한다. Passive 태양열 주택의 형태는 그것의 태양열 집열 및 열분배로서의 역할을 강하게 반영하는 경향이 있다. 특히 건물 정면의 일부분을 구성하지 않는 상당한 면적의 글레이징 구역을 포함하는 독립획득 시스템에서는 더욱 그러하다.

태양열 글레이징은 일반적으로 정남향으로부터 5° 이상 비뚤어져 있어서는 안 된다. 정남향으로부터 45° 비뚤어져 있는 글레이징은 상당한 성능저하를 초래할 것이다. 직접획득 시스템에서와 마찬가지로 독립획득 개구부들은 아침이나 저녁 가열에 유리하도록 하기 위해 의도적으로 방향이 조정될 수 있다. 하지만 축열을 위한 시간 지체가 용이한 실행을 어렵게 할 것이다.

태양열 글레이징의 설계는 계절적 성능제어를 위한 수단으로서 차양장치를 포함해야만 한다. 수직으로부터 약간 기울어진 상당한 글레이징 구역을 포함하기 쉬운 썬 스페이스에서는 특히 그러하다. 차양은 연간기준에서 시스템이 성공적이기 위한 근본요소이다. 자연환기는 썬 스페이스 sun space의 여름철 과가열을 완화시킨다. 용이한 운영과 유지, 특히 경사 글레이징 세척을 제공할 수 있도록 설계한다.

실행시 고려사항

설계과정 초반부에 가장 적응성 높은 시스템 유형(썬 스페이스나 대류순환)을 결정한다. 대류순환 시스템은 부지특징상 장점으로 활용될 수 있는 자연적인 변화요소가 있을 경우 가장 효과적이다. 집열단위가 주요한 건물과 어떻게 통합될 수 있는지를 결정한다. 독립획득 난방 시스템은 작은 건물의 미적 가치를 증진시킬 수 있다.

독립획득 수집구역으로부터 거주공간으로 어떻게 열을 분배할 것인가는 주요한 설계과제이다. 본질상 독립획득 시스템은 거주공간 인접구역으로부터 난방기능을 제거한다. 집열지점으로부터 요구되는 지점으로 열은 자연스럽게 전달되어야만 한다.

부착온실(썬 스페이스 sun space) 시스템에는 두 가지 근본적인 선택사항이 있다. 집열기와 거주공간간의 연결벽이 단열되고 모든 열이동이 대류에 의해 일어나는 방식(진정한 독립획득 시스템)이 그 하나이고, 연결벽이 단열되지 않고 축열 및 전달기능을 제공하는 방식(대형 Trombe벽 공법에서처럼)이 그 둘이다. 이것은 설계개발과 상세한 시뮬레이션이 수행될 때까지 연기될 수 있는 결정이다.

대부분의 기후에서는 거주건물을 위한 보조 난방 시스템이 요구될 것이다. 이러한 설비를 위한 공간을 배정하는 것이 중요하다.

설계절차

이 절차의 목적은 프로젝트의 기본설계단계에서 구성요소의 일반 크기를 확정짓기 위함이다.(이 절차와 관련된 요점과 해설은 간접획득 전략편을 참조할 것) 이 절차는 썬 스페이스 시스템에만 적용되며 대류순환 시스템의 경우 비록 유사한 원칙이 적용될지라도 섣불리 일반화하기 어렵다.

1. 태양열 개구부(글레이징)의 요구된 크기를 추정한다. 아래에서 논리적으로 주어진 범위(적당히 잘 단열된 건물, 추운 기후 및/또는 제한된 태양열 자원을 가진 기후에 적합한 상한에 가까운 값)를 사용한다.
   - 추운 기후에서는 난방이 제공된 바닥면적 $ft^2(m^2)$마다 0.65~1.5ft^2 (0.06~0.14m^2)의 남향 이중글레이징 개구부를 사용한다.
   - 온화한 기후에서는 난방이 제공된 바닥면적 $ft^2(m^2)$당 0.30~0.90ft^2 (0.03~0.085m^2)의 유사한 개구부를 사용한다.
2. 제안된 글레이징을 지원하는데 필요한 축열재량을 추정한다. 이러한 두께는 태양열 개구부와 전체적으로 대략 같은 면적인 저장단위에 대한 값이라고 가정하면 일반 원칙은 다음과 같다. 글레이징 면적 추정값에서처럼 이 범위의 값들을 논리적으로 적용한다. 보다 두꺼운 저장단위는 열성능과 시간지체를 증대시킨다.
   - 썬 스페이스에는 8~12인치(200~300mm) 어도비 벽(또는 유사한 토양 부산물), 10~14인치(250~350mm) 벽돌, 그리고 12~18인치(300~460mm) 콘크리트 등을 고려한다.
   - 물 기반 축열재에서는 최소 8인치(150mm) "두께"의 물 축열재를 고려한다.
3. 온도 차이에 대한 값으로(태양열 개구부를 통한 전도/대류 손실을 제외한) "비남향" 건물 외피 및 침투 열손실율을 추정한다. 이 시간단위 열손실에 24를 곱하여 1일 총 열손실값(필연적으로 1일 난방에 사용된 에너지량 대비 열손실)을 도출한다. 이 값을 순부하계수 **NLC**라고 부른다.
4. 전체 NLC를 총 바닥면적으로 나누고 도출된 값을 표 4.14에서 제시된 자료와 비교한다.
5. 만약 추정된 NLC가 표 4.14에서 제시된 목표 NLC보다 더 크다면 열손실을 감소시키기 위해 건물 외피성능을 개선시킬 필요가 있다.

예제

영국령 콜롬비아 밴쿠버를 위해 2500ft^2(230m^2)의 노숙자 쉼터가 제안되었다.

1. 온화한 기후에서는 권고안에 따라 각 단위 바닥면적당 0.30~0.90ft^2(0.03~0.085m^2)의 남향 부착온실 개구부를 사용하고 있다. 따라서 750~2250ft^2(70~210m^2)의 개구부가 요구되었다. 상한에 가까운 값이 적절하므로 (Active 난방을 최소화하려는 의도와 흐린 기후를 고려하여) 2000ft^2(186m^2)가 선택되었다. 이것은 건물 크기를 감안할 때 너무 많은 글레이징이다. 다른 난방 시스템을 선택하거나 성능기대를 낮추어야만 했다.
2. 보다 작은 시스템이 바람직하다고 가정한다면 콘크리트 축열벽이 이러한 건물 형편에 적절하며 결국 출발점으로서 16인치(400mm) 두께가 선택되었다. 부착온실(sun space) 바닥 또한 축열재(작은 두께에서)로서 사용될 것이며 이에 따라 요구된 축열벽 면적이 그만큼 줄어들었다.
3. 모든 비태양열 개구부 외피요소에 대해 예상된 침투값과 더불어 U값이 결정되었다. 그 쉼터를 위한 추정된 총(태양열 글레이징을 덜 사용한) 열손실은 385Btu/h°F(205W/°C)이었다.

   순부하계수는 24×385 = 9240Btu/DDF(17,548kJ/DDC)이었다.
4. 이러한 손실을 건물 바닥면적에 대해 정규화하면

   (9240Btu/DDF)/2500ft^2 = 3.7 Btu/DDFft^2(76kJ/DDCm^2)이다.

사례

4.164 뉴멕시코 산타페의 부착식 썬 스페이스를 가진 어도비 주택.

4.165 베딩턴 제로에너지 개발단지(잉글랜드의 Wallington 소재)의 주거유닛들에 있는 썬 스페이스는 일사획득과 더불어 날씨가 허용할 경우 확장된 거실공간을 제공한다.

5. 밴쿠버는 연간 3000 65˚F (1667 18˚C) 내외의 난방에너지를 소모하고 있으므로 합리적인 NLC 목표는 5.6Btu/DDFft^2 (115kJ/DDCm^2)이었다. 따라서 제안된 쉼터는 충분히 단열되었다.(목표 열손실을 초과하지 않는다)

4.166 영국 베딩턴 제로에너지 개발단지의 주거용 썬 스페이스 내 식당 및 야외와 같은 활동구역.
GRAHAMGAUNT.COM

4.167 영국 옥스퍼드에 있는 생태주택은 부착식 썬 스페이스, 지붕통합 태양광 발전 패널 및 태양열 물난방을 위한 평판집열기 등 수많은 전략들을 통합했다.

4.168 생태주택의 썬 스페이스는 휴식구역과 영국식 정원을 향해 열려 있다.

표 4.14 Passive 태양열 난방건물의 전반적 열손실 기준.
BALCOMB, J.D. ET AL. 『Passive 태양열 설계 핸드북』(2권)

연간 난방에너지 소요량 최저점 65˚F(18˚C)	목표 NLC Btu/DDFft²(kJ/DDCm²)
1000(556) 미만	7.6(155)
1000~3000(556~1667)	6.6(135)
3000~5000(1667~2778)	5.6(115)
5000~7000(2778~3889)	4.6(94)
7000(3889) 초과	3.6(74)

추가 정보

Balcomb, J.D. et al. 1980. 『Passive Solar Design Handbook, Vol. 2, Passive Solar Design Analysis』. U.S. Department of Energy, Washington, DC.

Brown, G.Z. and M. DeKay. 2001. 『Sun, Wind & Light: Architectural Design Strategies』, 2nd ed. John Wiley & Sons, New York.

Grondzik, W. et al. 2006. 『Mechanical & Electrical Equipment for Buildings』. 11th ed. John Wiley & Sons, Hoboken, NJ.

Mazria, E. 1979. 『The Passive Solar Energy Book』. Rodale Press, Emmaus, PA.

U.S. Department of Energy, Energy Efficiency and Renewable Energy, "Isolated Gain(sun spaces)." www.eere.energy.gov/consumer/your_home/designing_remodeling/index.cfm/mytopic=10310

계획설계를 넘어

보다 정확하고(복잡한) 분석기법들(추가 정보 참조)이 초기 설계결정들을 검증하고 조정/최적화하는데 도움을 줄 것이다. Scheming, DOE-2, 또는 EnergyPlus 등을 포함하는 이러한 프로그램들은 태양열 개구부 대 축열재의 "올바른 크기결정"을 위한 소중한 도구들이다.

사용자 매뉴얼을 개발해 거주자들에게 Passive 난방 시스템의 운영과 싱능에 있어 그것의 역힐에 대해 주지시키고 Passive 건물에서 어떠한 조건이 기대될 것인지를 이해시켜야 한다.

ACTIVE 태양열 에너지 시스템

Active 태양열 에너지 시스템은 주택 내 온수급탕, 수영장 온수급탕, 환기공기 예열 및/또는 공간난방 등을 위해 태양에너지를 활용한다. 가장 흔하게 볼 수 있는 Active 태양열 에너지 시스템 응용은 주택 내 온수급탕이다. Active 태양열 시스템의 주요한 구성요소는 집열단위, 집열단위로부터 저장단위로 유체를 이동시키는 순환 시스템, 저장탱크(또는 유사물) 및 제어 시스템 등을 포함한다. 보조 난방 시스템 또한 전형적으로 포함된다.

이 전략은 물 사용에 기초하여 열을 모으는 실내 온수난방 시스템에 초점을 두며, 공기 시스템과 공간난방 장치는 주변적으로만 언급된다. Active 태양열 시스템에는 열 사이펀 시스템, 직접순환 시스템, 간접순환 시스템 및 공기 대 물 시스템 등 네 가지 기본유형이 있다.

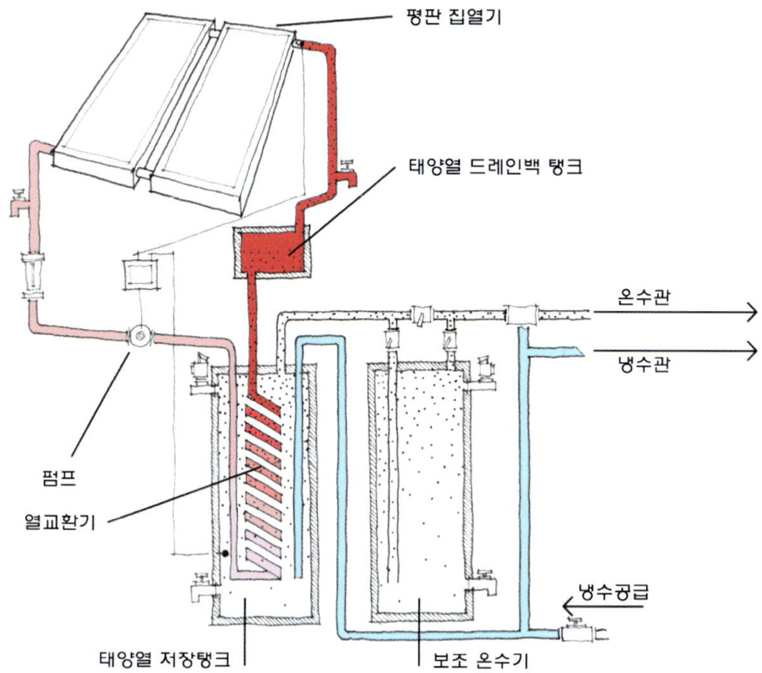

4.169 드레인백(drain back) 방식에서 태양열 시스템 구성요소와 그 일반적 배치.

열 사이펀 시스템에서 집열기에 의해 가열된 유체(물 또는 부동액)는 대류에 의해 상승하여 저장탱크로 이동하게 된다. 펌프작업은 요구되지 않지만 액체이동과 열이동은 액체 온도에 좌우되게 된다. 열 사이펀 시스템은 태양복사 자원이 충분하고 실외 공기온도가 떨어질 가능성이 낮은 기후에서 훌륭한 선택사항이다.

직접순환 시스템은 태양복사가 충분한 시간대에 물을 저장탱크로부터 집열기로 압송한다. 결빙방지는 저장탱크로부터 집열기로 물을 재순환시키거나 결빙조건이 발생할 때 집열기로부터 물을 배출시킴으로써 해결된다.

4.170 2005 Texas-Austin 대학교 태양열주택 경연대회에서 선보인 진공관식 집열기.

의도
에너지 효율성

효과
구매된 에너지 자원 사용 감소, 온수급탕, 공간난방

선택사항
열 사이펀, 직접순환, 간접순환, 공기-물 방식

조정 시안
Active 냉난방 시스템, 배관 시스템, 잠재적 수집단위 설치 표면의 방향과 경사, 기계실을 위한 조치

관련 문제
에너지 회수 시스템

LEED 관련요소
에너지 및 환경

선결과제
건물 냉난방 요구사항, 가정용 온수급탕, 설계 냉난방 자료, 부지기후 자료

간접순환 시스템은 폐쇄통로를 통해 부동액을 순환시킨다. 열교환기는 이러한 집열기 내 폐쇄통로부터 개방된 식수통로로 열을 전달한다. 결빙방지는 부동액을 명시하거나 결빙조긴이 충족될 때 집열기를 배출시킴으로써 해결된다. 글리콜 기반 솔루션은 폐쇄통로의 결빙방지를 위해 가장 흔하게 사용되는 액체이다.

환풍기는 공기 대 물 열교환기를 통해 가열된 공기를 이동시킨다. 공기 대 물 열교환기의 효율성은 일반적으로 50~60%이다. 공기기반 태양열 시스템은 비록 물 시스템만큼 효율적이지는 않지만 결빙방지가 공기에 의해 해결되는 것이 중요한 곳에서는 하나의 대안이 될 수 있다. 태양열로 가열된 공기는 또한 축열자갈층으로부터 발생한 열과 함께 공간을 직접 가열할 수 있다.

집열기에는 일괄 집열기 batch collectors, 평판 집열기, 진공관식 집열기 및 기공식 집열기 등 네 가지 유형이 있다.

일괄[일명 브레드 박스(빵 박스)] 집열기는 안쪽면이 유리로 되어 있고 바깥면은 검은색 페인트가 칠해진 단열된 저장탱크를 포함한다. 집열기는 지붕 위(또는 지면 위) 볕이 잘 드는 곳에 설치된다. 유입냉수는 건물의 식수 시스템으로부터 온다. 브레드 박스는 태양열을 흡수하고 보존하는 집열기이다. 단열된 저장탱크 꼭대기에 있는 배출구를 통해 건물에 온수를 공급한다. 직접 및 열 사이펀 시스템은 종종 배치 집열기를 이용한다. 평판 집열기는 가장 흔하게 사용되는 집열기 유형이다.

평판 집열기는 보통 건물 지붕 위에 설치되는 투명 또는 반투명 덮개를 가진 얇은 직사각형 박스이다. 박스를 가로지르는 작은 도관은 물이나 부동액을 검은색의 흡수판으로 전달한다. 흡수판은 태양복사를 흡수하여 신속히 가열되며 순환하는 액체로 열을 전달한다. 작은 펌프(또는 중력)가 액체를 건물 속으로 이동시킨다. 직접, 간접 및 열 사이펀 시스템은 보통 평판집열기를 사용한다.

진공관식 집열기는 각각 선택적 표면코팅(고흡수성, 저방출성)을 입힌 흡수관을 포함하고 있는 일련의 나란한 투명 유리관들로 이뤄져 있다. 관을 통해 유입된 태양복사는 흡수관을 통과하면서 그 속으로 흘러들어온 결빙된 액체를 가열한다. 관은 극고온에 도달하면서도 적절한 고효율성을 유지(열손실을 감소시켜)하기 위해 진공 밀폐된다. 그러한 집열기는 일사량이 제한된 날에 태양열을 제공할 수 있다. 진공관식 집열기는 오직 간접순환 시스템과 함께 사용된다.

기공식 집열기는 어두운 박판금속 집열기에 의해 덮인 남향 외벽이다. 집열기에 의해 가열된 바깥공기는 집열기 내부에 뚫린 구멍을 통해 건물 속으로 유입된다. 가열된 공기는 공간을 가열하거나 환기공기를 예열하는데 이용될 수 있다.

건축적인 주요 현안

설계자는 Active 태양열 시스템을 프로젝트에 통합하고자 할 때 기후, 방향, 태양접근 및 부하정도 등을 고려해야만 한다. 비록 집열기의 최적위치가 보통 남향벽이나 지붕 위라고 하더라도 그것은 전체 건물 외피 설계의 관점에서 생각되어야 한다. 집열기 배치는 집

4.171 전형적인 일괄 집열기. 플로리다 태양열 에너지 센터(FLORIDA SOLAR ENERGY CENTER)

4.172 매사추세츠 Falmouth에 위치한 Woods Hole 연구센터의 평판 집열기.

열기 표면 청소나 누출검사 등 운영 및 유지접근을 위한 조치를 포함해야 한다.

건물 내부에 위치하는 시스템 구성요소(전형적으로는 순환, 저장 및 제어 구성요소)를 위해 유지보수를 위한 공간 등 충분한 공간이 요구된다.

실행시 고려사항

결빙문제는 모든 물 기반 태양열 시스템에서 중요한 구성요소가 아닐 수 없다. 결빙이 일어날 수 있는 기후에서 설계를 함에 있어서는 피해를 막기 위해 세 가지 기본 기법이 이용될 수 있다.

- 부지에서 있을 수 있는 최저 온도에서도 얼지 않는 부동액과 함께 간접 시스템을 설계한다.
- 결빙조건이 예상될 때 집열기로부터 액체를 배출시키는 드레인 백 모드를 가진 간접 시스템을 설계한다.
- 결빙온도까지 내려갈 때 집열기로부터 물을 배출시키는 드레인 다운 시스템을 설계한다. 이러한 방식의 결빙방지는 결빙온도까지 내려가는 것이 흔치 않는 기후에서만 사용될 수 있다.

프로젝트 필요, 기후자료 및 지하수 온도 등에 대한 검토를 통해 저온이나 고온 주택 내 온수급탕 시스템이 필요한지를 결정한다. 저온 태양열 온수급탕 시스템은 지하수 온도가 낮은 지점 내에 있는 물을 예열시킬 수 있다. 뜨거운 물이 필요할 때는 통상적인 온수급탕 시스템을 이용해 예열된 물을 충분한 온도까지 가열시킬 수 있다.

고온 태양열 온수급탕 시스템은 손쉽게 사용할 수 있는 온수를 제공할 수 있다. 통상적인 가스 또는 전기 보조 시스템은 장기간 태양복사가 제한될 때만 가동된다. 고온 시스템은 저온 시스템에 비해 에너지 효율성이 더 높을 수 있지만 설비가 고가인 점도 놓치지 않아야 한다.

결빙방지 이외에도 분배 매개체로서 물을 사용하는 시스템에서는 다음 사항을 고려해야 한다.

- **과가열**: 만약 물이 집열기 내에 정체되어 있다면 매우 높은 온도를 초래할 수 있고 결과적으로 과압으로 인해 시스템이 파손될 수 있다. 압력 벤트를 설치하거나 집열기 내에서 액체를 지속적으로 순환시킴으로써 정체를 피할 수 있다.
- **경수**: 경수구역의 경우 칼슘침전물이 집열기 내 통로를 막거나 밀봉재를 부식시킬 수 있다. 직접순환 시스템은 특히 취약하다. 그러한 구역에는 연화제나 완화약품을 사용하는 것도 고려할만 하다.
- **누출**: 밀봉재, 배관 및 저장매개체 등은 곳곳에 새는 곳이 있을 수 있다. 예방차원의 정기적 유지관리는 대재난을 방지할 수 있게 하지만 배수로를 적절히 설치하는 것이 훌륭한 방법일 것이다.

- **펌프:** 전기펌프는 현저한 양의 기생 에너지 parasitic energy를 사용하며 설치된 각 펌프는 시스템 비용 증대와 관련된 제어를 요한다. 펌프고장(종종 감지하기 어려운)은 정체나 전체 시스템의 결빙피해를 야기할 수 있다.

설계절차

1. 기후와 프로젝트 부하를 고려하여 열 사이펀, 직접순환, 간접순환 및 공기기반 선택사항 가운데 적절한 시스템 유형을 선택한다. 선택된 시스템을 위한 적절한 집열기 유형을 선택한다.

2. 다음의 설계지침에 따라 요구된 집열면적을 추정한다.
   - **온수급탕 시스템:** 시스템으로부터 혜택을 보는 사람 1명당 10~20ft^2(0.9~ 1.8m^2)
   - **수영장 가열 시스템:** 단위 ft^2(m^2) 수영장 표면적당 0.6~1.1ft^2(0.06~0.1m^2)의 집열면적
   - **공간난방 시스템:** 난방이 제공된 바닥면적의 10~30%에 달하는 집열면적

   따뜻한 기후와 태양복사 자원이 충분한(신뢰할만한) 구역에서는 상기 추정값에서 가능하면 작은 값을 사용한다. 반대상황에서는 보다 높은 값을 사용한다.

3. 부하와 필요에 의거 적절한 저장탱크 크기를 추정한다. 탱크는 급수 시스템의 최대 사용시간대의 온수수요를 충족시키고 공간난방부하를 유의미하게 지원할 수 있는 크기여야 한다. 온수급탕의 경우 60갤런(230L) 저장탱크이면 보통 1~2명이 사용하기에 적당하다. 3~4명이 사용하기에는 80갤런(300L) 저장탱크가 권장된다. 네 사람이 넘는 경우에는 보다 큰 탱크를 사용한다. 충분한 축열 저장용량을 제공함으로써 집열하기 좋은 날 과가열을 감소시킬 수 있다. 대안적인 추정지침은 각 평방피트(평방미터) 집열면적당 1.5~2.0갤런(61~82L)의 저장을 제안하는데 이는 공간난방과 주택내 온수급탕 시스템 모두에 일반적으로 적용할 수 있다.

4. 충분한 태양복사를 이용할 수 없을 경우에는 온수급탕/공간난방을 제공하는 보조 접근이나 시스템을 선택한다.

태양열 시스템은 또한 흡수식 냉동기와의 연계를 통해 공간냉방을 제공할 수 있다. 에너지 관점에서는 흥미롭겠지만 이러한 태양열 응용은 흔하지 않다. Active 태양열 냉방 시스템에 대해서는 일반적 크기지침이 없다.

예제

뉴욕 Ithaca에 있는 한 작은 독립형 주택은 태양광 발전과 Active 집열기만을 이용해 모든 에너지를 수집하고자 한다.

1. 장기간 지속되는 흐린 날씨와 극한적인 겨울기온을 감안하여 주택 내 온수급탕 시스템으로서 진공관식 집열기를 이용한 간접순환 시스템을 고려 중이었다.
2. 추정된 집열면적은 거주자 1명당 20ft^2(1.8m^2)가 요구된다고 할 때 거주자가 4명인 상황에서 80ft^2(7.4m^2)이었다. 기후를 고려하여 추정범위에서 보다 큰 값이 사용되었다.
3. 한 지침에 의해 80갤런(300L), 그리고 다른 지침에 의해 (1.5× 80) = 120갤런(450L) 저장용량이 권장되었다. 자족기능이 보다 많이 요구되는 독립형 건물의 특성상 큰 용량일수록 적합한 것이었다.
4. 독립형 건물이었으므로 천연가스 라인에 접근할 수 없었고 또 프로판은 고객이 수용하지 않았으므로 장작난로 보조 온수 시스템이 선택되었다.

사례

4.173 2005 Cornell대학교 태양열주택 경연대회 출품작인 (태양광 발전 패널에 둘러싸인) 지붕설치 진공관 집열기. NICHOLAS RAJKOVICH

4.174 2009 Cornell University 태양열 주택 경연대회 출품 주택의 벽 위에 수직으로 장착된 진공관. 태양광 집열기. 태양광발전 패널들은 지붕 위에 수평으로 장착된다. JIM TETRO PHOTOGRAPHY, 미국 에너지부용

4.172 2008 중국 베이징 올림픽 선수촌 유치원에서는 Active 태양열 집열기들의 배열이 실내 온수를 제공한다. BEIJING SUNDA SOLAR TECHNOLOGY CO., LTD

추가 정보

ASHRAE 2006. 『ASHRAE GreenGuide』, 2nd ed. Butterworth-Heinemann and American Society of Heating, Refrigerating and Air-Conditioning Engineers, Atlanta, GA.

Brown, G.Z. et al. 1992. 『Inside Out: Design Procedures for Passive Environmental Technologies』, 2nd ed. John Wiley & Sons, New York.

U.S. Department of Energy, A Consumer's Guide to Energy Efficiency and Renewable Energy, "Water Heating." www.eere.energy.gov/consumer/your_home/water_heating/index.cfm/mytopic=12760

U.S. Department of Energy, Solar Hot Water Resources and Technologies. www.eere.energy.gov/femp/technologies/renewable_shw.html

계획설계를 넘어

Active 태양열 시스템의 상세설계를 위해서는 사선에 기본설계과정에 잠여하여 시스템 크기결정을 확인하며 설비선택과 제어 및 시스템 통합에 관한 명세와 검토 등 시스템의 최종 설계를 개발하는 공인 기계전문가나 태양열 컨설턴트의 의견이 요구된다. 집열기 지지체와 건물 외피를 관통하는 배관에 관한 숙련된 상세는 장기적인 건축주의 만족을 위해 절대적이다.

모든 태양열 시스템은 위탁관리되어야 하며 시스템 운영 및 유지와 관련해 소유주를 지원하기 위해 사용자 매뉴얼을 준비해야만 한다.

지열원 열펌프

지열원 열펌프는 겨울철에는 가열을, 그리고 여름철에는 냉각을 제공할 수 있는 증기압축냉방 사이클의 성능을 개선하기 위하여 지열을 이용한다. 지반온도는 공기온도만큼 심하게 변하지 않는다. 거대한 토양은 그다지 깊지 않더라도 계절적 온도지체에 이바지하는데, 다시 말해 여름철과 겨울철 극심한 공기온도 속에서도 지반온도를 적당하게 유지시키게 되는 것이다. 지열원 열펌프에 의해 개선된 효율성의 가격은 보다 높은 설비비용이다.

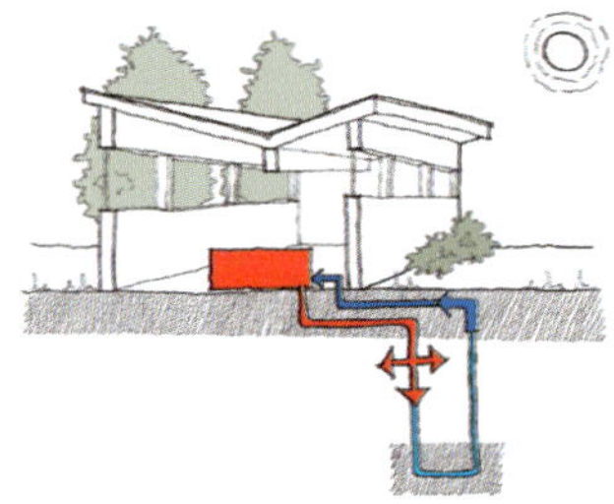

4.177 수직 지반순환을 이용한 지열원 열펌프. KATE BECKLEY

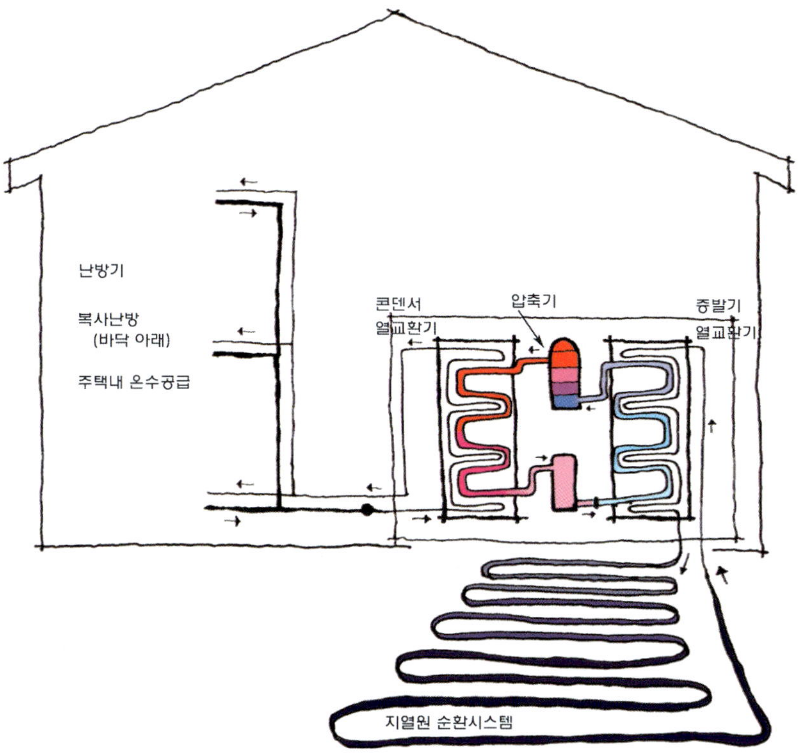

4.176 온수급탕 지열원 열펌프의 개념도면. 지열원 튜브와 열교환기를 제외한 대부분의 구성요소는 통상적인 증기압축 시스템과 동일하다. 온수사용을 위한 세 가지 선택사항(난방기/베이스보드 대류식 방열기, 복사난방 및 온수급탕)이 보인다. KATE BECKLEY

기본 지열원 열펌프 시스템은 기본 냉난방 효과를 생산하는 증기압축 사이클, 공기나 물을 통한 냉난방 효과 분배 및 토양이나 지하수로 열을 이동(또는 차단)시키는 펌프/튜브 하부 시스템 등을 포함한다. 튜브 내 열교환 액체(보통 물)는 건물 외부에 위치한 파이프라인(관정)을 통해 순환된다. 보통 고밀도 3/4인치(20mm) 폴리스티렌으로 만들어진 튜브를 통해 액체는 겨울철에 주변 토양으로부터 열을 흡수하며 여름철에는 토양으로 열을 방출한다. 튜브의 양/길이는 시스템의 형태, 토양조건 및 요구된 냉난방 용량 등에 좌우된다. 열교환기는 열펌프 사이클 내 냉각제로부터 기후제어를 위해 건물 전체를 순환하

의도
에너지 효율 냉난방, 열 쾌적

효과
에너지 소비 감소, 각종 공과금 절감

선택사항
개방순환 대 폐쇄순환, 수평 대 수직순환, 공기 또는 물에 의한 방식

조정 시안
부지계획, 온수기 통합, 기계공간 및 위치

관련 전략
다양한 Passive 냉난방 전략

LEED 관련요소
에너지 및 환경, 실내 환경의 질

선결과제
요구된 형태와 용량, 연평균 지반온도 55~65°F(13~18°C)를 수용할 수 있는 충분한 부지면적.

는 물이나 공기로 열을 전달하기 위해 사용된다. 깊은 관정은 수평으로 매설된 튜브를 대신할 수 있다.

보다 온화한 지하 환경으로부터 제공된 열 혜택을 활용한 이러한 전략은 통상적인 열펌프를 대신할 수 있는 보다 에너지 효율적인 솔루션임은 물론 전기저항난방 시스템을 능가하는 혜택을 제공한다.

지열원 열펌프는 사실상 기후조건에 구애받지 않고 많은 건물 유형에 사용될 수 있다. 지열원 열펌프 시스템의 비용은 결빙선의 깊이에 좌우되는데 결빙선이 깊을수록 보다 온화한 지반온도를 활용하기 위해 튜브를 보다 깊이 매설할 필요가 있다.

지열원 구성요소로 다양한 형태가 이용되어 왔다. 그 중에서도 수평 폐쇄순환식은 지반을 요구된 최소깊이 이상으로 굴착하여 지면과 나란히 매설한 파이프라인으로서 가장 흔한 형태이며, 수직 폐쇄순환식(외피된 관정과 유사한)은 깊은 결빙선과 소규모 부지의 제약을 극복할 수 있게 해주며, 또 개방순환 시스템(개방 관정과 같은)은 허용지하수가 충분하고 대수층과의 연결이 허용되는 구역에서 비용을 절감할 수 있다.

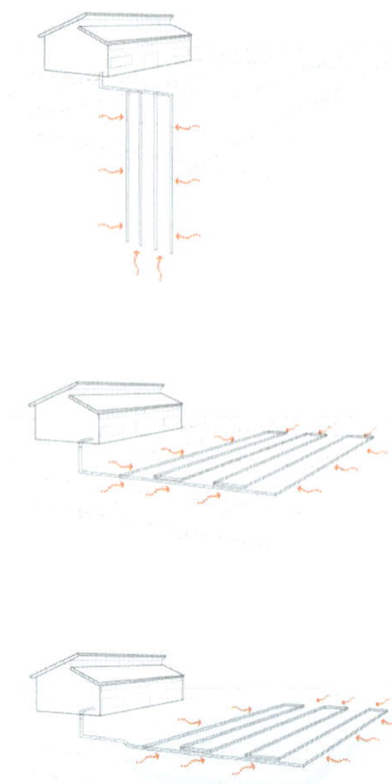

4.178 지열원 열펌프의 전형적인 형태(수직순환, 수평순환, 물기반 순환). JON THWAITES

건축적인 주요 현안

지열원 열펌프는 사실상 눈으로 확인할 수 없는 기술이다. 지열원 장치들은 지하나 수중에 설치되며 관련 기계설비는 현실적으로 통상적인 Active 냉난방 설비와 규모면에서 동일하다. 따라서 지열원 열펌프를 고려함에 있어 부지계획은 가장 중요한 요소이다. 조경과 포장은 튜브 시스템에 대한 접근과 보호를 제공할 수 있도록 설계될 필요가 있을 것이다. 조경은(만약 이것이 기후적으로 바람직하다면) 토양에 그늘을 제공하고 지반을 일사획득으로부터 보호하기 위해 이용될 수 있다. 조경은 또한 지하에 매설된 순환 시스템을 강조하거나 표시하기 위해 계획될 수 있다.

실행시 고려사항

- **굴착**: 지하로 각종 서비스 공급라인(전기, 케이블, 전화, 상하수도 라인 등)이 지나갈 수 있으므로 굴착은 비용이 많이 들 뿐만 아니라 어렵고 위험한 작업이다. 부지와 기존 기반구조에 대한 면밀한 분석을 통해 굴착시의 애로사항과 비용에 대해 파악할 수 있을 것이다. 하지만 다른 시스템을 위한 굴착이 또한 요구될 경우 함께 매설함으로써 시스템의 결합비용을 절감할 수 있다.
- **미래 부지계획**: 지열원 열펌프는 35~50년 동안 유지되므로 미래 부지개발에 관한 계획은 매우 중요하다. 부지 상황에 따라서는 수평 지열순환 시스템이 미래개발을 어렵게 하거나 비현실적으로 만들 수 있다. 시스템 크기를 결정하면서 시스템의 일생 동안에 있을 수 있는 기능의 확장이나 변화로 인한 부하에 대해 생각해야만 한다.

- **서리선 깊이/지반온도**: 평균적인 지반온도는 지열원 열펌프의 경제성을 심히 제약할 수 있는데 그것은 요구된 굴착깊이와 시스템의 열 효율성이 지반온도에 의해 큰 영향을 받기 때문이다.

설계절차

지열원 열펌프의 크기결정은 전문적이고 기술적인 문제이다. 하지만 기본설계를 지원하기 위한 목적에서 요구되는 실외 "원천" 구성요소의 크기를 추정하는 몇 가지 지침을 소개한다.

수평순환 시스템에 관한 지침: 400~650ft/톤(35~60m/kWh)의 냉난방을 제공할 수 있는 순환 시스템 용량을 가정한다. 정상적인 경우 트렌치는 4~6ft(1.2~1.9m) 깊이로 최대 400ft (120m) 길이까지 파는데 그 정확한 수치는 트렌치 내에 얼마만한 파이프가 있느냐에 따라 결정된다. 대부분의 수평순환 시스템에는 약 6인치(150mm) 폭의 트렌치를 사용한다.

잘 단열된 2000ft²(185m²) 면적의 주택은 1500~1800ft(460~550m) 길이의 파이프를 가진 약 3톤(10.5kW)의 시스템을 요구한다. 비 주거용 건물의 부하는 적절한 지침을 이용해 추정될 수 있다.

수직순환 시스템을 위한 지침: 전형적인 수직순환 시스템의 깊이는 150~450ft (45~140m)일 것이다. 약 100~200ft² 면적의 접촉구역은 약 1 톤(3.5kW)의 냉난방을 제공할 것이다.

흐름율에 관한 지침: 지열순환 시스템 흐름율은 냉난방 분당 톤당 약 2~3갤런(kW당 0.36~0.54L/s)이다.

예제

추정된 냉각부하가 10톤(35kW)인 온화한 기후 내 한 작은 사무실 건물에서 요구되는 수평 지열원 순환 시스템의 크기는 얼마인가?

톤당 500ft(kW당 45m)을 지침으로 이용한다면(온화한 기후를 고려한 범위 내에서 하한에 가까운 값을 이용함) 수평순환 시스템의 길이는 50× 10 = 5000ft(45×35 = 1575m)가 될 것이다. 순환 시스템의 목적이 토양과의 열교환에 있는 것임을 상기할 때 이 길이는 너무 많은 튜브 혼선이나 중첩 없이 설치되어야만 한다.

사례

4.179 물 기반 지열원 응용의 강바닥 설치를 위해 준비된 8마일(12.9km) 길이의 파이프라인. HYDRO-TEMP CORPORATION

4.180 알칸사스에서 진행 중인 대규모 수평 지열원 순환 시스템 설치 공사. HYDRO-TEMP CORPO RATION

4.181 Mississippi의 어느 학교에서 3ft(0.9m) 깊이의 트렌치에 설치되고 있는 지열원 순환 시스템. HYDRO-TEMP CORPORATION

4.182 코넥티컷 Simsbury에 위치한 웨스트민스터학교의 Armour Academic Center의 지열원 열펌프 시스템을 위한 수직 우물구역 설치. GUND PARTNERSHIP

4.183 Armour Academic센터의 수직 우물구역을 위한 배관. GUND PARTNERSHIP

4.184 Armour Academic Center의 기계실. 지열원 열펌프 순환시스템에서 이어지는 공급배관이 우측의 실로 들어간다. ROBERT BENSON PHOTOGRAPHY

4.185 웨스트민스터학교 Armour Academic Center의 지열원 순환공급배관들을 위한 기계실 진입 지점을 보여주는 시공사진. GUND PARTNERSHIP

추가 정보

ASHRAE. 1997. 『Ground Source Heat Pumps: Design of Geothermal Systems for Commercial & Institutional Buildings』. American Society of Heating, Refrigerating and Air-Conditioning Engineers, Atlanta, GA.

Econar Energy Systems. 1993. 『GeoSource Heat Pump Handbook』. Available at: artikel-software.com/file/geo.pdf

Geothermal Heat Pump Consortium. www.geoexchange.org/

Grondzik, W. et al. 2010. 『Mechanical & Electrical Equipment for Buildings』. 11th ed. John Wiley & Sons, Hoboken, NJ.

Hydro-Temp Corporation. www.hydro-temp.com/

International Ground Source Heat Pump Association. www.igshpa.okstate.edu/

Water Furnace International. www.wfiglobal.com/

계획설계를 넘어

기본설계과정에서 상세한 냉난방 부하값이 도출될 것이다. 이러한 부하는 적절한 설비와 분배 구성요소를 선택하는데 이용될 것이다. 마찬가지로 지하 시스템 구성요소의 설계를 마무리하기 위해 순환 시스템의 상세한 성능 및 용량 요구값이 도출될 것이다.

NOTES

냉방

기계적 냉방을 위해 사용되는 에너지를 절감할 수 있는 가장 효과적인 방법은 기후에 적응된 설계를 통해 그 필요성을 원천봉쇄하는 것이다. 이것이 항상 가능하지는 않을지라도 기후기반 설계전략은 기계적 냉방 시스템의 가동시간과 크기를 감소시킬 수 있다. 기본설계과정에서 특정건물에 적합한 냉방전략을 위해서는 기후, 건물 유형 및 운영방식이라는 세 요소에 대한 이해가 전제되어야 한다.

생체기후도 bioclimatic chart 위에 표시된 월별 기후자료는 가능한 냉방전략에 관한 시각적 암시를 제공한다. 무더운 사막기후의 경우 주간온도가 높음에도 불구하고 일교차가 심하고 또 상대습도가 낮기 때문에 다량의 축열요소와 야간환기를 통해 쾌적한 환경을 창출할 수 있다. 하지만 그러한 주간환경에서는 아무리 많은 직접 환기를 제공하더라도 쾌적한 환경을 창출할 수 없다. 마찬가지로 공기온도와 상대습도가 모두 높을 경우 아무리 많은 축열재를 제공하더라도 쾌적한 환경은 창출될 수 없다. 최우선하는 설계요구사항은 냉방전략을 기후와 조화시키는 것이다.

건물은 외피부하가 지배적인 건물과 내부부하가 지배적인 건물 두 유형으로 구별될 수 있다. 외피부하가 지배적인 건물(대부분의 주택과 소형 상업용 건물)은 많은 실내 열을 발생시키지 않는다. 따라서 냉방 요구사항은 대체로 외부 온도와 건물 외피설계에 의해 결정된다. 이와는 달리 내부부하가 지배적인 건물(대형 업무용 건물 등)은 외부 환경에 의해 구축되지 않는 거주자 난방부하, 조명부하 및 설비부하 등을 갖고 있다.

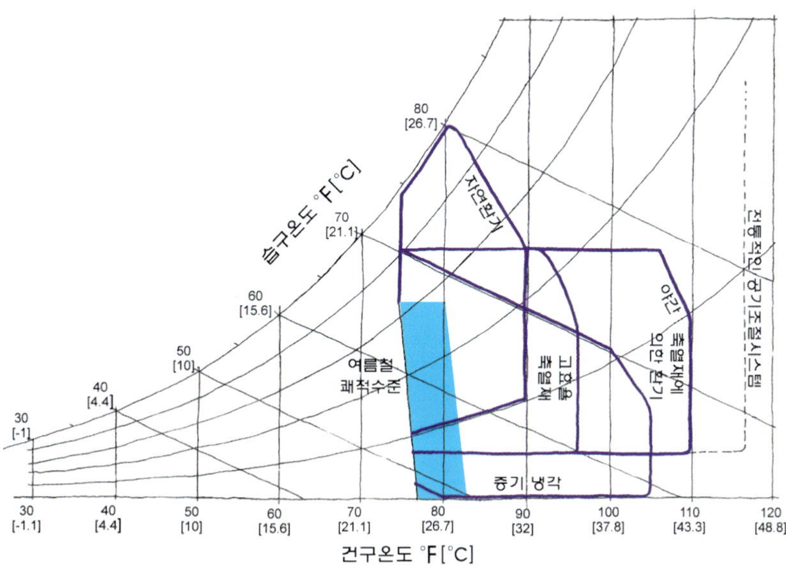

4.186 건물 냉방전략의 적용 가능성. "에너지 보존 건물설계"로부터 인용.

두 번째 설계요구사항은 냉방전략을 건물 유형과 조화시키는 것이다. 설계자는 또한 건물 운영방식에 대해 이해하고 있어야만 한다. 하루나 1년 중 가장 무더운 시간 동안 개방

냉방

전략
맞통풍
굴뚝환기
증기냉각탑
축열재 야간환기
지중쿨튜브
지중복토
흡수식 냉동기

되지 않는 시설은 그 시간 동안 쾌적한 환경을 제공하도록 설계될 필요가 없다. 예를 들어, 여름방학 동안 개방되지 않는 초등학교는 8월 초순에 쾌적한 환경을 제공할 필요가 없다. 또한 오후 2시 반에 문을 닫는 학교에서 창문차양과 냉방 요구사항은 오후 4시 반에 문을 닫는 학교와는 다를 것이다. 세 번째 설계요구사항은 건물 용도 패턴을 이해하는 것이다.

맞통풍

맞통풍은 공간을 순환하는 보다 시원한 실외 공기 흐름을 창출해냄으로써 열을 건물 바깥으로 배출시킨다. 맞통풍은 적절한 기후조건이 충족된다면 기계적 냉방을 대신할 수 있는 현실성 있고 에너지 효율적인 솔루션이다. 설계목표는 공기속도가 빨라지고 공기온도가 낮아지는 데에 따른 직접적인 거주자 냉각이나 간접적인 쾌적냉방을 제공하기 위한 건물표면 냉각(야간에 완전히 통풍시킬 때)일 것이다. 이러한 냉방전략의 효과성은 유입구, 배출구, 바람속도 및 실외 공기온도 등의 함수이다. 공기속도는 직접적인 쾌적냉방에서 중요하며 공기흐름율은 구조적 냉방에서 중요하다.

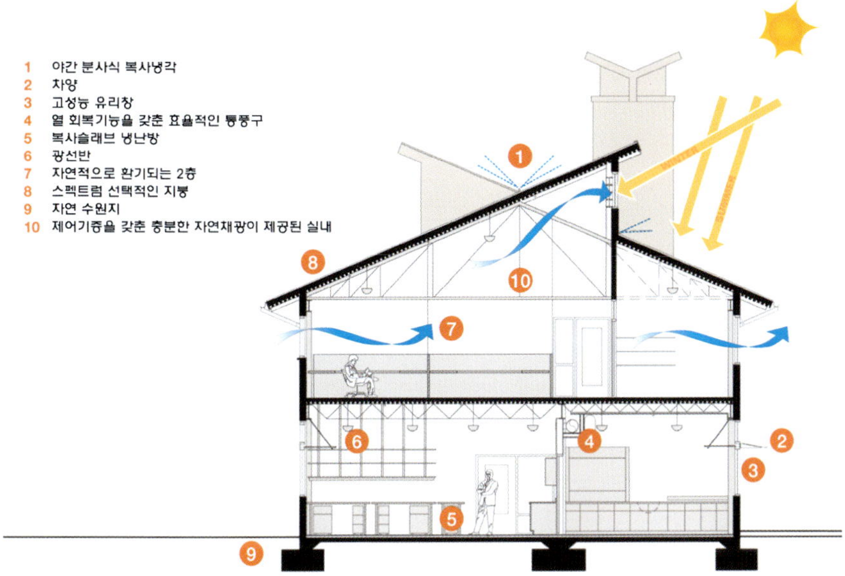

4.187 스탠포드대학교 지구생태연구센터의 기본단면도는 2층 맞통풍을 극대화하기 위한 건물 배치를 포함하여 몇 가지 전략을 통합했음을 보여준다. 캘리포니아 Palo Alto 소재. EHDD ARCHITECTURE

맞통풍냉방 전략의 성공 여부는 기본적으로 실내 공기와 실외 공기간 온도차에 달려 있다. 맞통풍냉방은 오로지 실외 공기가 실내 공기보다 3°F(1.7°C) 이상 시원할 경우에만 현실성이 있다. 이보다 작은 온도차이에서 냉방효과는 보잘 것 없을 것이다.(가령 실내 온도 수준으로 순환하는 공기는 공간열을 제거하거나 공간온도를 낮출 수 없다) 실외 공기흐름율은 또 다른 중요한 성능결정요인이다. 공기흐름이 많을수록 냉방성능은 개선된다.

풍압은 맞통풍의 원동력이다. 풍속이 빠를수록 맞통풍냉방 잠재성이 배가된다. 풍향 추세는 종종 계절에 따라 달라지는데 어떤 경우에는 하루 중에도 달라지기도 한다. 풍속은 보통 날마다 또 계절마다 달라지며 태양에 의한 지반가열이 없는 밤에는 전형적으로 매우 약해진다. 만약 공기가 맞통풍 시스템 유입구를 통해 공급되지 않는다면 시스템은 작동하지 않을 것이다.

4.188 태국 Koh Chang지역 Bang Bao의 한 초가집 카페는 맞통풍을 위해 높은 천정과 창문을, 그리고 차양을 위해 짚으로 엮은 overhangs(내물림)를 사용했다. KATE BECKLEY

의도
기후제어(냉방), 쾌적한 실내온도

효과
Passive 냉방

선택사항
쾌적냉방, 구조적 냉방

조정 시안
Active 냉난방, 보안, 방음, 공기질, 방향, 풋 프린트, 내부 구획벽

관련 전략
측창채광, 부력을 통한 환기

LEED 관련요소
에너지 및 환경, 실내 환경의 질

선결과제
전반적인 풍향과 설계 평균풍속(월별), 실외 공기온도(월별, 시간별), 추정된 설계냉방부하, 요구된 실내 공기온도

가장 자연적인 건물 통풍의 전형적인 경우는 미풍을 잘 받아들이면서 태양 직달복사를 차단할 수 있을 때이다. 맞통풍 전략을 이용한 건물에는 축열재 야간환기 전략이 의도되지 않는 한 밝은 색상의 재료를 사용해야 하지만 그러한 경우에도 축열재가 요구되기는 마찬가지이다.

건축적인 주요 현안

성공적인 맞통풍을 제공하기 위해서는 풍향 추세에 최대한 적합하고, 유입 및 배출구역이 충분하며, 또 내부 장애물이 최소화된(유입구와 배출구 사이에) 건물형태가 요구된다. 이상적인 풋 프린트는 실내에 구획이 없는 길쭉한 직사각형 모양이다. 부지는 바람흐름을 방해할 수 있는 외부 장애물(큰 나무, 관목, 또는 기타 건물 등)이 없는 곳이어야 한다. 다른 한편 식물, 둔덕, 또는 날개벽 등을 적절히 배치함으로써 유입구 부근에서 공기흐름을 개선시킬 수 있다.

실행시 고려사항

거주자 쾌적을 위한 맞통풍은 만약 실외 공기온도가 열을 제거할 수 있을 만큼 충분히 낮다면 공간 구석구석까지 공기흐름을 유도할 것이다. 거주자들을 가로질러 공기흐름이 유도된다면(따라서 그들은 보다 빠른 공기흐름을 경험한다) 비록 실외 공기온도가 높을지라도 현실성 있는 쾌적 전략이 될 수 있을 것이다. 야간 구조냉방을 위한 맞통풍(풍속이 충분할 때)은 축열재 표면과의 접촉을 극대화하도록 유도되어야 한다. 설계시 주의사항: 확연히 감지할만한 수준의 냉방성능이 가능할 지라도 실외 상대습도가 높다면 거주자 쾌적수준은 손상될 수 있다.

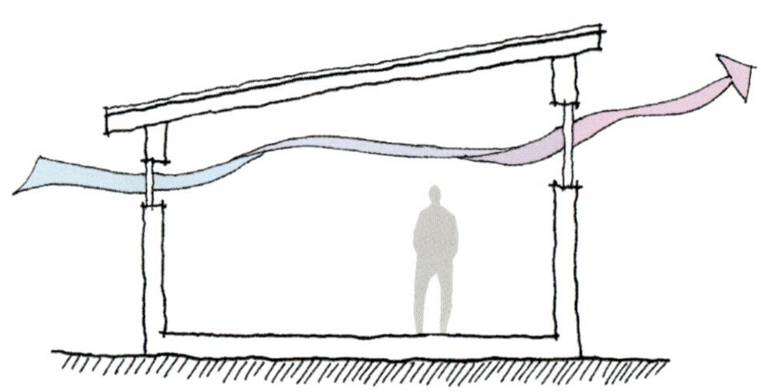

4.189 높은 지점의 유입구와 배출구는 구조냉방을 제공하지만 거주자 높이에는 공기흐름이 없게 된다. KATE BECKLEY

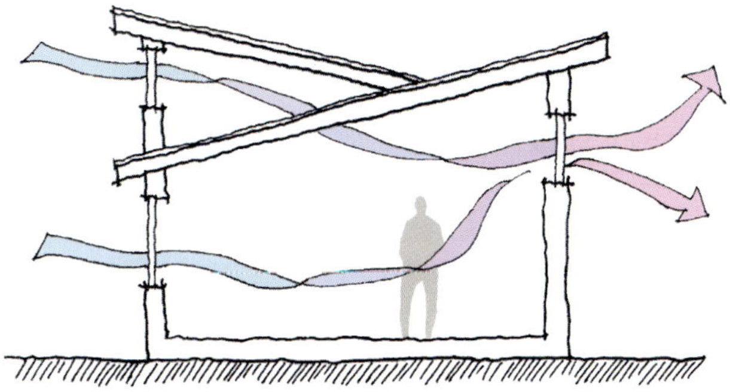

4.190 고창은 거주자 수준 공기흐름에 도움을 주지 않는다. 낮게 설치된 유입구를 통한 맞통풍은 거주자에게 공기흐름을 제공한다. 풍향추세에 맞춘 건물 배치는 공기흐름을 극대화한다. KATE BECKLEY

냉방을 위해 실외 공기를 건물 속으로 끌어들일 때는 공기 중에 있는 각종 이물질들도 함께 받아들이게 되므로 유입구의 위치와 주변 공기질에 대한 세심한 고려가 중요하다. 이 전략은 또한 건물 속으로 소음을 손쉽게 침투시킬 수 있다. 인접한 소음원에 대한 주의가 요구된다. 거주공간에 대한 소음효과를 최소화하는 지점에 개구부를 설치한다.

설계절차

맞통풍은 일반적으로 공간 대 공간을 기준으로 분석된다. 유입구 크기는 배출구 크기와 같아야 한다. 이 절차는 오직 감지할만한 부하만을 고려하여 유입구 크기를 도출한다.(배출구 크기는 같다고 가정한다)

1. 건물 거주자들이 배출구 근처(가열된 공기)보다는 유입구 근처(실외 공기)를 더 시원하다고 느낄 수 있도록 공간 배치를 조정한다. 주요한 열원은 유입구 근처가 아니라 배출구 근처에 배치해야 한다.
2. 모든 외피 및 내부부하를 포함한(그러나 통풍/누출부하를 제외한) 설계냉방 감지부하(열획득)를 추정한다. *Btu/h* 또는 *W*
3. 단위 바닥면적 기준 설계냉방부하를 진술한다. *Btu/hft²* 또는 *W/m²*
4. 통풍유입면적(이것은 열 수 있는 창문 실제면적과 방충망, 창살, 차양장치 등의 영향에 대한 추정값에 따라 조정된 전용면적이다)과 냉방될 공간의 바닥면적을 결정한다. 유입면적은 다른 설계결정(조망 등)이나 냉방 시스템 분석을 위한 시행착오 출발점을 토대로 한다. *ft²* 또는 *m²*
5. 바닥면적에 대한 백분비로서 유입면적을 결정한다: (유입면적/바닥면적)×100
6. 그림 4.191상에서 유입면적 백분비(5단계)와 설계 풍속(현지 기후자료로부터)이 교차하는 지점을 확인한다. 이 교차점은 실내외 기온차가 3°F(1.7°C)라는 가정 하에서 도출된 맞통풍 냉방성능에 관한 정보를 제공한다. 설계 풍속은 설계냉방부하 시간동안 실현될 가능성이 높은 풍속을 나타내야만 한다.

예제

온화한 유럽기후에 위치한 4500ft² (418m²) 면적의 한 조그만 상업용 건물이 있다고 하자.

1. 거주자를 위한 냉방효과를 극대화할 것으로 예상되는 공간 배치가 결정된다.
2. 추정된 설계냉방부하는 120,000 Btu/h(35,170W)이다.
3. 바닥면적이 4,500ft²(418m²)로 주어진다면 단위면적당 냉방부하는

   120,000/4,500 = 26.7Btu/hft² (35,170/418 = 84.1W/m²)이다.
4. 최초 시도로서 250ft²(23m²)의 자유 유입면적이 선택되었다 하자.
5. (유입면적/바닥면적)×100을 하면

   (250/4,500)×100 = 5.6%
   (23/418)×100 = 5.6%
6. 설계풍속이 7mph(3.1m/s)이면 추정된 냉방성능은 45Btu/hft² (142W/m²)이다.

7. 추정된 냉방성능(6단계)을 요구된 냉방성능(3단계)과 비교한다.

8. 필요한 성능을 달성하기 위해 요구될 경우 제안된 유입면적을 증가시키며 또 초과 냉방성능을 감소시키기 위해 요구될 경우 제안된 유입면적을 감소시킨다.

이러한 설계절차는 실외 공기온도가 대체로 높은 "최악의" 설계환경인 경우에 해당된다. 실내외 기온차가 보다 큰 경우에 그림 4.191에서 제시된 값을 사용하는 것은 권장되지 않는다. 그와는 반대로 실내외 온도 차이가 큰 냉방기 동안에는 유입구와 배출구의 크기를 감소시킬 수 있다. 그림에서 제시된 수치보다 더 큰 풍속의 경우에도 과도한 실내 공기속도로 인한 잠재적 불편을 초래할 수 있으므로 권장되지 않는다. 또한 지형지세에 따라 약간의 차이는 있겠지만 공항 인근지역의 풍속은 도심이나 교외지역과는 큰 차이를 보일 것이다. 기본설계과정에서 "해당지역" 및 공항 풍속자료의 비교를 통해 그 차이를 보정하는 조치를 취할 수 있다. 어림짐작으로도 시골지역의 풍속은 종종 공항 인근지역 풍속의 1/3 수준이며 교외지역의 풍속은 그것의 2/3 수준이다.

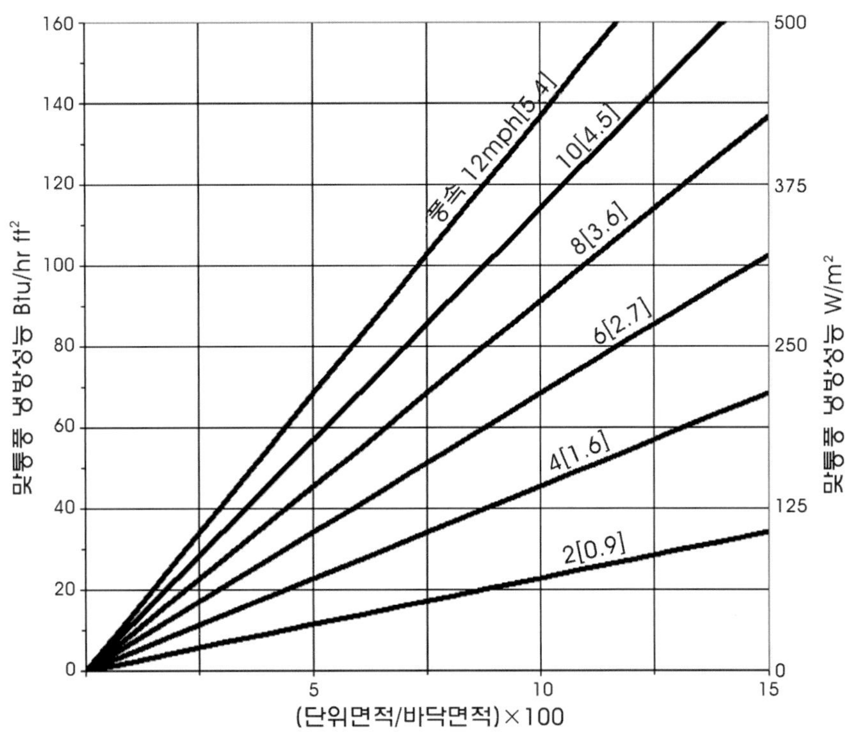

4.191 맞통풍 냉방성능. 단위바닥면적당 제거된 열[실내외 온도차가 3°F(1.7°C)라고 할 때]을 유입개구부 크기와 풍속의 함수로 나타내었다. KATHY BEVERS; 『건물의 기계 및 전기설비』(19판)로부터 인용

7. 이용 가능한 냉방성능은 요구된 냉방성능보다 더 크다[45 〉 26.7 (142 〉 84.1)].

8. 유입면적은 다음 크기까지 줄일 수 있다.

$(26.7/45)\times250 = 148ft^2$
$(84.1/142)\times23 = 13.6m^2$

그래도 충분한 맞통풍 성능을 제공한다.

사례

4.192 워싱턴주 Bainbridge섬에 위치한 IslandWood 캠퍼스는 복도를 따라 나 있는 운용식 창문들(좌측)이 교실에 공기를 유입시킨다. 하와이 Kauai의 한 Dog-trot 주택(우측)은 실내외 생활공간으로 사용되는 랩 어라운드(wrap-around) 현관을 통해 맞통풍을 공급받는다.

4.193 하와이섬 호노룰루시, 호노룰루 예술학교에 있는 한 카페는 공기흐름을 개선하기 위해 천정높이의 접힘식 미닫이문과 천정 환풍기를 함께 사용한다.

4.194 맞통풍이 이루어지는 주거환경 연구개발센터(나미비아의 Windhoek 소재)의 오픈 플랜 사무소 공간. NINA MARITZ

추가 정보

Brown, G.Z. and M. DeKay. 2001. 『Sun, Wind & Light: Architectural Design Strategies』, 2nd ed. John Wiley & Sons, New York.

Grondzik, W. et al. 2010. 『Mechanical & Electrical Equipment for Buildings』. 11th ed. John Wiley & Sons, Hoboken, NJ.

National Climatic Data Center. www.ncdc.noaa.gov/oa/ncdc.html

Olgyay, V. 1963. 『Design with Climate』. Princeton University Press, Princeton, NJ.

Royle, K. and C. Terry. 1990. 『Hawaiian Design: Strategies for Energy Efficient Architecture』, Diane Publishing Co., Collingdale, PA.

Square One. "Passive Cooling, Natural Ventilation." www.squ1.com/archive/

계획설계를 넘어

기본설계과정에서 맞통풍의 효과성에 대한 검증은 복잡한 컴퓨터 시뮬레이션이나 물리적 모델링 도구를 이용해 수행된다. 전산유체역학(CFD)은 수치 시뮬레이션을 위해 전형적으로 이용된다. 바람터널 실험은 전형적으로 물리 시뮬레이션을 위해 이용된다. 둘은 모두 뛰어난 이해수준, 상당한 전문지식 및 적절한 소프트웨어/실험시설 등과 관련된다.

환기시스템이 어떻게 작동하도록 의도되어 있고 열 조건들에 어떻게 맞설 수 있는지를 사용자에게 확실히 고지해야 한다.

굴뚝환기

굴뚝환기(부력을 이용한 환기)는 온도층화 현상을 활용하는 Passive 냉방전략이다. 그것은 두 가지 기본원칙에 기초하고 있다. 1. 따뜻해진 공기는 밀도가 줄어들고 상승한다. 2. 주변 공기(보다 시원한 공기일 것으로 기대되는)가 그 자리를 채운다. 이러한 자연대류 시스템에 의해 따뜻해진 공기는 높은 지점으로 배출되고, 보다 시원한 실외 공기가 낮은 지점으로 유입됨으로써 고유한 공기흐름이 창출된다. 굴뚝환기는 실외 공기온도가 요구된 실내 온도보다 더 시원할 때만이 쾌적한 열환경을 제공할 것이다. 효과적으로 기능하기 위해(다시 말해 상당한 공기흐름을 발생시키기 위해) 실내외 주변 온도간 차이가 3°F (1.7°C) 이상일 필요가 있을 것이다. 보다 큰 온도차이는 보다 효과적인 공기순환과 냉방을 제공할 수 있다. 굴뚝환기는 고유한 공기흐름을 발생시키므로 건물의 방향에 거의 구애받지 않는다. 하지만 배출구가 바람을 마주하고 있다면 공기흐름이 제대로 일어나지 않을 것이다.

4.196 영국 Hertfordshire지역 Garston에 위치한 빌딩연구소 사무실의 태양열 굴뚝. THERESE PEFFER

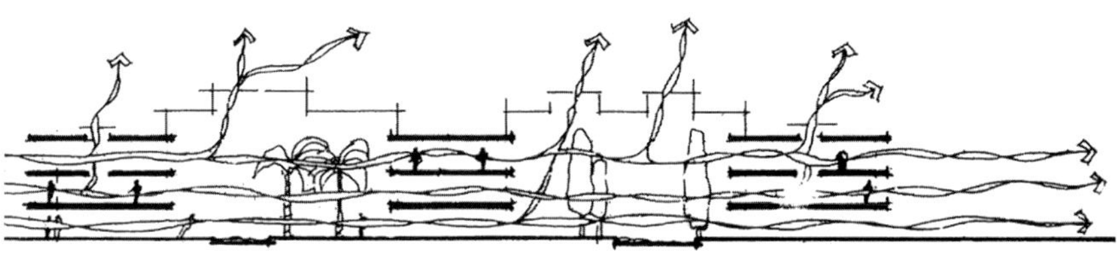

4.195 네덜란드 Wageningen 소재 IBN-DLO 삼림자연연구소 프로젝트에서 제안된 개념도 중 하나. 건물 속으로 유입된 시원한 공기는 내부를 순환한 다음 상승하여 지붕 배출구를 통해 빠져 나갈 것이다. BROOK MULLER

온도차이를 크게 하는 한 가지 방법은 (환기) 굴뚝높이를 증가시키는 것인데 (환기) 굴뚝높이가 높을수록 수직 온도층이 뚜렷해진다. 효과적인 공기층을 달성하는 높이가 요구되므로 굴뚝환기는 종종 단면도로 설계된다. 그림 4.197은 몇 가지 일반적 굴뚝환기 전략에 대해 보여준다.

유입공기와 배출공기간의 온도 차이를 증대시키는 또 한 가지 방법은 태양에너지를 이용해 공기를 가열하는 것이다. 영국 빌딩연구기구 건물(그림 4.201)에서 통풍 수직통로는 건물 남쪽면을 따라 분포한다. 이 수직통로들은 반투명 유리창 재료로 덮여 있어 태양복사가 수직통로 내 공기를 가열하여 건물 내부 공기흐름을 촉진할 수 있게 된다.

이 전략에 대한 예로서 제시된 프로젝트에서 볼 수 있는 것처럼 굴뚝환기를 사용하는 것은 몇 가지 흥미로운 설계 가능성을 열어준다. 가령 빌딩연구기구 건물의 경우 수직통로를 나머지 건물부분보다 더 높게 설치하여 건물기능에서 차지하는 이 장치의 비중을 강조하는 건축적 특징이 드러나 있다.

건축적인 주요 현안

수직통로가 잘 작동하기 위해서는 배기공기와 유입공기간 온도 차이를 증대시킬 필요가 있다. 이를 위해 수직통로 높이를 증가시키는 것을 포함하여 몇 가지 방법이 이용될 수

의도
기후제어(냉방), 실내 공기의 질, 열쾌적

효과
에너지 사용/비용 감소, 실내 공기의 질 개선

선택사항
집중 대 분산 (환기) 굴뚝, (환기) 굴뚝높이, (환기) 굴뚝 수

조정 시안
Active 냉난방, 보안, 방음, 공기질, 방향, 풋 프린트, 내부 구획벽, 화재 및 연기 제어

관련 전략
맞통풍, 축열재 야간환기, 증기냉각탑

LEED 관련요소
에너지 및 환경, 실내 환경의 질, 혁신 및 설계과정

선결과제
수직통로로 이용 가능한 상당한 높이, 적당한 크기와 위치의 공기 유입구 및 배출구 가능성, 태양열 접근 (태양열 지원 수직통로에만 해당)

있다. 수직통로는 전체 높이 가운데 아래쪽 절반에 해당하는 건물구역에 전형적으로 효과적인 통풍을 제공할 것이다. 이는 수직통로가 모든 건물 층에 혜택을 제공하기 위해서는 절반으로 분할되어야하고 그렇지 않을 경우 전체 층 면적의 일부를 위해 필요할 뿐이라는 것을 의미한다.

수직통로는 통합식 아니면 노출식으로 할 수 있다. 이것은 표현방식의 문제이다. 수직통로를 태양접근을 위해 건물 둘레에 배치하는 것과 아트리움 속으로 통합시키는 것은 전혀 다른 건축적 솔루션이다. 이것은 미학적인 문제일 뿐 아니라 기후조건, 냉각부하 및 구역화 및 건축규정 등과도 관련된다. 실외 마감재와 조경(식물, 안개 및 지피식물)은 유입공기온도를 낮출 수 있다. 유입구와 배출구 크기는 시스템 성능에 절대적이다. 유입구의 위치, 개수와 크기는 건물 보안, 정면 외형 및 유입공기량에 영향을 미칠 수 있다.(유입구는 적재대 loading docks 근처나 차고 내에 위치해서는 안 된다)

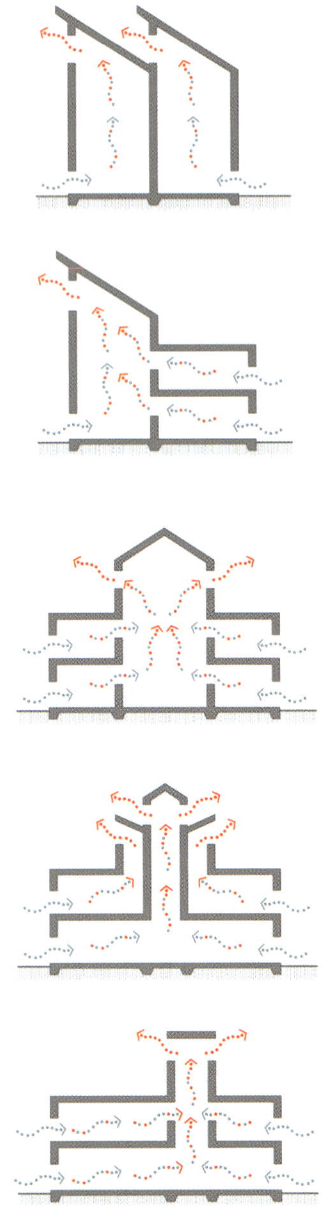

4.197 다양한 굴뚝환기의 형태.
KATE BECKLEY

실행시 고려사항

수직통로는 "환기사슬"의 보다 아래쪽 공간에 유리한, 다시 말해 보다 낮은 수준에 많은 공기흐름(환기)을 제공함으로써 열층을 "희석"시키기 쉽다. 분리식 모듈러 수직통로가 이러한 문제해결에 도움을 주지만 많은 수의 수직통로는 비용도 비용이거니와 개구부 수를 늘려야 하는데 이는 보안, 위치 및 인접성 등 여러 측면에서 실현 가능성이 희박하다. 기능 및 거주필요별 구역화(평면도와 단면도 모두에서)는 기본설계시 고려되어야 할 중요사항이다. 그 이외에 수직통로는 효과적인 공간 활용을 보장하기 위해 HVAC 및 구조시스템과 통합될 필요가 있을 것이다. 굴뚝환기는 일반적으로 대부분의 기후에 잘 적응하지만 일교차가 큰 기후가 이상적일 것이다.

냉방을 위해 실외 공기를 건물 속으로 끌어들일 때는 공기 중에 있는 각종 이물질들도 함께 받아들이게 되므로 유입구의 위치와 주변 공기질에 대한 세심한 고려가 중요하다. 이 전략은 또한 건물 속으로 소음을 손쉽게 침투시킬 수 있다. 인접한 소음원에 대한 주의가 요구된다. 거주공간에 대한 소음효과를 최소화하는 지점에 개구부를 설치한다.

설계절차

시스템 성능과 냉방 요구사항을 조화시킨 실행 가능성 있는 설계를 정조준하기 위해 시행착오 과정이 전형적으로 요구될 것이다.

1. 프로젝트를 위한 실행 가능성 있는 수직통로높이를 결정한다. 효과적인 수직통로높이는 보통 환기될 공간 높이의 두 배가 될 것이다. 하나의 수직통로가 보다 적은 층만을 위해 이용되도록(과도하게 높은 수직통로 돌출부 없는 굴뚝환기가 되도록) 건물을 구역화시키는 게 보통이다.

2. 수직통로 개구부(유입구, 배출구 및 병목구역 throat area)의 크기를 결정한다. 유입 개구부의 총 전용면적, 배출 개구부의 총 전용면적, 수직통로의 수평 횡단면 면적("병목구역") 가운데 가장 작은 값이 시스템 성능을 결정할 것이다.

예제

한 2층 건물은 높이가 30ft(9.1m)인 커다란 아트리움을 갖고 있다.

1. 20ft(6.1m) 내외의 효과적인 수직통로의 높이를 제공함으로써 건물의 1층을 환기시킬 것이다.

2. 지면 수준과 수직통로 꼭대기(아트리움)에 있는 개구부 면적은 200ft^2(18.6m^2)이며 목면적은 제한요소가 아니다.

3. 그림 4.198을 이용해 굴뚝환기 시스템의 냉방성능을 수직통로높이와 수직통로 대 바닥면적 비를 기준으로 하여 추정한다.(여기서 바닥면적은 하나의 수직통로나 여러 수직통로에 의해 봉사되는 면적이다)

4. 요구된 냉방성능을 달성하기 위해 필요한 경우 수직통로 개구부를 조정한다.

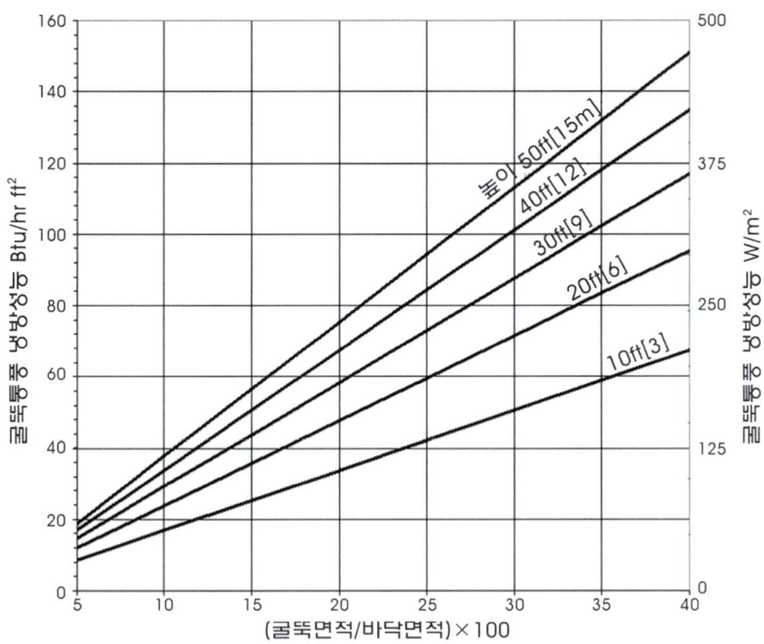

4.198 굴뚝환기의 성능. 수직통로의 크기와 높이에 대한 값으로서[온도차가 3°F(1.7°C)일 때] 단위 바닥면적당 제거된 열량. KATHY BEVERS, 『건물의 기계 및 전기설비에 적용되는 방정식』(10판)으로부터 인용

3. 수직통로에 의해 환기될 바닥면적은 2000ft²(186m²)이다. 수직통로 대 바닥면적 비율은 (200/2000)× 100 = 10이다. 그림 4.198에서 비율이 10인 20ft(6.1m) 높이 수직통로의 추정 냉방성능은 약 24Btu/hft²(76W/m²)이다. 이 성능은 실내외 기온차이가 3°F(1.7°C)인 것으로 가정하고 도출된 값이다.(여름철에 합리적인 가정이다)

4. 이 값을 환기될 공간의 냉방부하와 비교하여 충분한지 여부를 결정한다. 그림 4.198에서 보인 바와 같이 수직통로의 높이를 증가시키거나(이 예에서는 가능성이 희박함) 수직통로 개구부 면적을 증대시킴으로써 성능을 증대시킬 수 있다.

사례

4.199 플로리다 Tampa에 위치한 로건 하우스(Logan House, 왼쪽)는 연돌효과 환기의 모범 사례이다. 수직통로의 성능을 결정하고 대안적인 창문형태를 연구하기 위해 로건 하우스 모형에 대한 거품실험을 실시하고 있다(오른쪽). ALISON KWOK & CHRISTINA BOLLO

4.196 로건 하우스의 (맞통풍 및 굴뚝환기) 성능시험을 위한 풍동실험모형.

4.201 빌딩연구기구 사무실의 남쪽 정면에 있는 태양광 발전 패널과 (보조유리 차단막을 가진) 태양열 굴뚝환기, 그리고 굴뚝환기가 제공된 꼭대기층 모습. 영국 Hertfordshire 지역, Garston 소재. THERESE PEFFER

4.203 빌딩연구기구 사무실 공간의 창문은 태양열 수직통로 속으로 열린다. 물결모양의 천정은 건물을 가로지르는 맞통풍 통로를 제공함으로써 축열재 야간냉각에 이바지한다. THERESE PEFFER

4.202 영국 Coventry대학교 Lanchester 도서관은 굴뚝환기탑을 이용해 따뜻한 공기를 배출시킨다.

4.204 Lanchester 도서관의 공기 공급과 배출을 위한 커다란 중앙 수직통로 모습.

4.205 Lillis 비즈니스 복합단지(오레곤주 Eugene 소재)의 아트리움은 하나의 입구이자 순환 동선이요 사회적인 공간으로서 기능한다. 하나의 원형계단을 둘러싸는 발코니들은 학생들(과 작가들)이 모이는 연구영역을 제공한다. 이 아트리움은 또한 굴뚝효과를 통해 날개부의 교실들에서 오는 공기를 소진한다.

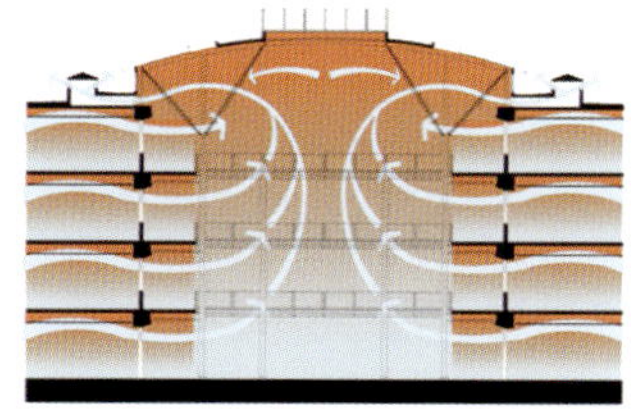

4.206 Lillis 비즈니스 복합단지의 자연환기 전략. 공기가 교실 내의 유입구들로 들어가서 아트리움 쪽의 배출구를 통해 빠져 나온다. SRG PARTNERSHIP

추가 정보

Grondzik, W. et al. 2002. "The Logan House: Signing Off", 『Proceedings of 27th National Passive Solar Conference-Solar 2002』(Reno, NV). American Solar Energy Society, Boulder, CO.

Grondzik, W. et al. 2010. 『Mechanical & Electrical Equipment for Buildings』. 11th ed. John Wiley & Sons, Hoboken, NJ.

Walker, A. 2010. Whole Building Design Guide, "Natural Ventilation." www.wbdg.org/resources/naturalventilation.php

계획설계를 넘어

기본설계과정에서 만들어진 굴뚝환기에 대한 크기 및 성능평가 추정값은 설계개발과정에서 검증될 것이다. 그러한 검증과정은 쉽지 않으며 잠재적 설계 외관의 효과성을 최적화하기 위한 컴퓨터 시뮬레이션 도구나 물리모형의 이용을 포함할지도 모른다.

NOTES

증기냉각탑

증기냉각탑은 고온건조한 실외의 공기를 냉각시켜 건물 내부로 순환시키는 증기냉각 및 하강기류의 원칙을 이용한다. 이로 인하여 생성된 보다 시원하고 습한 공기는 본래적 관성에 의해서 건물 내부로 순환될 수 있다. 냉각탑은 때때로 역방향 굴뚝이라고 불리기도 한다.

탑 꼭대기의 물에 노출된 고온건조한 공기는 물이 증발하면서 온도가 떨어지고 수분함량이 높아진다. 밀도가 높아진 공기는 탑 아래로 내려와 바닥에 있는 개구부를 빠져나오게 된다. 하강기류는 탑 꼭대기에서 음(흡입)압력을, 또 탑 바닥에서 양압력을 발생시킨다. 탑 바닥을 빠져나온 공기는 냉각이 요구되는 공간 속으로 유입된다.

4.208 캘리포니아 Menlo Park에 자리한 스탠포드대학교 지구생태연구센터의 증기냉각탑.

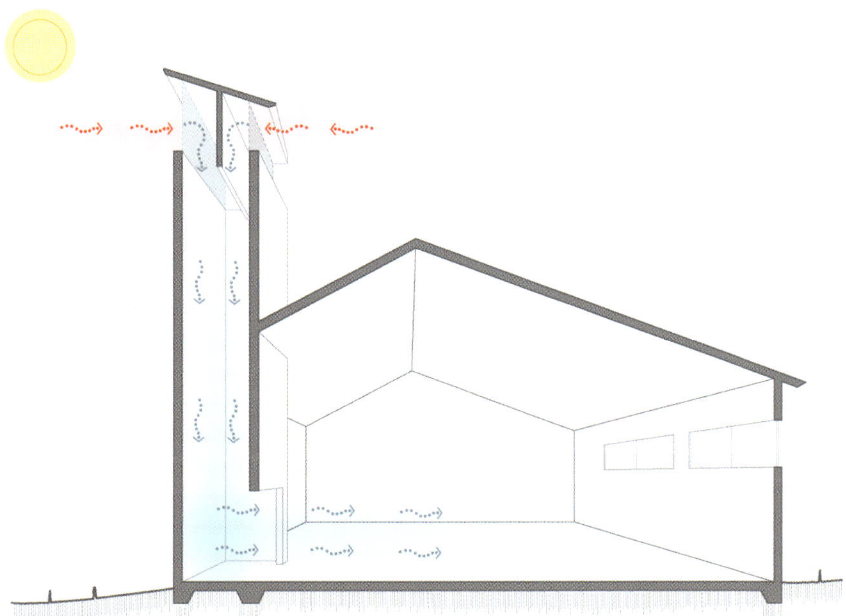

4.207 냉각탑 꼭대기로부터 유입된 따뜻하고 건조한 공기는 습기패드를 관통해 탑 바닥을 빠져나오면서 보다 시원하고 습한 공기로 변한다. KATHLEEN BEVERS

증기냉각탑은 고온건조한 기후에서 Passive(기계적) 건물 냉방을 대신할 수 있는 매우 에너지 효율적인 솔루션일 수 있다. 필요한 에너지 투입은 (수압이 낮은 상황에서만) 물을 순환시키는 펌프를 위한 것이 전부이다. 하지만 냉각탑은 물을 소비한다는 점에서 건조한 기후에서 문제가 될 수 있다.

이론상으로(또한 실무상 일반적으로) 증기냉각과정은 일정한 엔탈피 라인(열함량선)을 따라 잠재열을 감지할만한 수준의 냉방으로 전환시킨다. 과정이 진행됨에 따라 건구온도와 습구온도가 한 곳으로 수렴한다. 이론상으로 증발과정으로부터 생성된 공기에서 건구

의도
기후제어(냉방), 열쾌적

효과
Passive 냉방, 가습

선택사항
탑 개수와 위치

조정 시안
효과적인 열 기밀, 공간 배치, 일반적으로 방해받지 않은 실내 공기흐름

관련 전략
축열재 야간환기, 물 재활용/재사용, 집수 시스템

LEED 관련요소
에너지 및 환경, 실내 환경의 질, 혁신 및 설계과정

선결과제
고온건조한 기후, 이용 가능한 탑높이, 수원

온도와 습구온도는 동일할 것이다. 실무에서 그러한 과정은 건구온도가 습구온도보다 약 20~40% 더 높게 되는 결과를 초래할 것이다.

증기냉각탑의 성능은 외부 공기의 습구강하 **wet bulb depression**(습구온도와 건구온도간의 차이)에 좌우된다. 습구강하가 클 수록 주변의 실외 공기온도와 탑을 빠져나오는 냉각된 공기온도 사이의 잠재적 차이가 더욱 커질 것이다. 냉각탑 바닥으로 배출되는 공기흐름율은 습구강하와 탑 설계, 특히 탑 높이와 탑 꼭대기에 있는 습기패드의 면적에 의해 결정이 된다.

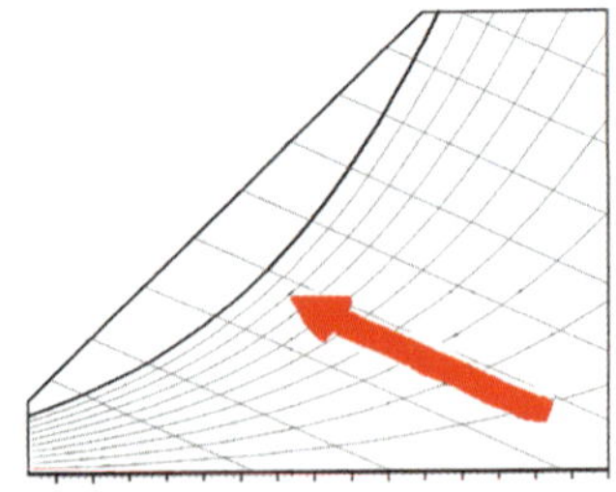

4.209 습공기선도 과정으로서 증기냉각.

건축적인 주요 현안

냉각탑은 건물에 건축적인 흥미를 배가시킬 수 있다. 유타주 시온국립공원 방문객센터의 냉각탑은 공원을 가로지르는 강을 따라 그림처럼 우뚝 솟은 협곡을 모방하여 설계되었다. 방문객센터 내부에 있는 탑 바닥은 중량감있는 난로같은 인상을 준다.

4.210 고온다습한 기후인 이란의 Qeshm Island에 있는 윈드 캐처. IMAN REJAIE

증기냉각탑은 냉각된 공기가 벽이나 구획벽에 의해 방해받지 않고 실내를 순환할 수 있는 개방형 바닥평면을 사용할 때 가장 효과적이다. 냉각탑은 공기순환을 위해 바람에 의존하지 않으며 최소한의 에너지 투입만을 요구한다. 그러나 증발패드를 계속 축축한 상태로 유지시켜 주변 공기의 상대습도를 높일 것이 요구된다. 또한 냉각탑은 수용해야만 하는 공기흐름이 비교적 많은 것이 특징이다. 이러한 초과 공기흐름은 실내 공기질이나 열환경에 관한 거주자 만족과 관련하여 유리한 요인으로 작용할 수 있다.

냉각탑은 습기패드(또는 안개분사)와 상대습도가 높은 지역에 관련되므로 잠재적인 미생물 번식(곰팡이)이 문제가 될 수 있다. 검사를 위한 접근용이성과 젖은 구역의 유지관리에 유의해야 한다.

이중기능탑으로, 주간에는 증기냉각탑으로 또 야간에는 굴뚝환기장치로 기능하게 하는 것도 기후에 따라서는 보장될지 모른다.

4.211 고온건조한 기후인 이란의 Semnan에 있는 윈드 캐처. IMAN REJAIE

실행시 고려사항

증기냉각탑은 고온건조한 기후에서 가장 잘 수행한다. 이러한 조건 하에서는(건조한 기후) 습구강하가 심하므로 냉방효과가 극대화된다. 또한 배출되는 공기의 높은 상대습도가 문제가 되지 않는다.(오히려 혜택을 줄 것이다) 냉각탑의 효과성은 바람에 좌우되지 않으므로 그것은 바람자원이 전혀 또는 거의 없는 구역(Givoni 1994)과 바람에 대한 접근성이 제한되거나 전혀 없는 장소에서도 사용될 수 있다.

Givoni(1994)는 배출온도와 공기흐름에 기초하여 증기냉각탑의 효과성을 추정하는 공식을 개발했다. 그는 풍속이 배출온도에 거의 영향을 미치지 못함을 발견했다. 이러한 공식은 꼭대기에 습기패드가 부착된 탑에 대한 제한된 자료만을 토대로 하여 도출된 것이나 기본설계를 위해서는 적절한 것으로 여겨진다.

설계절차

1. 설계조건을 수립한다. 건물부지상에서 1년 중 가장 무더운 기간 동안의 설계 주변 건구온도 DB와 이에 상응되는 평균 습구온도 WB를 발견한다. 습구강하는 건구온도와 습구온도간의 차이이다.

2. 실행 가능성을 결정하기 위해 개략적인 배출공기온도를 발견한다. 습구강하와 주변 실외 건구온도를 토대로 그림 4.212를 이용해 배출공기온도를 추정한다. 만약 이 온도가 냉각을 제공할 정도로 충분히 낮다면 3단계로 넘어간다.

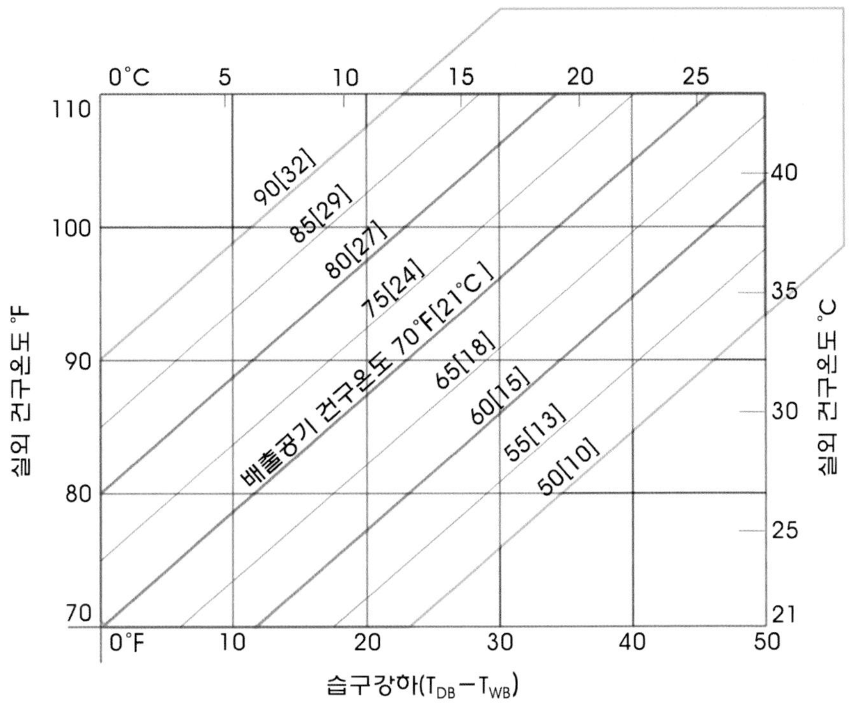

4.212 증기냉각탑 배출공기 온도는 습구강하와 실외 건구온도의 함수이다. KATHLEEN BEVERS, 『건물의 기계 및 전기설비』(10판)로부터 인용

3. 필요한 공기흐름율을 결정한다. 감지할만한 공간/건물 냉방부하를 상쇄하기 위해 요구되는 배출공기흐름량(떠나는 건구온도)을 결정한다.

$$Q = q/(F)(t)$$

여기서

Q = 공기흐름율, cfm(L/s)

q = 설계 감지냉방부하, Btu/h(W)

Δt = 공급공기(냉각탑으로부터 배출되는)와 실내 공기간의 온도차이, °F(°C)

F = 전환계수, 1.1(1.2)

예제

증기냉각탑이 추정된 냉각부하가 15Btu/hft²(47.3W/m²)인 4000ft²(372m²) 면적의 콜로라도 Boulder 소재 한 사무실 건물을 냉각시킬 수 있을 것인지를 결정한다.

1. Boulder시는 91° F(32.8° C)의 설계 DB와 59° F의 이에 상응되는 평균 WB(15° C)를 요구하며 이런 상황에서 습구강하는 (91~59° F) = 32° F(17.8° C)이다. 그림 4.212를 참조하면 이 값은 증기냉방에 적합한 조건 내에 충분히 포함된다.

2. 습구강하는 (91~59° F) = 32° F(17.8° C)이다. 그림 4.212로부터 배출공기 온도는 약 65° F(18.3° C)인 것으로 예측된다.

3. 냉방부하를 상쇄하기 위해 요구되는 Texit 공급공기량을 결정한다.

   Q = q/(1.1×t)
   q = (15Btu/hft²×4000ft²)
   = 60,000Btu/h
   Δt = (78–65) =17° F
   Q = 60,000/(1.1×17)
   Q = 3210cfm(1515L/s)

   공기흐름율이 대략 3200cfm(1510L/s)인 65° F(18.3° C) 온도의 탑 배출공기는 15Btu/hft²(47.3W/m²)의 냉방부하를 상쇄시킬 것이다.

4. 그림 4.213에서 26° F(14.4° C)의 습구강하와 3200cfm(1,510 L/s)의 흐름율에서 총 패드크기 48ft²(4.5m²)인 25ft(7.6m) 높이의 냉각탑이 사무실 건물을 65° F(18.3° C)의 배출온도로 냉각시킬 수 있음을 암시한다.

4. 습기패드가 설치된 지점의 탑 높이와 면적을 결정한다. 요구된 공기흐름율을 토대로 그림 4.213의 그래프를 이용해 적절한 탑 높이와 습기패드면적을 결정한다.

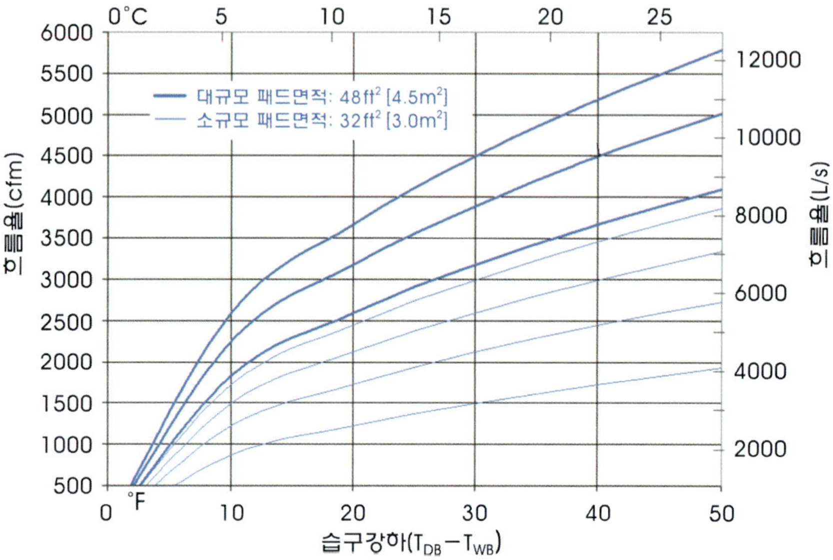

4.213 권장된 냉각탑 높이와 습기패드면적은 요구된 공기흐름율과 습구강하의 함수이다. KATHLEEN BEVERS, 『건물의 기계 및 전기설비』(10판)로부터 인용

사례

4.214 시온국립공원 방문객센터의 증기냉각탑. HARVEY BRYAN

4.215 이란 Yazd의 Dolat Abad 정원에 있는 매우 높은 윈드 캐처. IMAN REJAIE

4.216 이란 Yazd의 역사적인 윈드 캐처. IMAN REJAIE

4.217 이란 Yazd의 4면 윈드 캐처. IMAN REJAIE

4.218 캘리포니아 Menlo Park 소재 스탠포드대학교 지구생태연구센터의 증기냉각탑.

4.219 나미비아의 Windhoek에 위치한 주거환경 연구개발센터의 증기냉각탑. 높이 들어 올려진 물 저장탱크들의 차양역할을 하기 위해 (프로소피스 혹은 메스키트) 나뭇가지들이 사용되고 있다.

4.220 지구생태연구센터 냉각탑 꼭대기에 있는 안개분사기(습기패드 대용)를 밑에서 올려다 본 모습. ROBERT MARCIAL

4.221 지구생태연구센터의 냉각탑은 로비에 위치하고 있다.

4.222 냉각탑들이 주거환경 연구개발센터의 지붕 높이를 정의한다.

4.223 네바다주 라스베이거스에 위치한 Springs Preserve의 냉각탑.

4.224 Springs Preserve의 냉각탑 배출구.

추가 정보

Chalfoun, N. 1997. "Design and Application of Natural Down-Draft Evaporative Cooling Devices", 『Proceedings 1997 Conference of ASES』. American Solar Energy Society, Boulder, CO.

Givoni, B. 1994. 『Passive and Low Energy Cooling of Buildings』. Van Nostrand Reinhold, New York.

Givoni, B. 1998. 『Climate Considerations in Building and Urban Design』. Van Nostrand Reinhold, New York.

Global Ecology Research Center, Stanford University. globalecology.stanford.edu/DGE/CIWDGE/CIWDGE.HTML(select "About" and "Our Green Building")

Thompson, T., N. Chalfoun and M. Yoklic. 1994. "Estimating the Thermal Performance of Natural Draft Evaporative Coolers", 『Energy Conversion and Management』, Vol. 35, No. 11, pp. 909-915.

U.S. Department of Energy, Office of Energy Efficiency and Renewable Energy, High Performance Buildings, Zion National Park Visitor Center. eere.buildinggreen.com/overview. cfm?projected=16

계획설계를 넘어

기본설계과정에서 냉각탑이 실행 가능성이 있다고 판단되면 설계개발과정에서는 그에 대한 기술적 및 건축적 상세가 개발될 것이다. 그 시점에서 대안적인 수원(아마도 수조가 되겠지만)이나 펌프 에너지(아마도 PV)의 사용이 결정될 수 있다.

냉각탑의 성능을 건물 위탁관리를 통해 검증하고, 조작법과 유지보수 관련사항을 기술하는 사용자 매뉴얼을 준비해야 한다.

NOTES

축열재 야간환기

축열재 야간환기는 쾌적한 공간온도를 유지하기 위해 축열재의 용량적 성질을 활용한다. 축열재는 공기온도를 조절하여 극심한 온도변화를 감소시킨다. 온도가 보다 따뜻하고 태양복사와 내부부하가 실내 온도를 상승시키는 작용을 하는 낮 동안에 건물 축열재는 열을 흡수/저장한다. 실외 공기온도가 시원해지는 야간에는 실외 공기가 건물을 통해 순환된다. 낮 동안에 축열재에 흡수된 열은 공간을 통해 순환하는 시원한 공기 속으로 방출되어 실외로 사라진다. 이러한 순환에서 축열재는 열을 방출함으로써 다음 날 또 다시 열을 흡수할 수 있는 잠재력을 가지게 된다. 추운 계절에는 공간을 수동으로 가열하는데 동일한 축열재가 이용될 수 있을 것이다.(사이드바에 있는 관련전략 참조)

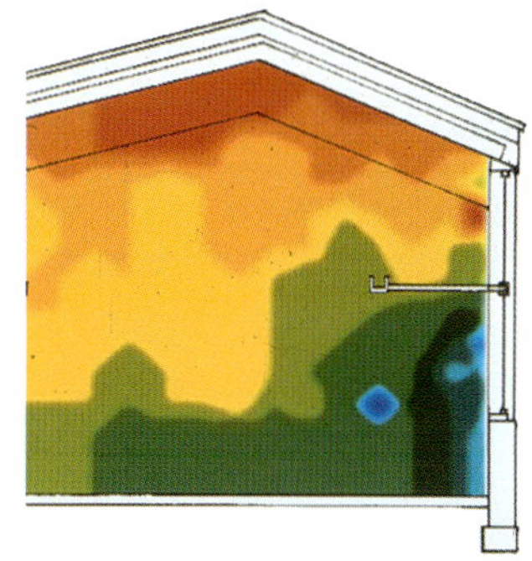

4.226 축열구획벽의 열 분포도. WENDY FUJINAKA

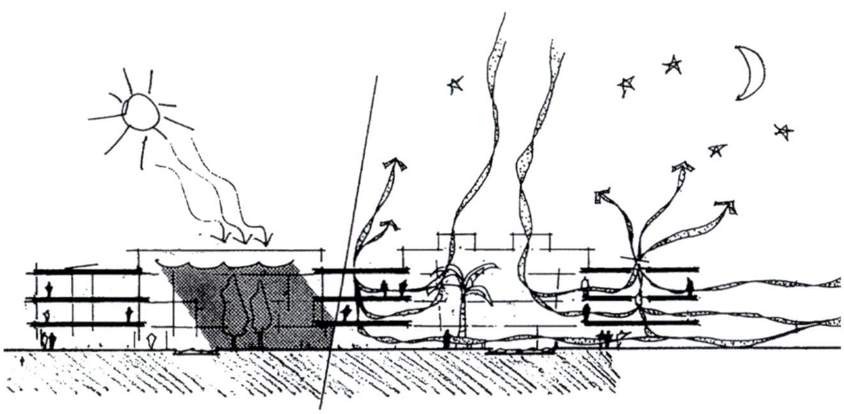

4.225 IBN-DLO 삼림자연연구소 프로젝트를 위한 개념도 중 하나. 낮 동안에 열은 실내 축열재에 흡수되며 밤에는 공간을 통해 순환하는 시원한 실외 공기 속으로 방출된다. 네덜란드 Wageningen 소재. BROOK, MULLER

이 전략의 성공은 해당지역 기후조건에 크게 의존한다. 일교차[20°F(11°C) 내외]는 커야만 한다. 높은 주간온도(및/또는 태양열 부하와 내부 열획득)는 냉방부하를 발생시킨다. 낮은 야간온도는 냉각원(한기의 원천)으로서의 기능을 하게 한다. 축열재는 이 두 조건을 시간을 뛰어넘어 연결시킨다.

건축적인 주요 현안

이 전략은 건물을 통한 광범위한 실외 공기흐름에 의존하므로 특히 공기흐름이 자연환기에 의해 이뤄진다면 건물 공간 배치가 성공의 관건이다. 많은 기후에서는 여름철 밤에 풍속이 대체로 낮아지는 경향이 있으므로 충분한 야간 맞통풍을 제공하는데 어려움이 있고 따라서 공기흐름을 촉진하기 위해 굴뚝환기를 사용하는 것이 권장된다 하겠다.

의도
기후제어(냉방), 열 쾌적

효과
Passive 냉방, 자연환기, 에너지 소비 감소

선택사항
축열재의 위치와 유형, 맞통풍 및/또는 굴뚝환기, 기계지원 환기

조정 시안
건물방향, 축열재, 내부 공간 배치, 보안

관련 전략
맞통풍, 굴뚝환기, 차양장치, 직접획득, 간접획득

LEED 관련요소
에너지 및 환경, 실내 환경의 질

선결과제
합리적인 일교차, 허용 가능한 야간 상대습도, 야간환기 능력, 충분한 축열재(넓은 표면적에 걸친)

축열재와 관련된 구조적 하중은 내력 구성요소의 간격과 크기에 영향을 미칠 것이다.(다층건물의 경우에 특히 문제가 됨) 콘크리트는 추가된 하중을 이겨내는 구조재료로 이용될 뿐 아니라 이러한 전략을 위한 축열재로서 이용된다. 노출된 구조 시스템은 축열재를 제공하기 위한 합리적인 수단이다. 하지만 조적단위와 수조를 포함해 상당한 질량을 가진 모든 재료는 축열재로 작용할 것이다.

이 전략이 효과적으로 작동되도록 하기 위해 축열재는 환기공기 흐름에 노출될 필요가 있다. 노출된 축열재의 표면적은 보통 조절된(Passive 냉방된) 바닥면적의 1~3배에 달하는데 이것이 건물 설계에 지대한 영향을 미칠 것임은 분명하다.

건물을 수동적으로 냉각시키려고 노력하기에 앞서 적절한 국지기후와 외피설계기법을 이용해 열부하를 가급적 감소시키는 것이 절대 중요하다.

실행시 고려사항

효과적인 야간환기를 위해 축열재는 실외 공기흐름에 충분히 노출되어야 한다. 이것은 실행시 중대한 고려사항이다.

여름철 열획득시간은 잠재 냉각시간을 초과하므로 개구부는 짧은 시간 동안 많은 공기를 이동시킬 수 있도록 크게 설치될 필요가 있다. 이 전략은 낮 동안에 건물을 폐쇄시키고 밤에는 상당한 수준으로 개방시키는 능력에 달려 있다. 따라서 보안문제가 제기될 수 있다. 거주시간 동안 공기질을 보장하기 위해 충분한 주간환기를 제공할 필요가 있다.

냉방을 위해 실외 공기를 건물 속으로 끌어들일 때는 공기 중에 있는 각종 이물질들도 함께 받아들이게 되므로 유입구의 위치와 주변 공기질에 대한 세심한 고려가 중요하다. 이 전략은(비록 야간환기 전략에서는 주간환기 전략에서보다 문제가 덜 되겠지만) 또한 건물 속으로 소음을 손쉽게 침투시킬 수 있다. 거주일정과 인접한 소음원에 대한 주의가 요구된다. 거주공간에 대한 소음효과를 최소화하는 지점에 개구부를 설치한다.

설계절차

기본설계과정에서 설계자는 주어진 부지/건물 상황에서 이 전략의 가능성, 축열재의 축열성능 및 축열재를 냉각시키기 위한 환기전략 등에 대해 결정해야 한다.

이 절차는 『건물의 기계 및 전기설비』(10판)에 제시된 지침을 원용한 것이며 "높은" 축열수준이 제공되는, 가령 노출된 구조물을 가진 Passive 태양열 난방 직접획득 건물을 토대로 하였다. 축열 수준이 낮은 건물에서는 결과가 달라질 것인데 설계자는 이 점에 유의해야 한다.

예제

1800ft^2(167m^2) 면적의 몬타나 Bozeman의 한 작은 사무실은 약 3800ft^2(350m^2)의 노출 표면적을 가진 노출된 경량 콘크리트 바닥과 벽으로 지어질 예정이다. 작업시간을 9시간이라고 가정할 때 사전에 계획된 평균 1일 냉방부하의 추정값은 1일 170Btu/ft^2(1일 510Wh/m^2)이다.

1. 주어진 지점에서 축열재의 야간환기 가능성을 결정한다. 일교차가 큰 기후는 이러한 전략에 이상적인 조건일 것이다. 인구밀집 지역에 대한 많은 자료원으로부터 적용 가능한 기후자료를 얻을 수 있으며 시골이나 외딴 장소에 대한 값을 추정하기 위해 이용될 수 있다.

2. 기후자료를 획득하고 가능한 최저 실내온도를 도출한다. 가장 무더운 여름철 설계 건구온도 DBT와 프로젝트 부지상의 평균 1일 온도범위를 발견하며 최저 DB온도를 도출한다.

   최저 DBT= (최고 DBT－평균 1일 범위)

3. 최저 축열재 온도를 개략적으로 도출한다. 목표는 야간에 축열재를 냉각시켜 최저 DBT에 가까운 온도로 유지시키는 것이므로 이 추정값은 중요하다. 1일 범위가 큰 기후에 대한 최저 축열재 온도를 개략적으로 도출하기 위해 1/4을 더한다. 1일 범위가 작은 기후[30°F(16.7°C)를 넘지 않는]에 대한 값을 구하기 위해서는 최저 DBT에 평균 1일 범위의 1/5을 더한다.

4. 축열재의 저장용량을 계산한다. 그림 4.227에서 여름철 설계 실외 건구온도와 평균 1일 온도범위를 이용해 축열재의 용량을 결정한다. 1일 열획득 가동시간에 맞춰 조절될 경우(개방 또는 폐쇄모드) 축열재는 이러한 냉방전략을 만족스럽게 할 정도로 충분한 용량을 가져야만 한다.

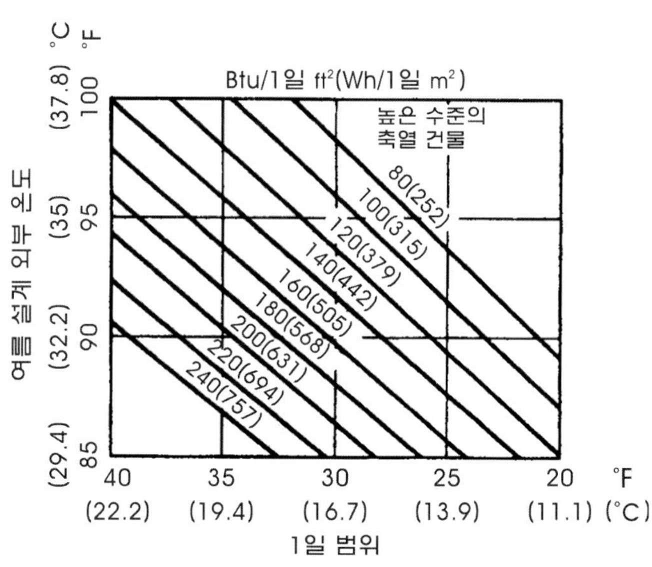

4.227 높은 수준의 축열건물에서 추정된 저장용량. 그래프에서는 축열재 면적 대 바닥면적 비율을 축열성능을 제공하는 3인치(75mm) 두께의 콘크리트 슬래브[또는 6인치(150mm) 두께 슬래브나 벽의 양쪽면]의 그것과 대략 일치하는 2:1로 가정하였다. 『건물의 기계 및 전기설비』(10판)

5. 야간에 제거될 수 있는 저장열의 백분비를 결정한다. 대부분의 열은 t, 즉 축열재 온도와 실외 온도간의 차이가 최대가 될 때 축열재로부터 빠져나갈 것이다.

1. 기후자료 분석을 통해 축열재 야간환기는 7월과 8월 중 가능한 것으로 나타났다.

2. 설계 여름온도는 87°F(30.6°C), 그리고 평균 1일 범위는 32°F(18°C)이다. 따라서 달성될 수 있는 최저 실내 공기온도는 (87－32) = 55°F(12.8°C)로서 (적어도 냉방 관점에서는) 아주 양호한 수준이었다.

3. 최저 축열재 온도는 다음과 같이 추정되었다.

   (1/4)×(32°F) = 8°F(4.4°C)

   또한,
   8°F+55°F = 63°F(17.2°C)

4. 그림 4.227로부터 축열수준이 높은 건물(87°F의 설계온도와 32°F의 1일 범위)은 1일 ft²당 210Btu(1일 m²당 630Wh)의 열을 흡수할 것이다. 평균 1일 냉방부하는 1일 170Btu/ft²(1일 510Wh/m²)로서 이 용량보다 작았다.

5. 그림 4.220에 외삽하면(정의된 설계조건에 대한 값으로) 매일 축열의 약 12%가 "최고" 냉각시간 동안 야간환기에 의해서 제거될 수 있다. 이 값은

   1일 0.12×210Btu/ft² = 25.2Btu/ft²(79.5Wh/m²)이다.

6. 그림 4.229로부터 1일 일교차는 약 15°F(8.3°C)이다.

맞통풍 전략을 참조하여 그 전략을 이용할 경우 개구부 크기와 야간 초과열 제거가 현실성이 있는지를 결정한다. 그렇지 않다면 굴뚝환기 또한 현실성이 없으며 통풍공기의 기계적 순환을 고려해야 한다.

그림 4.228에서 평균 1일 범위와 여름철 실외 설계온도를 이용해 제거될 수 있는 열획득의 백분비를 결정한다.

7. 충분한 공기흐름이 제공된다고 가정할 경우(수동식이나 기계를 통해) 이러한 상황에서 축열재 야간 환기는 현실성 있는 전략인 것으로 여겨졌다.

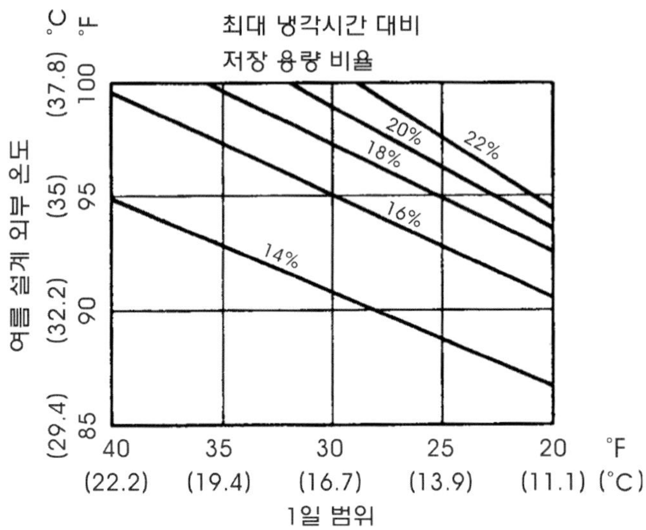

4.228 "최고" 야간환기 냉각시간 동안에 제거될 수 있는 축열재 내 열획득의 백분비. 『건물의 기계 및 전기설비』(10판)

6. 축열재를 야간냉각시키는데 필요한 환기율을 결정한다. 만약 완전히 수동식 건물이라면 맞통풍 및 굴뚝환기 전략을 참조하여 환기구가 최대 냉각시간대(그림 4.229의 t를 이용해)에 저장된 열을 제거할 수 있을 정도로 충분히 큰지를 결정한다. 야간 평균풍속은 주간 평균풍속에 훨씬 못 미치므로 맞통풍은 효과성이 제한받을 수 있음을 유념해야 한다. 만약 강제환기가 사용된다면 최대 냉각시간 동안의 요구된 환기율은 다음 식으로부터 추정할 수 있다.

$$Q = q/(1.1)\times(t)$$

여기서

Q = 요구된 공기흐름율, cfm(L/s)

q = 감지할만한 수준의 냉방부하, Btu/h(W)

F = 전환계수, 1.1(1.2)

Δt = 온도 차이, °F(°C)

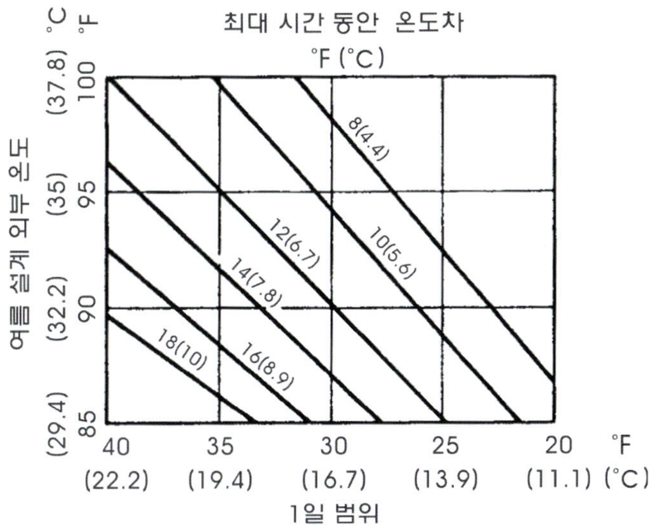

4.182 "최고" 야간 냉각시간대에 실내 축열재 온도와 실외 온도간의 차이.

7. 환기 요구사항을 다른 설계필요와 비교한다. 선택된 환기전략에 따라서는 요구된 유입구/배출구가 다른 건물필요를 충족시키지 못할지도 모른다. 제안된 냉방 시스템이 다른 건물 요구사항(가령 보안, 순환, 실내 공기질 및 화재 안전성)과 양립할 수 있는지를 재차 확인하는 것이 중요하다.

사례

4.230 오레곤 Eugene에 위치한 Emerald People's Utility District 사옥은 과가열기간 동안 건물을 냉각시키기 위해 바닥, 지붕/천정 및 구획벽의 축열재와 바람 및 기계환기를 같이 사용했다. JOHN REYNOLDS

4.231 축열재로 그리고 야간환기 시스템에서 공기순환통로로 사용된 중공 콘크리트 슬래브. JOHN REYNOLDS

추가 정보

Brown, G.Z. and M. DeKay. 2001. 『Sun, Wind & Light: Architectural Design Strategies』, 2nd ed. John Wiley & Sons, New York.

Grondzik, W. et al. 2010. 『Mechanical & Electrical Equipment for Buildings』. 11th ed. John Wiley & Sons, Hoboken, NJ.

Haglund, B. "Thermal Mass In Passive Solar Buildings", a Vital Signs Resource Package. arch.ced.berkeley.edu/vitalsigns/res/downloads/rp/thermal_mass/mass-big.pdf

Kolokotroni, M. 1988. 『Night Ventilation for Cooling Office Buildings』. BRE. See: products.ihs.com/cis/Doc.aspx?AuthCode=&DocNum=200687

Moore, F. 1993. 『Environmental Control Systems: Heating, Cooling, Lighting』. McGraw-Hill, Inc., New York.

Santamouries, M. 2004. 『Night Ventilation Strategies』, Air Infiltration and Ventilation Centre, Brussels.

계획설계를 넘어

만약 기본설계과정에서 축열재의 야간환기가 현실성이 있는 것으로 밝혀지면 축열재의 위치와 양, 그리고 환기구의 위치 및 크기와 관련된 모든 설계결정이 설계개발과정에서 건물부하에 관한 보다 정확한 정보가 이용 가능해짐에 따라 재검토될 것이다. 설계의도와 성능 요구사항이 충족되었음을 확인하기 위해 시스템 구성요소의 상세가 필수적이다.

건물 위탁관리를 통해 최초의 시스템 작동여부를 확인하고 지속적인 시스템 작동관련 세부사항을 기술하는 사용자 매뉴얼을 준비해야 한다.

지중쿨튜브

지중쿨튜브(쿨튜브)는 지하 파이프나 튜브를 이용하여 실외 공기를 실내 공간 속으로 끌어들임으로써 공간을 냉각시키는 방법이다. 공기는 이동하면서 냉각된다.(또한 습기가 제거될 것이다) 냉각효과는 실외 공기와 튜브깊이 토양간에 합리적인 온도차이가 존재하느냐 여부에 달려 있다. 쿨튜브는 토양온도가 실외 공기온도보다 낮을 때 유입공기를 완화시키거나 토양온도가 의도된 실내 온도보다 낮을 때는 실제 공간냉방효과를 제공하기 위해 이용될 수 있다. 쿨튜브는 또한 겨울철에 실외 공기를 중화시키기 위해 이용될 수도 있지만 공간난방효과는 제공하지 못할 것이다.

4.233 주거용 응용을 위한 지중쿨튜브 설치. TANG LEE

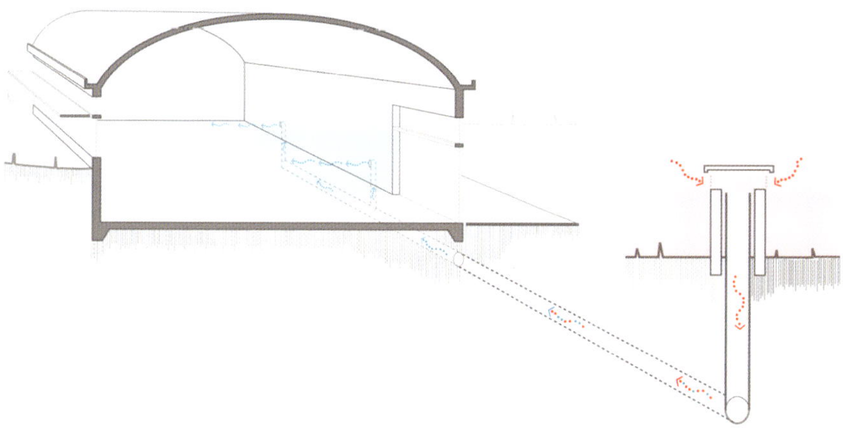

4.232 연돌효과 환기에 의해 지원된 개방순환 쿨튜브 방식을 보여주는 개념도면. 이 스케치에서 쿨 튜브의 길이는 지나치게 짧게 그려져 있다. JON THWAITES

개방순환 방식에서는 쿨튜브를 빠져나오는 공기가 실내 공간 속으로 직접 유입된다.(보통 전기 환풍기의 도움을 받아) 그림 4.232를 보면 지중튜브로부터 실내 공간 속으로 시원한 공기를 끌어들이기 위해 환풍기와 굴뚝환기가 동시에 사용되고 있다. 폐쇄순환 방식에서 실내 공기는 튜브 내부를 순환한 다음 거주공간으로 되돌아온다. 그림 4.186의 예에 전기 환풍기를 결합할 경우(완전 Passive 시스템이 아닌) 혼합 시스템이 된다.

개방순환식이든 폐쇄순환식이든 지중튜브의 냉방효과는 튜브를 가진 공간만을 냉각시키기 위한 의도가 아니라 전반적인 공간냉방부하를 감소시키기 위해 이용된다. 냉방(또는 난방) 기여도는 종종 실외 공기(환기)부하를 상쇄시키는데 초점을 맞춘다. 전적으로

의도
기후제어(냉방), 실외 공기 완화

효과
Passive 냉방, 실외 공기 완화(냉각/가열)

선택사항
폐쇄순환 또는 개방순환 방식

에너지
부지계획, 토양조건, 냉각부하, 공간배치(구획벽을 포함), 실내 공기질

관련 전략
맞통풍, 굴뚝환기, 축열재 야간환기

LEED 관련요소
에너지 및 환경, 실내환경의 질

선결과제
추정 냉각부하, 월별 기후자료(온도 및 상대습도), 기초 토양정보(유형, 개략적인 습기함량)

지중튜브만을 이용한 건물냉방은 작업에 엄청난 양의 튜브가 소요될 것이므로 비용효과를 창출하는 경우가 드물다. 만약 손쉽거나 저렴한 굴착과 같은 상쇄요인이 없다면 재료비용과 설치비용 측면에서 현실성이 없다.

건축적인 주요 현안

지중쿨튜브는 알루미늄이나 플라스틱 같은 내구성과 부식저항성을 갖추고 있고, 강하며, 비용효과를 창출할 수 있는 재료로 시공되어야 한다. 미국 에너지부 USDOE에 따르면 높은 열전도성이 중요하고 높은 열저항성은 가급적 피해야 할 지라도 재료선택이 열성능에 미치는 영향은 미미하다는 것이다. PVC나 폴리프로필렌이 사용되어 왔지만 이러한 재료들은 다른 재료들에 비해 박테리아 번식에 좋은 환경을 제공하기 쉽다.

지중쿨튜브의 직경은 튜브의 길이에 따라 약간씩 차이가 있겠으나 대체로 6~20인치(150~500mm) 정도이다. 보다 큰 직경일수록 공기흐름이 증대될 수 있겠지만 또한 열교환 튜브 표면으로부터 멀리 떨어진 지점에 보다 많은 공기가 분포하게 된다. 튜브의 길이는 요구된 냉방성능, 튜브직경 및 다음과 같은 냉방성능에 영향을 미치는 부지요인 등의 함수이다.

- 현지 토양조건
- 토양습도
- 튜브깊이
- 기타 부지 특이요인(식생이나 증기냉방 등)

냉방성능을 최적화하기 위해 튜브는 적어도 6ft(1.8m) 깊이로 매설해야 한다. 튜브는 가급적이면 그늘진 지점에 위치해야 한다.

USDOE에 따르면 전형적인 깊이별 토양온도는 다음과 같다.

- 20~100ft(6~30m) 깊이에서는 연평균 공기온도보다 약 2~3°F(1.1~1.7°C) 가량 더 높다.
- 10ft(3m)에 못 미치는 깊이에서는 주변 공기온도에 영향을 받으며 연중차이를 보인다.
- 표면 근처에서는 공기온도와 긴밀히 관련된다.

실행시 고려사항

토양온도가 요구된 실내 공기온도보다 확정적으로 더 낮지 않다면 지중쿨튜브는 냉각원으로서 잘 수행하지 못할 것이다. 하지만 실외 공기안정을 위해서는 단순히 지중튜브 주변 토양온도가 실외 공기온도보다 적당히 더 낮기만 하면 된다. 냉각기 동안에는 지중튜브 주변 토양이 튜브로부터 전달되는 열로 인해 정상적인 온도조건 이상으로 가열될 것이다. 이로 인해 냉각기나 난방기 동안 장기적인 성능저하를 초래하기 쉽다.

4.234 지중쿨튜브로 사용된 비매설 배수관. TANG LEE

4.235 지하실 기초벽을 통해 지중쿨튜브를 삽입하고 있는 모습. TANG LEE

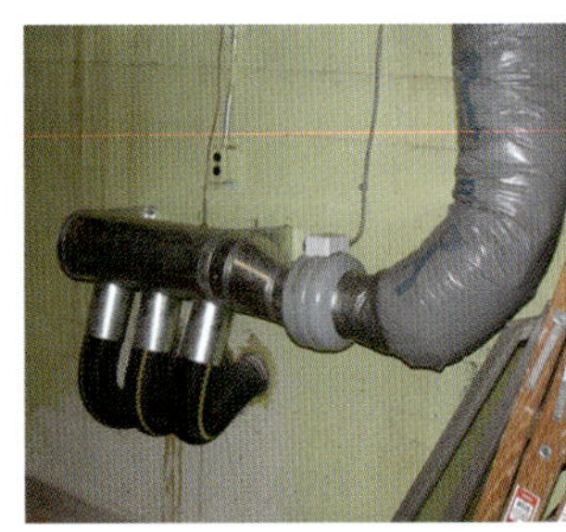

4.236 건물 속으로 들어온 세 가닥의 지중쿨튜브는 헤더에서 덕트 도관과 연결되는데 덕트 내 환기구에 공기를 끌어들여 반환공기 덕트 속으로 방출시킨다. TANG LEE

비록 지중튜브 내 응축이 가능할지라도 실외 공기로부터 제습건조는 대개 어려우며 기계건조나 수동건조 시스템을 이용해야만 할 것이다.

쿨튜브 사용시 유의해야 되는 점은 튜브가 곰팡이, 균류 및/또는 박테리아 등의 온상이 될 수 있다는 것이다. 응축이나 지하수 누출로 인해 튜브 내에 물이 고여 문제가 악화될 수 있다. 만약 튜브가 쉽게 감시되거나 청소될 수 없다면 냉방효과가 직접 건물 속으로 도달하지 않고 "튜브공기"로부터 다른 독립적인 공기흐름으로 전달되도록 하는 간접방식도 고려해봄직 하다. 하지만 이것은 시스템 성능을 떨어뜨릴 것이다. 곤충이나 흰개미가 실외로부터 튜브를 통해 거주공간으로 들어오지 못하도록 방충막을 설치하는 것도 권장된다.

설계절차

1. 여름철 토양온도를 결정한다. 6ft(1.8m) 깊이에서 여름철 토양온도는 그 지점의 월평균 건구온도와 대략 일치한다. 지중튜브 설비의 냉각용량을 개략적으로 추정하기 위해 냉각기 전체에 걸친 평균 주변 온도를 도출한 다음 그 값을 그 지점의 지반온도 추정값(T_{GROUND})으로 사용한다.

2. 요구된 튜브 배출공기온도를 결정한다. 지반 튜브로부터 요구된 외부흐름 공기온도($T_{OUTFLOW}$)를 결정한다. 지중튜브 설비가 전체 냉방부하를 책임진다면(일반적이거나 권장되는 방법이 아님) 이 값이(실내 공기온도보다 몇 도 더 낮아야 하는) 공급공기 온도일 것이다. 지중튜브가 에어컨 시스템을 위해 공기를 예비냉각시키고 있다면 보다 높은 배출온도가 허용될 것이다. 배출공기 온도가 튜브 주변 토양온도보다 4°F(2.2°C) 이하로 더 높을 것 같지는 않다.

3. 토양습도 특징을 결정한다. 실지검사 및 관찰을 통해 지중튜브 주변 토양이 정상적인 경우 메마른지, 보통인지, 아니면 축축한지를 결정한다. 그림 4.190은 평균 토양습도에 기초한 것으로서 젖은 토양조건에서 냉방성능은 평균토양보다 약 두 배 더 높으며 메마른 토양의 약 절반이다. 토양조건은 지중튜브 성능에서 매우 중요한 역할을 한다.

4. 지중튜브 설비의 냉각부하를 추정한다. 건물 유형과 크기에 기초해 건물의 설계냉방부하를 추정한다. 이러한 부하는 Btu/h(kW) 단위로 표현된다. 공기완화장치의 경우 지중튜브 부하가 전체 냉방부하 가운데 적당한 비중을 차지할 것이다. 실외 공기완화에 있어서는 단순히 실외 공기부하를 중화시키는 것이 목표이다.

5. 요구된 지중튜브 길이를 결정한다. 그림 4.237을 이용해 요구된 지중튜브 길이를 추정한다.

   $T_{OUTFLOW}-T_{GROUND}$ 값(1단계와 2단계)과 냉각부하(4단계)의 교차점이 요구된 지중튜브 길이에 관한 정보를 줄 것이다. 축축하거나 마른 토양에 대해서는 3단계에서 설명한 것처럼 조정한다.

예제

미시간에 위치한 3000ft²(279m²) 면적의 한 사무실 건물을 위하여 환기공기를 냉각시키기 위한 지중튜브 시스템을 설계하고자 한다. 매 시간별 열획득은 10.2Btu/hft²로 추정되며 그 중 2.0Btu/hft² (6.3W/m²)는 요구된 실외 환기공기로 인한 것이었다.

1. 미시간의 냉각기 동안에 평균 주변 공기온도는 T_{GROUND}와 같은 값으로 여겨지는 70°F(21.1°C)로 추정되었다.

2. 요구되는 실내 온도는 78°F (25.6°C)이다.

   쿨튜브는 오로지 실외 공기부하 감소라는 한 가지 목표를 충족시키는 크기에서 결정된다고 가정하고 배출온도를 $T_{OUTFLOW}$와 같은 값인 78°F(25.6°C)로 설정했다.

3. 실지검사에서 토양은 습하지도 메마르지도 않는 것으로 나타났으므로 그림 4.190의 "평균" 토양값이 적절했다.

4. 지중튜브가 감당해내야 할 냉각부하는 2.0Btu/hft²× 3000ft², 즉 6,000Btu/h[(6.3× 279) = 1758W]이었다.

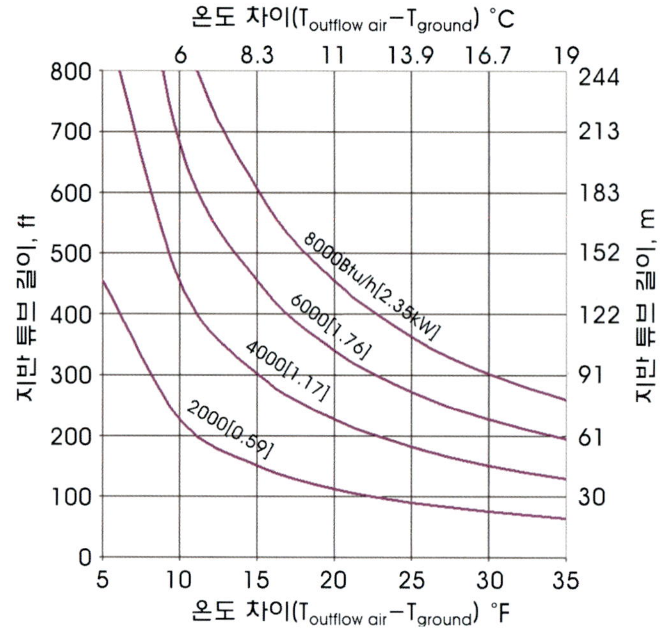

4.237 평균 토양수분함량을 가정하고 냉각성능과 온도차이의 함수로서 요구된 쿨튜브 길이를 추정한다. 이 표는 12인치(300mm)의 튜브직경과 적당히 낮은 흐름율을 토대로 작성된 것이다.
KATHY BEVERS: 『건물의 기계 및 전기설비에 적용되는 방정식』(10판)으로부터 인용

5. ($T_{OUTFLOW}-T_{GROUND}$) = (78−70°F) = 8°F(4.4°C).
그림 4.237에서 수평 좌표값 8에서 그은 수직선이 6000 라인과 만나는 점을 확인한다.(아주 조금 외삽된) 그 점에서 수직 좌표값을 읽으면 튜브길이는 800ft(244m)임을 알 수 있다.

사례

4.238 멀리 떨어진 주택을 위한 진입로 표식으로 기능하는 캐나다 앨버타 Calgary에 있는 어느 주택의 한 공기흡입구(좌측, 공사중). 공기흡입구(우측)는 게시판과 벤치로도 사용될 수 있게 설계된다. 지반을 빠져나온 세 가닥의 튜브와 공기흡입구 뒤편에 위치한 공기필터에 주목하라.
TANG LEE

4.239 위스콘신주 Baraboo에 위치한 Aldo Leopold Legacy Center의 지중관 설치작업.

4.240 지중관 영역에 전형적인 지피식물을 보여주는 Aldo Leopold Legacy Center의 공사 후 사진. THE KUBALA WASHATKO ARCHITECTS

4.241 Aldo Leopold의 지중관 시스템으로 들어가는 유입구.

추가 정보

Brown, G.Z. and M. DeKay. 2001. 『Sun, Wind & Light: Architectural Design Strategies』, 2nd ed. John Wiley & Sons, New York.

Grondzik, W. et al. 2010. 『Mechanical & Electrical Equipment for Buildings』. 11th ed. John Wiley & Sons, Hoboken, NJ.

Lee, T.G. 2004. "Preheating Ventilation Air Using Earth Tubes", 『Proceedings of the 29th Passive Solar Conference』(Portland, OR). American Solar Energy Society, Boulder, CO.

Clean Energy Exhibition. Earth Tubes Exhibit. solar.world.org/solar/earthtubes.

계획설계를 넘어

기본설계과정에서 지중쿨튜브 시스템의 추정된 성능에 대한 검증이 실시될 것이다.(아쉬운 것은 이를 위해 손쉽게 이용 가능한 도구가 거의 없는 실정이며 열 시뮬레이션 전문가의 도움이 필요함) 시스템 구성요소와 설치에 관한 상세가 마무리될 것이다. 지중튜브 내 미생물 번식의 우려가 있으므로 권장된 유지관리 절차를 담은 시스템 사용자 매뉴얼을 개발하는 것이 현명할 것이다.

지중복토

지중복토 earth sheltering는 지하 환경의 본래적 기후제어성능을 활용한다. 지중복토는 본질적으로 깊은 토양이 지상 대기환경에 비해 겨울철 보다 따뜻한 환경과 여름철 보다 시원한 환경을 제공한다는 지열원 열펌프의 근본원칙을 수동방식으로 구현한 것이다. 이러한 환경 내 건물은 겨울철 열손실을 상당부분 감소시키며(실제로 건물을 가열시키지 않고도) 여름철(동시에 한기를 제공하면서) 냉각부하를 감소시킬 수 있다. 지중복토에 의해 제공되는 기후중화의 크기는 토양깊이와 함수관계에 있다. 지하 6ft(1.8m) 깊이에서 온도변화는 연간 몇 도 내외일 것이다. 하지만 표면 근처의 토양온도는 약소하나마 공기온도로부터 영향을 받게 된다. 표토는 극한적인 온도변화를 완화시킬 뿐 아니라 최저온도를 한겨울에서부터 봄으로, 최고온도를 한여름에서부터 가을로 옮겨 놓음으로써 실내 온도변화에 있어 상당한 시간지체를 창출할 수 있다.

4.243 안정적인 지하 토양온도를 활용하기 위한 일부 또는 전부 복토. KATE BECKLEY

4.242 전형적인 지중복토주택 건물의 단면도. MALCOLM WELLS

지중복토는 대류와 전도에 의한 열손실과 열획득을 감소시킴은 물론 누출을 감소시킴으로써 건물 외피 조립품의 성능을 개선한다. 매우 안정적인 실외 환경을 제공함으로써 건물기후제어에 있어 에너지 효율성과 비용효과를 창출할 수 있으므로 수동전략의 전망을 밝게 한다. 효과적인 지중복토 설계는 냉난방 부하 및 비용을 50% 이상 감소시킬 수 있다. Active 보조 기후제어 시스템의 필요성이 현저히 줄어들 것이다.

건물이 땅 속으로 들어감으로써 소음침투가 현저히 줄어들거나 제거될 수 있다. 지중복토는 가파른 경사를 가진 부지에 이상적이며 실외 공간과 조망을 보존함으로써 대지면적을 최소화할 수 있다. 화재와 강풍에도 잘 견디므로 보험요율상의 혜택을 가져다 줄 것이다.

의도
기후제어

효과
에너지 효율성, Passive 냉방 가능성, 열손실 감소

선택사항
일부 지중복토(earth berms) 또는 완전 지중복토벽 공법, 지중 또는 통상적인 지붕

조정 시안
방향, 환기, 누수 및/또는 집수, 공기질, 자연채광, 구조하중, 토양조건

관련 전략
맞통풍, 굴뚝환기, 축열재 야간환기, 옥상녹화, 정상부 주광, 측창채광, 직접획득

LEED 관련요소
지속가능 부지, 실내 환경의 질, 에너지 및 환경, 혁신 및 설계과정

선결과제
수위선보다 충분히 높은 부지, 굴착이나 복토에 적합한 토양조건

건축적인 주요 현안

지중복토는 광범위한 부지 상황에서 실행될 수 있다. 지하구조물은 평지상에서 지하층을 세우든지, 건물 둘레를 "흙으로 덮거나" "둔덕을 만들든지", 아니면 경사지 비탈면을 굴착하여 시공될 것이다. 대개는 지표면 근처의 광범위한 암반층이 굴착을 어렵게 할 것이다. 영구 수분함유 점토는 구조물에 손상을 주거나 미끄러지게 하기 쉽다. 기후제어 의도와 기타 편익에 대한 고려(폭풍우로부터 보호)에 따라 지중복토의 깊이와 범위는 달라질 수 있다. 모든 공사를 수위선 위에서 실시함으로써 누수와 부양압력으로 인한 구조 손상의 가능성을 미연에 방지해야 한다. 적절한 배수설계는 지중복토를 현실성 있게 하기 위한 필수요소이다. 수분손상과 누수에 대한 구조적 강도와 저항성을 보장하기 위해 적절한 건물재료와 시스템을 사용해야만 한다. 전형적으로 이용되는 재료는 강화콘크리트와/또는 조적이다.

방향은 지중복토 설계의 성공을 위해 매우 중요하다. 하나나 그 이상의 벽이 흙으로 덮임으로써 자연채광과 환기문제가 기본설계과정에서 해결되어야 한다. 지중복토를 남향 유리창과 결합하게 되면 무엇보다 충분한 축열효과가 보통 손쉽게 창출되므로 Passive 공간난방을 위한 태양복사열 활용에 도움을 줄 것이다. 천창이나 광파이프는 실내 공간 속으로 주광을 유입하는데 이용될 수 있다. 자연환기는 유입구/배출구 위치에 유의한다면 지중복토와 같이 이용될 수 있다. 건물 구조물의 일부분을 지상에 노출시킨다면 맞통풍이 보다 현실성이 있게 된다. 안뜰과 부착온실 sunspace은 추가적인 환기기회를 제공할 수 있다. 습한 기후의 경우 제습에 도움을 주기 위해 종종 기계냉방 시스템이나 제습기를 이용하기도 한다.

실행시 고려사항

다수의 그린 설계전략을 적절히 이용한다면 지중복토 건물의 성능을 개선시킬 수 있다. 모든 부지는 고유한 자원과 피해원인을 가지고 있으며 고객의 프로젝트 요구사항 또한 저마다 차이가 있다. 설계자는 그러한 상황에서 이 책에서 개괄된 다양한 전략들의 적절성을 평가해야만 한다. 방향, 유리창 비율, 열저장 및 환기 등 제반전략들은 설계과정 초기에 고려되어야만 한다.

두 가지 주요한 문제, 즉 충분한 지중복토의 크기는 얼마이며 또 땅속이나 땅속에 파묻힌 요소들 상에 얼마만한 단열재를 사용해야 하느냐라는 문제는 특히 기본설계과정에서 합리적인 분석을 도무지 허용하지 않는 근본결정들이다. 지중복토 지붕은 "옥상녹화"가 되며 여름철 냉각부하를 감소시키는 차양, 시간간 부하이동을 창출하는 축열재, 또한 마찬가지로 냉각부하를 감소시키는 증기냉각장치 등의 역할을 수행한다.

설계절차

지중복토 건물을 위한 설계절차는 모든 다른 건물을 위한 설계과정과 마찬가지로 복잡하지만 구조, 방수, 복토 및 단열 등의 설계와 관련하여 추가적인 주의를 요한다. 기본설계과정에서 설계자들에게 지침이 될 몇 가지 중요사항들이 아래에서 제시된다.

1. 자연배수 패턴, 기존 식생, 태양접근, 바람흐름 패턴, 국지기후 및 표면조건 등과 관련하여 부지를 분석한다. 프로젝트의 설계 의도에 가장 잘 부합되는 건물위치를 선택한다.

2. 구조 시스템을 선택한다. 많은 시스템들(통상적이거나 그렇지 않은)은 지중복토 건물과 더불어 성공적으로 이용될 수 있다. 현장타설 강화콘크리트는 종종 적절한 구조성능을 제공하고 또 일반적으로 방수성능을 개선시킬 수 있는 모놀리식 공법이므로 자주 선택되어지곤 한다. 그러나 이것은 적절히 시공된 다른 구조 시스템의 사용을 배제하지 않는다. 하지만 구획벽은 무심코 건물 평면을 전방(태양과 주광에 접근할 수 있는)과 후미구역(어둡고 시원한, 그림 4.242)으로 나눈다.

3. 복토의 범위(지붕 위나 벽을 따라)는 부지조건에 따라 조정된 설계의도와 함수관계에 있다. 지중복토 지붕에서 현실성 있는 최소깊이는 24인치(600mm) 수준이다. 이 최소깊이는 열효과를 위해서라기 보다는 식물을 가꾸기 위한 깊이이다. 지붕 식생에 관한 보다 상세한 정보는 옥상녹화 전략편을 참조하라. 대부분의 기후에서 2ft(0.6m) 토양깊이에서는 지붕 평면상에 단열재를 부착해야 한다. 화재 탈출구는 복토결정과 함께 고려되어야 하며 지중복토가 요구된 비상통로를 배제해서는 안 된다.

4. 방수는 설계개발과정에 다루어져야 할 것이지만 부지결정(비탈, 저지, 언덕)은 지중복토로부터 배출되는 물의 흐름과 그 주변의 물흐름을 촉진하는데 도움을 주어야 한다. 지중복토의 어떠한 구성요소도 물 흐름을 가로막는 작용을 해서는 안 된다.

5. 건물에 어떤 다른 그린 전략을 포함시킬 것인지를 결정한다. 특히 Passive 냉난방과 자연채광은 본래적인 축열기능, 감소된 열부하 및 실외 환경과의 연결필요성 등의 특징을 가진 지중복토 건물에 적합하다.

지중복토 건물의 기본 단면도와 평면도는 분명한 물 흐름 우회제공, 충분한 탈출구, Passive 냉난방 전략을 지원하는 적절한 방향, 자연채광에 대한 고려, 충분한 구조물[12인치(300mm) 벽, 12~24인치(300~600mm) 지붕 깊이와 합당한 스팬] 및 합당한 복토 등을 보여줄 것이다.

예제

지중복토 건물의 설계는 완전한 건물(판에 박힌 듯하지 않다면)의 설계와 관련된다. 이처럼 수많은 단계로 나눠져 있고 복잡한 과정은 예제를 통해 이해할 수 없다.

사례

4.244 지속가능한 경영을 실천하는 포도나무밭이 포도주 처리 및 저장시설로 사용되는 한 지중복토 건물을 둘러싸고 있다. 오레곤주 Dundee, Sokol Blosser 양조장.

4.245 Domaine Carneros 양조장의 지중복토 피노 누아(Pinot Noir) 생산설비는 포도나무밭 토양 속으로 사라진다. 지붕 전경은 또한 양조장의 연간 에너지 소비와 이산화탄소 방출을 감소시키기 위한 120kW 용량의 건물통합 태양광 발전 패널을 보여준다. 캘리포니아 Napa. POWERLIGHT, INC.

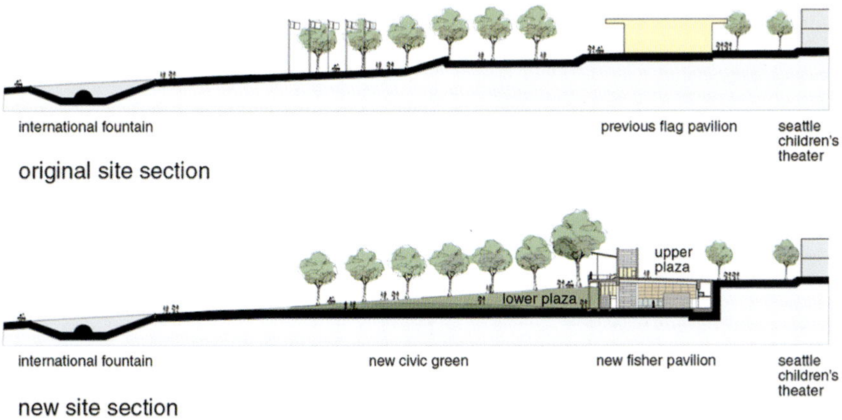

4.246 주위 전경과 어우러진 한 지중복토 전시관(Fisher Pavilion)의 단면도. 워싱턴 Seattle. MILLER/HULL PARTNERSHIP

4.247 공사중인 전시관 출입문으로 연결되는 타워 플라자는 건물 꼭대기 지면수준까지 계단으로 이어져 있음을 보여준다. MILLER/HULL PARTNERSHIP

4.248 요람에서 무덤까지 지중복토 설계. MALCOLM WELLS

추가 정보

Baum, G. 1980. 『Earth Shelter Handbook』, Technical Data Publications, Peoria, AZ.

Boyer, L. and W. Grondzik. 1987. 『Earth Shelter Technology』. Texas A&M University Press, College Station, TX.

Carmody, J. and R. Sterling. 1983. 『Underground Building Design: Commercial and Institutional Structures』, Van Nostrand Reinhold, New York.

Sokol Blosser Winery. www.sokolblosser.com/

Sterling, R., W. Farnan and J. Carmody. 1982. 『Earth Sheltered Residential Design Manual』, Van Nostrand Reinhold, New York.

Underground Buildings: Architecture & Environment. www.subsurfacebuildings.com/

계획설계를 넘어

방수상세, 단열재 선택과 상세, 구조 시스템 크기 및 기계 시스템 통합 등 지중복토 건물을 위한 많은 중요 설계결정은 설계개발과정에서 이루어질 것이다. 지중복토 설계를 위한 많은 노력들은 기본설계단계를 넘어서는 것들이다.

흡수식 냉동기

흡수식 냉동기는 비록 Active 설계 솔루션일지라도 다른 냉각장치에 비해 환경에 대한 영향이 비교적 적은 것이 특징이다. 흡수식 냉동기는 냉각효과를 발생시키기 위해 전력을 사용하는 보다 흔하게 볼 수 있는 압축기 구동 기계장치와는 달리 열원을 통해 냉각효과를 창출시킨다. 흡수식 냉동기는 압축식 냉동기만큼 많은 전력을 소비하지 않으므로 프레온 가스 CFC나 수소염화불화탄소 HCFC 같은 냉매를 사용할 필요가 없다. 그것은 저렴하게 이용할 수 있는 풍부한 열원(잔여열이나 태양열 같은)이 존재하는 상황에 가장 적합하며 산업공정 잔여열이나 연료전지에 의해 가열된 온수와 같은 다른 그린 설계전략과 잘 조화된다.

4.250 1행정 직접연소 흡수식 냉동기. TRANE

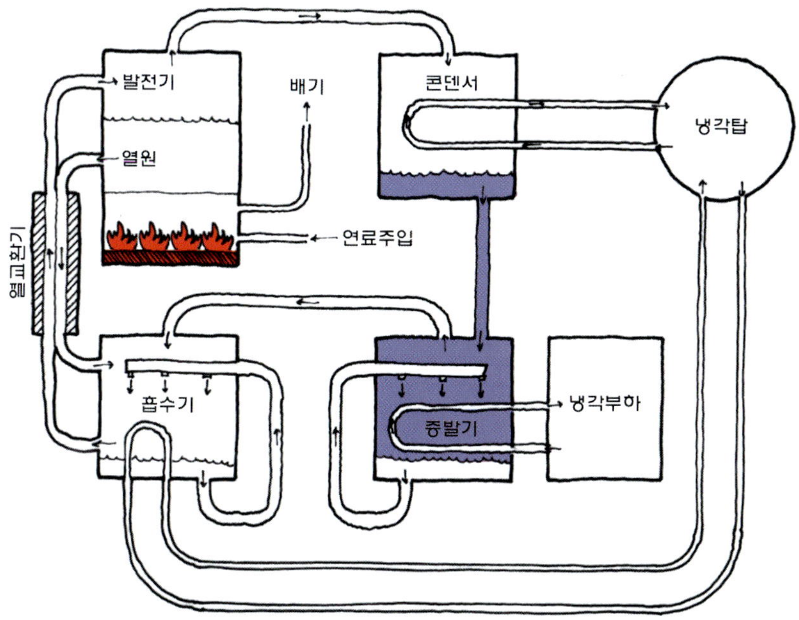

4.249 흡수식 냉각 사이클의 개념도. NICHOLAS RAJKOVICH

흡수식 냉동기에는 두 가지 일반적 유형이 있다. "간접연소" 냉동기는 투입에너지로 증기, 온수, 또는 고온가스 등을 이용한다. "직접연소" 냉동기는 전용 연소열원을 이용한다. 두 유형은 모두 흡수사이클 내에서 냉매(전형적으로는 리듐 브로마이드와 물)의 상태변화에 따라 열이 흡수/방출되는 원리를 이용해 작동된다. 물은 증발, 응축, 증발, 흡수라는 4행정을 거쳐 흐르며 행정의 필수부분으로서 열을 이동시킨다. 리듐 브로마이드는 희석과 농축, 2행정을 겪으며 사이클 내에서 물을 흡수 내지 방출한다.

흡수식 냉동기는 서로 연결된 4개의 유닛으로 이뤄져 있다. 발전기 유닛에서 발생한 열은 리듐 브로마이드로/물 용액으로부터 물을 증발시킨다. 농축된 리듐 브로마이드는 흡수기 유닛으로 전달되는 반면 수증기는 콘덴서 유닛에서 응축된다. 물은 증발기 유닛으

의도
Active 냉방, 에너지 비용 절감, 잔여열의 유익한 사용

효과
냉각

선택사항
간접연소 또는 직접연소

조정문제
Active 냉난방 시스템, HVAC 크기

관련 전략
열병합 발전 시스템, Active 태양열 시스템

LEED 관련요소
에너지 및 환경, 혁신 및 설계과정

선결과제
설비 이용 가능성과 요금에 관한 기초 정보, 사전 층 계획, 공정부하에 관한 정보(만약 적용가능하다면)

로 이동해 사이클을 반복한다. 증발기 유닛에서 상태를 변화하는 물은 유닛을 통해 순환하는 냉각된 물로부터 열을 빼앗는다. 이러한 수증기는 흡수기 유닛 속으로 들어가 거기서 리듐 브로마이드에 의해 흡수된다. 증기압은 물 흡수에 의해 낮아지며 보다 많은 수증기가 증발하여 행정을 반복할 수 있게 된다.

저렴하거나 무상으로 얻을 수 있는 열원을 이용하고 또 사이클 내 유닛 수를 줄인다면 흡수식 냉동기는 기계/전기 압축기 구동 시스템을 능가하는 비용효과를 발생시킨다. 전반적인 성능계수COP는 0.7(증기압축기의 3.0 이상과 비교)로 낮지만 압축식 냉동기보다 거의 2배나 많은 잔여열을 발생시킨다. 이것은 전반적 에너지 소비와 냉각탑 크기에 영향을 미치는데 각 냉각단위에 대해 흡수 시스템이 약 2.5 단위의 열을 거부해야 하는 반면 증기압축기는 1.3 단위의 열만을 거부하면 된다.

건축적인 주요 현안

요구된 바닥면적, 구조적 골조, 냉각탑 위치 및 유지 및 접근 등과 관련한 공간 배치는 기계 시스템을 선택하면서 고려해야 할 중요사항들이다. 냉동기와 냉각탑간의 이격거리는 부지/건물 조건에 의해 보장될 경우 상당할 수 있다.

흡수식 냉동기는 200~1,000톤(703~3,517kW)의 냉각용량을 제공할 수 있다. 기본설계과정에서 냉동기 풋 프린트는 주요한 건축적 고려사항이다. 기계실(냉동기) 크기에 관한 정보는 그림 4.251을 참조하라.

흡수식 냉동기와 함께 사용된 냉각탑은 비교할만한 용량의 증기압축 시스템에 사용된 것에 비해 더 큰 경향이 있다. 냉각탑을 위한 실외 공간은 기본설계과정에서 고려되어야만 한다. 호수나 관정과 같은 수원은 냉각원으로서 탑 대신 사용될 수 있다.

실행시 고려사항

다음 중에 하나 이상의 해당사항이 있으면 흡수식 냉동기를 이용한 냉각을 고려해야만 한다.

- 건물이나 시설이 열병합 발전CHP장치를 사용하고 있으며 생산된 모든 열을 사용할 수 없다.
- 잔여열(약간의 공정으로부터)을 이용할 수 있다.
- 저렴한 연료(일반적으로는 천연가스)를 이용할 수 있다.
- 열악한 부하요인으로 인해 보일러 효율성이 낮게 책정되었다.
- 프로젝트 부지가 전력부하 제한 요구사항을 갖고 있다.

- 프로젝트팀이 통상적인 냉동기 사용에 대해 우려를 갖고 있다.
- 증기압축 냉동기로부터 발생하는 소음과 진동이 심하다.

일반지침에 의하면 냉동기 크기에 따라 냉동기 주변에 40~60인치(1.0~1.5m)의 유지관리를 위한 공간을 둘 것을 권고한다. 냉동기 기계실온도는 35°F(2°C) 아래로 떨어져서는 안된다. 직접연소 냉동기는 연소가스 공급을 요한다. 일반적으로 1000Btu(0.29kWh)의 열이 소비될 때마다 12ft³(0.4m³)의 공기가 필요하다. 냉동기를 추가하기 위한 공간을 남겨두는 것이 현명한데 이는 건물이 확장되거나 새로운 건물부하가 대두하게 될 경우를 대비하기 위함이다.

설계절차

흡수식 냉동기를 위한 설계절차는 복잡하며 또 기본설계의 노력범위를 넘어서는 것이다. 하지만 건물 냉방부하는 공간 요구사항에 대한 합리적인 추정 값을 토대로 설계과정 초기에 추정될 수 있다.

1. 설계 중인 건물의 조절된(냉각된) 면적을 결정한다.
2. 표 4.15를 이용해 냉각부하를 추정한다.
3. 그림 4.251로부터 개략적인 냉동기 공간요구사항을 도출한다.
4. 건물 부하, 접근 및 인접공간 등과 관련한 기계실의 위치의 적절성의 관점에서 건물 평면 및 단면도에 이 공간을 통합시킨다.

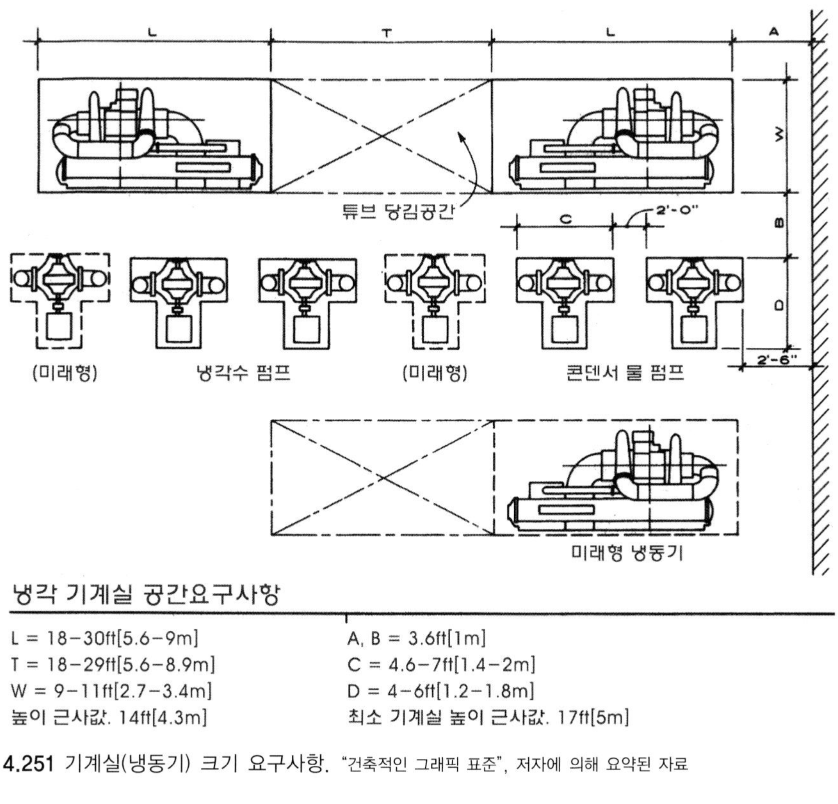

4.251 기계실(냉동기) 크기 요구사항. "건축적인 그래픽 표준", 저자에 의해 요약된 자료

예제

건물 총면적이 50,000ft²(4650m²)인 무덥고 습한 기후의 한 사무실 건물에 흡수식 냉동기를 설치하기 위해 요구되는 바닥면적을 결정한다.

1. 건물의 면적은 50,000ft²(4650m²)로 주어져 있다. 이 모든 공간이 냉방된다고 보수적으로 가정한다.
2. 추정된 냉방부하는 (50,0000ft²/350ft²/톤) = 145톤(500kW)이다.(이 사무실이 "중간규모"의 사무실이고 기후조건으로 인해 부하값이 표 4.14의 하한에 가깝다고 가정한다면)
3. 그림 4.201로부터 150톤의 흡수식 냉동기(이렇게 작은 용량을 위해 범위에서 하한에 가까운 값)는 680ft²(63m²)의 바닥면적(접근 및 유지관리공간 포함)을 요한다. 그 이외에 냉각탑 실외 배치를 포함해 펌프와 기타 부속품을 위한 공간이 배정되어야 한다.
4. 기계실(냉동기)의 적절한 위치가 선택될 것이다.

표 4.15 건물 유형별 냉각부하 추정값.
지침: 흡수식 냉동기"로부터 인용, 남부 캘리포니아 가스, 새건물협회(NEW BUILDINGS INSTITUTE)

건물 유형	냉각부하 추정값	냉각부하 추정값
	ft^2/ton	m^2/kw
중간급 사무실	340~490	9~13
대형 사무실	280~390	7~10
병원	520~710	14~19
호텔	350~490	9~13
외래환자 진료소	440~545	12~14
중등학교	240~555	6~15
대형 소매점	420~1000	11~26

사례

4.252 뉴욕 Four Times 광장 꼭대기 부근에 위치한 높다란 기계실 내 설치구역에 안치된 6대의 2행정 직접연소 흡수식 냉동기 가운데 하나. TRANE

추가 정보

Allen, E. and J. Iano. 2006. 『The Architect's Studio Companion』, 4hd ed. John Wiley & Sons, Hoboken, NJ.

ASHRAE 2010. 『ASHRAE Handbook-Refrigeration』, American Society of Heating, Refrigerating and Air-Conditioning Engineers, Atlanta, GA.

CIBSE. 2008. 『Refrigeration』. The Chartered Institution of Building Services Engineers, London.

Pressman, A. ed. 2007. 『Ramsey/Sleeper: Architectural Graphic Standards』, 11th ed. John Wiley & Sons, New York.

Southern California Gas Co., 1998. 『Guideline: Absorption Chillers』. www.stanford.edu/group/narratives/classes/08-09/CEE215/ReferenceLibrary/Chillers/AbsorptionChillerGuideline.pdf

USDOE. 2003. 『Energy Matters Newsletter』(How Does It Work? Absorption Chillers, Fall 2003). U.S. Department of Energy, Washington, DC. www.nrel.gov/docs/fy04osti/34705.pdf

계획설계를 넘어

냉동기를 선택해서 그것을 HVAC 시스템 속으로 통합하는 것은 기계 전문가의 감정을 요하는 일이다. 이런 관점에서 많은 세부노력들은 설계개발과정에서 이루어지겠지만 그것은 기본설계과정에서 만들어진 결정을 토대로 할 것이다. 냉각 시스템의 위탁관리는 권장된다.

NOTES

에너지 생산

현지 에너지 생산에 대한 고려는 에너지효율 전략에 대한 검토로부터 시작해야만 한다. 모든 노력들은 먼저 수요를 감소시키기 위해 만들어져야 한다. 수요를 감소시키는 것은 현지 생산 시스템의 크기를 감소시키며 주어진 크기의 시스템만으로도 현저한 비율의 건물 에너지 부하를 상쇄시킬 수 있게 한다.

효율적인 건물을 가정한다면 현지 에너지생산은 환경적 영향을 더욱 감소시킬 수 있다. 현지 생산을 위한 최선의 전략의 선택문제는 프로젝트의 유형과 위치, 지역적 및 국지적 기후, 설비이용요금, 위생 및/또는 재생가능 에너지에 대한 과세정책과 재정적 인센티브 등에 달려 있다.

열과 전력의 결합 CHP이라고 알려진 열병합은 단일 공정에서 전력과 유용한 열을 같이 생산하는 것을 말한다. CHP가 비용효과를 창출하기 위해서는 현저한 열 부하가 존재해야만 한다. 열병합은 많은 산업시설에서 흔히 볼 수 있다. 개별 건물규모에서는 레스토랑, 퇴직자 전용 아파트, 호텔, 대형 콘도미니엄, 수영장 및 흡수냉각이나 제습 시스템을 갖춘 사무실 건물 등에 가장 적합하다.

풍력 발전의 비용은 현저히 낮아졌으며 화석연료 발전의 비용에 견줄만하다. 풍력 자원의 간헐성을 생각할 때 개별 건물 부지에서 연속적인 발전을 보장하기 위해 축전기나 전력망을 네트 미터링 Net Metering *과 연계시키는 것이 필요하다.

그 동안 개별 건물 규모의 현지 에너지 생산에 있어 가장 흔한 형태는 태양광 발전이었다. 태양광 발전은 커튼월, 천창, 또는 지붕 시스템 등에 사용되던 전통적인 건물 재료를 대신할 수 있는 건물 통합형 전략이다. 태양광 발전은 오직 주간에만 전력을 생산할 수 있으므로 연속적인 전력생산을 보장하기 위해 축전기나 전력망을 네트 미터링 Net Metering과 연계하는 것이 필요하다. 태양광 발전은 조용하고, 비교적 용이하게 설치되며, 또 지붕 위에 감춰지거나 건물 소유주와 설계자의 욕구에 따라서는 두드러지게 부각시킬 수 있으므로 매우 매력적인 방법이다.

연료전지는 전도유망하지만 아직까지는 주택이나 소형 상업용 건물에 적용하기에는 어려움이 많다. 그것은 방해받지 않은 고품질 전력이 요구되는 대형 프로젝트에 가장 적합하다.

어떠한 유형의 현지생산이 선택될지라도 에너지 효율 전략과 통합될 때라야만이 가장 효과적이다. 이중초점방식은 환경적 영향을 최소화시키는 결과를 가져다 줄 것이다. 단순하게 말해 에너지를 절감하는 것이 그것을 생산하는 것보다 보통 훨씬 더 비용이 적게 든다.

*네트 미터링 Net Metering: 가정에서 생산해 쓰고 남은 태양에너지를 시장가격으로 되돌려 받는 것

에너지 생산

전략

플러그 부하
공기 대 공기 열교환기
에너지 회수 시스템
태양광 발전
풍력 발전
초초소수력 발전
수소연료전지
열병합 발전 시스템

NOTES

플러그 부하

플러그 부하는 건물 내 모든 장치와 소형 설비(배선되지 않은)의 전력소비 잠재력을 의미한다. 그것은 많은 건물유형에서 총 에너지필요량의 상당한 비중을 차지한다.(그림 4.253 참조) 플러그 부하는 다음과 같은 몇 가지 이유에서 중요한 그린 설계 고려사항이다.

1. 건물 에너지 소비에 대한 본래적 영향
2. 건물 냉방부하에 대한 2차적 영향
3. 그리고 이러한 부하가 소규모 현지 전력발전 시스템(PV, 바람, 초초소수력, 연료전지 등)에 의해 손쉽게 충족될 수 있다는 점

플러그 부하는 본질적으로 이동 가능하며 전환이 용이할 뿐 아니라 종종 거주자 스스로가 선택한 결과이므로(비주거용 건물에서조차) 종종 설계팀에 의해서가 아니라 (거주가 개시된 후) 건축주에 의해 결정된다. 하지만 현지 전력생산 시스템의 크기를 결정하기 위해 추진된 플러그 부하에 대한 평가가 절대적으로 요구된다. 그 이외에도 플러그 부하의 그린화가 모든 건물에서 설계과정의 일부가 되어야만 한다.

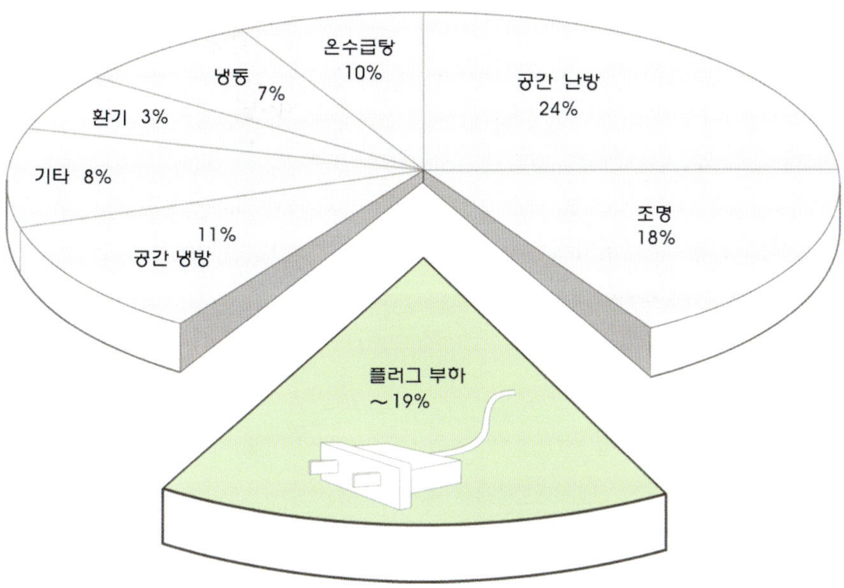

4.253 비주거용 건물 전체 에너지 사용에 대한 플러그 부하의 기여도. KATE BECKLEY; 『건물에너지 핸드북』으로부터 인용, 미국 에너지부

단위와트의 플러그 부하는 Active 또는 Passive 냉방 시스템에 의해 제거될 필요가 있는 1와트(3.41Btu/h)의 냉방부하에 기여한다. 수동식으로 냉각되는 건물에서 플러그부하는 이용가능한 자연적인 냉각자원을 총동원해도 건물 냉각수요를 충당하기가 이미 어렵게 되어 버리는 상황(많은 건물 유형과 기후에서)을 창출한다. 수동식으로 냉각되는 건물에서 플러그부하는 시스템 크기와 에너지 소비를 증가시킨다. 잠재 플러그부하는 실제 플러그부하(일정한 시간 동안 일정한 지점에서 사용되고 있는)보다 덜 문제가 된다.

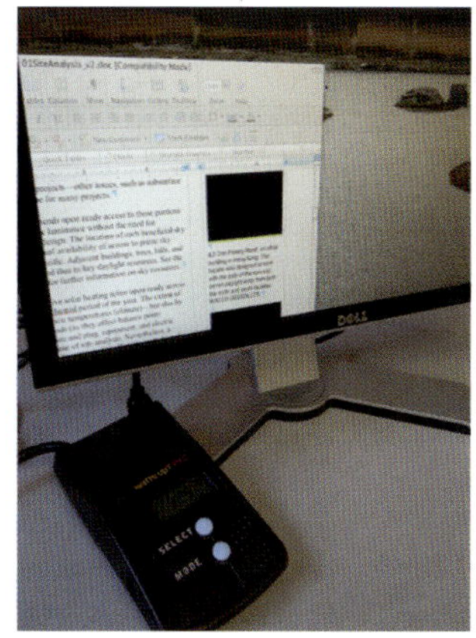

4.254 컴퓨터 모니터가 활성화 되었을 때 32와트를 사용하고 있음을 보여주는 계량기.

의도
에너지 효율성

효과
전력소비 감소, 전기수요 감소, 냉방부하 감소

선택사항
효율적인 설비, 대체 설비, 수요제어

조정 시안
건물기능, 고객선호, 사용 스케쥴

관련 전략
냉방전략, 에너지 생산 전략, 전기조명

LEED 관련요소
에너지 및 환경, 혁신 및 설계과정

선결과제
건물 기능과 용도에 관한 분명한 청사진

대부분의 비주거용 건물에서 플러그 부하는 최대 건물전력수요 및 그에 따른 수요전력요금 demand charges에 일조할 것이다. 전력 수요요금이 월간 전력 사용요금에서 큰 비중을 차지하는 곳에서는 최대 전력수요와 그에 따른 사용요금을 감소시키기 위해 급진적인 수요제어 전략이 취해진다. 불필요한 부하가 자연적으로 제거되도록 하는 것은 전략의 전형적인 예이다.

건축적인 주요 현안

전기배선은 쉽게 조정되고 감춰질 수 있으므로 플러그 부하가 건물의 건축적 설계에 직접 영향을 미치는 경우는 거의 없다. 하지만 플러그 부하로 인한 에너지 수요는 건물 에너지 효율성과 소비, 냉방 시스템의 크기 및 현지 전력발전 시스템의 크기 등에 영향을 미칠 것이다. 플러그 부하가 클수록 지원 전력 시스템은 더 커야만 한다.

실행시 고려사항

현지 전력 및 자연/기계냉방 시스템을 설계하기 위해서는 기본설계과정에서 플러그 부하의 본질을 정확히 추정하는 것이 요구된다. 설계의 방향은 그린(에너지 효율적인) 플러그 부하를 향해 있어야 한다.

선택된 설비/장치회로 속에 프로그램화된 타이머를 통합하는 것은 일부 전력부하를 비정점 시간대로 옮겨 열획득과 수요전력요금을 감소시킬 것이다.(낮보다는 밤에 작동되는 a bulk ice maker가 그 예이다)

텔레비전, 스테레오, 컴퓨터 및 부엌기구 등 많은 전기설비들은 꺼져 있을 때도 소량의 전력을 사용함으로써 이른바 "유령부하"를 발생시킨다. 유령부하는 장치의 에너지 소비를 그렇지 않을 경우에 비해 몇 와트-시간만큼 증가시킨다.

설계절차

다음의 절차는 한 건물에서 그린 플러그 부하를 촉진하기 위한 일반적인 접근을 나타낸 것이다.

1. 사용 가능성이 있는 건물 내 설비/장치의 목록과 소모 전력을 확인한다. 소모 전력은 특정 장치의 상표나 제원표(표 4.16과 같은)로부터 확인할 수 있다.
2. 각 단위가 전형적인 하루 중에 사용될 시간의 크기를 추정한다.
3. 연속적으로 사용되지 않는 장치들의 경우 절전 또는 휴면 모드 전력사용량과 이러한 조건에서 가동될 1일 시간크기를 추정한다.
4. 품목별 가동 소모 전력에 가동시간을 곱해 플러그 부하의 전력소비를 추정한

예제

위스콘신주 라이스 호숫가에 있는 한 작가의 작은 은신처는 현지 발전에 의해서만 전력이 공급될 것이다.

1. 오두막 내에 놓이게 될 장치들은 시계, 라디오, 커피 믹서, 세탁기, 건조기, 컴퓨터와 모니터, 잉크젯 프린터, 팩스기, 전자레인지, 스테레오, 냉장고 및 작은 포터 등을 포함한다.
2. 각 장치의 가동시간을 최선의 판단으로 추정한다.(4단계 참조) 어

다.(2단계) 또 (3단계에서 설명된 것처럼) 추정된 휴면 전력소비를 포함시킨다. 소모 전력을 손쉽게 이용할 수 없는 장치들의 경우,

a. 장치의 전압(V)과 전류량(A)을 찾아낸다. 이 정보는 보통 제조자나 온라인 자료로부터 확인할 수 있다.

b. 다음과 같이 전력소비량(W)을 계산한다.

W = V×A(단상부하)

5. 1일 에너지소비가 큰 순서대로 플러그 부하를 분류한다. 가장 에너지 소모적인 장치의 경우 에너지 효율적인 선택사항에 대해 알아본다.(Energy Star 인증장치, 대등한 서비스를 제공하는 대체장치 등)

6. 고객/소유주가 참조할 수 있도록 권장 설비/장치 옵션 목록을 준비한다. 비효율적인 장치가 에너지 사용요금, 냉방 시스템 성능과 비용 및 생애주기 비용 등에 미치는 영향을 증명하기 위한 비용편익 분석을 포함시킨다. 그러한 분석은 추후 있을 프로젝트에 손쉽게 적용될 수 있다.

표 4.16 다양한 장치들의 전형적인 소모전력.
『에너지 효율성과 재생가능 에너지』로부터 인용, 미국 에너지부

장치	전력량
수족관	50~1210
시계 라디오	10
커피 믹서	900~1200
세탁기	350~500
건조기	1800~5000
컴퓨터(개인)	CPU(작동중/절전중) = 120/30 or less
컴퓨터 모니터	30~150
컴퓨터(랩톱)	50
접시닦이	1200~2400
제습기	785
분수식 식수대	500~800
팩스	60
천정 선풍기	65~175
휴대용 히터	750~1500
전자레인지	1000~1800
복사기	200~1800(복사중)
프린터	10~20
스테레오	70~400
냉장고[응애 없는, 16ft3(0.45m^3)]	725
냉각음료 자동판매기	3500
온수기 [40gal(150L)]	4500~5500

떤 장치들의 경우 가동시간은 하루 24시간 동안의 추정된 완전부하시간을 토대로 한다.

3. 휴면모드 사용시간도 추정한다.(4단계 참조)

4. 소비되는 전력량은 표 4.15를 이용해 다음과 같이 추정한다.

시계: 10W×24h = 240Wh
커피 믹서: 1000W×2h = 2000Wh
세탁기: 400W×0.5h = 200Wh
건조기: 2200W×0.5h = 1100Wh
컴퓨터: 120W×9h = 1080Wh
컴퓨터: 30W×15h = 450Wh
모니터: 35W×24h = 840Wh
프린터: 20W×9h = 180Wh
Fax: 60W×24h = 1440Wh
전자렌지: 1400W×1h = 1400Wh
스테레오: 100W×10h = 1000Wh
냉장고: 725W×6h = 4350Wh
포터: 5000W×4h = 20,000Wh

5. 전력소모의 3대 원인은 포터, 냉장고 및 커피 믹서였다.

6. 이 세 장치들은 에너지 효율성을 높이기 위한 업그레이드가 권장된다. 팩스기 소모량은 "휴면" 모드가 간과되지 않았는지 검토해야 할 것이다.

추가 정보

Oxford Brookes University, Electronic Appliances & Energy Labels. www.brookes.ac.uk/eie/ecolabels.htm#3

Suozzo, M. et al. 2000. 『Guide to Energy-Efficient Commercial Equipment』, 2nd ed. American Council for an Energy-Efficient Economy, Washington, DC. Now available in an online version(dated 2004) at: www.aceee.org/ogeece/ch1_index.htm

U.S. Department of Energy, 2005. 『Buildings Energy Databook』, U.S. Department of Energy, Office of Energy Efficiency and Renewable Energy, Washington, DC. buildingsdatabook.eren.doe.gov/

U.S. Environmental Protection Agency, Energy Star program. www.energystar.gov/

계획설계를 넘어

플러그 부하 전략의 실행은 많은 경우에 계획설계단계를 넘어 건물 거주 동안에도 계속될 것이다. 설계팀은 플러그 부하에 관한 생각을 계획설계에서부터 거주까지 계속되게 하는 수단을 개발해야만 한다. 건물 관리자와 거주자를 대상으로 건물 및 설비 운영을 최적화하는 방법에 관한 교육을 실시하는 것 또한 중요하다.

공기 대 공기 열교환기는 한 기류로부터 다른 기류로 열(혹은 시원함)을 효과적으로 전달하는데 사용되는 기계장치다. 전형적인 공기 대 공기 열교환기는 배기의 열을 유입되는 실외 공기로 전달함으로써 건물에 환기용 공기를 공급하는 과정에서 보통 일어나는 상당한 에너지 낭비를 줄인다. 이로 인한 과정적 효율성의 증대는 에너지를 절감시킬 뿐더러 종종 부하감소로 인해 냉난방설비의 규모를 절감시키기도 한다.

고성능 주택에 설치된 공기 대 공기 열교환기 사진

주거용이나 경량의 상업용으로 적용되는 경우, 공기 대 공기 열교환기는 환풍기와 함께 패키지 상품으로 제공될 수 있다. 대규모로 적용되는 경우, HVAC 시스템의 설계와 건물의 흡·배기구 배치를 유연하게 할 수 있는 수많은 공기 대 공기 열교환기 구성들이 있다.

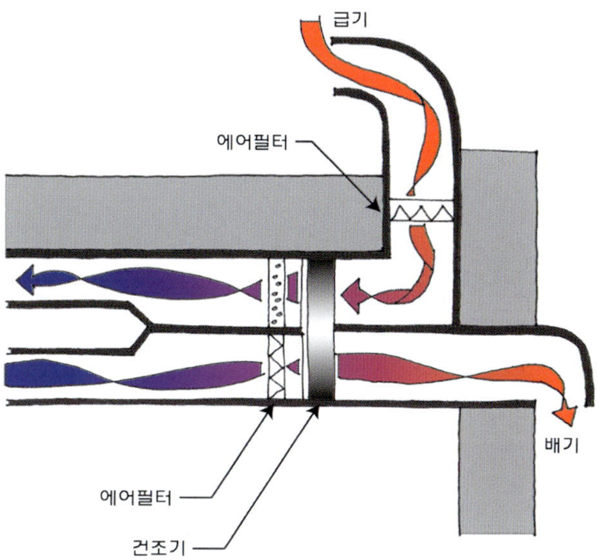

4.255 상업용 건물에서 열교환기와 덕트도관의 전형적인 배치. NICHOLAS RAJKOVICH

주거용 및 상업용 응용을 위해 특별히 설계된 두 가지 유형의 공기 대 공기 열교환기는 열회수 환기장치 **HRV**와 에너지 회수 환기장치 **ERV**이다. HRV는 열(감지 가능한 에너지)만을 교환하지만 ERV는 열과 습기(감지 가능 및 잠재 에너지) 모두를 교환한다. 전형적인 HRV나 ERV 장치는 공기배급을 위한 환풍기와 유입공기로부터 오염물질을 제거하기 위한 여과기를 포함한다. 제조자들은 자동 결빙방지(적당한–추운 기후에서 중요한 성능)와 HRVs를 위한 습기제어 등 일련의 추가적 옵션들을 제공한다.

대형 건물에 사용되는 공기 대 공기 열교환장치 및 시스템은 광범위한 유형에 걸쳐 있으며 통상적인 조립부품 이외에 결합상품을 포함한다. 이하에서는 흔하게 이용되는 몇몇

4.256 열회수 환기장치는 전체 건물 HVAC 시스템의 필수부분으로서 기능한다. NICHOLAS RAJKOVICH

의도
에너지 효율성, 실내 공기질

효과
기계 환기를 위한 에너지 사용 감소

선택사항
감지 대 감지 및 잠재 교환, 다양한 열교환기 유형과 형태

조정 시안
HVAC 시스템 유형, 배출구 및 유입구 위치, 덕트설비 설계

관련 전략
에너지 회수 시스템

LEED 관련요소
에너지 및 환경, 실내 환경의 질, 혁신 및 설계과정

선결과제
사전 층 계획, 최소 요구 실내 공기흐름의 일반 추정값, 임시의 냉난방부하

공기 대 공기 열교환기의 주요 특성에 대해 설명할 것이다.

판형 열교환기(그림 4.258): 흡입 및 배기공기를 위한 수많은 통로는 민감한 열이동을 허용하는 열전도판에 의해 서로 분리된다. 투과성 분리매개체를 가진 판형 열교환기는 열 뿐 아니라 습기도 전달할 수 있다.

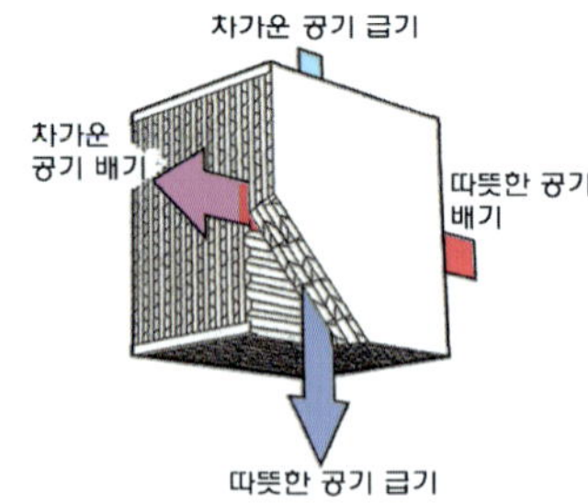

4.258 판형 열교환기. 2004 『ASHRAE 핸드북-HVAC 시스템과 설비』로부터 인용

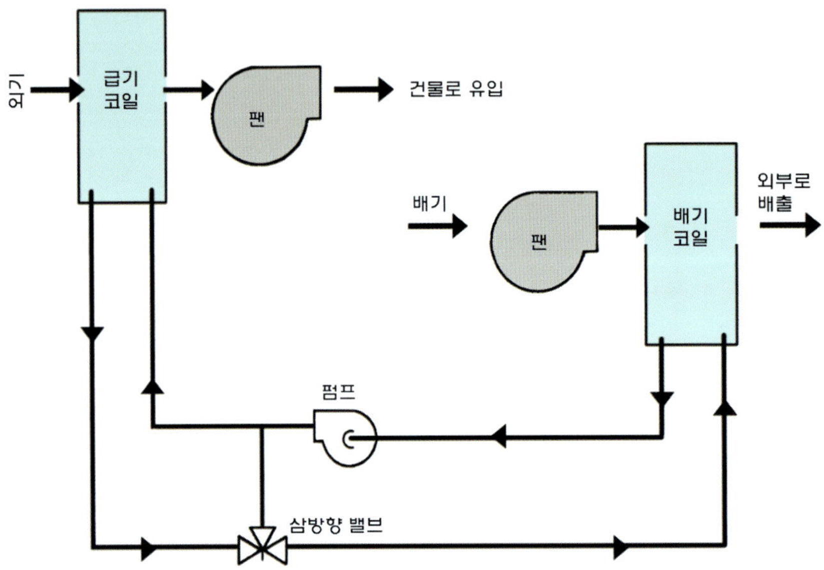

4.257 교접코일(또는 교접루프). 2004 『ASHRAE 핸드북-HVAC 시스템과 설비』로부터 인용

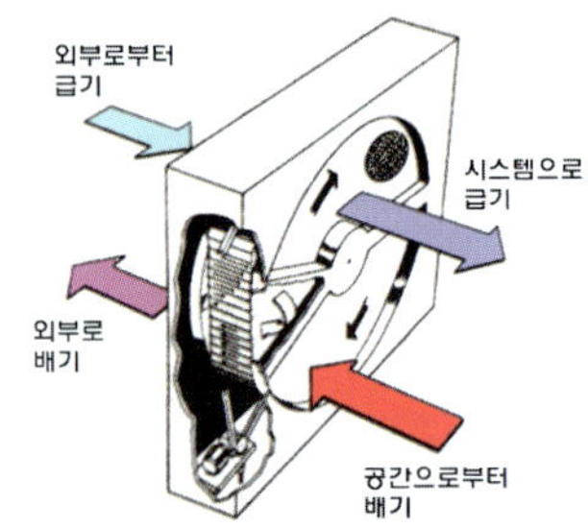

4.259 회전형 열교환기. 2004 『ASHRAE 핸드북-HVAC 시스템과 설비』로부터 인용

회전형 열교환기(그림 4.259): 원통형의 휠이 회전하면서 배기공기의 열을 공급공기로 전달한다. 이러한 유형의 열교환기에서는 다른 유형에 비해 배기공기 속의 오염물질이 유입공기 흐름 속으로 침투해 들어가기가 보다 쉬워질 것이다. 잠열 휠이 현열 휠보다 일반적이다. 에너지(잠재) 휠 내 열전달 매개체는 열 뿐만 아니라 습기의 이동도 허용한다. 일부 제품은 교차오염 가능성에 대한 엄격한 보호를 제공한다.

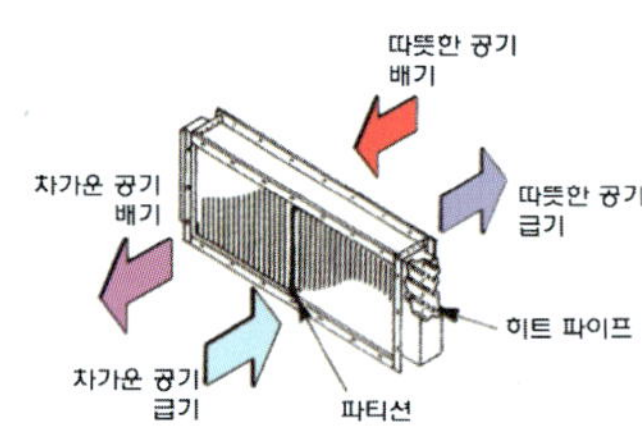

4.260 히트 파이프식 열교환기. 2004 『ASHRAE 핸드북-HVAC시스템과 설비』로부터 인용

히트 파이프식 열교환기(그림 4.260): 히트 파이프 한쪽이 가열되면서 그 속에 든 유체(냉매)가 증발한다. 압력과 온도가 변화함으로써 수증기는 파이프의 반대쪽으로 이동하며 거기서 시원한 공기와 부딪혀 파이프 벽에 응축된다. 이러한 상태변화로 인해 방출된 열은 벽을 통하여 파이프 바깥 공기흐름으로까지 전달된다. 응축된 냉매는 윅 wick을 통해 파이프의 다른 쪽으로 되돌아온다. 전형적인 장치는 다수 히트 파이프의 결합 조립품이다.

교접코일 Runaround coil(그림 4.257): 폐쇄루프가 유입 및 배출 공기흐름 내에 설치된 핀 튜브 물코일들을 서로 연결한다. 열은 이러한 루프 내 열이동 유체를 통해 교환되므로 공기흐름은 서로 충분히 떨어져 일어날 수 있게 된다. 열이동 유체의 결빙을 방지하기 위해 다양한 기법이 이용될 수 있다.

건축적인 주요 현안

공기 대 공기 열교환기와 관련하여 가장 중요한 건축적 설계 고려사항은 그 위치와 크기이다. 대부분의 응용에서 근본원칙은 열교환기와의 연결을 쉽게 하기 위해 두 공기흐름을 서로 인접하게 하는 것과 관련된다. 일단 공기흐름의 인접성이 확인되었다면 선택된 장치를 위한(더불어 유지관리를 위한 접근도) 충분한 공간이 제공되어야 한다. 배기 및 흡입공기 흐름간의 인접성은 보통 건물 외피상에서 흡입구(루버/후드)와 배출구(루버/후드)의 위치에 영향을 준다. 공기 대 공기 열교환기는 정의상 덕트도관 내에서 일어나는 공기흐름을 이용하므로 결합 설치된 덕트가 이용 가능한 충분한 부피를 제공하는지는 중요한 문제이다.

실행시 고려사항

혹시 배기흐름에 있을지 모를 그리스와 린트는 잠재적 화재 위험요인이다. 그러한 공기흐름이 적절히 여과되지 않은 채 열교환기 속으로 유입되어서는 안 된다. 열교환기의 효율적 운영을 위해 유지관리는 필수적이다. 여기에는 매년 수차례에 걸친 여과기 교환이나 정기적인 수작업 세척이 포함된다. 이것은 특히 잠열교환기의 수명을 연장시키는 수단으로 중요하다. 열교환기의 접근용이성은 적절한 유지관리를 위한 개연성을 증대시킴으로써 결과적으로 그것의 효율성에 직접적인 영향을 준다. 몇몇 유형의 열교환기는 오염수준이 높은 환경에서 다량의 공기를 교환할 수 있도록 설계되었으며 그런 환경에서 표준 열교환기나 투과성 판형 열교환기는 교차오염을 방지하는데 별로 도움이 되지 않는다.

공기흐름과 관련된 소음을 감소시키고 에너지 효율성을 증대시키기 위해 열교환기와 연결되는 덕트도관은 크기와 경로(찌그러지거나 비틀린 데가 없이)가 합당해야 한다.

주택 응용에서 HRV 장치와 ERV 장치간의 선택문제는 대부분 기후와 그에 따른 비용효과 측면의 경제성에 의해서 결정된다. 일부 춥거나 무덥고 습한 기후에서는 열교환기 사용이 의무화될 것이다. 만약 의도된 부지가 실내외 온도차이가 최저 수준인 온화한 기후 내에 속해 있다면 열교환기의 에너지 효율성이 낮아 비용효과를 창출하기 어려울 수도 있다.

4.261 15,000~150,000cfm, 즉 7080~70,785L/s의 공기흐름량에 맞게 설계된 총 효과성 최대 90%의 산업등급 회수장치. 휠의 직경은 6~20ft[1.8~6.1m]이다. THERMOTECH ENTERPRISES, INC.

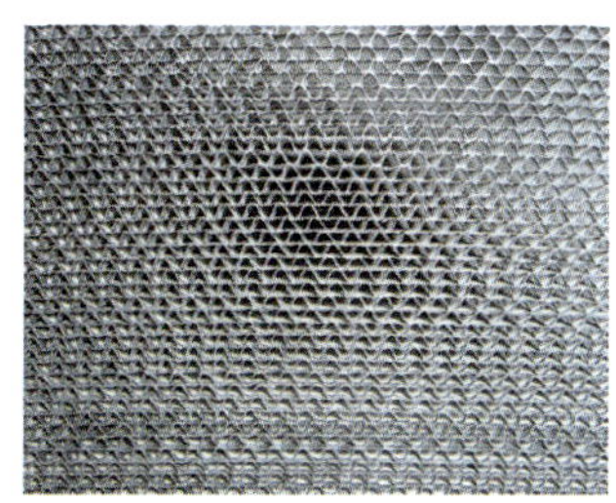

4.262 전체 엔탈피 회수를 제공하기 위해 알루미늄 바탕 위에 4Å 건조코팅된 에너지 회수 휠 매개체의 확대사진. 그 매개체는 인치당 약 13개(mm당 0.5개)의 개구부를 갖고 있으며 층간 흐름, 즉 층류(laminar flow)를 제공할 수 있게 설계되었다. THERMOTECH ENTERPRISES, INC.

설계절차

주택

1. 해당지역 건축규정 요구사항과 양질의 설계관행(규정 요구사항이 없을 경우)을 충족시키거나 침기를 상쇄시키기 위해 요구된 최소 실외 공기흐름을 추정한다. 이러한 공기흐름은 건물위치(자치구역) 및/또는 건물설계(기밀성)에 크게 좌우되므로 일반화하기 어렵다. 하지만 이러한 값을 특정 프로젝트의 상황에서 추정하는 것은 비교적 쉬울 수밖에 없다. 공기량은 cfm(L/s) 단위로 나타낸다.

2. 많은 제조자들이 흔쾌히 제공한 온라인 제품정보를 참조하면 적절한 용량단위, 단위크기 및 설치 요구사항 등에 관한 정보를 획득할 수 있다.

3. 충분한 공간/부피를 가진 적절한 위치를 선택하며 선택된 장치에 대한 접근성을 제공한다.

비주거용

비주거 적용과 관련된 많은 변수들과 설비 유형들이 있다. 그럼에도 불구하고 현행 규정상의 요구사항에 기초하여 최소 건물 실외 공기흐름을 신속히 추정하고 개략적인 설비크기를 도출하는 것은 가능하다.

4.214 2005 칼 폴리 샌 루이스 오비스포(Cal Poly San Luis Obispo) USDOE 태양열 건물 경연대회에서 선보인 기계실. 에너지 회수 환기장치는 기계실 좌측 상단에 위치해 있다. NICHOLAS RAJKOVICH

예제

냉난방 바닥공간 면적이 3100ft² (288m²)인 한 4인 가족을 위한 주택이 미네소타 International Falls에 세워질 예정이다.

1. 미국공조냉동공학회(ASHRAE) 표준 62.2에 의하면 이러한 유형의 건물에서 최소 환기율은 약 75cfm(35L/s)일 것이다. 하지만 간헐적인 배기를 이용한다면 요구된 배기공기의 흐름은 부엌에서 100cfm(47L/s), 각 욕실에서 50cfm(24L/s), 도 합 200cfm (94L/s)일 것이다. 공기 대 공기 열교환기는 이 용량을 처리할 수 있어야 한다.

2. 전형적인 제조사 카탈로그로부터 추정된 ERV 크기, 31×18×15인치(788×458×380mm)와 6인치(150mm) 원형 덕트는 합리적인 것처럼 보인다.

3. 이 정도 크기의 주택의 경우 두 개의 ERVs를 이용하는 것이 광범위한 덕트 도관의 필요성을 줄여줄 뿐 아니라 조정 시안 해결에도 도움을 줄 것이다.

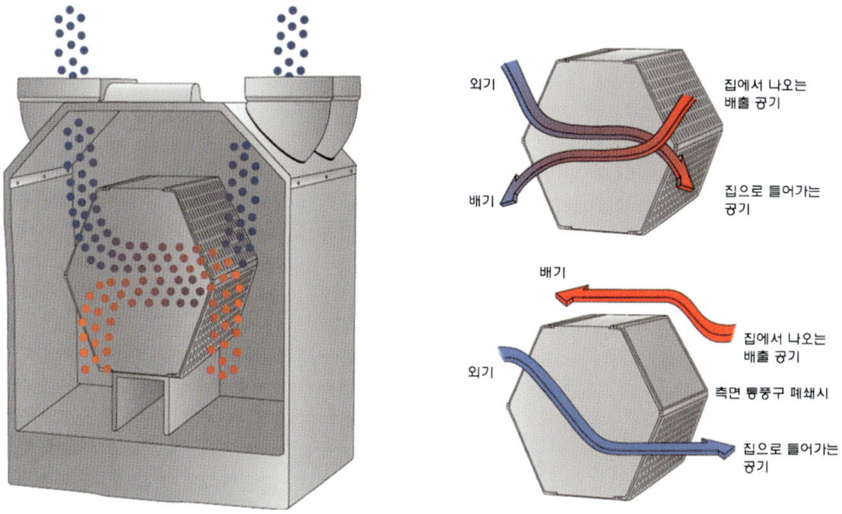

4.264 공기 대 공기 열교환기의 작동 다이어그램. 이 장치들은 통상적으로 PassivHaus 프로젝트들 내에 설치된다. ZEHNDER AMERICA INC.

4.265 고성능 주택에 설치되는 공기 대 공기 열 교환기의 사진.

사례

추가 정보

ASHRAE. 2010. Standard 62.2-2010: "Ventilation and Acceptable Indoor Air Quality in Low-Rise Residential Buildings." American Society of Heating, Refrigerating and Air-Conditioning Engineers, Atlanta, GA.

Dausch, M., D. Pinnix and J. Fischer. "Labs for the 21st Century: Applying 3Å Molecular Sieve Total Energy Recovery Wheels to Laboratory Environments." labs21.lbl.gov/DPM/Assets/a3_fischer.pdf

ASHRAE 2006. 『ASHRAE GreenGuide』, 2nd ed. American Society of Heating, Refrigerating and Air-Conditioning Engineers, Atlanta, GA.

Sttipe, M. 2003. "Demand-Controlled Ventilation: A Design Guide." Oregon Office of Energy. egov.oregon.gov/ENERGY/CONS/BUS/DCV/docs/DCVGuide.pdf

계획설계를 넘어

계획설계과정에서 만들어진 설비크기의 추정값은 설계개발과정에서 재검토될 것이다. 특수한 설비가 선택되고 상세 연결이 개발된다. 공기 대 공기 열교환기는 위탁 관리하며(오작동은 분명하지 않다) 소유주/관리자를 위한 사용자 매뉴얼을 준비해야 한다.

NOTES

에너지 회수 시스템

에너지 회수 시스템은 일반 에너지 회수 시스템과 공기 대 공기 열교환 시스템(관련전략편 참조), 두 유형으로 나누어진다. 에너지 회수 시스템은 불침투벽을 통해 하나의 유체로부터 다른 유량으로 감지 가능한 열을 전달한다. 이러한 시스템 유형에서 유체(공기 및/또는 물)는 서로 섞이지 않는다. 에너지 회수 시스템은 산업 및 생산 공정을 포함해 많은 응용에서 이용되고 있으며 배기공기 덕트, 보일러 도관, 하수배관 등 다양한 유체흐름으로부터 열을 회수시킬 수 있다. 식견있는 설계자는 종종 프로젝트 특유의 열교환기를 이용해 잔여열을 활용하는 응용을 발견할 수 있다.

4.267 공기 대 물 열교환기(오븐 후면부와 그 위쪽)는 피자오븐 배기구의 열을 온수공급기로 전달한다.

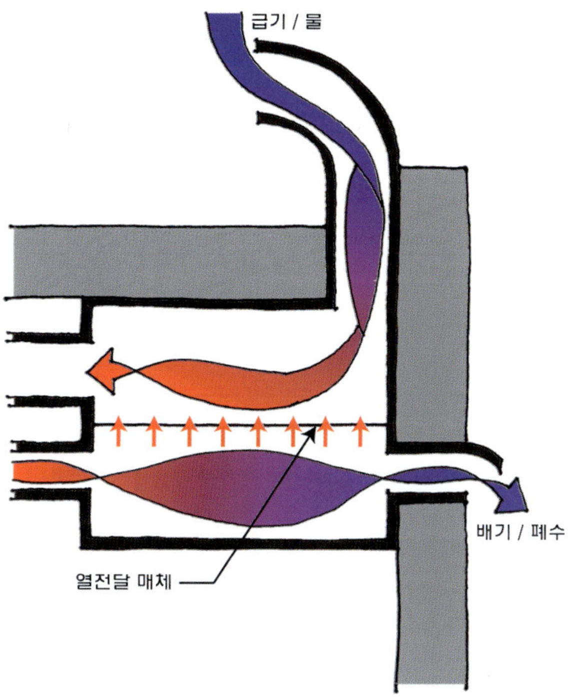

4.266 단순한 역흐름 열회수 시스템. NICHOLAS RAJKOVICH

에너지 회수 시스템은 전력생산과정에서 생산된 "잔여" 열이 주택 내 온수급탕, 공간냉난방 등과 같은 다른 응용을 위해 회수되는 모든 열병합 발전 시스템 **CHP**의 필수요소이다. 대부분의 대형 건물 프로젝트에서는 열 재활용을 위한 다른 기회들이 존재한다.

건축적인 주요 현안

이러한 전략의 실행과 관련된 열교환설비는 충분한 공간/부피를 요구한다. 모든 에너지 회수 시스템은 열교환장치, 열교환장치를 통해 유체를 이동시키기 위한 하나 이상의 환기구나 펌프 및 유속을 관리하기 위한 제어장치 등을 포함한다. 열교환장치의 크기는 설비의 용량 및 효율성과 함수관계에 있으며 대규모이다.

의도
에너지 효율성

효과
에너지 자원 소비감소

선택사항
다양한 유체흐름(보통 공기나 물)과 배열(평행흐름, 교차흐름, 역흐름)

조정 시안
Active 냉난방 시스템, 추가적인 공간/부피 요구사항, 공기/물 흐름경로, 흡입구/배출구 위치

관련 전략
공기 대 공기 열교환기, 열병합 발전

LEED 관련요소
에너지 및 환경, 실내 환경의 질, 혁신 및 설계과정

선결과제
부지의 기후자료, 추정된 환기요구사항, 추정된 온수요구사항, 추정된 건물 냉난방 부하

설계자는 설비를 위한 충분한 공간을 제공해야 할 뿐만 아니라 공급 및 배기덕트의 위치와/또는 회수 가능한 열 잠재력을 가진 설비와의 도관 연결에 대해서 검토해야 하는데 그 상세는 시스템 및 외형에 따라 결정된다.

에너지 회수 시스템은 유체가 시스템 속으로 유입되고 배출되는 방식에 따라 구분된다. 평행흐름 배열에서는 유체들이 동일한 방향에서 시스템 속으로 들어가며 시스템을 빠져나올 때까지 서로 나란히 움직인다. 교차흐름 배열의 경우 유체들이 대략 서로 수직방향으로 움직인다. 역흐름 배열의 경우에는 유체들이 서로 반대쪽으로부터 시스템 속으로 들어가며 반대방향으로 움직인다. 일반적으로 역흐름 배열이 가장 효율적이지만(열교환기 내에서의 적당한 온도차이로 인해) 종종 열교환장치와 덕트도관/배관의 면적/부피가 가장 큰 것이 요구된다.

실행시 고려사항

사실상 모든 건물은 주변 환경 속으로 에너지를 방출한다. 설계 의문점은 '다양한 건축 폐기물 흐름에서 내재된 에너지가 경제적으로 회수될 수 있는가?' 라는 것이다. 일반적으로 단순성이 에너지 회수 시스템의 비용효과적인 설치를 위한 열쇠이다. 에너지 시뮬레이션과 생애주기 비용 분석을 통해 제안된 시설과 기후조건에서 열 재활용 시스템에 투자한데 따른 대가를 충분히 보상받을 것인지를 결정할 수 있다. 대부분의 기후에서 오폐수나 배기공기로부터 모든 에너지를 회복시키려고 하는 노력은 그를 위한 비용증분만한 값어치는 없다.

설계절차

기본설계과정에서 다음 사항에 대해 검토하는 것은 에너지 회수 시스템의 추진이 적절한 전략인지를 결정하는데 도움을 줄 것이다.

1. 온수 및 외부 공기 수요를 고려한다. 에너지 회수 시스템은 실내 공기질이나 공정을 제어하기 위해 다량의 온수와/또는 실외 공기를 사용하는 시설에 경제적으로 타당할 것이다. 그러한 시설에는 세탁소, 레스토랑, 실험실 및 병원 등이 포함된다.

2. 이용 가능한 온도 차이를 평가한다. 열 회수는 공급흐름과 배기(또는 쓰레기) 흐름 간의 온도차이가 큰[약 20°F(11°C) 이상] 적용에 경제적 타당성을 부여한다.

3. 폐기물/배기흐름의 청결성을 고려한다. 배기와/또는 오폐수가 비교적 청결한 시스템은 에너지 회수 시스템에 가장 적합한 조건이다. 배기나 오폐수 내 오염물질은 열교환설비를 막거나 기타 손상을 입힐 수 있다.

예제
본문 중의 설계절차는 개념적이다. 그러므로 예제를 이용한 심화는 필요치 않다.

4. 냉난방 시스템 유형을 고려한다. 일반적으로 수많은 분산형 소형 열교환기보다는 집중형 열교환설비를 설치하는 것이 보다 저렴하다. 연구소와 의료시설같이 중앙 냉난방 시설을 갖춘 대규모 건물은 열회수 시스템에 가장 적합하다.

5. 공간 요구사항을 고려한다. 에너지 회수 시스템과 그 설비를 수용하기 위한 충분한 공간이 제공되어야 한다. 광범위한 잠재적인 장비 및 시스템으로 인해 이러한 요구사항을 일반화하는 것은 어렵다. 대체로 좁은 공간에 설비를 잔뜩 몰아넣은 건물이 아니라면 아마도 열 회수 시스템을 수용할 수 있을 것이다. 대부분의 건물에서 에너지 회수장치를 위한 유체(물과 공기)경로는 설비 자체를 위한 공간 요구사항보다 오히려 디자인의 의도를 보여준다.

4.268 열교환기는 뉴욕 Four Times 광장의 에너지 효율적인 HVAC 시스템에서 필수요소이다. TRANE

4.269 토론토에 위치한 굿 라이프 피트니스 클럽의 물 대 물 열 회수 시스템은 샤워장 오폐수 열을 이용한다. WATERFILM ENERGY INC.

사례

추가 정보

ASHRAE. 2008. 『ASHRAE Handbook-2008 Systems and Equipment』, American Society of Heating, Refrigerating and Air-Conditioning Engineers, Atlanta, GA.

ASHRAE 2006. 『ASHRAE GreenGuide』, 2nd ed. American Society of Heating, Refrigerating and Air-Conditioning Engineers, Atlanta, GA.

Goldstick, R. 1983. 『The Waste Heat Recovery Handbook』. Fairmont Press, Atlanta, GA.

Goldstick, R. and A. Thumann. 1986. 『Principles of Waste Heat Recovery』. Fairmont Press, Atlanta, GA.

계획설계를 넘어

에너지 회수 시스템의 기본설계과정에는 기계 전문가의 도움이 필수적이다. 최적화된 설비 선택과 관련 제어전략을 보장하기 위해 에너지 시뮬레이션 실험이 전형적으로 수행된다. 에너지 회수 시스템은 의도대로의 수행을 보장하기 위해 위탁 관리되어야 한다.

태양광 발전

태양광 발전은 입사된 태양복사를 직접 전기로 전환시키는 시스템이다. 광전지 **PV**는 직류전류 **DC**를 출력한다. 이 직류출력은 직류부하에 직접 전원을 공급하든가, 축전 시스템에 저장되든가, 아니면 교류부하에 전원을 공급하기 위해 교류전류로 전환되거나 전력망을 충전시키는데 이용될 수 있다. 독립 PV 시스템은 전력망과 연결되지 않지만 전력망 연결 시스템은 보조 전력공급원으로 또 과다 발전용량을 "저장"하는 장소로 전형적으로 지역 전력망을 이용한다.

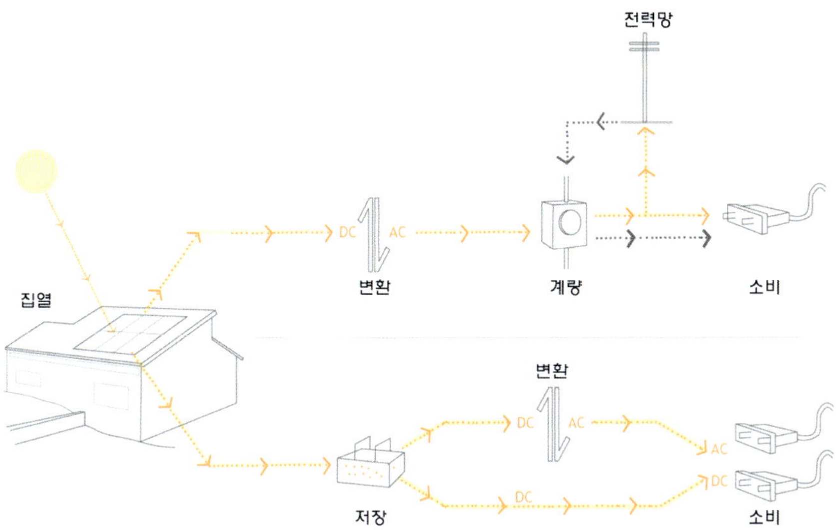

4.270 계통연계형(위) 및 독립형(아래) 태양광 발전 시스템의 개념도. KATE BECKLEY

4.271 아트리움 정면 글레이징-유리 커튼월 내에 부착된 태양전지.

PV 모듈에는 세 가지 기본유형이 있다.

1. **단결정 패널**: 이 PV 모듈은 종종 하나의 틀 속에 모인 일련의 원들로 보인다. 이것은 본래의 PV 설계로서, 보통 다른 패널들보다 다소 더 효율적이다. 하지만 더 비싸기도 하다.(전반적인 모듈 면적에 기초한) 최대 전력밀도는 보통 약 11~ 12W/ft^2(118~129W/m^2)이다.

2. **다결정 패널**: 이 모듈은 알갱이나 결정으로 이루어진 것처럼 보이고, 그 PV 요소들은 전체 패널을 아우른다. 그리고 그것들은 유리를 포함하지 않는다. (따라서 파손 위험이 거의 없다.) 이 설계는 전형적으로 단결정 패널보다 약간 덜 효율적이지만, (전반적인 모듈 면적에 기초한) 최대 전력밀도는 단결정 패널의 그것과 비슷하다.

3. **박막 패널**: 이 모듈은 보다 균일한 표면 모양을 가지며, 그 PV 요소들은 전체 패널을 아우른다. 그리고 그것들은 유리를 포함하지 않는다.(따라서 파손 위험이 거의 없다) 박막 PV 패널의 효율성은 단결정이나 다결정 패널보다 더 낮지만, 높은 온도조건 하에서는 결정 패널들보다 전력을 덜 상실한다. 견고한 박막 최대 전력밀도들은 대략 5~6W/ft^2(54~65W/m^2)이며, 유동적인 (휠 수 있는) 박막 전력밀도들은 약 3W/ft^2(32W/m^2)이다.

의도
현지 전력 생산

효과
전기 그리드에 대한 수요 감소, 재생 가능 에너지 자원 이용

선택사항
노출각도, 건물 외피와의 통합, 독립형 또는 전력망 연결 시스템

조정 사안
PV 방향과 기울기, 다른 건축요소(차양장치, 건물 외피)와의 통합, 구조적 요구사항, 에너지 저장(축전 시스템), 전력망 시스템 연결

관련 전략
풍력 발전, 초초소수력 발전, 수소연료전지, 열병합 발전, 차양장치

선결과제
분명한 설계의도, 확정된 예산, 지역 기후자료, 부지 특징과 장애물에 관한 지식, 건물 전력부하와 사용패턴에 대한 정보

또 다른 유형의 주목할 만한 PV 모듈로는 컬러화된 PV(설계자들이 더 이상 푸른색과 검정색으로 국한되지 않을 수 있다), 그리고 최대 전력밀도가 약 7~8W/ft^2(75~86W/m^2)인 튜브형 PV 모듈이 포함되는데, 두 유형 모두 모듈 설치를 위한 새로운 기회들을 열어 준다.

4.272 경량 연동식 태양전지 패널 설치작업. POWERLIGHT, INC.

태양전지 패널은 일반적으로 5W에서부터 최대 200W 출력용량까지 이용할 수 있다. 저출력 패널은 전형적으로 12V인 반면 대부분의 고출력 패널은 24V 환경에서만 이용될 수 있다. 공장에서 생산되므로 이용 가능한 PV 모듈에 관한 최신 정보는 제조자 문서를 통해 가장 잘 확인할 수 있다. 제조자들은 현장에서 어레이로 조립되는 모듈을 생산한다. 모듈출력은 제조자에 의해 수립되지만 어레이 출력(시스템 용량)은 건물 설계팀에 의해 결정된다. PV 어레이의 출력전압과/또는 전류량을 변화시키기 위한 다양한 모듈 상호간 연결계획을 활용할 수 있다.

건축적인 주요 현안

태양광 발전 시스템은 필연적으로 다른 건물요소/미적요소에 거의 통합되지 않는 부가시스템 **add-on system**이나 건물통합 시스템 **BIPV** 가운데 한 형태를 취한다. BIPV 접근은 다기능성(PV 차양장치 등)에 대한 고려와 다른 기술(글레이징이나 지붕 제품 등)과의 완전한 통합과 관련된다. 흥미로운 많은 개발품들(유연한 PV 패널같은)은 BIPV의 앞날에 보다 많은 기회들이 놓여 있음을 암시한다.

4.273 주택 건물에서의 조립형 싱글을 대신할 수 있는 단결정 실리콘의 지붕 모듈(최대출력 63W). POWERLIGHT, INC.

모든 대체에너지 시스템이 일반적으로 그렇듯이(또한 통상적인 시스템에서도 그렇겠지만) 에너지효율 전략을 최대한으로 실행하는 것이 PV 시스템에 대한 고려보다 우선해야 한다. PV가 비용효과적인 건물 냉난방을 제공하는 경우가 드물다는 사실은 또한 그것으로부터 전원을 공급받는 건물 플러그 부하를 획기적으로 감소시키는 결과를 낳기도 한다.

계통연계형 시스템은 보다 적은 설비만을 요구하지만(축전지를 전형적으로 사용하지 않아 상당한 공간을 절약할 수 있음) 지역 전력공급자와의 연결이(또한 그들과의 거래관계가) 요구된다. 네트 미터링 **Net Metering**은 계통연계형 시스템에서 흔히 이용되는 선택사항이다. 독립형 시스템은 거의 항상 축전기를 포함하며(보다 큰 공간을 요하는) 또한 직류설비 및 장치의 사용을 수반한다.

PV 패널의 기울기와 방향은 시스템 효율성에 커다란 영향을 미친다. PV는 일반적으로 1일 태양복사의 흡수를 극대화하기 위해서는 남향(또는 그에 가까운)으로 설치되어야 한다. 또한, 남향으로부터의 이탈도 허용되지만(합리적인 범위 내의) 보통 시스템 출력 저하라는 손실을 감수해야 한다. 그러나 안개나 구름의 1일 패턴이 종잡을 수 없다면 이러한 일반적인 원칙을 수정해야 한다. PV 경사도는 최대 PV 출력이 최대 부하시간과 일치하도록(또는 PV 출력이 최적화되도록) 결정되어야 한다. 초기비용이 높다는 점을 고려하면 PV는 유용한 출력을 극대화할 수 있도록(또한 투자수익률을 증대시킬 수 있도록) 설치되어야 한다.

4.274 2007년도 독일의 Solar Decathlon 주택의 전형적인 루버들 속에 장착된 PV.

설치지점은 부지 제약요인(또한 제안된 건물 설계 의도)을 고려해 건물 옥상, 건물 남쪽 정면, 또는 건물 근처 지표면 중에서 선택하는 게 유리하다. PV 위치는 전경, 정면/지붕의 외관 및 아마도 어레이 절도나 파손을 방지하기 위한 보안조치 등에 영향을 미친다.

태양을 따라 움직이는 PV 어레이는 흡수(태양복사 접근성)를 35~50% 증가시켜 어레이의 출력증대를 가져 온다. 하지만 비교적 복잡한 탑재 시스템 비용이 만만치 않을 뿐더러 또 적절한 유지관리가 요구된다. 추적 어레이는 하루 중에 태양각도가 큰 폭으로 변화하는 저위도에 가장 효과적이다.

PV 모듈에 부딪힌 태양복사의 10~20%만이 전력으로 전환되며 나머지 대부분은 열로 전환된다. 이러한 열은 PV 모듈의 성능을 떨어뜨리기 쉽지만 그와 동시에 건물 내에서 유용하게 활용이 된다. 전력생산과 열생산의 시너지를 창출할 수 있는 응용이 고려되어야 한다.

4.275 하와이의 Natural Energy Laboratory는 상당수의 PV 배열과 같은 수많은 그린 전략들을 통합하고 있다. FERRARO CHOI & ASSOCIATES LTD.

실행시 고려사항

유의미한 용량을 가진 PV 시스템은 상당한 초기투자를 요구한다. 그것은 시스템 초기비용을 최소화하도록 돕는 보조금혜택(세금공제, 시설비 할인 등)이 있는 곳에서 가장 비용효과적일 것이다. 전형적인 비보조금 시스템에서 투자금 회수를 위해 요구되는 시간은 에너지 가격 경쟁여건에 따라 대략 10~30년일 것이다. 하지만 설계의도와 고객자원은 이러한 고려에 논의의 여지를 준다. 최근의 연구결과들은 전형적인 PV 시스템의 에너지 회수기간(3~4년)은 현금 회수기간에 비해 훨씬 짧다고 제안한다.

PV 모듈은 비록 노출된 설치를 위해 설계되었으며 전자장치(기계장치가 아니라)일 지라도 장기간 설계 에너지 출력을 생산하기 위해서는 일정한 유지관리가 요구된다. 정기적인 청소 및 패널에 대한 접근을 위한 조치가 권장된다.

설계절차

그야말로 개략적인 추정값: PV 모듈 효율성(매우 작은 값, 조정을 위해서는 아래의 *를 참조할 것)이 4%라고 가정하면 주어진 출력용량을 획득하기 위해 요구되는 PV 모듈의 면적은 다음 식으로 추정할 수 있다.

$$A = C/3.3$$

여기서,

A = 요구된 ft^2 단위 PV 모듈 면적(m^2 단위로 바꾸려면 10으로 나누어야 함)

C = 요구된 W 단위 PV 시스템 출력

* 8% 효율성 모듈에 대해서는 상기 추정면적을 2로 나누고, 12% 효율성에 대해서는 3으로, 또 16% 효율성에 대해서는 4로 나눈다.

예제

개략적인 추정값: 1가구 주택에 1kW 용량의 시스템을 제공한다는 일반 목표로부터 요구된 어레이 크기에 대한 개략적인 추정값(8% 효율성 모듈을 가정함)을 다음과 같이 도출할 수 있다.

(1000W/3.3)/2 = 150ft2(14m2)

독립형 시스템:

1. 괌에 있는 1800ft^2(167m^2) 면적의 한 일반 주택은 연간 10,500 kWh전력을 사용하는 것으로 추정되지만 만약 동일한 바닥면적

독립형 PV 시스템 크기결정: 독립형 PV 시스템의 경우 전력망과의 출력교환이 일어나지 않는다. PV 시스템은 건물 필요에 충분한 전력을 발전하여 저장한다. 시스템 크기는 전력부하, 최대 발전용량, 비정점 발전, 저장 및 요구되는 안전요인 등에 의해 결정된다.

1. 1일 평균 건물 전력사용량을 추정한다.

$$ADEU = \sum(P \times U)$$

여기서

ADEU = 1일 평균 에너지 사용(Wh)
P = PV 시스템으로부터 공급받은 각 부하의 평균 출력량(W)
U = 1일 평균 부하 사용시간(h)

이 추정값은 각 부하가 어디로부터 출력을 공급받는지를 고려해야 하며, 변환기로부터 출력을 공급받은 교류부하는 변환기와 관련 제어장치의 효율성(전체 효율성이 75%이면 일반적으로 적절하다)을 고려하여 조정되어야 한다.

2. 요구된 저장용량을 결정한다. 유용한 태양복사가 없어 시스템이 휴면상태에 있는 일수(기후, 설계의도 및 만약 있다면 대체적인 보조 발전용량 등의 함수)를 토대로 요구된 축전기 저장용량을 다음 식으로 추정할 수 있다.

$$S = (ADEU) \times (Days)$$

여기서

S = 저장용량(Wh)
ADEU = 1일 평균 전력사용량(Wh)
Days = 요구되는 저장일수

요구된 축전지 대수는 Wh 단위 저장용량을 축전기(시스템) 전압으로 나눠 도출된 값을 다시 의도된 축전기 유형의 단위저장용량으로 나눠 암페어-시간단위 저장용량으로 전환시킴으로써 추정할 수 있다.

3. 요구된 1일 PV시스템 출력을 추정한다. PV시스템 출력은 현재 하루의 전력수요를 충족할 뿐 아니라 축전기 재충전을 위해 저장될 초과출력을 생산해내야만 한다. 재충전을 위해 허용된 시간(주로 기후패턴의 함수인)이 길수록 시스템 용량이 작아지게 된다. 이러한 설명의 함축적 의미는 무엇인가? 독립형 PV 시스템에서 모든 충전용량(1일 필요를 초과하는 출력)은 축전기가 완전 충전되어 있으면 언제든지 낭비되어진다는 것이다. 또한, "비오는 날" 저장용량은 야간에 전력을 제공하기 위해 요구된 1일 저장용량을 초과한다는 점에 유의해야 한다.

이 에너지 효율적인 주택으로 지어진다면 8000kWh 전력을 사용할 것이다.(이러한 유형의 사용정보를 이용할 수 있다면 부하 대 부하 접근을 거치지 않고도 설계절차에서 개괄된 시스템 용량을 추정하는 것이 가능하다) 이를 통해 1일 전력사용량이 약 28kWh (또는 에너지 효율 건물이라면 22kWh)라는 것을 알 수 있다.

2. 설계의도와 기후자료는 2일 동안의 저장이 합리적인 목표임을 암시한다. 따라서

(28kWh/일)×(2일 저장) = 56 kWh(효율적 대안에서 44kWh).

850Ah 용량의 표준 12V 딥사이클 축전기 2개를 직렬로 연결하여 24V 시스템을 만든다고 가정하자. kWh를 Ah로 바꾸면 56,000Wh/24V = 2333Ah(또는 보다 효율적인 주택의 경우 44,000/24 = 1833 Ah). 따라서 직병렬 연결된 2333/850 = 2.7(4개라 하자)개의 축전지가 필요하다. 하지만 효율적인 건물(2.2개 축전지를 요하는)이라면 2개만으로도 감당할 수 있을 것이다.

3. 요구된 시스템 용량(4일에 걸쳐 축전기를 재충전할 수 있다고 가정하면)은 [(2일간의 저장/4일간의 재충전)+1]× 28kWh = 42kWh, 또는 에너지 효율적인 대안의 경우 33kWh이다.

4. 어레이 용량은 다음과 같이 추정된다.

(1일 28kWh)/(온화한 기후의 경우 1일 5kWh라 하자) = 5.6kW의 최대용량, 또는 효율적인 대안에서 4.4kW.

요구된 시스템 크기(용량)는 다음 식으로 추정할 수 있다.

$$C = [(RDS/RD) + 1] \times (DL)$$

여기서

C = 시스템 용량(kWh)

RDS = 요구되는 시스템 휴면을 의미하는 요구된 저장일 수(상기 2단계를 참조)

RD = 축전지가 충전될 수 있는 일수를 나타내는 충전일 수

DL = 1일 평균 PV생산 전력부하를 의미하는 1일 부하

4. 요구된 PV어레이 용량을 결정한다. PV 생산은 주로 위도, 기후, 모듈 방향 및 모듈 경사 등에 따라 달라지는 이용 가능한 태양복사량의 함수이다. 연간 PV 생산량에 대한 개략적인 추정값은 단위 kW 시스템 출력용량에서 화창한 고위도 기후의 약 2000kWh에서부터 일반적으로 흐린 저위도 기후의 1000kWh까지 다양하다. 일 단위로 환산하면 5.5~2.7kWh에 해당한다. 이 값은 부지 위도와 같은 크기의 기울기로 설치된 남향 모듈을 가정하고 도출된 것이다.

요구된 어레이 용량은 다음 식으로 추정할 수 있다.

$$AC = (RADC)/(ADP)$$

여기서

AC = 어레이 용량(최대 수요 kW)

RADC = 요구된 1일 평균 용량(kWh)

ADP = 최대 수요 kW 대 1일 평균 생산량 비율

5. 요구된 용량을 제공하기 위해 필요한 어레이 크기를 추정한다. 계획설계단계에서는 PV어레이 면적을 단위 W 피크출력당 0.15~0.08ft²(0.0014~0.007m²)로 가정한다. 보다 작은 값은 보다 효율적인 PV모듈을 의미한다.

계통연계형 어레이 크기결정: 계통연계형 시스템의 크기를 결정하는 것은 축전기 충전을 위해 요구되는 저장 또는 출력용량을 다루어야 할 필요가 없으므로 독립형 시스템보다 단순하다. 전력망은 초과생산을 "저장"하는 장소로 제공되고 물론 현지 PV시스템이 충분한 출력을 제공하지 못할 때 전력원으로서의 역할을 수행한다.

이상에서 설명된 규모산정방식(저장요소만 빼고)은 계통연계형 시스템에서 PV 시스템 크기에 대한 임시 추정값을 도출하는데 이용될 수 있다. 제약요인은 보통 예산(얼마나 많은 PV를 사용할 수 있는지)과 PV 탑재지점의 공간이용 가능성이다. 기본적으로 건물 전력수요의 약 40%를 제공하는 어레이(소형-중형 건물에서)는 합리적이라고 볼 수 있다. 계통연계형 태양광 발전 시스템 성능을 추산하는 가장 빠른 방법으로서 미국 재생가능 에너지 연구소 **The U.S. National Renewable Energy Laboratory**의 *PVWatts* 온라인 시스템 규격화 프로그램을 추천한다.

5. 어레이 크기(시스템 용량이 비교적 크므로 범위에서 하한에 가까운 값을 이용해)는 다음과 같이 추정된다.

5600W×(W당 0.1ft²) = 560ft² (52m²).

에너지 효율적인 건물에서 어레이 크기는 다음과 같이 추정된다. 4400W×0.1 = 440ft²(41m²)

에너지 효율적인 대안을 살펴본 목적은 에너지 부하 감소를 위한 투자가 PV용량 감소로 보상된다는 것을 지적하기 위함이다. 대부분의 경우 PV보다 훨씬 적은 비용으로도 효율성을 달성할 수 있다.

주어진 건물상황에서 가장 비용효과적인 PV 시스템의 크기를 결정하기 위해 생애주기 비용 분석을 이용할 수 있다. 비록 이러한 유형의 분석이 합리적 수준의 정확성을 제공하기 위해선 컴퓨터 시뮬레이션을 요구할 지라도 이것은 현실성 있는 계획설계 활동이다. 요구된 투입자료로는 지역기후자료, 상세한 전력요금(정기적인 수요요금에 관한 정보를 포함해), 건물 전력부하와 사용패턴에 관한 합리적 추정값, 설비요금 및 시스템 유지와 보수비용에 관한 추정값 등을 포함한다.

4.276 UC 버클리대학교 마틴 루터 킹목사 기념 학생연합회 건물 옥상에 설치된 옥상설치 태양전지 어레이는 최대 59kW의 전력을 생산한다. POWERLIGHT, INC.

표 4.17 태양광 발전 시스템에 대한 연간 생산 추정치*

남향 태양광 발전 시스템, 사면각도=위도	
낮은 태양열원	9(97)kWh
적당한 태양열원	13(140)kWh
높은 태양열원	17(183)kWh

* 다결정질 실리콘 PV 모듈을 사용한 계통연계형 시스템으로 가정: PV 제곱피트(m^2)당 수치임

4.277 지붕 형태와 어우러진 캘리포니아 Ridge 양조장 태양전지 패널. POWERLIGHT, INC.

표 4.18 표 4.17의 추정치들에 대한 대략적인 저감율

사면각도=위도	사면각도=수평	사면각도=수직
동향이나 서향: 0.7	저위도, 남향: 0.9	저위도, 남향: 0.55
남동향이나 남서향: 0.9	중위도, 남향: 0.85	중위도, 남향: 0.65
	고위도, 남향: 0.78	고위도, 남향: 0.75

4.278 캘리포니아주 Ventura의 Patagonia 본사건물에서는 PV 패널들이 주차구역에 그늘을 드리우는 한편 67kW의 전기를 생산한다. MILLER HULL PARTNERSHIP

사례

4.279 펜실베니아 주립대학의 "자연적 융합"이라는 2009 Solar Decathlon 주택은 옥상녹화를 한 지붕 위에 설치한 PV 집열관들을 특징적으로 내세웠다. GRETCHEN MILLER

4.280 네바다주 라스베이거스의 Springs Preserve에서 주차장에 그늘을 드리우는 긴장된 패브릭 패널들 위에 배열된 단일축 추적(single-axis tracking) PV들은 최대 용량 400kW 이상을 제공한다.

추가 정보

Capehart, B. 2010. Distributed Energy Resources(DER) in 『Whole Building Design Guide』. www.wbdg.org/resources/der.php

Florida Solar Energy Center. 2007. Solar Electricity. www.fsec.ucf.edu/en/consumer/solar_electricity/index.htm

Hankins, M. 2010. 『Stand-alone Solar Electric Systems』, Earthscan Publications Ltd, London.

IEA Photovoltaic Power Systems Programme. www.iea-pvps.org/

NREL PVWatts(online PV system estimator). www.nrel.gov/rredc/pvwatts/

NREL Solar Resource Information. www.nrel.gov/rredc/solar_resource.html

Strong, S. 2010. Building Integrated Photovoltaics(BIPV) in 『Whole Building Design Guide』. www.wbdg.org/design/bipv.php

U.S. Department of Energy, National Center for Photovoltaics. www.nrel.gov/pv/ncpv.html

계획설계를 넘어

계획설계과정에서 개념검증을 위해 개발된 PV 시스템의 추정된 크기는 그야말로 추정값일 뿐이다. 이 초기 추정값은 설계개발과정에서 보다 상세한 시뮬레이션과 분석을 통해 검증될 것이며 생애주기 비용 관점에서 PV 투자가 최적화될 것이다. 특수한 PV설비와 관련 제어장치는 기본설계 동안 선택되고, 상세화되고 명시되어질 것이다. 의심할 여지없이 PV 시스템은 그 잠재력을 최대한 활용하고 고객에게 사용자 매뉴얼이 제공되도록 하기 위해 위탁 관리해야 할 것이다.

NOTES

풍력 발전

풍력 발전기는 상시 재생가능한 자원인 바람으로부터 에너지를 생산한다. 바람 에너지는 태양 에너지의 간접적인 형태이다. 태양복사가 지표면상의 다양한 지점을 다양한 수준으로 가열한다. 다시 말해, 지표면상의 서로 다른 지점은 서로 다른 수준으로 복사열을 흡수하고 반사한다. 이와 같이 지표면상의 공기가 차등적으로 가열됨에 따라 따뜻한 공기는 위로 상승하고 그 자리를 시원한 공기가 메우면서 바람이 일게 된다. 미국 풍력 에너지협회에 의하면 대규모 풍력 발전 프로젝트는 다른 연료자원을 이용하는 새로운 발전소보다 저렴한 비용으로 전력을 생산할 수 있다고 한다.

풍력 발전기는 수력 발전소에서 물의 운동 에너지를 이용하는 것처럼 바람의 운동 에너지를 이용해 전기 에너지를 발생시킨다. 다시 말해, 발전기 날개가 바람에 부딪혀 발생하는 회전력을 이용해 축에 연결된 발전기가 전기를 발생시킨다는 것이다. 풍속은 발전에 이용될 수 있는 에너지의 크기를 결정하며 발전기 날개의 크기는 그 자원 중 얼마가 실제로 발전되는지를 결정한다.

소규모 풍력 발전 시스템은 회전자(날개), 몸체에 탑재된 발전기나 교류기, 후미, 탑, 배선 및 태양전지 시스템에서 시스템 균형요소라고 부르는 제어기, 변환기 및/또는 축전기 등으로 이루어져 있다.

4.282 오레곤주 포틀랜드 도심에 위치한 한 중층의 합용도 건물 상에 있는 3개의 풍력발전기들.

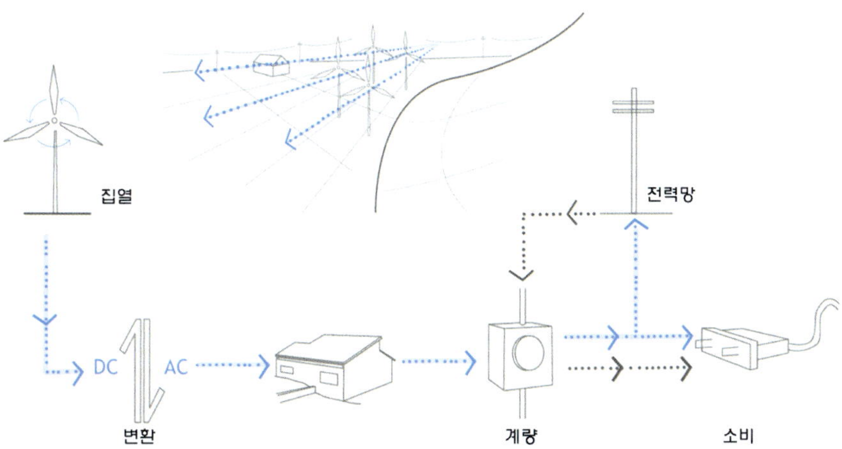

4.281 풍력 발전 시스템의 주요 구성요소를 보여주는 개념도. JON THWAITES

가장 흔하게 볼 수 있는 형태인 맞바람 수평축 풍력 발전기 **horizontal upwind turbines**는 2~3개의 날개를 갖고 있다. 날개회전반경 **swept area**은 회전하는 날개에 의해 창출되는 원 구역이며 발전기에 의해 활용될 수 있는 바람의 양을 결정한다. 회전반경이 클수록 발전기가 생산할 수 있는 전력량이 증가한다. 몸체는 회전자와 발전기를 장착하고 있으며 풍력 발전기가 바람을 향하도록 유지시키는 후미를 지탱한다.

풍력 발전기는 발전용량에 의해 구분된다. 소형 발전기는 20W~100kW 용량이다. 가장 작은 "초소형" 발전기는 20~500W의 용량을 가지며 보통 여가용 차량과 보트의 배터리

의도
현지 전력 생산

효과
비재생가능 자원을 이용한 발전 감소

선택사항
소규모 주택에서부터 상업용 및 대규모 풍력 발전단지에 이르기까지 다양한 제품, 용량

조정 시안
부지 지역제 제한, 부지 지형, 건물 전력부하 및 사용패턴, 시스템 균형요소를 위한 공간, 미적요소

관련 전략
플러그 부하, 태양전지, 수소연료전지

LEED 관련요소
에너지 및 환경

선결과제
부지 지역제 제한, 부지 바람자료, 건물 전력부하

충전용으로 사용된다. 주거용과 소규모 상업용에서는 전형적으로 400W~100 kW의 발전기가 사용된다.

최대 날개 반경이 50ft(15m), 최대 탑 높이가 120ft(35m)인 주거용 또는 농장 크기만한 발전기는 주택이나 사업체에 전력을 공급하기 위해 이용된다. 소형 풍력 발전기는 가장 비용효과적인 주택 기반 재생가능 에너지 시스템 가운데 하나일 수 있으며 주택 전력요금의 50~90%를 절감시킬 것이다.

건축적인 주요 현안

풍력 발전기의 미적 가치(높이와 옆모습을 포함해)는 그것이 전체 프로젝트에 어떠한 영향을 미치는지와 관련해 생각해야 한다. 풍속은 고도가 높아짐에 따라 증가하므로 탑은 풍력 발전 시스템의 필수요소이다.(탑이 높을수록 더 많은 전력을 생산할 수 있다) 풍력 발전기가 생산하는 전력은 풍속의 세제곱에 비례하므로 높은 탑을 설치하는 것이 경제적일 수 있다. 가령 10kW 용량의 풍력 발전기의 높이를 60ft(18m)에서 100ft(30m)로 높임으로써 전력생산량을 29% 증가시킬 수 있는데 그래도 건설비는 10% 밖에 증가하지 않는다.

발전기를 지붕 위에 올릴 수 있다면 매력적이겠으나 이는 권장되지 않는다. 발전기로부터 발생한 진동이 구조적 문제를 야기할 수 있을 뿐더러 건물 거주자와 사용자를 성가시게 할 것이다. 지붕 위에 올린 발전기는 또한 건물 형태에 의해 발생한 난기류에 노출될 것이다. 초창기 풍력 발전기는 소음문제로 인해 이웃주민들에게 골칫거리가 되었으나 최근에 개발된 발전기들은 소음을 적게 발생시킨다. 대부분의 소형 발전기의 주변 소음수준은 약 52~55데시벨(dBA)로 평균적인 냉장고보다 더 높지 않다.

실행시 고려사항

미국 에너지부의 에너지 효율성과 재생가능 에너지 프로그램에 의하면 풍력 발전기는 다음 조건을 대부분 충족시킨다면 어디에라도 합리적으로 고려될 수 있다.

- 부지가 양호－허용수준[적어도 9mph(4m/s)의 연간 평균풍속]의 풍력 자원을 가지고 있다. 전 세계 많은 지역은 소형 발전기를 구동할 수 있을 정도의 풍력 자원을 갖고 있다.
- 부지 크기는 1acre(0.4 ha) 이상이다.
- 해당 지역의 지역제 관련 법령이 풍력 발전기를 허용한다.
- 풍력 발전기가 건물에서 사용되는 전력의 상당 부분을 생산할 수 있다. 여기서 "상당 부분" 은 설계 의도의 함수이다.
- 풍력 발전기가 고객에게 납득할만한 생애주기 투자를 의미한다.

- 부지가 전력망에 쉽게 접근하기 어렵거나 매우 고비용의 전력설비만이 제공되는 외딴 지역 내에 있다.

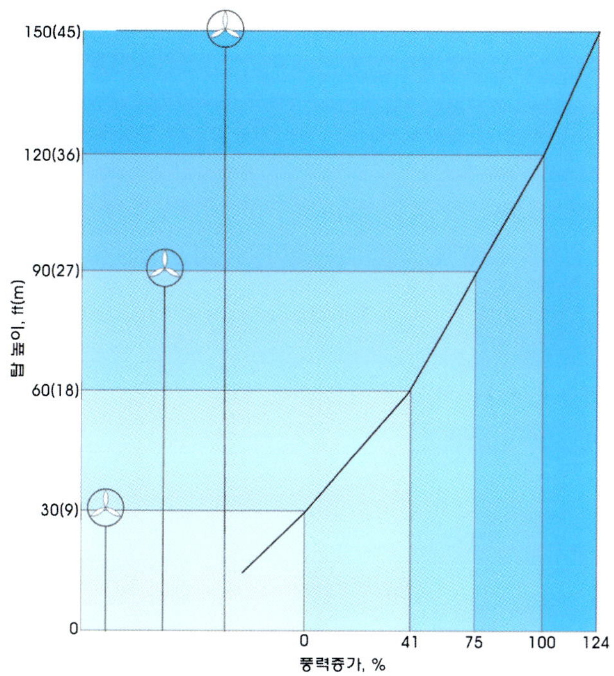

4.283 지면으로부터 높이 올라갈수록 풍력은 증가한다. KATHY BEVERS ADAPTED DOE/ EERE로부터 인용

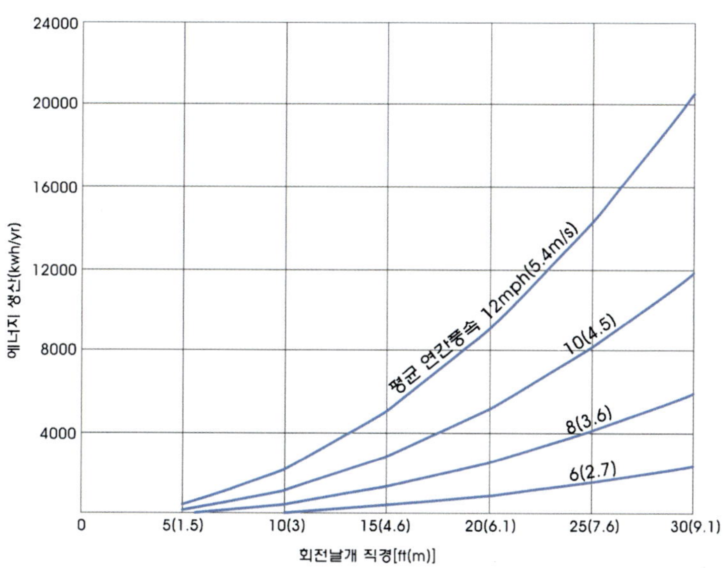

4.284 (공식 AEO = 0.01328 D^2V^3에 기초하여) 회전날개 직경과 평균 연간풍속의 함수로 나타낸 수평축 풍력발전기의 대략적인 연간 에너지 생산. MATT HOGAN

계통연계형 시스템은 발전기 출력을 직류에서 교류로 전환시키는 변환기를 이용해 전력망이나 통상적인 전기기구와 전기적으로 양립 가능한 시스템을 만들어낸다. 이에 따라 풍력 시스템으로부터 생산된 전력은 건물 내에서 이용되거나 전력회사에 가장 경제적으로 적절한 대안으로 팔릴 수 있게 된다. 계통연계형 시스템에서 축전기는 정상적으로 요구되지 않는다.

계통연계형 시스템은 다음과 같은 조건에서 훌륭한 대안이다.

- 부지가 적어도 10mph(4.5m/s)의 연간 평균풍속을 갖고 있다.
- 전력망 공급 전력은 상대적으로 비싸다.
- 풍력 시스템을 전력망에 연결하는 것이 관료주의적 개입에 의해 금지되거나 과도한 부담이 지워지지 않는다.
- 초과 전력의 판매와 풍력 발전기의 구매에 대해 일정한 인센티브가 주어진다.

4.286 워싱턴주 Benton County에 위치한 Nine Canyon Wind Project는 2002년에 완공되었다. 37개의 풍력발전기들 각각의 정격전력은 1300kW이고, 48MW의 프로젝트 용량이 산출된다. ENERGY NORTHWEST, DOE/ NREL

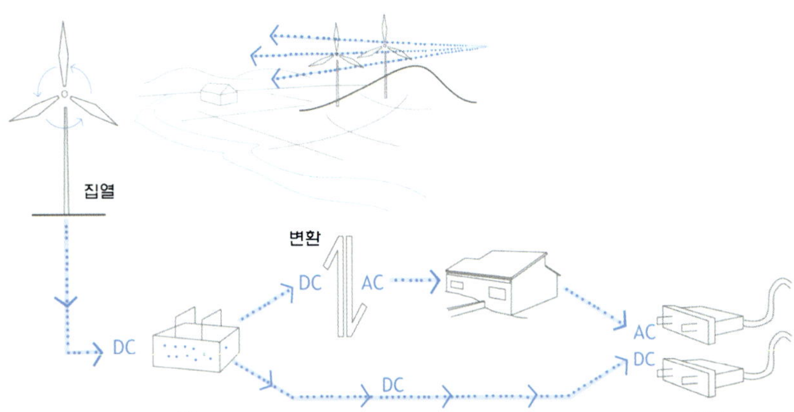

4.285 독립형 풍력 발전 시스템의 개념도. KATE BECKLEY

4.286 노스캐롤라이나주 Boone에 있는 실용적 규모의 풍력 발전기. 현재 풍력 발전시설상에서 볼 수 있는 풍력 발전기들의 전신이다.

독립형 시스템은 전력망에 연결되지 않는다. 이러한 방식의 시스템은 전력망에 접근하기가 어렵거나 매우 비싼 오지에 전력을 공급할 수 있다. 전력망의 지원이 없으므로 이러한 시스템 방식에서는 바람이 없을 때 사용될 에너지를 저장하기 위한 축전기가 필요하게 된다. 충전제어기는 축전기가 과충전되지 않도록 한다. 모든 부하(전기기구를 포함한)가 직류이지 않는 한 직류를 교류로 전환시키는 변환기가 요구된다. 대부분의 주택 전기기구에서 직류방식을 손쉽게 이용할 수 있다.

혼합 시스템은 풍력 기술과 태양광 기술(또는 기타 부지기반기술)을 결합해 전력을 생산한다. 만약 태양광 발전에 사용될 수 있는 태양복사가 풍부한 여름철에 풍속이 약하거나 태양광 발전을 위한 태양복사가 적은 겨울철에 풍속이 강하다면 이러한 전략은 최적 조합이 될 수 있다.

독립형 또는 혼합 시스템은 다음과 같은 조건에서 훌륭한 대안이다.

- 부지가 적어도 9mph(4.0m/s)의 연간 평균풍속을 가진 지역 내에 있다.
- 계통연계형은 이용할 수 없거나 너무 비싸 현실성이 없다.
- 구입된 에너지자원으로부터의 해방이 핵심 설계의도이다.
- 재생가능 에너지자원의 사용이 핵심 설계의도이다.

설계절차

1. 제안된 부지의 토지이용현황에 대해 조사한다. 풍력 발전기가 해당 지역의 지역제관련 규정에 적합한지를 결정한다. 해당지역 건축규정상의 관련 요구사항은 다음과 같다.
   - 최소 필지 크기[일반적으로 1acre(0.4ha)]
   - 최대 허용 탑 높이
   - 후퇴 요구사항 setback requirements.
2. 풍력 자원에 대해서 평가한다. 풍속과 풍향은 밤낮으로 또 계절에 따라 항상 변화한다. 연간 풍속 변화의 추이를 평가하는 것은 주어진 부지상에서 풍력 발전기가 생산해낼 전력량을 정확히 추정하는 최선의 방법이다. 임시 추정을 위해서는 평균 풍속을 이용할 수 있다.(*미국 풍력자원도감*과 같은 풍력자원지도를 참조하라) 또한 현지여건이 풍속을 변화시킬 수 있으므로 부지의 특수한 지형지세를 고려해야 한다. 부지 풍력자원을 평가하기 위한 다른 방법으로는 휴대용 풍력 측정 장비를 이용해 인근 공항의 풍력자료를 획득하거나(무엇보다 국지효과를 상쇄시키기 위해) 그 지역의 풍력 발전기 소유주(또는 윈드서핑 동호인)로부터 정보를 획득하는 것이다.
3. 연간 kWh 단위 건물 에너지 요구량을 추정한다. 이러한 연간 소비량의 일별 및 계절별 분포에 대한 추정값은 설계개발과정에서 유용할 것이다. 미국 에너지부에 의하면 전형적인 미국 주택(녹색주택이 아닌)은 연간 약 10,000kWh의 전력을 소비하는 것으로 나타났다. 상업용 건물 전력소비량은 이용 가능한 자료원으로부터 추정되거나 (전형적으로 단위 바닥면적 기준으로) 상관 분석될 수 있다.
4. 그림 4.284를 활용하여 풍력 발전기의 규모를 산정한다. 특정 발전기가 필요를 충족시키는지를 보기 위해 (해당 부지의 연평균 풍속에서 주어진 직경의 풍력 발전기에 대한) 연간 에너지 생산량 추정치와 바로 앞 단계에서 도출된 에너지 요구량 추정치를 비교한다. 그 식은 또한 필요한 전기출력을 공급하는 데에 필요한 회전자 직경을 구하는 데 사용될 수 있다.

예제

미국 중서부의 한 개활지에 지어진 2층짜리 작은 병의원사무실 건물에서 풍력 발전기를 이용한 전력공급 계획의 실행 가능성을 분석한다.

1. 해당 지역 건축규정상 선택된 부지에 풍력 발전기를 설치하는 데는 아무런 문제가 없었다.
2. 풍속지도에 따라 그 부지의 평균 풍속은 12mph(19km/h)로 추정되었으며 장애물은 없었다.
3. 그 사무실의 연간 필요전력량은 20,000kWh로 추정되었다.
4. 요구되는 풍력 발전기 회전자의 직경은 그림 4.284와 같다.

   필요전력량 20,000kWh, 풍속 12mph에 대한 요구되는 회전자의 직경은 대략 29.ft(9m)이다.

   따라서 회전자 직경이 30ft(9m)인 풍력 발전기는 잠재적으로 1년 동안 그 사무실에서 소요되는 모든 전력을 생산할 수 있다.

5. 풍력 발전기 설치지점과 탑 높이를 결정한다. 회전자의 바닥높이는 탑으로부터 300ft(90m) 이내에 있는 모든 장애물로부터 적어도 30ft(9m) 높아야 한다. 풍향 추세와 장애물을 고려하여 풍력 발전기 설치지점을 선택한다.

5. 이 2층짜리 건물은 대략 25ft (7.6m) 정도의 높이이므로 55ft (16.8m) 높이의 탑은 건물에 의해 방해받음이 없이 충분히 바람에 접근할 수 있다.

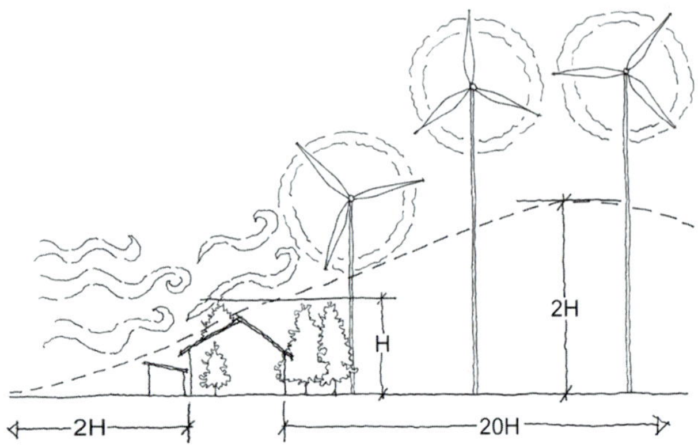

4.288 지면수준 장애물로 인한 난기류 구역(피해야 함). KATE BECKLEY

사례

4.289 2007 텍사스 A&M대학교 태양열 주택 경연대회에서 선보인 소형 풍력발전기.

4.290 예일대학교의 Becton Engineering&Applied Science Center에 있는 수평축 소형 풍력 발전기.

추가 정보

American Wind Energy Association. Wind Energy Fact Sheet. www.awea.org/

NREL.『Wind Resource Assessment』. Includes State Wind Maps and International Wind Resource Maps. National Renewable Energy Laboratory. www.nrel.gov/wind/resource_assessment.html

U.S. Department of Energy, Energy Efficiency and Renewable Energy.『Installing and Maintaining a Small Electric Wind System』. www.energysavers.gov/your_home/electricity/index.cfm/mytopic=10990

계획설계를 넘어

기본설계과정에서 풍력 발전 시스템의 사전 설계가 보다 정교해질 것이다. 한 해 동안 시스템성능이 허용 가능한 수준인지를 확인하고 시스템 부속품의 크기를 결정하고(배터리 뱅크나 변환기), 또 생애주기 비용의 추정값을 개발하기 위한 분석이 수행될 것이다. 설비가 명시되고 풍력 발전 시스템이 위탁 관리될 것이므로 사용자 매뉴얼이 권장될 것이다.

NOTES

초초소수력 발전은 물 흐름을 활용하여 전력을 생산한다. 초초소수력 발전 시스템은 세심히 설계되기만 한다면 흐르는 물의 재생가능한 운동 에너지를 이용하여 친환경적인 전력을 생산할 수 있다.

초초소수력 발전 시스템으로부터 이용 가능한 전력은 물 "낙차"와 "흐름"의 결합으로부터 발생한다. 헤드는 수압관 유입구와 발전기 배출구간의 수직낙차를 말한다. 이 거리는 이용 가능한 수압을 결정한다. 3ft(0.9m) 미만의 낙차는 보통 비효과적인 것으로 판명될 것이다. 3~10ft(0.9~3.1m) 수직거리는 전형적인 저낙차 시스템이다. 흐름은 gpm(L/s) 단위로 표현된 단위시간당 시스템을 통과하는 물의 부피이다.

4.292 초초소수력 발전기의 수압관으로 연결되는 수문. JASON ZOOK

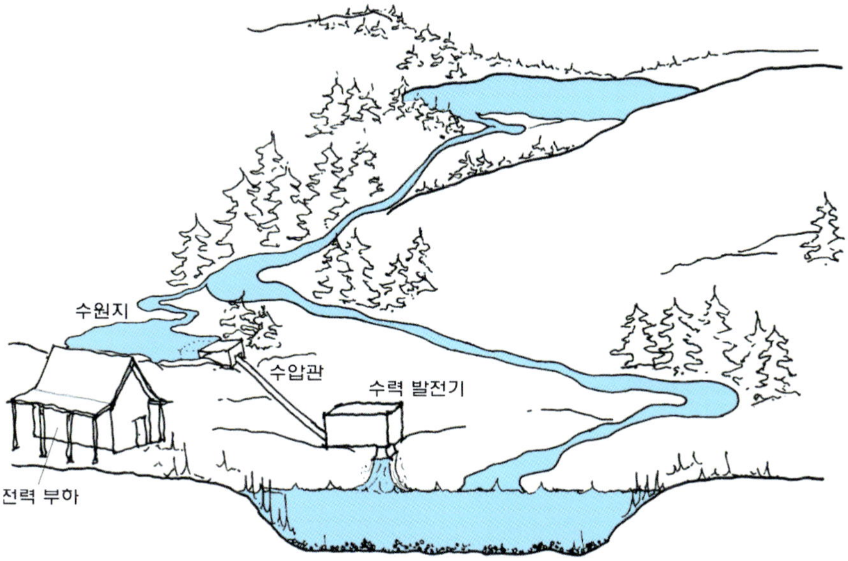

4.291 초초소수력 발전 시스템의 구성요소. KATE BECKLEY

수원지(시스템을 위한 저장용기로 제공되는 연못이나 저수지)로부터 공급된 물은 파이프나 수압관을 거쳐 수력 발전기로 운반된다. 그러면 터빈이 발전기를 구동한다. 터빈은 흐르는 물에 의해 가해진 힘으로부터 출력을 얻는 회전식 엔진이다. 초초소수력 발전은 충동식, 반동식, 또는 프로펠러식으로 구분된다.

초초소수력 발전 시스템의 실행 가능성은 수리권과 용도에 관한 법령, 수자원 이용 가능성과 신뢰성, 그 자원으로부터 이용 가능한 잠재전력 및 시스템 경제성 등에 따라 결정된다.

의도
현지 전력 생산

효과
화석연료 생산 전력 사용 감소

선택사항
반동 발전기, 충격 발전기, 프로펠러 발전기

조정 시안
부지선택, 환경영향, 수원지 위치(만약 적용 가능하다면), 건물 전력부하 및 사용패턴

관련 전략
풍력 발전기, 태양광 발전기, 수소연료전지, 플러그 부하

LEED 관련요소
지속 가능한 부지, 에너지 및 환경

선결과제
안정적으로 흐르는 수자원, 적어도 3ft(0.9m)의 낙차, 법적인 허가

건축적인 주요 현안

부지선택은 초초소수력 발전 시스템의 성공에 필수적이다. 부지는 충분한 물 흐름을 제공할 수 있는 신뢰할만한 수자원을 갖고 있어야만 한다. 부지는 또한 최소 3ft(0.9m)의 낙차로 물을 운반할 수 있도록 경사가 충분해야 한다.

유입구는 수원지에서 가장 편리한 지점으로 선택한다. 물은 개울, 강, 또는 호수로부터 수압관으로 유입된다. 수압관 유입구는 낙차(수압)를 증대시키고 운반 구성요소로의 원활하고 순조로운 유입을 창출하기 위해 제방이나 수문 내에 위치할 것이다. 발전기에 피해를 입힐 수 있는 부스러기들을 걸러내기 위해 수압관 입구에 차단막을 설치한다.

터빈과 발전기는 풍우나 사람에 의한 손상으로부터 보호하기 위해 어떤 방식으로든 포장시켜야 한다. 이러한 "발전실"은 침수되지 않는 안전구역에 위치해야만 한다. 배터리 뱅크(만약 사용된다면) 또한 포장되어야 한다.

"전송라인"은 발전기로부터 사용지점까지 연결된다. 이 라인에서 발생되는 저항으로 인한 전압손실을 최소화하기 위해 발전기와 사용지점간을 가능하면 최단 거리로 해야 할 것이다.(변환기로부터 공급되는 교류전력이 아니라 직류전력이 공급된다면 더더욱 그러하다)

실행시 고려사항

발전기는 터빈축의 회전력을 전력으로 전환시킨다. 발전기는 직류전류를 생산하는데 이것은 직류 전기기구에 의해 직접 사용되거나 배터리 뱅크를 충전하기 위해 사용되기도 하며, 또 변환기를 거치며 교류전류로 바뀌어 일반 플러그 부하에 공급될 수도 있다. 전형적인 주거용 발전기는 대부분의 장치, 조명 및 난방시설 등에 이용될 수 있는 120/240 VAC 전력을 생산한다. 발전기는 발전기 축의 회전속도에 의해 결정되는 주파수에서 작동되는데 RPM이 높을수록 고주파가 생산된다.

비상 시스템 차단 제어장치는 오작동이나 사고 발생시 시스템의 과부하나 저부하를 방지할 수 있다. 만약 공공 전력망에 연결되어 있다면 비상 시스템 차단장치가 반드시 요구될 것이다.

충동 터빈은 개방환경에서 작동하며 고속으로 추진된 물을 "날개"에 부딪혀 축의 회전을 촉진하는 방식이다. 충동 터빈은 낙차가 "높은" 상황에(또한 종종 느린 흐름에서) 가장 적합하다. 반동 터빈은 완전히 물에 잠겨 작동한다. 러너(프로펠러와 아주 흡사하게 생긴)를 향해 흘러가는 물의 압력과 흐름에 의해 발전기의 회전력이 촉진된다. 낙차가 "낮은" 응용에(또한 종종 빠른 흐름에서) 가장 적합하다. 프로펠러 터빈은 낙차가 없는 빠른 흐름에서 이용된다.(마치 선박의 프로펠러처럼 작동하지만 프로펠러가 움직이는 게 아니라 물이 움직인다) 주거용 초초소수력 발전 시스템은 최대 100kW를 생산하지만 보다 큰(그러나 여전히 소규모인) 시스템은 최대 15MW까지 생산할 수 있다.

설계절차

1. 의도된 수원으로부터 물을 전용하는 것이 법적으로 허용되는지를 확인한다.

2. 이용 가능한 낙차를 결정한다. 이를 위해 공식 측량조사, 또는 수준선이나 줄자 측량을 이용한 비공식 조사를 포함한 수많은 방법을 이용할 수 있다. 총 낙차는 유입지점 수면으로부터 발전기 배출구까지의 수직거리이다. 유효(이용 가능한)낙차는 총 낙차에서 수압관 내 마찰손실(파이프, 부속장치 및 밸브 등으로 인한)을 뺀 값이다. 계획설계를 위한 목적에서는 총 낙차의 80~90%를 유효낙차로 본다.

3. 흐름율을 결정한다. 해당지역 감독당국으로부터 이용할 수 없다면 몇 가지 단순하고 개략적인 기법을 이용해 추정할 수 있을 것이다. 주요한 관심대상이 되는 흐름은 적어도 두 가지가 있는데 대표적인 것으로는 예상된 최저 유량(부하를 전력생산량에 맞추거나 보조 전력공급 장치를 설계하기 위한)과 평균 유량(발전 시스템으로부터 이용 가능한 전력생산수준을 이해할 수 있게 하는)이 그것이다.

4. 공식을 이용해 터빈 전력생산량을 추정한다.

$$P=[(흐름)\times(낙차)]/F$$

여기서

P = 전력생산(W)
flow = 물 흐름율(gpm)(L/s)
head = 유효낙차(ft)(m)
F = 10(0.192), 전환계수(발전기의 전형적인 효율성을 포함하는)

5. 이 전략이 프로젝트의 전력수요를 적절히 충족시킬 수 있는지를 결정하기 위해 추진된 초초소수력 터빈 생산량과 건물의 전력필요량(주택건물의 경우 설치될 것으로 예상되는 장치들을 토대로, 또 보다 큰 건물의 경우 단위 출력밀도 값을 토대로 추정된)을 비교한다.

6. 만약 초초소수력 발전시설이 건물로부터 멀리 떨어져 있다면 전송라인 길이와 추정 라인손실을 결정한다.(전기전문가로부터의 조언이 요구됨)

7. 터빈과 관련 설비들을 어디에 위치시킬 것인가를 결정한다. 터빈/발전기를 위해서는 많은 공간이 요구되지 않지만[아마 시스템 용량에 따라 100~200ft^2(9~18m^2)] 배터리를 위한 공간(만약 사용한다면)은 상당할 것이다. 터빈의 위치는 소음과 관련되는 문제로서 장비들은 약간의 소음을 야기할 수 있다.

예제
캐나다 로키산맥 산기슭에 소규모 환경연구기지를 건설할 계획이다.

1. 화력발전소와는 달리 오염과 소음을 수반하지 않으므로 초초소수력 발전 시스템에 대한 허가는 쉬웠다.
2. 현지에서 이용 가능한 낙차(제안된 수원지와 터빈축간의 평균고도차)는 45ft(13.7m)였다.
3. 평균 유량은 200gpm(12.6 L/s)로 추정되었다.
4. 추정된 전력생산량은 [(200×45)/10] = 900W이었다.
5. 건물 전력부하는 2.5W/ft^2[26.9 W/m^2]로 추정되었다(효율적인 조명과 상당한 설비부하를 포함시키지만 난방부하는 제외한). 2000ft^2(186m^2) 면적의 건물에서 이는 5000W 전력부하에 해당하는데 900W 생산용량을 훨씬 초과한다. 하지만 건물은 하루 8시간 가동되는 반면 전력생산은 24시간 내내 계속될 것이다. 1일 사용량과 생산량을 비교하면 다음과 같다.

   (8×5000) = 40,000Wh 대
   (24×900) = 21,600Wh.

   제안된 초초소수력 발전은 상당한 용량의 배터리를 가정한다면 연구기지 1일 전력필요량의 약 절반을 충당할 수 있다. 풍력 발전, PV, 또는 연료전지 등이 고려되든가 아니면 건물 부하를 50% 수준으로 낮출 수(아마 자연채광을 적극적으로 활용해) 있을 것이다.

사례

4.293 스코틀랜드 Ironmacannie 공장의 초초소수력 발전 시스템은 18ft(5.5m) 낙차로 2.2 kW 용량을 만들어낸다. NAUTILUS WATER TURBINE, INC.

4.294 영국 요크셔 Tanfield 공장의 초초소수력 발전장치 옆에서 흘러내리는 물을 바라 본 모습. 설비는 초초소수력 발전 응용에 초점을 둔 재생가능 에너지 프로젝트에서 현재 개발 중인 제품 가운데 하나이다. NAUTILUS WATER TURBINE, INC.

6. 터빈과 발전기는 연구기지로부터 300ft(91m) 떨어져 설치될 것이다. 이만한 거리에서 전송손실의 효과에 대해서는 설계개발과정에서 다뤄질 것이다.
7. 멀리 떨어진 건물 속에 터빈, 발전기 및 배터리를 모두 담을 것이다. 점유공간으로부터 이만한 거리에서는 소음이 문제가 되지 않는다.

4.295 지어진 지 400년 된 Tanfield 공장은 이제 운용낙차 9ft(2.7m)에서 작동되는 하나의 프란시스 터빈과 2개의 작은 터빈을 사용한다. 유수량은 큰 터빈에서 23,760gpm(1501L/s), 그리고 작은 터빈에서는 2,376gpm(150L/s)이다. 그 터빈은 통상적인 배터리 저장과 변환기 기술을 접목했다.

추가 정보

ABS Alaskan. 2010. Micro Hydroelectric Power. www.absak.com/library/micro-hydro-power-systems

Harvey, A. et al. 1993. 『Micro-Hydro Design Manual: A Guide to Small-Scale Water Power Schemes』. ITDG Publishing, Rugby, Warwickshire, UK.

Masters, G. 2004. 『Renewable and Efficient Electric Power Systems』. Wiley-IEEE Press, New York.

U.S. Department of Energy, Microhydropower Systems. www.eere.energy.gov/consumer/your_home/electricity/index.cfm/mytopic=11050

계획설계를 넘어

계획설계과정에서 초초소수력 발전 시스템이 현실성 있는 것으로 판단되었다고 가정하면 기본설계단계에서 그것은 더욱 분석되고, 상세히 개발되고, 통합될 것이다. 특수한 설비들(터빈, 배터리, 변환기 등)이 선택되고, 조정되고, 명시될 것이다. 이런 통상적이지 않은 시스템에서 위탁관리는 필수적이다. 고객/훈련, 운영 및 유지활동과 관련하여 사용자를 지원하기 위해 사용자 매뉴얼을 준비해야 한다.

NOTES

수소연료전지

수소연료전지는 수소와 산소간의 전기화학적 반응을 통해 청결한 에너지를 생산한다. 연료전지는 양극, 음극 및 이 둘을 구분하는 막, 세 부분으로 이해될 수 있다. 수소가스가 연료전지의 양극으로 들어가 백금촉매와 반응하면서 수소원자는 양성자와 전자로 분리된다. 양성자와 전자는 서로 다른 경로를 통해 연료전지의 음극 쪽으로 이동한다. 양성자는 막을 통해 직접 음극으로 이동하는 반면 전자는 음극으로의 이동과정에 전기에너지를 제공하는 연결 전기회로를 통해 이동한다. 전자, 양성자 및 산소원자가 음극에서 재결합되기만 한다면 식수로 이용 가능한 물과 열을 발생시키게 된다. 만약 열이 활용된다면(말하자면 열병합 co-generation을 통해) 연료전지는 전반적 효율수준에 있어 화석연료와 기타 탄화수소의 연소에 의존하는 기술을 훨씬 능가하게 된다.

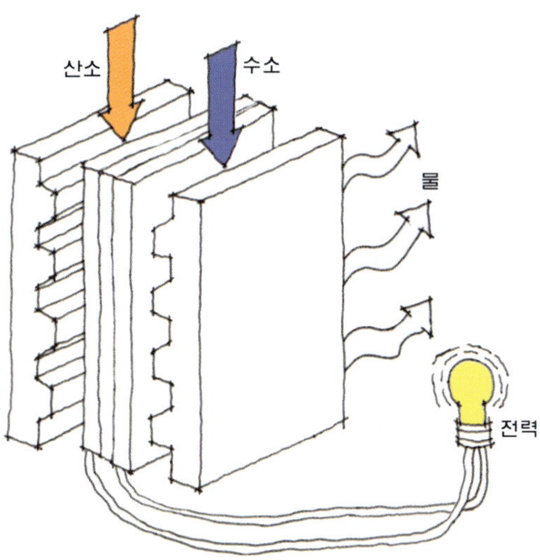

4.296 단순한 연료전지 도면. 수소는 쪼개진 다음 다시 산소와 결합해 전력, 열 및 물을 발생시킨다. AMANDA HILLS

연료전지 기술의 현저한 발전은 1970년대에 시작되었다. 이후에도 발전은 계속되어 수많은 연료전지 기술이 탄생하게 되었다. 이러한 기술들은 기초 연구단계에 있는 것들에서부터 상용화단계에 들어선 것들까지 다양한 수준으로 나타난다. 오늘날 건물환경에 현지에너지를 공급하기 위한 전략으로서 두 가지 유형의 연료전지가 유력하다. 그것들은 양성자 교환막 연료전지 PEM와 인산연료전지 PAFC이다.

양성자 교환막 연료전지 PEM는 이제 상용화 초기단계에 들어선 기술이다. PEM 기술은 코어온도가 낮으므로[175°F(80°C)] 신속한 작동/작동중지가 촉진된다는 이점이 있다. 또 다른 이점은 출력밀도가 높다는, 다시 말해 출력 대비 크기가 작다는 것이다. 미국 에너지부에 의하면 그것은 경자동차와 건물에서는 물론 이보다 훨씬 작은 응용인 재충전용 배터리의 대체수단과 같은 용도로도 가장 유력하다. 실제로 3~5kW 시스템은 유통 중인 소형 냉장고만한 크기로 전형적인 주택에 전원을 공급하기에 충분한 용량이다. PEM 선

4.297 뉴욕 기술협회에서 주관한 2005 태양열 주택 건축경연대회에 선보인 5kW 수소연료전지.(설비모듈 꼭대기 물탱크 옆)

의도
현지 전력 생산, 열병합 발전

효과
화석연료로부터 생산된 전력의 사용 감소

선택사항
용량, 연료전지 유형, 열병합 전략

조정 시안
전력부하 패턴, 비상/예비/보조 전력 필요, 열과 전력 결합기회, 제품이용 가능성, 유지성능

관련 전략
열과 전력 결합 시스템, 에너지 회수 시스템, 태양광 발전, 플러그 부하

LEED 관련요소
에너지 및 환경

선결과제
시스템 비용의 적절성, 잔여열의 유용한 사용 기회

택을 주저하게 만드는 가장 큰 단점은 그것이 수소연료 속의 불순물에 취약하다는 것이다. 그것들은 점진적인 품질저하와 궁극적인 고장을 일으키는 원인이다. 현재 보급되고 있는 PEM 연료전지 시스템은 많은 비용을 들여 핵심부품을 교체/수리할 때까지 약 5,000시간 가동될 수 있다.

인산연료전지 PAFC는 상용화된 기술로서 현재 전 세계적으로 200개 이상의 빌딩에서 활용되고 있다. 대부분의 PAFC는 200kW나 1MW 출력을 생산한다. 높은 출력을 낼 수 있다는 이점 때문에 보통 병원, 요양시설, 호텔, 사무실, 학교 및 공항터미널 등 대형건물에서 그 예를 찾을 수 있다. PAFC의 최대 장점은 그것이 불순물을 많이 포함한 수소도 허용한다는 점이다. PAFC가 시장에서 호평을 받고 있는 것은 바로 이 때문이다. 한편 단점은 높은 비용, 낮은 출력밀도 및 큰 크기와 중량 등일 것이다. 이러한 단점에도 불구하고 PAFC는 현재 시장에서 가장 확고한 지위를 차지하고 있는 연료전지이다.

건축적인 주요 현안

조용하며 일반적으로 오염문제를 일으키지 않는다는 점 이외에 효율성은 연료전지의 최대장점 가운데 하나이다. 연료전지는 동일한 에너지 투입량 대비 내연기관과 결합된 발전기보다 두 배나 많은 전력을 생산할 수 있다. 내연기관은 33~35%의 효율성을 가지고 있는 반면 연료전지의 그것은 40%이다. 이것은 큰 차이가 아닌 것처럼 보일 수도 있지만 연료전지에 의해 생산된 열에너지가 열 병합을 통해 회복된다면 효율성은 약 80%로 껑충 뛴다. 연료전지에 의해 생산된 에너지를 가장 잘 활용하는 건물을 설계하기 위해서는 연료전지 시스템과 다른 건물 시스템(냉난방 등)을 통합하는 것이 요구된다.

다른 설계상의 고려사항으로는 적절한 위치를 포함해 연료전지를 위해 요구되는 건물 공간에 관련된다. 보조 전력공급을 위한 목적으로만 설계된 연료전지는 마치 보조 전력공급을 위해 사용된 발전기 세트처럼 건물 외부의 콘크리트 패드상에 놓일 수 있다. 하지만 연료전지가 연속적인 생산을 위해 사용될 거라면 그것을 기계실에 통합하는 것이 최선이다. HVAC 시스템과 건물 전력패널에 대한 직접적인 접근은 필수적이다. 연료전지기술이 개발단계에 있는 현 시점에서 풋프린트 footprint 추정값을 제공하기는 어렵다. 아래에서 제시되는 일부 상용화된 설비들의 규격은 계획수립에 도움을 줄 것이다. 다른 용량의 연료전지들은 종종 이러한 유닛들의 조립 모듈일 것이다.

- 1kW 유닛: 18인치(450mm) W×27인치(690mm) D×20인치(510mm) H
- 4kW 유닛: 47인치(120cm) W×22인치(56cm) D×55인치(140cm) H
- 200kW 유닛: 18ft(5.5m) W×10ft(3m) D×10ft(3m) H

실행시 고려사항

대체에너지원을 사용하는 건물의 설계자는 효율성 관점에서 생각해야만 한다. 그러한 건물은 연료전지에 의해 생산된 열과 전력이 사용되도록 설계되어야 한다. 주택 내 온수기와 열교환기는 연료전지 시스템과 통합될 수 있다. 시너지를 더 많이 창출할수록 연료전지설비의 비용효과는 커지게 된다.

설계절차

연료전지의 크기와 유형을 선택하면서 어떤 장비가 상용화되어 있는지를 확인하는 것은 매우 중요한 문제이다. 많은 연료전지 제품들은 아직도 원형 개발단계에 있다. 하지만 제품 이용 가능성은 증대되고 있다. 다음은 연료전지의 크기와 유형을 선택하고 그것을 건물 내 어디에 배치할 것인지를 결정하기 위한 일반단계이다.

1. 고려 중인 건물의 기저 에너지 부하와 피크 에너지 부하를 추정한다. 연료전지가 건물의 유일한 에너지 공급자라면(독립 설치) 그것은 피크 부하에서 평가되어야 한다.

2. 만약 비정점 부하시간 동안 충전을 담당하는 지역 에너지망이나 배터리 뱅크와 함께 사용될 것이라면(정점 또는 보조 설치) 그 추정값은 하향 조정될 수 있다.

3. 연료전지에 의해 생산된 열을 활용하기 위한 전략을 개발한다. 소규모 시스템에서 그러한 열은 주택 내 온수급탕이나 복사열 바닥난방 시스템과 함께 사용될 것이다. 보다 큰 시스템(200kW 이상)의 경우 연료전지는 미리 예정된 열병합 구성요소와 같이 이용될 수 있다.

4. 건물 전력패널에 손쉽게 연결되고, 열병합 기회에 손쉽게 통합되고, 또 실외환기가 제공되는(건물 외피 내부에 설치된다면) 지점에 위치했는지를 확인한다. 대규모 건물에서는 주 기계실이 보통 가장 적합하다. 소형 건물이나 주택의 경우 비품 실 같은 지점이 효과적일지 모른다. 실외 설치가 아주 보편적이다.

예제
이 전략을 위한 예제는 절차의 일반 성격상 설계절차 속에 포함되어 있다.

사례

4.298 연료전지는 단조롭고 어두칙칙할 필요가 없다. 화려한 200kW 연료전지가 로스 엔젤레스 동물원에 전력을 공급한다. UTC POWER

4.299 200kW 연료전지가 Richard Stockton대학교에 전력과 구내 온수를 공급한다. 뉴저지 Pomona. UTC POWER

4.300 200kW 연료전지가 포드 제1자동차그룹 본사 건물에 전력과 구내 온수를 공급한다. 캘리포니아 Irvine. UTC POWER

추가 정보

Fuel Cells 2000. www.fuelcells.org/

Hoogers, G. 2002. 『Fuel Cell Technology Handbook』, CRC Press, Boca Raton, FL.

U.S. Department of Energy, Hydrogen Program. www.hydrogen.energy.gov/fuel_cells.html

UTC Power. www.utcfuelcells.com/fs/com/bin/fs_com_page/0,11491,0229,00.html

Walsh, B. and R. Wichert. 2010. Fuel Cell Technology in 『Whole Building Design Guide』, www.wbdg.org/resources/fuelcell.php

계획설계를 넘어

일단 계획설계과정에서 연료전지의 사용이 결정되고 검토까지 거쳤다면 그 시스템에 관한 많은 실제 설계작업(최종적인 크기결정과 설비선택을 포함해)이 기본설계과정에서 이루어질 것이다. 그 시점에 이뤄지는 노력들로는 전력부하 추정값을 정교화하고, 부하패턴을 연료전지 제어 및 운영 전략에 일치시키고, 잔여열 사용 전략과 설비 및 모든 구성요소의 사양서를 최적화하고, 또 연료전지 시스템을 위한 사용자 매뉴얼을 개발하는 것 등이 포함될 것이다.

NOTES

열병합 발전 시스템 combined heat and power system은 냉난방이나 가열처리과정 응용에 쓸 목적으로 전력 생산과정으로부터 열을 회수하는 또 다른 특별히 설계된 현지(때로는 분산형이라 불림) 전력생산 시스템이다. "열병합 발전 co-generation" 과 "토탈 에너지방식" 또한 열병합 발전 시스템 CHP을 지칭하기 위해 사용되는 용어들이다.

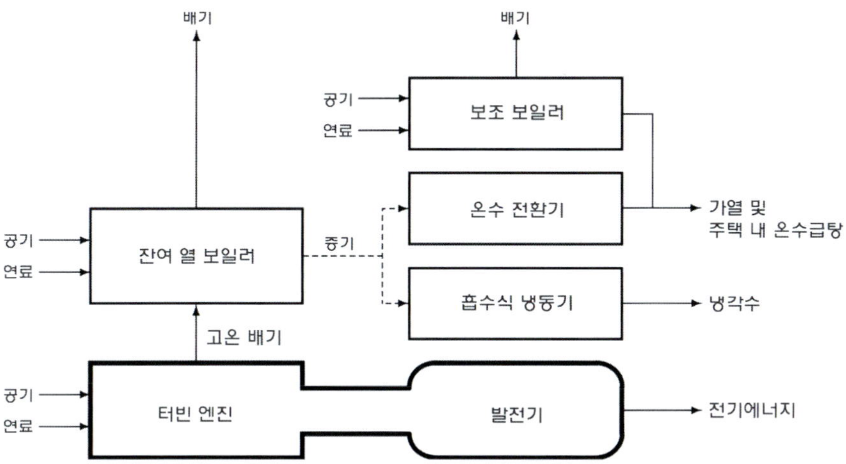

4.301 전형적인 초소형 터빈 기반 CHP 시스템의 개념도. NICHOLAS RAJKOVICH

CHP 시스템은 일반적으로 다음과 같은 두 가지 측면에서 전형적인 중앙 발전설비보다 에너지 효율적이다.

1. 전형적인 발전설비에서 전력을 생산하는 과정은 다량의 열 부산물을 대기나 냉각연못으로 방출시키는 것과 관련된다.
2. 전력망을 통해 먼 거리의 건물에까지 전력을 전송하는 과정은 송전라인과 배전용 변압기 내부 저항으로 인한 현저한 열 손실과 관련된다.

적절히 설계된 CHP 시스템은 투입연료로부터 발생하는 에너지의 최대 80%를 전력과 유용한(쓰레기가 아닌) 열로 전환시킴으로써 전형적인 화석연료 발전설비보다 2배 이상 효율적일 수 있다. 그 이외에 현지에서 전력이 생산되기 때문에 망 두절 및 교란으로 인한 문제를 겪지 않아도 되므로 CHP 기술은 고품질(청정)의 방해받지 않는 전력공급원으로 점점 인기를 얻고 있다.

그림 4.301에서 보인 바와 같이 CHP 시스템은 단순히 건물에 난방과 전력을 공급하는데 그치지 않으며 부산물인 열에너지를 흡수식 냉동기로 유도함으로써 냉방공간을 제공할 수 있다. 이러한 응용에서 CHP 시스템은 때때로 냉난방 및 전력 시스템으로 불린다.

4.302 캘리포니아 Simi Valley에 위치한 Ronald Reagan 도서관의 지붕 위에 설치된 초소형 터빈과 이중효용 흡수식 냉동기를 이용한 열병합 발전 시스템. UTC POWER

의도
현지 전력 생산, 에너지 효율성

효과
전력 생산, 기계 냉난방, 주택내 온수급탕, 가열처리과정(process heating)

선택사항
가스 터빈, 초소형 터빈, 증기 터빈, 왕복기관(피스톤식 기관), 연료전지 등 다양한 1차 기관 발전

조정 시안
Active 냉난방 시스템, 전기 시스템, 구조 시스템, 소음/진동 제어

관련 전략
에너지 회수 시스템, 흡수식 냉동기

LEED 관련요소
에너지 및 환경

선결과제
이용요금, 건물 전력 에너지 부하 및 개요, 건물 냉난방 부하 및 개요

건축적인 주요 현안

CHP 설비를 위한 충분한 공간 이외에도 유지관리 및 교체 작업을 위한 공간이 요구된다. 만약 거주공간 근처에 설치되었다면 적절한 소음 및 진동 제어전략을 실행해야만 한다. CHP 시스템은 종종 현지 연소와 관련되므로 굴뚝과 연소가스 유입구의 위치가 고려되어야 한다. 구조 시스템 요소의 크기는 설비하중을 수용할 수 있을 정도여야 한다.

실행시 고려사항

열병합 발전 시스템은 가스터빈, 초소형 터빈, 왕복기관 추진 발전기, 증기터빈 및 연료전지 등 5가지 유형으로 구분된다.

표 4.19 전형적인 CHP 시스템의 장단점과 발전용량. 미국 EPA 『CHP 기술 카탈로그』로부터 인용

CHP 시스템	장점	단점	용량
가스 터빈	높은 신뢰성 저방출 고품질 열 이용가능 냉각 불필요	고압가스나 가스 압축기 요함	500kW~250MW
초소형 터빈	동작 부품 수가 적음 축소경량 저방출 냉각 불필요	높은 초기비용 비교적 낮은 효율성 저온 열병합 응용에 한정	30kW~350kW
왕복기관	높은 발전효율성 신속한 시동 낮은 초기비용	높은 유지비용 저온 열병합 응용에 한정 냉각 필요 고방출 높은 소음수준	4~65MW
증기 터빈	높은 전반적 효율성 다양한 연료 선택사항 높은 신뢰성	느린 시동 낮은 전력 대 열 비율	50kW~250MW
연료전지	저방출 높은 효율성 모듈 설계	높은 초기비용 순수한 수소를 사용하지 않는 한 연료를 특수 처리해야 함	200kW~250kW

4.303 뉴욕 브루클린 소재 Floyd Bennett Field에 있는 초소형 터빈 시스템은 최대 120kW의 전력과 열을 제공한다. DENNIS R. LANDSBERG, LANDSBERG ENGINEERING

4.304 샌프란시스코 리츠칼튼 호텔은 336개 호텔객실에 240kW의 전력과 냉동을 제공하기 위해 60-kW 초소형 터빈과 이중효용 흡수식 냉동기를 결합했다. UTC POWER

가스터빈은 발전기에 연결된 고속 회전자를 회전시키기 위한 연료를 사용한다. 연소과정에서 발생한 고온 배기가스는 1200psig(8270kPa), 900°F(480°C) 고온고압에서 증기를 발생시킨다. 가스터빈은 일반적으로 500kW~250MW 발전용량으로 이용 가능하며 천연가스, 합성가스, 메탄가스 및 연료유 등을 연료로 하여 작동될 수 있다. 전력회사에 팔기 위한 전력생산을 극대화하는 대형 CHP 시스템은 유통되고 있는 가스터빈기반 CHP 시스템 시장의 상당부분을 점하고 있다.

초소형 터빈 또한 고속 회전자를 돌리기 위해 연료를 태우며 규모가 더 작은 것을 제외하면 가스터빈과 유사하게 건설된다. 사용연료는 천연가스, 가솔린, 등유 및 경유/보일러 등유 등 다양하다. 초소형 터빈 CHP 응용에서 열교환기는 배기가스의 열을 온수급탕 시스템으로 전달한다. 이러한 열은 주택 내 온수급탕과 공간난방을 위해서는 물론이고 흡수식 냉동기를 구동하거나 제습건조설비를 충전하기 위한 용도 등 다양한 건물 응용에 활용된다. 초소형 터빈은 2000년부터 출시되기 시작했으며 일반적으로 30kW~350 kW 출력에서 이용가능하다.

세 번째의 시스템 유형은 발전기를 가동하기 위해 왕복기관을 이용한다. 천연가스가 선호되는 연료이지만(저방출 특성으로 인해) 프로판, 가솔린, 디젤연료 및 메탄가스 등도 또한 이용될 수 있다. 왕복기관은 시동이 신속하며 전력부하 변화에 따라 출력을 조절할 수 있어 부분부하 효율성이 높을 뿐 아니라 일반적으로 신뢰성이 높다. 왕복기관은 신속한 시동과 열 산출로서 온수와 저압증기가 요구되는 응용에 가장 적합하다.

증기터빈은 보일러로부터 발생한 고압증기가 터빈과 발전기를 회전시켜 전력을 얻는다. 사용 연료는 천연가스, 고체쓰레기, 석탄, 목재, 목재쓰레기 및 농업 부산물 등 다양하다. 상업적으로 이용 가능한 증기터빈의 전형적인 용량은 50kW에서부터 250MW 이상에까지 걸쳐 있다. 증기터빈 기반 CHP 시스템의 이상적인 응용은 열 부하가 높은 중간규모/대규모 산업용 및 기관용 시설이나 증기보일러에 이용될 수 있는 고체연료나 쓰레기연료가 풍부한 곳이다.

표 4.20 일반 CHP 시스템 비교. 미국 EPA 『CHP 기술 카탈로그』로부터 인용

CHP 시스템 유형	설치비용 (per kW)	온실가스 배출량	전력 효율성	전반적 효율성	상대적 소음
가스 터빈	낮음	적당	22~36%	70~75%	적당
초소형 터빈	적당	적당	18~27%	65~75%	적당
엔진구동 발전기	적당	높음	22~45%	70~80%	높음
증기 터빈	낮음	적당	15~38%	80%	높음
연료전지	높음	낮음	30~63%	65~80%	낮음

다섯 번째 시스템 유형은 연료전지로서 온실가스를 거의 또는 전혀 배출하지 않고 전력 및 열필요를 충족할 수 있는 잠재력을 가진 최신기술이다. 연료전지는 수소의 화학에너지를 물과 전력으로 전환시키기 위한 전기화학적 과정을 이용한다. CHP 응용에서 열은 일반적으로 온수나 저압증기 형태로 회수된다. 연료전지는 천연가스로부터 생성된 수소, 석탄가스, 메탄올, 또는 기타 탄화수소 연료를 이용한다.

설계절차

의도된 건물/시설 여건에서 CHP 시스템이 적절한지를 결정하기 위해 다음 단계를 검토한다. CHP 시스템의 명세와 설계를 위해서는 자격을 갖춘 전기/기계 전문가의 의견이 필요할 뿐 아니라 일반적으로 설비의 정점(및 부분) 전력 및 열부하를 결정하기 위한 상세한 에너지 시뮬레이션을 수반한다.

1. 전기 및 열부하에 대해 고려한다. CHP 최소 용량이 약 30kW이므로 비교적 높은 전력부하와 이에 상응하는(또 상당한) 열부하를 가진 시설이 CHP 응용에 가장 적합하다.
2. 부하일정에 대해 고려한다. 대부분의 성공적인 CHP 시스템 응용은 일반적으로 전력 및 열수요가 동시적으로 일어나는 시설(열저장이나 상당한 수준의 독립 난방보일러 운용을 피할 수 있는)과 관련된다. 연속사용 시설은 종종 이러한 조건을 충족시킨다.
3. 기반시설에 대해 검토한다. 대학교 캠퍼스와 같은 중앙 냉난방 설비를 갖춘 시설은 냉난방을 분배하기 위한 기반시설을 이미 갖추고 있으며 또 일반적으로 전력 및 열에 대한 연속 또는 대규모 수요가 있으므로 시스템에 잘 조화될 수 있다.
4. 전력 품질과 요구된 신뢰성에 대해 검토한다. 독립형 발전설비는 전형적으로 자료실이나 병원같은 방해받지 않는 고품질 전력이 요구되는 시설에 적합하다. CHP 시스템 비용의 상당한 부분은 발전 시스템의 구매, 설치 및 망과의 연결 등으로부터 오는 것이므로 만약 발전기가 요구된다면 시스템 초기비용을 정당화시키기가 보다 쉬워질 것이다.
5. 수요전력요금에 대해 고려한다. CHP 시스템은 종종 최대 전력 및 열부하가 전력요금이 높은 시간대와 일치하거나 높은 수요전력요금과 관련될 때 재정적 실

예제
본문 중의 설계절차는 물리적이라기보다는 개념적이며 따라서 예제는 제공되지 않는다.

행가능성이 높아진다. CHP 시스템은 최대 수요시간대 에너지 사용을 절감하는 데 도움을 줄 것이다.

6. 연료 이용 가능성에 대해 고려한다. CHP 시스템을 구동하기 위해 사용되는 연료(천연가스, 디젤, 바이오연료 등)는 프로젝트 현지로부터 손쉽게 구할 수 있어야 한다. 선택된 시스템 유형에 따라서는 압축기나 저장탱크와 같은 보조설비가 요구될 것이다. 그러한 부속품은 공간을 요하며 CHP 시스템의 실행 가능성에 영향을 미친다.

7. 공간 요구사항에 대해 고려한다. 시스템 구성요소를 위해 충분한 공간이 제공되어야 한다. 이러한 요구사항을 일반화하는 것은 어려운 일이다. 많은 경우엔 CHP 시스템 없이 CHP 시스템 요소들(보일러, 냉동기, 아마도 발전기까지도)만이 요구될 것이다. 설계자는 공간의 통합은 물론이고 시스템의 미적 가치에 대해서도 고려해야 한다.

상기 현안을 검토한 후 시설이 CHP 시스템에 잘 부합될 것으로 생각되면 그러한 시스템에 대한 계획이 계획설계 결정에 포함되어야 한다.

사례

4.305 토론토대학교의 60kW 초소형 가스터빈은 110톤 무게의 이중효용 흡수식 냉동기에 통합되어 있다. 겨울에는 초소형 터빈으로부터 발생한 폐열이 캠퍼스 난방에 도움을 줄 것이다. 여름철에 그것은 흡수식 냉동기를 구동하여 캠퍼스의 피크냉방과 전력부하를 감소시킬 것이다. UTC POWER

외피 조명 난방 냉방 에너지 생산 물과 폐기물

4.306 뉴욕 Kisco 산에 위치한 A&P 식료품 전문매장은 초소형 터빈과 이중효용 흡수식 냉동기를 이용해 전력, 여름철 냉방, 겨울철 난방, 냉동처리 시스템을 위한 냉동 및 제습건조 등을 제공한다. UTC POWER

4.307 오레곤주 Corvallis에 있는 Stahlbush Island Farms의 바이오가스 반응기.

추가 정보

Case study profiles on CHP systems from UTC Power. www.utcpower.com/(search on CHP)

ASHRAE . 2006. 『ASHRAE GreenGuide』. 2nd ed. American Society of Heating, Refrigerating and Air-Conditioning Engineers, Atlanta, GA.

(UK) Combined Heat and Power Association. www.chpa.co.uk/

U.S. Environmental Protection Agency, Combined Heat and Power Partnership. www.epa.gov/chp/

U.S. Environmental Protection Agency. 2008. 『Catalogue of CHP Technologies』. United States Environmental Protection Agency, Combined Heat and Power Partnership, Washington, DC. www.epa.gov/chp/basic/catalogue.htm

계획설계를 넘어

CHP 시스템의 설계는 고도로 전문화된 작업이므로 초기단계부터 기계 및 전기기술자를 참여시켜야 하며 또 부하패턴과 일치에 관한 시뮬레이션을 요한다.(이것들은 성공적인 시스템을 위한 토대이다) 이러한 상세분석 가운데 약간은 계획단계에서 일어날 것이다. 기본설계단계에서는 시스템 구성요소, 상호간의 연결 및 제어장치 등이 선택되고 상세화된다. CHP 시스템은 위탁 관리되어야 하며 고객에게 사용자 매뉴얼을 제공해 운영자가 작동법이나 유지관리 요구사항에 대해 숙지할 수 있도록 해야 한다.

NOTES

물과 폐기물

물 사용을 절약하기 위한 전략은 건물과 부지차원 모두에서 실시되어야 한다. 저수량 low-flow 위생기구와 자동 제어장치 같은 많은 물 효율성 전략들은 초기비용을 거의 또는 전혀 추가하지 않으며 회수기간 또한 짧다. 건물차원의 중수도 greywater 재활용이나 우수집수, 부지차원의 인공습지나 생물환경정화 같은 다른 조치들을 위해서는 상당한 비용부담을 감수해야 할 것이다.

저수량 위생기구들은 십 수년이 넘게 하나의 표준처럼 여겨져 왔다. 이제 이런 평범한 표준을 넘어 초저수량 변기, 이중 물내림 변기, 물을 안쓰는 소변기, 퇴비화 화장실 및 자동 세면대 제어장치 등에 대해서 고민을 해야 할 때이다. 건물에서의 물사용을 더욱 감소시키기 위해서는 급수 시스템과 중수도 시스템을 각각 별도로 설치해야 할 것이다. 더군다나 물없는 소변기, 퇴비화 화장실 및 중수도 재활용 등은 모든 자치구역에서 허용되지 않고 있다. 이러한 시스템을 추진하기 전 해당지역의 관련규정 요구사항을 확인해야 한다. 이용자수가 적은 소규모 프로젝트라면 현지 물처리 시스템(Living machine 같은)이 적절할지 모른다.

부지차원에서의 물 절약 전략은 하수나 집수된 우수를 조경관개를 위해 사용하는 것과 관련된다. 우수침수 방지와 지하수 함양증가는 포장된 구역을 감소시키거나 포장이 요구되는 곳에 투수성 재료나 식생수로, 저류지 및 인공습지 등을 이용함으로써 달성될 수 있다. 물 없는 소변기와 퇴비화 화장실 같은 그린 전략들은 건물 거주자를 위한 특별 훈련이나 교육을 요할 것이다. 이러한 전략들과 투수성 포장 및 식생수로 같은 다른 전략들은 또한 새로운 유지관리절차를 요한다. 설계자와 건물 소유주는 운영자들에게 이러한 시스템의 유지관리 요구사항은 물론 그 환경적 의도에 관해 교육해야만 한다.

물과 폐기물

전략
퇴비화 화장실
물 재활용/재사용
Living machine
우수집수 시스템
투수성 포장
식생수로
저류지

NOTES

퇴비화 화장실(때때로 생물학적 화장실, 건조화장실, 물을 안쓰는 화장실이라고 불리는)은 인분, 종이류, 음식쓰레기 및 기타 탄소기반 재료들을 화학적으로 분해시키는 작용과 관련된다. 산화된 쓰레기로부터 생산된 "부식토"는 유사흙으로서 식용에 적합한 농작물을 위한 퇴비로 사용할 수 있다.

퇴비화 화장실의 이점은 식수사용(특히 쓰레기 제거와 같은 하찮은 작업을 위한)을 감소시키고 중앙 하수처리 시스템이나 정화조에 과부담을 주지 않는다는 점이다. 퇴비화 화장실은 주택과 상업용/기관용 건물 모두에서 성공적으로 이용되고 있다. 물을 안쓰는 소변기는 종종 상업용/기관용 건물에서 퇴비화 변기와 함께 사용되곤 한다.

4.309 워싱턴주의 Bainbridge Island에 위치한 Islandwood Campus의 교실건물 내부에 마련된 퇴비화 화장실.

4.308 투입, 분해 및 처리 구성요소를 포함한 퇴비화 화장실의 개념도. JON THWAITES

퇴비화 화장실은 분해작용이 마치 들판에서 쓰레기가 부식되는 것처럼 일어나도록 하기 위해 호기성 박테리아와 곰팡이를 이용한다. 적절한 크기와 통기를 이용할 경우 부피는 원래 부피의 10~30%로까지 감소한다. 약간의 퇴비화 변기 시스템에서는 규칙적으로 더미를 "뒤집어 주거나" 파줌으로써 모든 구역에 고른 태양노출을 제공할 필요가 있다. 다른 시스템에서는 충분한 공기층을 허용하며 톱밥, 지푸라기 또는 나무껍질 같은 고탄소 재료를 섞어 산화를 촉진한다.

퇴비화 변기 시스템은 자족형 주택 내 화장실이거나 아니면 "목적지" 우수가 모이는 구역을 가진 중앙장치를 이용한 형태이다. 자족형 장치는 보다 노동집약적이며 비교적 작은 반층이나 트레이를 이용해 부식토를 제거한다. 중앙 시스템은 운영자/사용자의 주의를 덜 요구하며 배치(일괄) **batch** 또는 연속 시스템으로 이용될 수 있다. 배치(일괄)장치 **batch unit**는 가득 차면 교체되는 퇴비통을 이용한다. 연속 시스템에서는 "긁어 주거나" 완성된 부식토를 들어냄으로써 퇴비화 과정을 지원한다. 두 시스템 모두에서 이런 작업은 자주 있을 필요는 없으며 종종 1년에 한 두 번인 경우가 많다. 그러나 정기적인 유지관리는 모든 퇴비화 시스템에서 필수적이다.

의도
식수사용 감소

효과
물보존, 중앙처리 시스템이나 정화조 부담 감소

선택사항
자족적 설비, 원격 퇴비화 장치나 연속적인 운용구성

조정 시안
해당지역 급배수규정, 공간 조직화, 부식토 처리구역

관련 전략
물 재활용/재사용

LEED 관련요소
물 효율성

선결과제
해당지역 급배수규정, 건축물 용도 정보, 고객 유지실행에 관한 정보

건축적인 주요 현안

직접환기 시스템 이외에 수집공간의 환기가 필요하다. 가스는 지붕 정상보다 적어도 0.6m 높은 지점에서 배출되어야 하는데 이를 위해 전형적으로 100mm PVC나 기타 규정상 허가된 파이프를 사용한다. 효과적인 퇴비생산을 위해서는 최소 18°C의 주변 온도가 요구되며 온도가 낮을수록 퇴비화 과정은 지연된다.

고체쓰레기 물질의 적절한 운반을 위한 물 내림장치는 수집탱크 수직 상부지점에 놓여야 한다.(만약 설계상의 제약으로 인해 불가피하다면 차감설치 offset installations를 허용하는 저유수량 모델을 이용할 수 있다) 위생기구와 탱크를 연결하는 파이프나 도관의 직경은 일반적으로 355mm이며 퇴비화과정이 연속적으로 일어나도록 하기 위해 탱크 후면부 가장 높은 지점에 연결되어야 한다. 수집탱크 하나당 적어도 두 개의 물 내림장치가 일반적으로 권장된다.

수집탱크는 파이프 연결을 위해 위쪽에 적어도 0.3m 높이의 빈 공간이, 그리고 퇴비화된 재료 제거를 위해 앞쪽에 적어도 1.2m 깊이의 빈 공간이 있어야 한다. 건물 외부로부터 수집탱크로 직접 접근할 수 있는 통로를 마련해야 한다. 수집탱크를 포함하고 있는 구역은 배수가 적절하고 침수위험이 없어야 한다.

퇴비화 변기장치나 시스템의 크기결정은 건물용도와 예상된 사용량에 의해 결정된다. 탱크크기는 제조자마다 조금씩 차이가 난다. 일반적인 설비의 규격에 대해 살펴 보려면 표 4.21을 참조하라. 사용빈도가 많은 경우(상업용/기관용) 요구된 용량을 확보하기 위해 여러 개의 탱크가 일반적으로 사용된다. 퇴비화 변기장치(대변기)의 풋프린트는 일반 대변기와 유사하지만 일반적으로 약간 "볼품이 없고" "뚱뚱해" 보인다.

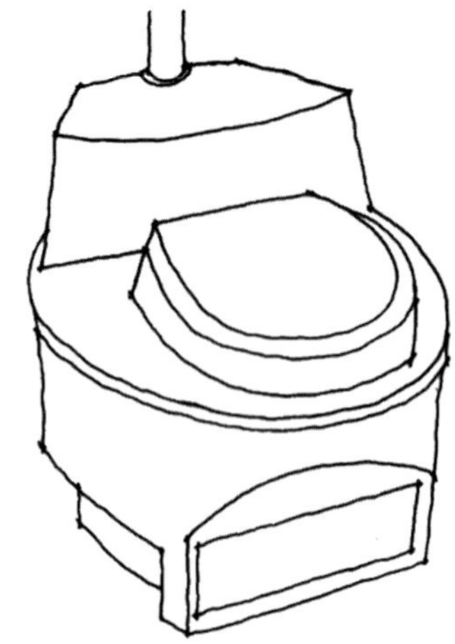

4.310 자족형 주택 퇴비화 변기. AMANDA HILLS

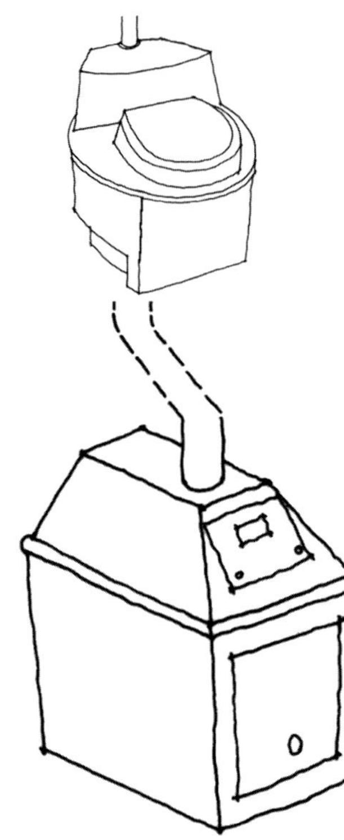

4.311 원격 연속 퇴비화 탱크를 가진 퇴비화 변기. AMANDA HILLS

표 4.21 전형적인 퇴비화 변기 규격

유형	1일 사용량	길이 in.(cm)	너비 in.(cm)	무게 in.(cm)
자족형	6	25(64)	33(84)	25(64)
원격 탱크형	9	44(112)	26(66)	27(68)
원격 탱크형	12	69(175)	26(66)	30(76)
원격 탱크형	80	115(292)	62(158)	64(162)
원격 탱크형	100	115(292)	62(158)	89(226)

원격 탱크형의 규격에 수집탱크는 포함되지만 대변기(별개의 구성요소)는 포함되지 않는다.

실행시 고려사항

부식토의 처리문제는 기본설계과정에서 고려되어야 한다. 부식토를 거름으로 이용하려면(가장 합리적이고 생태적인 처리수단) 충분한 정원이나 기타 식생구역을 이용할 수 있어야만 한다. 계획수립을 위한 목적에서는 25회 이용시마다 3.8L의 부식토가 생산된다고 가정한다. 우물이나 식용작물 근처에서 부식토/거름을 사용해서는 안 된다. 또한 해당지역 관련규정의 특수한 요구사항을 확인하는 것도 잊지 않아야 한다.

수집구역 내부온도를 어떻게 충분히 유지시킬 것인가라는 문제는 초기단계에서부터 계속 다루어져야만 하는 설계초점으로서 Passive 태양열 난방 시스템을 적용할 수 있는 좋은 기회이다.

설계절차

1. 건물 거주자수를 결정하고 1인당 8시간 동안 3회 사용을 가정하고 1일 퇴비화 변기 사용회수를 추정한다.
2. 요구된 용량, 설계 의도 및 건물이 어떻게 운영되고 유지될 것인지에 대한 이해를 바탕으로 자족형 또는 중앙 시스템 가운데 하나를 선택한다. 사용빈도가 높은 대부분의 공공시설에는 중앙 시스템이 보다 적합할 것이다.
3. 선택된 시스템 유형과 요구된 용량에 따라 원격 탱크를 위한 공간을 배정한다.
4. 원격 탱크 주위에 접근과 유지관리를 위한 공간을 배정한다. (만약 그러한 선택사항이 선택되었다면) 평면도와 건물구조가 변기와 원격 탱크의 연결을 허용하는지를 확인한다.

예제

1일 이용자수가 12명인 한 작은 실험실에 퇴비화 변기를 설치하려고 한다.

1. 변기용량은 12명의 거주자가 하루 3회씩 사용하여 총 하루 36회라고 추정한다.
2. 원격 탱크 시스템은 이러한 상업 응용에 적절한 것으로 여겨진다.
3. 표 4.21을 참고하면 대략 3m~1.5m 규격의 탱크 풋프린트를 가진 하루 80회 사용 시스템이 선택되었다.
4. 동일한 크기의 또 다른 풋프린트가 접근과 유지를 위해 배정될 것이다.

사례

4.312 연속 퇴비화 탱크가 바로 위층 바닥에 위치한 화장실들의 오수를 받는다.

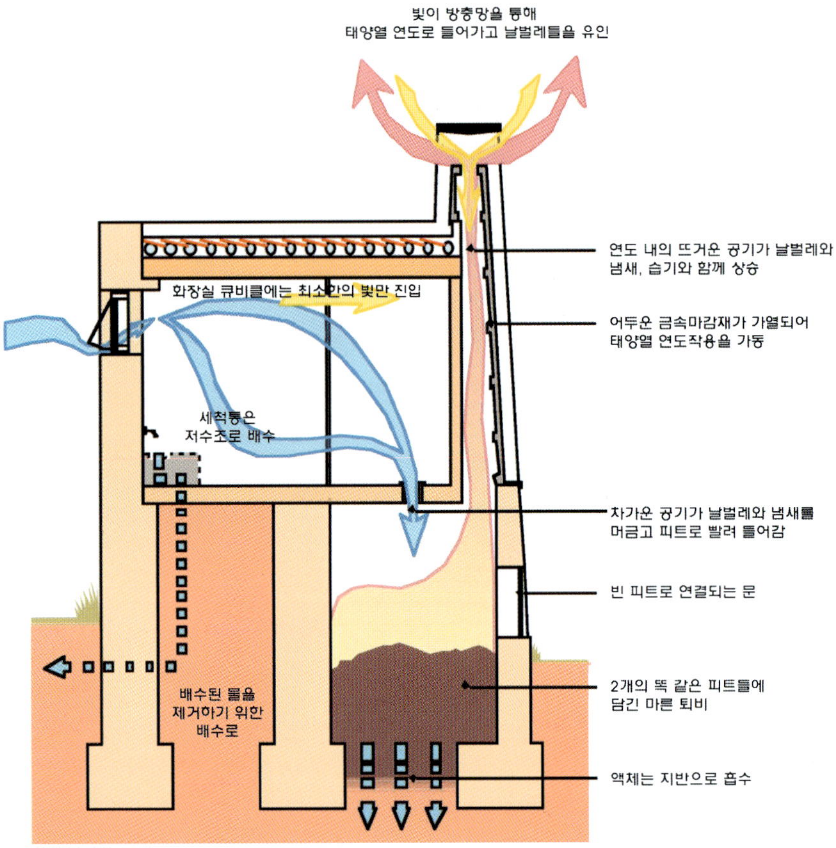

4.313 Druk White Lotus School(인도의 라다크 소재)의 "환기기능 개선" 변소는 건조와 냄새 제거를 위해 태양열을 활용하여 굴뚝환기를 한다.

4.314 Druk White Lotus School(인도의 라다크 소재)의 변소 시설에 있는 태양열 집열기. ARUP + ARUP ASSOCIATES, CAROLINE SOHIE

추가 정보

Del Porto, D. and C. Steinfield. 2000. 『Composting Toilet System Book: A Practical Guide to Choosing, Planning and Maintaining Composting Toilet Systems』. The Center for Ecological Pollution Prevention, Concord, MA.

Jenkins, J. 2005. 『The Humanure Handbook: A Guide to Composting Human Manure』. 3rd ed. Jenkins Publishing, Grove City, PA.

Oikos, Green Building Source, "What is a Composting Toilet System and How Does it Compost?" oikos.com/library/compostingtoilet/

Reed, R., J. Pickford and R. Franceys. 1992. 『A Guide to the Development of On-Site Sanitation』. World Health Organization, Geneva.

계획설계를 넘어

계획설계과정에서 만들어진 시스템 용량과 변기유형에 관한 결정은 기본설계과정에서 보다 상세한 정보를 이용하여 검증될 것이다. 특수한 설비가 선택되고, 크기가 결정되고, 또 상세가 개발될 것이다. 시스템 위탁관리는 신중하게 고려해야 하지만 고객에게 사용자 매뉴얼을 제공하는 것은 절대 필요하다. 가끔 이용하는 사용자를 위해 퇴비화 화장실 예절에 관해 적어놓은 알림판을 부착하는 것이 일반적이다.

물 재활용/재사용

물 재활용/재사용은 일정한 양의 물을 동일한 건물 부지에 한 번 더 사용함으로써 물을 보존하는 전략이다. 물 재사용은 원래 용도가 아닌 다른 용도에 물을 재사용하는 것으로 중수도 시스템 greywater system은 아마도 이러한 접근의 가장 잘 알려진 예일 것이다. 물 재활용은 원래 사용된 용도로 물을 재활용하는 것이다. 하지만 이 두 용어들은 종종 구분 없이 호환적으로 사용되기도 한다.

물 재사용 전략의 성공적인 응용을 위해서는 먼저 각각의 물 용도에서 요구되는 식수가 능수준을 평가해야 할 것이다. 예를 들어, 화장실 물 내리는데 사용되는 물은 식수로 쓸 수 없는 물이라도 상관없지만 요리하는데 쓰이는 물은 식수여야만 한다. 물 재사용을 위한 설계는 한 시스템으로부터 발생한 "배출물"을 다른 시스템을 위한 공급흐름 속에 통합하는 것과 관련된다. 성공의 관건은 한 용도를 위해 유입되는 수질에 대한 요구와 다른 용도로 사용하는 수질을 일치시키는 것과 관련된다. 일정한 재사용을 위해서는 중간처리가 필수적이다.

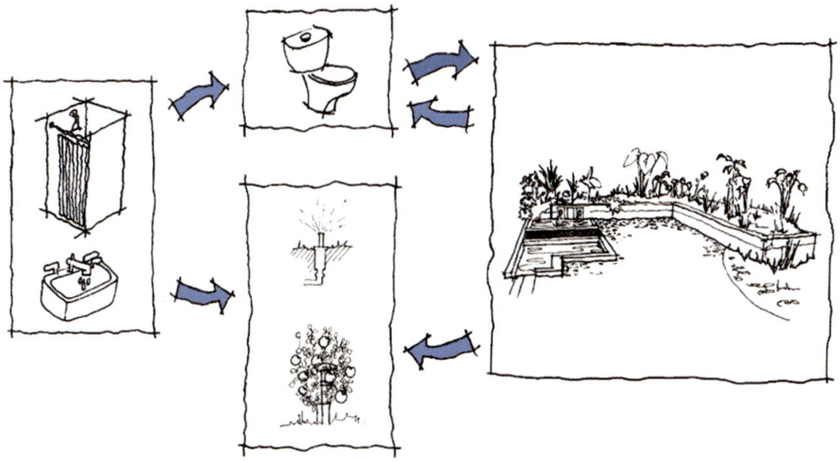

4.315 중수도원, 저장 및 처리와 사용 구성요소에 대해 보여주는 중수도 시스템 개념도. JONATHAN MEENDERING

중수도 greywater는 음식물 쓰레기와 인분을 포함하지 않은 오폐수(세면기, 샤워기, 세탁기 및 기타 위생기구로부터 발생하는)로 구성된다. 음식물과 인분을 포함한 오폐수는 "블랙워터 blackwater" 라고 불린다. 중수도 greywater는 비교적 손쉽게 재사용할 수 있지만 블랙워터는 그렇지 않다. 중수도는 질소와 병원체를 적게 함유하고 있으며 블랙워터보다 신속히 분해된다. 중수도를 재사용하는 것은 적절한 오폐수를 하수처리 시스템으로 흘려보내지 않고 다른 용도(관개와 열회수 등)로 전용함으로써 건물의 전반적 물소비를 감소시키기 위한 경제적이고 효율적인 전략이 될 수 있다. 건물 내 중수도를 재사용하는 것은 건물 하수처리 시스템에 부담을 덜어주고 전반적 에너지 및 화학제품 사용을 감소시킬 뿐 아니라 새로운 조경기회를 창출할 수 있게 해 준다. 중수도 재사용 가능성은 건물의 식수사용, 그러한 식수사용의 시간분포 및 현지에서 중수도를 편리하게 집수하고 사용하는 능력 등에 달려 있다.

4.316 브리티시 컬럼비아주 빅토리아의 Dockside Green에 있는 "재활용수를 마시지 말 것" 표시. BUSBY PERKINS + WILL

의도
물보존

효과
식수공급에 대한 수요 감소, 물처리와 분배를 위한 에너지 사용 감소

선택사항
규모, 응용(원천과 용도), 처리수준, 열 회수

조정 시안
조경과 관개, 하수처리 시스템, 열 재활용을 위한 HVAC 및 배관 시스템, 저장공간, 해당지역 규정

관련 전략
Living machine, 집수 시스템, 저류지, 식생수로

LEED 관련요소
물 효율성

선결과제
부지정보, 물 사용/소비자료, 해당지역 규정 요구사항

건축적인 주요 현안

물 재사용 전략은 설계자의 요구에 따라 건물의 인상과 미적인 가치에 큰 영향을 줄 수도 있고 그렇지 않을 수도 있다. 물 재사용은 시각적인 학습도구로서 환영될 수도 있지만 또 단순히 배경 구축지원 시스템으로 취급될 수도 있다. 집수처리 시스템은 훌륭한 설계구성요소(습지나 저류지)로 기여할 수 있지만 또한 공간을 요한다.

잠재적 물 재사용을 위한 물 처리수준에 관한 예를 보려면 그림 4.260을 참조하라. 미국 내 대부분의 지역에서 집수된 우수는 변기/소변기에 사용되기 전 3급 수준으로 처리될 필요가 있다.(예를 들어, 미국 환경보존청 지침 9 물 재사용 참조) 모든 물 재활용/재사용 전략을 사용할 때는 건물 거주자의 인식을 검토할 필요가 있다.

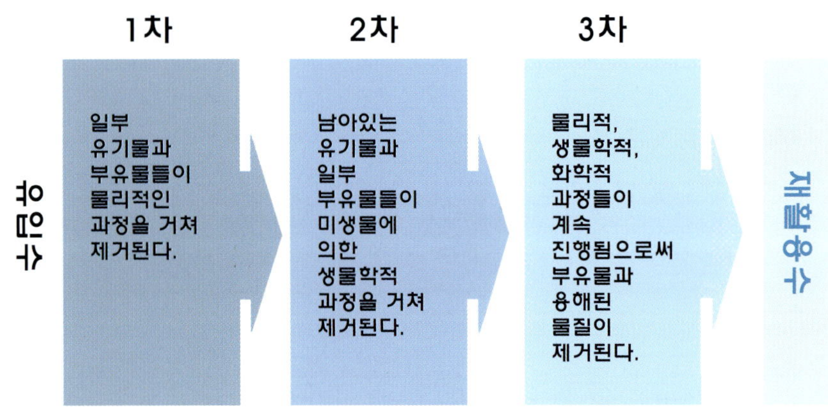

4.317 물 재생과정의 처리수준. 2차 및 3차 처리 후 병원체 격멸을 위한 살충제 사용은 세심히 관리된 오폐수의 사용을 가능하게 한다. 캘리포니아 주정부 물사용자원국, "중수도지침: 중수도 주택 내 사용"으로부터 인용

실행시 고려사항

다른 어떤 그린 빌딩 전략보다도 물 재사용 및 재활용 전략은 보건위생상의 문제로 인해 보건당국으로부터 철저한 감독을 받을 가능성이 크다. 설계과정 초기에 그러한 문제를 직접 해결하기 위한 준비를 갖춰야 한다. 잠재적 문제를 이해하기 위한 연구를 수행하며 제안된 전략을 뒷받침하는 근거를 (다른 건축규정이나 성공적인 응용사례에 관한 연구를 통해) 마련해야 한다.

효과적인 중수도 재사용 전략을 실행함에 있어 건물의 식수사용 수요가 충분한 중수도를 생산해낼 만한 크기가 되는지와 생산된 중수도의 적절한 용도가 있는지를 확인하는 것이 중요하다. 또한, 건물 내에 중수도 시스템 기반시설, 다시 말해서 중수도를 운반하는 파이프(별개의 블랙워터 파이프와 더불어)와 재사용을 위해 중수도를 준비하는 집수처리

시스템을 수용할 수 있을만한 공간이 있어야만 한다. 중수도 재사용 전략은 현저한 중수도를 생산하는 높은 점유수준을 가진 주거용 건물(또는 이와 유사한 점유형태를 가진 건물)에서 가장 이상적이다. 기술적 및 경제적으로 현실성 있는 중수도 시스템이 되기 위해서는 블랙워터보다는 중수도를 훨씬 더 많이 생산해내는 건물이어야 한다.

설계절차 – 중수도 greywater

1. 제안된 건물에서 예상되는 물 사용 목록을 작성한다. 그 목록에는 추정된 물 사용유형과 그 각각의 전형적인 시간대에서의 사용량이 포함된다. 표 4.22는 주거용 건물에서 그러한 추정을 위한 출발점으로 이용될 수 있다.

표 4.22 주거용 건물의 중수도 자원 추정.
www.greywater.com/planning.htm과 『건물의 기계 및 전기설비』(10판)로부터 인용

물 용도	배출수	배출수 수질
세탁기	최대 부하시: 30~50gal(115~190L)/load 평균 부하: 10gal(38L)/load @ 1.5loads/week/adult @ 2.5loads/week/child	Greywater
접시닦이	5~10gal(19~38L)/load	Greywater
샤워기	저압: 20gal(75L)/day/person 고압: 40gal(150L)/day/person	Greywater
부엌/씽크대	5~15gal(19~56L)/day/person	Greywater

2. 중수도 사용을 위한 적절한 응용을 결정하며 필요한 중수도량을 추정한다. 결정기법은 예상된 사용에 따라 달라지며 많은 잠재적 중수도 사용에 대해서는 지역 농촌진흥청이나 조경전문가에게 문의하는 것이 권장된다.
3. 이용 가능한 중수도 용량, 건축 및 부지 여건 및 잠재적 중수도 응용에 의해 활용될 수 있는 물의 양 등을 토대로 중수도 재사용이 적절한지를 결정한다.
4. 설계 고려사항과 대표적인 기간 동안 중수도 생산량과 소비량 간의 관계를 토대로 처리/저장 재사용기법을 사용할 건지, 즉시 재사용기법을 사용할 건지를 결정한다.
5. 재사용 응용의 성격과 저장필요를 토대로 여과장치를 사용할 것인지를 결정한다.
6. 프로젝트 설계에 중수도 집수/저장요소들을 통합시킨다.

예제

네바다주 라스베이거스의 전체 10세대가 거주하는 한 아파트 건물에서 조경관개를 위해 중수도를 사용할 계획이다. 주간 중수도 생산량을 추정한다.

1. 각 아파트 세대는 4인이 거주하고 있으며 부엌 싱크대 1개, 세면대 2개, 변기 2개, 샤워기 2개, 접시닦이 1대 및 세탁기 1대를 포함하고 있다. 주간 중수도 생산량은 (표 4.19와 4.21에서처럼 흐름과 용도에 관한 가정을 하면) 다음과 같이 추정된다.

   샤워기:
   (2개 단위)×(30갤런)×사용자 2명) = (120갤런/일)×(7일/주) = 840갤런(3180L)/주

   부엌 싱크대(세입자 그린 지침에 의해 음식물 쓰레기 관리문제가 해결되었으므로 중수도 자원에 포함됨):
   (1개 단위)×(10갤런)×(사용자 4명) = (40갤런/일)×(7일/주) = 280갤런(1060L)/주

   접시닦이:
   (1개 단위)×(10갤런)×(0.5부하/일) = (5갤런/일)×(7일/주) = 35갤런(135L)/주

   세탁기:
   (1개 단위)×(40갤런)×(6 부하/일) = 240갤런(910L)/주

   주간 총 중수도 생산량은 1395갤런(5280L)이다.

   변기 및 세면대 배출수는 블랙워터로 간주되므로 여기에 포함되지 않았다.

2. $4000ft^2(372m^2)$ 면적의 공동 정원의 추정된 관개수 요구량은 다음과 같다.[1인치(25mm)를 가정할 경우]

   주간 물 공급량 요구량:
   $(4000ft^2)$×(1인치 물 공급/주) = (4000)×(1/12) = $333ft^3$/주
   $333ft^3$ = 2490갤런(9,425L)

사례

4.318 브리티시 컬럼비아 주 빅토리아의 Dockside Green에 있는 타운하우스의 모습. (보이지 않는) 오·폐수의 현장처리와 빗물 연못이 이 단지를 위한 통합적인 물관리 계획을 제공한다. BUSBY PERKINS + WILL

4.319 모든 오·폐수가 현장에서 처리되고, 처리된 물은 재활용되어 인공폭포와 수세식 화장실에 다시 공급된다. BUSBY PERKINS + WILL

이와 같이 중수도 시스템은 정원 관개수 요구량의 1395/2490 = 55%를 공급할 수 있어야만 한다.

3. 이와 같이 중수도 응용은(비록 부분수요만을 충족하더라도 물보존 잠재성을 고려하여) 적절한 것으로 생각된다.
4. 중수도 저장 필요성을 완화시키기 위해 연속 관개 시스템이 이용될 것이다.
5. 이 공용구역의 수질을 개선하고 시간에 따른 침전물 침착과 수집을 최소화하기 위해 모래여과층을 이용할 것이다.
6. 이 응용에서 저장요소는 요구되지 않는다.

4.314 물을 재활용하는 시설. BUSBY PERKINS + WILL

4.321 옥상녹화와 우수저류지, 그리고 적극적인 물관리의 도움으로 Dockside Green은 LEED 플래티넘 등급을 획득할 수 있었다. BUSBY PERKINS + WILL

4.322 Dockside Green에서 재활용수가 공급되는 수로형 인공폭포. BUSBY PERKINS + WILL

추가 정보

The Chartered Institution of Water and Environmental Management. Water Reuse. http://www.ciwem.org/resources/water/reuse.asp

"Greywater: What it is ... how to treat it ... how to use it." www.greywater.com/

Ludwig, A. 2006. 『Create an Oasis with Greywater』, 5th ed. Oasis Design, Santa Barbara, CA.

Oasis Design. Greywater Information Central. www.greywater.net/

State of Florida, Department of Environmental Protection. 2003. "Water Reuse Resources." www.dep.state.fl.us/water/reuse/techdocs.htm

U.S. Environmental Protection Agency(Region 9). "Water Recycling and Reuse: The Environmental Benefits." www.epa.gov/region9/water/recycling/

계획설계를 넘어

물 재활용 및 재사용을 위한 상세작업은 기본설계에서 처리설비, 저장시설 및 파이프 연결 등이 선택되고 설계되면서 이루어질 것이다. 하지만 이 전략의 성패는 배출단위와 유입단위의 실행 가능성과 그 연결법에 관한 계획설계 분석에 달려 있을 것이다. 이 시스템의 위탁관리와 사용자 매뉴얼 개발은 강제적이다.

NOTES

Living machine

생태기계 Living machine는 건물의 위생적인 배수 문제를 해결하기 위해 설계된 생물학적 폐수처리 형태의 상품이다. 처리과정은 일련의 오폐수 탱크 내에 유기물 분해에 특효가 있는 혐기성 또는 호기성 박테리아를 넣어 병원체, 탄소 및 기타 영양소를 제거하는 안전하고 청결한 재생과정을 통해 재사용이나 현지 조경(또는 기타 선택된 응용)을 위한 물을 생산함으로써 달성된다.

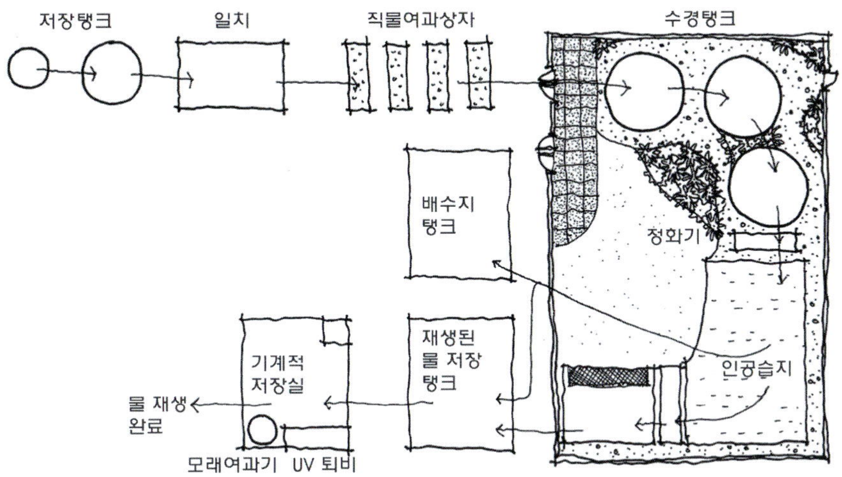

4.323 생태기계의 전형적인 구성요소와 흐름과정을 보여주는 도면. KATE BECKLEY

4.324 IslandWood에 설치된 오폐수처리 및 재생을 위한 3대의 수경재배 반응기 중 하나. 워싱턴 Bainbridge섬 소재.

가장 흔하게 볼 수 있는 유형의 생태기계는 박테리아, 식물 및 넘치는 습지 등을 이용해 오폐수를 정화시키는 수경 시스템이다. 보다 구체적으로 말하면 그것은 두 대의 혐기성 탱크, 한 대의 폐쇄형 호기성 탱크, 3대의 개방형 호기성(수경재배) 탱크, 인공습지 및 UV 여과기 등으로 구성된다.

물은 생명활동에 필수적인 소중한 자원이지만 민물 보유고에 사람의 영향이 미침에 따라 예를 들어, 염소화, 산성화 및 오염으로 인해 다수를 위한 유용성이 침해받게 된다. 기관용 건물은 전형적으로 하루에 1인당 285~475L의 물을 사용한다. 이 중 대부분은 오폐수로 내보내지며 보통 수km를 흘러 처리장으로 보내지면 거기서 정화되어 강, 호수, 바다, 또는 대수층으로 방출된다. 생태기계는 이러한 중앙처리기법이나 보다 덜 효율적이고 바람직한 하수처리기법을 대신할 수 있는 솔루션이다. 어느 경우든 생태학적으로 바람직할 수 있는 대지에서 물은 유지된다.

건축적인 주요 현안

생태기계는 상당한 풋프린트를 가진 대형장치로서 이러한 공간/부피 요구를 어떻게 수용할 것인가는 주요한 건축적 설계주제가 아닐 수 없다.

의도
현지 오폐수처리

효과
재활용/재사용이나 현지 처분을 위한 위생적인 배수처리

선택사항
호기성 소화조를 수용하기 위한 접근, 물 "처리" 접근(인공습지나 기타 기법)

조정 시안
건물 오폐수 부하, 지방 당국의 허가, 부지상의 위치, 풋 프린트

관련 전략
물 재사용/재활용, 집수 시스템, 퇴비화 화장실, 식생수로

LEED 관련요소
물 효율성, 혁신 및 설계과정

선결과제
충분한 부지면적, 고객과 설계팀 의도의 유연성, 지방 당국의 허가, 추정된 오폐수 부하

생태기계의 적절한 운영을 위해서는 현재진행형인 주의를 요한다. 이러한 유지관리는 고객의 능력범위 내에 있어야 하고 또 설계 중에 다루어져야만 한다.

생태기계는 건물로 유입된 음료수와 대개 같은 부피의 액체를 생산해낸다. 이러한 물 방출량은 현장에서 수용되어야만 한다. 적당한 양의 식물을 가꾸어 물을 집수하는데 유용하게 활용해야 할 것이다.

현지 습지는 조경설계에 영향을 주며 다양한 처리용 탱크와 그 밀폐법은 미적인 가능성을 열어준다.

4.325 생태기계 수경반응기 내에 무성하게 자란 식물들.

실행시 고려사항

생태기계 설치지점은 해당건물로부터 인접한 실외 공간이 바람직하며 폐쇄식 호기성 탱크는 그 아래에 묻힐 수 있다. 이러한 탱크들은 유지보수를 위한 작업자나 장비의 접근을 허용하는 지점에 위치해야 한다.

생태기계처리 사이클은 특수한 온도범위 내에서 가장 잘 일어나는 물질대사과정에 의존한다. 개방형 탱크 내부에서 일어나는 질소화과정을 위한 최적온도는 19~30°C이다. 그러므로 이러한 특수한 탱크는 최적성능을 보장하기 위해 온도가 제어되는 설비 내에 보호되어야 한다. 온실(또는 썬 스페이스)은 일정한 기후에서 잘 작동할 수 있으며 오폐수처리를 지원하기 위한 에너지 구매를 감소시킬 수 있다. 생태기계는 오폐수처리 시스템 기능이 있고 또 그렇게 다루어져야만 한다.

생태기계는 그것에 의해 혜택을 받는 건물로부터 (적어도 열, 공기흐름 및 거주자 활동 관점에서) 떨어져 있어야 한다. 그러나 이것은 그 시스템에 대한 접근을 막는다는것을 의미하지 않는다.

설계절차

독점기술이므로 생태기계의 크기를 결정하기 위해 이용할 수 있는 일반 지침은 없는 실정이다. 특수한 프로젝트를 위한 생태기계 설계에 있어 시스템 설계전문가의 도움을 청하는 것은 필수적이다. 기본설계를 위한 목적에서라면 다음의 정보가 적절한 공간 배치에 도움을 줄 것이다. 값은 몇 가지 현존하는 생태기계 설비로부터 얻은 자료를 토대로 하였다.

1. 건물의 갤런 단위 1일(gpd)(L/d) 오폐수부하량을 결정한다. 건물설계 핸드북은 이러한 추정에 도움이 되는 값들을 제공할 수 있다.

2. 표 4.20를 참조하여 호기성 탱크와 여과기의 개략적인 크기를 추정한다. 처리된 물이 생태계로 원활히 되돌아갈 수 있도록 하기 위해 현지 습지를 이용할 거라면 (또한 표 4.23을 참조하여) 그 크기를 추정한다.

예제

콜로라도 Boulder시에 위치한 한 재생가능 에너지 박물관은 욕실 2개, 작은 부엌공간 하나, 그리고 몇 군데 물내림장치를 가진 작은 교실/실험실 하나를 포함하게 될 것이다. 직원과 방문객을 포함하여 대략 하루 100명의 사람들이 이용한다.

1. 이러한 유형의 기관용 건물의 경우 하루 한 사람당 330L의 오폐수를 생산하는 것으로 추정된다.

   (100명의 이용자)×(87gdp) = 8700gdp(32,930L/d)

3. 소화조 내에 접근공간을 배치함으로써 유지보수직원이 작업하거나, 나무를 잘라 내거나, 수질검사를 실시하기 위한 접근을 용이하게 한다. 펌프, 계량기, 배관 및 UV 여과기 등 추가설비를 위한 공간을 배정한다.(10% 추가가 권장된다) 생태기계견학이 프로젝트 설계의도의 일환일 것으로 예상된다면 충분한 활동 및 "둘러볼 수 있는" 공간을 제공한다.

4. 부속설비를 위한 공간을 인접한 곳에 제공한다. 중간급 용량의 시스템에서는 1.83m 크기면 족할 것이다.

5. 혐기성 탱크에 요구되는 실외 공간은 대략 호기성 탱크에 요구되는 공간과 같을 것이다.

표 4.23 3가지 시스템 규모(용량)에서 생태기계 구성품의 개략적인 규격

시스템 용량	호기성 탱크 규격	여과기 규격	습지 규격
소형: 2500gpd(9460L/d), 3개의 호기성 탱크를 이용			
	직경 6ft(1.8m)	직경 8ft(2.4m)	15×30ft(4.6×9.1m)
	높이 3ft(0.9m)	높이 3ft(0.9m)	깊이 3ft(0.9m)
	1500gal(5680L)	700gal(2650L)	
중간: 10,000gpd(37,850L/d), 6개의 호기성 탱크를 사용			
	직경 8ft(2.4m)	직경 8ft(2.4m)	20×20ft(6.1×6.1m)
	높이 4ft(1.2m)	높이 4ft(1.2m)	깊이 4ft(1.2m)
	깊이 8ft(2.4m)	깊이 8ft(2.4m)	
	3000gal(11,360L)	3000gal(11,360L)	
대형: 35,000gpd(132,475L/d), 4개의 호기성 탱크를 사용			
	직경 14ft(4.3m)	직경 14ft(4.3m)	표준크기가 요구됨
	높이 3ft(0.9m)	높이 3ft(0.9m)	
	깊이 10ft(3m)	깊이 10ft(3m)	
	10,000gal(37,850L)	10,000gal(37,850L)	

2. 표 4.23을 참조하면 이러한 "중간규모" 부하를 가진 생태기계의 경우 직경 2.4m의 호기성 탱크 3개, 동일한 규격의 정화탱크 하나, 그리고 약 6.1×6.1m 규격의 습지 하나가 요구된다. Boulder의 추운 겨울날씨를 고려할 때 호기성 탱크는 가열된 밀폐구조(태양열 온실이 권장됨) 내에 설치되어야 한다.

3. 호기성 탱크, 부속 설비 및 제한된 인원수의 방문객을 위한 접근로 등을 덮기 위해 75m² 면적의 온실공간이 제안되었다.

4. 9m² 면적의 설비 실을 위한 공간이 배정될 것이다.

5. 호기성 탱크를 위해 온실과 습지 옆에 약 37m² 면적의 실외 공간이 요구될 것이다.

사례

4.326 IslandWood 캠퍼스의 Living machine은 마실 수 있는 물흐름의 약 70~80%인 1일 평균 3000갤런(11,360L/일)의 흐름을 처리하고 재생시킬 수 있도록 설계되었다. 워싱턴 Bainbridge 섬 소재

4.268 Oberlin대학교 Adam J. Lewis 환경연구센터의 생태기계(가운데의 밀폐구조물). 오하이오 오벌린 소재. 시스템 성능은 인터넷으로 확인할 수 있다.(추가 정보를 확인할 것)

추가 정보

Corkskrew Swamp Sanctuary Living Machine. www.audubon.org/local/sanctuary/corkscrew/Information/LivingMachine.html

Oberlin College, Adam Joseph Lewis Center, "Living Machine and Water Use." www.oberlin.edu/ajlc/systems_lm_1.html

Todd, J. and B. Josephson. 1994. "Living Machines: Theoretical Foundations and Design Precepts." 『Annals of Earth』, Vol. 12, No. 1, pp. 16-24.

Todd, N.J. and J. Todd. 1994. 『From Eco-Cities to Living Machines: Principles of Ecological Design』. North Atlantic Books, Berkeley, CA.

USEPA. 2001. 『The "Living Machine" Wastewater Treatment Technology: An Evaluation of Performance and System Cost』. U.S. Environmental Protection Agency, Washington, DC. EPA 832-R-01-004.

USEPA. 2002. Wastewater Technology Fact Sheet: The Living Machine®. U.S. Environmental Protection Agency, Washington, DC.

Worrell Water Technologies. (Living Machine). www.livingmachines.com/

계획설계를 넘어

생태기계는 독점기술로서 제조자에 의해 주어진 시설의 필요에 맞추어 설계될 것이다. 실제 시스템 요구사항이 계획설계과정에서 추정된 값과 일치하는지를 보기 위해 건물 사용과 운영에 관한 상세정보는 가급적 일찍 제조자에게 제공되어야 할 것이다. 생태기계는 종종 해당지역 감독당국으로부터 특별한 검사와 인증을 거쳐야 한다. 위탁관리와 상세한 사용자 매뉴얼 개발은 적극 권장된다.

NOTES

우수집수 시스템

우수집수 시스템은 역사적으로 식수용도, 관개, 세탁 및 Passive 냉방 등을 위한 목적으로 물을 집수하기 위해 이용되어 왔다. 우수집수장치라고도 알려진 이 시스템은 무수히 많은 혜택을 가져다주는 단순한 기술이다.

수자원을 현명하게 이용하는 것은 그린 빌딩 설계의 내재적 요소이다. 이 전략은 다른 원천으로부터의 식수소비를 감소시키거나 그렇지 않으면 비효율적인 자원적용(정원과 같은)을 허용하기 위한 원천을 보완하는데 이용될 수 있다. 수조에 저장된 우수는 비상시에는 즉각 이용할 수 있는 수자원이며 수요가 증대하거나 자원이 감소했을 때 보충 수자원으로 이용될 수 있다. 지붕이나 기타 불투수성 포장을 타고 내리는 우수를 집수하고 저장하는 것은 우수의 누수와 이에 따른 저지대 침수를 감소시키는데 도움이 된다. 경제적인 관점에서 집수는 물공급비용을 감소시키는 결과를 낳는다.

4.329 IslandWood 캠퍼스의 커다란 홈통으로부터 우수를 받는 콘크리트 수조. 워싱턴주 Bainbridge 섬 소재.

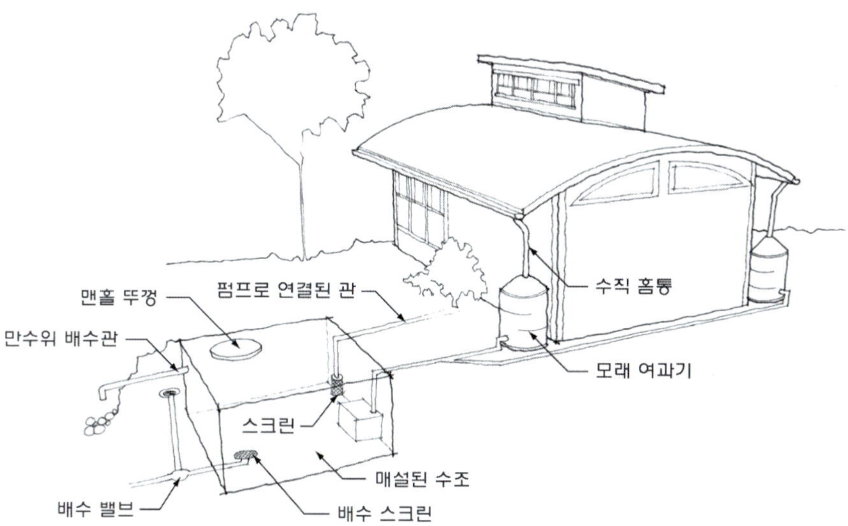

4.328 주택건물의 집수 및 저장 시스템 개념도. JONATHAN MEENDERING

우수집수장치의 규모에는 일반적으로 두 가지가 있다.

- 주택 내 용도를 위하여 지붕으로부터 떨어지는 우수를 집수하는 보다 작은 시스템
- 보충적인 농업용 관개수를 공급하기 위해 토지 형태를 집수구역으로 이용하는 보다 큰 시스템

주택 내 시스템의 규모는 보다 큰 프로젝트를 수용하기 위해 증대될 수 있다. 건물부지 규모의 집수 시스템은 식생수로와 저류지를 포함할 수 있다. 일반적으로 우수집수 시스템 구성요소들은 네 가지 기능, 즉 집수, 전달, 정화, 저장 및 분배 가운데 한 가지 기능을 제공한다.

의도
물 보존

효과
물 공급 구매의 감소, 수자원 이용가능성 증대

선택사항
집수장치 위치와 표면(지붕, 옥외, 등), 수조의 유형, 위치 및 용량.

조정 시안
부지 조정, 지붕 평면과 재료, 수조의 위치, 배관 시스템, 조경설계

관련 전략
물 재활용/재사용, 식생수로, 저류지, 녹색지붕, 투수성 포장

LEED 관련요소
물 효율성, 지속가능한 부지, 재료 및 자원, 혁신 및 설계과정

선결과제
해당지역 규정 요구사항, 물 수요에 관한 정보, 지역 강우자료

건축적인 주요 현안

물보존에 토대를 둔 설계접근은 고급 작업에는 고수질의 물을, 그리고 저급 작업에는 저수질의 물을 사용하는 것과 관련된다. 그러한 접근은 식수자원의 사용을 감소시킬 뿐 아니라 또한 전반적인 물사용을 감소시키는 수단으로서 물재생을 강조한다. 수조는 프로젝트 설계의 시각적 측면에서 은폐되거나 부각될 수 있는 상당한 크기를 요할 것이다. 어느 경우에도 수조크기는 계획설계과정에서 정확하게 다루어야 한다.

실행시 고려사항

대부분의 주택/상업용 규모의 시스템에서 지붕설계는 집수와 관련해 주요 고려사항 가운데 하나이다. 재료선택이 수질에 영향을 미칠 것이므로 설계과정에서 어떠한 재료를 사용할 건지에 대해 다뤄야 한다. 공장에서 에나멜을 입힌(구운) 아연도금 스테인리스 강철이나 도색하지 않은 스테인리스 강철은 지붕재료로서 훌륭한 대안이다. 금속 마감재는 납이나 중금속 성분을 포함하지 않아야 한다. 아스팔트 쉬글, 목재 셰이크 및 콘크리트/진흙타일 등은 다른 금속 표면에 비해 곰팡이, 이끼, 녹조류 등을 번식시킬 우려가 높다. 처리된 목재 쉬글은 방부제를 용해시키며 아스팔트 쉬글은 합성석유제품을 용해시킬 수 있다. 표면이 거친 다공성 지붕재료들은 그렇지 않으면 흘러내려 집수될 물을 갇히게 할 것이다. 정수과정은 주로 기본설계단계에서 고려되어야 할 사항이나 만약 집수된 물이 식수로 사용될 예정이라면 이 또한 고려되어야 한다.

물저장은 전형적으로 수조와 관련된다. 수조재료는 현장타설 강화콘크리트, 밀봉된 콘크리트 조적단위, 모르타르 위에 놓이고 내부에 시멘트반죽을 붙인 벽돌이나 돌, 프리캐스트 콘크리트 탱크, 적삼나무 탱크 및 유리섬유 탱크 등을 포함한다. 수조는 현지 하수시설보다 높은 지점에 있어야 한다. 침수우려가 있는 저지는 피해야 한다. 수조는 건물구조에 통합되거나 아니면 지하실 내부나 현관 아래에 설치될 수 있다. 지하 시스템은 저장된 물이 얼지 않게 하며 여름철에는 물을 시원하게 유지할 수 있다.

표 4.24 1일 1인당 물수요 추정값(주거용)

	갤런/일	리터/일
지속가능 권장 최소	13	50
개발도상국	13~26	50~100
유럽국가	65~92	250~350
호주(50%는 실외 용도로, 25%는 화장실에서)	92	350
영국	89	335
미국(75%는 실내 용도로, 25%는 화장실에서)	106~145	400~550

주의: 소비량 추정값은 출처마다 다양한 차이를 보이고 있다.(상기의 값은 몇몇 공식자료를 종합한 결과이다) 1일 소비량은 물효율적인 위생기구 사용여부에 따라 큰 폭의 차이를 보인다.(상기의 값은 일반 위생기구를 토대로 한 것이다)

설계절차

이 절차는 주택내 물 사용 시스템에 대해 초보적 추정을 수행하기 위한 대표값을 제공한다. 실제 물 사용량은 프로젝트마다 다양한 차이를 보이며 기후조건에 크게 의존한다.

1. 저수량 배관장치를 사용하기 위한 계획을 세운다. 먼저 적절한 위생기구 선택을 통해 수요를 감소시키려는 노력 없이 물 집수에 돌입하는 것은 아무런 의미가 없다. 물 흐름감소 위생기구는 일반 위생기구에 비해 물 수요를 25~50% 정도 절감할 수 있다.

2. 건물의 물 소요량을 추정한다. 실내 물은 일반적으로 변기/소변기, 샤워기, 접시닦이, 세탁기 및 음료/요리 등을 포함한다. 물 소비는 gpd(L/d)[1일당 갤런(리터)] 단위로 표현된다. 인당 소비량에 건물 거주자수를 곱한다. 연간 물 소요량은 gpd(L/d)에 365를 곱하여 추정한다. 전형적인 1일 물 소요량은 표 4.24를 참조하라.

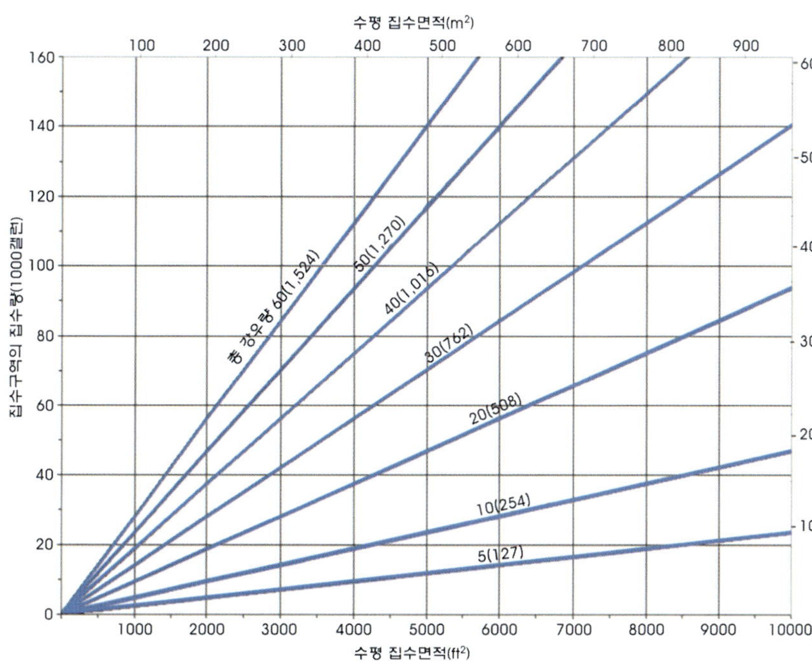

4.330 우수집수구역 크기결정. KATHY BEVERS; 미국 EPA 오 · 폐수관리지침으로부터 인용

3. 건물 부지에서 이용 가능한 강우량을 결정한다. 자료는 종종 정부발간 연감을 통해 이용할 수 있다. 우수집수 목적을 위해 "건조한" 해는 평년 강우량의 2/3 수준이라고 가정한다. 따라서 (설계 강우량) = (2/3) × (연평균 강우량)이다.

4. 요구된 집수면적을 결정한다. 그림 4.330을 참조하여 프로젝트의 연간 물 소요량을 제공하기 위해 요구되는 집수면적을 (설계 연강우량을 고려하여) 결정한

예제

펜실베이니아 Allegheny River Valley의 기존의 도서관건물에 증축된 465m² 면적의 단층 건물구역은 기존 건물 내부에 있는 변기를 위해 우수를 제공하려고 한다.

1. 기존 건물에는 일반 변기가 사용되었다.
2. 물 사용량은 다음 식을 통해 72gpd(273L/d)로 추정할 수 있다.
   [1.6갤런/물내림(10.6L)]×(3회 물내림/1일)×(15명의 사용자)
3. 설계 강우량은 다음과 같다.
   (2/3)×(41인치) = 27.3인치
   [(2/3)×(1041mm) = 694mm]

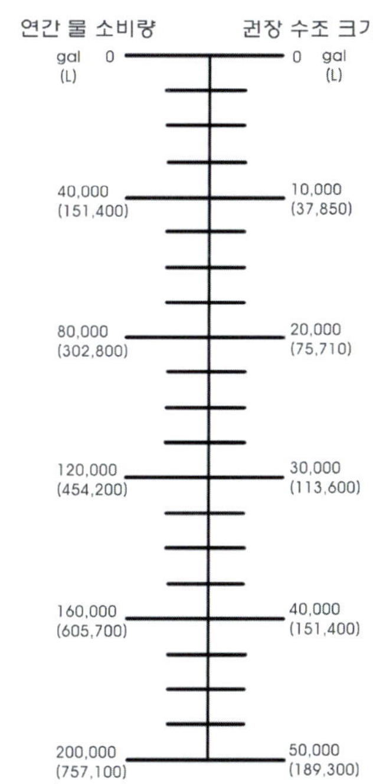

4.331 연간 물 소비량의 1/4에 해당하는 저장용량을 토대로 수조의 크기를 추정할 수 있다. 『개인용 물 저장 시스템 핸드북』(4판)으로부터 인용. MIDWEST PLAN SERVICE

다. 집수에 사용되는 지붕구역은 실제 표면구역이 아니라 돌출된 수평 지붕구역이어야만 한다. 일반적으로 연평균 강우량의 75%만이 (증발, 눈, 얼음 및 지붕청소 주기 등으로 인해) 수조저장에 이용할 수 있다.

5. 수조의 크기를 도출한다. 추정된 용량은 해당지역 기후자료로부터 획득된 최장기 건조기간(비 없는 기간)을 토대로 해야 한다. 수조용량 = [gpd(L/d) 사용량]×(비 없는 기간일수). 크기는 다음과 같이 계산될 수 있다. $1ft^3$ = 7.48갤런 물($1m^3$ = 1000L). 그렇지 않으면 개략적인 수조크기 추정값은 그림 4.331을 이용하여 도출될 수 있다.

6. 수조 위치를 결정한다. 수조는 물 사용지점 근처에 위치시키는 것이 가장 합리적이며, 이는 요구된 펌프용량을 감소시킬 수 있다. 지하 위치는 시각적인 효과를 감소시키고 수온의 안정성을 증진시킬 수 있다. 지상 노출은 시각적 효과를 창출할 수 있는 기회를 제공한다.

7. 수조를 선택하거나 설계한다. 이것은 요구된 부피, 요구된 재료, 유지 및 부지 여건 등을 토대로 할 것이다.

사례

4.332 전망대와 5,000갤런(18,930L) 수조가 Lady Bird Johnson 야생화센터의 방문객센터와 관리사무실로부터 우수를 집수한다. 텍사스 오스틴 소재.

4. 연간 물 소요량 계산:
72gpd(273L/d)×365일 = 26,280갤런(99,645L).

그림 4.330을 참조하여 694mm의 설계강우량에서 26,280갤런(99,645L)의 물을 저장하기 위해 필요한 집수면적은 대략 $2600ft^2$ ($242m^2$)이다.

이 면적은 도서관 증축부분의 지붕면적의 약 50%에 해당하므로 실행가능성이 높다.

5. 기후자료를 참조하여 이 구역의 건조기간은 90일로 추정된다.

수조용량 = 72gpd(273L/d)×90일 = 6480갤런(24,525L). 그림 4.331를을 재빨리 확인해 봄으로써 이 값이 합리적임을 알 수 있다.

수조부피 = 6480갤런/7.48갤런/ft^3 = $866ft^3$($25m^3$).

4.333 Lady Bird Johnson 야생화센터 출입구에 있는 커다란 수조는 그 지방에서 나는 암석을 이용해 만들어졌으며 광범위한 우수집수 시스템의 일부이다.

4.275 인근 공장으로부터 재활용된 피클(pickle) 저장통을 이용해 조립한 수조가 체사피크만 재단의 매우 인상적인 우수집수 시스템의 한 부분을 이루고 있다. 메릴랜드 아나폴리스 소재.

추가 정보

Grondzik, W. et al. 2010. 『Mechanical & Electrical Equipment for Buildings』. 11th ed. John Wiley & Sons, Hoboken, NJ.

Iowa State University. 2009. 『Private Water Systems Handbook』, 5th ed. Midwest Plan Service, Ames, IA. www.mwpshq.org/

Rupp, G. 2006. "Rainwater Harvesting Systems for Montana." Montana State University Extension Service. msuextension.org/publications/agandnaturalresources/mt199707ag.pdf

USEPA. 1991. Manual of Individual and Non-Public Water Supply Systems(570991004). U.S. Environmental Protection Agency, Washington, DC.

WaterAid International, Rainwater Harvesting. www.wateraid.org/documents/plugin_documents/rainwater_harvesting.pdf

Young. E. 1989. "Rainwater Cisterns: Design, Construction and Water Treatment"(Circular 277). Pennsylvania State University, Agriculture Cooperative Extension, University Park, PA.

계획설계를 넘어

집수 시스템의 실행가능성과 개략적인 크기결정은 계획설계에서 수립될 것이다. 기본설계에서 이 문제가 보다 심도있게 다루어짐으로써 최적화될 것이다. 시스템 설비와 그 구성요소들이 선택되고, 크기가 결정되고, 상세가 개발될 것이다. 비주거용 집수 시스템은 위탁 관리되어야만 하며 어떤 크기의 시스템일지라도 그 설계는 설계자의 가정, 기대를 개괄적으로 소개하고 유지관리 정보를 제공하는 사용자 매뉴얼 개발을 포함해야 한다.

투수성 포장

투수성 포장은 우수가 표면 아래층으로 침투할 수 있게 한 지면덮개이다. 투수성 포장재료를 이용한 포장은 도시 폭우누수를 방지하고 오염물질이 다른 곳으로 확대되지 않도록 하는 수단으로서 그린 빌딩 설계의 중요한 관심사항이다. 투수성 포장은 다양한 규모로 이용될 수 있으며(안뜰에서부터 주차장에 이르기까지) 또 그 구성과 공법이 다양하다. 이 전략의 효과성은 선택된 투수성 포장 유형과 그 의도된 용도(다시 말해 주차장, 도로, 보도 등)에 달려 있다. 투수성 포장은 대부분의 기후에서 잘 적응한다.

4.336 투수성 포장은 친환경 부지 개발에 중요한 역할을 할 수 있다.

4.335 전형적인 다공성 포장설치의 횡단면도. 구성요소는 다공성 아스팔트 상부층, 미세한 쇄석 여과층, 굵은돌 저장층 및 지하 지반층 등으로 이루어져 있다. JON THWAITES

투수성 포장 선택사항은 플라스틱 격자 시스템, 다공성 아스팔트 포장, 다공성 블록 포장 시스템, 다공성 포틀랜드 시멘트 콘크리트 및 일정한 입자형 포장재료(자갈이나 나무껍질 뿌리덮개 등) 등은 물론 많은 유형의 식물들을 포함한다. 표면 적정성은 차량이나 통행인 흐름 요구사항에 의해 결정될 것이다.

플라스틱 격자 시스템은 통행인이나 경량 통행부하를 지원하기 위해 설계된다. 이러한 선조립형 포장요소는 자갈쇄석, 토양과 초목, 또는 지피식물 등으로 채워질 수 있는 플라스틱 격자 구조로 구성되어 있다. 그리드 구조가 충진재료를 보존시킨다면 충진재료는 격자 구조의 견고성을 강화시킨다.

다공성(또는 개방형) 아스팔트 포장은 작은 쇄석입자를 포함하고 있지 않으므로 포장 구조 내부에 상당한 공극이 존재한다. 이에 따라 포장층 속으로 물을 흡수하여 배수시킬 수 있게 된다. 다공성 아스팔트 포장은 도로와 주차장에 적합하다.

다공성 블록 포장 시스템은 연동식 벽돌, 돌, 또는 콘크리트 요소는 물론이고 통로를 통해 물이 기저 지반으로까지 침투할 수 있게 한 조립 모듈로도 시공된다. 블록 포장은 광

의도
우수누수 감소

효과
우수누수의 부지 내 여과 증대, 부지 외 침수 감소

선택사항
몇 가지 제조제품과 다용도 재료를 이용할 수 있음.

조정 시안
부지 조정, 조경설계 및 토양 고르기, 접근가능성

관련 전략
집수 시스템, 물 재활용/재사용, 식생수로, 저류지

LEED 관련요소
지속가능한 부지, 물 효율성, 재료 및 자원

선결과제
부지 강우량자료, 표면/지하 배수 조건에 관한 정보, 해당지역 규정 요구사항

범위한 패턴과 색상으로 제공된다. 그것들은 보통 일반 쇄석 바닥 위에 모래층을 깔고 그 위에 설치된다. 다공성 블록 시스템은 보도와 진입로 같은 통행량이 적은 응용에서는 물론 부하가 많은 곳에서도 이용될 수 있다.

다공성 포틀랜드 시멘트 콘크리트는 모래와 작은 쇄석 같은 미세한 입자들을 배합물에 포함시키지 않는다는 점에서 비다공성 콘크리트와 구별된다. 이로 인해 굵은 쇄석성분 사이에 공극이 생겨 물이 콘크리트 속으로 침투해 들어갈 수 있게 된다. 다공성 콘크리트는 주차장과 거리를 포함해 많은 포장응용에 적합하다.

건축적인 주요 현안

투수성 포장은 다양한 차량 및 보행부하를 위해 이용될 수 있다. 하지만 재료와 예상된 부하수준이 일치되었는지를 확인하는 것이 중요하다. 보행적합성(고른 보행표면을 제공하는)은 어떠한 포장재료가 선택되었느냐의 문제라기 보다는 오히려 얼마나 고품질로 설치되고 또 장기적으로 안정성을 유지하느냐의 문제라고 볼 수 있다.

투수성 포장에 대한 고려는 부지조경을 종합적으로 살필 수 있는 가능성의 문을 열 수 있다. 일부 투수성 포장재료들은 충진재료의 선택을 요구할 지라도 모든 투수성 재료들은 부드럽고 딱딱한 조경의 통합을 구현하기 위함이며 이를 향한 내재된 기회를 가진 부지표면과 건물에 의해 경계지워질 것이다.

포장된 표면의 온도는 투수성 포장을 이용함으로써 조절될 수 있다. 재료 내의 공극은 매우 특수한 온도를 가진 습기를 포집하므로 태양복사 흡수로 인해 나타난 온도상승을 완화시킨다. 플라스틱 그리드 포장 내에 갇힌 토양 또한 표면온도를 (다른 형태의 포장에 비해) 낮추는 경향이 있다. 반사성이 우수한 표면을 제공하는 것 또한 포장온도를 낮추고 국지기후를 개선시키는데 (적어도 여름철에는) 이바지 할 것이다. 플라스틱 그리드 포장 내에 심겨진 식물에 의한 광합성작용 또한 표면온도를 낮추는 작용을 할 수 있다.

실행시 고려사항

투수성 포장에 관련된 가장 중요한 두 가지 중요한 실행 고려사항은 작업 및 외관적합성이다. 일반적으로 대부분의 투수성 포장 시스템의 외관은 비교할만한(또는 약간 개선된) 불투수성 포장재료와 동일하다. 하지만 충진용 식물을 포함한 투수성 포장 시스템은 "지저분하게" 보일 수 있는데 이 점은 그것이 중요하게 고려되는 곳에서 반드시 해결되어야만 한다. 제조자/공급자는 하중용량에 관한 상세한 정보를 제공할 수 있다. 설계결정은 투수성 포장제품의 보행적합성과 관련해 이루어져야만 한다.

4.337 100% 재활용 플라스틱으로 만들어진 투수성 포장은 주차장과 진입로를 위한 충분한 강도를 제공하면서도 식물뿌리를 보호한다. INVISIBLE STRUCTURES, INC.

4.338 기술적으로 설계된 다공성 바닥층 위에 놓이는 다공성 지오텍스타일 조직은 아연도금 앵커에 의해서 고정이 되고 자갈로 채워지는데 상당한 하중에도 견뎌낼 수 있다. INVISIBLE STRUCTURES, INC.

4.339 이 제품은 식물이 자라는 가파른 비탈면, 수로제방 및 식물이 자라는 습지 등에 사용되는 3차원 강화/안정 매트릭스이다. 그 시스템은 폭우나 홍수에도 견뎌낼 수 있을 정도이다. INVISIBLE STRUCTURES, INC.

설계절차

다음의 절차는 USEPA 문서(문서번호: 832-F-99-023, 우수누수 기술 사례집: 다공성 포장)로부터 참조하였다.

1. 부지조건을 평가한다.
    a) 토양침투성과 다공성, 가장 높은 수위선 깊이(강우기 동안) 및 기반까지의 깊이 등을 확인한다. 이 작업은 보통 현장조사에 의해 이루어지며 종종 부지선택/분석 과정의 일부로 수행되기도 한다.
    b) 현장의 경사도를 확인한다. 대부분의 투수성 포장은 5%를 넘는 경사에서 권장되지 않는다.
    c) 현장검사를 통해 토양배수율을 확인한다. 투수성 포장은 설치된 투수층 바닥의 적어도 0.9m 아래에서 최소한 시간당 13mm의 침투율을 요구한다.
    d) 토양깊이를 확인한다. 기반까지 최소 1.2m 깊이와/또는 최고점 수위선이 권장된다.
    e) 부지조건을 확인한다. 용수공급 관정으로부터 최소 30m 떨어져 있을 것이 권장된다.(지역 해당관청에서 확인할 사항) 비탈면의 경우 건물을 내려다 보는 지점에서는(만약 적절한 기초배수 조치가 취해지지 않는다면) 건물 기초로부터 최소 3m, 그리고 건물을 올려다 보는 지점에서는 건물 기초로부터 최소 30m 떨어져 있어야 한다.
    f) 포장 공극이 막힐 가능성에 대해 고려한다. 현저한 양의 바람에 날린(또는 차량에 의한) 침전물이 예상되는 곳에는 투수성 아스팔트 및 콘크리트가 권장되지 않는다.
2. 통행조건을 평가한다.
    a) 차량 부하를 평가한다. 투수성 포장은 경차 주차구역과 하중이 적은 접근도로에서 가장 성공적으로 이용될 수 있다. 통행량이 많거나 현저한 트럭 통행구역은 하중 대 재료성능에 대한 비교분석을 실시한다.
    b) 계절적 조건을 고려한다. 제설작업이 요구되는 구역에서 사용을 피한다. 모래, 염분 및 결빙방지약품의 사용을 피한다. 해안가에서는 바람이나 해수에 의해 퇴적된 모래에 의해 초래될 결과에 대해 생각한다.
3. 설계 우수저장용량
    a) 대부분의 자치구역은 그들이 전통적인 우수누수 솔루션을 전적으로 대체하지 않는 한 투수성 포장에 대해 완화된 설계 우수저장용량을 제공할 것을 요구하지 않는다. 상세한 내용은 해당관청에 문의하라.

예제

본문 중의 절차는 개념적이며 예제를 통해 구체적으로 예시될 계산관련 내용이 없다.

사례

4.340 정원포장과 초목들(왼쪽)이 호노룰루 예술학교 중국식 기와집에 투수성 녹색 안마당을 제공한다. 다양한 크기의 돌들과 조경기법들(오른쪽)이 일본 가나자와시에 있는 한 사저의 투수성 진입로를 창출해낸다.

4.341 버지니아의 한 아파트 건물에 있는 다공성 포장 시스템.

4.342 텍사스 Southlake시에 자리 잡은 Sabre Holdings 본사 건물의 공원을 따라 나 있는 투수성 경사면과 침식방지 시스템(왼쪽), 그리고 다공성 초목 포장 시스템(오른쪽). INVISIBLE STRUCTURES, INC.

4.343 포장과 타일 공예품들이 IslandWood 캠퍼스의 식당 근처에 투수성 안뜰을 창출해낸다.

추가 정보

Partnership for Advancing Technology in Housing, Toolbase, Permeable Pavement. www.toolbase.org/TechInventory/techDetails.aspx?ContentDetailID=604

Sustainable Sources. 2004. "Pervious Paving Materials." perviouspaving.sustainablesources.com/

USEPA. 1980. Porous Pavement Phase I Design and Operational Criteria(EPA 600-2-80-135). United States Environmental Protection Agency, Urban Watershed Management Research, Washington, DC.

USEPA. 1999. Storm Water Technology Fact Sheet: Porous Pavement(EPA 832-F-99-023). United States Environmental Protection Agency, Office of Water, Washington, DC.

계획설계를 넘어

투수성 포장의 계획설계는 주로 개념검증과 관련된다. 특수한 포장접근의 선택, 설계, 상세 및 명세 등은 기본설계에서 일어날 것이다. 여기에는 통행부하 성능의 적절성과 필요성에 대한 검증이 포함될 것이다.

식생수로

식생수로는 우수누수를 둔화시키고 처리하기 위해 설계된 고밀도 식물군을 포함한 수로이다. 이러한 배수방식에서 우수는 가벼운 경사면을 타고 내리며 수로 바닥과 경사면에 가꿔진 다양한 식물들에 의해 여과될 수 있게 된다. 식생수로는 장기간 물을 보존하도록 설계되지 않았다. 수로는 얕으며 고인 태양복사열에 노출된 물은 가열된다. 그러한 가열은 일부 생태계에 해를 끼치게 된다.

우수누수 문제는 역사적으로 우수가 신속히 우수하수도로 흘러가도록 유도하는 배수도랑을 통해 해결되어 왔다. 다시 말해 단순히 흐르는 물 근처에 사는 누군가에게 떠넘겨지게 되었다. 보다 생태적 관점(또한 부지 중심)의 우수관리 시스템은 우수가 부지로 되돌아가기 전에 그것을 정화시키는 식생수로와/또는 저류지를 포함한다.

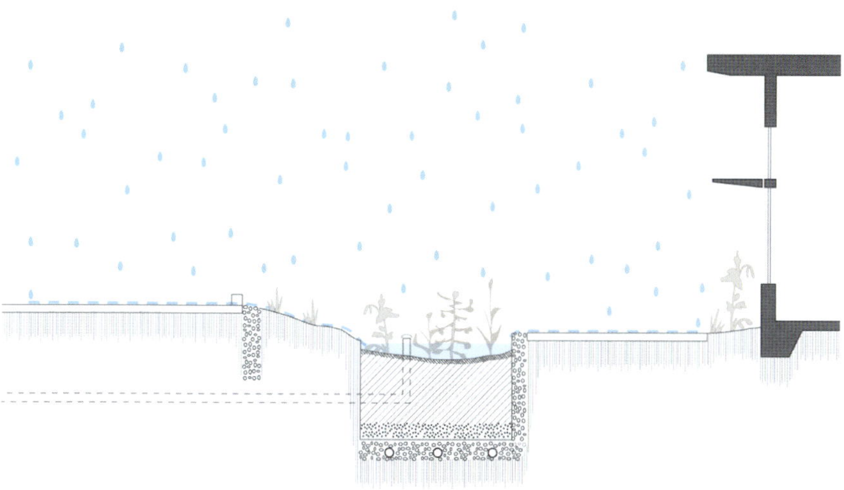

4.344 식생수로의 일반적인 형태를 보여주는 한 주차장에 설치된 식생수로 단면도. JON THWAITES

우수가 식생수로를 통과한 후 여과된 우수는 다음의 방법 가운데 하나를 이용해 관리될 수 있다.

- 토양 속 내부 침투
- 저류녹지구역이나 저류지로 흘려보내는 방법
- 우수하수 시스템으로 방출하는 방법
- 유입수역 receiving waters으로 유도하는 방법

수로는 배치와 여과 기제에 따라 몇 가지 종류로 구분된다. 몇 가지 일반적 형태는 아래에서 설명된다.

초목수로는 전통적인 배수도랑과 유사하지만 넓고 평평한 비탈면의 큰 표면적을 통해 유거수 흐름을 완화시킨다. 그러한 수로는 우수의 기초처리를 제공하며 우수는 보다 완전한 처리를 위해 저류녹지 같은 다른 우수관리 시스템으로 보내지게 된다.

4.345 물오염제어 연구소의 인상적인 지붕낙수통과 결합된 식생수로. 오레곤 포틀랜드 소재.

의도
우수관리

효과
정화(식물환경복원을 통한)와 우수 유도

선택사항
습한, 건조한, 또는 초목을 포함한 수로

조정 시안
부지 고르기, 표면배수와 관련된 수로배치, 다른 생물환경복원 전략과의 통합

관련 전략
저류지, 집수 시스템, 물 재활용/재사용

LEED 관련요소
지속가능 부지, 물 효율성

선결과제
부지계획, 토양조건에 대한 정보, 강우패턴 및 우수 하수도 위치

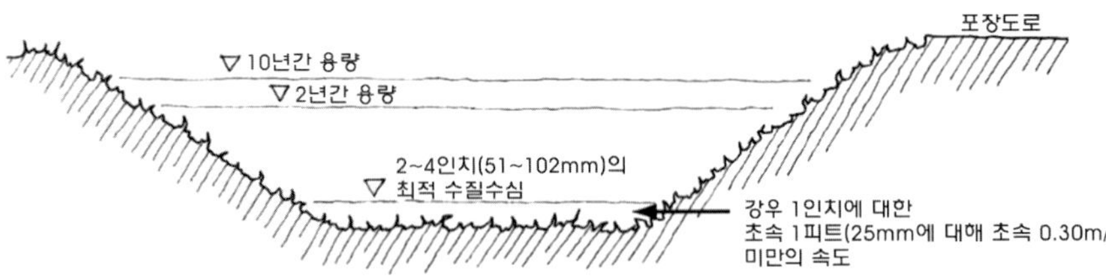

4.346 우수누수와 초목을 이용한 배수를 보여주는 초목수로 단면도. JONATHAN MEENDERING; "우수여과 시스템 설계"로부터 인용, 우수누수 방지센터

건조수로는 물보존 능력을 가지며 물이 수로바닥을 통해 흐를 수 있도록 한다는 점에서 저류지와 유사한 개념이지만 초목이 가꿔진 상층부가 비교적 건조하게 유지되도록 설계된다. 건조수로는 바닥으로부터 여과조직이 깔린 수준까지의 넓은 구역이 토양 충진재료로 채워지며 그 내부에는 다공집수관이 매설되어 있는데 이는 기초둘레 배수로와 흡사하다. 이러한 바닥배수로 다공집수관은 직접적으로 처리된 우수가 우수배수 시스템으로 흘러가도록 유도한다. 바닥배수로 다공성 집수관은 보통 주택구역에서 훌륭한 전략이며 (안전/용도 관점에서) 도로나 재산권 가장자리를 따라 손쉽게 놓여질 수 있다.

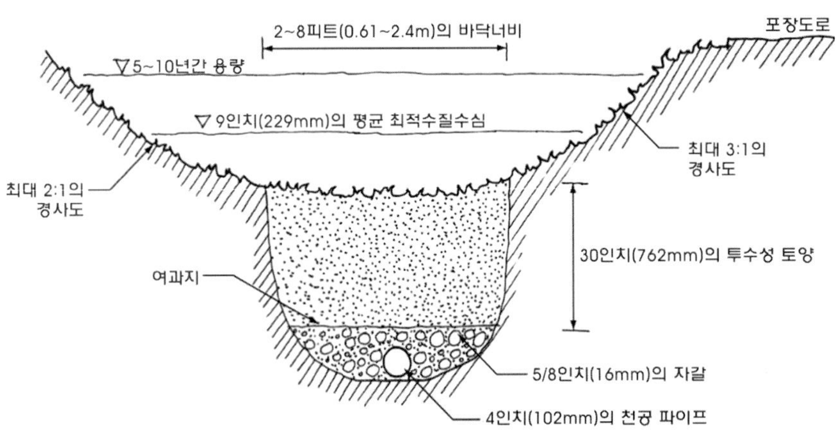

4.347 다양한 층과 그 배치에 대해 보여주는 포물선 형태의 건조수로 단면도. JONATHAN MEENDERING; "우수여과 시스템 설계"로부터 인용, 우수누수 방지센터

습지수로는 얕은 저류지에 일시적으로 물을 저장할 목적으로 설계된 필연적으로 기다란 일직선 형태의 습지이다. 습지수로는 여과토양층을 갖고 있지 않으므로 느린 입자침착, 물침투 및 오염물질 생물환경복원 등을 통해 (습지와 유사하게) 우수를 처리한다. 의도적으로 식물을 가꾸거나 중요한 습지식물 종들이 습지 내에 자연적으로 서식하도록 내버려 둘 수 있다.

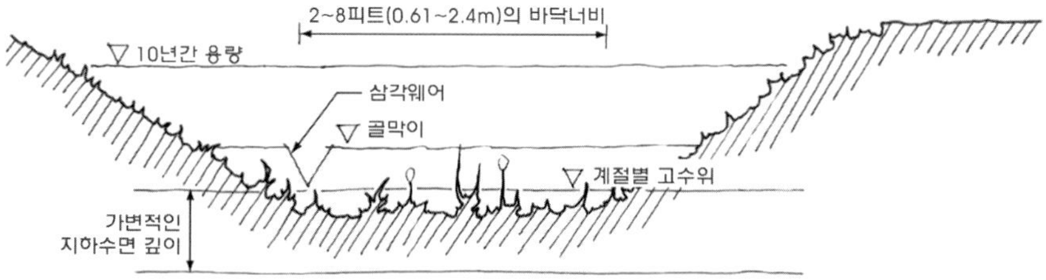

4.348 사다리꼴 형태의 습지수로 단면도. 바닥폭은 일반적으로 0.6~2.4m이다. JONATHAN MEENDERING; "우수여과 시스템 설계"로부터 인용, 우수누수 방지센터

건축적인 주요 현안

건물, 주차장 및 기타 누수 표면과 관련하여 습지를 물리적으로 통합하는 것은 주요한 고려사항이다. 부지 안에 습지를 시각적으로 통합하는 것(조경을 포함해)은 부차적인 문제이다.

실행시 고려사항

국가적 및 지방적 우수관리 요구사항을 확인해야 한다. 초목수로를 사용함에 있어서는 몇 가지 제약이 있다. 일부 지역에서는 기저 암반층이나 높은 수위선 같은 토양조건으로 인해 비용 효과적이거나 기술효과적인 전략사용을 어렵게 할 수 있다. 광범위한 공간을 포괄하는 전략이므로 충분한 부지면적의 이용 가능성과 부지계획 안에 신속한 통합은 효과적인 식생수로 환경복원 전략의 실행에 있어 긴요하다. 주어진 부지상에서 식생수로의 적합성과 범위는 토지이용, 배수구역의 크기, 토양유형 및 경사 등에 달려 있다. 많은 지방 자치당국에서는 건조 및 습지수로의 설계를 위한 지침을 개발해 놓고 있으므로 이용 가능하다면 그러한 지침을 참조해야 한다.

설계절차

여기서 제시되는 설계절차("우수여과 시스템의 설계" 로부터 인용된)는 계획설계에서 단순화된다. 다른 우수처리 실무가 누수량을 기준으로 크기를 결정한다면 식생수로는 표면저장을 위한 물의 흐름율과 양을 기초로 설계된다. 건조수로는 "적당한-큰" 규모의 부지를 가진 주거용 응용에 일반적으로 이용된다. 습지수로는 고속도로, 주차장, 옥상 및 기타 불투수성 포장 등을 위한 누수제어와 같이 많은 누수를 처리해야 되는 상황에서 주로 이용된다. 건조 및 습지수로의 설계절차는 다음과 같다.

1. 부지의 누수처리량을 결정한다(WQV).
   - 누수계수(R_v)를 결정한다. 기본설계에서 이 값은(필연적으로 딱딱한 표면을 가진 부지의 백분비율에 해당하는) 불투수성 부지의 백분비율과 같을 것이다. 반투수성 재료를 포함시키기 위해 가중평균 면적을 이용해 이 값을 조정할 수 있다.
   - 다음공식을 이용해 요구된 물 "저장" 부피(수로부피)를 추정한다.

예제
버지니아의 Green Housing 개발단지는 아래에서 설명되는 부지특징 이외에도 진입로를 따라 약 91m의 건조수로가 조성되어 있다.

주택: 0.20acres(0.08ha)
잔디밭: 90.0acres(36ha)
투수성 진입로: 0.10acres (0.04ha)
아스팔트 도로: 0.15acres (0.06ha)

1. 우수누수계수, R_v는 불투수성 포장면적 대 총 표면면적의 비율로 추정된다. (0.2+0.15)/90.45 = 0.0039[(0.08+0.06)/36.18 = 0.0039]

$$WQV = P \times R_v$$

여기서

P = 설계 24시간 강우량(가장 일반적인 강우사건 발생시의 현지저장량이 되도록 선택되어야 한다. 미국 중부 대서양 연안 지역에서는 25mm가 권장되지만 보다 많은 집중호우가 내리는 지역에서는 50mm가 더 적절할 것이다)

R_v = 부지 우수누수계수

- 다음과 같이 WQV를 수로부피로 전환시킨다.
  ft^3 단위 수로부피: (WQV) = (에이커 단위 부지면적)×(3,629)
  m^3 단위 수로부피: (WQV) = (헥타르 단위 부지면적)×(10)

2. 선호되는 수로형태를 선택한다. 수로는 일반적으로 사다리꼴이나 포물선 모양이다. 사다리꼴 형태에서는 다공성 집수관 위에 놓인 약 125mm 두께의 토양/자갈 배합층 위에 50~150mm 두께의 토양/모래 배합층이 설치될 것이다. 포물선 형태의 경우 다공성 집수관을 둘러싼 125mm 두께의 자갈층 위에 약 760mm 두께의 투수성 토양층이 놓일 것이다.

3. 식생수로 규격을 결정한다. 그 규격은 1단계에서 도출된 수로부피를 수용해야만 한다.
   - 바닥 폭: 전형적으로(0.6~2.4m)
   - 경사도: 비탈면 경사도는 최대 2:1까지 가능하나 3:1이나 그 미만이 권장됨; 수직 경사도는 보통 1~2%이다.
   - 길이: 필요한 수로부피를 획득하기 위해 요구되는 길이.
   - 깊이: 개략적인 지침은 효과적인 물 처리를 위해 평균 300mm 깊이를 사용하고 10년에 한번 올까 말까 한 집중호우에서도 효과적인 물 처리를 제공하기 위해 150mm를 추가하는 것이다.
   - 바닥 토양층: 건조수로에서는 자갈/파이프 바닥배수 시스템을 가진 760mm 깊이의 적당한 투수성 토양층을 말한다. 습지수로의 경우에 토양층은 장기간 습하게 유지될 것이며 다져넣지 않은(교란되지 않은) 토양으로 이루어져야 한다.

4. 경사도와 지하수 요구사항을 확인한다. 너무 빨리 흐르는 우수는 침식을 일으킬 수 있으며 수로 내 식물에 의해 적절히 흡수되지 않을지 모른다. 흐름 방향의 경사도를 제어함으로써 이 문제는 해결할 수 있다. 수로바닥은 처리되지 않은 우수의 지하수 침범으로 인한 지하수 오염을 방지하기 위해 수위선보다 적어도 0.6m 더 높아야 한다.

5. 식생을 선택한다. 수로 내 식물 종들은 집중호우기간은 물론 가뭄기간에도 잘 견뎌야만 한다. 생물환경복원을 위한 권장된 식물 종들은 지역마다 차이가 있다.

25mm 강우의 경우
$WQV = P \times R_v$ =
(1×0.0039) = 0.0039,
(25×0.0039) = 0.0967

ft^3 단위 수로 부피는
(0.0039)×(90.45)×(3,629) = 1280ft^3

단위 수로 부피는
(0.0967)×(36.18)×(10) = 35m^3

2. 사다리꼴 모양의 수로가 선택되었다.

3. 바닥 폭 6ft(1.8m), 깊이 9인치(230mm)의 수로가 제안되었다. 이 수로의 단면적은 경사를 무시할 경우 6ft× 0.75ft = 4.5ft^2(0.4m^2)이다.

   300ft(91m) 길이에서의 수로 부피는 (300ft×4.5ft^2) = 1350ft^3 [(91m×0.4m^2) = 36m^3]이다.

   우수누수 문제를 해결하기에 충분한 수로부피를 이용할 수 있다 [1,350〉1,280(36〉35)].

4. 수로 경사도가 검사되었으며 허용 가능할 것으로 나타났다. 수위선(우기 동안에) 수준은 수로 바닥보다 1.2m 낮았다.

5. 그 지역에서 나는 토종 초목과 초본 식물 종들이 선택되었다.

사례

4.349 포틀랜드시(오레곤주)는 빗물 우수를 관리하기 위해 식생영역들을 "그린 스트리트" 전략이라 불리는 것으로 통합한다.

4.351 "그린 스트리트" 빗물 관리 요소의 근접촬영 이미지.

4.350 오레곤 포틀랜드 소재 Jean Vollum 자연자원센터(에코트러스트 빌딩) 내 식생수로에 둘러싸인 다공성 재료로 포장된 주차장.

4.352 오레곤주 포틀랜드에 위치한 Jean Vollum Natural Capital Center의 식생수로.

4.353 오레곤주 포틀랜드에 위치한 RiverEast Center의 (사진에 보이는) 지붕과 주차장에서 (또한 인접한 거리에서도) 흘러나오는 빗물은 이 식생수로에서 사전 처리되고, 한 민간관리시설에서 처리된 다음에 Willamette 강으로 흘러 들어갈 수 있게 된다.

4.354 Eugene에 위치한 오레곤 대학교 캠퍼스에 있는 식생수로.

추가 정보

California Stormwater Quality Association. 2003. "Vegetated Swale", in 『New Development and Redevelopment Handbook』. www.cabmphandbooks.org/Development.asp

Center for Watershed Protection. 1996. 『Design of Stormwater Filtering Systems』. Ellicott City, MD.

IFAS 2008. 『Bioswales/Vegetated Swales』, Institute of Food and Agricultural Sciences, University of Florida, Gainesville, FL.

USEPA. 2004. 『Stormwater Best Management Practice Design Guide, Vol. 2, Vegetative Biofilters』. U.S. Environmental Protection Agency, Washington, DC. www.epa.gov/nrmrl/pubs/600r04121/600r04121a.pdf

계획설계를 넘어

공사에 앞서 식생수로가 위치할 구역은 차량과 트럭 통행에 의해 단단해지지 않도록 보호되어야 한다(원활한 침투를 위해). 공사 중에는 작업장비와 공구에 묻은 오염재료에 의해 수로가 오염되지 않도록 조심해야 한다. 공사 후 수로의 최적 수행을 위해서는 정기적인 유지관리가 필수적이다. 유지관리는 한해 두 번의 정기검사, 철마다 실시되는 벌초와 잔디관리, 재식수, 짚 깔아주기 및 기존 표면에 새로운 표토를 덮거나 그것을 대체하는 것 등을 포함한다. 이러한 정보는 사용자 매뉴얼을 통해 소유주에게 전달되어야 한다.

저류지

저류지는 우수누수를 현장에서 제어하며 어떤 경우에는 보존된 물 속의 오염원들을 제거하기 위해 설계된다. 제어 전략은 도랑, 수로, 연못, 탱크 및 저장실 등을 포함한다. 이러한 것들은 일반적으로 흘러내리는 우수를 집수하고, 저장/처리하여, 조금씩 방출시키거나 그것을 지반 속으로 침투시키는 과정을 통해 기능을 수행한다. 저류지(또는 침투연못)는 최종적인 저장 목적지로서 우수를 집수하며 거기서 우수는 증발하거나 토양 속으로 흡수될 것이다. 물론 일시적으로 흘러든 물을 저장하여 조금씩 흘려보낼 목적으로 설계된 저류지도 있다. 두 연못 유형의 주요한 목적은 동일하므로 이 절에서는 전자에 초점을 두고 논의를 진행할 것이다.

4.356 물오염제어 연구소의 우수누수 저류지. 오레곤주 포틀랜드 소재. TROY NOLAN PETERS

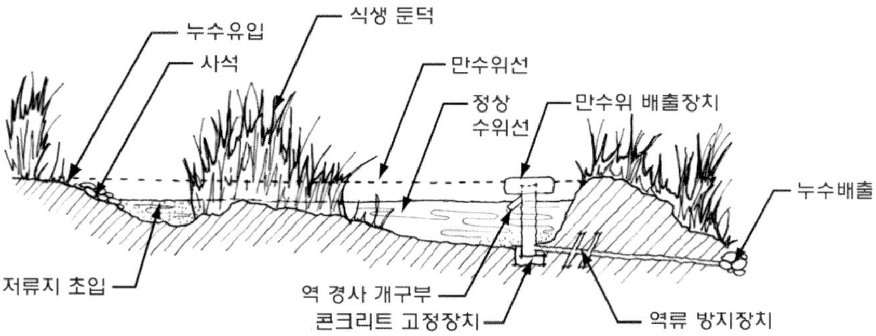

4.355 저류지의 단면도. JONATHAN MEENDERING

저류지는 식생수로와 관련이 있다.(식생수로 전략 참조) 하지만 식생수로는 주로 흘러내리는 우수의 흐름을 조절한다. 연못은 다량의 물을 위한 목적지로서 그것이 증발하거나 땅 속으로 흡수될 때까지 보존한다. 물 처리가 요구될 경우 생물환경복원기법이 포함될 수 있다.(이 경우 저류녹지라 불림) 이 기법은 토양 박테리아, 곰팡이 및 식물들을 이용해 오염원을 제거하는 것과 관련된다. 이러한 유기체들은 우수 내의 유기 오염물질(기름 등)을 신속히 분해시킬 수 있다. 저류녹지 구역은 주차장 근처, 두 도로 가운데 및 건물 사이 공간 등과 같은 넓은 불투수성 포장 근처에서 가장 유용하게 활용된다.

건축적인 주요 현안

저류지와 관련된 주요한 건축적 관심사항은 규모, 부지배치 및 조경 등이다. 저류지는 처리되어야 할 우수 누수량에 따라 상당한 크기의 토지를 차지할 수 있다. 설계과정에서는 그것과 건물이나 기타 부지구조물(가령 주차장, 진입로, 옥외구역)과의 관계를 독창적으로 해결함으로써 연못이 기능을 제대로 수행하고 주어진 부지 내로 적절히 통합될 수 있도록 해야 한다.

의도
생물환경복원, 물 재활용, 부지 외 우수누수 감소

효과
부지 우수누수 감소, 물 정화 및 생태계로 되돌림

선택사항
저류지나 저류녹지

조정 시안
부지 대비 연못 풋 프린트 크기, 지역규정 요구사항, 부지 평탄작업

관련 전략
식생수로, 투수성 포장, 집수 시스템, 물 재활용/재사용

LEED 관련요소
지속가능 부지

선결과제
토양조건에 관한 정보, 부지의 월평균 강우량, 개발된 부지의 표면특징

실행시 고려사항

저류지는 불필요한 환경적 충격을 야기함 없이 부지 속으로 통합될 수 있는 평탄작업이나 굴착작업이 진행될 부지상에 가장 적합하다. 수위선이 지표면으로부터 1.8m 이내에 있는 토양 불안정 구역이나 인접구역의 경사도가 20%를 넘는 구역(침식을 일으킬 수 있는)에는 일반적으로 비효과적이다. 토양조건이 불안정하거나 투수성이 낮은(진흙 함유율이 25%를 넘는) 부지는 저류녹지로 적절하지 못할 것이다. 미국 환경보존청 USEPA은 시간당 12mm 침투율과 5.5~6.5의 pH를 권장한다. 이상적으로 고품질의 오염원 생물환경 복원을 위해 토양은 1.5%~3%의 유기물 함량과 500ppm을 넘지 않는 용해성 염분 농도를 가져야만 한다.

표 4.25 저류녹지의 전형적인 성능. 미국 EPA 수자원관리국

오염원	제거율
인(P)	70-83%
금속(Cu, Zn, Pb)	93-98%
TKN*	68-80%
고체 부유물	90%
유기물	90%
박테리아	90%

* Total Kjeldahl Nitrogen

토양표면(저류지 바닥)과 오염원이 충분한 시간동안 접촉을 유지하고 있어야만 고품질의 성능을 기대할 수 있다. 토양을 통한 수분침투율은 이상에서 언급된 값을 초과하지 않아야 한다. 금속, 인 및 일부 탄화수소는 흡수를 통해 제거될 수 있다. 물이 구역을 둘러싸고 있는 모래층과 식물을 통과하면서 추가적인 여과가 일어난다. 부스러기를 제거하고 작용요소들을 수리하지 않는 이상 저류구역의 여과 효과성은 시간이 흐름에 따라 감소할 수 있다.

설계절차

우수 누수의 설계기법은 직관적으로 설계된 단순한 수로 및 연못 시스템(많은 계산 없이)에서부터 소프트웨어 프로그램을 이용해 배수면적을 정의하고 계산하는 기법에 이르기까지 다양한 유형이 있다. 다음 절차는 USEPA의 "저류녹지에 관한 사실자료"로부터 인용되었다. 저류녹지의 크기는 부지 강우량과 배수면적의 함수이다. 우수누수량을 계산하

예제

일리노이 시카고에 있는 한 초등학교는 새로 작은 주차장을 만들려고 한다. 건축가는 주차장 아래의 비탈면에 저류녹지를 제공하고자 한다.

1. 개략적인 부지평면도는 군데군데 초목구역이 조성된 아스팔트 주

는 과정은 복잡하므로 다음 절차는 계획설계과정에서 예비 크기결정을 위한 매우 개략적인 지침만을 제공한다.

1. 예비 부지 평면도를 개발한다. 이 평면도는 다양한 표면 유형의 상대면적과 저류지의 잠재위치를 보여줄 것이다.

2. 배수면적의 크기를 계산한다. 누수가 발생할 포장, 초목 및 기타 표면의 면적을 추정한다.

3. 부지요소들의 누수계수 "c"를 결정한다. 누수계수는 토양유형과 배수로의 경사를 설명하기 위한 단위 없는 수이다. 다양한 실외 표면의 누수계수는 표4.26에 나타나 있다.

4. 저류녹지면적을 계산한다. 각 표면유형의 배수면적에다 전환계수 "c"를 곱하여 도출된 값들을 전부 합한다. 요구된 저류지 면적을 추정하기 위해 그 총합에 모래층이 사용될 경우 5%, 사용되지 않을 경우 7%를 곱한다. USEPA는 나무와 관목의 조밀한 분포를 수용할 수 있도록 최소 4.6m×12.2m의 규격을 권고한다. 개략적인 지침은 7.6m의 폭과 적어도 폭의 두 배인 길이를 사용하는 것이다. 충분한 물 저장을 제공하면서도 고인 물이 웅덩이를 이루지 않도록 저류구역의 깊이는 150mm로 권장되었다.

표 4.26 합리적 기법 누수계수. LMNO ENGINEERING, RESEARCH AND SOFTWARE, LTD

	누수계수, c
아스팔트 포장	0.7 - 0.95
벽돌 포장	0.7 - 0.85
콘크리트 포장	0.7 - 0.95
경작 토지	0.08 - 0.41
삼림	0.05 - 0.25
잔디	0.05 - 0.35
목초지	0.1 - 0.5
공원, 묘지	0.1 - 0.25
목장	0.12 - 0.62
지붕	0.75 - 0.95
업무구역	0.5 - 0.95
산업구역	0.5 - 0.9
주거구역	0.3 - 0.75
미개발구역	0.1 - 0.3

5. 저류지 시스템의 개략적인 평면도를 개발한다. 프로젝트 부지평면도 상에서 배수구역과 저류녹지구역의 개략적인 위치와 크기를 보여주는 기본 평면도를 개발한다. 이러한 작업은 시설, 토양조건, 지형지세, 기존 식생 및 배수로 등을 고려하여 실시되어야 한다.

차장을 보여준다.

2. 배수면적은 다음과 같이 추정할 수 있다.

아스팔트 = 15,000ft^2(1394m^2), 초목 = 3000ft^2(279m^2).

3. 이 표면의 "c" 계수는 다음과 같이 가정한다. 아스팔트: 0.9, 초목: 0.25.

4. 그 관계(표면면적×"c")를 이용해 각 표면 유형의 배수면적을 구한다. 아스팔트에서의 이 값은 [15,000ft^2(1394m^2)]× (0.9) = 13,500ft^2(1255m^2)이며 초목에서는 [3000ft^2(279m^2)]×(0.25) = 750ft^2(70m^2)이다.

요구된 저류지 면적(둘레 모래층을 가진)은 0.05×(13,500ft^2+750ft^2) = 712ft^2(66m^2)이며,

요구된 저류지 면적(모래층이 없는)은 0.07×(13,500ft^2+750ft^2) = 998ft^2(93m^2)이다.

5. 요구된 저류지 면적은 연못으로의 중력배수를 가능하게 하는 합리적 위치에서 기본 부지평면도 내에 포함된다.

사례

4.357 오레곤주 포틀랜드 물오염 제어연구소 내에 있는 한 저류지의 토종 식물, 관목 및 수풀들. TROY NOLAN PETERS

4.358 체사피크만 재단의 투수성 주차장 근처에 조성된 저류습지. 높이 설치된 우수유입구는 대부분의 집중호우기간 중에 우수가 곧바로 만으로 유입되지 않고 배수로로 흘러가도록 하기 위한 것이다. 메릴랜드 아나폴리스 소재.

추가 정보

Center for Watershed Protection. 1996. 『Design of Stormwater Filtering Systems』. Ellicott City, MD.

LMNO Engineering, Research, and Software, Ltd. Rational Equation Calculator(an online tool to calculate drainage basin peak discharge rate). www.lmnoeng.com/Hydrology/ rational.htm

USEPA. 1999. 『Storm Water Technology Fact Sheet: Bioretention(EPA 832-F-99-012)』. U.S. Environmental Protection Agency, Washington, DC.

USEPA. 1999. 『Storm Water Technology Fact Sheet: Wet Detention Ponds(EPA 832-F-99-048)』. U.S. Environmental Protection Agency, Washington, DC.

계획설계를 넘어

계획설계에서 수립된 저류지나 저류 녹지의 추정된 크기는 기본설계 중에 부지와 보다 완전한 정보가 이용 가능해지고 보다 상세한 분석기법이 적절해짐에 따라 검증되어질 것이다. 부지조경과 물 집수요소의 설계상세는 물론이고 연못 자체의 설계상세도 기본설계단계에서 마무리될 것이다. 소유주가 연못/생물환경 복원구역에 대해 적절한 관리와 유지를 수행할 수 있도록 사용자 매뉴얼을 개발해야 한다.

NOTES

CHAPTER 5

사례연구

이번 장에서 제시되는 사례연구들은 다양한 지리적 위치와 기후, 건물 유형, 그리고 그린 전략들을 제시하기 위해 선택된 폭넓은 범위의 건물들을 포함한다. 이 프로젝트들을 담당한 설계 팀들은 그린 설계의도들을 강력하게 표현했고 그들의 프로젝트를 통해 설계자들에게 교훈을 줄 수 있는 풍부한 기반을 제공했다. 각각의 사례연구는 다음처럼 조직하였다.

- 프로젝트 개요
- 건물과 기후, 의뢰인, 설계팀 정보에 관한 측면의 "일람표"
- 설계의도와 관련 설계기준에 대한 진술
- 활용된 설계 검증 방법들(모델링, 시뮬레이션, 수작업 계산 등)
- 사용된 그린 전략에 대한 설명
- 거주 후 평가 결과(가능한 경우에 한함)

각각의 사례연구는 정보에 근거한 설계과정을 통해 그린 전략들을 통합한 하나의 우수한 프로젝트를 설명한다. 그 모든 프로젝트들이 미래의 프로젝트를 위한 유익한 교훈을 제공한다.

NOTES

전략과 사례연구에 대한 로드맵

이 표는 42개의 그린 설계 전략들 중 어느 것이 다음에 나올 10개의 사례연구들 속에 포함되는지를 보여준다. ● 표시는 중점적으로 다뤄지는 전략을 나타내고, ○ 표시는 거론되는 전략을 나타내며, 빈 칸은 거론되거나 적용되지 않는 전략을 의미한다.

전략	바트 아이블링 스파	캠브리지 공공도서관 본관	에든버러 왕립식물원의 존 호프 방문객센터	케니언 하우스	프랑크푸르트의 KfW Banking 그룹 사옥	마니토바 수력 발전 본부	마린 컨트리 주간학교 학습자료센터	원 브라이튼	미국의 Passive 주택	요다만디아 커뮤니티 단지
1. 부지분석	●	●	●	●	●	●	●	●		●
2. 단열재									●	
3. 스트로베일 공법										
4. 구조적 단열 패널										
5. 글레이징	○	●	●	○	●	●	○	●	●	
6. 이중외피		●			●	●				
7. 옥상녹화	○	○	○		○	○		○		
8. 주광율	●	○	●		●	●	●	○		
9. 자연채광 조닝	●	●	●	○	●	●	●			●
10. 천창채광	●	○	●				●			
11. 측창채광	●	●	●	●	●	●	●	●	○	○
12. 광선반		●	○							
13. 실내 반사율	○	●	○	●	○	○	○	○		
14. 차양장치	○	●	○	○	●	●	●	○	○	●
15. 전기조명	○	○	○	○	○	○	○	○	○	
16. 직접획득	○	○	○	○	●	●	●	●	●	○
17. 간접획득										○
18. 독립획득	○			○	●					
19. Active 태양열 에너지			○				○		○	
20. 지열원 열펌프	●					●	●		○	
21. 맞통풍	●		●		●	●	●			●
22. 굴뚝환기	●	●	●		●	●	●			●
23. 증기냉각탑					●		●			
24. 야간환기					●	●	●			○
25. 지중 쿨 튜브					●					
26. 지중 복토	○						○	○		
27. 흡수식 냉동기					○					
28. 플러그 부하				○				○		
29. 공기 대 공기 열 교환									○	
30. 에너지 회수	○				●	●	●	●	●	
31. 태양광 발전			○				●	○	○	
32. 풍력 발전			○							
33. 초초소수력 발전										
34. 연료전지										
35. 열병합 발전					●					
36. 퇴비화 화장실										
37. 물 재사용/재활용	○	○	●	○	○	○	●	●		●
38. Living Machines										
39. 우수집수		○	●		○		●	●		●
40. 투수성 포장	○	○	○	○	○		○	○		○
41. 식생수로							○			
42. 저류지										

NOTES

배경과 취지

바트 아이블링 **Bad Aibling**은 독일 남부 바바리아 지역에서 뮌헨으로부터 남동쪽으로 약 30마일(48km) 떨어져 있는 작은 도시다. 이 역사적인 도시는 19세기 중반 이후로 진흙과 토탄을 이용한 치료로 유명한 방문지였다. 게다가 2000년에 발견된 온천은 이 도시의 방문지로서의 인기를 더욱 키웠다.

스파 바스 바트 아이블링 **Spa Baths Bad Aibling**은 이 도시에서 최초로 개장한 상업 스파 단지로서 도심 근처에 있는 9에이커(3.6헥타르) 넓이의 부지상에 실내 아이스링크와 사우나로 구성되었으며, 남쪽으로 바바리아 알프스가 보이는 트리프트바흐 **Triftbach** 개천을 따라 지어졌다. 베니쉬 아키텍텐 **Behnisch Architekten**은 이 스파단지의 확장을 위한 2003년의 한 설계경기에서 1등 상을 수상했다.

의뢰인은 처음부터 신축 건물이 크고 시끄러운 실내 수영장이 되어서는 안 된다고 역설했다. 의뢰인이 원한 것은 실내와 실외 프로그램 요소들을 모두 갖춘 보다 편안하고 명상적인 스파 경험을 할 수 있는 곳이었다. 116,788ft²(10,850m²) 넓이의 이 건물은 온천탕과 사우나, 미용 및 건강관리센터, 그리고 식당을 포함한다.

5.1 야간에 트리프트바흐 개천에서 스파 온천탕을 바라본 뷰. 겨울 정원 라운지와 동선공간과 관련하여 돔으로 된 "캐비닛" 온천탕들을 보여준다. ADAM MØRK-TORBEN ESKEROD

설계의도와 검증

이 건물의 설계의도는 동선 순환과 라운지/로비 영역, 탁 트인 조망을 제공하는 밝은 겨울 정원으로 연결되는 개별적인 돔 공간들 혹은 "캐비닛" 공간들 내부에서 독특하고 영묘한 분위기의 다양한 스파 경험을 만드는 것이었다. 구조 시스템은 원형의 콘크리트 기둥, 집성목재로 된 보와 목재 데크, 콘크리트 셸 돔 등을 통해 의도적으로 단순하게 계획하였다.

반쪽만 둘러싸인 공간구성은 또한 열적 조닝과 환기를 목적으로 젖어 있는 습한 영역들을 건조한 영역들과 분리하였다. 그 8개의 돔들 가운데 일부 독특한 설계주제들로는 온

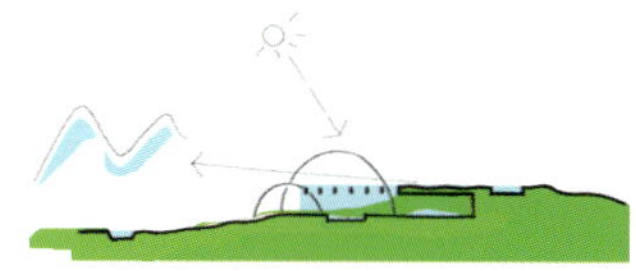

5.2 부지상의 태양 각도와 지리적 방향을 보여주는 다이어그램 스케치. BEHNISCH ARCHITEKTEN

위치
Bad Aibling, Bavaria, Germany
위도: 47.9° N, 경도: 12.0° E

난방도일
6006 기준 65° F(3337 기준 18.3° C)
독일 뮌헨 데이터

냉방도일
2067 기준 50° F(1148 기준 10° C)
독일 뮌헨 데이터

겨울철 설계 건구온도(99%)
15.5° F(-9.2° C)
독일 뮌헨 데이터

여름철 설계 건구온도 및 평균 동시 습구온도(1%)
81.8/64.6° F(27.7/18.1° C)
독일 뮌헨 데이터

일사량
1월:
441Btu/ft²/일(1.39kWh/m²/일)
6월:
1613Btu/ft²/일(5.09kWh/m²/일)

연 강우량
43인치(1,090mm)

탕과 냉탕의 천공 플렉시글래스 돔, 수중에 음악이 흐르고 빛나는 LED 조명 랜턴 하나가 벽들의 색을 변화시키는 돔, 세면대와 욕조, 랜턴들이 붉은색 천장에 매달린 채 각각 풍부한 감각적 경험을 내뿜는 대리석 마감된 돔이 있다.

5.3 개념적인 동-서 방향 입면도 콜라주. BEHNISCH ARCHITEKTEN

프로그램적으로, 이 건물은 빛을 여과하는 하나의 필터로 작용하며, 가장 투명하고 열린 공간들은 남쪽을, 가장 불투명하고 둘러 막힌 공간들은 북쪽을 향한다. 건물의 북쪽을 향해 배치되어 있는 탈의실들은 부지의 남쪽에서 북쪽으로 가면서 변하는 높이에 직접적으로 반응한다. 이 공간들은 말 그대로 부지 안에 묻혀있다. 반대로 남쪽 파사드는 건물 내부가 깊이 들여다 보이는 하나의 긴 글레이징 벽이다. 돔들은 남쪽 파사드와 탈의실 영역 사이에 "부유"하면서 바닥 판에 걸친 투명도를 조절한다. 겨울 정원 공간 내부의 풍부한 측창채광과 천창채광이 그 투명성 개념을 향상시킨다.

전반적인 설계의도에 대한 검증은 기본적으로 겨울 정원과 돔형 스파 공간들 간의 공기 움직임에 대한 컴퓨터와 실제상의 주광 모델링과 전산유체역학 CFD 모델링으로부터 이뤄졌다. 이런 분석 기법들을 통해 설계팀은 에너지를 보존하고 거주자 쾌적도를 보장하는 동시에 초기 설계개념에 내재되어 있던 공간적인 질과 효과들을 달성하는 대안적 접근법들을 평가할 수 있었다.

전략

완성된 건물에 초기 설계개념이 충실하게 남아있게 하면서도 높은 수준의 거주자 쾌적도와 효율적인 환경제어 시스템, 자연광 활용을 제공하기 위해 설계과정 전반에 걸쳐 설계 전략들을 세심하게 선택하고 개발하였다.

부지: 이 스파 건물의 긴 파사드들은 알프스 산맥의 조망과 용이한 자연채광 제어, 그리고 겨울철 동안의 태양열 획득을 위해 남쪽 방향을 향하게 설계되었다. 철과 유리로 된 파사드들은 일련의 수영장들로 직접 열리고 하나의 경로를 따라 트리프트바흐 개천에 인접한 일련의 단독적인 사우나 구조물로 접근할 수 있게 한다. 부지의 지형은 개천을 따라 남쪽부터 북쪽까지 오르막 경사가 지도록 광범위하게 개조되었고, 북쪽에 있는 커다란 실외 수영장은 스파 온천탕 건물의 지붕과 같은 높이로 맞춰졌다.

건물 유형
스파 온천탕

면적
116,788ft²(10,850m²)

건축주
Stadtwerke Bad Aibling

설계팀
건축설계:
Behnisch Architekten

에너지/기후 엔지니어링:
Transsolar Energietechnik

구조 엔지니어링:
Duwe, M hlhausen

물리적 계산:
Bobran Ingenieure

조명설계: IB Bamberger

건설관리:
HW Ingenieur Consult

완공
2007년 9월

성능척도
에너지 활용지수(EUI): 현재 측정불가
탄소배출량: 현재 측정불가
물 사용량: 현재 측정불가

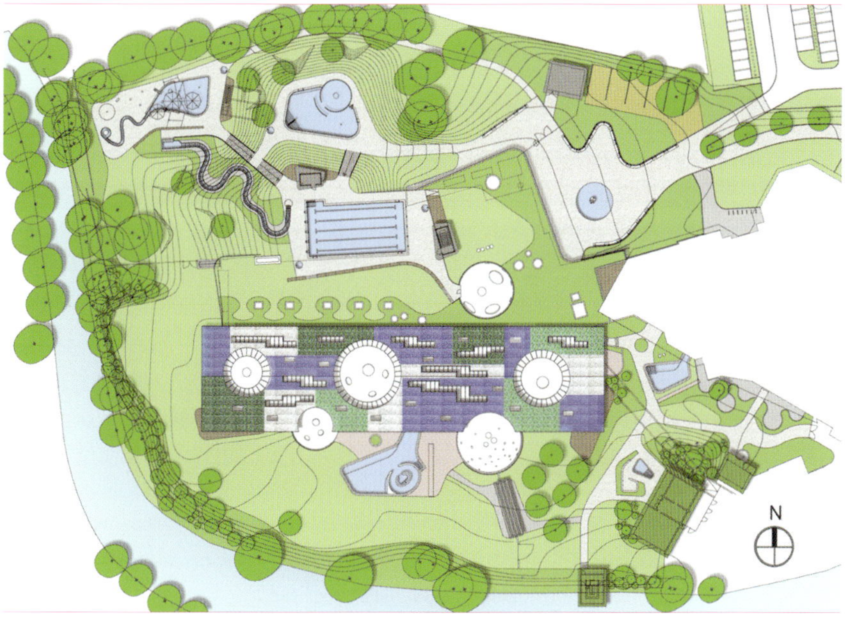

5.4 스파 온천탕의 남쪽 파사드가 트리프트바흐 개천을 향해 있음을 보여주는 부지계획도.
BEHNISCH ARCHITEKTEN

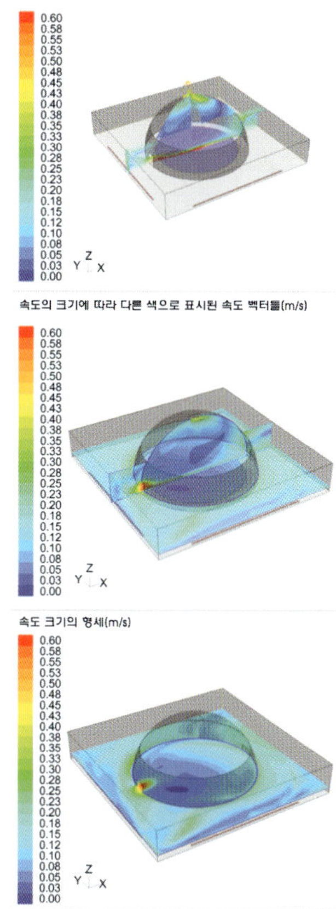

5.6 스파 돔들 내에서 다양한 크기의 진입로들을 관통하는 공기의 흐름을 보여주는 전산유체역학 모델들. TRANSSOLAR

자연환기: 이 스파 온천탕 단지는 겨울철에는 기계적인 환기가 이루어지고 봄, 여름, 가을에는 자연환기가 이루어지는 혼합형 환기계획을 사용한다. 실외 온도가 증가하거나 직접적인 일사획득을 이용할 수 있는 더 좋은 기회들이 생길 때에는 기계적인 난방과 환기가 불필요해지고 이러한 시스템들을 사용하지 않을 수가 있다. 그렇게 할 경우 공기는 남쪽 파사드에 있는 문들을 통해 자연스럽게 건물 내로 유입되고 개폐형 창문들이나 겨울정원 공간의 지붕 해치들, 혹은 스파 돔 공간의 천장을 통해 배출됨으로써 환기가 이루어진다. 연중 상당 비율 동안 자연환기를 활용함으로써 에너지를 절약함과 동시에 고객의 열적 쾌적도를 만족시킨다.

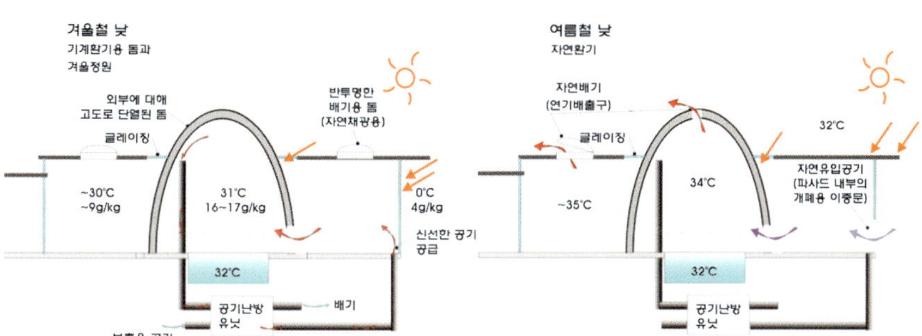

5.5 겨울철 낮(왼쪽)과 여름철 낮(오른쪽) 동안의 자연환기 전략을 보여주는 다이어그램들.
TRANSSOLAR

자연채광: 이 건물은 자연채광 기회들을 이용하기 위한 특수한 부지선정과 설계가 이루어졌다. 길게 글레이징된 파사드가 태양광의 접근과 알프스 산맥의 조망을 위해 남쪽을 향한다. 지붕의 내물림은 여름철에 차양 역할을 하지만, 겨울철에는 햇빛이 바닥 평면 내로 깊숙이 침투할 수 있게 한다. 설계팀은 애초에 8개의 스파 돔 공간들을 연결하는 하나의 완전히 글레이징된 겨울 정원 공간을 상상했었다. 하지만 지붕을 완전히 글레이징하면 일사획득과 눈부심 가능성을 제어하거나 고객들에게 편안한 열 환경을 제공하기가 어려울 것이기에, 원래 설계개념의 본질을 포착하면서도 가장 적절한 글레이징 범위를 결정하기 위한 광범위한 자연광 모델링을 실시했다.

계획설계의 마지막 단계에 이르러 글레이징된 지붕 면적은 40%로 줄어들었다. 하지만 설계분석 과정은 계속되었고, 최종 건물의 지붕 글레이징 면적은 15%가 되었다. 겨울정원 공간에 빛으로 채워진 느낌을 주고자 선형적인 띠 모양의 창문들을 라운지 공간 위에 전략적으로 배치했다. 돔들의 경계 부근에 돔들의 외벽을 태양광으로 씻어 내리는 좁은 창문들을 배치하여 채광을 집중시켰다.

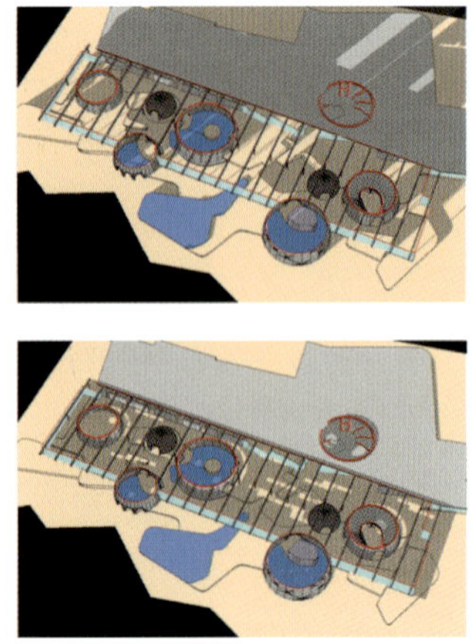

5.8 최적화된 측창채광 및 천창채광 구성에 의한 겨울철(위)/여름철(아래) 오후 조건들에 대한 자연채광 모델들. TRANSSOLAR

5.7 스파 돔들과 띠형 창문들을 통한 천창채광을 보여주는 겨울 정원 라운지와 동선순환 공간. ADAM MØRK–TORBEN ESKEROD

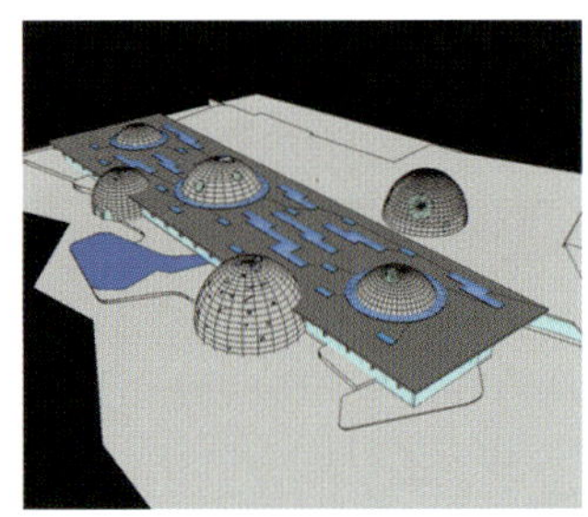

5.9 겨울 정원 내부에 최적의 자연채광을 제공하면서도 눈부심과 거주자 쾌적 현안들을 다루는 최종 영역 천창설계의 3D 모델. TRANSSOLAR

전기조명: 스파 돔 내부의 조명효과와 수영장 및 내부 공간들의 야간 조명을 위해 혁신적인 발광소자 LED 시스템이 사용되었다. LED 조명은 전통적인 형광등이나 백열등보다 비쌀 수 있지만, 수명이 더 길고, 크기는 더 작으며, 에너지 효율성은 더 높다는 이점이 있다.

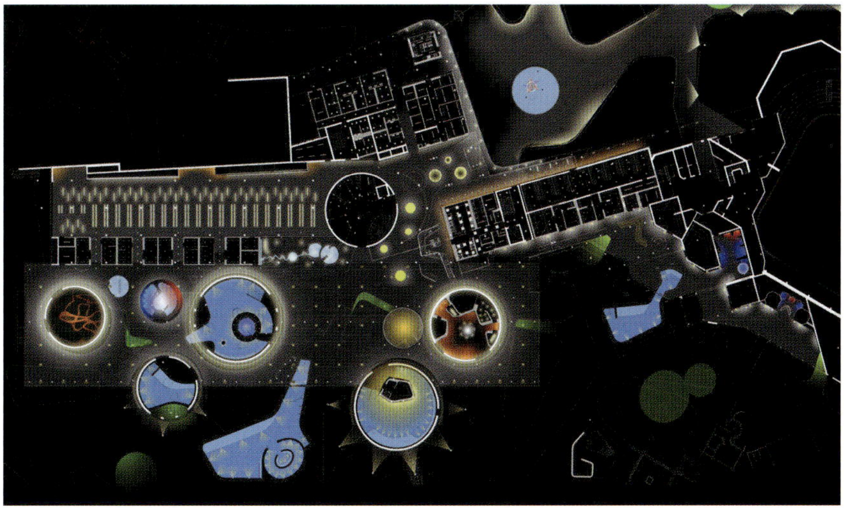

5.10 건물 내부의 전기조명들을 표현한 렌더링. BEHNISCH ARCHITEKTEN

Passive 태양열 난방: 글레이징된 남쪽 파사드 설계는 위에서 논한 풍부한 자연채광 뿐만 아니라 Passive 태양열 난방을 제공하기 위해서이기도 하다. 지붕의 내물림은 태양고도가 높은 여름철에 파사드에 그늘을 드리워 과열되는 기간 동안 원치 않는 열 획득을 방지한다. 태양고도가 낮은 겨울철에는 지붕의 내물림이 더 이상 파사드에 그늘을 드리우지 않기 때문에 태양복사가 유입되어 열이 부족한 기간 동안 건물을 따뜻하게 해준다. 콘크리트 바닥 슬라브와 기둥, 돔 등과 같은 축열체 요소들은 겨울 낮 시간 동안 태양복사열을 흡수하여 저장했다가 내부 공간에 따뜻한 열을 방사시킨다.

온도구역: 개별적인 돔 영역들이 전통적인 목욕탕 건축의 현대적인 재해석인 것처럼 보이지만, 그것들은 건물 내의 중요한 기후적 기능을 하기도 한다. 커다란 내부 수영장들은 종종 에너지 집약적이며, 불편하게 습하고, 물방울이 맺히기가 쉽다. 수영장이 딸린 내부 공간의 난방 수요는 그런 수영장들로부터 발생하는 수증기의 양과 직접적으로 관련이 된다. 수온이 증가함에 따라, 내부 공기의 상대습도는 감소한다. 이것은 수영장의 수증기 발생을 더 증가시키고, 실내공기의 습도를 낮추고 수증기에서 소실되는 열을 대체하기 위한 에너지의 수요를 일으킨다. 돔으로 둘러싸인 공간 내부에 스파 수영장들을 배치함으로써 수영장 구역 내의 환경 조건들을 겨울 정원 내에 위치한 라운지와 동선순환 공간들로부터 독립시킬 수 있다. 스파 돔들 내부의 습도 조건만 더 높일 수 있게 함으로써, 겨울 정원 공간 사용자의 열 쾌적 조건들을 최적화하고 에너지를 보존할 수 있다. 전산유체역학 모델링을 활용하여 돔들로 진입하는 개구부들의 적절한 크기를 연구하였다. 공기는 덜 습한 겨울 정원 구역으로부터 보다 습한 스파 돔들로 이동한 후에 배출되거나 공조되었다.

5.11 스파 돔들은 독특한 감각적 주제들이 있는 별개의 온도구역들로 개념화되었다. ADAM MØRK-TORBEN ESKEROD

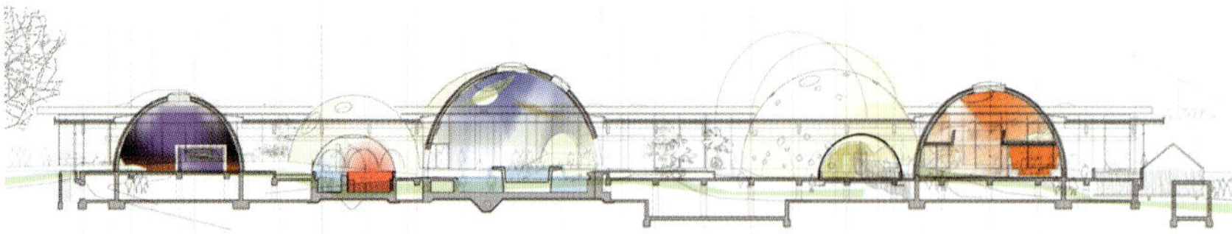

5.12 겨울 정원 공간과 연결된 돔형 "캐비닛" 온천들을 보여주는 건물 단면도. BEHNISCH ARCHITEKTEN

재료: 단독으로 떨어진 사우나들 중 하나는 핀란드 소나무 역재를 사용한다. 습한 영역들은 화강석 바닥재로 마감하는 반면, 일부 건조한 영역들은 재나 태운 오크 바닥재로 마감한다. 평지붕의 단면들은 재활용된 채색유리로 덮는다.

옥상녹화: 실외 수영장에 인접해 있는 건물의 북쪽에는 넓은 옥상녹화 영역들을 사용하는데, 이것은 건물과 주변 조경 사이의 상호작용을 늘리는 데 도움을 준다. 또한, 옥상녹화는 지붕막의 자외선 분해를 방지하고, 야생 서식지로서 작용하며, 건물의 단열을 돕는다.

5.13 겨울 정원은 건물 북쪽의 녹화 지붕(왼쪽)과 건물 남쪽의 재활용된 채색유리(오른쪽)로 덮인다. ADAM MØRK-TORBEN ESKEROD

기계설비 시스템: 7,546피트(2,300m) 깊이의 심정 시스템에서 102°F(39°C)의 미네랄 온수를 펌프로 인양하여 화학처리를 한 후 단지 내의 수영장들로 공급한다. 심정의 천공 구멍 내부에 축적되는 가스들은 모아서 스파의 난방 연료로 활용한다. 스파에 쓰일 전력과 추가 난방은 부지상의 기존 구역 열 병합 발전기가 제공한다.

어떻게 기능하고 있는가?

독일에서 가장 최신의 휴양지들 중 하나인 이 스파 온천당은 치유와 휴식, 스트레스 해소를 원하는 방문객들에게 인기 있는 명소가 되었다. 2007년에 건물이 개관한 이후로 추가적인 실외 수영장들이 시공되었고, 또 다른 수영장들이 계획 중이다. 바트 아이블링은 열기구 타기, 인근의 자연과 산림, 역사적인 도심과 같은 다른 레크리에이션 활동들도 제공한다.

추가 정보

Beautyman, M. 2008. "BUBBLE BATH-A spa by Behnisch Architekten bursts onto the scene in sleepy Bad Aibling, Germany", 『Interior Design』, 79, No. 2, 180-187.

Behnisch Architekten. www.behnisch.com/site_files/pdf/190.pdf(A 7page downloadable document that includes project information, a description, and color photographs of the interior and exterior)

Jaeger, F. 2009. 『Behnisch Architekten』, Jovis, Berlin. 116-123.

"Therme Bad Aibling-Behnisch Architekten." 2008. 『L'Arca』(242): 74-80.

Therme (Spa) Bad Aibling. www.therme-bad-aibling.de(A webpage that includes project information, design team members, and s series of professional photographs of the interior and exterior)

Transsolar Energietechnik. www.transsolar.com/download/e/pb_therme_bad_aibling_e.pdf(A concise, 1page downloadable document that includes project information, a descriptions of daylighting and cimate control concepts used, and color images and diagrams. More descriptions of the design strategies are also available on the Transsolar website under "completed projects.")

Zacks, S. 2008. "Form Follows Performance: The German architect Stefan Behnisch pushes form and sustainable design into new energy-efficient directions", 『Metropolis』, 28, No. 5, 74-81.

NOTES

캠브리지 공공도서관 본관

배경과 취지

캠브리지 공공도서관 본관 The Cambridge Public Library Main Branch은 보스턴 시내에서 약 3마일(4.8km) 떨어진 메사추세츠주 캠브리지 지역에 위치한다. 10만명을 겨우 웃도는 도시인 캠브리지는 저명한 대학교들(하버드와 MIT), 활기 넘치는 학업 분위기, 그리고 그 다양한 인구구성으로 유명하다.

이 도서관은 하버드대학교 캠퍼스에서 동쪽으로 여러 블록들을 지나면 나오는 한 부지상에 위치하는데, 이곳은 남서쪽의 브로드웨이와 북쪽의 캠브리지 스트리트라는 번화한 두 간선도로들로 둘러싸여 있다. 커다란 캠브리지 린지 앤 라틴 고등학교 Cambridge Rindge and Latin High School가 이 부지의 북쪽과 서쪽에서 도서관 단지에 매우 가깝게 자리하고 있어 혼잡한 캠브리지 스트리트로부터 효과적으로 시야를 차단한다. 이 본관의 남서쪽으로는 4에이커(1.6헥타르) 넓이의 도시공원이 내려다 보인다.

5.14 Joan Lorentz 공원에서 나란히 보이는 역사적인 "석재"건물과 신축된 "유리"건물. ROBERT BENSON PHOTOGRAPHY

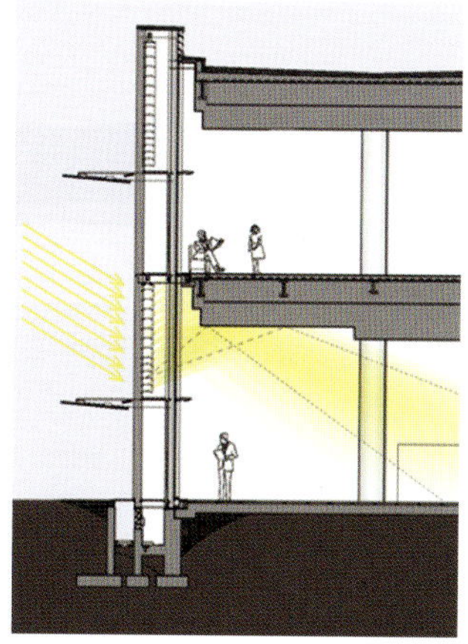

5.15 신축건물의 이중외피 파사드를 통한 자연채광을 보여주는 단면 다이어그램. WILLIAM RAWN AND ANN BEHA ARCHITECTS

1889년에 반 브룬트 Van Brunt와 하우 Howe가 지은 최초의 도서관 건물은 미국 국가사적지 목록에 등재된 당당한 리차드슨 방식의 로마네스크 양식이다. 이 건물의 내부는 대공황 시기의 벽화들과 광대한 오크 패널들을 특징으로 한다. 1960년대에 최초 건물에 증축이 이루어졌다.

1990년대에 들어 이 도서관은 개축과 더불어 추가적인 공간 수요가 절박해졌다. 캠브리지시는 15년에 걸친 계획 및 시공과정에 착수했는데, 이는 1960년대에 증축된 부분의 철거와 1889년의 역사적 건물에 대한 완벽한 복원, 도서관 단지 규모의 4배 이상 되는 극적인 새 증축 건물과 새로운 풍경의 도시공원 조성에서 그 절정을 이루었다. 공동체의 관여, 기존 건물과 부지 풍경에 대한 감성, 그리고 시설 내에 공공대중을 반영하려는 열망이 그 설계과정의 특징이었다.

위치
Cambridge, MA, USA.
위도: 42.4°N, 경도: 71.1°W

난방도일
5621 기준 65°F(3123 기준 18.3°C)

냉방도일
2938 기준 50°F(1632 기준 10°C)

겨울철 설계 건구온도(99%)
12.4°F(−10.9°C)

여름철 설계 건구온도 및 평균 동시 습구온도(1%)
87.6/71.9°F(30.9/22.2°C)

일사량
1월:
574Btu/ft^2/일(1.81kWh/m^2/일)
6월:
1,794Btu/ft^2/일(5.66kWh/m^2/일)

연 강우량
43인치(1,092mm)

설계의도와 검증

캠브리지 공공도서관 본관 프로젝트에는 4가지 주요 목표들이 있었다.

- "공원 속 도서관"의 창조를 통한 건물들의 주변 부지로의 연결

- 다양한 지역 시민들의 도서관 내 수용
- 신축 건물과 역사적인 도서관의 자연스러운 연결
- 도서와 독서에 대한 기념

역사적인 도서관 건물은 이 도시의 중요한 건축유산이었지만, 도서관 측은 그 역사적인 건물이 제공하는 것보다 더 많은 공간이 필요했다. 설계팀은 이런 과제에 반응하여 역사적인 도서관을 그대로 보존한 채 프로그램 요건들을 만족시키고 지역사회와의 투명성 증대를 위한 설계목표들을 충족시키는 커다란 새 건물을 증축하기로 했다. 그 두 건물이 보여주는 건축언어는 극적으로 차이가 난다. 새 건물은 비록 본래 구조물을 모방하고 복제하려 들지 않으며, 핵심적인 리듬과 규준이 되는 선들만을 차용할 뿐이다. 그것은 시원시원하고 모던한 유리박스로서, 전원적이고 장식적이며 입체적으로 복잡한 역사적 건물과 대비적으로 작용한다. 이 두 건물은 나란히 인접 공원의 북쪽 경계를 정의한다.

남서쪽에 면한 주 파사드상에 이중외피 커튼월을 사용함으로써 높은 투명도와 외부 연결도를 얻었다. 설계팀은 파사드가 가능한 한 많은 기능들을 수행할 수 있게 할 특징 및 요소들의 정확한 조합을 결정하기 위해 이중외피를 사용하는 북미와 유럽의 수많은 건물사례들을 고려했다. 궁극적으로, 깊은 공동 공간과 다층의 공동, 그리고 공동 내부의 차양이라는 세 가지의 특징이 자연채광과 열 쾌적도, 단열, 태양광 차양, Passive 태양열 난방, 시각적 투명성, 자연환기에 가장 적절한 특질들로서 식별되었다. 이러한 접근에 대한 검증은 유사한 파사드 시스템을 활용하는 현재 사용 중인 건물들에 대한 관찰과 더불어 설계과정 동안 Arup이 수행한 전산유체역학 모델링에 기초했다.

5.16 이중외피 파사드에 인접한 고객 좌석 구역. ROBERT BENSON PHOTOGRAPHY

설계팀에게는 신축건물과 구건물 사이의 연결 또한 중요했다. 윌리엄 론 어소시에이츠 **William Rawn Associates**는 역사적 도서관 건물의 복원설계를 담당하는 앤 베하 아키텍츠

건물 유형
도서관

면적
27,200ft²(2,527m²)의 역사적인 도서관 복원(1889),
76,700ft²(7,126m²)의 새 도서관 증축,
103,900ft²(9,653m²)의 총 도서관 단지

건축주
캠브리지시, 캠브리지 공공도서관

설계팀
건축설계:
William Rawn Associates

협력 건축설계:
Ann Beha Architects

기계, 전기, 배관, 소방설비 엔지니어링: Vanderweil Engineers

구조 엔지니어링:
Le Messurier Consulting Engineers

조경설계:
Michael Van Valkenburgh Associates

파사드 엔지니어링:
Arup Facade Engineering, London

시공총괄: Consigli JF/White

커튼월 제작:
Josef Gartner GmbH

완공
2009년 11월

성능척도
에너지 활용지수(EUI): 이용불가
탄소배출량: 이용불가
물 사용량: 이용불가

Ann Beha Architects와 면밀하게 협력하여 구건물과 신건물 간의 미묘한 물리적 연결을 만들어냈다. 신축건물의 바닥 평면을 4개의 "막대들", 혹은 프로그램 영역들로 나누는 계획이 고안되었다. 이중외피 파사드에 가장 가까이 있는 첫 번째 영역은 고객의 좌석공간이었고, 두 번째 영역은 서가, 세 번째 영역은 동선공간과 서비스 데스크, 구 건물로의 연결부였으며, 네 번째 영역은 사무공간과 보다 폐쇄된 공간들이었다. 구 건물에는 청소년 영역과 공공사용 컴퓨터들이 배치되어 고객들이 역사적인 도서관을 적극적으로 사용할 수 있게 했다. 신축건물의 프로그램 배치는 최적의 조망과 자연채광을 위해 이중외피 파사드에 가장 가까이 있는 가장 열린 공간들을 건물의 남쪽에 위치시킨다. 북쪽에 면한 자료실과 어린이 프로그램실 내부에는 간접자연광도 도입된다.

계획 및 설계과정을 시작할 때부터 도서관장은 이 개축과 증축이 "도서를 기념"해야 함을 의무화했다. 지역사회의 중심이 되는 데에 초점을 맞춰온 일부 최근의 도서관들과는 달리, 이 본관은 독서에 초점을 맞춰야 했다. 도서들은 건물 내의 어디에서든 보이며, 이는 이 도서관이 캠브리지에 사는 지적인 이주민들에게 적합하다고 느끼는 요소였다.

5.17 본관 건물이 도시공원과 캠브리지 린지 앤 라틴 고등학교와 맺는 관계를 보여주는 부지계획도. WILLIAM RAWN AND ANN BEHA ARCHITECTS

전략

신축건물의 가장 두드러진 특징은 정교한 이중외피다. 이 파사드 시스템은 자연환기와 Passive 태양열 난방, 자연채광, 단열, 그리고 최적화된 에너지 효율성을 포함하는 건물의 복잡한 환경제어 전략에 있어 핵심적인 요소다. 이 전략은 역사적인 건물의 용도변경과

5.18 이중외피 유리가 도서관과 인접한 도시공원 사이의 높은 투명도를 허용한다. WILLIAM RAWN AND ANN BEHA ARCHITECTS

부지에 민감한 위치를 차지하는 차고와 빗물탱크의 지하화와 결합하여 건물의 도시적 맥락과 방향에 세심하게 반응하는 도서관 단지를 만들어냈다.

부지: 도서관과 인접 도시공원 간의 관계는 설계과정의 중요한 요소였다. 설계 팀은 되도록 시공이 조경에 미치는 영향을 줄이는 방법을 선택했다. 주차장을 공원 밑으로 넣음으로써 지상주차를 없앴고, 포장 면에서 기인하는 열섬 효과와 빗물 유수를 줄였으며, 두 그루의 커다란 유럽산 너도밤나무와 한 그루의 커다란 수양버들을 보호했다. 커다란 35만 갤런(1,324,900L)의 빗물탱크 역시 공원 밑에 파묻었다. 이 탱크는 캠브리지의 3제곱마일(7.8km²) 부분을 담당하는 우수집수 시스템의 일부다. 신축 건물은 이전에 주차장이 있던 부지의 북동쪽 모서리 부분에 세심하게 배치하여 공원 공간 중 4에이커(1.6헥타르)가 도서관 단지에 할애되었다.

이중외피: 신축 건물에서 가장 중요한 부분은 남서쪽 파사드 상에 있는 180피트(55m) 길이의 이중외피 커튼월이다. 이것은 미국 공공도서관 중 처음으로 적용된 이중외피 시스템이자 유럽의 이중외피 기술이 갖는 세 가지의 주요 특징들, 즉 3피트(0.9m)의 공동 공간, 45피트(13.7m)의 높이, 그리고 그 공동 공간 내부에 위치하는 12인치(305mm) 깊이의 마이크로 천공된 자동화 수평 차양장치들을 모두 결합한 최초의 시스템이다. 그 파사드는 높은 투명도를 통해 건물에서 도시공원을 조망할 수 있게 하며 도시공원에서 건물 내부를 깊숙이 볼 수 있게 한다. 수평의 채색유리 "바이저들"은 기계화된 차양들이었다면 조망에 부정적으로 영향을 미쳤을 파사드 부분을 위한 그늘을 제공한다. 이중외피의 안쪽 층에는 단층 유리와 저철분 low-iron, 저방출 low-emissitivy(low-ε) 코팅된 단열 글레이징 유닛들 IGU이 사용되었다.

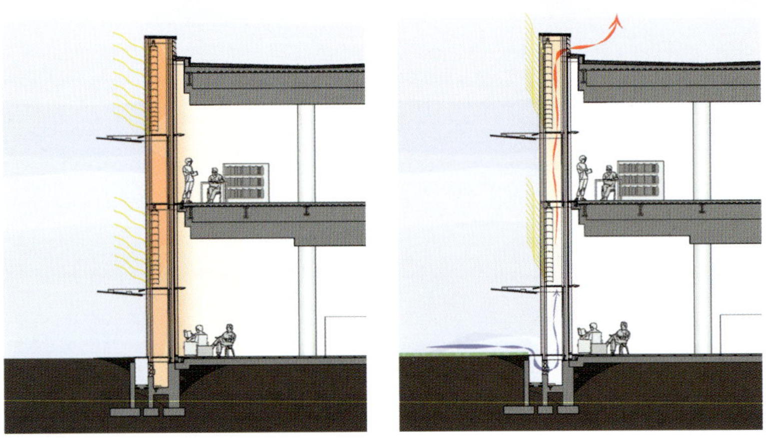

5.19 겨울철 모드(왼쪽)와 여름철 모드(오른쪽)의 이중외피 파사드. WILLIAM RAWN AND ANN BEHA ARCHITECTS

5.20 두 가지의 파사드 차양장치들, 즉 외부의 수평 "바이저들"과 공동 내의 자동화된 루버들을 보여주는 이중외피. ROBERT BENSON PHOTOGRAPHY

자연환기: 이중외피 파사드 안쪽의 개폐용 창문들은 건물 사용자들이 열 조건들을 일부 개인적으로 제어할 수 있게 해준다. 이런 구성은 설계 팀에게 두 가지의 핵심적인 이점을 제공했다. 방충망이 불필요했고(따라서 유지관리의 이점이 있었고) 창문을 통해 책의 도

난을 더 확실히 막을 수 있는 보안이 가능했다. 역사적인 건물에서는 기존의 창문 새시들을 보수하고 풍화방지용 띠를 부착했으며, 악천후를 대비한 덧창을 새로 설치하여 열적 성능을 향상시킴과 동시에 개폐용 새시들을 통해 자연환기를 가능케 했다. 역사적인 건물의 서가 부분에 있던 기존 창문들은 맞춤 식 목조 프레임의 단열 유리 유닛들로 교체했다.

태양광 제어와 Passive 태양열 난방: 신축건물의 남서쪽 전면 유리 입면이 도서관과 도시공원 사이의 높은 투명도를 만들고 추운 기간 동안 Passive 태양열 난방 기회를 제공하지만, 설계팀은 따뜻한 기간 동안의 과도한 일사획득을 제한하고 매일 변화하는 태양 각도들로부터 눈부심을 통제해야 했다. 이중외피 파사드 시스템은 두 가지의 계절 모드에서 작동하게끔 의도되었는데, 공동의 바닥 및 최상층 부분에 위치하는 개폐용 댐퍼들이 여름철[온도가 90°F(32°C)에 달할 때]에는 기류를 허용하기 위해 개방되고 겨울철에는 기류를 제한하기 위해 폐쇄가 된다. 이 설계는 겨울철 모드에서는 공동 내에 갇히는 공기가 건물 내부와 외부 사이의 열적 완충공간으로 작용할 것이며 여름철 모드에서는 공동 내에 흐르는 기류가 굴뚝환기를 통해 과도한 열을 제거함으로써 안쪽 글레이징 층을 시원하게 유지할 것임을 가정한다. 파사드에는 두 가지 유형의 차양장치들이 통합되었다. 바깥쪽 글레이징 층의 외부에는 고정된 수평장치, 혹은 "바이저들 visors" 이 부착되었고, 공동 내부에는 자동화된 수평 루버들이 설치되었다. 그 고정장치들은 바닥높이에서 약 8피트(2.4m) 위에 위치하여 파사드의 조망을 방해하지 않는다. 낮은 태양각도들에 반응하며 하루에 한 번 회전하는 루버들은 각 높이에 있는 고정장치들과 천장들 사이에 위치한다.

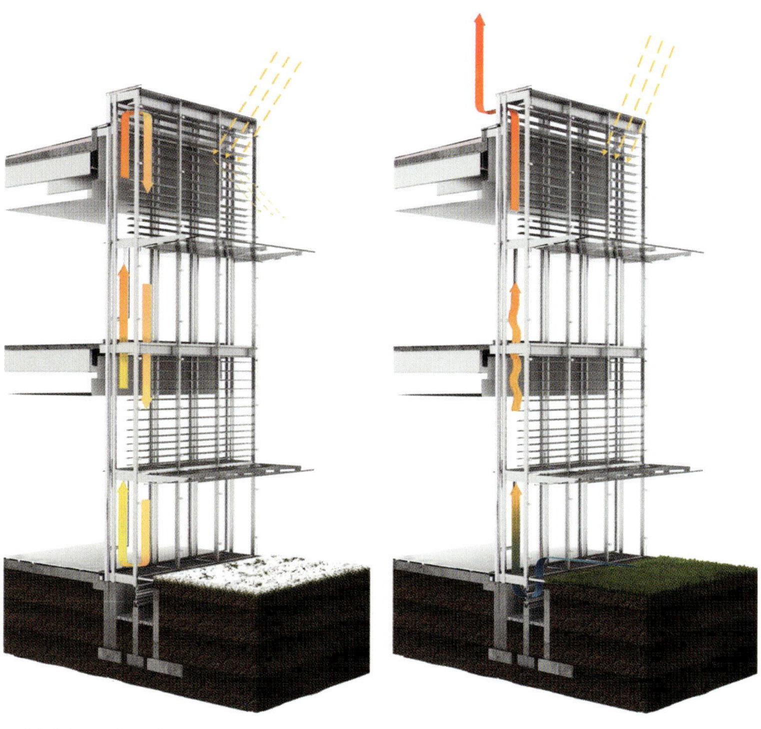

5.21 겨울철 모드(왼쪽)와 여름철 모드(오른쪽)의 이중외피 파사드 공동 내 공기 흐름을 보여주는 평행투상 모델. WILLIAM RAWN AND ANN BEHA ARCHITECTS

자연채광: 설계팀은 본관 내부 공간의 90%를 자연광으로 채광할 수 있었다. 역사적인 도서관 건물에서는, 복원과정과 1960년대 증축건물 철거를 통하여 창문들을 보수 및 교체하고 뜯어냈다. 신축건물에서는, 북쪽 입면의 창들과 동선구역 위쪽의 채광창들, 그리고 남쪽 입면의 광대한 글레이징을 통하여 내부에 자연광이 채워진다. 이러한 자연채광 전략들은 전기조명의 수요를 줄이고 에너지의 보존을 돕는다. 건물의 남쪽에서 자연광을 통제하고 조절하며 반사시키기 위한 고정 차양장치와 개폐형 차양장치가 이중외피에 통합되었다. 고정된 외부 "바이저들 visors"은 두 층의 유리 사이에 적층된 한 장의 백색 PVC로 구성이 된다. 그 결과는 전면 유리 파사드를 보완하는 유리 차양장치이지만, 그 의도는 내부 공간들에 진입하는 태양복사를 막기 위한 것이다. 공동 내에서 루버들을 조정하는 정교한 태양광 추적 시스템 대신, 설계팀은 태양 각도를 기준으로 한 계절별 설정을 따라 하루에 한번 루버들의 위치를 회전시키는 단순한 시스템을 선택하였다. 마이크로 천공된 차양 날들은 (뚜렷한 그림자 선들을 줄여주는) 일부 가벼운 투과를 허용하고 백색의 내부 천장들 쪽으로 빛을 상향 반사시킴으로써 광선반으로 기능하게끔 의도되어 있다.

자원보존: 캠브리지 공공도서관 본관은 자원들을 보존하기 위한 수많은 특징들을 통합한다. 시설물 전반에 걸쳐 물 소비를 줄이기 위한 절약형 배관들이 사용되었다. 개선된 건물 커미셔닝은 건물 시스템이 의도된 대로 확실히 성능을 가질 수 있게 하는 데 도움을 주었다. 이중외피 파사드는 전형적인 커튼월 파사드 시스템에 비해 단위면적당 50% 적은 열 손실이 기대된다. 자연광 센서들은 내부 조명을 위한 전기활용을 줄여 준다. 커다란 빗물탱크는 해당 부지와 주변의 캠브리지 근린지구들의 빗물을 모음으로써, 격심한 강우 기간 동안 시의 우수시스템에 부과되는 부담을 줄여 주고 이 프로젝트의 긍정적인 환경적 영향을 부지 경계 너머로까지 확장시킨다.

옥상녹화: 지하 주차장 위에는 33,000ft²(3,066m²)의 관리중량형 옥상녹화가 되어 있다. 4피트(1.2m)의 피복 매체는 나무 식재를 가능케 한다. 주차장은 기본적으로 공원 밑에 있어 보이지 않는다.

용도 변경: 역사적인 도서관 건물은 증축된 도서관 단지의 일부로서 복원하고 재활용함으로써 재료 자원을 절약했을 뿐만 아니라 도시의 중요한 사적을 보호했다. 전반적인 접근법은 임시적인 증축 부분과 건물 내·외부의 가구들을 모두 제거하고, 가능한 한 독립적이고 가시적으로 현대적인 설비와 시스템들을 통합하는 것이었다. 건물 외부의 갈색 사암 조적은 깨끗이 한 후 벽돌의 메지를 다시 깔았으나, 슬레이트 지붕과 빗물막이 구리판은 교체하였다. 서쪽 파사드는 최초 건물에 붙어 있던 1967년 증축건물을 철거할 때 드러났다. 설계팀은 가능한 곳마다 기존 재료들을 깨끗이 하고 재활용했다. 일부 석재와 목재 외장은 다시 만들어야 했다. 1889년 건물에 석재를 제공했던 채석장들이 더 이상 운영되지 않고 있었기 때문에, 새로운 석재의 대부분은 고속도로 공사현장에서 취한 가망 없어 보이던 자원들과 역사적인 건물 내부에 숨어 있던 석조물들을 활용하였다. 도서관 단지의 주 출입구는 신축건물로 옮겨졌고 역사적인 건물에 있던 본래의 입구 현관은 회의실을 만들기 위해 유리로 폐쇄되었으며 돌 계단들은 외부 좌석 영역으로 변경되었다. 오크 목재와 조명 등과 같은 내부 마감들은 세심히 복원되거나 보호되었다. 구건물의 내부

5.22 이중외피 파사드의 외부에 고정되어 설치된 수평차양 "바이저들". WILLIAM RAWN AND ANN BEHA ARCHITECTS

공간들은 청장년실과 라운지, 독서실, 공공 인터넷 접속지역의 용도로 변경되었다. 1934년에 공공산업진흥청 WPA: Works Progress Administration 정책의 일환으로서 그려지고 듀이의 십진 도서분류 체계를 구성하는 10개의 지식 영역들을 묘사하는 벽화들은 시공과정에 걸쳐 세심하게 보호된 다음 복원되었다.

재료: 도서관 전반에 걸쳐 휘발성 유기화합물 VOC 함량이 낮은 도료와 카펫, 그리고 접착제들이 사용되었다. 역사적인 건물의 청장년실과 라운지에는 대나무 바닥재가 사용되었다. 재료들은 사전-소비자 및 사후-소비자 재활용 성분에 맞춰 시방과 원료 수급이 이루어졌다. 그 두 가지가 결합된 재활용 성분이 전반적인 재료비용에서 차지하는 퍼센트 비율은 LEED 인증 보고서에서 명시하는 대로 거의 21%에 달했다. 공기조화 시스템들은 염화불화탄소 CFC가 첨가되지 않은 냉매들을 사용하고 있다. 역사적인 건물의 지붕을 다시 까는 데에는 뉴 잉글랜드에서 내수한 역사적으로 정확하고 내구적인 그 지역의 재료인 버몬트 레드 슬레이트가 사용되었다. 시공과정 동안 매립되어 있던 폐기물의 95%가 전용되었다.

대안 교통수단: 이 도서관에서 이용할 수 있는 대중 교통수단은 매우 많다. 5개의 버스 노선이 이 부지를 지나가며 2개의 지하철 역이 2/3마일(1km)의 도보거리 내에 있다. 이 도서관은 직원들과 고객들이 단지까지 자전거를 타고 오도록 장려한다. 브로드웨이를 따라 나 있는 자전거 전용도로를 통해 용이한 자전거 접근이 가능하며 도서관에는 안전하게 보관할 수 있는 많은 자전거 주차대가 있다. 직원들은 샤워실과 물품보관실을 이용할 수 있다. (터널로 도서관과 연결된) 지하 주차장은 가능한 한 소규모(70대)로 유지되었고 대체연료 자동차들을 위한 주차공간을 제공한다.

어떻게 기능하고 있는가?

캠브리지 공공도서관 본관은 시민들을 위한 대중적인 방문지가 되었다. 매일 평균 2000명의 인파가 이 시설을 방문하며, 그 중 80명은 특히 무선인터넷을 사용하러 온다. 이 도서관은 개관 이후로 8달이 지나 대출권수는 65%, 컴퓨터 사용은 55%, 도서관 카드 등록은 63% 오를 것으로 추산한다. 역사적인 도서관 내에 이루어진 청소년과 컴퓨터 사용을 위한 공간들의 배치는 옛 건물에 새 생명을 불어 넣었다.

캠브리지 시는 그린 빌딩과 LEED 인증을 받은 건물에 오랫 동안 전념해 왔다. 이 본관 프로젝트는 미국 그린 빌딩 협회를 통한 LEED-NC 2.2 인증을 받으려 하고 있다. 사용 중인 이 건물의 거주 후 평가는 아직 수행되지 않았다.

추가 정보

Ann Beha Architects. www.annbeha.com/(The associate architect's website, which includes a photographs, a description of the project, and a list of awards received.)

The Cambridge Public Library. www.cambridgema.gov/cpl/announce.htm(The library website, which includes floor plans, photographs, and information about visiting and the green design features. There is also a link to a November 2009 article in the 『Boston Globe』 titled "What a posh hotel and a new library share.")

Gonchar, J. 2010. "More Than Skin Deep." 『Architectural Record』. July 2010: 108-110.(A print article which describes the project and the double-skin facade system used.)

William Rawn Associates. www.rawnarch.com/civicrealm.html(The architect's website, which includes a photographs, a description of the project, and a link to a double envelope case study.)

에든버러 왕립식물원 존 호프 방문객센터

배경과 취지

새로운 존 호프 방문객센터 John Hope Gateway는 에든버러 왕립식물원 RBGE: Royal Botanic Garden Edinburgh의 주 출입구다. 에든버러 왕립식물원은 1670년에 설립되어 70에이커(28헥타르) 이상을 아우르고 있으며, 스코틀랜드에서 가장 인기 있는 방문지 중 하나로서 연간 방문객 수가 70만명이 넘는다. 이 방문객센터는 1761년부터 1786년까지 이 왕립식물원의 책임관리자 Regius Keeper였던 존 호프 John Hope의 이름을 땄다. 이 건물은 식물원들로 가는 하나의 "문턱"으로서, "식물의 세계를 탐구하고 설명한다"는 에든버러 왕립식물원의 전반적인 임무를 지원한다.

이 건물의 건축가들은 2003년에 열린 한 설계경기를 통해 선정되었다. 에든버러 왕립식물원은 이렇게 공표했다. "이 설계경기의 목적은 의뢰인의 열망을 이해하고 방문객 명소이자 국제적 명성을 가진 뛰어난 센터로서 이 정원이 갖는 지위에 알맞은 시설을 만들 수 있는 건축가를 선정하는 것이었다. 우리는 에드워드 컬리넌 아키텍츠 ECA : Edward Cullinan Architects에 대해 이제 에든버러 왕립식물원이 그런 건축가를 찾았다고 확신한다." 그리고 사실 당시에는 건축가와 엔지니어, 조경건축가, 조명설계자, 전시디자이너, 프로젝트 관리자, 도급업자, 그리고 의뢰인을 포함하는 하나의 통합 설계팀이 형성되었다.

5.23 존 호프 방문객센터로 들어가는 정면 출입구. MATT LAVER PHOTOGRAPHY

식물원 공간의 손실을 최소화하기 위해 신축건물은 예전에 상점과 목욕탕들이 있었으나 더 이상 이 정원의 수요를 충족시키지 않던 몇몇 옛 건물들의 부지 위에 지어졌다. 신축된 생물다양성 식물원 Biodiversity Garden은 전시공간의 유리 곡면 벽까지 바로 이어짐으로써, 식물원과 이 건물 간의 구분을 흐리는 데에 일조한다. 생물다양성이라는 주제를 보강하는 이 건물은 세덤이 식재된 평평한 녹화지붕을 갖고 있다. 이것은 식물원 내의 녹지

5.24 식물들로 생기가 넘치고 빛으로 채워진 현관을 통하여 방문객센터로 들어가는 입구. MATT LAVER PHOTOGRAPHY

위치
Edinburgh, Scotland, UK
위도: 55.9°N, 경도: 3.2°W

난방도일
6237 기준 65°F(3465 기준 18.3°C)

냉방도일
979 기준 50°F(544 기준 10°C)

겨울철 설계 건구온도(99%)
25.9°F(−3.3°C)

여름철 설계 건구온도 및 평균 동시 습구온도(1%)
69.5/60.8°F(20.8/16.0°C)

일사량
1월:
139Btu/ft²/일(0.44kWh/m²/일)
6월:
1,309Btu/ft²/일(4.13kWh/m²/일)

연 강우량
27인치(677mm)

공간 면적을 증가시켰고 이 경로에서 인근의 한 언덕 꼭대기까지 보이는 자연색의 띠를 형성한다. 이러한 옥상녹화는 여름철 일사획득을 줄여주고, 배수구로 향하는 빗물 유수의 속도를 늦춰주며, 건물을 단열시키는 이점을 갖고 있다.

이 건물의 조직은 3부 구성으로 되어 있다. 1층의 콘크리트 바닥 부분은 입구와 상설 및 기획 전시 공간, 연구자들이 대중과 가깝게 소통할 과학 스튜디오, 그리고 내부 및 외부 상점들로 이루어진다. 목재 데크 바닥으로 이루어진 1층의 공공 레스토랑과 테라스는 반(半) 공적인 공간으로서 사적인 사무실들과는 아트리움을 통해 구분된다. 세덤이 식재된 옥상녹화 공간은 접근이 제한되어 있지만 여기에는 태양광 전지와 태양열 패널, 그리고 에틸렌 테트라플루오에틸린 ETFE로 글레이징된 아트리움 지붕도 있다. 이 지붕은 건물 전체 위에서 부유하는 하나의 수평면으로서 입구와 출구, 카페, 외부 상점 출입로의 천장 역할을 하는 깊은 내물림 캐노피를 만들어낸다. 세장한 철 기둥 상에 우아하게 디테일 처리되어 있는 노출 목재지붕구조는 개방평면 공간을 일련의 격자 칸들로 분할한다.

설계의도와 검증

"존 호프 방문객센터에 주요한 동기가 되었던 한 가지는 꽤 단순하게도 식물원의 지붕을 벗겨내고 내부의 연구소를 드러내는 것이었다."

책임 관리자 스티븐 블랙모어 Stephen Blackmore

설계의도는 조경에 대한 영향을 최소화하고 식물원 부지의 맥락에 공감하는 것이었다. 에드워드 컬리넌 아키텍츠는 "이 건물은 지속가능한 설계를 위한 한 사례가 될 것이며 바이오매스 보일러, 우수 집수, 풍력 발전기, 태양열 집열기, 태양광 발전 패널과 같은 많은 가시적인 특징들을 갖게 될 것" 임을 긍정했다. 자연환기와 자연채광을 제공하려는 열망은 그 건물 형태에 강한 영향을 끼쳤다. 막스 포드햄 엔지니어스 Max Fordham Engineers는 "가장 공공연한 지속가능 설계의 특징은 지붕에 장착되는 우아한 6kW의 저소음 회전식 풍력 발전기이며, 이것은 이 방문객센터 건물에 대한 에너지 요구조건의 일부를 제공할 뿐만 아니라, 이 방문객센터의 환경윤리에 대한 하나의 중요한 상징" 이라고 주장한다. 처음부터 건물을 위한 환경설계 개요에는 다음과 같은 사항들이 포함되었다.

- 지속가능 설계를 보여주거나 진흥한다.
- 실질적인 지속가능성 사례를 보여줘 대중을 열광시킨다.
- 자연과 보존의 세계에 대한 창으로서 기능한다.
- 에너지 절감대책들과 현장 재생가능 에너지를 사용한다.
- 가능한 한 에너지 효율적으로 설계하고, 시공하고, 운용한다.
- 비용과 이산화탄소 절감, 논증가능성과 관련하여 최상의 가치를 획득한다.

설계팀의 접근법은 건물 조직에 대한 엔지니어링 계산을 하고, 부지상의 자연 자원들(자연광과 기류, 열, 물)을 활용하여 가능한 한 기준 에너지 사용량을 줄이는 것이다. 에든버

건물 유형
방문객센터

면적
29,063ft²(2,700m²)

건축주
Royal Botanic Garden Edinburgh

설계팀
건축설계:
Edward Cullinan Architects(ECA)

구조/토목/파사드/소방 엔지니어링:
Buro Happold Ltd.

환경 & 건물 서비스 엔지니어링:
Max Fordham

구조 엔지니어링:
Le Messurier Consulting Engineers

시공총괄: Xircon Ltd.

전시디자인: Navy Blue

비용 컨설턴트: David Langdon

조경설계: Gross Max

완공
2009년 10월

성능척도
에너지 활용지수(EUI):
예측:
133,756Btu/ft²/년(422kWh/m²/년)
(제공서비스와 디스플레이 조명을 포함한 초기 추정치)

예측:
42,789Btu/ft²/년(135kWh/m²/년)
(제공서비스와 디스플레이 조명을 제외하고 모델화한 활용지수)

탄소배출량:
목표: 7kg/CO_2/m²/년(디스플레이 조명 및 플러그 부하 제외)

물 사용량:
예측: 8.7gal/ft²/년(344L/m²/년)

러 왕립식물원의 도움으로, 설계팀은 BREEAM 인증과정을 실제로 거치지 않고도 BREEAM Excellent 등급을 넘어서는 방법을 택했다. 현재 존 호프 방문객센터는 결국 BREEAM 인증을 받아야만 하는데, 왜냐 하면 그것이 공적 자금이 투입된 프로젝트이기 때문이다. 막스 포드햄 엔지니어스는 BREEAM 체크리스트에 따라 설계하지 않고, 그들이 시 의회를 위해 쓴 『에든버러시의 지속가능성 지침서 **Edinburgh City Sustainability Guide**』에 기초하여 하나의 지속가능 목표 스프레드시트를 만들었다. 설계팀은 이 설계가 그 스프레드시트의 "최상 실무" 기준들을 만족하거나 초월하도록 이끌었다.

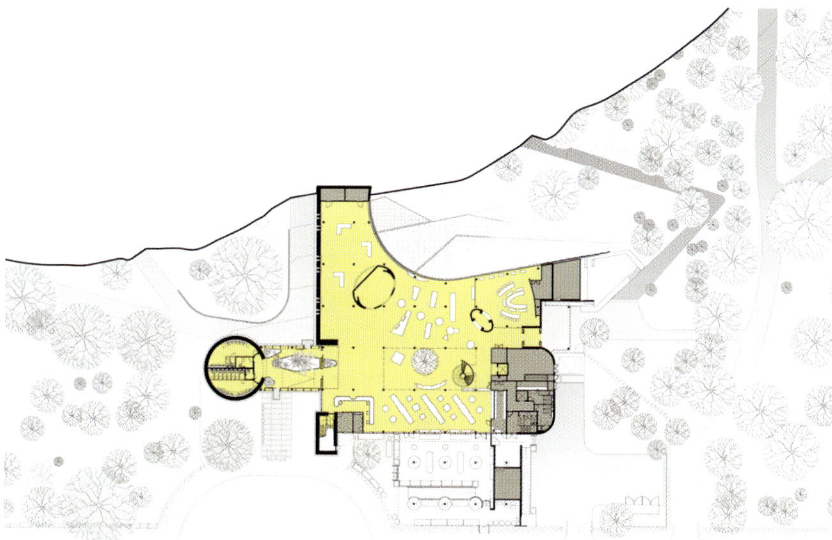

5.25 보호된 열린 외부 공간들이 있는 식물원을 건물이 어떻게 포용하는지를 보여주는 존 호프 방문객센터의 1층 평면도. EDWARD CULLINAN ARCHITECTS

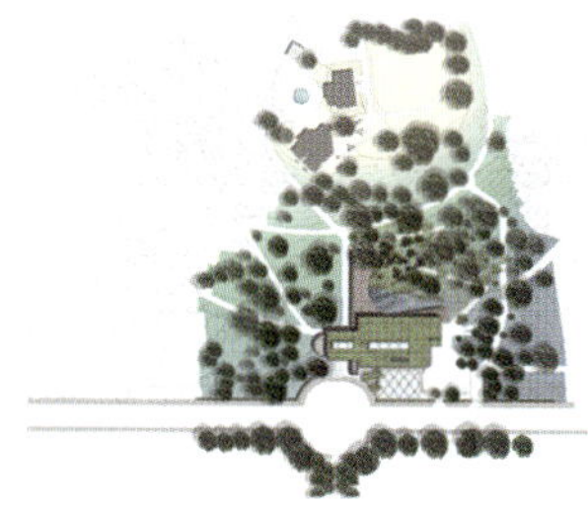

5.26 존 호프 방문객센터는 동쪽으로 상승하는 한 언덕의 기슭에서 에든버러 왕립식물원의 서쪽 경계에 위치한다. EDWARD CULLINAN ARCHITECTS

5.27 초기의 한 개념 렌더링은 건물과 조경의 통합을 강조한다. EDWARD CULLINAN ARCHITECTS

지속가능성 목표 스프레드시트가 설계에 뒤따랐지만, 설계 팀은 좋은 설계 결정들을 돕기 위해 처음부터 점차 정교화되어 가는 모델링 기법들을 활용했다. 이 툴들은 기본적인 스프레드시트부터 TAS/VIZ/Ecotect의 단일 실/구역 모델들, 복잡한 스프레드시트들, 그리고 IES(건물 및 동적 열 모델링 프로그램)의 완전한 건물 모델까지 있었다. 그런 경로를 따라 인간 쾌적도와 식물 생명을 위한 아트리움 내 자연채광을 연구하고 서쪽에 면한 사무실들의 외부 수직차양 수요와 자연채광간의 충돌을 관찰할 수 있었다. 결국에는 IES 모델이 에너지 소비와 열 쾌적도, 과열과 태양광 차양, 이산화탄소 배출, 재생가능 에너지의 실행가능성, Passive 설계전략들, 환기 흐름과 기온, 재료 선택 및 외피 설계, (건축규정 **Building Regulation** 섹션 6과 에너지 성능인증 **EPC: Energy Performance Certificate** 모두에 대한) 에너지 성능 적합성을 연구할 수 있게 해주었다. 초기 모델링은 EPC 등급이 "A" 임을 나타냈지만, 처음에 "디스플레이"로 여겨진 (따라서 제외된) 일부 조명은 "일반적인" 조명으로 분류했었어야 할지 모른다. 그럴 경우, EPC 등급은 "C"를 얻을 것이며, 이는 여전히 그렇게 고도로 활용되는 공공 건물로서는 꽤 좋은 등급이다.

5.28 모듈구조 시스템을 우아하게 디테일 처리함으로써 구조가 내부마감이 되었다. BRUCE HAGLUND

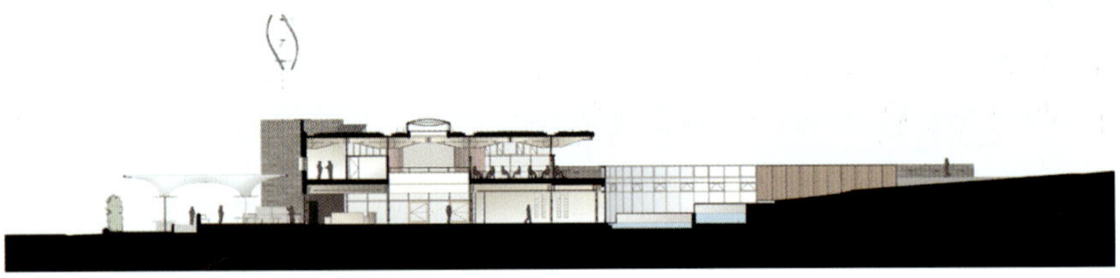

5.29 이 동-서 단면도는 건물의 3부 구성과 경사진 부지와의 통합을 표현한다. EDWARD CULLINAN ARCHITECTS

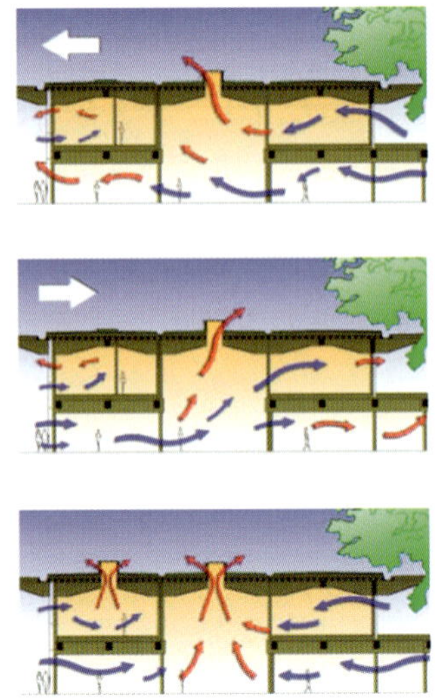

5.30 이 건물은 맞통풍과 굴뚝환기를 위해 설계되었다. EDWARD CULLINAN ARCHITECTS

전략

존 호프 방문객센터는 Passive 전략과 저-탄소 에너지 자원들을 사용하여 고성능, 저-탄소 건물로서의 지위를 획득한다. 막스 포드햄 엔지니어스는 향상된 U율과 Passive 환기, 저-에너지 조명을 풍력과 바이오매스, 태양열 집열기, 태양광 전지의 사용과 결합하여 전반적인 에너지 소비를 최소화했다. 게다가 설계팀은 낮은 내재 에너지로 내구적이고 건강한 건물을 보증할 재료들의 선택에 큰 관심을 두었다. 건축가는 "식물원의 한 건물에 어울리게, 우리는 가능한 곳마다 낮은 내재 에너지를 지닌 자연 재료로부터 건물을 만들고자 노력해왔으며, 여기에는 대부분이 목재인 구조가 포함된다"고 단언한다. 건물 전반의 구조적 요소들은 그것들의 자연적인 아름다움을 나타내고 요구되는 재료의 총량을 줄일 수 있는 마감재료들로서 드러난다.

자연환기와 차양: 이 건물은 창문들이 내부와 외부 조건들에 따라 자동적으로 열리게 하는 가운데 맞통풍과 굴뚝환기를 통해 자연적으로 환기된다. 주방처럼 높은 열이 획득되는 영역들에는 기계적 환기가 이루어진다. 여름철 (위험성이 없는 높은 위치의 창문 개방을 통한) 야간 완전냉각(전체 환기)은 매끈한 노출콘크리트 바닥 및 내부 벽체들과 결합하여 냉방기간 동안 낮에 올라간 내부 온도를 완화시킨다. 4m짜리의 한 내물림은 건물의 남쪽과 동쪽 파사드들이 여름철 햇빛을 막을 수 있는 차양이 되어 과열을 줄이는 한편, 겨울철의 낮은 햇빛은 글레이징된 공공 영역들을 관통하여 가장 필요한 이 시기에 열과 빛을 전달한다.

5.31 (철과 집성목재 시스템과 같은 구조격자를 사용하는) 텐트구조가 외부의 식물 판매영역을 햇빛과 비로부터 보호하면서 1층 평면의 서측 파사드에 그늘을 드리운다. MATT LAVER PHOTOGRAPHY

태양광 발전: (정남향에 면해 있고 연간 에너지 생산을 위한 최적의 각도로 설치되는) 118ft^2(11m^2) 넓이의 지붕에 장착된 비결정질 평판 광전지 모듈 어레이는 최대 전기출력 1.5kW를 생산할 것이며, 이것은 사무용 데스크톱 컴퓨터 6대를 돌리기에 충분한 전력이다. 이 태양광 발전 시스템은 국가 전력망에서 소요되는 에너지를 연간 약 1,400kWh를 절약시킬 것이며, 이는 연간 1,323파운드(600kg)의 이산화탄소 배출을 절감하는 것과 같은 효과이다.

태양열 집열기: 32ft²(3m²) 넓이의 진공관 태양열 패널 5개가 지붕에 장착된다. 그것들은 대략 최대출력 41,000Btuh(12kW)를 생성시켜 여름철에는 건물의 모든 온수를, 겨울철에는 사전난방용 온수를 제공하고, 바이오매스 필터에 대한 수요를 줄여줄 것이다. 만약 현대적인 응축가스 보일러로 이 물을 난방 한다면, 연간 약 4,400파운드(2,000kg)의 이산화탄소가 배출될 것이다.

풍력 발전기: 식물원으로 들어가는 입구에는 석재로 덮인 계단 탑 위로 높은 위치[59피트(18m)]에 장착된 Quiet Revolution 5 **QR 5** 수직축 풍력 발전기가 위치하고 있다. 도시 풍력 발전기들이 직면하는 두 가지 주요 현안들인 난기류와 잡음을 해결하기 위해 설계된 이 QR 5는 최대 전기출력 6kW를 생산해 낸다. 이 풍력 발전기는 국가 전력망에서 소요되는 에너지량을 연간 8,500kWh만큼 줄여줄 것이며, 이것은 연간 이산화탄소로 배출되는 7,700파운드(3,500kg)의 탄소를 절감하는 것과 같은 효과다. 식물원 내의 수목들이 상당한 난기류를 일으키고 있기 때문에, 난기류를 다룰 수 있게 설계된 풍력 발전기를 선택하는 게 필수적이었다. 풍력 발전기는 건물의 가장 높은 요소 위에 세심하게 배치함으로써 더 높은 풍속에서 오는 난기류와 이점을 줄인다. 에든버러 왕립식물원은 도시 거주민들이 도심을 떠나지 않고도 도시 탈출을 할 수 있게 하는 곳이므로, 이 조용하게 작동하는 QR 5 풍력 발전기는 평온을 유지하는 게 중요한 이 장소에 이상적인 선택이다.

건물 외피: 건물의 외피는 현 건축규정보다 20% 더 좋은 열적 성능을 갖도록 두텁게 단열처리되어 있다. 좋은 실천 사례로서, 이 건물은 (비록, 스코틀랜드의 성문화된 요구조건은 아니지만) 기밀성 시험을 받았고, 공기 누출량은 최소 기준인 32.8ft³/ft²@50Pa(10m³/m²@50Pa)를 뛰어 넘는 24.8ft³/ft²@50Pa(7.55m³/m²@50Pa)로 측정되었다. 열 손실을 완화하는 데에 에어록 **airlock**들이 사용되었다. 서쪽 파사드상에 사용된 태양광 차양장치(브리즈-솔레이유 **brise-soleil**)와 고성능 글레이징은 2층 사무실들로 가는 일사획득을 줄여준다. 이 글레이징과 차양의 조합은 조망과 자연채광 투과, 그리고 내부 온도 제어의 균형을 이루기 위해 광대하게 모델링되었다.

자연채광: 고측창과 조망용 글레이징은 주변의 식물원들을 느낄 수 있는 시야와 깊은 자연광 투과를 허용함으로써 조명비용을 줄이고 시각적인 쾌적도를 높인다. 열적으로 효율적인 ETFE 쿠션 지붕 창들은 건물의 중심에 자연광을 유입시켜 식물의 성장을 자극하고 핵심적인 자연채광을 제공한다. 천창에 많은 비가 내릴 경우, 마치 드럼 두드리는 듯한 소리가 들리면서 왕립식물원 직원들이 진정으로 "외부의 내부로의 유입"과 "환경과의 연결"이라는 원칙들과 같은 선상에 있다고 인정한 자연에 대한 음향적 기념을 일궈낸다. 조명등이 자동적으로 어두워지거나 밝아지는 이 건물 전반에 걸친 자연광 유입은 전기조명에 소비되는 에너지를 줄여준다. 외부의 광센서들은 적절한 자연광을 이용할 수 있을 때 전기조명이 꺼져있거나 어두워져 있는지를 확인하기 위해 주변광의 수준을 모니터링한다. 욕실과 서비스 공간의 자동 동작 센서들은 이 실들을 사용하지 않을 때 조명을 끔으로써 또한 에너지를 절약한다. 외부의 연못들은 빛을 처마 안쪽과 천장으로 반사시키는 광 선반으로서 작용하며, 또한 일부 냉방 및 가습 효과도 제공한다.

5.32 지붕은 태양열 패널과 태양광 패널, ETFE 천창과 함께 있는 지붕 모니터, 세덤이 식재된 녹화지붕, 그리고 풍력 발전기를 수용한다. MATT LAVER PHOTOGRAPHY

5.33 수직으로 겹쳐진 낙엽송 판재들이 사무실 창문들 위 아래로 비막이 스크린을 제공한다. 서쪽에 면한 창문들에 적절한 차양을 위해 20인치(500mm) 간격과 8인치(200mm) 깊이의 판재들이 모델링이 되었다. EDWARD CULLINAN ARCHITECTS

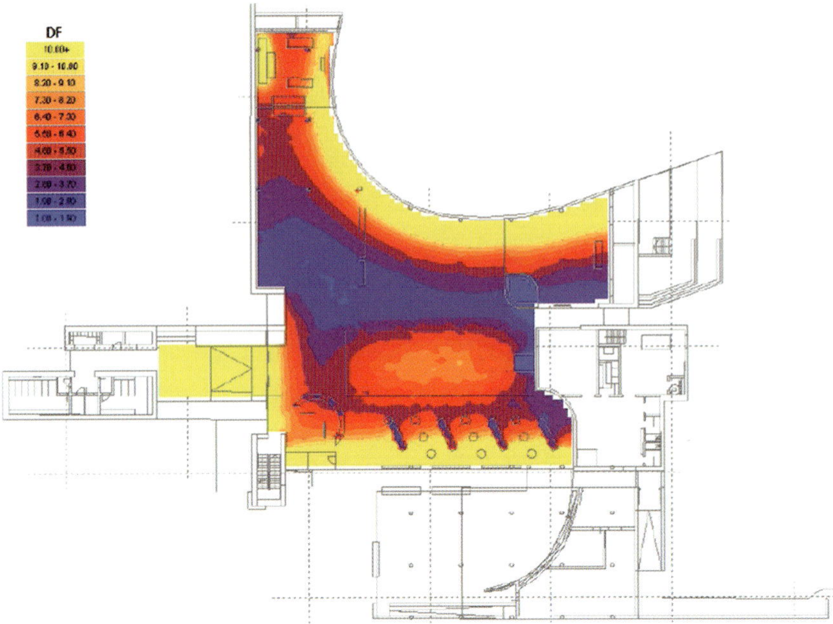

5.34 1층 평면도의 주광율. EDWARD CULLINAN ARCHITECTS

물 보존: 이 건물은 두 가지의 우수집수 시스템을 갖고 있는데, 총 3,700갤런(14,000L)의 집수량에 대해 각각 1,850갤런(7,000L)씩을 담는 탱크들이다. 가장 잘 보이는 탱크 시스템은 주요 지붕의 북쪽 끝에서 흘러나오는 물을 주 출입구 화장실 지붕에 위치한 탱크에서 집수한다. 2개의 배수관들이 탱크에서 갑자기 끊김으로써, 물의 배수를 완전히 볼 수 있게 되어 있다.

5.35 (오른쪽의) 물탱크로 이어지는 (왼쪽의) 녹화 지붕의 배수관들은 중력에 의해 지붕에서 탱크로, 그리고 화장실로 이동하는 물의 여정을 보여준다. MATT LAVER PHOTOGRAPHY & MAX FORDAM LLP

5.36 사용되는 경계 부분들과 중앙 아트리움을 밝히는 한편 전시 영역은 상대적으로 어둡게 남겨두기 위한 자연채광 설계가 이루어졌다. 2층의 사무실들(고측창)과 레스토랑(반벽) 역시 아트리움으로부터 자연광을 얻는다. MATT LAVER PHOTOGRAPHY

이 물은 격렬하게 여과되어 중력에 의해 아래의 화장실로 내려간다. 두 번째 시스템은 그 지붕의 다른 반쪽 부분에서 오는 물을 남쪽 서비스 야드 밑의 탱크에서 집수한다. 여과된 물은 주 건물 내의 화장실에 사용이 된다. 연간 강우자료와 예측된 건물 사용률에 기초한 우수집수는 화장실로 불필요하게 내려가는 식수의 양을 연간 적어도 36% 만큼 줄일 것이다.

옥상녹화: 세덤이 식재된 지붕은 생물 다양성의 이점 뿐만 아니라 빗물 유수의 절감에 일조하기 위해서도 사용되었다. 비록, 옥상녹화가 유수를 갈색화할 수 있음에도(따라서 화장실들에 얼룩을 남길 수 있음에도), 에든버러 왕립식물원은 이것은 문제가 아니라 우수집수와 물 순환 이야기의 일부일 뿐이라고 느꼈다.

기계설비 시스템: 바이오매스 보일러와 태양열 시스템의 조합은 난방 및 온수 관련 이산화탄소 배출량을 전형적인 응축 가스 보일러에 비해 85%만큼 줄일 것이다. 1층 바닥 슬라브와 두 층 모두의 주변부에는 복사난방을 사용함으로써 내부 기온강하를 허용하고, 에너지를 절약하면서도 방문객과 직원들을 위한 편안한 조건을 제공한다. 2층의 사무실과 레스토랑은 바닥 밑의 난방 및 환기 시스템이 담당한다. 건물관리시스템 BMS은 난방 에너지를 최대한 절감하기 위해 외부 기상조건들에 따라 난방 및 자연환기 시스템의 온도와 유량율을 조정한다.

바이오매스 보일러: 이 방문객센터를 위한 난방 및 온수에 쓰이는 일차적인 저탄소 에너지는 지역에서 수집하여 마련한 목재를 연료로 하는 바이오매스 보일러에서 온다. 200kW의 청정연소 바인더 바이오매스 보일러는 연간 난방 부하의 90%를 처리한다. 지역에서[50마일(80km) 내에서] 수급되는 연료는 서비스 야드 밑에 있는 2,331ft^3(66m^3) 부피의 저장고 속에 저장이 된다. 바이오매스 보일러를 위한 저장량은 두 개의 고효율 응축 가스 보일러들이 제공하고 있으며, 이러한 것들이 난방 시스템에 대한 신뢰성을 보장한다.

재료: 교통거리를 최소화하고 내재에너지를 줄이기 위해, 재료 조달의 우선순위가 구분되었는데, 1순위는 스코틀랜드, 2순위는 영국, 3순위는 유럽 재료다. 최초의 목표는 영국 재료들의 80%를 조달하는 것이었다. 건물의 구조와 마감에 유럽에서 생산된 내구성 목재(집성목 보, 구조용 단판제재목, 합판목재 데크)를 광범위하게 사용함으로써, 철과 콘크리트 같은 고탄소 재료들과 달리 재생가능한 저탄소 재료인 목재와 수목들의 용도와 아름다움, 그리고 중요성을 보여줬다. 내구적이고, 거친 표면에 층으로 쌓인 스코틀랜드 케이스네스 슬레이트가 3개의 콘크리트 옹벽들, 즉 긴 테라스 벽과 계단 탑, 그리고 화장실 원통형 벽의 외장을 덮는다. 수직으로 겹쳐진 미처리된 스코틀랜드 낙엽송 판재들은 비막이 외장재로 기능하면서 내후성 단열되는 벽 구조체를 보호한다. 생물 다양성 식물원에서 동쪽을 면하는 양호한 차양이 달린 유리벽은 열적 성능을 위한 "혁신적인 관습"을 능가하는 저방출성 이중창에 아르곤으로 채운 각진 패널들로 제작된다. 일부 내벽들은 좋은 음향 뿐만 아니라 일상적인 온도를 고르게 할 축열체를 제공하기도 하는 플라스터 마감된 블록벽들이다. 마찬가지로 1층 바닥도 교통이 혼잡한 공공영역에 축열체와 내구성을 제공하는 매끈한 노출콘크리트 면이다. 2층에 있는 노출된 단단한 미송 Douglas Fir

5.37 1층의 콘크리트 슬라브에는 복사난방을 위한 순환수 방식 배관이 설비된다. EDWARD CULLINAN ARCHITECTS

5.38 스코틀랜드 케이스네스(Caithness)산 슬레이트가 긴 테라스 옹벽 외장 마감재로 쓰였다. BRUCE HAGLUND

바닥은 전시홀 위에 있는 지붕 데크와 차양장치로서 풍경 속으로 확장해 나간다. 레스토랑을 위한 고객 의자 및 탁자들은 스코틀랜드의 왕립식물원 네 곳에서 사전에 벌채하여 길들인 목재로 제작되었다.

시공: 시공은 설계를 통해 최소화되었다. 대체적으로 목재로 되어있는 이 구조물은 현장에 오기 전에 미리 제작된 프리패브 부품들의 조합이다. 폭넓은 규모의 콘크리트 사용을 피하고 전통적으로 현장에서 타설되었던 부재들을 프리캐스트 부재들로 대체함으로써 시공의 영향을 줄였다.

5.39 스코틀랜드에 네 군데 있는 왕립식물원들에 쓰러져 있던 나무들을 이용하여 맞춤식 의자들과 탁자들이 시공되었다. MATT LAVER PHOTOGRAPHY

어떻게 기능하고 있는가?

> "스코틀랜드 정부는 온실가스 배출을 극적으로 단축하기 위한 야심적인 계획들을 시작했다. 우리에게는 그런 의제를 수행함에 있어 해야 할 일임이 있다. 그것은 존 호프 방문객센터에서처럼 단지 공공 공간에 재생 가능한 기술을 배치하여 그것이 친숙해지게 하는 것만이 아니라, 우리가 하는 모든 것의 환경적인 효과를 줄이는 것이다. 따라서 우리에겐 두 가지의 역할이 있다. 하나는 사회 변화를 위한 촉매로서의 역할이고, 다른 하나는 지구와의 보다 지속가능한 관계의 달성에 직접적으로 기여하는 역할이다."
>
> 책임 관리자 스티븐 블랙모어

5.40 세장한 금속기둥들 위의 집성목재 보들이 합판목재 데크를 지지하고 있다. EDWARD CULLINAN ARCHITECTS

의뢰인들이 BREEAM 평가를 불필요한 지출로 여겼을지라도, 설계팀은 BREEAM의 "Excellent" 등급에 대한 요구조건들을 능가할 것을 목표로 했다. 이 방문객센터는 에너지 성능 인증EPC 등급 "A"와 1.4lb/CO^2/ft^2/년(7kg/CO^2/m^2/년)라는 점수를 달성할 것으로 예상된다. 이 수치는 (전시영역 내의) 디스플레이 조명이나 소규모 전력(컴퓨터와 플러그 부하들)은 포함하지 않는다. 디스플레이 조명의 배제가 허용되지 않을 경우, 예상되는 등급은 "C"[6.3~9.2lb/CO^2/ft^2/년(31~45kg/CO^2/m^2/년)] 정도일 수 있을 것이다. 영국의 모든 공공건물들은 최근 3년에 걸친 실제 성능을 보여주는 에너지 성능 인증을 보여줘야 한다. 2010년 10월부터, 방문객들은 탄소 배출과 에너지 사용, 그리고 생성되는 재생 가능 에너지의 관점에서 건물 성능을 자각했을 것이다. 비록, 아직 실행된 적은 없다 할지라도, 실시간 및 누적적인 에너지 생산을 각각의 재생가능한 자원과 전반적인 탄소배출량 별로 보여주는 시각적인 디스플레이들이 아트리움 내의 잘 보이는 위치에 계획되어 있다.

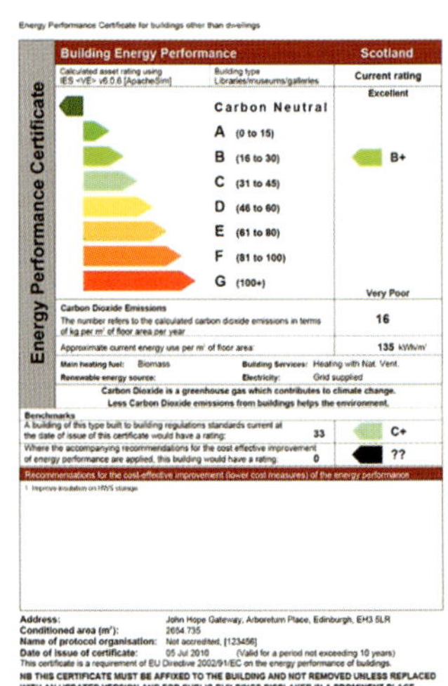

5.41 에너지 성능 인증(EPC)과 비슷한 성능 표시자들. 이 방문객센터는 일부 디스플레이 조명과 플러그 부하들의 상태에 따라 A, B, C 등급 중 하나를 받게 된다. MAX FORDAM LLP

수량계는 다음과 같은 물 소비를 측정한다. 일반적인 물 사용(화장실, 샤워, 싱크대), 특별히 화장실에서 물을 내릴 때 사용하는 물, 주방의 물 소비, 그리고 관개와 생물 다양성을 위한 연못이 그것들이다. 모든 주요 배전반 및 지역 배전반에 설치된 수량계가 건물의 전기와 바이오매스 및 유리 소비, 풍력 발전기와 태양광 전지 어레이를 이용한 전기 생산, 태양열 시스템을 이용한 온수난방을 면밀하게 모니터링한다. 건물관리시스템의 일부 기상 데이터 감지와 더불어, 에든버러 왕립식물원은 부지상에 기상관측소를 유지한다. 이 관측소는 상세한 데이터를 제공하며, 지난 달 데이터를 그래픽으로 표시한 결과가 식물원 내에 디스플레이된다.

커미셔닝은 건물의 계약에 포함되어 있었지만, 완전히 완료되지 않았다. 2010년 여름 말에 계절별 커미셔닝을 완료하기 위한 한 명의 독립적인 전문가가 이어서 고용되었다. 설비의 세밀한 조율이 지속되고 있으며, 중요한 것은 에든버러 왕립식물원 시설관리자가 이 방문객센터의 시간경과에 따른 성능 모니터링과 더불어 성능 최적화를 위한 내부 조건 및 시스템 조정에 전념하고 있다는 점이다.

추가 정보

Beatty, R. 2010. "Green Begins at Home", 『Botanics』, 41, 4-6(『Botanics』 is thw quarterly news magazine distributed to friends and members of the RBGE.)

Edward Cullinan Architects. www.edwardcullinanarchitects.com/projects/rbge.html(The architect's website, which includes photographs and a description of the project.)

RGBE. www.rbge.org.uk/about-us/corporate-information/environmental-responsibility/(The RGBE environmental responsibility web page, which includes links to documents and reports related to strategies and policies.)

RGBE. www.rbge.org.uk/the-gardens/edinburgh/the-gateway(The main RBGE website, which includes visitor information, photographs, and links to frequently asked questions, the restarrant, and a calender of events for the John Hope Gateway.)

5.42 에든버러 왕립식물원의 기상관측소. 이전 달의 데이터가 디스플레이되어 있다. BRUCE HAGLUND

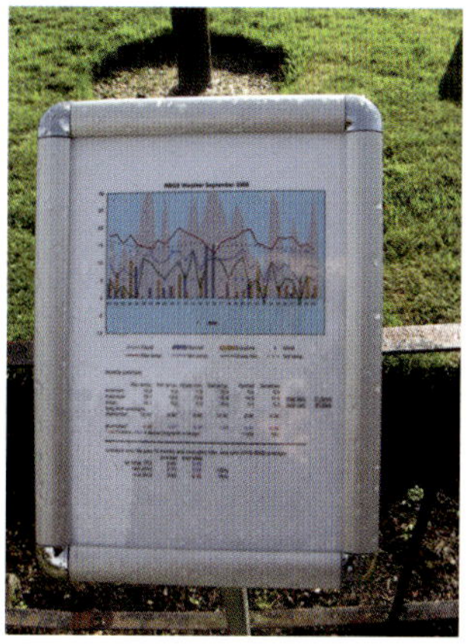

5.43 식물원에 디스플레이되어 있는 기상관측소 데이터. BRUCE HAGLUND

NOTES

배경과 취지

케니언 하우스 Kenyon House는 워싱턴주 시애틀의 남동부에 있는 케니언 스트리트에 자리한 적정가격의 주택 프로젝트다. 이 시설은 대부분 무주택자에 에이즈를 비롯한 상당한 심적 · 신체적 보건의 문제를 겪는 극빈층의 개인들을 위한 18개의 주거유닛들로 되어 있다. 이 프로젝트는 워싱턴주의 무주택 문제에 초점을 맞추는 기관인 빌딩 체인지 Building Changes에 의해 착상되고 시행되었다. 이 건물은 개발업체이자 현 건축주인 하우징 리소스 그룹 HRG: Housing Resources Group과 부동산관리자이자 일부 미래의 건축주이기도 한 사운드 멘탈 헬스 Sound Mental Health에 의해 시공되었다. 케니언 하우스는 거주자들에게 안전하고 편안한 분위기를 제공하며 그들은 자율성을 가진 채 서비스 공간을 이용할 수 있다.

이 건물은 앞서 네 채의 버려진 주택과 불법 점거 가옥들이 있던 0.5에이커(0.2헥타르)의 부지에 자리한다. 케니언 하우스 건물은 이 버려진 건물들을 18개의 아파트 유닛들과 공동 식당 및 라운지 공간, 사회복지사들을 위한 사무실, 그리고 세탁시설들을 포함하는 12,700ft^2(1180m^2)의 시설로 대체했다. 이 건물은 안전한 접근 뿐만 아니라 모임과 원예, 그리고 명상을 위한 야외 "뒷마당" 공간들도 제공한다. 긴 파사드는 동-서축을 따라 배열되며, 건물의 정면은 케니언 스트리트를 따라 남쪽에 면해 있다.

5.44 케니언 스트리트에서 본 케니언 하우스. JOSH PARTEE

설계의도와 검증

케니언 하우스는 집이 없거나 극심한 빈곤을 경험하던 생활에서 벗어나려는 사람들을 위한 영구적인 주택으로 상상되고, 설계되고, 시공되었다. 건축주는 이 시설이 집단주택이나 사회복귀 훈련시설과 비슷한 임시 주거로 의도되지 않았다는 데에 입장이 확고했다.

5.45 케니언 하우스의 출입구. HOUSING RESOURCES GROUP

위치
Seattle, WA, USA
위도: 47.5°N, 경도: 122.3°W

난방도일
4729 기준 65°F(2627 기준 18.3°C)

냉방도일
2034 기준 50°F(1130 기준 10°C)

겨울철 설계 건구온도(99%)
29.1°F(−1.6°C)

여름철 설계 건구온도 및 평균 동시 습구온도(1%)
81.3/63.6°F(27.4/17.6°C)

일사량
1월:
262Btu/ft^2/일(0.83kWh/m^2/일)
6월:
2,248Btu/ft^2/일(7.09kWh/m^2/일)

연 강우량
37인치(940mm)

케니언 하우스는 거주자들이 프라이버시와 자율성을 가지면서도 서비스 공간 활용과 사교적 기회, 그리고 감시 기능을 제공하는 배경 속에 있기도 한 "보다 부드러운 종류의 장소"로 의도되었다.

이 프로젝트의 일차적인 설계목표들은 시공이 단순하고 시간이 경과해도 튼튼하며, 거주자들에게 편안하고, 에너지 효율적인 저가형 주택을 제공하는 것이었다. 설계팀은 이러한 목표들을 추구하면서 폭넓게 다양한 설계 고려사항들에 초점을 맞췄다.

이 프로젝트를 위해 단순한 지반 위 슬라브 SOG 공법의 목조 프레임 구조가 사용되었다. 하지만 설계팀은 장기적인 내구성과 성능을 보장하기 위해 (지붕재료와 외벽 피복재와 같은) 어떤 재료들을 업그레이드 했다. LEED for Homes (다세대) v.1.0 인증과정은 시공도중 어떤 재료의 대체가 이루어질 것을 요구했는데, 이는 설계 팀과 시공업자 간의 효과적인 협력이 없이는 불가능할 과업이었다. 설계팀은 프로젝트 예산이 부과하는 엄격한 제약들 가운데서 설계 결정들을 검증하는 데에 도움이 될 (비슷한 저가형 주거 프로젝트들을 끝낸) 다른 설계 전문가들의 투입에 크게 의존했다.

많은 거주자들의 건강이 좋지 않은 관계로 설계과정에서는 유니버설 설계가 중대한 역할을 수행했다. 설계팀은 이 시설을 폭넓게 다양한 거주민들의 수요와 능력들을 책임질 만큼 확실히 쉽게 이용할 수 있고, 탐색과 적응이 가능토록 하기 위해 베일리-뷰셰이 성인 주간 보건센터 Bailey-Boushay Adult Day Health Center와 라이프롱 에이즈 얼라이언스 Lifelong AIDS Alliance의 사회복지사들과 의사들, 그리고 간호사들과 긴밀하게 협력했다. 건물의 전반적인 배치부터 개폐 가능한 창문의 개방 메커니즘들까지 모든 규모의 건물-사용자 인터페이스들을 탐구했다.

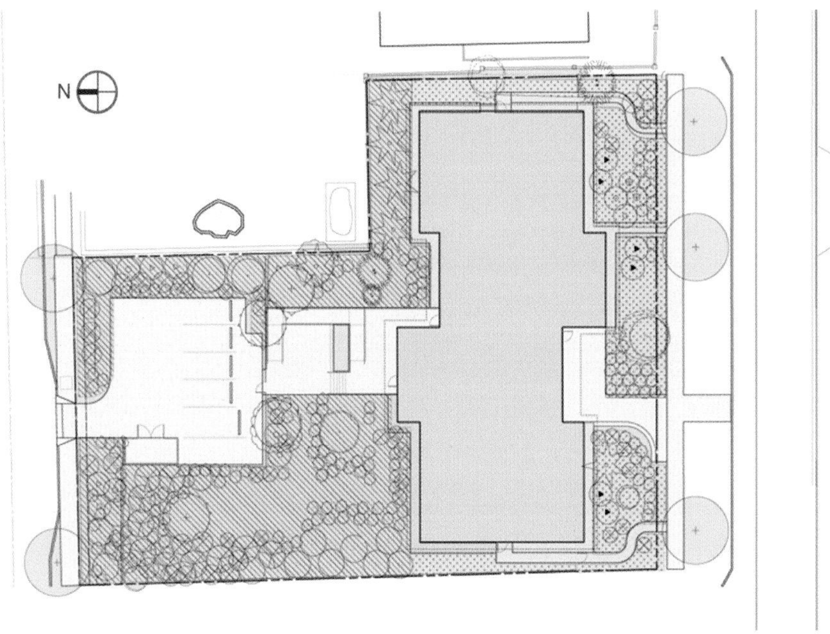

5.46 케니언 스트리트를 따라 배치된 건물의 긴 파사드가 공적인 앞마당과 사적인 뒷마당을 만드는 걸 보여주는 부지계획도. SMR ARCHITECTS

건물 유형
다세대 공동주택

면적
12,700ft^2(1,180m^2)

건축주
개발업자/건축주:
Housing Resources Group(HRG)

부동산관리자/건축주:
Sound Mental Health

설계팀
건축설계:
SMR Architects

기계설비 엔지니어링:
SIDER 1 BYERS Associates Inc.

조명설계:
Cierra Electrical Group

그린 컨설팅:
O'Brien & Company Universal Design, ADAPTations, Inc.

조경설계:
Graysmith Landscape Architects

시공총괄:
Walsh Construction Company

완공
2008년 9월

성능척도
에너지 활용지수(EUI):
실제:
86,000Btu/ft^2/년(271kWh/m^2/년)
(2008-2009)

탄소배출량: 현재 측정불가
물 사용량: 현재 측정불가

설계팀은 거주민들을 위한 주택으로 보이고 또 그렇게 느껴지는 시설을 제공함에 있어서 수많은 도전과제들에 직면했다. 한 가지 문제는 케니언 하우스가 18개의 유닛, 공동 공간, 사무실들을 수용하려면 대부분의 인근 주택들보다 상당히 더 커야 할 것이란 점이었다. 이 건물이 하나의 공공적인 앞마당과 하나의 사적인 뒷마당을 갖기 위해선, 케니언 스트리트를 따라 폭넓은 향이 필요했을 것이다. 이러한 최적의 향을 도시 조례가 허용하진 않았지만, 설계팀은 승인을 위한 기나긴 설계검토 과정을 거쳤다. 또한, 지역사회의 설계과정 관여를 통해 프로젝트에 대한 인근주민들의 관심사들을 다루기도 했다. 그 결과는 주변 근린의 규모에 반응하는 네 개의 볼륨 혹은 섹션들로 이루어진 하나의 커다란 건물로서, 이는 공동주택이라기 보다 하나의 작은 집처럼 보인다.

5.48 목조 틀을 보여주는 시공 사진. SMR ARCHITECTS

5.47 케니언 스트리트에서 본 케니언 하우스. JOSH PARTEE

에너지 효율성은 의뢰인에게 핵심적인 목표였는데, 거주자들이 공공요금을 지불하지 않기 때문이다. 저가형 주택의 소유자들이 시공용 재정지원을 활용할 기회는 운영 및 유지관리에 비해 종종 더 많기 때문에, 설계팀은 건물 사용시에 에너지와 자원의 절감을 도울 최첨단 특징들의 통합에 초점을 두었다. 검증은 이러한 설계적 특징들을 LEED for Homes 인증과정을 통해 문서화하는 형태로 이루어졌다.

5.49 이 시설은 주택처럼 느껴지도록 설계되었으며 거주자들이 서로 소통할 수 있는 공동의 라운지 공간들을 포함하고 있다. JOSH PARTEE

전략

저가형 주택 프로젝트의 빡빡한 예산 때문에 설계 팀들은 종종 다른 건물 유형에서 많이 쓰이는 정교하거나 혁신적인 그린 설계 전략들을 사용하지 못하곤 한다. 하지만 케니언 하우스의 설계 팀은 단순하고 비용이 적게 드는 다양한 전략들을 활용했고 보조금과 인센티브를 이용하여 에너지 효율성과 거주자 건강을 다루는 모범적인 주거환경을 제공하고자 했다.

부지: 이 건물은 채광과 Passive 태양열 난방이 가능한 남향을 원했다. 지역 건축조례는 건물 폭 제한을 이유로 이러한 최적의 향을 허용하지 않았다. 설계 팀은 거리에 면하는 보다 긴 건물이 거주민들에게 자기 집 창문에서 거리를 내다볼 수 있는 기회를 제공하고 건물 뒤의 보다 사적인 "뒷마당" 공간을 허용할 거라고 느꼈다. 남향은 더 많은 자연채광과 일사를 이용할 수 있게 해줄 터였다. 따뜻한 기간 동안 건물과 외부공간에 그늘을 제공할 다 자란 여러 그루의 나무들을 보호할 수 있었고, 건물의 보다 시원한 북쪽에는 안뜰과 회합 공간, 그리고 정원 공간을 배치할 수 있었다. 설계 팀은 선호하는 향을 이용하기 위한 복잡한 설계 검토 과정을 수행하기로 했다. 그러한 "큰 조치들"은 오직 다른 많은 설계 고려사항이나 현안들을 다룰 수 있을 때에만 정당화되었다.

자연환기: 거주자들은 건물 전반에 걸쳐 방 내의 개폐용 창문들과 공동의 공간들을 이용할 수 있다. 실내 조건이 불편할 때 창문을 열 수 있기 때문에 거주자들과 직원들은 열 쾌적을 어느 정도 조절할 수 있다. 정찬실의 3면에 위치한 상호 연결된 라운지 공간과 창문들은 공동의 실내공간들을 관통하는 맞통풍을 허용한다. 공동 공간 내의 천장에는 선풍기들이 달려 있다. 주거 유닛들은 천장에 선풍기를 설치할 수 있게 설계되어 있으며, 몇몇 거주자들은 이 장치들을 설치했다.

Passive 태양열 난방: 120피트(36.6m) 길이의 정면은 Passive 태양열 난방이 가능한 남쪽에 면해있다. 건물 남쪽 입면상의 크고 높은 창문들은 추운 기간 동안 태양복사열로 내부 공간이 따뜻해지게 한다. 지붕의 내물림과 부지 상의 낙엽수들은 따뜻한 기간 동안 이 방향으로 그늘이 지게끔 돕는다. 건물의 북쪽에는 추운 기간 동안의 열 손실을 최소화하기 위해 글레이징의 설치를 줄였다.

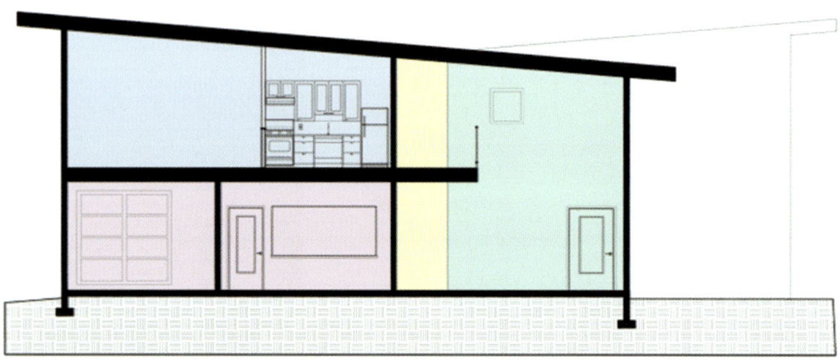

5.50 남쪽에 면한 경사지붕의 최고점과 2개 층 높이의 공동 라운지 공간을 보여주는 건물 단면도. SMR ARCHITECTS

5.51 정찬실 내의 정면 글레이징은 외부 안뜰과 뒷마당 공간을 내다본다. JOSH PARTEE

자연채광: 이 부지의 향은 풍부한 자연채광의 기회들을 제공하는데, 이로써 전기조명의 에너지 소비를 줄이고 거주자들을 위한 밝고 생기 있는 내부 공간들을 만드는 데 일조한다. 중복도형 복도 배치로 인해 절반의 유닛들은 북쪽에, 또 절반의 유닛들은 남쪽에 위

치한다. 건축적인 형태와 창문내기는 이런 두 향에 맞춰 반응하면서 거주자들이 거주하는 공간 내에 다른 자연채광 특성들을 제공한다. 경사지붕들은 전형적으로 남북방향의 물매를 갖는데, 거리에 면한 유닛들이 더 높은 천장과 세로로 더 긴 창문들을 갖고 있다. 자연광은 이 유닛들의 평면 깊숙이 침투할 수 있다. 건물 북쪽의 천장 높이는 더 낮으며 더 작은 창문들이 자연광을 공간 속으로 확산시킨다. 동쪽과 서쪽 입면에는 이런 향의 낮은 태양각도로 인해 일어날 수 있는 눈부심 효과를 통제하는 데 도움이 될 창문이 거의 배치되지 않았다.

5.52 주거유닛들 사이의 공통 공간들과 함께 중복도실 배열을 보여주는 지하층 평면도. SMR ARCHITECTS

5.53 주거유닛들의 세로로 긴 창문들과 공동공간 내의 커다란 정면 글레이징 영역들이 건물 내에 풍부한 자연광을 제공한다. JOSH PARTEE

자원 보존: 이 프로젝트의 예산으로는 정교한 건물 관리 및 조명제어 시스템이 불가능했지만, 물과 에너지의 사용을 최소화하기 위해 몇 가지 단순하면서도 비싸지 않은 전략들이 활용되었다. 실내 및 공간 난방 온수를 제공하기 위해 두 대의 똑 같은 고효율(95%) 가스 보일러를 사용했다. 각각의 보일러는 설계 용량 이하로 작동할 수 있었다. 이 시스템을 선택한 이유는 시간이 지나면서 건축주들의 간접비를 줄여줄 요지보수 수요를 최소로 할 수 있었고, 가스 설비 보조금의 혜택을 받을 수 있었기 때문이다. 이 건물에는 에어컨이 없다. 냉각과 환기에는 개폐용 창문들과 천장 선풍기들이 사용된다. 건물 전반에 걸친 커다란 창문들은 내부공간에 풍부한 자연광을 전달하면서 전기조명 수요를 줄인다. 시설 전반적으로 있는 점유 센서들은 전기조명의 사용을 더 줄여준다. 거주자들은 그들의 열과 물, 혹은 전기 사용료를 직접 지불하지 않는다. 하지만 유닛들은 개별적인 계량기가 앞으로 설치될 수 있게끔 전선 연결되었다.

물 소비를 줄이기 위해 수도꼭지와 변기, 샤워꼭지를 포함한 절약형 배관 장치들이 시방되었다. 부지 조경에는 관개를 하지 않는다. 많은 거주자들이 담배를 피기 때문에 유닛들의 퀴퀴한 공기를 배출하기 위해 욕실 천장의 환풍기들이 계속해서 돌아간다. 이 환풍기들은 불필요하게 열을 배출시키지만, 적절한 내부 공기 질을 제공하는 데에는 결정적으로 중요하다. 레인지후드의 환풍기들은 레인지가 작동될 때에만 돌아가도록 설계되어 있

5.54 부지 조경을 위해 관리하기 쉽고 관개가 필요 없는 식물들을 심는다. JOSH PARTEE

어, 거주자들이 장치를 끄지 않더라도 에너지를 절약하게 도와준다. 욕실과 레인지후드의 환풍기들은 모두 Energy Star 인증을 받았다. 송풍기 테스트를 통해 광범위한 기밀성 시험을 수행했다.

실내 공기질 IAQ: 많은 거주자들의 건강이 좋지 않은 관계로 내부 공기질은 건축주에게 주요한 사안이었다. 시설 전반에 걸친 개폐용 창문들은 거주자들이 신선한 공기를 접할 수 있게 한다. 재료들은 무독성으로 세심하게 선택되었다. 휘발성 유기화합물을 적게 함유한 카펫과 도료, 그리고 그것이 아예 첨가되지 않은 접착제와 합판, 조리대, 그리고 케이스들이 이 프로젝트에 사용되었다. 난방은 유닛과 공동공간 내의 순환수 방식 핀–관 Fin-Tube 방열기들을 통해 제공이 된다. 중앙 온수난방 시스템을 사용한다는 것은 공기가 각 유닛 내로 들어가지 않고 있을 때 덕트들을 제거하고 공기에 떠다니는 알레르기 유발물질 및 오염물질들을 더 쉽게 통제할 수 있다는 걸 뜻했다. 복도의 기압은 양의 값을 유지하며 유닛의 문들은 방들마다 신선한 공기를 허용하기 위해 아래 부분이 잘려 있다. 퀴퀴하거나 습한 공기는 주거유닛들로부터 배출되는 것은 지속적으로 돌아가는 욕실 천장 환풍기들과 간헐적인 레인지후드 환풍 작동을 통해서다.

5.55 주거 유닛들은 널찍하고, 빛으로 가득하며, 만인을 위한 유니버설 디자인으로 설계되어 있다. JOSH PARTEE

기후 제어: 각 유닛의 간단한 자동 온도조절장치 제어를 통하여 거주자들은 유닛 내 온도를 1~5단계에 맞춰 조정할 수 있다. 개폐용 창문들은 거주자들이 개별적인 열 쾌적 조건들을 통제할 수 있게 해 준다. 유닛들에 에어컨이 없기 때문에 이는 특히 여름철에 중요하다.

재료: 내구성은 케니언 하우스의 재료들을 선택할 때 일차적인 관심 사안이었다. 시의 재정지원을 받으려면 저가형 공동주택 프로젝트가 적어도 50년은 지속되어야 한다. 설계팀은 습한 시애틀 기후에 이상적으로 들어맞는 재료인 돌출이음 금속지붕과 시멘트 보드 비막이 외장 시스템을 건물 외부에 사용하기로 선택했다. 비용을 줄이기 위해 견고한 폴리스티렌 단열재는 지붕에만 사용되었다. 건물 전반에 걸쳐 벽의 공동 내에 유리섬유 단열재가 사용되었다. 시공 중 생성되는 폐기물의 65% 이상이 매립지에서 가져온 것이었

5.56 외부 비막이 시스템. SMR ARCHITECTS

다. LEED 적용과정에 필요한 재료 교체를 위해 시공 도중에 예비비가 사용되었다. 공사 일정의 제약 속에서 이런 변화들을 일궈내기 위해 건축주와 총 도급업자, 그리고 건축가들은 긴밀하게 협력했다. 결국, 케니언 하우스는 LEED MR 2.2 섹션에서 최고의 재료 및 자원 점수를 받았다.

대안 교통수단: 케니언 하우스 부지는 대중 교통수단과의 근접성을 이유로 신중하게 선정되었다. 인근에 버스 노선이 있을 뿐만 아니라, 이 건물은 오델로 트램역으로부터 0.5마일(0.8km) 내에 위치하고 있다. 대안적인 방식의 교통수단은 건축주가 고려한 중대한 사안이었는데 많은 거주자들이 이 건물로 이주해오기 전에 무주택자였고 자가차량이 없기 때문이다. 이 부지 뒤편의 한 작은 주차장은 직원들을 위한 4대 주차를 제공한다. 현재 이 필지에는 한 명의 거주자만 차량 1대를 주차시키고 있다. 건물 외부에는 직원들을 위한 자전거주차대가 설치되었다. 거주자들은 추가적인 도난방지를 위해 자기들이 거주하는 유닛 내부에 자전거를 보관한다.

5.57 돌출이음 금속지붕 설치물. SMR ARCHITECTS

어떻게 기능하고 있는가?

예산상 사용 중 건물의 거주 후 평가를 할 수 없었다. SMR 아키텍츠는 완공한지 1년이 지나 이 건물의 전반적인 점검을 실시했다. "습득된 교훈들"을 기록하여 지식이전의 형식으로 사무실의 다른 설계자들과 함께 공유했다. 비록 이 건물이 성능을 잘 하고 있고 거주자의 피드백이 대부분 긍정적이긴 하지만, 설계팀은 유닛 간의 차음을 향상시킬 수 있었으나 그렇게 못했던 점, 카펫을 전적으로 피했어야 했다는 점, 그리고 겨울철에 욕실 환풍기가 실내에서 조절된 공기를 너무 많이 배출한다는 점을 인정한다.

이 프로젝트는 워싱턴주에서 미국 그린 빌딩 위원회가 주는 LEED for Homes (다세대주택) v.1.0 플래티넘 인증을 받은 최초의 건물이다. 케니언 하우스는 2009 노스웨스트 하우징 베스트 Northwest Housing Best도 받았다. 또한, 이 프로젝트는 노스웨스트 에코빌딩 길드 Northwest EcoBuilding Guild로부터 2009년 10×10×10 그린 빌딩 슬램 셀렉션 Green Building Slam Selection 상도 수상했다.

거주자들은 이 건물의 "그린"적인 특징들에 관심을 표현했고 그들이 뭘 도울 수 있을지를 알고 싶어한다. 사운드 멘탈 헬스는 거주자들이 건물을 어떻게 사용하고 있는지를 논하기 위해 두 달 단위로 가정모임을 가져왔다. SMR 아키텍츠가 개발한 "케니언 건강주택 가이드"는 거주자들의 작동 관련 문제들을 돕는다. 건물 관리자인 사운드 멘탈 헬스는 건물 내의 "그린" 특성들을 활용하여 거주자들의 주거환경을 사용하고 유지 관리하는 방식에 대한 논의에 그들을 끌어들인다. 이러한 접근은 거주자들이 효과적인 절차를 개발할 수 있게 도왔다.

거주자들을 위한 지침서 뿐만 아니라, SMR 아키텍츠는 직원들에게 건물을 사용하고 유지 관리하는 방법을 보여주는 별도의 지침서를 개발했다. 도급업체인 월시 컨스트럭션 컴퍼니 Walsh Construction Company는 미래의 시설관리 변화들을 보조할 작동 및 유지관리 연습 영상을 개발하기까지 했다.

추가 정보

Building Changes. http://www.buildingchanges.org/our-work/the-buzz/Kenyon-House-Green-Building-at-its-Best.html(A website with a press release describing the Kenyon House project with links to the project team and partner websites.)

Housing Resources Group(HRG). http://www.hrg.org/htm/about/press.htm(A website with a press release containing a description and a photograph of the Kenyon House project.)

Northwest Construction. http://northwest.construction.com/northwest_construction_projects/2009/1201_KenyonHouse.asp(An online article describing the project entitled "Kenyon House: Best Green Housing.")

SMR Architects. http://www.smrarchitects.com/?p=affordable_housing(A website with photograph and a description of the project.)

프랑크푸르트의 KFW 은행그룹 사옥

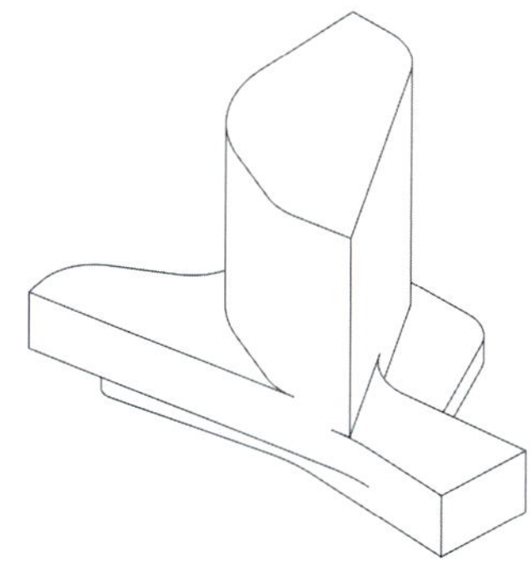

5.59 저층부 포디엄 기초 위에 놓이는 타워를 보여주는 개념적인 매스 다이어그램. SAUERBRUCH HUTTON

배경과 취지

KfW은행 그룹 **KfW Banking Group**은 1948년에 독일정부가 마샬 플랜과 유엔의 재정지원을 받아 제2차 세계대전 이후 재개발의 일환으로 설립되었다. 60년 이상 동안 KfW는 완전히 국유화된 은행이었다. 이러한 공적 소유는 KfW를 비슷한 동급의 개발은행들과 명백히 구분하는 요소로서 이 회사의 대출 업무에 있어서 높은 수준의 유연성을 허용해 왔다. 오늘날 KfW는 개발도상국에서 전개되는 재생가능 에너지 프로젝트들에 대해 대출을 세계에서 가장 많이 해 주는 은행이다. 독일 프랑크푸르트를 기점으로 하는 KfW은행그룹은 세계 각국의 50개 지사에서 4천명 이상을 고용 중이다.

이 조직 내의 강력한 환경적 책임감은 그 회사의 재생가능 에너지 대출업무보다 훨씬 더 깊이 나아간다. 이 은행은 그것의 독일 사무소들 내에서 이루어지는 사업운용의 환경적인 영향을 평가하고 관리하기 위한 "사내 환경 보호" 프로그램을 실시해 왔다. 이 프로그램은 교통수단과 출장여행, 에너지와 물과 종이의 소비, 그리고 탄소 배출에 초점을 맞춘다. 이러한 환경적인 고려들은 지난 10년에 걸쳐 이 은행의 기업 사무소 건물들을 개축하고 시공함에 있어서 중요한 역할을 수행했다.

5.58 해당 부지 인근의 번잡한 간선도로인 제펠리날리에서 바라본 건물. JAN BITTER FOTOGRAFIE

2004년에 KfW는 700명의 직원을 수용할 베슈타르카드 **Westarkade** 사무소 건물 신축 설계경기를 주최했다. 이 시설이 들어앉을 부지는 프랑크푸르트의 웨스트엔드 근린지구에 있는 기존의 기업부지로, 인근에는 팔멘가르텐 **Palmengarten** 식물원이 인접한 곳이었다. 자우어브루흐 허툰 **Sauerbruch Hutton**이 그 설계경기에서 당선되었다. 그들은 3층짜리의 곡면적인 저층부 포디엄 위에 세장한 15층짜리 사무소 타워 한 동을 세우고, 그 포디엄을 1970년대와 1980년대, 그리고 1990년대에 지어진 기존의 인근 구조물들과 연결시키는

위치
Frankfurt am Main, Germany
위도: 50.1°N, 경도: 8.7°E

난방도일
5657 기준 65°F(3143 기준 18.3°C)

냉방도일
2124 기준 50°F(1180 기준 10°C)

겨울철 설계 건구온도(99%)
17.9°F(−7.8°C)

여름철 설계 건구온도 및 평균 동시 습구온도(1%)
84.0/65.6°F(28.9/18.7°C)

일사량
1월:
279Btu/ft²/일(0.88kWh/m²/일)
6월:
1,547Btu/ft²/일(4.88kWh/m²/일)

연 강우량
26인치(658mm)

안을 제안했다. 해당 부지 상에 있던 기존의 창고 건물은 재사용하기에 부적절했기 때문에 신축 구조물을 위해 철거되었다.

5.60 첫 4개층은 제펠리날리를 따라 폭넓은 포디엄을 이루고(왼쪽), 그 위에 놓인 10개층의 타워(오른쪽)는 부지상의 지배적인 바람들을 활용할 수 있게끔 위치 설정되어 있다. SAUERBRUCH HUTTON

설계의도와 검증

KfW은행그룹의 환경적 영향과 책무에 대한 관심에 부응하여, 신축시설의 일차적인 설계 목표는 고층 사무소 건물에서의 에너지 소비에 대한 새로운 기준을 설정하는 것이었다. 그 목표는 연간 일차 에너지 31,696Btu/ft²(100kWh/m²) 미만을 사용할 건물을 설계하고, 거주자 제어 및 자연환기를 위한 개폐용 창문들을 포함하며, 여름철 최대온도 79°F (26°C)를 위해 대비하는 것이었다.

그들의 야심적인 에너지 목표를 이루기 위해, 설계팀은 설계 결정들을 위한 설계도구이자 검증수단으로서 모델링과 시뮬레이션에 크게 의존했다. 지배적인 바람 조건들의 분석, 전산유체역학 모델링, 그리고 풍동실험을 통해 설계자들은 건물의 모양과 형태, 그리고 향을 최적화하여 Passive 저에너지 환경 제어전략들을 완전히 활용할 수 있었다. 그 타워의 파사드들이 주로 동쪽과 서쪽에 면하기 때문에, 열과 자연광의 모델링을 활용하여 태양열 제어전략들을 평가하고 건축주에게 거주자의 열적 · 시각적 쾌적함이 가능함을 확인시키는 것이다. 시험을 통해 설계팀과 건축주는 혁신적인 설계 솔루션들이 프로젝트의 장 · 단기적 목표들을 만족시킬 것임을 검증할 수 있었다.

설계팀은 또한 신축 건물과 그 주변의 도시적 맥락이 맺는 관계도 주의 깊게 관찰했다. 매스 배치와 색상계획, 층층으로 물려 쌓기, 그리고 건물 요소들의 높이가 부지 주변부의 특

건물 유형
고층 사무소 타워와 회의장

면적
409,000ft²(38,000m²)

건축주
KfW Banking Group, Frankfurt

설계팀
건축설계:
Sauerbruch Hutton Architekten

에너지/기후 엔지니어링:
Transsolar Energietechnik

HVAC 엔지니어링:
Zibell, Willner & Partner

구조 엔지니어링:
Werner Sobek Frankfurt

파사드:
Werner Sobek Stuttgart

전기 엔지니어링:
Reuter/Mosbacher & Roll
Rührgartner GmbH

소방:
hhpberlin Ingenieure für
Brandschutz GmbH

교통 시스템:
Jappsen + Stangier Oberwesel
GmbH

조경설계:
Sommerlad Haase Kuhli

음향 및 물리: Müller-BBM

조명: Licht Kunst Licht

교통계획:
Durth Roos Consulting GmbH

프로젝트 관리:
Weber Baumanagement,
Architekten Theiss

완공
2010년 7월

성능척도
에너지 활용지수(EUI):
목표:
31,696Btu/ft²/년(100kWh/m²/년)

실제: 측정불가
탄소배출량: 현재 측정불가
물 사용량: 현재 측정불가

정한 기존 조건들에 반응한다. 이 새 건물의 건축은 주변의 도시적 맥락에 등을 돌리지 않는 대담한 진술을 한다.

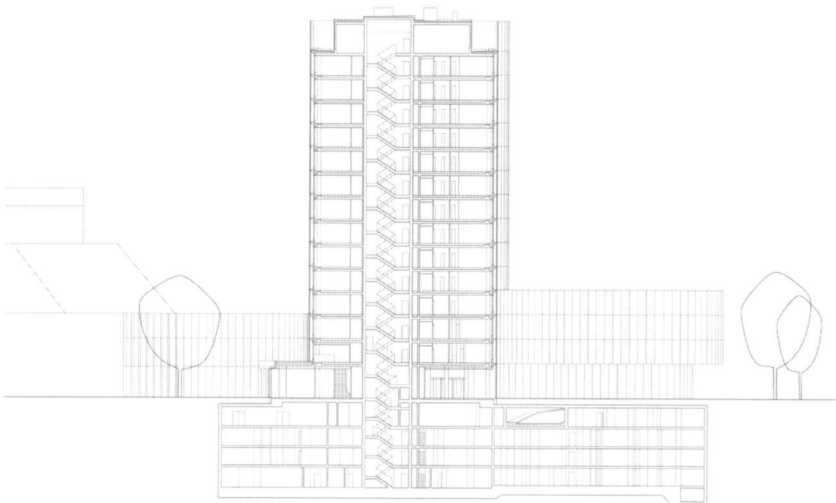

5.61 타워와 포디엄, 지하층을 보여주는 건물 단면도. SAUERBRUCH HUTTON

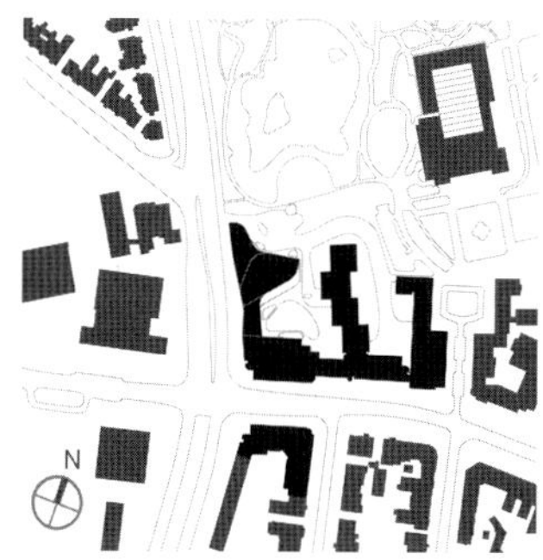

5.62 신축건물이 기존의 KfW 캠퍼스와 팔멘가르텐, 그리고 두 번 잡한 간선도로들의 교차점과 맺는 관계를 보여주는 부지계획도. SAUERBRUCH HUTTON

전략

부지의 맥락은 베슈타르카드 프로젝트에서 추구하는 그린 전략들에 있어서 결정적으로 중요한 역할을 수행했다. 이 건물의 모양과 향은 지역적인 태양 및 바람 조건들에 직접 반응하며, 이를 통해 설계 팀은 에너지 효율성과 거주자 만족도를 최적화하기 위한 수많은 전략들을 활용할 수 있었다.

부지: 이 건물은 부지의 주변부에 존재하는 세 개의 뚜렷한 도시적 조건들에 반응한다. 긴 3층짜리 포디엄은 서쪽의 번잡한 제펠리날리 Zeppelinallee 간선도로를 따라 하나의 거리 벽을 형성하면서 타워의 토대 역할을 한다. 남쪽 방향으로는 이 3층짜리 포디엄이 기존의 KfW 건물과 연결된다. 신축 건물은 이웃 건물과 층간 높이들이 일치하며, 북동쪽에서는 식물원과 만난다. 이 그린 조경 요소를 프로젝트 부지에 끌어넣으면서 서쪽으로는 포디엄 요소에 의해, 그리고 남쪽으로는 기존 KfW 캠퍼스 시설들에 의해 거리풍경의 잡음과 차량들로부터 분리되는 야외의 도시 오아시스가 만들어진다.

이중외피: 설계팀은 그들이 "압력 링"이라 부르는 건물을 위한 독특한 이중외피 파사드 시스템을 고안하였다. 이 타워의 방향은 지배적인 풍향을 따르며 바닥 평면의 모양은 항공기의 날개를 닮아 있다. 공기가 외피 주위로 흐를 때, 양의 압력을 받는 영역은 바람을 받는 면이 되고 음의 압력을 받는 보다 큰 영역은 바람이 불어나가는 면이 된다. 이 파사드는 안쪽의 단열 글레이징 층과 바깥쪽의 단창 글레이징 층이 가장 깊은 지점에서 28인치(710mm)의 공동공간을 두고 분리되는 구성을 하고 있다. 바닥 슬라브들은 바닥들 사이의 공동을 메우게끔 바깥쪽의 글레이징 층으로까지 연장된다. 안쪽의 글레이징 층은

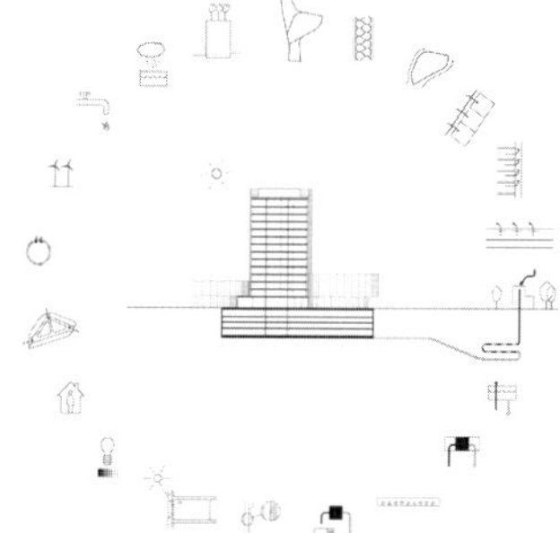

5.63 설계팀이 베슈타르카드 건물 내부에 통합시킨 에너지 개념을 보여주는 다이어그램. SAUERBRUCH HUTTON

저방출 low-ε 코팅된 단열 글레이징 유닛 IGU이 끼워진 전형적인 알루미늄 커튼월 시스템을 사용한다. 바깥쪽 글레이징 층은 폭넓게 고정된 단창 글레이징 유닛들과 좁은 개폐용 보조익들이 있는 삼각 돌출부들로 구성된다. 파사드는 3가지의 다른 방식으로 작동하게끔 계획되어 있는데, 겨울철에는 보조익들을 닫음으로써 열적 완충공간을 만들어내고 바람의 방향은 외피 주위로 흐르게 된다. 봄과 가을에는 내부 공간의 자연환기를 위해 보조익들을 열어 공기가 공동 내로 흐르게 한다. 여름철에는 공기가 내부로 들어오지 않도록 보조익들을 열게 함으로써 압력 차이를 통해 따뜻한 공기가 공동 공간을 관통하며 나오게 한다.

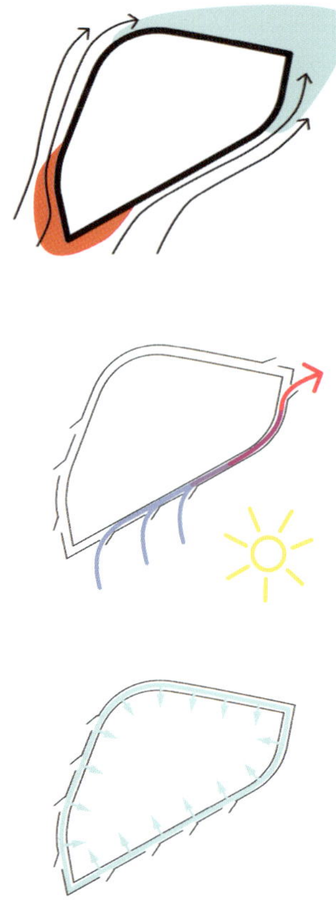

5.65 이중외피의 "압력 링" 개념을 보여주는 다이어그램들. SAUERBRUCH HUTTON

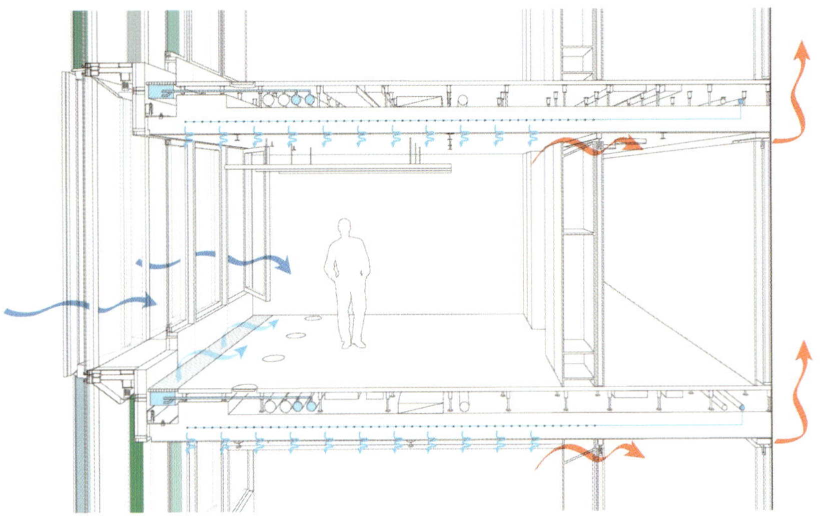

5.64 사무실들을 통해 흐르다가 건물의 코어 샤프트 속으로 배출되는 기류를 보여주는 자연환기 다이어그램. SAUERBRUCH HUTTON

자연 환기: 이 건물은 외부 온도에 따라 자연환기나 기계적 환기 중 어떤 방식으로든 작동되게끔 설계되어 있다. 자연환기 모드에서는 바깥쪽 글레이징 층의 개폐용 보조익들을 통해 우세한 바람들이 이중외피의 공동 공간 속으로 유입된다. 이러한 자동화된 보조익들은 안쪽 글레이징 층에서 고르게 분산되는 풍압을 만들어내게끔 조정되어, 내부를 관통하는 과도한 맞통풍을 최소화하는 데에 일조한다. 환기용 공기는 거주자가 조절하는 개폐용 창문들을 통해서든 공기 유입구들을 통해서든 건물 내부에 유입된다. 설계의도는 공기가 파사드로부터 사무실과 복도로 들어왔다가 샤프트에서 굴뚝 효과를 통해 배출되게 하는 것이었다. 안쪽의 글레이징 층에 개폐용 창문들을 배치함으로써 다른 직원들에게 틈새바람과 음향적인 방해를 주지 않고도 어느 정도 개별적인 자연환기 제어가 가능하다.

5.66 이중외피는 커다란 유리창과 환기를 위한 좁은 개폐용의 채색 패널들로 구성된다. JAN BITTER FOTOGRAFIE

Passive 태양열 난방: 콘크리트 바닥 슬라브들이 이루는 축열체는 태양복사열을 흡수하고 겨울철에는 열을 저장했다가 다시 방출시키는데, 이렇게 함으로써 내부공간의 Passive한 난방과 기계적 난방 수요의 절감에 일조를 한다. 이중외피의 공동공간 내부에 위치하는 자동화된 차양장치들은 여름철의 원치 않는 일사획득을 제어하는 것을 돕는다. 이중외피 공동 공간 내의 슬라브들은 직접적인 태양복사열을 흡수하여, 봄과 가을에 환기되는 공기가 개폐용 창문들이나 환기구들을 통해 건물로 유입되기 전에 예열될 수 있도록 돕는다.

자연채광: 모든 사무실들은 건물의 주변부를 따라 배치됨으로써 근무자들이 업무공간에서 풍부한 자연광을 접할 수 있게 하며 전기조명에 사용되는 에너지의 양도 줄여 준다. 건물 사용자들이 가장 많은 시간 동안 점유하는 업무공간은 자연광을 가장 많이 이용하는 곳이다. 사용자들이 점유하는 시간이 거의 얼마 안 되는 공간들(예를 들어 엘리베이터나 계단, 화장실, 복도 등)은 건물의 파사드에서 벗어난 곳에 위치한다. 동선을 위한 복도는 각 사무실 층마다 세 군데에서 건물의 파사드까지 연장됨으로써 건물의 코어 공간 내에 약간의 자연광을 유입시킨다.

5.67 내부의 동선을 위한 복도는 타워 각 층의 세 군데에서 파사드까지 연장됨으로써 자연광이 건물의 코어에 도달할 수 있게 한다. JAN BITTER FOTOGRAPHIE

지중덕트: 외부 기온이 77°F(25°C) 위로 올라가거나 50°F(10°C) 밑으로 떨어질 때, 내부 공간은 기계적으로 환기가 이루어진다. 외부 공기는 건물 부지의 경계에 위치한 98피트(30m) 길이의 지열용 지중 덕트 속으로 빨려 들어간다. 팔멘가르텐 식물원과 인접한 이 위치는 이 시스템 내에 오염된 공기를 흡입할 위험이 가장 적기 때문에 선택되었다. 건물의 환기 시스템 속으로 공기를 보내기에 앞선 사전 공기조화를 하는 데에 일관된 지열이 사용된다. 여름철에는 지온이 주변 기온보다 더 낮아서 시스템 내부로 흡입되는 공기를 시원하게 만든다. 겨울철에는 지온이 주변 기온보다 높아서 시스템 내부로 흡입되는 공기를 따뜻하게 만든다. 사전 공조된 공기는 이중마루로 연결되는 일련의 수직 샤프트들

속으로 유입된다. 환기용 공기는 파사드 근처 사무실들로 유입된 다음 자연환기 방식에서와 같은 방식으로 복도를 통해 배출된다.

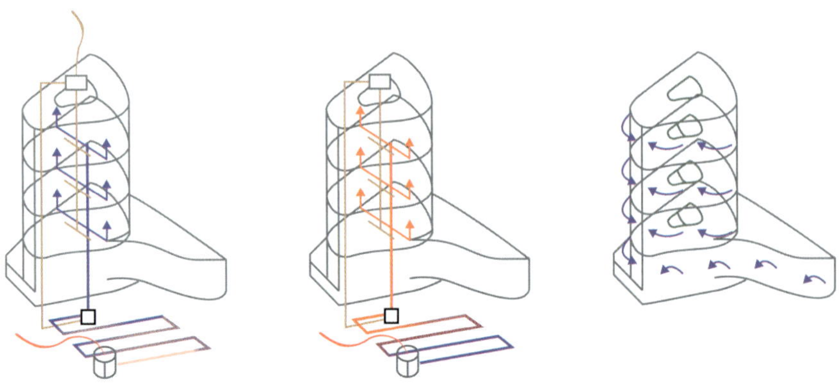

5.68 환기용 공기의 사전공조를 위한 지중덕트 시스템(왼쪽 및 중앙)과 자연환기 방식(오른쪽)을 보여주는 개념 다이어그램들. SAUERBRUCH HUTTON | TRANSSOLAR

냉난방: 이 건물은 건물에 대한 기초 냉난방 부하들을 처리할 수 있는 고효율의 지역 냉·온수 시스템과 연결되어 있다. 열반응성 thermo-active 슬라브들은 건물에 복사를 이용한 냉난방을 제공한다. 이 에너지 효율적인 복사 냉난방 시스템은 천장 내부의 강제 송풍 덕트가 없이도 쾌적한 실내온도를 유지한다. 전기 대류방열기 유닛들은 겨울철 동안 파사드의 차가운 조건들을 완화하는 데에 일조한다. 옥상의 냉각탑은 밤에 슬라브 축열체 내에 시원함을 저장함으로써 여름철 복사 냉방 시스템에 "자유로운" 야간 냉각기능을 제공하며, 다음날에는 열을 흡수하여 열 쾌적조건을 유지한다. 환기용 공기로부터 회복된 열은 열교환 시스템을 통하여 열 복사용 슬라브들을 위해 물을 가열하는 데에 사용된다. 베슈타르르카드에 있는 탈중심화된 냉각기들은 어떤 최대 냉방부하도 충족시키지 않는다.

에너지 효율 지원설비: 이 건물은 전기를 보존하고 직원 대기시간을 줄여주는 혁신적인 스마트 엘리베이터 시스템을 활용한다. 단순히 엘리베이터 호출 버튼을 누르는 게 아니라, 사용자들은 키 패드상에 가고자 하는 층을 입력하거나 자신의 신분증을 스캐닝한다. 이 시스템은 직원들을 특정 엘리베이터들로 군집화하거나 집단화하며, 이로써 층 정지 수와 빈 승강기의 왕복 수를 줄이고 에너지를 보존한다.

물 보존: 절약형 배관들은 베슈타르르카드 프로젝트 전반에 걸쳐 설치된다. 우수집수 시스템은 빗물을 모아 탱크 속에 저장한다. 집수된 물은 건물 설비 내의 비 식수원 용도가 아닌 다른 용도로 사용된다.

옥상녹화: 인근 팔멘가르텐 경관과의 조화, 지붕막의 보호와 단열, 그리고 직원들이 여러 야외 안뜰에서 바라볼 수 있는 녹지공간 마련을 위해 관리중량형 옥상녹화 시스템을 3층짜리 포디엄 위에 조성하였다.

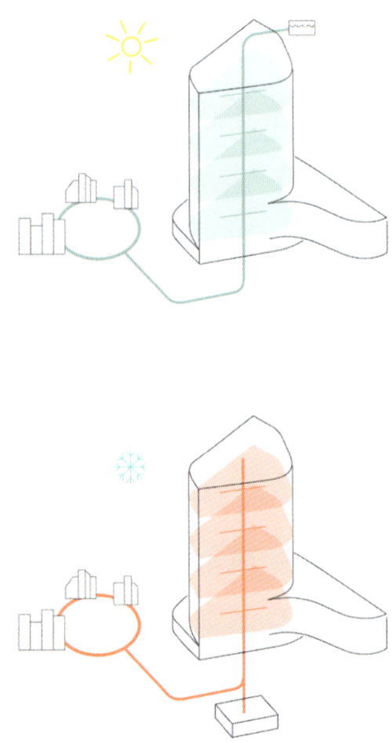

5.69 냉난방 부하들은 지역의 냉온수 시스템에 의해서 처리가 된다. SAUERBRUCH HUTTON & TRANSSOLAR

대안 교통수단: 이 건물은 브로켄하이머 바르트 Brockenheimer Warte 지하철 역과 지상 트램 노선에서 1/4마일(0.4km) 떨어져 있어 교통이 편리한 위치에 있다. 다양한 대중 교통 수단들을 선택할 수 있어 직원들이 근무지까지 운전할 필요를 덜어준다.

재료: 이 건물은 콘크리트 구조다. 건물 전반적으로는 환기를 위한 이중마루가 사용되었다. 사무실의 파티션들은 미래에 쉽게 바꿀 수 있는 적층 복합목재들로 구성되어 있다. 설계팀은 이중외피의 안쪽 층에 전형적인 알루미늄 커튼월을 광범위하게 사용하였다. 이중외피의 바깥쪽 층은 환기 보조익들을 위한 불투명한 패널들을 사용하였다. 이 보조익들의 색상은 현재의 도시적 맥락에서 나타나는 색상들과 조화를 이루고 있는데, 즉 제펠리날리를 따라 이어지는 파사드에는 붉은색 톤을, 기존 KfW 캠퍼스 건물들에 면한 파사드에는 푸른색 톤을, 그리고 팔멘가르텐 식물원에 면한 파사드에는 초록색 톤을 사용한다.

5.70 환기를 위해 개폐되는 채색된 바람 보조익들이 있는 베슈타르카드 빌딩의 외피. 이 색채계획은 특히 파사드의 향에 맞춰 반응한다. JAN BITTER FOTOGRAFIE

어떻게 기능하고 있는가?

사용 중 건물의 거주 후 평가는 아직 수행되지 않았다. 하지만 하나의 제3기구가 지속적인 건물 성능과 운영을 모니터링할 책임을 맡게 될 것이다. 이 건물이 의도한 대로 성능을 발휘하고 있는지 여부를 결정하기 위해 실제적인 성능 데이터가 설계단계 동안 모델링과 시뮬레이션, 그리고 계산을 통해 이루어지는 예측 결과들과 비교될 것이다.

설계팀은 미국에서 사용되는 에너지 환경 설계리더십 LEED 시스템, 영국에서 사용되는 BRE 환경평가법 BREEAM, 독일에서 사용되는 Solarbau와 같은 국가마다 특수한 수많은 건물 인증 시스템들을 평가하였다. 비록, 베슈타르크카드 건물을 설계하는 동안 다양한 인증 방법과 절차, 계산, 그리고 지침들이 유용하다고 판명되었다 하더라도, 이 건물의 인증에 적합한 시스템으로 선택하기에 그 자체로 충분히 완전하다고 여겨지는 경우는 아무것도 없었다.

추가 정보

Gonchar, J. 2010. "More Than Skin Deep." 『Architectural Record』 July 2010: 102-104.(A print article, which describes the project and the double-skin facade system.)

KfW Bankengruppe. www.kfw.de/EN_Home/KfW_Bankengruppe/Our_Actions/Sustainability/In-house_environmental_protection.jsp(A website outlining KfW Bank's "in-house environmental protection" program, which includes information on the new office tower in Frankfurt.)

Sauerbruch Hutton. www.sauerbruchhutton.de/images/kfwbanking_group_en.pdf(A two-page down loadable document that includes project information, design strategies employed, and color images and diagrams.)

배경과 취지

마니토바 수력 발전은 캐나다에서 네 번째로 큰 전기 및 천연가스 공급업체다. 이 회사는 주가 소유하고 있고 판매되는 대부분의 전기는 재생가능한 수력 발전용 전원들로부터 온다. 마니토바 수력 발전은 세계 어디에서도 가장 낮은 공공요율들을 일부 책정하고 있다.

이 신축 기업본사가 완공되기 전에, 직원들은 위니펙 Winnipeg 교외에 위치한 많은 사무소들로 분산되었다. 신축건물은 이러한 사무소들을 한 단지 안에 모아 교외 사무소들에 있는 직원들을 교통수단 선택의 여지가 더 많고 도심의 편의를 활용할 수 있는 위니펙 도심으로 합병시킬 것을 의도한 것이었다. 이 부지를 특히 선정한 이유는 위니펙의 대중 교통수단 노선들과 가까이 있다는 이점과 더불어 그곳이 도심을 강화하고 다시 활성화시킬 건물의 설계와 시공을 위해 제공하는 잠재력 때문이었다.

5.71 마니토바 수력 발전 본부의 북쪽 및 동쪽 입면. 3층짜리 포디엄 위에 놓인 타워와 타워 지붕보다 높이 솟은 태양열 굴뚝을 보여주고 있다. EDUARD HUEBER & ARCHPHOTO INC.

5.72 두 타워의 단면과 아케이드 포디엄 위의 겨울 정원들에 대한 초기 설계 스케치. BRUCE KUWABARA & KPMB ARCHITECTS

위치
Winnipeg, Manitoba, Canada
위도: 49.9°N, 경도: 97.1°E

난방도일
10,350 기준 65°F(5750 기준 18.3°C)

냉방도일
1819 기준 50°F(1011 기준 10°C)

겨울철 설계 건구온도(99%)
-21.8°F(-29.9°C)

여름철 설계 건구온도 및 평균 동시 습구온도(1%)
84.1/68.6°F(28.9/20.3°C)

일사량
1월:
461Btu/ft²/일(1.45kWh/m²/일)
6월:
2,025Btu/ft²/일(6.39kWh/m²/일)

연 강우량
19인치(483mm)

2009년 9월에 완공된 695,250ft²(64,591m²)의 마니토바 수력 발전 본부단지는 소매상가 공간을 포함하는 3층짜리 공공 아케이드 위에 1,800명의 직원들을 수용하는 2채의 18층짜리 사무소 타워들로 구성되어 있다. 건물 북쪽에는 태양열 굴뚝 하나가 배치되었는데 그 18층짜리 타워들 위로 솟아 올라 그 굴뚝 꼭대기와 다른 건물 파사드들이 태양복사와 우세한 바람에 제약 없이 접근할 수 있게 한다.

설계의도와 검증

재생가능 전력의 대규모 생산자인 마니토바 수력 발전은 더 온화한 기후에 있는 전형적인 사무소 건물들보다 적어도 60%는 더 적게 사용하는 에너지 효율성의 새로운 표준을 정립할 건물을 상상했다. 마니토바 수력 발전은 또한 주변의 도시적 맥락을 개선시키고 건물을 사용하는 직원들의 쾌적함과 생산성을 보장하자는 건축적인 진술을 하고 싶어 했다.

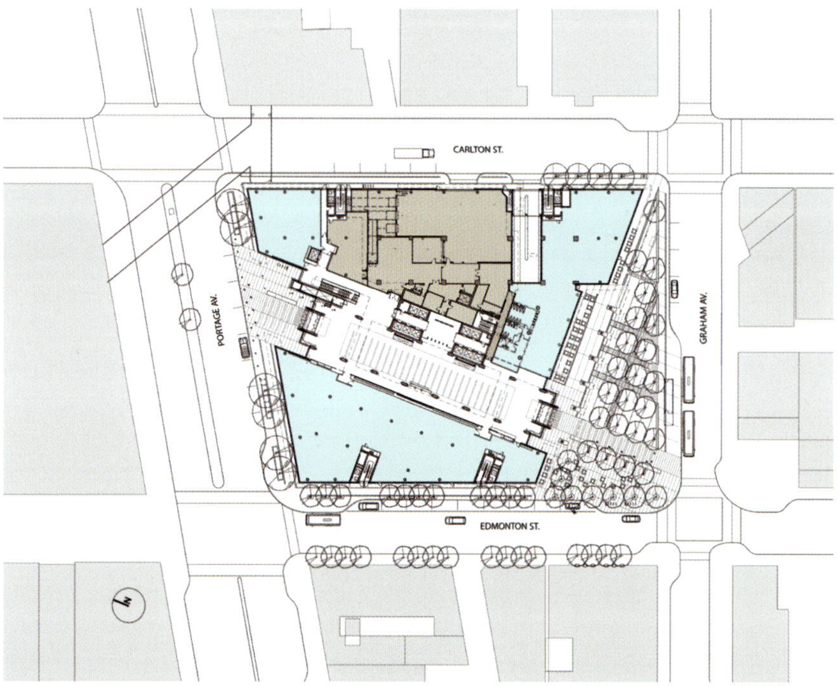

5.73 마니토바 수력 발전 본부의 부지계획도. 공공이 이용하는 1층 아케이드와 외부 광장을 보여주고 있다. KPMB ARCHITECTS

이 건물을 설계할 유명한 건축사무소들이 대량으로 실려 있는 목록으로부터 쿠와바라 페인 맥케나 블룸버그 아키텍츠 **KPMB: Kuwabara Payne McKenna Blumberg Architects**가 선정되었다. 다른 컨설턴트들(광대한 팀을 이루는 디자이너, 엔지니어, 전문가들)도 역시 비슷하게 면담을 거쳐 건축주에 의해 선정되었다. 이렇게 편성된 전체 설계팀은 하나의 기나긴 통합설계과정을 시작했다.

이 프로젝트의 가장 어려운 점들 중 하나는 입지였다. 위니펙은 겨울철에 20mph(8.9m/s)의 풍속으로 −30°F(−34°C)까지 떨어지고 여름철에는 95°F(35°C)까지 올라가는 혹독

건물 유형
혼합용도(사무소/상가)

면적
695,250ft²(64,591m²)

건축주
Manitoba Hydro

설계팀
건축설계:
디자인:
Kuwabara Payne McKenna Blumberg Architects (KPMB)

법적 검토 및 등록:
Smith Carter Architects and Engineers

LEED 인증관련 변호:
Prairie Architects Inc.

에너지/기후 엔지니어링:
Transsolar Energietechnik

기계/전기 엔지니어링:
Earth Tech Canada Inc.

구조 엔지니어링:
Crosier Kilgour

건물 외피:
Brook Van Dalen & Associates

건설관리:
PCL Constructors Canada Inc.

완공
2009년 9월

성능척도
에너지 활용지수(EUI):
목표:
31,700Btu/ft²/년(100kWh/m²/년)

실제:
29,000Btu/ft²/년(92kWh/m²/년)

탄소배출량:
1.1lb CO^2/ft²(5.4kg CO_2/m²]

물 사용량: 현재 측정불가

한 기후조건을 갖는다. 철저한 기후조건분석을 해본 결과 위니펙이 겨울철에 극히 추울 수는 있지만, 춥고 거친 기후에 있는 대부분의 도시들보다는 더 온화하다는 사실이 드러났다. 설계팀은 위니펙이 Passive 태양열 난방(과 자연채광) 전략들을 활용할 이상적인 입지임을 깨달았다. 단지의 향과 매스계획은 부지의 태양열 잠재력을 활용하도록 세심히 조율되었다.

설계조치의 검증에는 광대한 컴퓨터 모델링과 시뮬레이션이 수반되었다. 근무지 온도(복사온도와 대기온도 모두)에 대한 열 모델링은 사용자의 열 쾌적을 위한 이점들이 있었기 때문에 동적 이중외피의 사용을 정당화할 수 있게 해 주었다. 건물 주변부 근처의 바람 조건과 바닥 판들을 가로지르는 수평환기기류 및 태양열 굴뚝 내의 수직환기기류에 대한 연구에는 전산유체역학 모델들이 활용되었다. 또한, 근무자들이 파사드에 가까이 접근하여 에너지를 소비하는 전기조명의 수요를 줄이고 더 많은 조망적 접근을 누리게 될 거라는 생각을 보강하는 자연채광 모델링도 이루어졌다.

5.74 이 프로젝트에 사용된 통합 "그린" 설계전략들을 보여주는 다이어그램. BRYAN CHRISTIE DESIGN

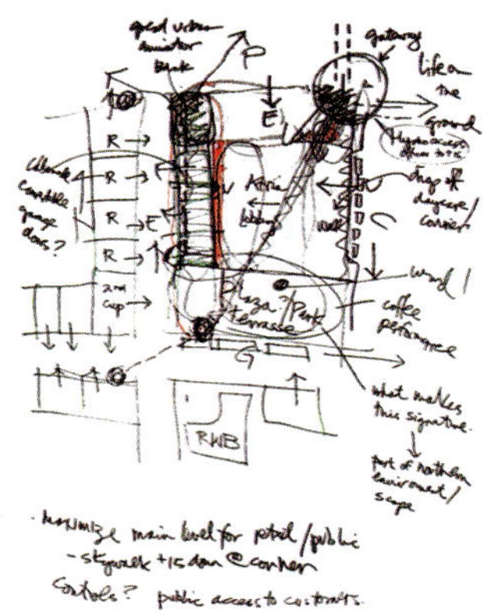

5.75 통합설계과정 동안 이루어진 개념 스케치. KPMB ARCHITECTS

5.76 1층 공공 아케이드에 대한 개념 스케치. KAEL OPIE AND KPMB ARCHITECTS

전략

마니토바 수력 발전 본부는 위니펙의 기후 자원들과 이 프로젝트에 특수한 부지의 향을 이용하고 에너지 효율적이면서도 사용자에게 쾌적한 근무지를 만들기 위해 설계된 수많은 전략들을 활용하였다.

부지: 마니토바 수력 발전 본부와 위니펙 도심에 있는 그 부지의 관계는 설계팀과 건축주 모두에게 매우 중요했다. 마니토바 수력 발전은 직원들이 대중 교통수단을 더 잘 이용할 수 있도록 교외에 있는 많은 사무소들을 하나의 중심단지로 병합하기로 했다. 마니토바 수력 발전 직원들의 대부분은 이제 대중 교통수단을 타고 출퇴근을 하며, 이는 수 마일을 여행하는 차량이 환경에 미치는 영향을 줄여 준다. 또한, 이 건물은 도심 속의 한 두드러진 장소를 점유하며, 그것은 도심의 재활성화에 긍정적인 영향을 주려는 의도였다. 상업 소매공간들이 있는 공공 아케이드를 통해 일반 대중들은 이 건물을 사용할 수 있다. 설계팀은 건물의 매스계획이 주변 맥락에 미치는 영향을 주의 깊게 연구했다. 캐노피는 건물로부터 바람의 방향을 바꾸어 보행자들이 걷는 보행로를 보호하는 데에 일조한다. 직원들이 종종 점심을 먹기 위해 바깥에 앉곤 하는 인근의 에어 캐나다 플라자 Air Canada Plaza는 여름철 동안 수력 발전 본부가 제공하는 그늘의 보호를 받는다.

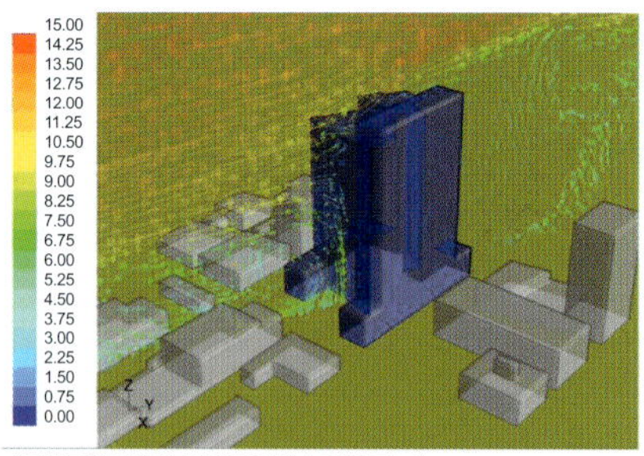

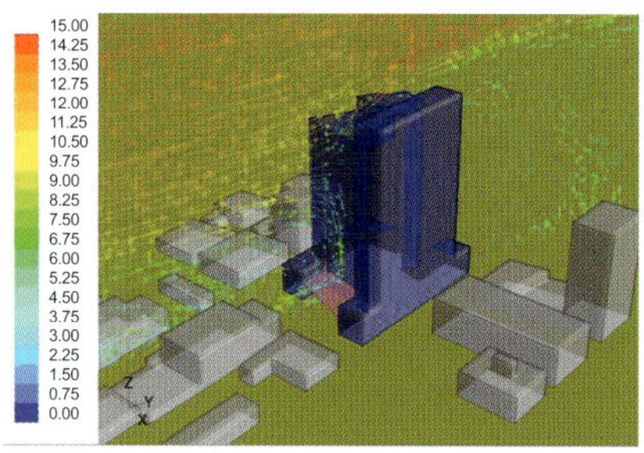

5.77 건물 형태가 도시적인 맥락 속에서 바람 효과에 미치는 영향을 보여주는 전산유체역학 모델들. 부지 주변 보행로들로부터 바람의 방향을 전환하기 위한 캐노피(우측)가 도입되었다. TRANSSOLAR

자연환기: 이중외피 내의 개폐용 창문들은 건물 사용자들이 봄 · 가을 환절기 동안 근무지 내의 열 조건들을 개인적으로 제어할 수 있게 해준다. 3개의 6층짜리 겨울정원들은 남쪽에서 불어오는 우세한 바람들을 포착하고 외기를 사전 공조한 다음 이중마루 환기 시스템에 활용시킨다. 유입공기의 가습과 탈습은 아트리움 내의 마일라 리본 인공폭포들을 활용함으로써 이루어진다. 온수는 건조한 겨울 유입공기를 가습화하고 냉수는 여름철의 습한 유입공기를 탈습화한다. 건물의 북쪽 끝에 있는 6개의 3층짜리 아트리움들은 사무공간들로부터 돌아오는 공기를 잡아 377피트(115m) 높이의 태양열 굴뚝 속으로 유입시킨다. 여름철에는 태양이 이 굴뚝 공간의 꼭대기에 있는 요소들을 가열시켜 내부 공기의 부력을 증가시키고 공기를 위로 끌어당긴다. 모래로 채워진 굴뚝 꼭대기의 파이프들 낮

시간 동안 일사를 흡수하고 밤에는 그 열을 방출하여 온도가 더 낮은 굴뚝 내의 공기를 따뜻하게 만든다.

5.78 두 직선형 사무소 부분들 사이에 위치한 겨울 정원들과 태양열 굴뚝을 보여주는 일반층 평면도. KPMB ARCHITECTS

Passive 태양열 난방: 위니펙은 온도가 극히 낮을 때 햇빛이 드는 유리한 특징을 갖고 있다. 이런 이유로, 마니토바 수력 발전 본부에는 Passive 태양열 난방 전략이 적합했다. 남쪽에 면한 3군데의 겨울 정원들은 콘크리트 바닥 슬라브들이 일사를 흡수했다가 방출하여 유입공기를 예열시키는 온실 기능으로 의도된 것이다. 그 공기는 온실을 통해 사무공간 내 이중마루 밑에 위치한 환기공간 속으로 이동하며 분산된다. 유입용 루버에 있는 팬–코일 유닛들을 활용함으로써 유입공기의 추가적인 난방이나 냉방이 수행되지만, 설계팀은 Passive 태양열 예열이 에너지를 보존할 것으로 기대한다. 이중외피 공동 및 아트리움 공간들 내부의 콘크리트 슬라브들 속에 장착된 복사용 배관들 또한 축열체 요소들 내부의 열을 잡아 저장한 후에 열교환 시스템을 통해 지열 저장영역으로 전달시키도록 설계되어 있다.

이중외피: 이 건물의 동쪽과 서쪽에 있는 동적 파사드들은 3피트(0.9m)의 공동공간으로 분리되는 두 층의 글레이징들로 구성된다. 바깥쪽 층은 고정용과 개폐용의 저철분, 저방출 low-ε 코팅단열 글레이징 유닛들로 구성된다. 안쪽 층은 고정용과 개폐용의 저방출 코팅 단창 글레이징으로 구성된다. 파사드 바깥쪽 층에 있는 창문들은 건물관리시스템을 통해 열리고 닫힘으로써 공동을 환기시키는 반면, 안쪽 글레이징 층에 있는 창문들은 건물 사용자들에 의해 수동으로 작동된다. 이 저철분, 저방출 코팅된 유리는 자연광의 내부 투과율을 극대화하는 한편 높은 열 저항을 유지하도록 의도되었다.

5.79 이중외피의 바깥 층에서 건물관리시스템으로 제어되는 개폐용 창문들. TOM ARBAN & TOM ARBAN PHOTOGRAPHY

자연채광: 자연채광은 전기조명 등이 사용하는 에너지의 양을 줄이기 위해 광범위하게 사용되었다. 마니토바 수력 발전 본부에서 (Passive 태양열 난방 및 자연환기에 사용되는) 겨울 정원들은 건물의 남쪽을 차지한다. 결국, 2개의 사무소 바닥 평면들은 서쪽과 북동쪽을 향해 있다. 바닥 평면들은 모든 근무자가 창문으로부터 30피트(9m) 이내에 있도록 길고 좁게 유지된다. 게다가, 근무공간으로의 자연광 분산을 늘리기 위해 격실화된 사무실들은 파사드와는 멀고 서비스 코어와 가까운 곳에 배치했다. 천장 높이는 자연광이 바닥 평면 깊숙이 도달할 수 있을 만큼 높다[10.8피트(3.3m)]. 자동화된 창문 차양들이 파사드 시스템에 통합되어 동향과 서향의 낮은 태양각도로 인해 일어날 수 있는 눈부심을 제어하고 과도한 일사획득을 막는 데에 도움을 준다. 이러한 장치들은 천공처리되어 완전히 확장되었을 때조차도 일부의 투명성을 허용한다. 전기조명 및 차양 시스템들은 하루 종일 변하는 자연광 조건들에 맞춰 반응한다.

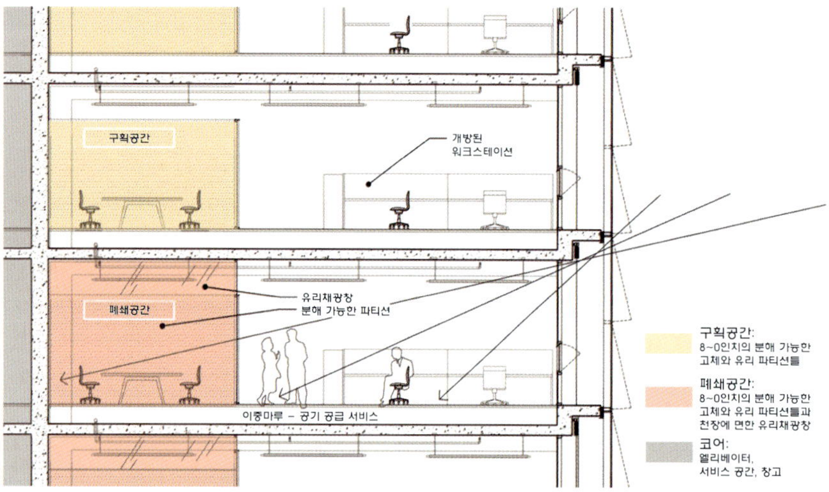

5.80 사무공간들 내부의 겨울철 및 여름철 자연채광 조건들을 보여주는 단면도. 높은 천장과 유리 파티션을 통해 빛이 평면 깊이 도달할 수 있다. KPMB ARCHITECTS

5.81 이중외피 공동공간 내부의 자동화된 차양장치들. KPMB ARCHITECTS

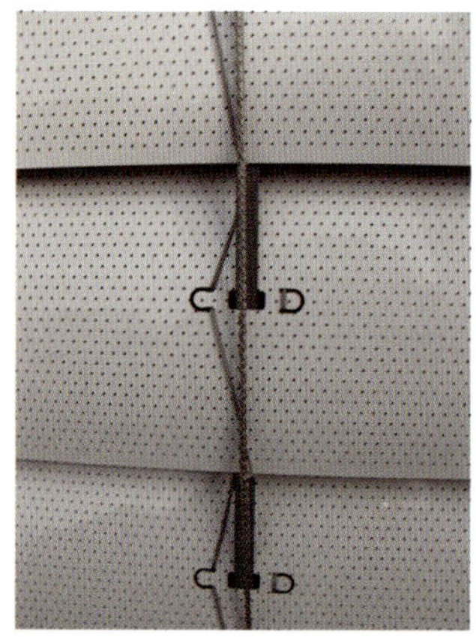

5.82 마이크로 천공된 차양장치들을 (닫힌 위치에서) 보여주는 상세도. KPMB ARCHITECTS

지열원 열펌프: 지열원 열교환 시스템은 건물 냉각장치와 사무공간 내의 복사천장들에 차례로 공기를 공급한다. 이 순환 시스템은 건물 지하 410피트(125m)까지 수직으로 보링한 280개의 지열원 심정들로 구성된다. 이 시스템은 연중 일관된 지온을 활용하며, 여름철에 수집한 열을 겨울철에 활용하기 위해 보관하는 장기 보관영역을 일체화 한다. 복사천장 시스템은 내부공간으로부터 열을 흡수하여 평균 복사온도를 바꿈으로써 여름철의 열 쾌적도를 향상시킨다. 이 건물의 겨울철 난방 중 약 60%는 이 지하 저장영역이 공급한다.

5.83 지열원 심정 구멍들의 천공작업을 보여주는 시공사진. MANITOBA HYDRO

에너지 회수 시스템: 겨울철에는 태양열 굴뚝으로 진입하는 배기가 굴뚝효과를 통해 굴뚝 위로 상승하여 건물 밖으로 나가는 것이 아니라, 아래쪽으로 방향이 전환된다. 열회

수 시스템은 배기로부터 일부의 열을 추출하여 겨울 정원의 (예열을 위한) 흡기 팬코일 유닛들로 보낸 다음, 그 공기를 공공이 사용하는 1층 아케이드 공간으로 분산시킨다.

실내 공기질 IAQ: 이 건물은 100%의 신선한 공기를 사용한다. 이 말은 공급(과 환기)용 공기가 태양열 굴뚝을 통해 배기되기 전에 건물 내부를 단 한번만 통과한다는 뜻이다. 이 전략은 건물 사용자의 건강과 생산성에 부정적인 영향을 미치는 오염되거나 퀴퀴한 공기의 위험을 줄이도록 의도되었으며, 건물 내 공기의 1%가 일상적으로 회수되어 여과되고 유입되는 신선한 공기와 혼합되는 표준적인 HVAC 시스템 설계와는 다르다. 100% 신선한 공기를 활용하는 환기 시스템이 수반하는 에너지적인 "불리함"은 열회수 시스템의 활용과 더불어 열 획득 및 손실을 줄이는 고성능 외피를 통해 완화되었다.

옥상녹화: 3층짜리 포디엄 위에는 옥상녹화가 이루어졌다. 이 시스템은 지붕 바탕막이 자외선으로 인한 질적 저하를 겪지 않도록 도와주며 추가적인 단열재로서도 기능하고 있다.

5.84 지열원 심정 구멍들을 천공하는 비계장치의 시공사진. MANITOBA HYDRO

어떻게 기능하고 있는가?

마니토바 수력 발전 본부는 2009년 9월에 사용 개시되었다. 커미셔닝을 하지 않은 건물이 설계대로 성능을 발휘하기까지는 1년 내지 2년 동안의 조율이 필요하다. 하지만 누구의 말을 들어 보아도 이 건물은 예측했던 것보다 더 성능을 잘 발휘하고 있다. 입수가능한 제한적인 에너지 데이터에 의하면 전형적인 사무소 건물에 비해 66%의 에너지 소비 절감효과가 있음이 드러나는데, 이는 건축주와 설계팀이 설정했던 목표치인 60%를 뛰어넘는 것이다.

5.85 3층짜리 포디엄 위의 옥상녹화, 그 뒤의 배경을 이루는 타워와 태양열 굴뚝. EDUARD HUEBER | ARCHPHOTO INC.

이 건물은 완공된 이후로 수많은 디자인상을 수상했으며, 그 예들은 다음과 같다.

- 2010 미국건축가협회 환경위원회 AIA COTE가 선정한 Top 10 그린 프로젝트상
- 2009 고층건물도시주거위원회 CTBUH: Council on Tall Buildings and Urban Habitat의 아메리카 고층건물베스트상 Best Tall Building Americas;
- 2008 국제빌딩스킨테크상 IBS: International Building Skin-tech Award 최우수상 Highly Commended
- 2006 미핌아키텍츄럴리뷰상 Mipim Architectural Review Awards 혁신우수상 Commended for Innovation
- 2006 캐나다 건축가 특별상 Canadian Architect Award of Excellence

이 프로젝트는 현재 미국 그린빌딩위원회를 통해 LEED NC 3.0 인증을 진행 중이다. 플래티넘 등급이 예상된다.

5.86 태양열 굴뚝 옆의 3층짜리 북쪽 아트리움의 모서리 공간을 즐기고 있는 건물 사용자들. TOM ARBAN & TOM ARBAN PHOTOGRAPHY

추가 정보

Gonchar, J. 2010. "More Than Skin Deep", 『Architectural Record』. July 2010: 104-110.(A print article that describes the project and the double-skin facade system.)

Kuwabara Payne McKenna Blumberg. www.kpmbarchitects.com(The architect's website, which includes photographs, project facts, awards received, and a project description.)

Linn, C. 2010. "Cold Comfort: Manitoba Hydro PlaceOne of North America's Most Complex Energy-efficient Buildings is also Sited in One of its Most Challenging Climates." 『Greensource』, 5, No. 2, 52-57.(A print article, which includes building metrics data, material sources, and descriptions of the green design features.)

Manitoba Hydro. www.manitobahydroplace.com/(The owner's website, which includes information related to building performance, the integrated design process, the design team, and green design strategies.)

Transsolar Energietechnik. www.transsolar.com/download/e/pb_manitoba_hydro_winnipeg_e.pdf (A document that includess photographs and information related to project team, design process, climate strategies, and predicted performance.)

5.87 3군데의 6층짜리 남쪽 아트리움 공간 중 하나. EDUARD HUEBER | ARCHPHOTO INC.

마린 컨트리 주간학교 학습자료센터

배경과 취지

마린 컨트리 주간학교 MCDS: Marin Country Day School는 샌프란시스코에서 금문교를 건너 약 10마일(16km) 북쪽으로 떨어진 캘리포니아주의 코트 마데라 Corte Madera에 위치하고 있다. 이 학교는 유치원부터 8학년까지 500명 이상의 학생들을 수용한다. 35에이커(14.2헥타르)의 캠퍼스가 자리하고 있는 부지는 북쪽으로는 샌프란시스코 만을, 남서쪽과 동쪽으로는 오르막의 마린 컨트리 오픈 스페이스 지구 Marin County Open Space District를 경계로 하고 있다. 이 학교가 지어지기 전에 농업용으로 계단화되어 있었던 이 캠퍼스 부지는 지역 동식물들의 서식지를 지원하는 자족적인 분수령 지역을 이룬다. 이러한 자연적 배경의 근접성과 아름다움은 학생들이 주변의 자연환경과 연계하여 학습할 수 있도록 장려한다는 이 학교의 교육적 임무와 불가피하게 연계되어 왔다.

마린 컨트리 주간학교는 하나의 커다란 시설이 아니라 하나의 캠퍼스 형태를 취하는데, 상급학년(5~8학년)과 하급학년(유치원부터 4학년)이 보다 작은 건물들에 조직되어 각각이 다양한 교육기능들을 수용한다. 외부 교육공간의 활용과 건물간 외부 동선들을 통해 내부와 외부의 연결이 강화된다.

학습자료센터 LRC: Learning Resource Center는 EHDD 아키텍처가 1999년에 시작한 25개년 마스터플랜 중 제2단계의 일부로서 2009년에 완공되었다. 23,592ft²(2192m²)의 이 학습자료센터 건물은 도서관과 교실, 실험실, 미술 실습실을 위한 공간을 포함한다. 이 건물은 "L"형 평면에 하나의 외부 마당공간을 중심으로 조직되어 있다. 부지 전반에 걸친 높이 변화는 이 건물의 용도별 수직 조닝을 가능케 한다. 상급학년 교실들은 캠퍼스의 더 높은 곳에 위치한 다른 상급학년 건물들에 쉽게 접근할 수 있는 상층부에 위치하고, 하급학년 교실들은 캠퍼스의 다른 하급학년 건물들과 연결되는 저층부에 위치한다. 도서관과 계단식 중정 원형극장은 상급학년 영역과 하급학년 영역을 수직적으로 연결한다.

5.88 황혼이 질 때의 학습자료센터 도서관 출입구. JOSH PARTEE

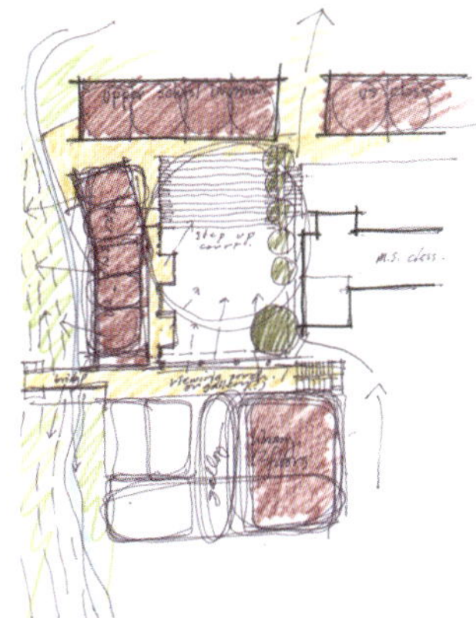

5.89 학습자료센터가 개울과 계단식 중정, 그리고 기존 캠퍼스 건물들과 맺는 관계를 보여주는 개념 스케치. EHDD ARCHITECTURE

위치
Corte Madera, California, USA
위도: 37.9°N, 경도: 122.5°W

난방도일
2708 기준 65°(1504 기준 18.3°C)
캘리포니아주 샌프란시스코 데이터

냉방도일
3026 기준 50°F(1681 기준 10°C)
캘리포니아주 샌프란시스코 데이터

겨울철 설계 건구온도(99%)
40.8°F(4.9°C)
캘리포니아주 샌프란시스코 데이터

여름철 설계 건구온도 및 평균 동시 습구온도(1%)
78.3/62.1°F(25.7/16.7°C)
캘리포니아주 샌프란시스코 데이터

일사량
1월:
708Btu/ft²/일(2.23kWh/m²/일)
6월:
2,392Btu/ft²/일(7.55kWh/m²/일)
캘리포니아주 샌프란시스코 데이터

연 강우량
34인치(864mm)
캘리포니아주 샌프란시스코 데이터

설계의도와 검증

학습자료센터의 설계의도는 학생들이 몰입하여 학습을 경험할 수 있도록 주변의 자연환경을 교육과정과 물리적 환경 속에 통합하는 것이었다. 천연의 한 분수령에 아늑하게 자리잡고 있는 이 학교는 전형적인 동-서 방향 접근법을 따르지 않았다. 지류를 따르는 건물들의 동쪽은 인근 언덕에 의해 그늘이 지며, 서쪽은 많은 양의 햇빛을 막는 깊은 그늘진 보행로들을 특징으로 한다.

5.90 남쪽으로 마린 카운티 오픈 스페이스지구가 보이는 마린 컨트리 주간학교 캠퍼스의 조감 사진. CHARLES C. BENTON

건축가들은 "제로 넷 에너지 **zero net energy**" 건물 접근법을 취하여 마린 컨트리 주간학교 캠퍼스를 계획하고 그런 원칙들을 교육과정 내에 삽입하고자 했다. 특수한 설계 목표들로는 다음과 같은 것들이 있다.

- 부지에 특수한 건축적인 전략들을 활용하여 냉난방과 환기, 조명, 물 공급/낭비를 최소화하는 한편, 1년 내내 건물을 사용하는 이들에 대한 열쾌적 및 제어능력 제공하기
- 현장에서 재생가능한 에너지원들을 활용하여 건물의 연중 사용 에너지 이상을 생산하기. 이 목표의 동기가 된 것은 캘리포니아의 기후변화에 대한 관심과 더불어 건물의 에너지 생산능력을 그것이 자연환경에 미치는 영향에 대한 학생들의 자각을 일깨우기 위한 교육수단으로 활용하려는 열망이었다. EHDD는 "제로 넷 에너지 **zero net energy**" 건물을 비용 효과적인 방식으로 달성할 수 있다고 건축주를 설득할 수 있었다.
- 천연재료의 활용, 건물 요소들의 감각적인 규모 설정과 매스계획, 인근의 기존

건물 유형
학교

면적
23,592ft^2(2,192m^2)

건축주
Marin Country Day School

설계팀
건축설계:
EHDD Architecture

MEP 엔지니어링:
Stantec Consulting

토목 엔지니어링:
Sherwood Engineers

구조 엔지니어링:
Tipping1Mar Associates

조경설계:
CMG Landscape Architecture

음향설계:
Charles M. Salter Associates, Inc.

시공: Oliver & Company

완공
2009년

성능척도
에너지 활용지수(EUI):
예측:
21,000Btu/ft^2/년[66.2kWh/m^2/년]

실제: 현재 측정불가
탄소배출량: 현재 측정불가
물 사용량: 현재 측정불가

구조들과의 관계, 부지의 조경적 특징들과의 연계를 통해 기존 캠퍼스 맥락에 신축건물 통합하기

설계팀이 이 프로젝트에 대한 설계의도와 목표들을 검증하는 데 기준이 된 세 가지의 주요 수단들이 있다. 첫째, 에너지 모델링은 해당 부지의 재생가능한 에너지원들을 통해 생산된 에너지가 매년 이 건물이 사용하는 총 에너지량을 초과함을 보여줬다. 그 결과는 "제로 넷 에너지" 건물이다. 둘째, 건물 사용자들이 자연환기와 같은 Passive 건축 전략들을 활용하는 건물 내의 환경적 조건들에 만족할 것임을 보여주고자 설계과정 동안 열쾌적 조건을 모델링했다. 마지막으로, 설계팀과 건축주가 사용한 통합설계과정은 기존 캠퍼스와 학교의 지적 생활에 잘 들어맞는 건물로 완공되었다. 실제로 이 학습자료센터는 그 배경에 너무 긴밀하게 연계되어 있어서 건축 및 조경요소들 가운데 기존의 것과 새로운 것을 알기가 어렵다.

이 학습자료센터 프로젝트에는 (때때로 "전반적 빌딩 whole building" 설계라고 불리는) 통합설계과정이 활용되었다. 통합설계의 핵심은 팀 구성원들(건축가와 엔지니어, 비용 컨설턴트, 전문가, 시설관리자 등)이 처음부터 설계과정에 능동적으로 관여하는 것이다. 협력, 아이디어와 정보의 교환, 그리고 복잡한 설계 고려사항들의 통합이 통합설계과정의 특징들이며 이를 통해 팀은 설계 결정들을 지속적으로 평가하고 성능 결과들을 예측할 수 있다. 이를 보여주는 한 가지 사례로서, Stantec과 EHDD는 설계과정 초기에 기계설비 시스템들을 조율하면서 보다 시원한 건물 북측에 뜨거운 장비를 배치하고자 노력했으며, 이는 건물의 평면 레이아웃과 관련이 있었다.

제3자의 검증은 LEED for Schools 2.0 플래티넘 인증의 형태로 이루어졌다. 이 설계는 에너지 및 대기 점수들을 전부 얻는 걸 의도했으며, 이는 설계팀들이 달성하기에는 통상적으로 어려운 목표다.

5.91 남-북 방향 부지 횡단면도. EHDD ARCHITECTURE

전략

설계팀은 기관의 목표들에 반응하고, 사용자에게 쾌적성을 제공하며, 아이들에게 그들이 환경에 미치는 영향에 대해 교육하기 위한 도구로서 기능하는 제로 넷 에너지 빌딩을 달성하기 위한 수많은 건축적이고 적응적인 단순한 행동전략들을 활용했다.

5.92 외부의 회합 및 교실공간들이 학생들에게 야외에서 마린 컨트리 주간학교 캠퍼스의 부지 조경과 연계될 수 있는 기회를 제공한다. JOSH PARTEE

5.93 마린 컨트리 주간학교 캠퍼스는 자연적인 분수령에 자리하며, 이는 지역의 동식물들을 위한 풍부한 서식지를 제공하는 위치다. JOSH PARTEE

5.94 재건된 개천이 학습자료센터의 동쪽을 감싸고 캠퍼스 부지의 분수령에서 흘러나오는 빗물 유수를 샌프란시스코 만으로 흘려 보낸다. EHDD ARCHITECTURE

부지: 학습자료센터는 기존 캠퍼스 건물들과 부지 특성들과의 관계를 통해 외부와의 긴밀한 연계를 유지했다. 건물 사이 공간들은 다양한 규모의 교육활동 및 행사활동에 적절한 미시환경, 예를 들면 신축된 계단식 중정 원형극장에서 일어날 활동들을 위한 환경들을 만들어낸다. 동선 경로는 외부 회합공간들 옆을 거쳐감으로써, 적극적이고 동적인 성격을 부여 받는다. 기존의 포장도로들은 그 정도가 줄어들었고 새로운 부지 조경설계는 건식 포장재료들과 투수성 자갈의 혼합을 특징으로 하는데, 이는 빗물 유수를 줄이고 빗물의 투과를 증가시켜 지반으로 되돌려 보냄으로써 지하수면을 회복시키기 위한 것이다. 캠퍼스 주변과 학습자료센터 인근에 있는 한 개천은 부지의 자연적인 분수령 중 일부인데, 천연적인 강가 서식지로서 복원되어 학생들이 이 지역의 생태에 대해 배울 수 있는 특색 있는 교육기회를 제공한다. 커다란 운동장 포장영역들로부터 흘러나오는 빗물 유수는 새로운 일련의 식생수로들로 흘러 들어가 여과된 다음 재건된 개천으로, 늪지로, 그 다음에는 만으로 보내진다. 비록 마린 컨트리 주간학교에 있는 기존의 많은 건물들이 낮은 1층짜리 구조물들이긴 하지만, 설계팀은 캠퍼스상의 훼손되지 않은 땅을 보존하고자 학습자료관을 2개 층으로 배치하기로 했다.

5.96 빗물은 마린 컨트리 주간학교 캠퍼스 상에 재건된 개천을 통해 만의 경계에 있는 늪지로 흘러간다. JOSH PARTEE

5.97 마린 컨트리 주간학교의 하급학년과 상급학년간 수직 동선을 허용하는 계단식 좌석들을 갖춘 중정공간. JOSH PARTEE

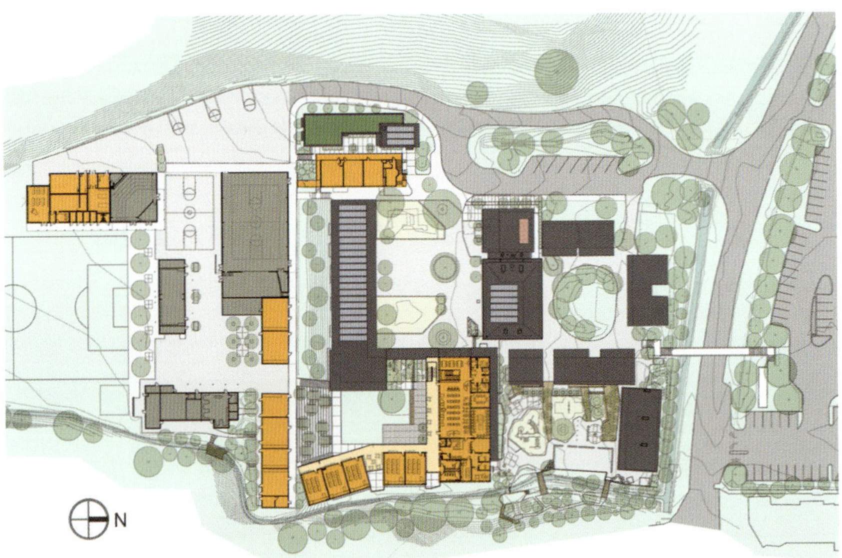

5.95 마린 컨트리 주간학교 캠퍼스의 개선된 부분을 노란색으로 보여주는 부지계획도. 신축된 "L"형의 학습자료센터 건물이 평면의 아래쪽 중심에 있다. EHDD ARCHITECTURE

전이공간: 이 건물이 인접 외부공간들과 긴밀한 관계를 유지하기 때문에, 조경화된 중정과 외부 교실, 그리고 미술실습 공간들은 건물 사용자들이 실내에서 실외 환경으로 이동할 수 있는 기회들을 제공한다. 이 전략은 만지역의 온화한 기후를 활용하여 사용 가능한 프로그램 공간을 확장하고 건물 사용자에게 쾌적함을 제공한다. 수목과 포장된 보행로, 기존 건물들과 연결된 중정, 학습자료센터의 다양한 측면에 있는 차양장치들은 하루 중, 그리고 연중에 걸쳐 다양한 시간대에 즐길 수 있는 특색 있는 미시기후와 전이공간들을 만들어낸다.

5.98 지붕이 있는 보행로들이 교실 부분과 외부 계단식 중정공간 사이에 전이공간들을 제공한다. JOSH PARTEE

5.99 위에서 본 계단식 중정. CHRIS PROEHL for EHDD ARCHITECTURE

5.100 외부 목재 차양장치들이 눈부심 가능성을 줄이고 원치 않는 일사획득을 차단한다.

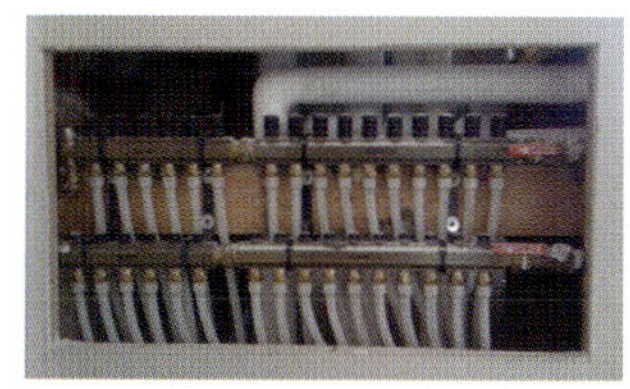

5.101 콘크리트 슬라브들 속에 삽입된 복사 배관들이 순환수 방식 냉난방 시스템에 함께 연결된다. EHDD ARCHITECTURE

5.102 단열처리된 배관들이 캠퍼스 건물들 사이의 복사 슬라브들을 위한 물을 운반한다. EHDD ARCHITECTURE

자연환기: 이 건물은 "능동적인 건물 사용자들을 위한 Passive 솔루션들"을 통해 설계되었다. 개폐용 창문들은 건물 사용자들에게 그들의 주변 환경과 상호작용하며 직접 제어할 수 있는 기회를 제공한다. 일부 공간의 천창들은 굴뚝환기를 허용토록 개방된다. 설계단계 동안 수행된 광범위한 열적 모델링은 자연적·기계적 환기전략들이 모두 활용될 때 건물 내의 열쾌적 조건들이 유지될 것임을 건축주에게 보여줬다.

자연채광과 태양열 난방: 태양의 방향변화는 적절한 차양전략들을 통해 다루어지면서 자연채광의 기회들을 완전히 이용한다. 전략적으로 설계된 차양장치들과 목재 스크린들은 태양고도가 더 높은 여름철의 직접적인 일사획득을 최소화하고, 태양고도가 더 낮은 겨울철에는 태양열 난방이 가능하게 한다. 개울을 따라 이 건물과 인접해 있는 가파른 언덕은 여름철 태양으로부터 이 건물의 동쪽을 가리는 데 일조한다. 포장된 외부 보행로들은 (눈부심 가능성과 과도한 일사획득을 줄여) 낮은 태양각도들로부터 건물 서쪽을 가리는 데 일조한다. 설계목표는 모든 내부공간마다 적어도 두 측면들에 빛을 제공하는 것이었다. 교실공간에 상부 덕트가 없기 때문에 설계팀은 매달릴 천장들을 제거하여 천장 및 창문 머리높이를 높이고 자연광이 바닥 평면 깊숙이 침투하게 할 수 있었다. 개폐용 차양조절장치들이 있는 천창들을 활용하여 교사들이 앉는 곳에 자연광이 더 가까이 가게 하였다.

야간 냉방: 1년 내내 열 쾌적 조건들을 유지하기 위해, 이 건물은 15,000갤런(56,780L)의 지하탱크와 옥상의 증기냉각탑 유닛 사이에서 물이 순환하는 야간 냉방 시스템을 활용한다. 냉각탑은 보다 시원한 늪지와 유사한 방식으로 작동하며, 여기서 물은 환풍기를 거쳐

분사되고 열은 더 시원한 밤공기 속으로 들어가지 않으며, 냉각된 물은 다음날 사용을 위해 탱크로 다시 펌핑된다. 낮 시간 동안에는, 건물의 냉방부하들을 다루고자 바닥 슬라브들 내에 장착된 복사용 배관들을 통해 냉각된 물이 순환된다. 이 시스템은 에너지 소비를 더 낮추는 순환수 방식 시스템을 위해 물을 냉각하는 기계적 압축기를 사용하지 않는다. 야간 냉방은 또한 높고 낮은 개폐용 창문들을 사용함으로써 이루어진다. 열획득은 주간에 바닥 슬라브들을 통해 흡수되고, 야간에 공간들로 다시 복사되어, 개폐용 창문들을 통해 건물로부터 배기된다. 또한, 이 캠퍼스는 각각 응급용수 500갤런(1,893L)을 담는 두 대의 지상 보관탱크들을 사용하는데, 이 시스템은 학습자료센터에 사용되는 야간 냉방 시스템과는 별개다.

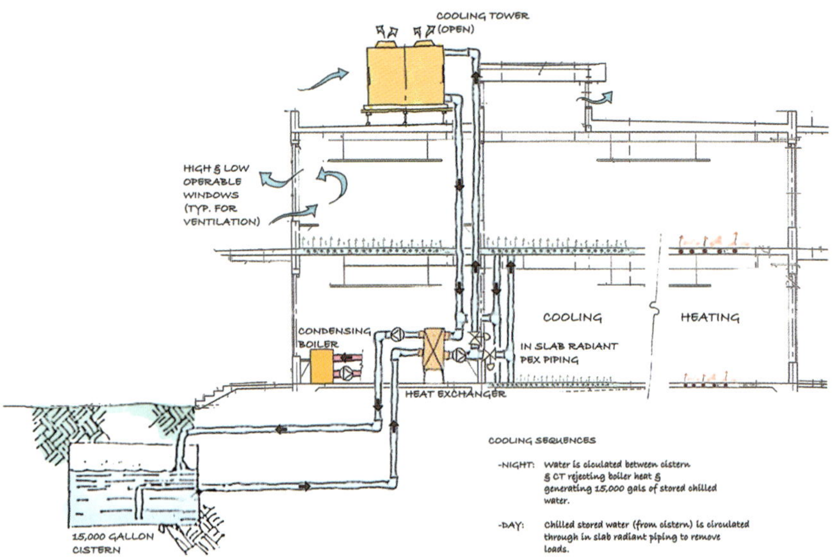

5.103 학습자료센터의 냉난방 시스템을 보여주는 단면 다이어그램. STANTEC

5.104 순환수 방식 배관 및 전기패널들을 보여주는 기계실. EHDD ARCHITECTURE

5.105 마린 컨트리 주간학교의 한 기존 건물 옥상에 있는 태양광 발전용 어레이. JOSH PARTEE

태양광 발전: 190W 결정질 패널들로 이루어진 (최대) 95.5kW 태양광 발전[PV] 어레이가 남쪽을 바라보는 기존의 네 캠퍼스 건물 지붕들에 사용되어 현장 에너지 생산의 주요수단으로서 기능한다. 이 어레이는 연간 캠퍼스 건물들이 사용하는 것보다 더 많은 에너지를 생산하도록 설계되었다. 제로 넷 에너지로 알려진 이 전략은 건물 에너지 소비와 기후변화 우려에 반응하는 고성능 건물들을 위한 중요한 벤치마크가 되었다. 마린 컨트리 주간학교의 계통연계형 태양광발전 시스템은 연간 168,536kWh를 생산하도록 설계되었는데, 이 값은 학습자료센터가 사용하는 연간 에너지의 115% 이상에 달할 것이다. 이 시스템은 배터리 충전능력을 갖고 있지 않다.

5.106 부지 전경을 두드러지게 특징짓는 것은 지붕 위에서 연장되는 태양광 발전 전지들이다.

태양열 집열기: 구 캠퍼스 건물 지붕에 위치하는 평판 태양열 집열기 시스템은 새로운 상업용 주방이 필요로 하는 온수의 50%를 제공하기 위해 마스터플랜 제1단계에 설치되

었다. 나머지 온수는 천연가스 온수 히터를 통해 난방이 이루어진다. 덧붙여 이 상업용 주방은 학생들의 점심을 위한 지역에서 생산된 음식들을 판매한다.

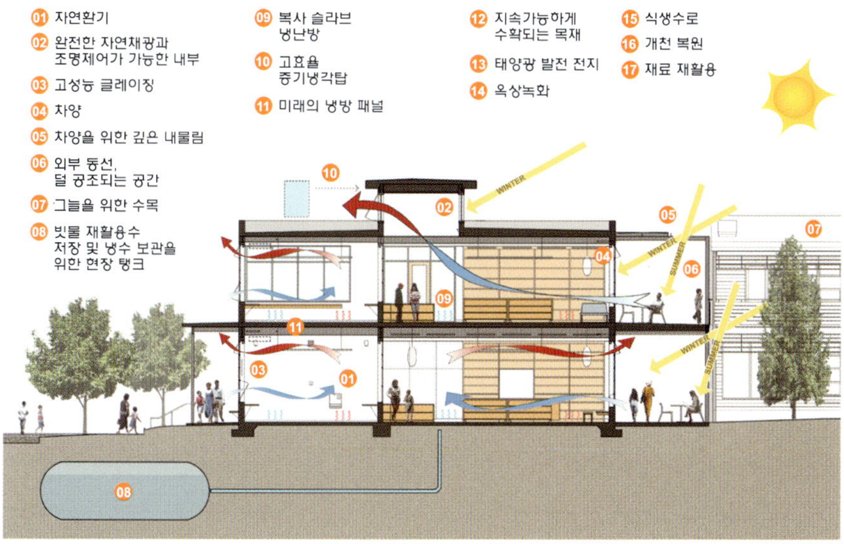

5.107 학습자료센터에 채택되는 고성능 설계전략들을 보여주는 단면 다이어그램. EHDD ARCHITECTURE

물 보존: 학습자료센터 지붕에 떨어지는 빗물은 부지 위로 방출되지 않고 15,000갤런(56,780L)의 탱크 속에 집수된다. 이러한 접근법은 빗물 유수의 역효과를 완화하고 수세식 화장실과 냉각원 heat sink의 목적으로 사용될 중요한 비식음수원을 제공하는데, 이로써 (보일러와 복사 슬라브를 포함한) 건물 시스템이 만들어내거나 수집하는 과도한 열은 열교환기 유닛을 통해 물로 전해진다. 부지상의 공간 부족으로 인해, 물 탱크는 건조한 여름철에 맞는 규모로 되어 있지 않다.

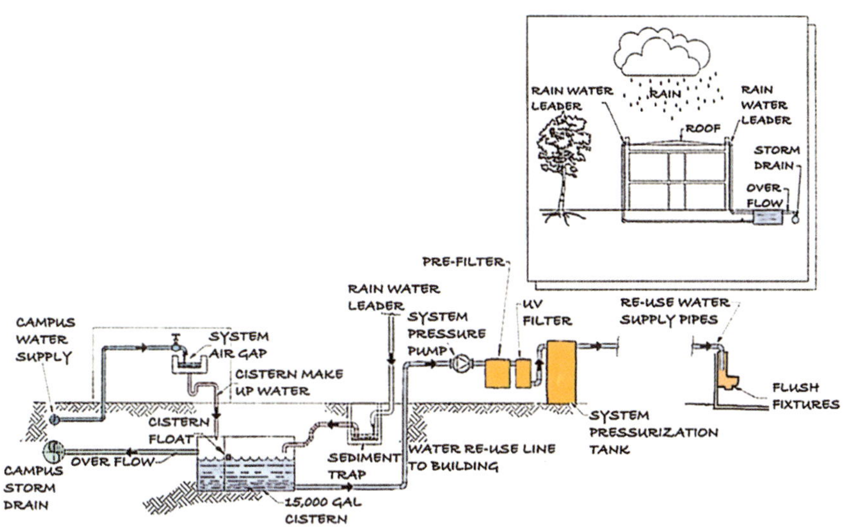

5.108 학습자료센터에서의 빗물 집수 및 저장, 재활용을 보여주는 개념 다이어그램. STANTEC

5.109 식당 외부에는 학생들이 자유롭게 구할 수 있는 지역 생산된 과일 상자들이 있다.

재료: 학습자료센터에 사용된 삼나무와 마호가니 목재는 산림관리협의회 FSC의 인증을 받았다. 현대 소방법규로 인해 설계팀은 기존 캠퍼스 건물들에 흔한 재료였던 삼나무 싱글 외장재를 사용할 수 없었다. 대신 설계팀은 건물을 마린 컨트리 주간학교의 맥락과 통일시키기 위한 목재 스크린과 차양장치, 그리고 비막이 시스템들을 사용하기로 했다. 몇몇 건물들은 새로운 시설을 위한 길을 터주기 위해 철거되었지만, 그 콘크리트 슬라브들은 조경 포장재료로 재활용되었고 일련의 독특한 외부 벤치들을 만드는 데에는 적삼목들이 재활용되었다. 건물 전반에 걸쳐 휘발성 유기화합물 함량이 낮은 도료 및 카펫들이 사용되었다. 철 제련과정에서 발생되는 찌꺼기 산물인 플라이애쉬는 새로운 콘크리트 슬라브들 속에서 시멘트 대체재로 사용되었다. 비록 이 재료가 사용되는 퍼센트 비율을 시공업자에게 적당한 반죽질기의 콘크리트 혼합물을 제공하기 위한 용도에 국한시켜야 했지만 말이다.

5.110 지하 탱크의 설치를 보여주는 시공사진. EHDD ARCHITECTURE

실시간 모니터링: 이 학습자료센터는 에너지 생산과 소비를 실시간으로 모니터링하고 디스플레이하기 위해 설계되었다. 이 학교는 이를 가능케 할 건물관리시스템을 아직 설치하지 않았다. 이 시스템이 온라인으로 작동될 때, 그것은 캠퍼스 컴퓨터들을 통해 학생들과 직원들, 그리고 행정담당자들에게 피드백을 제공할 것이다. 장기적인 목표는 건물들이 마린 컨트리 주간학교 캠퍼스에 미치는 환경적 영향에 대한 자각과 이해를 끌어올리는 것이다.

5.111 캠퍼스 퇴비 수집을 돕는 마린 컨트리 주간학교 학생들. MCDS 직원

교육과정 통합: 많은 교사들과 직원들은 새로운 환경을 포용해 왔으며 (어두운 색과 밝은 색의) 지붕 표면온도들을 측정 및 비교하고 주방을 위한 토착식물과 과일, 그리고 야채들을 기르는 등의 실습 과제들과 프로젝트들을 개발해 왔다. 학기 내내 학생은 신선한 과일이 담긴 상자들을 구할 수 있고 학교는 매달 학교의 모든 구성원들이 자연광에만 의존하는 "소등" 일을 몇 차례 갖는다.

어떻게 기능하고 있는가?

설계과정 동안 수행된 에너지 모델링은 이 건물이 연간 6.0kWh/ft²를 생산할 것이며 현장의 태양광발전 및 태양열 시스템들이 연간 7.1kWh/ft²를 생산할 것이라고, 즉 이 건물이 그 사용량보다 더 많은 에너지를 생산할 것이라고 예측하였다. 학습자료센터가 북미 최초의 제로 넷 에너지 교실 건물이 될 것으로 예상이 된다. 건물관리 및 실시간 모니터링 시스템들은 아직 설치되지 않았지만, 완공된 건물은 제대로 성능을 잘 발휘하고 있다. 바라건대 이러한 시스템들은 근래에 운영될 것이며, 그로써 설계팀과 건축주는 에너지 소비 및 생산의 예측 값과 실제 값을 비교할 수 있게 될 것이다.

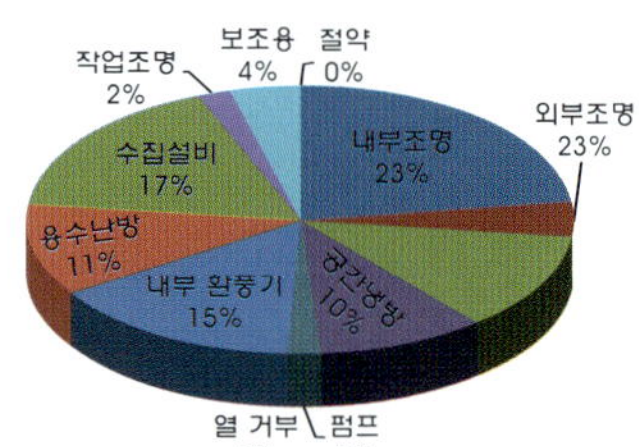

5.112 건물 시스템에 의한 에너지 사용 총량에 대한 예측치를 분류하여 보여주는 파이 차트. STANTEC

학습자료센터를 포함하는 마린 컨트리 주간학교 제2단계는 미국 그린빌딩위원회로부터 LEED for Schools 2.0 플래티넘 인증을 받음으로써, 제3자의 대표적인 건물설계 검증이 이루어졌다.

학교장에 따르면, 학습자료센터가 완공된 이후로 마린 컨트리 주간학교의 출석률이 늘어났고 새로운 외부 전이공간들이 학생들과 직원들 모두에게 인기를 끌어오고 있다고 한다. 설계팀은 이 건물이 몇 년 동안 사용되고 나면 건물에 대한 거주 후 평가를 실시하길 바라고 있다.

추가 정보

CMG Landscape Architecture. www.cmgsite.com/projects/campuses/marin-country-day-school/ (The Landscape architect's website, which includes a brief description of the project in addition to an extensive series of site landscape photographs and design sketches/renderings.)

EHDD Architecture. www.ehdd.com/#/2296(The architect's website, which includes photographs, information, and a description of the project. There is also a link to a Net Zero Energy Building Case Study document.)

Sherwood Design Engineers. www.sherwoodengineers.com/projects.html(The civil engineer's website, which includes a site plan and a brief description of site, stormwater, and landscape featurees of the project.)

NOTES

원 브라이튼

배경과 취지

잉글랜드의 역사적인 해변도시인 브라이튼은 런던에서 남쪽으로 약 80마일(130km) 떨어진 곳에 위치한다. 예전에 작고 노후한 부지였던 곳 위에 세워진 도심의 근처인 뉴잉글랜드 지구 New England Quarter의 원 브라이튼 One Brighton은 영국에서 가장 혁신적인 주거단지들 중 하나다. 이 프로젝트는 바리오리저널 퀸테인 BioRegional Quintain과 크레스트 니콜슨 Crest Nicholson의 공동투자사업으로 개발되었다. 페일든 클레그 브래들리 스튜디오 Feilden Clegg Bradley Studios가 설계한 원 브라이튼은 개발업자와 구매자 모두에게 경제적인 그린 주거에 대한 전일적인 접근방법을 취하며 혁신적인 주거단지가 지역적, 국가적, 세계적인 환경 현안들에 미치는 영향을 다룬다.

이 프로젝트는 바이오리저널 퀸테인과 세계야생기금 WWF이 만든 '하나의 지구주거 One Planet Living' 원칙들을 채택한 일련의 세계적 주거단지들 중 최초로 개념화되었다. 그 10가지의 원칙들은 (1)제로 탄소, (2)제로 폐기물, (3)지속가능한 교통수단 이용, (4)지속가능한 재료 이용, (5)지역적이고 지속가능한 식량, (6)지속가능한 물 사용, (7)천연 야생서식지 제공, (8)부지의 문화유산에 대한 기여, (9)지역 경제와의 형평성과 공정무역, (10)거주민들의 건강 및 행복 마련이다.

5.113 원 브라이튼의 1층 테라스들. TIM CROCKER

원 브라이튼은 여유 없는 한 도시 부지상에 지어진 선형적인 8층짜리 건물 두 채로 구성된다. 지상 높이의 상업 및 커뮤니티, 주차 공간 위로 172개의 주거유닛들이 위치한다. 수많은 아파트 유형과 크기가 가능한데, 첫 주택 구매자들을 위한 19개의 작은 "에코 스튜디오 eco-studio", 68개의 1침실 유닛들, 81개의 2침실 유닛, 4개의 4침실 유닛들이 있다.

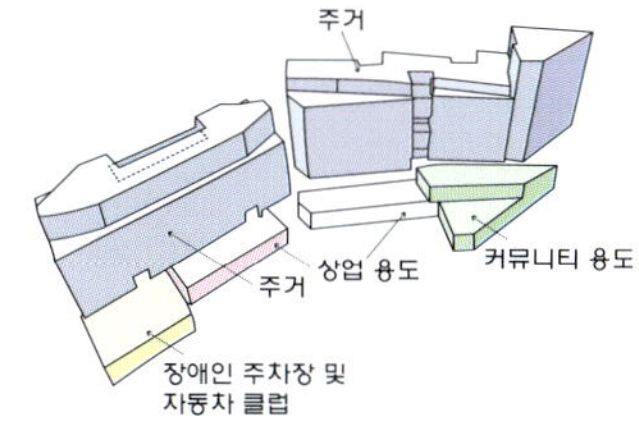

5.114 건물 매스계획의 개념을 보여주는 스케치. FEILDEN CLEGG BRADLEY STUDIOS

위치
Brighton, East Sussex, UK
위도: 50.8°N, 경도: 0.1°W

난방도일
5019 기준 65°(2788 기준 18.3°C)

냉방도일
1648 기준 50°F(916 기준 10°C)

겨울철 설계 건구온도(99%)
29.5°F(−1.4°C)

여름철 설계 건구온도 및 평균 동시 습구온도(1%)
73.0/64.9°F(22.8/18.3°C)
캘리포니아주 샌프란시스코 데이터

일사량
1월:
285Btu/ft^2/일(0.90kWh/m^2/일)
6월:
1,759Btu/ft^2/일(5.55kWh/m^2/일)

연 강우량
31인치(790mm)

주거 유닛들의 약 1/3은 저가형 주택으로 지정되어 있어 단지 내에 다양한 거주민 커뮤니티를 조성할 가능성을 만들어낸다.

설계의도와 검증

원 브라이튼의 전반적인 목표는 잠재적인 구매자들이 살 수 있으면서도 그들에게 매력을 주고 개발업자들에게도 경제적으로 실용적인 고성능의 잘 설계된 주거단지를 지을 수 있음을 보여주는 것이었다. 하나의 지구주거 구상이 발전시킨 10가지 원칙들의 도움으로 프로젝트팀은 광범위한 환경적 고려사항들을 다루고 설계과정 전반에 걸친 특수한 설계 결정들을 검증할 수 있었다.

5.115 플리트 스트리트와 뉴잉글랜드 스트리트를 따라 이어지는 건물 입면들의 렌더링. FEILDEN CLEGG BRADLEY STUDIOS

제로 카본 허브 **Zero Carbon Hub**를 통해 원 브라이튼을 위한 LZ 제로 탄소 개요 **LZ Zero Carbon Profile**가 마련되었다. 이 조직은 영국이 2016년까지 모든 신축주택의 탄소발생률을 제로화하는 목표를 달성할 수 있도록 돕는 데 관여하는 비영리단체다. 이 개요 문서는 활용되는 환경전략들을 개괄하고 예상되는 성능을 예측한다.

추가적인 설계 검증은 EcoHomes의 "Excellent" 자격 형태로 이루어졌는데, 이것은 이 프로그램의 에너지 범주 하에 가능한 20개의 득점 기회 중 19개를 만족시킴으로써 달성되었다.

전략

'하나의 지구주거' 원칙들은 프로젝트팀에게서 하나의 체계와 같은 역할을 했고 원 브라이튼에서 다양한 환경설계전략들이 확실히 탐구되고 활용될 수 있게 했다. 아래에서 묘사하는 특수한 전략들의 총체적인 목록 사이에 수많은 상승효과들이 존재한다. 또한 언급해둬야 할 것은 현장의 "지속가능성 코디네이터"가 그 단지에 살면서 거주민들에게 건물의 많은 친환경적 특징들을 보조하고 단지에서 계속되는 지속가능성의 노력들을 관리한다는 점이다.

건물 유형
주상복합

면적
157,584ft²(14,640m²)

건축주
Crest Nicholson BioRegional Quintain LLP

설계팀
건축설계:
Feilden Clegg Bradley Studios (FCBS)

기계/전기 엔지니어링:
Fulcrum/MLM

구조 엔지니어링:
Scott Wilson

프로젝트 관리:
Crest Nicholson BioRegional Quintain LLP

조경 컨설팅:
Nicholas Pearson Associates

비용 컨설팅:
Jones Lang Lasalle

시공:
Denne Construction

완공
2009년 9월(1단계), 2010년 7월(2단계)

성능척도
에너지 활용지수(EUI): 현재 측정불가
탄소배출량: 현재 측정불가
물 사용량: 현재 측정불가

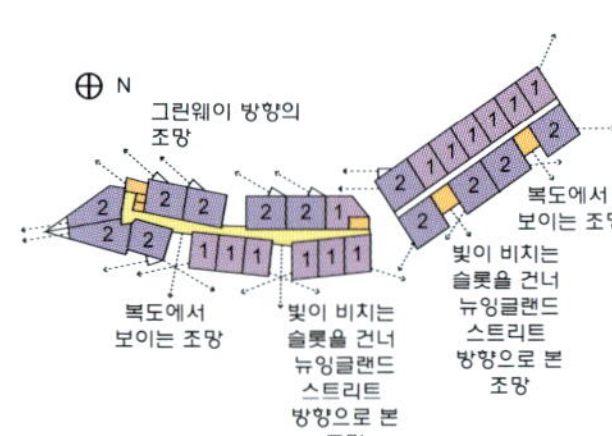

5.116 주거유닛들 사이에 삽입된 오픈 스페이스 "슬롯들"을 보여주는 평면 다이어그램. FEILDEN CLEGG BRADLEY STUDIOS

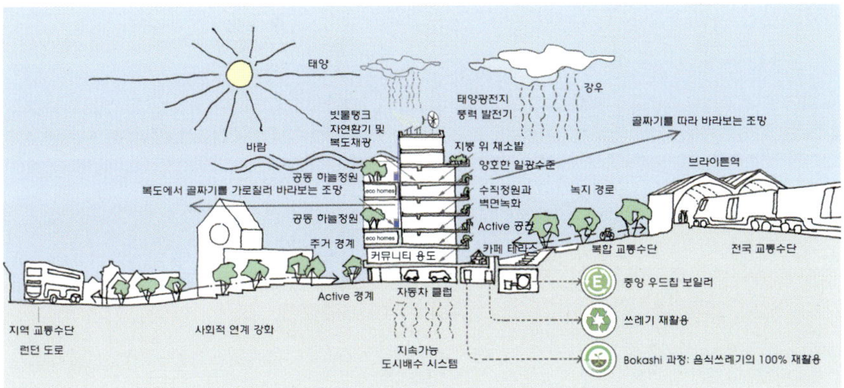

5.117 도시적 맥락과의 환경적 연계를 보여주는 다이어그램. FEILDEN CLEGG BRADLEY STUDIOS

부지: 원 브라이튼은 그 부지의 맥락과 긴밀하게 연결되어 있다. 이 개발단지는 예전에는 빈 채로 간과되던 한 필지를 점유함으로써 주변의 밀집적인 도시환경들에 반응한다. 카페를 위한 외부 테라스를 포함하는 1층의 상업공간들은 건물에 대한 대중의 접근과 이용을 가능케 한다. 또한, 이 프로젝트는 일부러 대중 교통수단과 대안 교통수단을 이용할 수 있는 곳과 가까운 위치에 배치되었다. 한 자동차 클럽은 모든 주거유닛마다 주차공간을 제공할 필요 없이 거주민들이 필요할 때 자동차 1대를 이용할 수 있게 한다. 거주민은 건물 내로 자전거를 들고 가서 자기 집 안에 보관할 필요 없이 1층의 공동 자전거 보관구역을 이용하여 자기 자전거에 쉽게 접근할 수 있다. 좁은 도시 부지 내에서 가능한 소규모의 조경영역들은 관개할 필요가 없는 토착식물들을 활용한다. 이런 영역들은 수직 그린 월들, "하늘 정원"들과 더불어 지역 야생생물의 서식지를 제공한다. 1층의 광장, 식량을 재배하는 하늘정원, 개인 아파트 발코니들 모두가 외부로의 풍부한 접근을 가능케 한다. 발코니들의 조망 각도는 길 건너편의 인접 건물들을 향하지 않고 인접 거리의 위아래를 향한다.

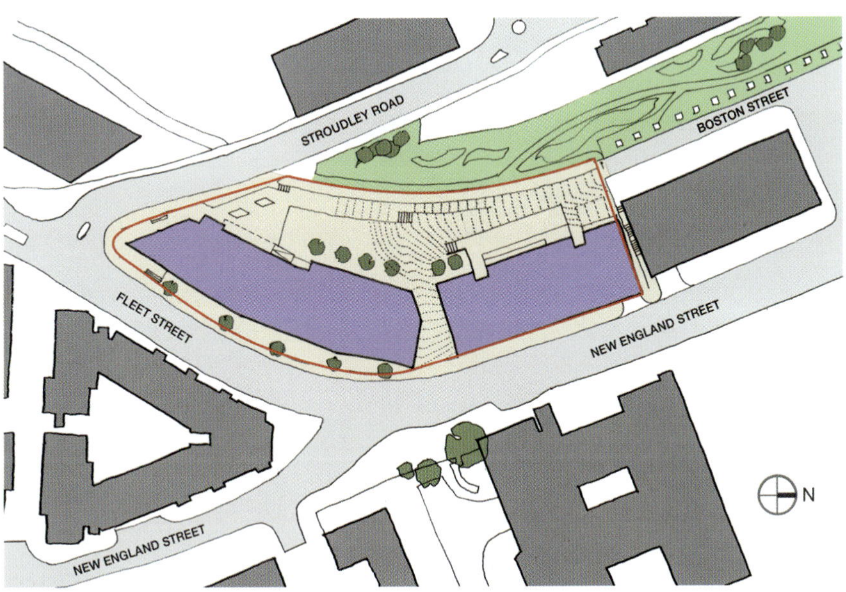

5.118 2개의 아파트 건물들(파란색)을 서쪽의 외부 테라스 공간과 함께 보여주는 부지계획도. FEILDEN CLEGG BRADLEY STUDIOS

5.119 에코스튜디오 주거 유닛들의 3D 렌더링. FEILDEN CLEGG BRADLEY STUDIOS

태양광 발전PV: 원 브라이트은에서 사용되는 전기의 일부분은 현장의 한 태양광 발전 시스템이 제공하는데, 이 시스템은 연간 7600kWh의 재생가능 에너지를 제공하는 최대출력 9.36kW의 52개 패널들로 구성되어 있다. 결국 이 시스템은 주차장 내의 자동차 클럽을 위한 전기충전소에 사용될 것이다. 이 단지가 이용하는 나머지 전기는 바람과 같이 이 부지를 벗어나 있는 재생 에너지원들을 이용한다. 부지상 재생에너지와 부지 외 재생 에너지의 이러한 조합이 연간 이산화탄소의 순 배출량을 제로화한다.

에너지 보존: 에너지 보존 전략들은 설계팀이 탄소배출량 제로 건물을 만듦에 있어서 핵심적인 일익을 담당했다. 원 브라이트은은 공간난방 및 온수를 위해 유닛마다 개별적인 시스템이 아닌 하나의 중앙 보일러를 이용한다. 열회수 및 열교환기 시스템들은 배기에서 폐열을 수집한다. 탱크 1대가 주거유닛들을 위한 온수저장용으로 사용되지만, 열교환 시스템을 통해 건물의 과도한 열을 흡수함으로써 냉각원의 역할을 하기도 한다. 열손실을 최소화하기 위한 기밀한 열적 외피가 설계되었다. 높은 열차단지수의 단열재와 고성능(삼중 글레이징, 저방출, 아르곤 충진) 창문들이 단지 전반에 사용되었다. 건물 복도와 공용공간들에는 전기 소비를 줄이기 위해 자연채광과 에너지 효율 조명 등이 활용되었다.

5.120 갈색 지붕(옥상녹화의 한 형태)과 태양광 발전 어레이를 보여주는 지붕 평면들. TIM CROCKER

옥상녹화: 하늘정원과 갈색지붕들은 원 브라이트은에 사용된 옥상녹화 특성들 중 두 가지 유형이다. "하늘정원"은 거주민들이 자기 식량을 재배할 수 있는 할당량을 제공한다. 이런 정원들의 관개에는 빗물이 사용되며 거주민의 음식쓰레기에서 만들어진 퇴비는 비료로 사용된다. 다른 지붕 표면들은 갈색지붕으로 덮이는데, 이는 식재용 매체 혹은 토양이 이 부지로부터 원료를 공급받는 옥상녹화 유형이다.

물 보존: 지붕 및 포장도로에서 집수된 빗물은 저장되어 하늘정원들을 관개하는 데에 사용된다. 빗물의 집수는 부지 조경을 목적으로 비싼 식수를 이용할 필요를 줄여 준다. 각

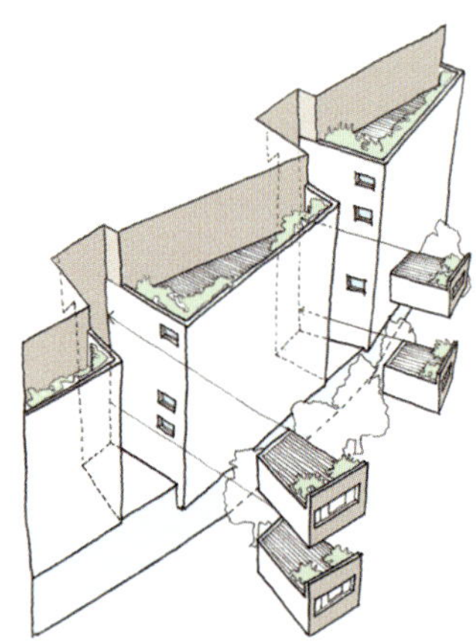

5.121 주거유닛 위의 하늘정원들이 건물 매스들 내부의 "슬롯들"로 삽입된 방식을 보여주는 개념 다이어그램. FEILDEN CLEGG BRADLEY STUDIOS

주거유닛에는 절약형 배관 설비들과 물 절약 장치들(예를 들어 세탁기와 식기세척기들) 역시 제공된다. 이러한 모든 물 보존 전략들은 지자체 시스템으로 전송되는 오・폐수의 양을 줄여 주는 부가이익을 제공한다.

재료: 원 브라이튼에서는 지역 재료와 재활용 재료, 그리고 무독성 재료가 사용된다. 콘크리트는 100% 재생골재를 사용했고, 시멘트의 50%는 고로슬래그 미분말 GGBS: ground granulated blast furnace slag로 대체되었다. 이는 영국에서 가장 '그린' 한 콘크리트 구조 프레임을 가능하게 하였다. 내장과 외장을 위한 목제품들은 FSC 인증을 받았고 원료는 영국의 삼림에서부터 지역 조달되었다. 휘발성 유기화합물 성분이 적게 든 도료와 마감재들이 건물 전반에 걸쳐 시방되었다. 외벽 구조체는 중공 점토벽돌에 목재섬유 단열보드를 부착했고 내부는 점토 바탕에 플라스터로 마감함으로써, 숨쉴 수 있는 벽체 조합이자 기밀한 열적 외피가 되었다. 외부 포장 및 조경 설치 밑에는 재활용 분말유리가 사용되었다. 지붕재료에는 25%의 사후 소비자 재활용 성분이 담긴 바코르 Bakor 역청막이 사용되었다.

대체연료: 난방 및 온수에는 최대출력 500kW의 바이오매스 보일러가 사용된다. 이 시스템은 연료용으로 지역에서 수급한 나뭇조각들을 사용한다. 개발업자는 그 연료를 조달하고 시스템을 관리하기 위해 커뮤니티 소유의 ESCO라 불리는 에너지 업체를 설립하였다. 보조 시스템으로 천연가스 보일러가 구비되었다.

폐기물 관리: 원 브라이튼의 총체적인 재활용 프로그램은 보카시 Bokashi 퇴비화 시스템들을 포함하고 있는데, 이러한 시스템들을 통해서 거주민들은 혐기성 과정을 통해 유기물질을 분해하는 소형의 냄새 없는 용기들 속에서 퇴비를 만들 수 있다. 전통적인 퇴비화는 유기물질을 분해하기 위해 유기체와 산소를 사용하면서 보다 많은 시간을 필요로 하지만 이 방법은 다르다. 생성된 퇴비는 하늘정원들을 비옥하게 하는 데 사용이 된다. 퇴비화는 또한, 지자체의 오・폐수 처리시스템으로 들어가는 음식쓰레기를 줄여 주기도 한다. 게다가, 바이오매스 보일러들은 매립지에서 가져온 지역의 나뭇조각들을 사용한다.

시공: 환경적인 책무 역시 원 브라이튼의 시공과정에서 핵심을 이루는 부분이다. 크레인과 같은 장비는 바이오디젤 연료를 사용하였다. 도급업자는 시공인력들에게 그 지역의 원료로 만든 유기농 음식을 제공하는 "그린 카페"를 만들었다. 또한, 현장의 건설 폐기물에 대한 분리수거와 재활용에 큰 관심이 집중되었다. 시공 인력들이 사용한 가설 부지 트레일러들은 완전히 단열되었다. 더불어, 도급업자는 (공사를 완료하기 전에) 태양광 발전 PV 시스템이 작동이 가능해지자 마자 태양광 패널들로 생산되는 전기를 사용하기 시작하였다.

어떻게 기능하고 있는가?

원 브라이튼의 제1단계는 2009년 9월에 완료되었다. 이 건물에 거주자가 입주한지가 얼마 안되기 때문에, 현재 이용 가능한 성능데이터가 제한적이고 아직 거주 후 평가 POE는 실시되지 않았다. 이 단지는 왕립도시계획연구소 RTPI: Royal Town Planning Institute가 주는 계획상인 2009 지속가능 커뮤니티상 **Sustainable Communities Award 2009**을 수상했고, 2010 빌딩 어워즈 **Building Awards 2010**에서 올해의 주택 프로젝트 **Housing Project of the Year** 후보에 올랐다.

추가 정보

Feilden Clegg Bradley Studios. www.fcbstudios.com(The architect's website, which includes information and professional photographs of the One Brighton project under the Housing/Private tabs.)

Zero Carbon Hub Profile. www.zerocarbonhub.org/downloads/Profile003-OneBrighton.pdf(A 7page downloadable document that includes project information, description of green strategies, and predicted performance figures.)

Camco. www.camcoglobal.com/en/onebrighton.html(A webpage that includes a brief description of the One Brighton project.)

One Planet Living. www.oneplanetliving.com(A webpage wirh description of the 10 principles of the One Planet Living(OPL) initiative and links to the WWF and Bioregional websites.)

5.122 발코니 돌출부와 하늘정원 "슬롯들"을 바라본 뷰. TIM CROCKER

미국의 PASSIVE 주택

배경과 취지

Passive 주택 개념은 통상적인 건물들에 비해 에너지 사용을 90% 절감할 것을 약속하는 엄격한 에너지 표준과 설계/시공 방법을 구현한다. Passive 주택방식은 벽을 두르기 전에 시공 도중 충족되어야 할 목표 성능 기준들을 설정하고, 사실상 Active 기후제어 시스템의 수요를 제거하며, 벽들을 막은 이후에는 검증 시험을 필요로 한다. "악마는 디테일 속에 있다"는 기준 하에서, 패시브 하우스 플래닝 패키지 **PHPP: Passive House Planning Package** 소프트웨어를 통한 광범위한 모델링과 열교 현상을 막는 디테일의 고려, 고성능 건물 부품의 시방, 그리고 기밀성과 환기 기준들의 준수가 요구된다. 비록 미국에서는 대부분의 Passive 주택 건물들이 주거용이지만, 유럽에서는 주거용과 상업용 Passive 주택 건물들이 20,000개 이상 존재한다. 현재의 풍력 및 태양열 기술 실무들만으로 2030 도전과제 **2030 Challenge**의 기대들을 합리적으로 충족할 수는 없다. Passive 주택 접근법은 2030년까지 탄소배출량을 목표치인 100%까지 절감하기 위한 공격적인 방법이다.

일리노이주 어바나에 거점을 두고 있는 미국 Passive 주택 연구소 **PHIUS: Passive House Institute U.S.**는 볼프강 파이스트 **Wolfgang Feist** 박사가 보조하고 지원하는 비영리기관으로서, 그는 이 기관을 1996년에 설립했다. 미국 Passive 주택 연구소는 Passive 주택 과학을 주제로 한 미국 내 연구를 선도하며 실시하고, 설계 전문가와 시공업자, 엔지니어, 개발업자, 정책입안자들을 위한 교육훈련을 제공한다. 또한, Passive 주택 컨설턴트들을 교육, 시험, 인증하고, Passive 주택들을 인증하며, 연구와 교육을 위한 Passive 주택 설계/시공 시범사례들을 지원한다.

5.123 2009 미국 태양열 주택 경연대회(2009 U.S. Solar Decathlon) 우승자인 Team Germany는 2층짜리 입방체 하나를 11.1kW 태양광발전 시스템으로 감싸면서 지붕 패널(단결정질 실리콘)과 측면 패널, 정면 패널[(박막의 구리인듐갈륨비화물(Copper Indium Gallium DiSelenide, CIGS)]을 사용했다. Passive 주택 표준에 맞춰 설계된 이 주택은 순 에너지를 생산했다.

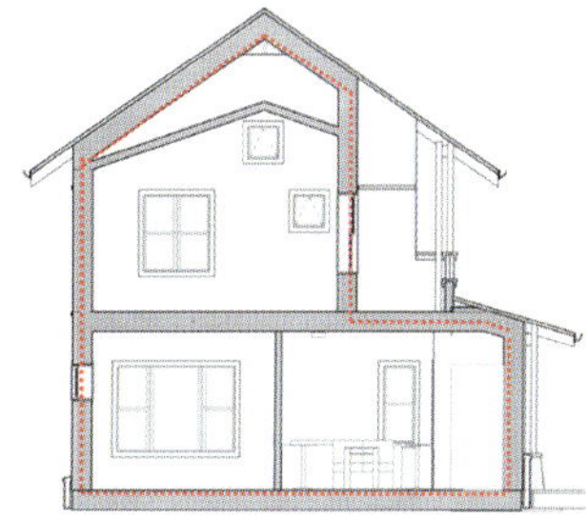

5.124 오레곤주 유진에 있는 한 단독주택의 지속적인 단열개념 다이어그램. STUDIO-E ARCHITECTURE

위치
다양함

난방도일
위치에 따라 다양함

냉방도일
위치에 따라 다양함

겨울철 설계 건구온도(99%)
위치에 따라 다양함

여름철 설계 건구온도 및 평균 동시 습구온도(1%)
위치에 따라 다양함

일사량
위치에 따라 다양함

연 강우량
위치에 따라 다양함

Passive 주택은 기본적으로 일사획득 및 내부획득(사람들, 설비, 동물 등)을 통해 난방이 이루어지는 잘 단열된 기밀한 건물이다. 개구부와 열교 현상을 통한 에너지 손실은 최소화된다. 차양과 창문의 향은 건물 냉방부하를 최소화하고자 노력하며 열 획득을 줄이는 데 일조한다. 열 혹은 에너지 회수용 환기장치는 지속적으로 신선한 공기를 공급한다.

이 사례연구는 Passive 주택 접근법의 계획설계 단계를 다루며, 미국에서 진행중인 몇몇 프로젝트들을 설명하고, 시공 상세 및 이미지들의 사례를 제시한다. 품질 좋은 시공 및 상세와 결합된 성공적인 계획설계과정은 고성능 건물을 낳게 될 것이다.

5.125 일리노이대학교에서 주최한 2009 미국 태양열 주택 경연대회 2등작. 일리노이의 한 헛간에서 목재를 재활용하여 전원농가가 요구한 풍토주택에 응답했다. JIM TETRO PHOTOGRAPHY FOR U.S. DOE.

설계의도와 검증

Passive 주택의 설계의도는 건물 외피와 열 쾌적을 모두 최적화함으로써, 한 건물이 양호한 실내 공기질을 위해 유입되는 신선한 공기의 공조를 통해서만 그 냉난방 수요를 충족시킬 수 있게 하는 것이다. 그렇게 할 수 있는 능력은 PHPP 스프레드시트 속에서 평가되는 건물 부품들에 대한 성능 요건들의 요구를 통해 검증(혹은 무효화)된다.

건물 유형
단독주택 및 다세대주택, 학교, 상가

면적
Passive 주택 표준을 달성하기에는 작고 경제적인 평면들이 더 적합

건축주
다수

설계팀
해당 장소에서 잘 기능할 혁신적인 설계/시공 실무들을 기꺼이 발전시키고자 하는 하나의 전담팀과 협력 설계팀

완공
미국 내 완공사례들의 수가 점점 늘어가는 중

성능척도
에너지 활용지수(EUI): 다양함(다만 매우 양호함)
탄소배출량: 다양함(다만 매우 낮음)
물 사용량: 위치에 따라 다양함

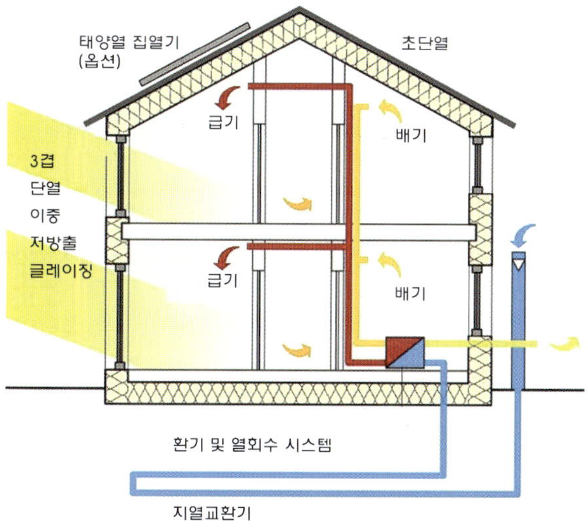

5.126 Passive 주택의 개념 단면도. WIKIMEDIA COMMONS(GFDL 합의 하에 라이선스 취득)

5.127 내부 내력벽(과 전단내력벽) 및 단열재를 수용할 외부 골조를 보여주는 이중 벽 골조.

요약하자면, Passive 주택 건물은 Active 태양광 시스템들을 적용하기 전에 반드시 다음처럼 성능을 바탕으로 한 에너지 기준들을 충족시켜야 한다.

난방에너지 사용: 연간 4750Btu/ft^2(연간 15kWh/m^2)

최대 열 부하: 3.2Btu/hr ft^2(10W/m^2)

기밀성: 50(전형적인 주거는 5) 파스칼에서 0.6ACH

총 기본에너지 사용: 연간 38,000Btu/ft^2(연간 120kWh/m^2)

덧붙여서, 외부 건물 요소들과 글레이징은 특수한 U율 요건들을 충족하거나 뛰어 넘어야 하며, 건물 외피의 기밀성은 현장의 공기누출시험을 통해 검증되어야 하고, 환기 시스템들은 Passive 주택 연구소의 에너지 효율성 인증기준을 준수해야 한다. 위에서 언급한 기본에너지 제한은 한 프로젝트에 사용될 수 있는 재생 불가한 기본 에너지량을 묘사한다. 기본 에너지(원료 에너지)란 추출과 분산, 전환, 그리고 최종 사용자에게로의 전달을 포함한다. Passive 주택 표준들은 독일의 DIN 표준들을 기초로 최소 환기율에 대한 요건들을 정의해왔다. 냉방 측면에서는, 현재의 PHPP가 냉방 사용에 대한 상한 값들을 난방에 대한 수준만큼 설정하고 있지 않다. 물론, 그 플래닝 소프트웨어에서 냉방부하들을 계산하지만 말이다. 설계자들은 시간 경과에 따른 건물 외피 내부의 습기전달을 예측하는 WUFI-ORNL/IBP 소프트웨어를 사용하여 건물 외피 성능을 조사할 수도 있다.

5.128 기밀성을 결정하기 위해 송풍기 시험이 활용된다. BILYEU HOMES, INC.

5.129 모든 외부 면들이 기밀화된다. BILYEU HOMES, INC.

전략

8개의 원칙들이 Passive 주택 표준에 맞춰 지어지는 건물들에서 에너지 사용을 줄이고 열 쾌적을 늘리는 네 도움을 준다. 심지어 이 모든 원칙들이 조화롭게 기능해야 한다 할지라도, 첫 세 개의 원칙들은 프로젝트의 계획설계단계에서 결정적으로 중요하다. 설계의 진행에 따라, 열교 현상과 기밀성을 시험하고 PHPP를 통한 설계 최적화를 할 수 있다. 그 원칙들은 다음과 같다.

1. **작고 경제적인 건물모양**: 길고 좁은 형태에 반대되는 작고 경제적인 건물모양으로 설계하여 체적에 대한 표면의 비율을 낮춰라.(< 1)
2. **최적의 태양광 방향과 차양**: 투명한 개구부들을 통해 겨울철 일사획득을 최대화하고 차양을 통해 여름철 일사획득을 최소화하라.
3. **지속적인 단열**: 고도의 단열외피들을 설계하고 열전도를 차단하는 창문 조립체들을 사용함으로써 난방시스템이 없더라도 50F(10C) 밑으로 내려가지 않을 안정적인 실내온도를 만들어라.
4. **열교 현상이 없는 시공**: 에너지 손실이나 응축, 혹은 건물의 노후화를 방지하기 위해 외피를 통한 모든 열과 습기의 전달을 최소화하라. THERM(로렌스 버클리 국립연구소 Lawrence Berkeley National Laboratory가 제공하는 무료 프로그램으로, 건물 조립체들을 통한 2차원적 열 전달을 분석한다)을 사용하여 시공상세의 효과성을 점검할 수 있다.
5. **기밀성**: 벽 조립체들 속으로 관통하는 공기 침투를 최소화하라.
6. **열 회수를 이용한 균형 잡힌 환기**: 탁월한 효율성과 실내 공기 질, 열 쾌적을 제공할 수 있을 열 회수 환기장치나 에너지 회수 환기장치를 시방하라.
7. **에너지 효율적인 장치와 조명**: 전반적인 에너지 사용을 최소화할 고효율 장치와 조명을 시방하라.
8. **사용자 매뉴얼**: 건축주에게 넘겨 줄 사용자 친화적인 건물 작동법들을 개발하라.

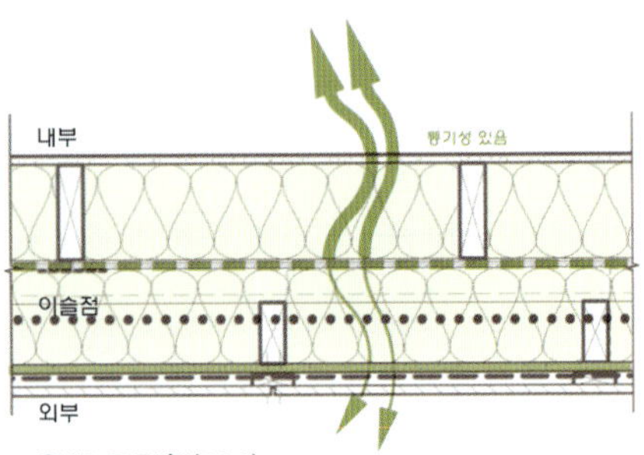

구성요소	투과등
도료	3~6
석고보드	50
셀룰로오스	–
합판 공기 차단재	1~2
셀룰로오스	–
침투성 도관	12~1
Grace Perm-A-Barrier 증기투과지	11
초벽 재료	–
곱향나무 사이딩	–

5.130 공기 차단재와 투과성 등급을 보여주는 벽체의 단면 다이어그램. BEN GATES, MARGO RETTIG

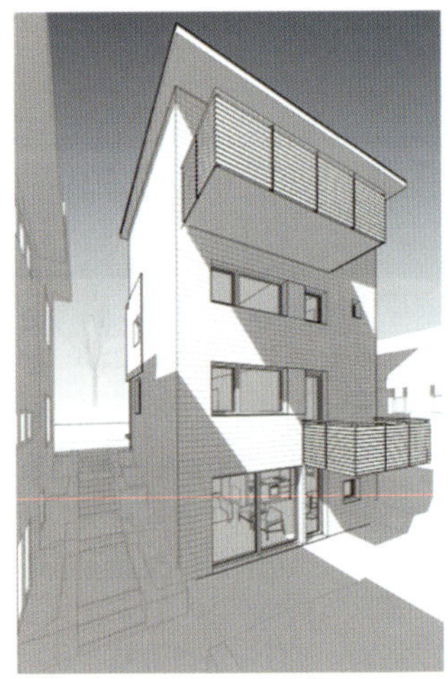

5.131 오레곤주 포틀랜드에 있는 Passive 주택인 Lonefir 주택을 위한 계획설계 스케치. BEN GATES, MARGO RETTIG

5.132 발포단열재를 밑에 깐 Lonefir 기초 시공. BEN GATES, MARGO RETTIG

5.133 밀실한 셀룰로오스 단열재로 채우기 바로 전에 단열재 망을 붙인 대안적인 틀 짜기. BILYEU HOMES, INC.

5.134 (왼쪽) 온수기와 열회수 유닛(위), 그리고 외벽을 통한 단열된 공기유입을 보여주는 기계실. (오른쪽) 라벨을 붙인 물 공급 라인들(뜨거운 물과 온도를 조절한 물)이 "가정으로 유입되고" 연결된 설비를 가리킨다. 구리로 된 Power-Pipe®가 위층 실에 있는 샤워기와 세탁기로부터 열을 회수한다. BILYEU HOMES, INC.

5.135 오레곤주의 살렘에 위치한 단독주택의 완공 당시 모습으로 Passive 주택 인증을 받기 전이다. BILYEU HOMES, INC.

어떻게 기능하고 있는가?

Passive 주택 건물의 사용자들은 그들의 투자가 얼마나 성과를 잘 거두고 있는지를 가장 잘 평가하는 거주 후 평가자 POE들이다. 미국 패시브 주택 연구소 소장인 캐트린 클린겐

버그 Katrin Klingenberg는 최근 일리노이에 있는 그녀 자신의 주택에 대한 거주 후 평가를 완성했다. PHPP 모델링 소프트웨어는 그녀의 실제 에너지 소비량을 정확하게(오차범위 10% 이내로) 예측했는데, 전형적인 미국 가정에 비해 70% 더 낮았다. 자주 물어보는 질문들은 언제나 이런 것들이다. "이게 비용 효과적인가요?" 미국 북서부에 시공 중인 Passive 주택 프로젝트들이 몇몇 있으며, 초기비용 증대는 다른 그린 인증을 받은 건물들처럼 0~18% 범위에 있다고 보고되었다. 생애주기 비용분석은 이것이 에너지 절감을 통해 상쇄됨을 보여줄 것이며, 에너지 비용이 증가하고 우리의 자원들은 감소함에 따라 Passive 주택에 대한 장기 비용의 정당화는 더욱 강력해지기만 할 것이다.

오레곤주 살렘 Salem에 등재된 한 Passive 주택을 최근에 시공한 블레이크 빌류 Blake Bilyeu는 (세심하게 합판 껍데기를 테이프로 붙인) 발포단열재를 설치하기 전에 외피의 공기누출이 남아 있는지 여부를 식별하기 위해 1800ft²(167m²) 주택의 기밀성을 측정하는 송풍기 시험을 실시했다. 50파스칼의 압력 차이에서, 이 주택은 Passive 주택 표준이 요구하는 0.6ACH보다 많이 낮은 값인 0.26ACH의 성능 수치를 보였다. 이런 거주 전/후의 시험 유형은 거주 시기 동안의 성능을 확증시킨다. 건축주들도 똑같이 그 과정에 개입했고 계획과 시공, 그리고 거주에 관한 블로그를 유지하고 있다.

추가 정보

Gordon, J. 2009. "The Aggressive Standard of a Passive House", 『Dwell』, November 2009. www.passivehouse.us/passiveHouse/Articles_files/Dwell.PassiveAcceptance.pdf

Jenkins, J. 2010. Certified PH Consultant responds: "Passive House: Isn't it a bit of overkill?" June 16, 2010, 『Building Capacity Blog』, buildingcapacity.typepad.com/blog/

Klingenberg, K., M. Kernagis, and M. James. 2009. 『Homes for a Changing Climate, Passive Houses in the U.S.』, Passive House Institute US, Urbana, IL.

Kolle, J. 2010. "The Passive House: Green Without Gizmos", 『Fine Homebuilding』, April/May 2010, no. 210. www.passivehouse.us/passiveHouse/Articles_files/passivehouse.pdf

Passive House Institute US(PHIUS): www.passivehouse.us/passiveHouse/PHIUSHome.html

Passivhaus Institut(PHI): www.passiv.de/

THERM: software for modeling two-dimensional heat-transfer effects in building components. windows.lbl.gov/software/therm/therm.html

WUFI-ORNL/IBP: software for modeling heat and moisture transport in building envelopes. www.ornl.gov/sci/btc/apps/moisture/index.html

요다칸디야 커뮤니티 단지

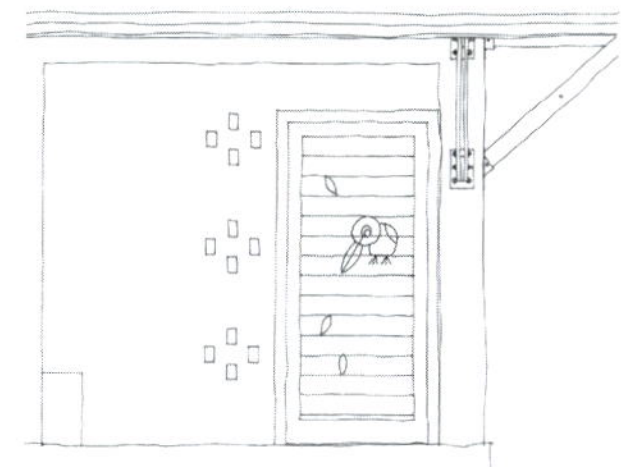

5.137 유치원 주출입구 설계 스케치. SUSI PLATT & ARCHITECTURE FOR HUMANITY

배경과 취지

티사마하라마 **Tissamaharama**는 스리랑카 남서부의 함반토타 **Hambantota** 지구에 위치하고 있으며, 이곳에서는 고대의 요다 웨와 **Yoda Wewa** 저수지와 얄라국립공원 **Yala National Park** 야생보호지역이 내려다 보인다. 많은 지역민들이 일하는 키린다 **Kirinda**의 연안 어촌은 남동쪽으로 약 7마일(11km) 떨어진 위치에 있다. 함반토타의 기후는 2월부터 9월까지 지속되는 긴 건조 기간과 10월부터 1월까지 지속되는 짧은 습윤기간으로 특징된다. 북동계절풍이 몰고 오는 강우의 영향을 받는 이 지역권은 2004년 쓰나미가 가장 심각하게 황폐화시킨 곳 중 하나였다. 보고서에 따르면 이 재난으로 1,300명 이상이 사망하고, 6,600명이 부상했으며, 12,000명이 실종된 것으로 추산된다. 이 지역 주택의 거의 절반이 소실되거나 복구 불능상태가 되었다.

거대한 재건 노력의 일부로서 티사마하라마 외부에 쓰나미의 영향을 받은 218개 가정들을 수용할 새로운 요다칸디야 정착지를 만드는 일이 수반되었다. 이 계획과 시공 중 많은 부분은 유엔이 환경적으로 지속가능한 인간 정착지를 장려하기 위해 운영하는 유엔 해비타트 **UN-Habitat** 프로그램과 이탈리아 정부의 자금 지원을 받아 공동체에 집중되었다.

5.136 커뮤니티 센터 건물은 요다칸디야 커뮤니티 단지의 세 구조물 중 하나다. SUSI PLATT & ARCHITECTURE FOR HUMANITY

요다칸디야 커뮤니티 단지는 커뮤니티에 설계 및 시공 서비스들을 제공하는 비영리기구인 아키텍처 포 휴머니티 **Architecture for Humanity**가 유엔 해비타트와, 그리고 대부분 그 신축 시설로부터 혜택을 받기 위해 서있는 지역 시민들과 긴밀히 협력하며 설계했다. 이 프로젝트는 그 과정의 모든 단계에서, 즉 설계 개요(혹은 건물 프로그램)를 만드는 것부터 건물과 조경의 구성을 거쳐 단지의 지속적인 유지관리 및 운영에 이르기까지, 커뮤니티를 직접적으로 관여시켰다.

이 커뮤니티 단지는 3.3에이커(1.3헥타르) 부지에 위치한 세 건물들로 구성된다. 크리켓 경기장과 배구코트, 그리고 차양이 있는 회합영역을 위한 외부 공간이 제공된다. 실내공간은 메인 홀과 무대, 주방, 사무실, 상점, 그리고 욕실이 있는 3165ft²(295m²)의 커뮤니티

위치
Tissamaharama, Hambantota, Sri Lanka
위도: 6.3°N, 경도: 81.3°E

난방도일
0 기준 65°F(0 기준 18.3°C)
스리랑카 Katunayake 데이터

냉방도일
11,617 기준 50°F(6,454 기준 10°C)
스리랑카 Katunayake 데이터

겨울철 설계 건구온도(99%)
71.5°F(22.0°C)
스리랑카 Katunayake 데이터

여름철 설계 건구온도 및 평균 동시 습구온도(1%)
90.6/77.8°F(32.6/25.5°C)
스리랑카 Katunayake 데이터

일사량
1월:
1,427Btu/ft²/일(4.50kWh/m²/일)
6월:
1,610Btu/ft²/일(5.08kWh/m²/일)

연 강우량
43인치(1,092mm)

센터, 1,735ft²(161m²)의 도서관 및 건강진료소, 그리고 예배공간과 사무실, 양호실, 욕실, 실외놀이공간이 있는 1,815ft²(169m²)의 유치원이라는 3개의 개별 구조들로 나뉘었다. 도서관과 건강센터, 그리고 유치원에 대한 자금 지원은 십대들의 커뮤니티 봉사 관여에 초점을 맞춘 기관인 두 – 썸씽 Do Something이 시작하였고, 자금들은 기본적으로 조지아주 아틀랜타의 페이스 아카데미 Pace Academy에서 학생들의 노력으로 모금되었다.

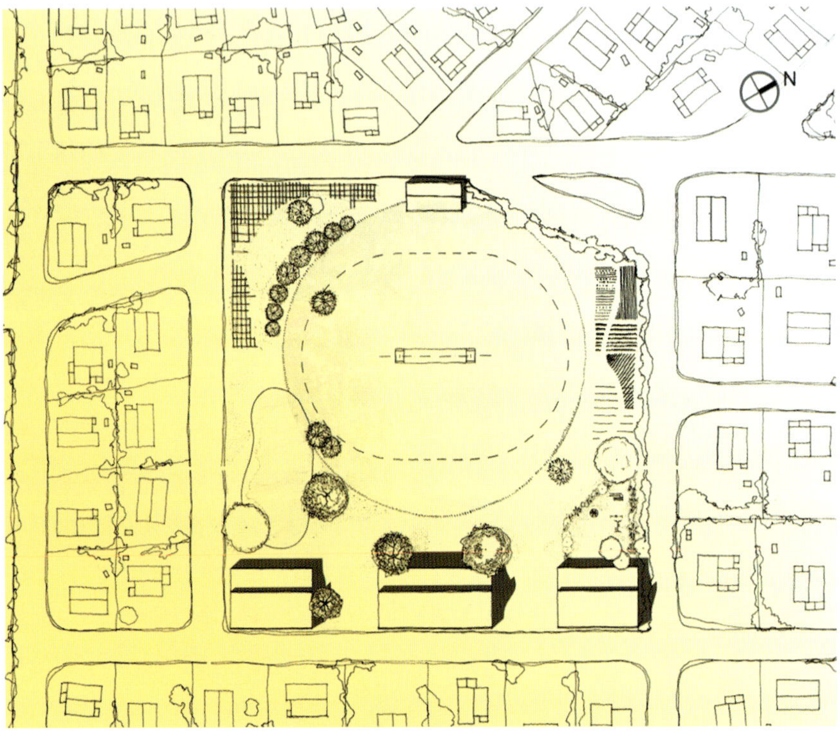

5.138 세 건물들이 해당 필지의 남동쪽 주변부에 위치하면서 북쪽으로 외부 운동장을 내려다 보고 있음을 보여주는 단지계획도. SUSI PLATT & ARCHITECTURE FOR HUMANITY

설계의도와 검증

세 가지의 기본 목표들이 요다칸디야 커뮤니티 단지 설계의 지침이 되었다.

- 지역 커뮤니티의 설계과정 내 개입
- 저비용의 Passive 기후제어 전략 이용
- 풍부한 스리랑카 건축 역사의 존중

커뮤니티가 신축 단지의 계획과 시공에 적극적으로 관여하는 것이 설계팀에게는 매우 중요했다. 그러한 압도적인 자연재해의 여파가 남아있는 상황에서, 설계의도는 사망이나 부상, 혹은 실종으로 손상되거나 와해되어 온 지역 주민들의 사회적 관계들이 회복될 수 있도록 돕는 것이었다. 커뮤니티 구성원들은 이 단지가 그들의 특정한 프로그램적 욕구

건물 유형
혼합용도: 커뮤니티 센터, 유치원, 도서관/병원진료소, 운동장

면적
커뮤니티 센터: 3,165ft²(295m²)
도서관/진료소: 1,735ft²(161m²)
유치원: 1,815ft²(169m²)
총 면적: 6,715ft²(624m²)

건축주
Pinsara Federation of Community Development Councils

설계팀
건축설계:
Architecture for Humanity & Susi Jane Platt

완공
2007년

성능척도
에너지 활용지수(EUI): 현재 측정불가
탄소배출량: 현재 측정불가
물 사용량: 현재 측정불가

와 수요들을 만족시킬 거라는 설계 개요를 개발했다. 주민들은 단지 건설에 상당한 "노동 지분 sweat equity" 을 투자하기도 했다. 교육훈련 세미나들을 통해 개인들은 이 프로젝트에 대해, 그리고 완공 이후에도 사용될 수 있는 시공기술들을 개발할 수 있었다. 새로운 시공기술을 학습한 결과, 몇몇 커뮤니티 구성원들은 단지건설이 완료된 이후에 새로운 사업들을 시작했다. 이 커뮤니티가 설계 및 시공 과정에 관여함으로써 권한과 소유권에 대한 강력한 감각이 일어났다.

단지를 위한 프로젝트 예산과 환경적 의제가 건물의 공조를 허용하지 않았기 때문에, 스리랑카의 덥고 습한 열대기후는 설계팀에게 독특한 도전과제들을 제시했다. 그 의도는 자연환기를 통한 Passive 냉방기회들을 극대화하는 것이었고, 여기서 사용하는 전략들은 스리랑카의 전통적인 풍토건축에 흔한 것들로서 부지조건과 태양의 방향, 우세한 바람, 건물의 매스계획, 그리고 단열재와 축열체를 위한 조적 재료들의 사용에 세심하게 주목하는 것 등이었다. 단지의 건설에는 저비용, 저기술, 지역 재료들이 광대하게 사용되었다. 그 결과로서 건물 및 부지의 특성들이 스리랑카 남동부의 기후와 지리, 역사, 그리고 지역경제와 긴밀하게 연결되었다.

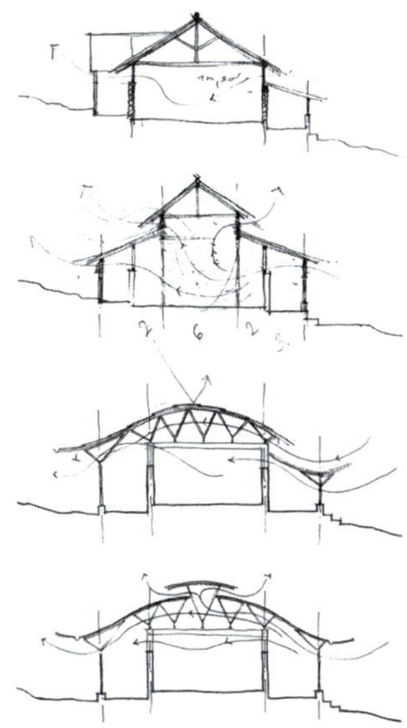

5.140 다양한 건물의 단면 구성들을 통한 자연환기를 보여주는 개념 스케치. SUSI PLATT & ARCHITECTURE FOR HUMANITY

5.139 요다칸디야 단지의 세 건물들에 대한 투시 스케치. SUSI PLATT & ARCHITECTURE FOR HUMANITY

5.141 벽돌조 옹벽을 시공하고 있는 지역 주민. SUSI PLATT & ARCHITECTURE FOR HUMANITY

5.142 건물에서 운동장으로 이어지는 계단식 풍경을 만들기 위한 거푸집에 콘크리트를 붓고 있는 지역 주민들. SUSI PLATT | ARCHITECTURE FOR HUMANITY

전략

환경제어 전략들은 정교화된 기계적 시스템들 대신 에너지 효율성과 자연환기를 강조했다. 이 접근법은 일부러 저 차원적 기술 low-tech을 활용했고, 예산의 제약과 지역 건축 전통들에 대답했다.

부지: 요다칸디야 커뮤니티 단지 프로젝트에 대해 세심한 주의가 집중되었다. 이 부지는 남동쪽으로 얄라국립공원 산림이 보이는 훌륭한 조망을 가지고 있다. 하지만 공원과 가깝다는 것은 건물 배치와 부지 특성들이 코끼리의 이동경로들을 고려하여 계획되어야 함을 의미하였다. 따라서 인간과 코끼리의 충돌은 최소화되었다. 건물들 역시 유리한 태양 각도와 우세한 바람을 활용할 수 있도록 배치되었다. 이 큰 부지는 크리켓 경기장과 배구

코트, 유기농 정원, 그리고 커뮤니티 회합장소들을 가능하게 하였다. 조적 내력벽들과 계단들은 이 부지에서 일어나는 체육활동을 위한 관객좌석으로서의 역할도 겸하는 이중의 역할을 한다.

5.143 부지 조경요소들의 시공. SUSI PLATT & ARCHITECTURE FOR HUMANITY

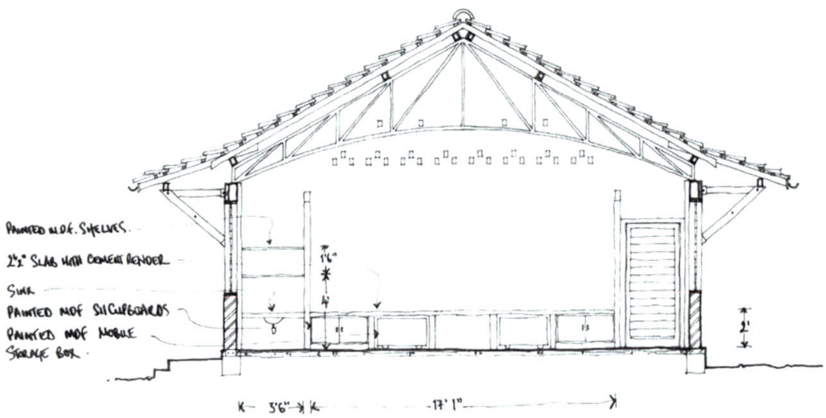

5.144 지붕 내물림과 내력 조적벽, 그리고 지붕을 지지하는 튜브 철골 트러스를 보여주는 유치원 건물 단면도. SUSI PLATT & ARCHITECTURE FOR HUMANITY

5.145 단지 건물들 주위의 폭넓은 지붕 내물림이 제공하는 그늘을 이용 중인 단지 구성원들. SUSI PLATT & ARCHITECTURE FOR HUMANITY

Passive 냉방: 몇몇 그린 설계 전략들은 요다칸디아 커뮤니티 단지 건물들의 Passive 냉방 기능에 공동으로 기여한다. 깊은 지붕 내물림들은 외부 조적벽과 창문 개구부에 그늘을 드리워 하루 동안 받는 내부 열 획득을 제어하는 데 도움을 준다. (잡석과 모르타르로 채운 외측과 내측의 벽돌로 구성된) 내력 조적벽은 단열 기능을 제공한다. 조적 벽체와 콘크리트 바닥 슬라브, 그리고 지붕 점토타일은 축열체로 기능하는데, 주간 일사를 흡수하여 야간에 다시 복사시키고 열은 보다 시원한 야간 공기에 의해 포착된다. 건물의 향이 잘 조성된 경우 맞통풍을 위해 부지 상의 우세한 바람을 완전히 이용한다. 용마루 환기구가 있고 처마가 열려 있는 볼트 천장들은 실내공간의 굴뚝환기를 허용한다.

자연환기: 세 건물 내의 자연환기를 최대화하기 위한 준비는 설계과정 초기에 이루어졌다. 외벽에 면한 모든 공간들에서 창문이나 개구부에 접근할 수 있도록 세 건물들을 분리하여 프로그램 요건들을 할당하였다. 이 직사각형 건물들은 기다란 파사드들이 계절마다 방향이 역전되는 우세한 바람들과 수직을 이루는 방향으로 배치되어 있다. 대부분의 많

5.146 점토타일로 만든 지붕과 굴뚝환기용 배기구. SUSI PLATT & ARCHITECTURE FOR HUMANITY

은 경우 창문 틀이나 글레이징이 없는 조적조 외벽의 커다란 개구부들과 좁은 바닥 평면들은 내부공간들을 관통하는 맞통풍을 가능하게 한다. 건물 내부의 높고 개방적인 천장과 커다란 용마루 환기구들은 굴뚝환기를 가능하게 한다. 내력 조적벽 상단과 지붕 서까래 사이의 공간은 개방됨으로써 환기를 더욱 촉진시킬 뿐만 아니라 이러한 열대기후의 높은 습도로 인해 일어날 수 있는 습기 문제들을 방지하는 데에도 일조한다. 지붕 점토타일들은 지붕 서까래에 부착된 띠장들에 매달려 있으며, 연속 데크는 사용되지 않는다. 개방된 처마와 용마루 환기구들이 개방적인 다락 공간에서 뜨거운 공기를 배출시키는 데에 일조한다.

5.148 벽돌로 쌓은 차벽들이 동쪽과 서쪽의 파사드상에 도달하는 자연광을 여과한다. SUSI PLATT & ARCHITECTURE FOR HUMANITY

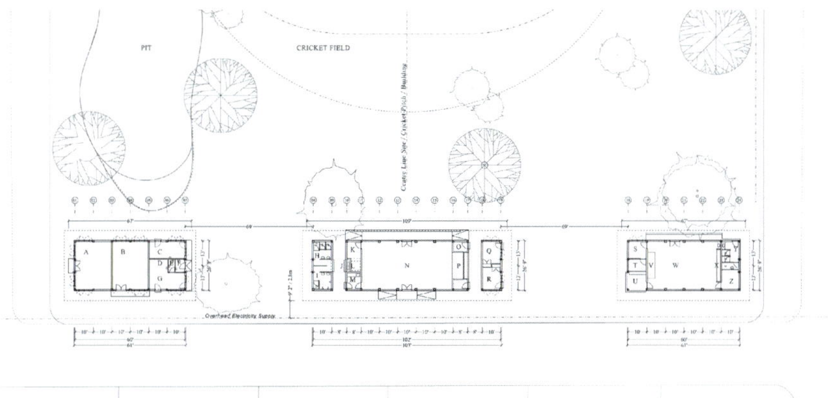

5.147 건물 주변부를 따라 직선 배열되어 있는 도서관/건강진료소(왼쪽), 커뮤니티 센터(중앙), 유치원(오른쪽) 평면들. SUSI PLATT & ARCHITECTURE FOR HUMANITY

5.149 내력조적벽들은 목조지붕 받침대들을 지지하며 지붕 서까래들로 인해 내부와 외부 사이에 공기가 흐를 수 없도록 막는다. SUSI PLATT & ARCHITECTURE FOR HUMANITY

태양광 제어: 폭넓은 내물림을 가진 모임지붕들이 세 건물들의 외벽에 차양 역할을 한다. 이 내물림들은 동쪽과 서쪽 방향에서 더 깊은데, 이쪽 파사드들의 어려운 일사획득과 눈부심 가능성들을 다루기 위해서다. 동쪽과 서쪽 파사드상의 개구부들은 글레이징 없이 벽돌로 쌓은 차벽들을 사용함으로써 최소화되며, 이러한 차벽들이 건물에 진입하는 자연광을 여과시킨다. 지붕 내물림 밑의 그늘진 영역들은 하루 종일 건물 주변부 근처에 보다 시원한 미시기후를 만들어낸다. 벤치들은 건물 사용자들에게 그늘진 외부 회합공간을 제공한다. 지붕 내물림 역시 건물들로부터 흘러나오는 빗물의 방향을 전환시켜 습한 계절 동안 내부를 건조하게 유지하는 데에 도움을 준다.

에너지 보존: 자연환기 냉방전략들에 의존한 이 건물은 매우 적은 에너지를 사용하게 되었다. 에너지 보존 대책들은 처음부터 설계에 통합되었다. 결국, 공사비용을 낮추게 되었고(비싼 설비가 불필요했기 때문), 운영비용을 낮추는 결과를 낳았다.(이것은 비극적인 자연재난에서 회복 중이라 자원이 거의 없는 가난한 커뮤니티에 결정적으로 중요한 고려사항이다)

5.150 한 지역 아동이 빗물 용기 옆에 서있다. 낙수체인들은 이러한 용기들을 지붕 홈통과 연결한다. SUSI PLATT & ARCHITECTURE FOR HUMANITY

물 보존: 이 단지는 빗물 집수 시스템을 활용하여 이 지역의 심각한 식수 부족에 직접적으로 반응한다. 홈통들은 전통적인 폐쇄형 수직 낙수홈통이 아닌 낙수체인 rain chain을 통해 지붕에서 흘러 나오는 빗물을 모으며, 홈통들로부터 건물 주변의 지상 높이에 있는 용기들로 물을 전달한다. 집수된 물은 2개의 지하탱크들에 저장되고 건조한 계절 동안 식수용과 조경 관개용으로 사용된다. 낙수체인들은 빗물이 수확되는 과정을 시각적으로 보여준다.

재료: 예산의 제약과 전통적인 시공법들의 선호로 인해 설계팀은 이 단지의 시공에 주로 지역의 재료들을 사용하게 되었다. 벽돌은 근처 농장들로부터 수급한 버려진 쌀 껍질을 연료로 하여 개방 균열로들 속에서 구운 지역 점토를 통해 수공 제작되었다. 벽돌은 간단하고 모듈적인 재료라는 또 하나의 장점을 가지고 있는데, 이것 때문에 지역 주민들은 조적 시공을 해본 경험이 거의 없다 하더라도 건물들의 시공을 보조할 수 있었다. 이 부지 상에서 철거된 건물들의 파편은 세 신축 구조물들의 기초를 위한 골재로 사용되기도 하였다.

시공: 이 단지는 요다칸디야 주민들이 시공했으며, 그들은 맞춤형 예술품과 모티프와 디테일들을 조적과 목조와 포장으로 통합시키는 걸 가능케 했다. 계약 행정과 조적조 시공기법, 목공사 기술에 초점을 둔 일련의 교육훈련 과정들을 통해 커뮤니티 구성원들은 이 프로젝트를 완성하는 데에 필요한 기술들을 얻었다. 이 건물들은 단순하지만 내구적인 시공재료들인 벽돌 벽과 파티션, 콘크리트 슬라브, 목재 서까래, 내물림 받침대, 경량튜브 철골 트러스, 지붕 점토타일을 사용하도록 설계되었다.

어떻게 기능하고 있는가?

이 단지가 완공된 이후에 확보된 추가 자금을 통해 설계팀은 사용 중 건물의 거주 후 평가 POE를 실시하고 단지에 필요한 조정이나 변경을 가할 수 있었다. 하지만 안타깝게도 이 시점에서는 상세한 건물 성능 측정치들과 데이터들을 알 수가 없다.

이 단지는 선진국에서 지적재산권을 보호할 수 있게 하면서도 개발도상국에는 정보의 제공을 허용하는 크리에이티브 카먼즈 Creative Commons의 "개발도상국" 라이선스를 확보한 아키텍처 포 휴머니티 최초의 프로젝트였다. 게다가, 이 프로젝트에 대한 정보는 무료 지식전달의 형태로 아이디어와 디자인, 도면들의 자유교환을 허용하는 오픈 아키텍처 네트워크 Open Architecture Network에서 "오픈 소스화" 되었다.

요다칸디야 커뮤니티 단지 프로젝트는 2010 아가 칸 건축상 Aga Khan Award for Architecture의 19개 프로젝트 후보 중 하나였다.

5.151 시공에 점토벽돌(위)과 재활용타일(아래)과 같은 지역 재료들이 사용되었다. SUSI PLATT & ARCHITECTURE FOR HUMANITY

5.152 지역 장인들에 의해서 부지 상의 석조내력벽에 통합이 된 예술적인 모티프들. SUSI PLATT & ARCHITECTURE FOR HUMANITY

5.153 공사 중인 한 내력벽돌벽 옆에 서 있는 지역 아동. SUSI PLATT & ARCHITECTURE FOR HUMANITY

추가 정보

Aga Khan Development Network. www.akdn.org/architecture/project.asp?id=3955(Includes downloadable images, information, and a description of the project.)

Architecture for Humanity. architectureforhumanity.org/node/781(Includes photographs, a detailed description of the design process, and project information.)

Architecture for Humanity. architectureforhumanity.org/updates/2010-05-25-susi-platt-and-architecture-for-humanity-shortlisted-for-the(An online article on the Architecture for Humanity website which includes a project description, video, and news update.)

Architecture for Humanity. architectureforhumanity.org/files/four_seasons_article.pdf(An online article from Four Seasons Magazine「Issue Four 2009」about the Yodakandiya Community Complex.)

Open Architecture Network. openarchitecturenetwork.org/node/385(Includes downloadable photographs, a detailed description of the design process, and project information and a link to project updates.)

5.154 메인 커뮤니티 홀에 모여 있는 지역 주민들. SUSI PLATT & ARCHITECTURE FOR HUMANITY

5.155 유치원 건물에 있는 학생들의 다채로운 작업 테이블들. SUSI PLATT & ARCHITECTURE FOR HUMANITY

NOTES

APPENDIX 1

설계 열손실과 설계 냉방부하의 산정

계획설계단계 동안 냉난방 시스템들의 규모를 미리 정하는 일은 설계 열 손실과 설계 냉방부하의 합리적인 산정에 좌우된다. 이런 부하들을 계산하기 위한 잘 개발된 매뉴얼과 컴퓨터 기반 방법론들을 쉽게 이용할 수 있으나, 이것은 계획설계 동안 가능한 (혹은 가능해야 하는) 정보를 더 많이 필요로 한다. 이러한 문제를 피하기 위해, 다음의 산정값들을 제시한다. 이 수치들은 주의 깊은 판단과 함께, 오직 예비 설계의 목적으로만 사용해야 한다.

설계 열 손실 산정

다음의 값들은 법규를 준수하는 에너지 성능을 가정하며 "보수적"이다.(이것은 계획설계에 나쁜 것이 아니다) 더 높은 성능이 예상되는 경우(예를 들어, 에너지 효율성에 초점을 맞춘 그린 빌딩들의 경우)에는 이 수치들을 1.3으로 나누어야 한다. 면적(ft^2, m^2)은 공조되는 바닥면적을 가리킨다.

따뜻한 기후: 20Btuh/ft^2(63W/m^2)

적당한 기후: 30Btuh/ft^2(95 W/m^2)

추운 기후: 40~50Btuh/ft^2(125~160 W/m^2)

설계 냉방부하 산정

다음의 값들은 법규를 준수하는 에너지 성능을 가정하며 "보수적"이다.(또다시, 이것은 계획설계에 나쁜 것이 아니다) 더 높은 성능이 예상되는 경우(예를 들어, 에너지 효율성에 초점을 맞춘 그린 빌딩들의 경우)에는 이 수치들에 1.3을 곱해야 한다. 면적(ft^2, m^2)은 공조되는 바닥면적을 가리킨다.

점유율이 낮은 건물(주택 등): 560 ft^2/톤(14.8m^2/kW)

점유율이 적당한 건물(사무소/기관): 360ft^2/톤(9.5m^2/kW)

점유율이 높은 건물(극장 등): 220ft^2/톤(5.8m^2/kW)

설계 냉방부하를 산정하기 위한 추가적인 수치들은 ('흡수식 냉동기' 전략에 나오는) 표 4.15에서 찾아볼 수 있다.

NOTES

APPENDIX 2

습공기선도

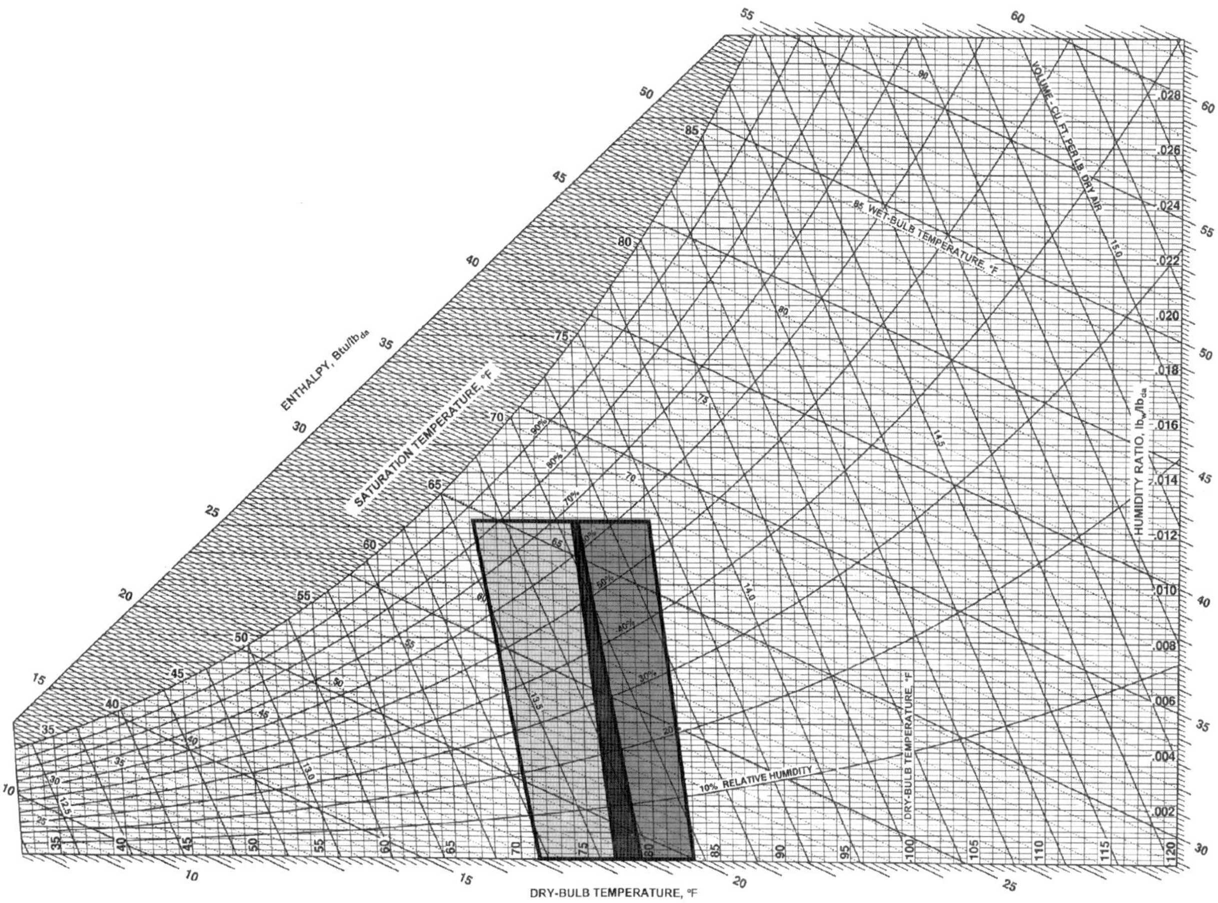

A.1 ASHRAE 표준 55 열 쾌적구역을 보여주는 습공기선도(미국식 단위). © Reprinted with permission of the American Society of Heating, Refrigerating and Air-Conditioning Engineers, Inc. Atlanta, GA

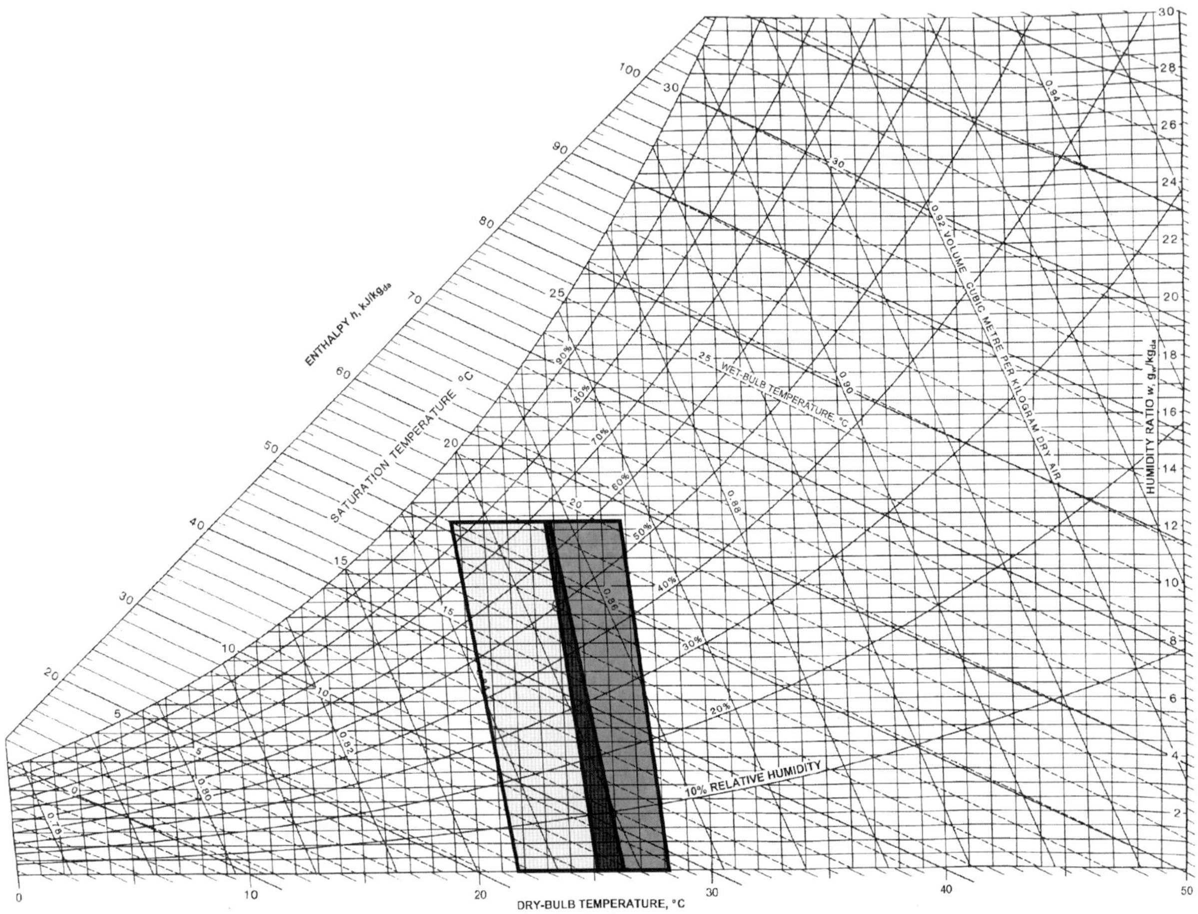

A.2 ASHRAE 표준 55 열 쾌적구역을 보여주는 습공기선도(국제표준 단위). © Reprinted with permission of the American Society of Heating, Refrigerating and Air-Conditioning Engineers, Inc. Atlanta, GA

APPENDIX 3

건물 목록

전략편과 사례연구에서 언급된 건물 목록을 그 지리적 위치 및 주요한 설계자와 함께 여기에 수록했다.

건물	위치	건축가
1 Finsbury Square	London, UK	Arup Associates
4 Times Square(Condé Nast)	New York, NY, USA	FXFOWLE Architects
Adam J. Lewis Center for Environmental Studies	Oberlin, OH, USA	William McDonough & Partners
Aldo Leopold Legacy Center	Baraboo, WI, USA	The Kubala, Washatko Architects, Inc
Armour Academic Center, Westminster School	Simsbury, CT, USA	GUND Partnership
Arup Campus Solihull	Blythe Valley Park, Solihull, England, UK	Arup Associates
Arup Headquarters Building	London, England, UK	Arup Associates
Ash Creek Intermediate School	Independence, OR, USA	BOORA Architects
Bad Aibling Spa	Bavaria, Germany	Behnisch Architekten
Bayerische Vereinsbank	Stuttgart, Germany	Behnisch, Behnisch & Partner
Becton Engineering and Applied Science Center, Yale University	New Haven, CT, USA	Marcel Breuer
Beddington Zero Energy Development	Beddington, Sutton, England, UK	Bill Dunster Architects
Biodesign Institute, Arizona State University	Tempe, AZ, USA	Gould Evans
Blue Ridge Parkway Destination Center	Asheville, NC, USA	Lord, Aeck & Sargent
Building Research Establishment (BRE) Offices	Garston, Hertfordshire, England, UK	Feilden Clegg Architects
British Museum of London-Glass Shell	London, UK	Foster and Partners with Buro Happold
Burton Barr Central Library	Phoenix, AZ, USA	Will Bruder Architects, Ltd
California Polytechnic University-San Luis Obispo Solar Decathlon House 2005	San Luis Obispo, CA, USA	California Polytechnic University-San Luis Obispo
Cambridge Public Library Main Branch	Cambridge, MA, USA	William Rawn Associates
Casa Nueva, Santa Barbara County Office Building	Santa Barbara, CA, USA	Blackbird Architects, Inc.
Center for Global Ecology, Stanford University	Stanford, CA, USA	EHDD
Chesapeake Bay Foundation	Annapolis, MD, USA	SmithGroup

건물	위치	건축가
Christopher Center, Valparaiso University	Valparaiso, IN, USA	EHDD
Clackamas High School	Clackamas, OR, USA	BOORA Architects
Cornell Solar Decathlon House 2005	Ithaca, NY, USA	Cornell University
Cornell Solar Decathlon House 2009	Ithaca, NY, USA	Cornell University
Dockside Green	Victoria, British Columbia, Canada	Busby Perkins1Will
Domaine Carneros Winery(Pinot Noir Facility)	Napa, CA, USA	Valley Architects of St. Helena
Druk White Lotus School	Shey, Ladakh, India	ARUP + ARUP Associates
EcoHouse	Oxford, England, UK	Susan Roaf
Eden Project	Outside St. Austell, Cornwall, England, UK	Sir Nicholas Grimshaw
Emerald People's Utility District Headquarters	Eugene, OR, USA	Equinox Design, Inc.
Fisher Pavilion	Seattle, WA, USA	Miller/Hull Partnership
Ford Premier Automotive Group Headquarters	Irvine, CA, USA	LPA with William McDonough + Partners
GAAG Architecture Gallery	Gelsenkirchen, Germany	Pfeiffer, Ellermann und Partner
Genzyme Center	Cambridge, MA, USA	Behnisch Architekten
Germany Solar Decathlon House 2007	Darmstadt, Germany	Darmstadt University of Technology
Global Ecology Research Center, Stanford University	Palo Alto, CA, USA	EHDD
Goodlife Fitness Club	Toronto, Canada	unknown
Guangdong Pei Zheng Commercial College	Huadi, China	Mui Ho Architect
Habitat Research and Development Centre	Windhoek, Namibia	Nina Maritz Architect
Hearst Memorial Gym, University of California Berkeley	Berkeley, CA, USA	Julia Morgan and Bernard Maybeck
The Helena Apartment Tower	New York, NY, USA	FXFOWLE Architects, PC
Hong Kong and Shanghai Bank	Hong Kong, China	Foster and Partners
Honolulu Academy of Arts	Honolulu, HI, USA	John Hara & Associates
Hood River Public Library	Hood River, OR, USA	Fletcher, Farr, Ayotte
Hyatt Olive 8 Hotel	Seattle, WA, USA	Gluckman Mayner Architects
IBN-DLO Institute for Forestry and Nature Research	Wageningen, The Netherlands	Behnisch, Behnisch & Partner Architects

건물	위치	건축가
Ironmacannie Mill Holiday Cottage	Castle Douglas, Scotland	unknown
Islandwood Campus	Bainbridge Island, WA, USA	Mithūn Architects
Jean Vollum Natural Capital Center (The Ecotrust Building)	Portland, OR, USA	Holst Architecture PC
John E Jaqua Academic Center for Student Athletes, University of Oregon	Eugene, OR, USA	Zimmer Gunsul Frasca Architects
John Hope Gateway at RBGE	Edinburgh, Scotland, UK	Edward Cullinan Architects
Kenyon House	Seattle, WA, USA	SMR Architects
KfW Banking Group Offices	Frankfurt am Main, Germany	Sauerbruch Hutton Architekten
Kindergarten, 2008 Olympic Village	Beijing, China	Beijing Tianhong Yuanfang Architecture Design Co., Ltd
Kroon Hall, Yale School of Forestry and Environmental Studies	New Haven, CT, USA	Hopkins Architects
Kuntshaus Bregenz	Bregenz, Austria	Peter Zumthor
Laban Centre	London, UK	Herzog and de Meuron
Lady Bird Johnson Wildflower Center	Austin, TX, USA	Overland Partners Architects
Lanchester Library, Coventry University	Coventry, UK	Short & Associates
Lillis Business Complex	Eugene, OR, USA	SRG Partnership
Logan House	Tampa, FL, USA	Rowe Holmes Associates
Manitoba Hydro Place	Winnipeg, Manitoba, CA	Kuwabara Payne McKenna Blumburg Architects
Marin Country Day School, Learning Resources Center	Corte Madera, CA, USA	EHDD Architecture
Martin Luther King Jr. Student Union	Berkeley, CA, USA	Vernon DeMars
Menara Mesiniaga	Subang Jaya, Malaysia	T.R. Hamzah & Yeang International
Mod 05 Living Hotel	Verona, Italy	Studio Fusina 6
Mt. Angel Abbey Annunciation Academic Center	St. Benedict, OR, USA	SRG Partnership
Mt. Angel Abbey Library	St. Benedict, OR, USA	Alvar Aalto
Multnomah County Central Library	Portland, OR, USA	Carleton Hart Architecture
The Not So Big House	Orlando, FL, USA	Sarah Susanka
New York Institute of Technology Solar Decathlon House 2005	New York, NY, USA	New York Institute of Technology
Nine Canyon Wind Project	Kennewick, WA, USA	Energy Northwest
Oak Lodge, Our Lady of the Oaks Retreat Center	Applegate, CA, USA	Siegel & Strain Architects

건물	위치	건축가
ODS School of Dental Hygiene	Bend, OR, USA	GBD Architects
One Brighton	Brighton, England, UK	Feilden Clegg Bradley Studios
One Peking Road	Hong Kong, China	Rocco Design Ltd
Oregon Health Sciences University Center for Health & Healing	Portland, OR, USA	GBD Architects various
Passive House US	various	
Patagonia Headquarters, Ventura	Ventura, CA, USA	Miller/Hull Partnership
Penn State Solar Decathlon House 2009	University Park, PA, USA	Pennsylvania State University
Queen's Building at De Montfort University	Coventry, England, UK	Short and Associates
Raffles Hotel	Singapore	Renovation: Fredrick Gibberd and Partners
Ridge Vineyard-Lytton Springs Winery	Healdsburg, CA, USA	Freebairn-Smith & Crane
RiverEast Center	Portland, OR, USA	Group MacKenzie
Roddy/Bale Garage/Studio	Seattle, WA, USA	Miller/Hull Partnership
Ronald Reagan Library	Simi Valley, CA, USA	Pei Cobb Freed & Partners
Royal Danish Embassy	Berlin, Germany	Nielsen, Nielsen & Nielsen A/S
Sabre Holdings Headquarters	Southlake, TX, USA	HKS, Inc.
San Francisco Public Library	San Francisco, CA, USA	Pei Cobb Freed & Partners
Shaw Residence	Taos, NM, USA	John Shaw
Sokol Blosser Winery	Dundee, OR, USA	SERA Architects
Springs Preserve	Las Vegas, NV	Lucchesi Galati Architects
St. Ignatius Chapel at Seattle University	Seattle, WA, USA	Steven Holl Architects
Tanfield Mill	West Tanfield, UK	unknown
Texas A&M Solar Decathlon House 2007	College Station, TX, USA	Texas A&M University
Water Pollution Control Laboratory	Portland, OR, USA	Miller/Hull Partnership
Westhaven Tower	Frankfurt, Germany	Schneider1Schumacher
Woods Hole Research Center	Falmouth, MA, USA	William McDonough + Partners
University of Texas-Austin Solar Decathlon House 2005	Austin, TX, USA	University of Texas-Austin
Virginia Polytechnic Institute Solar Decathlon House 2009	Blacksburg, VA, USA	Virginia Polytechnic Institute
Yodakandiya Community Complex	Tissamaharama, Sri Lanka	Susi Jane Platt(Architecture for Humanity)
Yokohama National University	Yokohama, Japan	unknown
Zion National Park Visitor's Center	Springdale, UT, USA	James Crockett, AIA

APPENDIX 4

용어설명

ㄱ

가설(hypothesis) 한 시스템의 작동을 예측하는 공식 진술. 검증 가능한 진술

가시투과율(VT: visible transmittance) 적외선과 자외선을 제외한 스펙트럼 가시부분에서의 복사와 관련된 유리창 투과율. 이것은 일부 유리창에서 사용되는 태양 투과율과 구별될 것이다.

감지가능한 열(sensible heat) 건물 내 공기나 물체의 온도 증감에 관련된 열. 현열이라고도 한다.

거울반사(specular reflection) 햇빛이 입사된 각도와 같은 각도로 표면을 떠나는 거울같은 표면에서의 반사를 뜻하며 광원이나 물체의 뚜렷한 상을 맺히게 할 수 있다.

거주 후 평가(POE: post-occupancy evaluation) 건물이 정상적인 이용 상황에 놓인 후 수행되는 몇 가지 건물 성능 요소에 대한 정식 검사

건구온도(dry-bulb temperature) 건구온도계를 이용해 측정된 온도. 현열밀도의 지표로서 단위는 C이다.

건물이용조사(Building Use Survey) 거주자로부터 건물성능에 관한 정보를 획득하는 공식수단(www.usablebuildings.co.uk/ 참조)

건물통합 태양광 발전(BIPV: building integrated photovoltaics) 지붕싱글, 유리창 단위, 스팬드럴 패널 등과 같은 건물 외피요소에 통합된 태양광 발전 모듈

건조제(desiccant) 건조(제습)약품이나 에너지(엔탈피) 휠 코팅으로 이용되는 수증기 친화력이 높은 재료

계통연계형(grid-connected) 현지 전력 생산 시스템에 연결된 현지 전력 발전 시스템 중의 하나이다.

고도각(altitude angle) 하늘에서 태양의 높이를 나타내는 태양 각도

고압나트륨 램프(high pressure sodium) 전호 튜브를 통한 전자흐름에 기초해 작동되는 고광도 가스방출 전기램프이다.

공기흐름율(airflow rate) 단위시간 동안 일정한 구역(창문, 덕트)을 통과하는 공기량을 나타내는 측정값으로 단위는 cfm(분당 입방피트)[L/s(초당 리터)]이다.

관리중량형 옥상녹화(intensive green roof) 키가 큰 식물들과 비교적 깊은 토양덮개를 가진 옥상녹화의 한 유형

광도(luminance) 표면이나 원천을 떠나는 빛의 밀도로써 단위는 평방피트당 루멘 또는 평방미터당 칸델라(steradian당 루멘)이다. 광도에 대한 질적 평가는 밝기이다.

광선(light) 인간의 육안으로 관찰되는 복사선

광선반(light shelf) 건물 속으로 주광을 고르게 분배하기 위해 건물 정면에 설치된 장치. 광선반은 자연채광 개구부를 중심으로 그 안쪽이나 바깥쪽, 또는 두 쪽 모두에 설치될 수 있다.

광센서(photosensor) 전기조명 시스템의 작동을 제어하기 위해 사용되는 광감지센서로서 종종 통합 자연채광/전기조명 시스템에서나 실외 조명요소들을 제어하기 위해 사용된다.

광스쿠프(light scoop) 햇빛을 모으고 건물 속으로 유도하기 위해 사용되는 건축장치를 말한다.

교류(AC: alternating current) 시간흐름에 따라 전류량과 방향이 사인곡선을 그리며 변화하는 높은 전위로부터 낮은 전위로의 전기흐름을 말한다. 전력망이나 주요 전력은 AC이다.

교접코일(runaround coil) 코일을 서로 연결하는 물 순환통로의 작용을 통해 일정한 거리만큼 떨어진 두 공기흐름간의 열교환이 일어나는 연결코일

구역(zone) 자연채광, 열 및 화재 구역 등 건물 내 다른 구역과 현저히 구별되는 특징과 필요를 가진 건물구역

국지기후(microclimate) 보다 큰 주변 광역기후와 비교해 구별되는 국지구역 기후. 가령 나무그늘 아래의 기후(개활지와 비교), 남향 정면상의 기후(북향정면과 비교) 및 공항 기후(동일한 도시의 도심기후와 비교) 등을 들 수 있다.

굴뚝효과(stack effect) 뜨거운 공기가 상승하면서 수직 공기순환을 발생시키는 자연적 현상으로서 자연환기 시스템에서 이용된다.

글레이징 통합 태양광 발전(glazing integrated photovoltaics) PV 요소들이 글레이징 요소(예를 들어 창문이나 천창을 통한 천공광)에 필수적인 부분을 이루는 건물통합 태양광 발전 BIPV의 한 유형

금속 할리데 램프(metal halide) 전호 튜브를 통한 전자흐름에 기초해 작동되는 고강도 가스방출 전기램프이다.

기본설계(design development) 설계결정이 마무리되며 설비와 재료가 선택이 되고 상세와 명세가 개발되며 또 공사 문서화가 개시되거나 준비되는 실시(계획)설계과정의 한 단계이다.

기생 에너지(parasitic energy) 가령 태양열 에너지 시스템에서의 펌프구동 에너지 같은 시스템 운영에 필요한 구성요소로 인해 발생하는 시스템의 에너지 "손실"로서 기생 에너지 수요는 시스템 효율성을 떨어뜨린다.

기준선 부하(base load) 건물이나 발전 시스템의 "전형적인" 평균 전력부하

ㄴ

낙차(head) 수력 시스템의 잠재적 발전용량을 결정하는 요소로서 터빈에 압력을 가하는 수직높이(깊이)

난방에너지 소요량(난방도일)(HDD: heating degree day) 한 기후에서(또는 현재 날씨에서) 겨울철 추위 정도를 나타내는 측정값. 1일 HDD는 건물의 균형점 온도를 나타내는 기준선 온도(종종 18° C)에서 1일 평균온도를 뺀 값과 일치한다.

내부 주광조도(internal daylight illuminance) 건물 내 주어진 지점에서 자연채광에 의해서만 창출된 조도

냉각원(heat sink) 온도가 높은 지점으로부터 열 흐름을 받아들이게 될 온도가 낮은 지점. 냉각되고 있는 건물로부터 열을 방출하기 위한 장소

냉동기(chiller) 공간냉방을 위해 물을 냉각시키는 설비형 기계설비

냉방에너지 소요량(CDD: cooling degree day) 한 기후에서(또는 현재 날씨에서) 여름철 더위정도를 나타내는 측정값. 1일 CDD는 1일 평균기온에서 건물의 균형점 온도를 나타내는 기준선 온도(종종 18°C)를 뺀 값과 일치한다.

냉방용량(cooling capacity) 주어진 시스템에 의해 충족될 수 있는 냉방부하의 크기를 나타내는 측정값으로 단위는 Btu/h(Watts)이다.

네트 미터링(net metering) 현지 전력 발전 시스템을 가진 전력 소비자가 전력망으로부터 끌어 쓴(구매한) 전력량과 전력망으로 공급(판매)한 전력량간의 "순" 차이(미터기상에 나타난)에 기초하여 요금을 지불하기로 하는 전력회사와 소비자간의 약정을 말한다.

넷-제로 에너지(net-zero energy) 넷-제로 에너지 건물은 연간 사용되는 현장 외 에너지를 재생가능 자원들에 기초한 현장 에너지 생산과 조화시킨다. 때때로 제로 넷 에너지라고 불리기도 한다.

눈부심(glare) 과도한 밝기나 대비에 의해 야기되는 시각적인 불쾌감. 눈부심은 직접형 또는 반사형, 또한 불쾌수준, 방해수준, 또는 무력화수준 등으로 분류된다.

ㄷ

다진 흙공법(rammed earth) 현장에서 다져 만든 흙(및 첨가물)패널을 이용해 벽을 세우는 시공법

담천공(overcast sky) 많은 자연채광 설계를 위한 기초로 사용되는 설계 날씨(완전히 구름으로 덮여 있고, 태양직달복사가 없으며 완전히 확산분포된 햇빛 분배가 이뤄지는 날씨). 담천공 상태에서는(수직 개구부 단위보다 수평 개구부 단위를 더 효과적이게 하는) 지면 부근보다는 천정 부근이 더 밝다.

대류(convection) 유체(보통 건물설계의 경우 공기)의 작용을 통한 열전달. 자연대류는 기계지원 없이 일어나는 반면 강제대류는 기계지원을 수반한다.

대비(contrast) 시야에 있는 두 물체 사이의 조도(밝기)차이를 나타내는 측정값으로 보는 걸 가능하게 하지만 너무 심할 경우 눈부심을 일으킨다.

데시벨(Decibel) 음압력 수준이나 음력수준을 표현하기 위해 사용되는 절대크기가 없는 단위

도시 열섬효과(urban heat island effect) 건물 표면에 의한 태양복사 흡수와 건물로부터의 열방출로 인해 도시구역이 외곽이나 시골 지역에 비해 주변 온도가 더 높아지는 현상

독립형(stand-alone) 현지 전력 생산 시스템에 연결되지 않은 현지 전력 발전 시스템으로서 "오프 그리드 off-the-grid" 시스템이라고 불리기도 한다.

동적 글레이징(dynamic glazing) 환경조건이나 인간의 제어신호에 반응하여 (가시투과율과 같은) 하나 이상의 속성들을 변화시킬 수 있는 글레이징

둔덕(berm) 주변의 지면보다 솟아 오른 흙 시설물. 일반적으로 내부를 은폐시키거나 바람, 물 또는 공기순환을 유도하기 위해 세워진다. 일부는 건물을 덮는데 이용되는데 이럴 때는 복토라 부른다.

등조도(isolux) 조도(광원으로부터 어떤 특정한 수직평면 또는 수평평면에 도달하는 광속의 전체 양) 또는 주광율이 일정한 상태

ㄹ

램프(lamp) 모든 제조된 광원

루멘(lux) SI 광도단위. 평방미터당 루멘

ㅁ

막대골조(stick-framing) 북미 1가구 주택시장에서 압도적으로 사용되는 시공법으로써 현장에서 작은 크기의 목재들을 조립해 구조적 골조를 만들어내는 방법

ㅂ

바이오매스(biomass) 에너지 생산(일반적으로 열)을 위해 처리(매장, 분해)될 수 있는 비화석 생물재료(목재, 지푸라기, 거름)

바이오연료(biofuel) 목재, 쓰레기, 평지씨, 거름, 콩 등과 같은 비화석 식물재료로부터 추출되는 연료

반사율(reflectance) 성질을 변화시킴 없이 입사복사의 방향을 바꿀 수 있는 재료(또는 표면코팅)의 특성을 말하는 것으로 보통 입사복사의 백분비로 표현된다.

반동 터빈(reaction turbine) 유입구와 배출구 사이의 수압차를 이용해 터빈을 돌리는 초초소수력 발전 터빈유형으로서 터빈은 포장되고 물에 잠겨 있어야 한다.

발광유지성(lumen maintenance) 램프 성능이나 조명 시스템 산출을 설명하기 위해 사용되는 장기적인 발광흐름 안정성 측정값

발광흐름(luminous flux) 루멘으로 표현된 빛 흐름

발포폴리스틸렌(EPS: expanded polystyrene) 보통 비드보드 beadboard라 불리는 발포폴리스틸렌을 주물화하여 제작한 단열재의 한 형식

방위각(azimuth angle) 비교되는 방향(보통 남중) 대비 태양의 위치를 지시하는 태양각도

변환기(inverter) 직류를 교류로 전환시키는 장치로서 풍력이나 태양광 발전기 같은 현지 전력 발전 시스템과 함께 이용된다.

병목구역(throat area) 자연환기 시스템에서 공기흐름 경로의 막히지 않은(유입되는) 가장 작은 횡단면구역

보일러(boiler) 공간난방이나 주택내 온수급탕을 위해 물(또는 증기)을 가열하는 Active 기계설비

복사(radiation) 서로 접촉하고 있지 않는(그러나 시각적으로 관찰되는 거리) 두 물체 사이에 전자기 복사작용을 통한 열전달

부식토(humus) 부패한 식물이나 동물의 배설물로 구성된 유기물질을 말한다. 퇴비화 화장실에서도 생산된다. 부식토는 식물에 영양소를 제공할 수 있다.

불투수성 포장(impervious surface) 유체(물 같은)의 통과나 분산을 방지하는 포장재료

비식수(non-potable water) 식수로 사용하기에 적합하지 않은 물을 의미한다.

비열(specific heat) 한 재료의 열 물리적 기본특성으로서 비교되는 유사재료의 온도를 1° 올리기 위해 요구되는 열량 대비 그 재료 단위질량의 온도를 1° 올리기 위해 요구되는 열량을 말한다. 비열은(재료 밀도와 더불어) 열성능 요소이다.

비정질 PV(amorphous PV) 얇은 실리콘 필름을 이용해 제조된 태양광 발전 모듈. 비정질 패널은 단결정질 PV 패널에서 특징적인 원형 구조를 가지지 않는다.

ㅅ

삼림보존위원회(FSC: Forest Stewardship Council) 지속가능한 삼림관행과 목재 사용 실무의 보급에 헌신하는 비영리 국제기구

삼림훼손(deforestation) 일반적으로 연료나 건물재료 획득을 위한 과잉 벌채로 말미암아 발생한 장기적인 대규모 삼림 감소

상대습도(relative humidity) 동일한 온도에서 공기가 가질 수 있는 최대 습기함량 대비 실제로 가지고 있는 습기함량의 백분비율을 나타내는 측정값

상응부하(coincident loads) 동시에 발생한 부하. 시스템 용량 요구사항에 기여하는 열부하를 설명하기 위해 사용된다. (열병합 발전에서) 열 및 전기부하 패턴을 설명하기 위해 사용된다.

생물다양성(biodiversity) 주어진 지리적 구역 내에 다양한 종의 많은 개체수가 존재함을 뜻하며 종종 생태건강을 나타내는 척도로서 이용된다.

생물환경정화(bioremediation) 환경오염을 정화하기 위해 미생물을 사용하는 과정

생분해 가능 재료(biodegradable) 미생물 작용에 의해서 분해되는 재료(유기물)를 말한다. 또한, 일반적으로 합리적인 기간 이내에 자연적으로 분해되는 재료

생애주기 분석(life-cycle analysis) 건물설계에서는 "요람에서 무덤까지" 재료의 에너지 및 환경적 의미에 대한 분석

생애주기 비용(life-cycle cost) 일정한 기간 동안 건물의 취득, 운영, 수리 및 폐기(철거) 등을 위해 요구되는 비용

생태적 지역 개발(bioregional development) 생태적 지역(공통의 생태적 과정과 시스템을 가진 지리적 구역)의 제약에 부합되는 개발

생태적 풋프린트(ecological footprint) 개인, 지역사회, 또는 국가의 유지를 위해 요구되는 토지면적의 측정값으로 단위는 1인당 ha이다.

선택적 표면(selective surface) 흡수성을 증대시키고 방출성을 감소시켜 흡수표면의 효과성 증진을 위해 태양열 집열기에 부착된 표면

설계 냉방부하(design cooling load) 시스템 설계와 설비크기 결정을 위한 기준으로 작용하는 통계적으로 현저한 냉방부하(열획득)로서 단위는 Btu/h(Watts)이다.

성능계수(COP: coefficient of performance) 냉동기(또한 열펌프)의 효율성을 표현하기 위해 사용되는 절대크기가 아닌 값. COP는(동일한 단위에서) 에너지 투입 대비 냉방 산출의 비이다.

성형된 발포폴리스틸렌(MEPS) 발포폴리스틸렌을 성형하여 제조된 단열재 유형으로 흔히 비드보드라고 불린다.

솔라 트랜짓(solar transit) 현지 태양직달복사에 대한 장애물의 각도 측정을 위해 사용되는 장치

수경재배 반응기(hydroponic reactor) 탱크 내 액체표면 위를 떠다니는 수생식물의 뿌리를 통해 오폐수를 정화시키는 오폐수처리 시스템의 한 구성요소

수동 하강기류 증기냉방(PDEC: passive downdraft evaporative cooling) 냉각탑을 달리 부르는 이름

수소연료전지(hydrogen fuel cell) 수소와 산소의 화학반응을 통해 전력을 생산하는 장치이다.

수은등(mercury vapor) 전호튜브를 통한 전자흐름에 기초해 작동되는 고강도 가스방출 전기램프. 이 램프는 일반적으로 금속 할리데 램프에 의해 대체되어지고 있다.

수조(cistern) 우수 저장용기

수증기압축냉방 시스템(vapor compression refrigeration system) 압축기를 이용한 냉매의 응축/증발 순환과정을 통해 증발기 열을 응축기로 전달하는 기계/전기냉방 시스템. 압축기 전기투입에 의해 구동된다.

수직축 풍력 발전기(VAWT: vertical axis wind turbine) 회전축이 지면과 수직인 풍력 발전기로서 회전축이 지면과 나란한 수평축 기계와 구별된다.

수평축 풍력 발전기(HAWT: horizontal axis wind turbine) 회전축이 지면과 나란한 풍력 발전기(수직축 발전기와 구별된다)

습공기선도 과정(psychrometric process) 축축한 공기의 조건을 변화시키는 몇 가지 방법 중 하나로서 여기에는 현열난방, 현열 및 잠열냉방, 증기냉방 및 제습(많은 것들 가운데) 등이 포함된다.

습구강하(wet-bulb depression) 습구온도가 상응되는 건구온도보다 낮아지는 현상을 말한다.

습구온도(wet-bulb temperature) 현열(감지가능한 열)밀도와 공기 수분함량의 지표로서 습구온도계를 이용해 측정된 온도. 포화상태(100% 상대습도)에서 건구온도와 습구온도는 같을 것이다.

시간지체(time lag) 재료의 축열용량에 의해 발생한 재료를 통한 열흐름 지연을 뜻하며 시간을 뛰어 넘은 부하이동을 위해 사용될 수 있다.

시스템 균형(balance of system) PV 모듈 자체가 아닌 태양전지 시스템 구성요소이다.(여기에는 보통 배터리, 변환기, 제어장치 등이 포함된다)

식수(potable water) 인간이 소비하기에 적합한 물

실내 공기질(indoor air quality) 거주자의 건강과 후각 쾌적성이 관련된 한 건물 내 공기의 집합적 조건. 허용 가능한 실내 공기질은 전형적으로 기본 설계의도이다.

실내 표면 먼지상각률(room surface dirt depreciation factor) 장기적인 반사율 저하를 야기하는 먼지, 분지 및 노화 등의 부정적 영향을 설명하기 위한 조정율로서 보통 소수값으로 표현된다.

썬페그 차트(sunpeg chart) 물리모형 차양연구와 함께 이용되는 태양각도 차트의 한 유형으로서 차트상의 바늘은 선택된 자료와 일자에 해당되는 음영을 투사시킨다.

ㅇ

압출성형 발포폴리스틸렌(XEPS : extruded expanded polystyrene) 발포폴리스틸렌의 압출과정을 통하여 제조되는 단열재 유형. XEPS는 MEPS보다 R값과 압축강도가 더 높다.

애니드릭 정상부 주광장치(anidolic zenithal collectors) 북쪽 하늘을 향해 열린 개구부를 통해 주광을 수집하여 확산구성요소를 통해 시각적으로 실내 공간에 전달하는 천창채광장치. 주광은 장치를 통과하면서 반사되어 방향을 바꾸게 된다.

양극(cathode side) 연료전지의 양전기를 띠는 쪽

양방향 자연채광(bilateral daylighting) 두 방향(일반적으로 서로 정반대되는)으로부터 공간 속으로 햇빛을 끌어들이는 자연채광 시스템

양성자 교환막 연료전지(PEM: proton exchange fuel cell) 플라스틱 중합체를 전해질(양전하만 통과시키고 음전하는 차단하는 차단막으로 작용하는)로 이용해 전류를 생산해내는 연료전지

어레이(array) 태양광 발전 모듈 조립품. 제조자들은 현장에서 보다 큰 용량의 단위로 조립되는 모듈을 판매하는데 이를 어레이라고 부른다.

어스쉽 기술(earthship) Passive 냉난방과 재생가능 에너지, 우수집수, 현지 오폐수처리, 음식생산 및 건물재료로 지역 내에서 창출되는 부산물 사용 등에 의존하는 건물 설계 접근

에너지 회수 환기장치(ERV: energy recovery ventilator) 건물 환기 시스템의 일부로서 유입 및 배출 공기흐름 사이에서 열과 습기를 전달하는 장치(보통 독립형임)

엔탈피(enthalpy) 공기의 총 에너지(현열 및 잠열) 함량의 측정값으로 단위는 Btu/lb (kJ/kg)이다.

엔탈피 휠(enthalpy wheel) 열과 습기를 전달하는 일정한 유형의 회전형 열교환기

여과기(clarifier) 처리된 오폐수로부터 잔여 고체물질을 분리하는 침전탱크

연색성 지수(CRI: color rendering index) 주어진 광원이 대상색상을 정확히 보여주는 능력을 나타내는 측정값. 전체 숫자값으로 표현된다.

열교환기(heat exchanger) 매개체의 혼합 없이 한 매개체(공기, 물, 증기)로부터 다른 매개체로 열을 전달하는 장치

열병합 발전(cogeneration) 부산물로 유용한 (또는 잔여)열을 생산해내는 발전과정. 현지 전력과 열의 동시 생산과정을 말한다.

열손실(heat loss) 건물이나 공간의 온도를 떨어뜨리는 열흐름. 여기에는 건물 외피부를 통한 복사성, 전도성 및 대류성 열흐름과 증발을 통한 열흐름이 포함된다.

열파이프 열교환기(heat pipe heat exchanger) 튜브 내 냉매의 증발과 응축 순환과정을 통해 두 매개체 사이에 열을 교환하는 냉매충진 튜브를 이용한 열교환기

열펌프(heat pump) 압축기에 의해 순환되는 냉매의 응축과 증발을 통해 콘덴서로부터 증발기로 열을 전달하는 기계/전기 냉난방 장치

열회수 시스템(heat recovery system) "잔여"열(그렇지 않으면 버려질)을 건물 에너지 효율성을 증진시키는 수단으로 활용하는 시스템

열회수 환기장치(HRV: heat recovery ventilator) 건물 환기 시스템의 일부로서 유입공기흐름과 배출공기흐름 사이에서 열을 전달하는 장치(보통 독립형)

열획득(heat gain) 건물이나 공간의 온도를 증가시키는 열흐름. 열획득에는 복사성, 대류성 및 전도성(건물 외피를 통한) 열흐름과 건물 내 조명, 사람 및 설비 등으로 인한 열흐름이 있다. 냉방부하는(저장된 태양복사를 제외한) 공기온도에 직접 영향을 미치는 열획득이다.

오폐수(wastewater) 적절한 처리를 통해 정화되어져야만 하는 물. 보통 위생적인 배수를 말한다.

온도(temperature) 한 물질의 열 밀도값(절대 열량이 아닌)으로서 열의 흐름은 온도차이에 비례한다. 단위는 C이다.

온도층화현상(temperature stratification) 밀도차이로 인해 뜨거운 공기는 위로 차가운 공기는 아래로 이동하면서 뚜렷한 수직온도층이 생겨나는 현상

외부 주광조도(external daylight illuminance) 건물 외부 비교되는 지점의 주광조도

외피부하 지배 건물(skin-load-dominated building) 기후제어 필요가 주로 건물 외피부를 통해 작용하는 실외 기후조건에 의해 결정되는 건물로서 "외피부하 지배" 건물이라 불리기도 한다.

우수(stormwater) 현장에서 즉시 흡수되지 않고 현장 또는 타수단을 통해 처리되어야만 하는 빗물

운동 에너지(kinetic energy) 운동으로 인해 물체나 유체 내부에 체현된 에너지

위생적인 배수(sanitary drainage) 생물학적 오염물질을 함유하고 있으며 환경 속으로 방출되기 전에 처리되어야만 하는 건물 오폐수

위임 · 위탁(commissioning) 소유주의 프로젝트 요구사항이 충족되도록 보장하기 위한 과정. 여기에는 설계검증, 설비와 시스템의 실험 및 훈련과 문서화 등이 포함

유령부하(phantom load) 설명되지 않는 전력부하를 뜻하는 말로서 가령 순간점등램프 및 텔레비전에 의해 소비되는 전력과 같이 일반적으로 겉으로 보기엔 사용되고 있지 않는 것처럼 보이는 장치와 설비의 작동준비를 위해 소비된 전력이다.

유입면적(inlet area) 자연환기를 위한 공기가 유입되는 개구부의 집합적 크기. 일반적으로 순면적(창살, 스크린 등의 효과를 완화시키는)이 중요하며 평방미터나 평방피트로 표현된다.

유지율(maintenance factor) 반사표면과 램프 품질저하와 유리창 표면 먼지누적으로 인한 주광손실을 설명하는 조정율(전기 및 자연채광 모두에서)로서 소수값으로 표현된다.

유하식 환기구(trickle vent) 건물 속으로 들어오는 실외 공기흐름을 안정적으로 제어하기위해 건물 외피부에 설치된 개구부

음극(anode side) 연료전지에서 음전기를 띠는 쪽

음향투과등급(STC: sound transmission class) 다양한 범위의 진동수들에 걸쳐 일어나는 음향투과손실을 하나의 숫자로 재현하는 지표로서, 한 조립체가 방음벽의 역할을 할 수 있는 가능성을 나타낸다.

이산화탄소 배출(CO_2 emissions) 지구 온난화의 주요한 원인이며 많은 그린green 설계 노력의 초점으로 인식되는 대기 속으로의 이산화탄소 배출

인산연료전지(PAFC: phosphoric acid fuel cell) 인산염을 전해질(양전하만 통과시키고 음전하는 차단하는 차단막으로 작용하는)로 이용해 전류를 생산해내는 연료전지

일방향 자연채광(unilateral daylighting) 오직 한 방향으로만 주광을 공간 속으로 끌어들이는 자연채광 시스템

일교차(diurnal temperature range) 1일 온도범위. 1일 최고 온도에서 1일 최저 온도를 뺀 값으로 단위는 C이다.

일사(insolation) 특정 시간에 주어진 표면(벽, 지반, 태양열 집열기)에 도달한 태양복사의 강도로서 전형적으로 W/ft^2(W/m^2)로 표현된다.

일사획득계수(SHGC: solar heat gain coefficient) (글레이징 glazing과 프레임 요소들을 모두 포함하여) 글레이징 조립체를 투과하는 일사획득의 퍼센트 비율. 일사획득계수는 건축규정에서 차폐계수를 대체하고 있다.

ㅈ

자연환기(natural ventilation) 자연력(바람, 온도층화현상, 압력차이)을 이용한 수동 시스템에서 건물을 통한 실외 공기흐름을 일컫는 것으로 냉방을 제공하며 실내 공기질을 개선시킨다.

자외선(ultraviolet radiation) 가시스펙트럼(광선)과 경계를 이루는 짧은 파장의 복사광선으로서 태양복사 스펙트럼의 일부이다.

작업조명(task lighting) 주변 조명과 구별되는 개념으로 특수한 용도나 구역을 위한 조명

잔여열(waste heat) 일반적으로 어떤 공정의 불필요한 부산물로 생산되는 열

잠재열(latent heat) 건물 내부 공기의 수분함량 증감에 관련된 열. 습기증발에 의해 열은 흡수되며 습기응축에 의해 방출된다. 재료의 국면(상태)을 변화시키는데 필요한 열. 잠재 응축열은 반대국면으로의 변화에 관련된다. 건물에서 잠재열은 전형적으로 공기의 수분함량 증가나 감소의 결과로서 나타나게 된다.

재생가능 에너지(renewable energy) 자연과정을 통해 신속히 대체될 수 있는 자원(가령 목재, 바이오연료, 바람 및 태양복사 등)에 의해 생산된 에너지

재생재료(reclaimed materials) 이전 응용에서의 물리적 형태에서 크게 달라지지 않은 재사용 재료

재활용 성분 제품(recycled content materials) 원료의 상당 비율이 재활용을 통해 공급되는 새로운 재료들

저관리 경량형 옥상녹화(extensive green roof) 비교적 키가 작은 식물들과 제한된 토양깊이를 가진 식생지붕

저방출(low-ε) 유리를 통한 복사열 이동을 감소시킴으로써 열성능을 개선하기 위해 부착된 코팅

적외선 복사(infrared radiation) 가시광선(빛)과 경계를 이루는 파장 길이가 긴 복사선. 실내온도에 가까운 물체에 의해 방출된 복사선

전기화학과정(electrochemical) 전기 충전의 결과로 나타나는 화학적 과정

전도(conduction) 고체 내부에서 또는 여러 고체 사이에서 직접적인 분자접촉을 통해 일어나는 열전달

전산유체역학(CFD: computational fluid dynamics) 보통 자연환기와 Active 공기분배 시스템의 성능을 예측하기 위해 사용되는 공간 내 유체흐름(보통 공기)에 관한 수치 시뮬레이션을 일컫는다.

전지(cell) 태양광 발전 집열패널의 단위. 광전지는 제조자에 의해 모듈로 조립되지만 모듈은 설계팀에 의해 어레이로 조립된다.

정점부하(peak load) 주어진 기간 동안의 한 건물이나 생산 시스템의 최대 전력부하

(주광)조도(illuminance) 주어진 표면에 비춰진 빛의 밀도. 단위는 단위면적당 루멘을 뜻하는 fc(lux)이다.

조명기구(luminaire) 조명장치

조명기구 효율성(luminous efficacy) 광원의 효율성에 대한 측정값. 투입(전기)에너지 대비 빛 산출의 비율로 단위는 와트당 루멘이다.

주간(diurnal) 24시간(하루) 사이클을 일컫는다.

주광율(DF: daylight factor) 한 건물 내 주어진 지점에서의 주광조도와 비교되는 실외 한 지점에서의 수평조도간의 비율. 주광율은 특정한 지점으로 주광을 전달하는 자연채광 시스템의 효율성을 나타내는 값으로 소수나 백분율로 표현된다.

주변 조건(ambient) 바로 인접한 환경 내의 조건을 지칭하는 말로서 때때로 자연적으로 발생하는(또는 변화하지 않는) 조건을 가리키는데 사용되며 보통 조명에 쓰일 경우 일반적이거나 폭넓은 구역에 걸친 조건을 가리킨다.

증발(evaporation) 액체로부터 수증기단계(또는 상태)로 변화하는 과정으로서 분자결합을 깨뜨려 이러한 변화를 일으키기 위해서는 상당한 양의 열이 요구되기 때문에 이것은 효과적인 냉각과정이 될 수 있다.

지속가능(sustainable) 현 세대가 다음 세대의 필요에 해함이 없이 자신들의 필요를 충족시키도록 하는 것을 토대로 한 건물, 프로젝트 또는 철학으로서 본질적으로 순부의 환경적 영향이 없는 프로젝트를 의미한다.

지열원 열펌프(ground source heat pump) 주변 공기가 아니라 지하 환경과 열을 서로 교환하는 열펌프로서 통상적인 열펌프보다 에너지 효율적이다.

직류(DC: direct current) 전위가 높은 곳에서부터 낮은 곳으로 발생하는 연속적인 비방향성 전기흐름. 배터리 전기나 PV 모듈로부터 직접 생산되는 전기는 DC이다.

ㅊ

차양각도(profile angle) 태양위치와 유리창문 평면간의 관계에 관한 각도로서 창문과 나란한 평면을 통과하는 태양광선과 그에 수직인 평면이 이루는 각도로 정의되며 보통 차양장치 설계를 위해 사용된다.

차폐계수(SC: shading coefficient) 창문/천창에 입사된 복사량(열) 대비 창문이나 천창의 투명한 부분에 의해 복사열이 전달되는 태양복사량의 비율. 소수값으로 표현되며 많은 부분에서 이 값 대신 일사획득계수SHGC를 사용한다. 단위는 보통이다.

철거(deconstruction) 건물 해체와 구성요소 재사용을 촉진하기 위한 건물 설계 철학과 실무

체현 에너지(embodied energy) 원재료 추출에서부터 제조과정과 수송을 거쳐 사용지점까지 제품생산의 전 과정에서 요구되는 에너지량으로 단위는 Btu/lb(kJ/kg)이다.

초단열(superinsulation) 내부부하에 지배적인 건물이 되도록 하기 위해 규정상의 최소 요구사항을 훨씬 초과하는 광범위한 단열재를 건물 외피부에 이용하는 전략

초기비용(first cost) 운영, 유지 및 보수를 제외한 시설획득을 위해 요구되는 초기에 발생되는 비용

최대 석유생산(peak oil) 자원이용 가능성의 함수로서 최대 오일생산의 실현을 설명하기 위해 사용되는 용어. 일단 피크오일에 도달하게 되면 생산(및 오일 이용 가능성)은 필연적으로 감소하게 된다.

최저 축열재 온도(lowest mass temperature) Passive 냉방 시스템에서 축열재에 의해 도달된 최저 온도. 축열재 야간냉각 전략의 실행 가능성과 성능을 나타내는 지표를 말한다.

최적화(optimization) 비용과 절감간의 균형을 토대로 하여 시스템이나 구성요소의 가장 유익한 크기를 결정하려고 시도하는 설계과정

축열재(thermal mass) 열 저장능력에 기초해 선택되거나 사용된 재료를 가리키며 양질의 축열재는 축열성능(비열밀도)이 높을 것이다.

축열성능(thermal capacity) 재료의 열 저장능력. 보통 축열요소에 의해 저장된 열량

춘분(추분)(equinox) 낮과 밤의 길이가 같아지는 시기(대략 3월 21일과 9월 21일)

충동 터빈(¯ulse turbine) 터빈을 회전시키기 위해 고속으로 분사된 물의 운동 에너지를 이용하는 초초소수력 발전기 유형. 터빈은 개방되거나 완전히 물에 잠기지 않아도 된다.

충전 제어장치(charge controller) 전압과 전류흐름을 통제하는 장치

층화현상(stratification) 아트리움이나 저수조같은 데에서 자연적으로 일어나는 온도에 따른 유체의 수직분리 현상(뜨거운 유체는 위쪽으로, 차가운 유체는 아래쪽으로)을 말한다.

친환경 수송계획(green travel plan) 직원들에게 친환경 교통수단을 장려하는 관리정책

친환경(green) 에너지, 물 및 재료 등에 관련된 환경적 영향 감소에 기초한 건물, 프로젝트, 또는 철학. 친환경 건물은 건물 거주자들은 물론 건물 시공/운영에 의해 간접적 영향을 받는 사람들까지도 고려한다.

ㅋ

콤팩트 형광등(compact fluorescent) 주로 덜 효율적인 백열등을 대체하기 위한 목적으로 시판된 소형 형광등

ㅌ

탄소 중립(carbon neutral) 탄소중립 건물은 연간 방출되는 이산화탄소의 양을 동등한 양(혹은 그 이상)의 탄소배출 없는 재생가능 에너지 생산 그리고/혹은 구매를 통한 차감분과 균형을 맞춘다.

탄화수소 연료(hydrocarbon fuel) 주로 수소와 탄소를 포함한 원자들로 구성된 모든 연료. 화석연료는 탄화수소이다.

탑 배출 공기흐름율(tower exiting airflow rate) 단위시간당 냉각탑을 떠나는 공기량. 탑 성능 지표 중 하나

태양궤적 계산기(Sun Angle Calculator) 광범위한 위도에 대해 태양궤적 수평투영도를 보여주는 독점 제품

태양궤적 차트(sun angle chart) 1년 중 시간경과에 따른 태양위치의 변화를 보여주는 2차원 도면으로서 수평 및 수직 투영도를 손쉽게 이용할 수 있다. 태양궤적 계산기는 태양궤적 차트의 한 형태이다.

태양열 굴뚝(solar chimney) 일반적으로 자연환기 시스템의 한 부분인 굴뚝효과를 증진하기 위해 태양직달복사를 수집하는 건축적 장치

태양열 부하(solar loads) 건물상의 태양직달복사로 인해 나타난 냉방부하

태양추적 태양광 발전(sun-tracking photovoltaics) 총 일사량과 전기 에너지 생산을 극대화하기 위해 태양궤적을 따라 회전하는 이동식 골조 위에 설치된 태양광 발전 모듈을 말한다.

토양수분함량(soil moisture content) 토양의 수분함량을 나타내는 측정값. 토양의 전도성은 물론 지중쿨튜브, 지중복토 및 지열원 열펌프 등의 성능에 영향을 미친다.

투과매개체 열교환기(permeable medium heat exchanger) 열과 습기를 동시에 전달할 수 있는 열교환기

투과손실(TL: transmission loss) 한 조립체가 일으키는 (한 특정한 진동수에서의) 음압 감소. 투과손실은 방음벽의 효과성을 나타내는 한 지표다.

투과율(transmittance) 어떤 물질을 통과한 햇빛의 양(또는 태양복사량)을 입사된 햇빛량(태양복사량)의 백분비로 나타낸 것이다.

투수성 포장(pervious surface) 유체(물 같은)의 통과나 분배를 손쉽게 허용하는 재료

ㅍ

판형 열교환기(plate heat exchanger) 두 매개체 사이의 열 분리를 위해 평판을 사용하는 열교환기

펜스톡(수압관)(penstock) 초초소수력 시스템에서 물의 흐름을 제어하는 밸브나 수문을 가리키는 말로서 때로는 이러한 제어장치에 연결된 수로를 뜻한다.

표면간 반사(interreflections) 표면과 표면간에 반사된 광선

표준 백열등(standard incandescent) 가열 필라멘트 작열을 이용해 작동되는 전기램프로서 쿼츠 할로겐 백열등과 구별된다.

풋캔들(footcandles) I-P 조도단위. 평방피트당 루멘

풍력 단지(wind farm) 보통 상업적 목적에서 전력을 생산하기 위해 사용되는 풍력 발전단지

풍향(windward) 바람이 불어오는 방향(쪽)

풍향 추세(prevailing wind) 지배적인 풍향으로서 종종 계절성으로 아니면 하루 중에도 변화한다.

ㅎ

하이브리드(혼합) 시스템(hybrid system) 통상적인 장치(디젤 발전기 등)는 물론 대체 장치(PV, 풍력, 연료전지 등)까지 갖춘 현지 전력 발전 시스템

한기(coolth) "지붕연못은 아침시간 동안 시원함의 원천을 제공한다"는 말에서처럼 냉방기 동안에 일어나는 유익한 열흐름을 설명하기 위해 사용되는 용어

할로겐등(halogen) 비교적 작고 수명이 긴 백열등. 할로겐 또는 텅스텐 할로겐

형광등(fluorescent) 전호튜브를 통한 전자흐름에 기초해 작동되는 저압 가스방출 전기램프이다.

혼합모드 냉방 시스템(mixed-mode cooling system) 쾌적성 달성을 위해서 Active 및 Passive 전략을 모두 사용하는 냉방 솔루션(가령 자연환기와 Active HVAC 시스템 같은)을 의미한다.

확산된 반사(diffuse reflection) 매트질감(비거울) 표면에서 볼 수 있는 것처럼 일반적으로 햇빛(또는 태양복사)이 입사각과 직접 관계없이 무작위적으로 표면을 벗어나는 반사. 확산된 반사를 통해서는 뚜렷한 상이 맺히지 않는다.

환경오염지대(brownfield) 환경적으로 오염되어 있어 그 잠재적 재사용이 제한되는 사용 중이거나 아직 사용되지 않는 과거 산업용이나 상업용 부지

활용계수(CU: coefficient of utilization) 램프의 열을 과업평면으로 전달하는 조명기구와 공간의 능력을 나타내는 측정값. 조명기구/공간 조합의 전달효율성. 소수값으로 표현된다.

회수기간(payback) 어떤 시스템이 발생된 절감(종종 에너지비용 절감)을 통해 비용을 회수하는데 걸리는 시간으로서 그린green 설계에서는 경제적 및 에너지 회수가 관심사항이 된다. 에너지 회수기간은 어떤 장치나 시스템이 그 장치나 시스템의 생산과 설치에 요구된 에너지량만큼을 절감하고 생산하는데 걸리는 시간

회전반경(swept area) 풍력 프로펠러 터빈의 회전에 의해 만들어지는 구역으로서 그 면적은 프로펠러 반경을 r이라 할 때이다.

회전형 열교환기(rotary heat exchanger) 서로 인접한 두 공기흐름간의 열전달을 위해 회전 휠을 이용하는 열교환기로서 열 휠(현열만)과 엔탈피 휠(현열 및 잠열) 두 가지 옵션을 이용할 수 있다.

휘발성 유기화합물(VOCs: volatile organic compounds) 실내 공기 오염원으로 많은 건물 재료로부터 생산되는 실내 온도에서 증발하는 화합물. VOC를 거의 또는 전혀 방출하지 않는 많은 제품들을 이용하는 것이 좋다.

흐름율(flow) 풍력이나 수력 시스템의 잠재 발전량을 결정하기 위한 값으로서 단위 시간당 주어진 지점을 통과한 유체의 크기를 말한다. 공기흐름은 자연환기와 대부

분의 HVAC 시스템의 설계를 위한 핵심요소이다.

흡수냉동 시스템(absorption refrigeration system) 물-소금 용액의 응축/증발 순환을 이용해 증발기의 열을 응축기로 전달하는 화학적 냉방장치; 열투입에 의해 추진된다.

A

Active 파사드(active facade) 그 수행을 조절함으로써(개구부, 차양 등을 조절하여) 변화하는 기후조건에 대응하는 정면

ASHRAE(American Society of Heating, Refrigerating and Air-Conditioning Engineers) 미국공조냉동공학회

Energy Star(Energy Star) 에너지 효율기구 인증 시스템

HVAC 시스템(HVAC system) 난방, 환기 및 공기조절 시스템. Active 기후제어 시스템

IESNA(Illuminating Engineering Society of North America) 북미조명기술자협회

PV 모듈(PV module) 태양광 발전 패널. 모듈은 일반적으로 현지에서 PV 어레이로 조립된다.

R값(R-value) 한 재료의 열 저항성 측정값으로 열전도성의 역수이며 단위는 $ft^2h°F/Btu(m^2K/W)$이다.

Radiance 프로그램(Radiance) 조명모형 시뮬레이션에 사용되는 고성능 소프트웨어 프로그램

U율(U-factor) 전반적인 열전달계수. 건물 조립품의 열전도성 지표. 조립품 열 저항성의 역수. 단위는 $Btu/hft^{2°}F(W/m^2K)$이다.

1일 열획득(daily heat gain) 하루 24시간 동안 다양한 원천을 통해 획득되는 열량

INDEX

● 역자소개

송규동
교수 · 한양대학교
Texas A&M 건축학박사
건축친환경설비학회 수석부회장
연구분야: 친환경건축
kdsong@hanyang.ac.kr

김민성
대표 · 썬앤라이트
한양대학교 건축공학과 건축공학전공, 공학박사
한양대학교 건축공학과 겸임교수
연구분야: 건축환경
mskim48@paran.com, www.greenbim.kr

정인영
연구소장 · 썬앤라이트 부설연구소
경희대학교 건축공학과 건축환경전공, 공학박사
경희대학교 건축공학과 겸임교수
연구분야: 건축환경
drlight@paran.com, www.greenbim.kr

김홍욱
이사 · 썬앤라이트
Hermann Rietschel Institut 연구원
베를린 공대 빌딩공학과 박사
한양대학교 건축공학과 석사
연구분야: 건축환경
badsoden.kim@gmail.com

그린 스튜디오_기본설계를 위한 환경적 전략

1쇄 발행 2011년 5월 31일 발행

발행인 김기현
발행처 시공문화사 Spacetime

등 록 1993년 3월 12일

주 소 서울시 서대문구 현저동 200 극동빌딩 5층
전 화 02) 3147-1212, 2323
전 송 02) 3147-2626
ISBN 978-89-5592-193-9
http://www.spacetime.co.kr
spacetime@korea.com

정가 35,000 원